环境光催化材料的性能及应用研究

傅 敏 王瑞琪 卢 鹏 王小平 著

科学出版社
北 京

内 容 简 介

本书介绍光催化材料的性质及应用，详细介绍聚酰亚胺（polyimide）、石墨相氮化碳（g-C_3N_4）和含锌铋材料的光催化性能及性能增强机制，讨论上述光催化材料在废气净化、废水处理和产氢等方面的应用。

本书可供材料科学、化学、环境科学等相关领域的科研人员、工程技术人员、研究生和高年级本科生参考。

图书在版编目（CIP）数据

环境光催化材料的性能及应用研究 / 傅敏等著. -- 北京：科学出版社，2025.3. -- ISBN 978-7-03-081252-0

Ⅰ．TB383

中国国家版本馆 CIP 数据核字第 2025VA7326 号

责任编辑：武雯雯 / 责任校对：彭　映
责任印制：罗　科 / 封面设计：墨创文化

科 学 出 版 社 出版
北京东黄城根北街 16 号
邮政编码：100717
http://www.sciencep.com

成都锦瑞印刷有限责任公司印刷
科学出版社发行　各地新华书店经销

*

2025 年 3 月第 一 版　开本：787×1092　1/16
2025 年 3 月第一次印刷　印张：20 3/4
字数：493 000

定价：229.00 元
（如有印装质量问题，我社负责调换）

前　言

人类社会的发展,是以消耗大量能源为支撑的,由此导致了大量碳排放并向环境排放大量污染物,从而使得全球气候变暖并带来严重的环境污染,影响了全球生态系统平衡,给人类社会的生存和发展带来巨大挑战。随着我国经济转入高质量发展阶段,走绿色、低碳、可持续发展之路势在必行。尤其在"双碳"目标背景下,推动减污降碳协同增效,研发应用绿色低碳技术,才能促进产业绿色低碳发展。半导体光催化技术能将太阳能转变为化学能,并能在温和条件下实现污染物降解和净化、光解水制氢、光还原二氧化碳、重金属离子还原、自清洁等,在能源与环境保护领域展现出广阔的应用前景。

自 1972 年日本学者藤岛昭和本多健一在《自然》杂志首次报道二氧化钛单晶电极光催化分解水现象以来,国内外学者对光催化材料及其应用进行了大量研究和探索,研究和探索的重点主要集中在新型光催化材料的合成、光催化材料性能的增强。本书总结了作者在光催化材料的制备、光催化材料的性能及应用等方面的最新研究成果。

本书共分 6 章,第 1 章为绪论,主要包括光催化技术简介、光催化材料的制备方法、光催化材料的表征方法,以及光催化材料的应用;第 2 章介绍聚酰亚胺复合光催化材料的构建及应用;第 3 章介绍氮化碳结构增强效应及光催化性能;第 4 章介绍氮化碳二元复合材料光催化活性增强机制与催化性能;第 5 章介绍氮化碳三元复合材料光催化活性增强机制与性能;第 6 章介绍锌铋复合材料光催化性能增强及应用。

本书由傅敏、王瑞琪、卢鹏、王小平讨论、制定大纲并完成各章撰写,其中傅敏负责第 1、2 章;王瑞琪负责第 3 章的 3.1～3.5 节和第 4 章;卢鹏负责第 1 章和第 5 章;王小平负责第 3 章的 3.6 节和第 6 章;最后由傅敏、王瑞琪、卢鹏、王小平共同审校定稿。研究生黄艳、何飞、汪成、吴晓璐、胡雪利、李燕霞、任秋艳、赵舜辉、康含、匡雪、陈义霞参与了本书文字和图片的整理工作。

本书得到了国家自然科学基金面上项目"层间掺杂碱/碱土金属离子 g-C$_3$N$_4$ 可见光催化去除 NO$_x$ 的性能增强机制"(51478070)、国家自然科学基金青年基金项目"基于液面放电等离子体-光催化协同作用的制药废水处理技术研究"(21406022)、重庆市应用开发计划项目"TiO$_2$/C$_3$N$_4$ 光触媒关键制备技术及空气净化器产品研发"(cstc2013yykfB50008)、重庆市社会民生科技创新专项项目"低温等离子协同光催化处理涂装废气关键技术研发"(cstc2016shmszx20012)、重庆市自然科学基金面上项目"碱土金属碳酸盐调控 g-C$_3$N$_4$ 吸附和光催化降解"(cstc2019jcyj-msxmx0326)以及催化与环境新材料重庆市重点实验室的支持,在此致以诚挚的谢意。

由于新型光催化材料不断被发现,其应用领域也不断拓展,同时,由于作者学识水平有限,书中疏漏之处在所难免,恳请专家和广大读者批评指正。

目 录

第1章 绪论 ··· 1
  1.1 光催化技术简介 ·· 1
    1.1.1 光催化技术的发展 ·· 1
    1.1.2 光催化原理 ··· 3
    1.1.3 光催化性能的影响因素 ·· 5
  1.2 光催化材料的制备方法 ·· 7
    1.2.1 溶胶凝胶法 ··· 7
    1.2.2 模板法 ··· 8
    1.2.3 溶剂热合成法 ··· 8
    1.2.4 机械涂覆技术 ··· 8
    1.2.5 热缩聚合成法 ··· 8
  1.3 光催化材料的表征方法 ·· 9
    1.3.1 X射线衍射 ··· 9
    1.3.2 傅里叶变换红外光谱 ·· 10
    1.3.3 电子显微术 ·· 10
    1.3.4 X射线光电子能谱 ··· 10
    1.3.5 N_2吸附-脱附分析 ·· 11
    1.3.6 紫外-可见漫反射光谱 ·· 11
    1.3.7 光致发光光谱 ·· 11
    1.3.8 拉曼光谱 ··· 12
    1.3.9 原子力显微术 ·· 12
    1.3.10 电子顺磁共振波谱 ··· 12
    1.3.11 瞬态表面光电压谱 ··· 12
    1.3.12 稳态表面光电压谱 ··· 12
  1.4 光催化材料的应用 ·· 13
    1.4.1 分解水产氢 ·· 13
    1.4.2 二氧化碳还原 ·· 13
    1.4.3 光催化固氮 ·· 14
    1.4.4 废气治理 ··· 14
    1.4.5 降解有机物 ·· 14
    1.4.6 光催化防腐 ·· 15
    1.4.7 其他方向 ··· 15

iii

  参考文献⋯⋯⋯⋯⋯⋯⋯⋯⋯⋯⋯⋯⋯⋯⋯⋯⋯⋯⋯⋯⋯⋯⋯⋯⋯⋯⋯⋯⋯⋯⋯⋯⋯ 15

第 2 章 聚酰亚胺复合光催化材料的构建及应用⋯⋯⋯⋯⋯⋯⋯⋯⋯⋯⋯⋯⋯ 18

2.1 Z 型 ZnS/PI 复合材料的构建及废水中四环素的降解⋯⋯⋯⋯⋯⋯⋯⋯ 18
2.1.1 引言⋯⋯⋯⋯⋯⋯⋯⋯⋯⋯⋯⋯⋯⋯⋯⋯⋯⋯⋯⋯⋯⋯⋯⋯⋯⋯⋯⋯⋯ 18
2.1.2 Z 型 ZnS/PI 光催化剂的制备⋯⋯⋯⋯⋯⋯⋯⋯⋯⋯⋯⋯⋯⋯⋯⋯⋯⋯ 18
2.1.3 结果与讨论⋯⋯⋯⋯⋯⋯⋯⋯⋯⋯⋯⋯⋯⋯⋯⋯⋯⋯⋯⋯⋯⋯⋯⋯⋯⋯ 19
2.1.4 光催化活性评价⋯⋯⋯⋯⋯⋯⋯⋯⋯⋯⋯⋯⋯⋯⋯⋯⋯⋯⋯⋯⋯⋯⋯⋯ 27
2.1.5 降解路径和催化反应机制⋯⋯⋯⋯⋯⋯⋯⋯⋯⋯⋯⋯⋯⋯⋯⋯⋯⋯⋯ 31

2.2 Zn@SnO$_2$/PI 通过吸附和光催化的协同作用有效去除废水中四环素⋯⋯ 35
2.2.1 引言⋯⋯⋯⋯⋯⋯⋯⋯⋯⋯⋯⋯⋯⋯⋯⋯⋯⋯⋯⋯⋯⋯⋯⋯⋯⋯⋯⋯⋯ 35
2.2.2 Zn@SnO$_2$/PI 光催化剂的制备⋯⋯⋯⋯⋯⋯⋯⋯⋯⋯⋯⋯⋯⋯⋯⋯⋯ 36
2.2.3 结果与讨论⋯⋯⋯⋯⋯⋯⋯⋯⋯⋯⋯⋯⋯⋯⋯⋯⋯⋯⋯⋯⋯⋯⋯⋯⋯⋯ 36

2.3 本章小结⋯⋯⋯⋯⋯⋯⋯⋯⋯⋯⋯⋯⋯⋯⋯⋯⋯⋯⋯⋯⋯⋯⋯⋯⋯⋯⋯⋯ 55
  参考文献⋯⋯⋯⋯⋯⋯⋯⋯⋯⋯⋯⋯⋯⋯⋯⋯⋯⋯⋯⋯⋯⋯⋯⋯⋯⋯⋯⋯⋯⋯ 56

第 3 章 氮化碳结构增强效应及光催化性能⋯⋯⋯⋯⋯⋯⋯⋯⋯⋯⋯⋯⋯⋯⋯ 64

3.1 Mg/O 共同修饰无定形氮化碳的电子结构增强光催化性能⋯⋯⋯⋯⋯⋯ 64
3.1.1 引言⋯⋯⋯⋯⋯⋯⋯⋯⋯⋯⋯⋯⋯⋯⋯⋯⋯⋯⋯⋯⋯⋯⋯⋯⋯⋯⋯⋯⋯ 64
3.1.2 Mg/O 共同修饰无定形氮化碳的制备⋯⋯⋯⋯⋯⋯⋯⋯⋯⋯⋯⋯⋯⋯ 64
3.1.3 结果与讨论⋯⋯⋯⋯⋯⋯⋯⋯⋯⋯⋯⋯⋯⋯⋯⋯⋯⋯⋯⋯⋯⋯⋯⋯⋯⋯ 64

3.2 Na$^+$掺杂改性氮化碳及其光催化降解污染物性能⋯⋯⋯⋯⋯⋯⋯⋯⋯⋯ 74
3.2.1 引言⋯⋯⋯⋯⋯⋯⋯⋯⋯⋯⋯⋯⋯⋯⋯⋯⋯⋯⋯⋯⋯⋯⋯⋯⋯⋯⋯⋯⋯ 74
3.2.2 Na$^+$掺杂与 N 缺陷同时存在的无定形氮化碳的制备⋯⋯⋯⋯⋯⋯⋯ 75
3.2.3 结果与讨论⋯⋯⋯⋯⋯⋯⋯⋯⋯⋯⋯⋯⋯⋯⋯⋯⋯⋯⋯⋯⋯⋯⋯⋯⋯⋯ 75

3.3 BaCl$_2$ 辅助构建氰基缺陷态 g-C$_3$N$_4$ 及降解有机废水和产氢⋯⋯⋯⋯⋯ 84
3.3.1 引言⋯⋯⋯⋯⋯⋯⋯⋯⋯⋯⋯⋯⋯⋯⋯⋯⋯⋯⋯⋯⋯⋯⋯⋯⋯⋯⋯⋯⋯ 84
3.3.2 氰基缺陷态 g-C$_3$N$_4$ 光催化剂的制备⋯⋯⋯⋯⋯⋯⋯⋯⋯⋯⋯⋯⋯⋯ 84
3.3.3 结果与讨论⋯⋯⋯⋯⋯⋯⋯⋯⋯⋯⋯⋯⋯⋯⋯⋯⋯⋯⋯⋯⋯⋯⋯⋯⋯⋯ 85

3.4 二维 g-C$_3$N$_4$ 纳米片的制备及光催化还原 CO$_2$ 性能⋯⋯⋯⋯⋯⋯⋯⋯⋯ 95
3.4.1 引言⋯⋯⋯⋯⋯⋯⋯⋯⋯⋯⋯⋯⋯⋯⋯⋯⋯⋯⋯⋯⋯⋯⋯⋯⋯⋯⋯⋯⋯ 95
3.4.2 实验部分⋯⋯⋯⋯⋯⋯⋯⋯⋯⋯⋯⋯⋯⋯⋯⋯⋯⋯⋯⋯⋯⋯⋯⋯⋯⋯⋯ 96
3.4.3 结果与讨论⋯⋯⋯⋯⋯⋯⋯⋯⋯⋯⋯⋯⋯⋯⋯⋯⋯⋯⋯⋯⋯⋯⋯⋯⋯⋯ 96

3.5 NH$_4$Cl 调控氮化碳及其光催化性能⋯⋯⋯⋯⋯⋯⋯⋯⋯⋯⋯⋯⋯⋯⋯⋯ 104
3.5.1 引言⋯⋯⋯⋯⋯⋯⋯⋯⋯⋯⋯⋯⋯⋯⋯⋯⋯⋯⋯⋯⋯⋯⋯⋯⋯⋯⋯⋯⋯ 104
3.5.2 NH$_4$Cl 调控氮化碳的制备⋯⋯⋯⋯⋯⋯⋯⋯⋯⋯⋯⋯⋯⋯⋯⋯⋯⋯⋯ 105
3.5.3 结果与讨论⋯⋯⋯⋯⋯⋯⋯⋯⋯⋯⋯⋯⋯⋯⋯⋯⋯⋯⋯⋯⋯⋯⋯⋯⋯⋯ 105

3.6 DBD 低温等离子体改性 g-C$_3$N$_4$ 及光催化性能⋯⋯⋯⋯⋯⋯⋯⋯⋯⋯⋯ 111
3.6.1 引言⋯⋯⋯⋯⋯⋯⋯⋯⋯⋯⋯⋯⋯⋯⋯⋯⋯⋯⋯⋯⋯⋯⋯⋯⋯⋯⋯⋯⋯ 111
3.6.2 双介质 DBD 反应装置构建⋯⋯⋯⋯⋯⋯⋯⋯⋯⋯⋯⋯⋯⋯⋯⋯⋯⋯⋯ 112

3.6.3 光催化剂对 DBD 放电的影响 ································· 113
3.6.4 g-C_3N_4 的光催化活性变化 ································ 113
3.6.5 放电对 g-C_3N_4 物理结构的影响 ·························· 114
3.6.6 放电对 g-C_3N_4 官能团的影响 ···························· 116
3.6.7 放电对 g-C_3N_4 光学和光电化学性质的影响 ············ 119
3.6.8 低温等离子体影响 g-C_3N_4 的作用机理 ················· 121
3.7 本章小结 ··· 122
参考文献 ·· 123

第4章 氮化碳二元复合材料光催化活性增强机制与催化性能 ·········· 129
4.1 $BaCO_3$/g-C_3N_4 复合材料的光催化性能 ···························· 129
4.1.1 引言 ··· 129
4.1.2 $BaCO_3$/g-C_3N_4 复合材料的制备 ··························· 129
4.1.3 结果与讨论 ··· 130
4.2 $BaWO_4$/g-C_3N_4 复合材料的光催化性能 ··························· 144
4.2.1 引言 ··· 144
4.2.2 $BaWO_4$/g-C_3N_4 复合材料的制备 ·························· 144
4.2.3 结果与讨论 ··· 145
4.3 g-C_3N_4/$BiVO_4$ 复合材料的制备及光催化还原 CO_2 性能 ······· 157
4.3.1 引言 ··· 157
4.3.2 g-C_3N_4/$BiVO_4$ 复合材料的制备 ··························· 158
4.3.3 结果与讨论 ··· 158
4.4 PPy/g-C_3N_4 的光催化特性 ·· 165
4.4.1 引言 ··· 165
4.4.2 PPy/g-C_3N_4 复合材料的制备 ······························· 166
4.4.3 结果与讨论 ··· 167
4.5 Bi_2S_3/g-C_3N_4 复合光催化剂的微波合成及其光催化性能 ······· 173
4.5.1 引言 ··· 173
4.5.2 微波法合成 Bi_2S_3/g-C_3N_4 复合光催化剂 ················· 173
4.5.3 复合光催化剂 Bi_2S_3/g-C_3N_4 的表征及催化性能分析 ···· 174
4.6 $Ba_3(PO_4)_2$/g-C_3N_4 复合材料的构建及有机废水的降解 ········· 181
4.6.1 引言 ··· 181
4.6.2 $Ba_3(PO_4)_2$/g-C_3N_4 光催化剂的制备 ······················· 182
4.6.3 结果与讨论 ··· 182
4.7 $NaLa(WO_4)_2$/g-C_3N_4 复合材料的制备及其光催化净化 NO_x 性能 ···· 190
4.7.1 引言 ··· 190
4.7.2 NaLaW/g-C_3N_4 复合材料的制备 ··························· 191
4.7.3 NaLaW/g-C_3N_4 复合材料的表征与光催化性能 ········· 191
4.8 本章小结 ··· 200

参考文献 202

第5章 氮化碳三元复合材料光催化活性增强机制与性能 210

5.1 $SrTiO_3/g-C_3N_4/Bi_2O_3$ 复合材料的光催化活性 210
- 5.1.1 引言 210
- 5.1.2 $SrTiO_3/g-C_3N_4/Bi_2O_3$ 复合材料的制备 210
- 5.1.3 结果与讨论 211

5.2 镧掺杂 $TiO_2/g-C_3N_4$ 复合材料的可见光催化活性 219
- 5.2.1 引言 219
- 5.2.2 镧掺杂 $TiO_2/g-C_3N_4$ 复合材料的制备 219
- 5.2.3 结果与讨论 220

5.3 $Bi_2O_3/g-C_3N_4/TiO_2$ 纳米复合材料可见光催化活性 228
- 5.3.1 引言 228
- 5.3.2 $Bi_2O_3/g-C_3N_4/TiO_2$ 纳米复合材料的制备 229
- 5.3.3 结果与讨论 229

5.4 本章小结 236
参考文献 236

第6章 锌铋复合材料光催化性能增强及应用 239

6.1 $ZnFe_2O_4/TiO_2$ 复合材料的制备及光催化性能 239
- 6.1.1 引言 239
- 6.1.2 $ZnFe_2O_4/TiO_2$ 复合光催化材料的制备 239
- 6.1.3 结果与讨论 239

6.2 $Fe_3O_4@ZnFe_2O_4/TiO_2$ 复合材料的制备及光催化性能 248
- 6.2.1 引言 248
- 6.2.2 $Fe_3O_4@ZnFe_2O_4/TiO_2$ 复合光催化剂的制备 248
- 6.2.3 结果与讨论 249

6.3 $ZnSn(OH)_6/SrSn(OH)_6$ 异质结的构筑及光催化降解甲苯性能 256
- 6.3.1 引言 256
- 6.3.2 $ZnSn(OH)_6/SrSn(OH)_6$ 复合光催化剂的制备 257
- 6.3.3 结果与讨论 257

6.4 源于金属有机框架的 Ti-O 簇修饰 $ZnSn(OH)_6$ 及其光催化氧化氮氧化物的性能 268
- 6.4.1 引言 268
- 6.4.2 催化剂的制备 269
- 6.4.3 结果与讨论 269

6.5 $BiOIO_3/BiOBr$ 复合材料的制备及废水中四环素的降解 279
- 6.5.1 引言 279
- 6.5.2 $BiOIO_3/BiOBr$ 复合光催化材料的制备及活性评价 280
- 6.5.3 结果与讨论 281

6.6 I-BiOBr 光催化剂的制备及废水中四环素的降解 …………………………… 295
　6.6.1 引言 ……………………………………………………………………… 295
　6.6.2 I-BiOBr 光催化剂的制备 ………………………………………………… 296
　6.6.3 结果与讨论 ……………………………………………………………… 296
6.7 本章小结 …………………………………………………………………… 309
参考文献 ………………………………………………………………………… 311

第1章 绪 论

1.1 光催化技术简介

人类社会的发展，是以消耗大量能源为支撑的，能源消耗产生的大量碳排放使得全球气候变暖，影响了全球生态系统平衡，给人类社会的生存和发展带来巨大挑战。随着我国经济转入高质量发展阶段，加强生态环境保护、实现绿色可持续发展是中华民族永续发展的必然选择，尤其在"双碳"目标背景下，"减污降碳"势在必行，有必要开发系列绿色低碳技术。光催化技术是利用光催化材料吸收紫外光、可见光、红外光等光能，并将其转化为化学能的过程，该技术反应条件温和，环境友好，氧化还原性能强，能够适应不同的应用场景和需求，只需在常温常压下进行，被誉为"最有前途的可持续发展技术"之一。光催化材料超强的氧化还原性能，能够将大分子有机物降解为小分子有机物，甚至矿化为 CO_2、H_2O 和其他无机离子，无二次污染产生。1972 年 Fujishima 和 Honda（1972）报道了二氧化钛（TiO_2）在近紫外光照射下能够分解水并产生氢气，这一发现引起了人们的广泛关注。1973 年，藤岛昭等提出以 TiO_2 为光催化材料用于环境净化的建议。Carey 等（1976）发现在紫外光下利用 TiO_2 可以有效分解多氯联苯（PCBs）。自此，该技术在环境治理领域开始被广泛研究。

1.1.1 光催化技术的发展

TiO_2 是最早被发现的具有光催化活性的材料，也是研究得最为深入的光催化材料，但 TiO_2（锐钛矿）的禁带宽度为 3.2eV，仅对波长小于 387.5nm 的紫外光有响应（Abdelnasser et al.，2021）。紫外光在太阳辐射光谱中仅占约 4%，而可见光则占约 43%之多。因此，光催化技术的研究和发展主要集中在以下几个方向：一是对传统光催化材料进行改性，以提高其催化效率；二是开发新型光催化材料以提高反应性能；三是拓宽光催化技术的应用领域，包括但不限于光解水制氢、光催化降解有机污染物、光催化处理废气以及光催化有机合成等。

1. 传统光催化材料改性

目前应用研究较多的光催化材料有 n 型半导体，如 TiO_2、CeO_2、CdS、ZnO、WO_3、ZnS、V_2O_5、SnO_2、CuO 等（Zhao et al.，2017；Kondo and Negata，2017；Zou et al.，2018；Rao et al.，2018；Sowik et al.，2019；Wang et al.，2019；El-Sheshtawy et al.，2019；Zhu et al.，2019）；p 型半导体，如 Bi_2O_3、BiOX（X = Cl、Br）、Ag_2O、Cu_2O 等（Liu et al.，2019；Divya et al.，2020；Ren et al.，2020；Zheng et al.，2020）；非金属有机聚合物 g-C_3N_4

(Patnaik et al., 2021)。研究人员为提高传统光催化材料的性能，从形貌调控、元素掺杂、光敏化、半导体材料复合等方面进行研究。

（1）形貌调控。光催化材料的微观形貌不仅影响着光吸收性能，而且对比表面积、孔隙结构、电子传输等特性也有很大的影响。有效调控光催化材料的微观形貌，是提升其光催化性能的关键策略之一。通过采取适当的制备技术，例如水热法、微波法和超声辅助法等，选用恰当的前驱体，或者调控反应体系的pH、温度和时间等关键工艺参数，都可以生成不同微观形貌的光催化材料。此外，通过选用特定的模板剂或引入表面活性剂，也能够控制晶体的生长，进而制备出具有不同微观结构的光催化材料。

（2）元素掺杂。向光催化材料晶体内引入不同的离子，通过轨道杂化等形式在光催化材料内引入杂质能级，窄化半导体禁带宽度，使其具有更宽的可见光响应范围。该方法大致可分为金属元素掺杂、非金属元素掺杂和共掺杂三种。目前常见报道的掺杂元素包括 B、N、P、S、C、F、Fe、Al、Rh、Cu、V、Mo、Zn、Ce、La、Yb、Sm、Nd、Y 等（Liu et al., 2015；Dindar and Güler., 2018；Zhang et al., 2019；Chawla et al., 2021；Munawar et al., 2021）。

（3）光敏化。光敏化是通过物理吸附或化学吸附的形式将敏化剂固定于光催化材料表面，用于提高材料对光照的吸收强度，从而改善材料的光催化性能。光敏化过程主要包括敏化剂吸附在半导体的表面、敏化剂在光照条件下激发产生激发态载流子，以及激发态载流子传输到半导体三个过程。在光照条件下，敏化剂吸收光子后被激发并产生自由电子。当敏化剂的激发态电势位置与半导体的能带位置相匹配时，激发态电子便会跃迁至半导体导带参与光催化反应。如此能够提高催化剂对可见光的利用效率，从而提升光催化反应性能。但敏化剂自身失活是影响该方法提高催化性能的重要因素。目前常用的敏化剂包括四磺酸酞菁铜（CuPcTs）、苝二酰亚胺（PTCDI）、罗丹明、赤藓红 B、叶绿素等有机染料。近年来，一些窄禁带半导体及无机半导体量子点由于具有良好的光吸收性能和光稳定性而被视为极具发展前景的光敏化物质（Yarahmadi and Sharifnia, 2014；Cheng et al., 2020）。

（4）半导体材料复合。半导体种类不同，其能带结构也不同，将两种或多种能带匹配的半导体材料复合，复合材料受光激发产生的光生电子和光生空穴，因电势差的作用，在半导体材料间发生定向迁移，从而降低了光生载流子的复合率，提高光催化活性。半导体异质结是指两种或多种半导体材料通过表面组装或内部晶相界面交联的方式在纳米尺度上产生紧密的接触，从而形成内建电场，促进光生电子和空穴的定向迁移，使其能够在空间上不同的活性位点参与光催化反应，提高光催化性能。构建半导体光催化复合材料可以通过设计不同的异质结类型来优化材料的性能，主要有 n-n 型、p-n 型和 p-p 型结构（Parul et al., 2020；You et al., 2021）。

2. 开发新型光催化材料

TiO_2 是最早被研究的光催化材料，其具有稳定、价廉、无毒等特点，是目前研究和应用最广的光催化材料，但该材料只在紫外光下有响应，具有制备条件苛刻、成本高等缺点。因此，在前期研究的基础上陆续开发出银系光催化材料、铋系光催化材料、氮化碳基光催化材料、钼系光催化材料、金属有机骨架（metal-organic framework，MOF）材料等，这些材料已被研究者证实具有可见光响应，并在产氢和降解污染物方面表现出较好的光催化活性（Liu et al., 2015；Sharma et al., 2019；Xue et al., 2020；Ikreedeegh and Tahir, 2021；Yuan et al., 2021）。

3. 拓宽光催化技术的应用领域

从实际应用角度，现有的材料多为粉末状，导致反应体系多为悬浮体系，材料无法有效回收，并可能会造成二次污染。将材料固定于载体上或使其薄膜化是最终实现材料规模化应用的前提。另外，光催化技术实际应用的反应装置设计还处于起步阶段，急需研发普适度高的设备将光催化技术应用于实际（Zhang et al., 2021；Nasir et al., 2021）。

1.1.2 光催化原理

光催化材料的电子结构一般由一个空的高能导带（conduction band，CB）和充满电子的低能价带（valence band，VB）组成（图1-1），价带和导带之间存在禁带区域，区域的大小称为带隙或禁带宽度（E_g）。当入射光子能量（$h\nu$）≥禁带宽度（E_g）时，电子（e^-）从价带（VB）被激发到导带（CB），并在价带上留下光生空穴（h^+），至此产生光生电子-空穴对，即载流子。光生电子与空穴可以在光催化材料的内部迁移或扩散，也会在内部自发电场的作用下，从内部向光催化材料的表面迁移，同时还有部分在材料内复合。光生空穴（h^+）有很强的氧化性，光生电子（e^-）有很强的还原性。利用空穴的强氧化性，可以将有机物氧化分解；利用电子的强还原性，可以将有毒的高价重金属离子还原成低毒的低价离子。

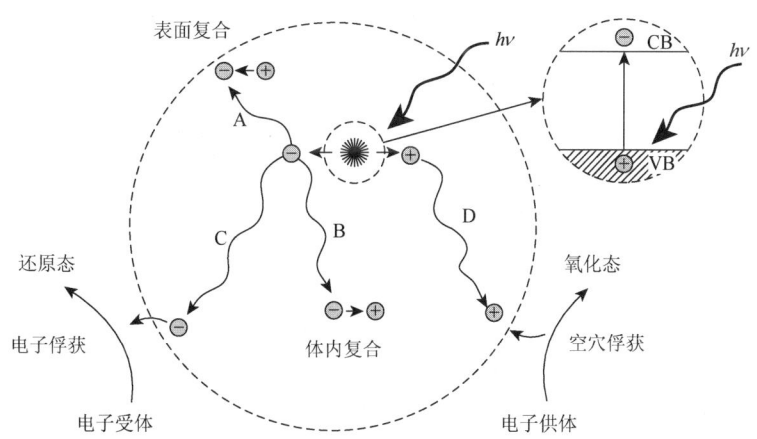

图1-1　光生电荷在TiO$_2$半导体材料中的产生、迁移及转化过程示意图

对于光催化降解污染物，由于光催化材料导带底部位置比O$_2$/•O$_2^-$（−0.28V vs. NHE）的氧化还原电势负，O$_2$可以作为电子的接受体被还原成超氧自由基（superoxide free radical，$\cdot O_2^-$)；价带顶部比 $H_2O/\cdot OH$（+ 2.27V vs. NHE）或 $OH^-/\cdot OH$（+ 1.99V vs. NHE）的氧化还原电势正，表面吸附的水或羟基（OH^-）可以作为电子的供体被光生空穴氧化为羟基自由基（hydroxyl radicals，$\cdot OH$）。对于光催化分解水产氢，光催化材料导带底部位置比 H_2/H_2O 的还原电位（0V vs. NHE，pH = 0）更负，价带顶部位置比 O_2/H_2O 的氧化电位更正（1.23V vs. NHE，pH = 0）。因此 h^+、$\cdot O_2^-$、$\cdot OH$ 等活性基团是光催化技术顺利实现其功能的关键，其中 $\cdot OH$ 具有非常强的氧化作用，能够有效地与环境中的有机污染物发生作用，将大分子有机物降解为小分子，甚至矿化为 CO_2 和 H_2O 等（Ge et al., 2017；Hu et al., 2020）。

光催化过程可由以下反应式表示：

$$\text{Photocatalyst} + h\nu \longrightarrow e_{CB}^- + h_{VB}^+ \tag{1-1}$$

$$e_{CB}^- + O_2 \longrightarrow \cdot O_2^- \tag{1-2}$$

$$h_{VB}^+ + H_2O \longrightarrow \cdot OH + H^+ \tag{1-3}$$

$$h_{VB}^+ + OH^- \longrightarrow \cdot OH \tag{1-4}$$

式中，Photocatalyst 代表光催化剂。

由于在光催化反应体系中，有电子和空穴的生成、复合、迁移和反应，该体系的反应过程较为复杂，具体反应过程可概括如下。

（1）光生电子-空穴对的产生。光生载流子的生成，是光催化反应得以发生的前提。当处于光照条件之下时，光催化材料价带中的电子会因吸收光能而受激发，进而跃迁至导带之上，与此同时，在价带中留下了带正电的空穴（h^+）。在此过程中，光催化材料自身的电子结构以及光吸收性能起着主导作用，它们直接影响电子迁移的难易程度与效率。值得注意的是，光生电子-空穴对的产生在（10^{-15}）～（10^{-13}）s 即可完成，如此迅速的产生过程为后续顺利进行光催化反应奠定了基础，使得光催化反应能够在极短时间内被触发并有可能持续进行下去，从而在众多光催化相关的应用场景中发挥其独特的作用与效能。

（2）光生电子-空穴对的迁移。在光催化材料中，受光激发生成的光生电子-空穴对会在光催化材料的内部向表面迁移。由于光催化材料内部和表面存在缺陷或晶体表面台阶等因素，一部分光生电子-空穴在迁移过程中，会在晶体内部或表面发生复合，电子和空穴复合的方式可能有辐射复合或非辐射复合两种，辐射复合产生光子，非辐射复合转化为热能，见式（1-5）。另一部分光生电子-空穴对则可到达光催化材料表面参与氧化还原反应。

$$e^- + h^+ \longrightarrow h\nu/\text{heat} \tag{1-5}$$

式中，heat 代表非辐射复合转化成为的热能。

（3）光生电子-空穴对参与表面氧化还原反应。到达表面的光生电子-空穴对能与表面吸附的分子发生氧化还原反应，在此过程中，可进一步与水分子反应，产生氢气（H_2），或者生成高活性基团参与对污染物的氧化还原反应。然而，在光催化反应进程里，由于多数光生电子-空穴对在迁移时会发生复合现象，最终能够实际参与表面反应的光生电子-空穴对数量极为有限，致使光催化量子效率处于较低水平，这直接制约着光催化反应效率的提升。

1.1.3 光催化性能的影响因素

光催化反应能否顺利进行,主要受光催化材料的自身性能和反应体系的外部条件两大因素影响。光催化材料的自身性能主要包括材料的禁带宽度、晶型结构、粒径尺寸和比表面积,以及载流子的分离和捕获等。外部条件主要包括光照强度、溶液初始pH等。

1. 禁带宽度

根据方程 $\lambda_g(\text{nm}) = 1240/E_g(\text{eV})$ 可知,光催化材料的禁带宽度与其对光的响应范围成反比关系,即禁带宽度越小,对光的响应范围就越广(表1-1)。另外,光生电子-空穴对的氧化能力和还原能力还与光催化材料的导带和价带位置密切相关。导带位置电势越负,e^- 还原能力越强;价带位置电势越正,h^+ 的氧化能力越强。热力学允许的光催化反应必须满足以下两个条件:①电子受体电势要比光催化材料的导带电势更正;②电子供体电势要比光催化材料价带电势更负。光催化材料价带和导带的氧化还原能力与其对光的吸收能力存在竞争关系,当光催化材料的禁带宽度(E_g)增大时,其价带和导带的氧化还原能力会随之增强,与此同时,该材料对可见光的吸收范围却会相应变窄。表1-1是一些光催化材料的禁带宽度。

表1-1 一些光催化材料的禁带宽度

光催化材料	禁带宽度 E_g/eV	光催化材料	禁带宽度 E_g/eV
NaTaO$_3$	4.00	Bi$_2$O$_3$	2.80
ZnS	3.60	Bi$_2$WO$_6$	2.80
SnO$_2$	3.60	In$_2$O$_3$	2.70
ZnO	3.37	g-C$_3$N$_4$	2.70
TiO$_2$(锐钛矿)	3.20	V$_2$O$_5$	2.70
BaTiO$_3$	3.20	AgBr	2.60
Fe$_2$O$_3$	3.10	TaON	2.40
ZnTiO$_3$	3.10	CdS	2.42
TiO$_2$(金红石)	3.10	Cu$_2$O	2.20
Nb$_2$O$_3$	3.00	Fe$_2$O$_3$	2.10
CuTiO$_3$	3.00	CdSe	1.70
4H-SiC	3.25	Bi$_2$S$_3$	1.30
WO$_3$	2.70		

注:禁带宽度大小与材料的晶体结构、温度和测量方法有关。

图1-2给出了几种半导体的能带结构与一些物质的氧化还原电势之间的关系(刘守新和刘鸿,2006)。

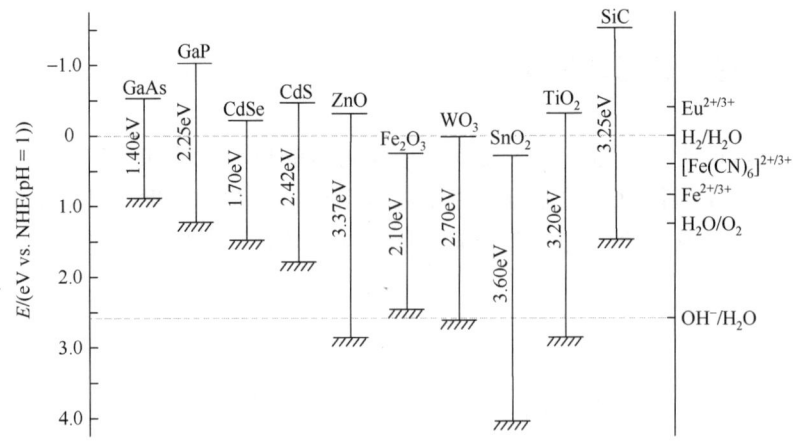

图 1-2 几种半导体的能带结构与一些物质的氧化还原电势之间的关系

2. 晶型结构

光催化材料的晶型结构一般通过调节禁带宽度和晶格缺陷来改变光生电子-空穴的产生量和复合率,以及对光的吸收范围和利用率,进而影响材料的光催化活性。同一种光催化材料,制备条件的不同,也会导致材料的晶型结构(晶格缺陷、暴露晶面和晶型)不同。如最常见的 n 型半导体光催化材料 TiO_2,其在自然界中有三种晶型:板钛矿型(brookite)、锐钛矿型(anatase)和金红石型(rutile)。板钛矿型属于斜方晶系,不稳定,是一种亚稳相。金红石型和锐钛矿型 TiO_2 都属于四方晶系,但两者在结构上存在差异,导致它们具有不同的带隙结构。研究表明:金红石型 TiO_2 的禁带宽度为 3.1eV,略小于锐钛矿型的 3.2eV,金红石型 TiO_2 对光的响应范围略大于锐钛矿型 TiO_2,但在紫外光照射下,锐钛矿型 TiO_2 表现出的光催化活性高于金红石型 TiO_2,这可能是由金红石型 TiO_2 的光生载流子容易复合,吸附 O_2 的能力较弱、比表面积较小等造成的。又如非金属聚合物氮化碳具有 α 相、β 相、石墨相、准立方相和立方相五种晶型结构,其中石墨相($g-C_3N_4$)具有明显的光催化活性。

3. 粒径尺寸和比表面积

光催化反应是一种表面反应,通常光催化材料的尺寸越小,材料的比表面积越大,暴露出的活性点位越多,同时也缩短了光生载流子迁移到表面的时间。有利于提高光生载流子的分离效率,利于反应的进行。当颗粒尺寸减小到纳米级时,光催化材料的性质会较宏观状态下发生较大改变,其光催化活性将会高于普通光催化材料,这是由于纳米尺寸的粒子除具有粒径小、比表面积大的特点外,还具有量子尺寸效应、小尺寸效应和宏观量子隧道效应。其中量子尺寸效应使纳米级光催化材料禁带宽度变宽,降低了光生电子、空穴的复合率,增强了光生电子、空穴的氧化还原能力,提高了材料的光催化活性,而小尺寸效应使光生电子、空穴的传输速度加快,复合率降低,光催化活性也随之增强。此外,较大的比表面积不仅有利于光催化材料对污染物的吸附作用,而且能够使光在材料表面多次反射,进而提高光催化材料对光的利用率,有利于光生电子-空穴对的产生。

4. 载流子的分离和捕获

光生载流子在催化过程中有多种变化途径，其中最主要的是载流子的分离和复合两种途径，且这两种途径在反应过程中是竞争关系。光生载流子（电子、空穴）的复合速率远远高于光生载流子的迁移速率，而在光催化反应中，只有有效分离后的载流子与相应的供体或受体发生反应后才可以称为有效电荷转移，否则它们会在光催化材料的表面或内部复合并以热能或光能的形式释放出来。电子的受体一般是导带电势低于自身导带位置且吸附在光催化材料表面的氧分子，接受一个电子后的氧分子会形成具有高活性的 $\cdot O_2^-$，而 h^+ 的电子供体一般是电势高于光催化材料价带位置且吸附在半导体表面的 OH^- 和水分子，h^+ 能够把水分子和 OH^- 氧化成具有高活性的 $\cdot O_2^-$、$\cdot OH$，它们很容易与溶液中的污染物发生反应，进而达到分解污染物的目的。

5. 光照强度

光子数量对光催化反应起着至关重要的作用。当光源确定时，光照强度是决定光子数量的重要条件。对光催化材料来说，光子激发活性位点，产生活性基团，最终由活性基团实现氧化还原作用。在一定范围的光照强度下，利用光催化技术降解污染物，待降解污染物的速率常数和光照强度呈正相关；但光照强度超过一定值时，即使再增加光照强度，光催化反应速率也不会加快，这可能是由于光催化材料表面需要的光子数量是一定的。

6. 溶液初始 pH

在非均相光催化体系中，pH 是一个重要的影响因素。它通过改变光催化材料表面的荷电状态、颗粒的聚集尺寸、能带位置（导带和价带），以及对污染物的吸附能力，进而影响光催化材料的催化效能。此外，pH 的变化还会影响溶液中 OH^- 的浓度，间接影响 h^+ 直接氧化 OH^- 生成羟基自由基（$\cdot OH$）的数量。羟基自由基（$\cdot OH$）是光催化过程中的关键活性物种，其浓度的大小直接关系到光催化剂的催化性能。因此，在 pH 较高或较低的条件下，污染物的降解率都可能是最高的。

1.2 光催化材料的制备方法

目前常用物理法、化学法制备光催化材料。一般来说，物理法制备工艺简单，但在制备过程中，存在原料物性相差较大，不易完全混合均匀，产品形貌、粒径、性能的均匀性一致性差等问题。常见物理法有机械球磨法、微波加热法和激光光热技术等。化学法包括溶胶凝胶法、模板法、溶剂热合成法、热缩聚合成法等。

1.2.1 溶胶凝胶法

溶胶凝胶法是指在溶液中加入能成核的凝胶液形成凝胶体，再通过高温退火等步骤制备出所需物质的方法，该方法通常在室温下进行，反应温和。溶胶凝胶工艺主要包括溶胶、凝胶和热处理三个步骤。其中溶胶步骤最为关键，常用醇盐水解法和机械分散法制备溶胶。一般采用金属有机物或无机化合物作为原料，溶解于某种溶剂中形成均匀溶液，然后在催化剂和添加剂的作用下使溶液中的离子发生水解缩聚反应，通过控制各种反应参数，得到一种由纳米颗粒或者团簇均匀分散于液相介质中的分散体系，即溶胶（sol）；随后此溶胶在温度变化、搅拌作用和水解缩聚等化学反应的共同作用下，其纳米颗粒间发生聚集，使分散体系的维度增大，最终导致具有流动性的液体溶胶变为具有一定弹性的固体凝胶（gel）。溶胶凝胶法具有均匀度高、退火温度不高、便于掺杂改性、工艺简单、易推广、成本低等优点。

1.2.2 模板法

模板法作为制备空心材料极为常用且行之有效的一种方法，其中所涉及的常用模板涵盖了借助表面活性剂制备而成的软模板（如胶束、气泡等）以及硬模板（如有机聚合物、碳和二氧化硅等）。其制备材料主要历经三个步骤：其一，进行模板的准备工作；其二，运用沉淀或者溶胶-凝胶等相关方法，促使模板表面包覆特定厚度的前驱物，进而形成核壳复合物；其三，采用物理溶解或者化学煅烧等方式去除模板，从而获取目标产物。通常而言，软模板在制备材料时呈现出的均一性较差，故而逐渐被硬模板法取代。

1.2.3 溶剂热合成法

溶剂热合成法是一种高效的合成技术，它通过特制的高压反应釜（内部通常采用聚四氟乙烯材料，外部由不锈钢构成）来实现。这种方法常以水或醇类等有机溶剂作为介质，利用金属盐作为目标产物的前体，在特定的温度和压力下，通过金属离子的重结晶精确控制反应条件和添加物质，依据奥斯特瓦尔德（Ostwald）熟化理论，最终制备出具有特定形貌的目标产物。溶剂热合成法的优势在于其原料成本低且易于获取，反应条件温和，过程易于调控。此外，该方法还能使那些在常温下难以进行的反应在溶剂热条件下迅速进行，制备出的材料不仅晶型完整，而且具有较好的体系均匀性、分散性以及形貌多样性，因此被广泛应用于材料合成领域。

1.2.4 机械涂覆技术

近几年，国内外的一些材料工作者将沾污现象创新用于表面涂层制备，形成了一种新型的涂层制备技术——机械涂覆技术（mechanical coating technology, MCT）。利用该技术，可以实现材料的复合、掺杂改性、盐熔处理和多步热处理。该技术的使用受球磨时间、球磨转速、球料比等工艺参数的影响。

1.2.5 热缩聚合成法

热缩聚合成法在制备 $g-C_3N_4$ 中最为常用。前驱体多为富氮材料，该方法具有原料便宜、制备过程简单、产物晶型较好的特点。针对不同前驱体，缩聚成 g-C$_3$N$_4$ 的反应温度也有所不同：三聚氰胺为 500～580℃、氰胺为 550℃、双氰胺为 550℃、尿素为 520～550℃、硫脲为 450～650℃。该方法制备 g-C$_3$N$_4$ 的合成机理也较为成熟，以双氰胺为例，双氰胺在 234℃时先缩聚为三聚氰胺，而后进行氨基消除再聚合反应，335℃脱氨基缩合成三聚氰胺二聚体，390℃重排获得均三嗪结构单元，而后在 550℃最终形成二维网状结构的 g-C$_3$N$_4$。以硫脲或尿素为前驱体制备 g-C$_3$N$_4$，由于 S 元素和 O 元素的存在，随着温度的不断升高会有 H$_2$S 或 H$_2$O 生成，减缓了 NH$_3$ 的生成，制备出的 g-C$_3$N$_4$ 尽管聚合度不如以其他原料制备出的高，但由于 H$_2$S 或 H$_2$O 的存在，材料具有较大的比表面积（Mamba and Mishra，2016）。

1.3 光催化材料的表征方法

光催化材料的性能表征是评价光催化材料性能的关键，对于分析光催化材料形成机理，探究光催化反应途径等起着至关重要的作用。目前常用的光催化材料表征方法有 X 射线衍射（X-ray diffraction，XRD）、傅里叶变换红外光谱、电子显微术、X 射线光电子能谱、N$_2$ 吸附-脱附分析、紫外-可见漫反射光谱、光致发光光谱、拉曼光谱、原子力显微术、电子顺磁共振波谱、瞬态表面光电压谱和稳态表面光电压谱等。

1.3.1 X 射线衍射

X 射线衍射（XRD）是目前最普遍的物相鉴定技术，其原理是晶体中原子呈周期性排列，单色 X 射线照射到晶体中的原子时，弹性散射波相互干涉，形成与晶体结构相对应的衍射现象。X 射线光谱可以分为连续光谱和特征（标识）光谱两类。每一种晶体都具有其特定的衍射图谱，根据各自的衍射数据可以准确鉴定出不同的物相。该方法广泛应用于材料的物相鉴定、结晶程度、晶格参数测定、晶粒尺寸测定、介孔结构分析、残余应力评估等方面。

衍射 X 射线满足布拉格（W. L. Bragg）方程：

$$2d\sin\theta = n\lambda \tag{1-6}$$

式中，λ 为 X 射线的波长；θ 为衍射角；d 为晶面间距；n 为衍射级数。已知 X 射线的波长，测 θ 角，可以计算晶面间距。已知晶面间距的晶体，测 θ 角，可以计算特征辐射波长，进而查出样品中所含元素。

X 射线衍射峰宽与晶粒尺寸成反比，采用 X 射线衍射宽化法可以估算样品的晶粒粒径，晶粒尺寸采用谢乐（Scherrer）公式进行计算：

$$D = \frac{K\lambda}{\beta\cos\theta} \tag{1-7}$$

式中，D 为晶粒在衍射峰对应晶面法线平面的平均厚度，并以此作为平均晶粒大小，nm；λ 为所用 X 射线波长，nm；β 为粒子细化而引起的 X 射线宽化，采用对应衍射峰的半峰宽数值，rad；θ 为衍射峰对应的布拉格角；K 为常数，一般取 0.89。当颗粒为单晶时，测得的是颗粒粒径；当颗粒为多晶时，测得的是组成单个颗粒的平均晶粒粒径。一般当晶粒粒径小于 50nm 时，测量值与实际值相近；而当晶粒大于 100nm 时，其衍射峰宽度随晶粒大小变化不敏感，采用 XRD 宽化法计算晶粒尺寸不再适用。

1.3.2 傅里叶变换红外光谱

傅里叶变换红外光谱（Fourier transform infrared spectroscopy，FT-IR）是将一束不同波长的红外射线照射到物质的分子上，某些特定波长的红外射线被吸收后，形成这一分子的红外吸收光谱。每种分子都有由其组成和结构决定的独有的红外吸收光谱，据此可以对分子进行结构的分析和鉴定。红外光谱仪中，应用最多和最普遍的是傅里叶变换红外光谱仪，该光谱仪是基于对干涉后的红外光进行傅里叶变换这一原理而开发的一种红外光谱仪。利用红外吸收光谱可以研究催化剂及其表面的化学键和官能团。

催化剂表面基团的伸缩振动频率主要取决于基团中原子的质量及化学键的力常数，由于基团的振动并不是孤立的，要受到该基团周围化学环境的影响，这种影响是指分子内各种结构因素的影响，如诱导效应、共轭效应、氢键、共振偶合、张力效应及空间效应等，从而使基团振动频率发生变化。此外，吸收峰的频率还受到测定条件、溶剂种类等外部因素的影响（蔡伟民和龙明策，2019）。

1.3.3 电子显微术

电子显微镜是可以在分子、原子尺度上在原位进行抽检表征的有效工具，在研究材料的形态和结构方面有着广泛的应用。目前应用最广的电子显微术包括扫描电子显微术（scanning electron microscopy，SEM）和透射电子显微术（transmission electron microscopy，TEM）。SEM 的电子束不穿过样品，电子束聚焦在样本的一小块地方，并逐点进行扫描，而后将二次电子、背散射电子或吸收电子的信号变成图像。SEM 可以从固体试样表面获得图像，但分辨能力较差。TEM 的电子束可以穿透样品，而后利用电子透镜获得放大的图像。由于电子需要穿过样本，因此对测试样品的厚度要求较高，一般需要小于 100nm，如果样品太厚或过密，会因吸收电子束的能量而被损伤或破坏。TEM 常用于直接观察催化剂的形貌、平均粒径或粒径分布。高分辨透射电子显微术（high resolution transmission electron microscopy，HRTEM）能获得晶胞、晶面排列的信息，甚至可以确定晶胞中原子的位置。

1.3.4 X 射线光电子能谱

X 射线光电子能谱（X-ray photoelectron spectroscopy，XPS）是利用波长在 X 射线范围的高能光子照射到样本上，进而测量由此引起的光电子能量分布。在 X 射线照射样本时，各种轨道电子都有可能从原子中激发成光电子，由于各种原子、分子都具有唯一的轨道电子结合能，因此可用来测定固体表面的电子结构和表面组成的化学成分。XPS 可以检测周期表中除 H 和 He 以外所有的元素，并具有较高的绝对灵敏度。除了对化学元素做定性分析外，还可对材料表面元素进行定量、半定量及元素化学价态分析。XPS 是一种高灵敏超微量表面分析技术，样品分析的深度约为20Å，信号来自表面几个原子层，样品量可少至 10^{-8}g，绝对灵敏度高达 10^{-18}g。

化学位移又称结合能位移，原子的内层电子结合能随原子周围化学环境变化的现象称为化学位移。化学位移与原子氧化态、原子电荷和官能团有关。化学位移信息是利用 XPS 进行材料原子结构分析和化学键研究的基础。XPS 峰强度的经验规律：①主量子数小的壳层的峰比主量子数大的峰强；②同一壳层，角量子数大者峰强；③n 和 l 都相同者，j 大者峰强。通常情况下，当催化材料中某元素的价态增加时，电子受原子核的库仑作用增强，结合能增大；当外层电子密度减少时，屏蔽作用将减弱，内层电子的结合能增大，反之则结合能将减小。

1.3.5 N₂吸附-脱附分析

材料比表面积是指单位质量材料所具有的表面积。通常，材料的比表面积越大，所含的活性中心或反应位点就越多，吸附性能就越强。N₂吸附-脱附等温线是表征材料结构特征的重要方法，通过测量材料在液氮条件下（77K）气体在不同的相对压力下的吸附量和脱附量，从而得到材料比表面积和相应的孔径数据。样品的比表面积采用布鲁诺尔-埃米特-特勒（Brunauer-Emmett-Teller，BET）法计算，孔径分布采用巴雷特-乔伊纳-哈伦达（Barrett-Joyner-Halenda，BJH）法计算。

1.3.6 紫外-可见漫反射光谱

光催化材料经光源照射后，在相应的波长范围内分子内部的电子跃迁可产生不同强度的吸收光谱，即紫外-可见漫反射光谱（UV-vis diffuse reflection spectra，UV-vis DRS）。通过分析样品的紫外-可见漫反射光谱，利用库贝尔卡-蒙克（Kubelka-Munk）方程来计算光催化材料的禁带宽度。

$$(\alpha h v)^{1/n} = A(hv - E_g) \tag{1-8}$$

式中，α 为吸收系数；v 为光的频率；E_g 为禁带宽度；A 为常数；h 为普朗克常量；当材料为直接或间接半导体时，n 分别等于 1/2 或 2。

1.3.7 光致发光光谱

光致发光光谱（photoluminescence spectra，PL）是由光激发产生的光生电子和空穴的复合，其发光强度反映了光生电子（e⁻）和空穴（h⁺）的寿命和复合率。e⁻与 h⁺重新复合后，能量以光子形式重新释放，产生光致发光现象。目前该技术被广泛运用于揭示光生载流子的迁移、捕获规律，判断 e⁻和 h⁺的寿命。通常情况下，当发光光谱对应带隙能量时，发光峰强度越强，表明能量损耗的复合作用越强，光催化活性越低，但很多时候发光峰还对应复杂的表面态能级和激子复合,因此对发光光谱的测试结果需要综合分析。

1.3.8 拉曼光谱

拉曼光谱(Raman spectra)是一种非破坏性的散射光谱,能够揭示材料的化学组成、结构、聚合情况以及应力等信息,广泛用于陶瓷、薄膜、涂料、矿物包裹体等研究,由于其测试过程中不会对材料样品造成破坏,保证了样品的完整性。拉曼光谱和红外光谱可以起互相补充的作用,拉曼光谱相当于把分子的振动-转动能级从红外区转移到紫外-可见区来研究,可以探测材料的表面缺陷和氧空位。

1.3.9 原子力显微术

原子力显微术(atomic force microscopy,AFM)提供了一种使锐利的针尖直接接触样品表面而成像的方法,在大气、真空、溶液甚至反应性气氛中均可进行。该方法对层状材料、离子晶体、有机分子膜等均可达到原子级分辨率的成像效果,尤其是在表征膜材料的表面形貌方面(晶粒尺寸大小、薄膜均匀性、致密性、表面粗糙度等)使用较广。

1.3.10 电子顺磁共振波谱

电子顺磁共振(electron paramagnetic resonance,EPR)波谱是一种用于检测具有顺磁性物质(未成对电子)的波谱方法,检测对象主要为具有顺磁性质的自由基和过渡金属离子。该技术与其他测试技术相比,具有在不影响反应进行的情况下也能获得相关物质信息、检测灵敏度高、特异性强等优点。

1.3.11 瞬态表面光电压谱

瞬态表面光电压谱(transient surface photovoltage spectroscopy)以激光为光源。激光光源单色性好、强度高,尤其是具有与样品作用时间短的优点。因此,通过瞬态表面光电压谱的测试,可以获得半导体光催化剂载流子的寿命、衰减动力学等影响半导体光催化剂光催化活性的重要信息。

1.3.12 稳态表面光电压谱

稳态表面光电压谱(steady-state surface photovoltage spectroscopy)在分析检测半导体材料表界面的光生载流子跃迁和转移等过程方面有独特的优越性。半导体被光激发后产生的光生电子和空穴会在自建电场作用下由半导体内部向表面迁移。由于电荷性质不同以及对电子或空穴捕获情况的存在,到达表面的电子和空穴的数量是不同的,因而形成了表面光电压。当半导体存在表面态时，会在长波区发生电荷分离，形成光伏信号，而这些表面态对光生电荷的束缚等作用也会对带带跃迁所产生的光伏信号产生影响。因此，通过测试半导体样品的光伏信号，可以获得样品在不同情况下的光生电荷性质等方面的信息。表面光电压的产生是基于光致电荷发生转移的过程，基于此原理，并借助于气氛控制等附加手段与 SPS 结合，用于揭示半导体材料的光生电荷属性等，同时可为研究复合体材料的电荷转移机制提供必要的支持。

1.4 光催化材料的应用

1972 年，日本东京大学藤岛昭和本多健一教授首次提出利用 TiO_2 单晶电极可以在光照下催化分解水并制得氢气。该成果一经提出便受到各界广泛关注，开辟了光催化材料在能源利用方面的先河。随着科研人员对光催化技术的深入研究，光催化技术在环境污染物治理、二氧化碳还原、固氮反应、传感器技术等多个领域得到了广泛的应用和深入的研究。

1.4.1 分解水产氢

H_2 热值（120MJ/kg）是汽油燃烧热值的 3 倍之多，燃烧产物是水，氢能源被认为是绿色清洁的能源。光催化分解水制氢技术是一种将取之不尽、用之不竭的太阳能高效转化为氢能的方法，被认为是一种高效、低能耗、绿色的制氢途径。光催化材料在光照的条件下产生光生载流子，e^- 迁移至光催化材料表面后，进一步将水中的 H^+ 还原成 H_2。光辐射在光催化材料上，如果辐射能量达到或超过材料的禁带宽度，电子受激发从价带跃迁到导带，而空穴则留在价带，使电子和空穴发生分离，然后分别在不同位置将水还原成 H_2 或者将水氧化成 O_2。光催化技术要完全分解水必须满足如下基本条件：①光催化材料的禁带宽度必须大于水的分解电压理论值 1.23V，确保产生足够的能量来驱动水分解反应；②光生电子-空穴对的电位必须分别满足将水还原成 H_2 和氧化成 O_2 的要求，具体地讲，就是光催化材料价带的位置应比 O_2/H_2O 的电位更正，而导带电位比 H_2/H_2O 更负，以确保电子和空穴能够有效地参与水的氧化和还原反应；③光提供的量子能量应该大于光催化材料的禁带宽度，确保光辐射能够激发电子从价带跃迁到导带，实现光生载流子的有效分离。目前，已有大量关于光催化产氢的报道，其中除 TiO_2 外，还开发出具有紫外光响应的层状铌酸盐类光催化材料，以及具有可见光响应的窄禁带的硫化物半导体及非金属的石墨相氮化碳（$g-C_3N_4$）（Liu et al., 2020）。

1.4.2 二氧化碳还原

以煤炭和石油为代表的化石能源持续消耗，产生了大量 CO_2 加剧了温室效应等环境问题。在太阳光照射条件下，利用光催化模拟绿色植物中叶绿体的功能，将 CO_2 还原为

可利用的能源物质 CH_4、CH_3OH、$HCHO$、$HCOOH$ 等并同时消耗 CO_2，是目前被认为最有前景的解决方案之一。h^+ 具有氧化能力，可将 H_2O 转化为 O_2。用于还原 CO_2 的光催化材料必须具备适宜的价带和导带位置，价带位置要比 H_2O/O_2 的氧化电位（0.82eV）更正才具有裂解水分子的能力，为 CO_2 还原提供 H^+，同时导带位置要比 CO_2/碳氢燃料的还原电势更负，才能有效地将 CO_2 还原为碳氢燃料。这样的能带结构设计是实现高效光催化 CO_2 还原反应的关键。目前除了 H_2O 被用作常用的还原剂，异丙醇、三乙醇胺等也被用作牺牲剂和质子供体（Khalil et al., 2019）。

1.4.3 光催化固氮

光催化固氮反应旨在模拟自然界氮循环中的固氮过程。在自然界中，固氮主要依赖于某些细菌，例如豆类植物根部的根瘤菌，它们能够将大气中的氮气转化为液态氨。而光催化固氮则是利用光催化材料的还原能力，直接将空气中的氮气还原成氨。目前，这一领域的研究仍处于起步阶段，主要挑战在于氮分子中三键的键能很大，需要较高的能量打破该键所需的活化能，这对光催化材料的还原能力提出了极高的要求。我们有理由相信，未来将会出现一系列高效的光催化固氮材料，为实现可持续的氮循环和氨的绿色合成提供新的可能性（Guan et al., 2021）。

1.4.4 废气治理

利用光催化过程中产生的活性物质的强氧化作用，可以对大气中的有害气体进行处理。挥发性有机物（volatile organic compounds，VOCs）是一类能够在室温下挥发的低沸点含碳有机物的总称。VOCs 种类繁多，包括多环芳烃类、烃类、氧烃类、含卤烃类、氮氟烃类、硫烃类等。光催化材料凭借吸附作用吸附 VOCs，并进一步通过氧化还原反应，最终实现有害气体的净化（Zou et al., 2019）。随着研究的不断深入，以及工艺和设备结构设计的持续优化，VOCs 的光催化处理技术将迎来新的发展机遇。

1.4.5 降解有机物

光催化降解有机污染物主要通过两种机制实现。首先，半导体材料在光激发下产生的光生电子-空穴对具有显著的氧化还原活性。其中，空穴（h^+）具有强的氧化能力，能够有效地氧化并分解环境中难以降解的污染物；同时，电子（e^-）的强还原性也使得它们能够将环境中的有毒物质还原并分解。其次，价带上的空穴可以与表面吸附的水分子反应，生成具有强氧化性的羟基自由基（•OH），或者导带上的电子与表面吸附的氧气分子反应，生成超氧自由基（•O_2^-）等含氧活性物种，这些活性物种进一步氧化分解有机污染物。光催化降解有机物具有矿化程度高、有机物处理彻底以及无二次污染物等优势（Hu et al., 2017）。

1.4.6 光催化防腐

钢铁腐蚀通常由化学腐蚀和电化学腐蚀引起。化学腐蚀主要在酸性条件下发生，而电化学腐蚀多见于碱性环境或电解质溶液中。在实际应用中，由于大多数环境都含有电解质，电化学腐蚀往往占据了腐蚀过程的主导地位。因此，在防腐措施中，重点防范电化学腐蚀的发生具有重要意义。在光催化材料分解水制氢的过程中，利用激发电子的强还原性将水中解离出的质子（H^+）还原成氢气（H_2）。通过对比激发电子的还原电势与铁（Fe）元素不同价态的还原电势，发现激发电子的还原电势（–1.12eV）比 Fe^{2+}（铁元素中还原电势最负的价态）的理论还原电势更负。这意味着激发电子具有足够的能量将 Fe^{3+} 还原成 Fe，从而在一定程度上抑制了钢铁的电化学腐蚀过程。这一发现为开发新型光催化材料提供了理论依据，有助于设计出更有效的防腐蚀策略（Fandi et al.，2020）。

1.4.7 其他方向

光催化技术不仅能有效降解水中的有机污染物并净化空气，还具备杀菌功能。饮用水中的致病菌对人类健康构成严重威胁。传统的饮用水消毒方法依赖于添加各类消毒剂，这可能会在水体中留下有害的副产物。然而，将光催化技术应用于饮用水消毒可以规避这一问题，因为它不依赖化学添加物，从而避免了有害副产物的产生，为此提供了一种更安全、更环保的饮用水处理方案。随着工业化和社会的快速发展，天然气、煤制气等可燃能源被广泛开发与使用，工业生产中排放大量挥发性有机物（VOCs）和一氧化碳（CO）等气体，人类生活环境因此存在重大的安全风险。全球众多研究者正致力于这些气体的检测与控制技术研究，以期减少其对环境和人类健康的影响。气体传感器作为气体检测仪器的核心组件，是一种能够感知环境中特定气体及其浓度的装置。它们能够将与气体种类和浓度相关的信息转换为电信号，便于工作人员进行监测和控制。此外，利用光催化材料的共轭结构和荧光特性，可以开发出开关型荧光传感器。这类传感器在生物体内对甲硝唑等特定物质具有高度的敏感性，能够实现对这些物质的精准传感，为环境监测和生物医学领域提供了一种新的检测手段（Manjunatha et al.，2020）。

参 考 文 献

蔡伟民，龙明策，2019. 环境光催化材料与光催化净化技术[M]. 上海：上海交通大学出版社.

刘守新，刘鸿. 2006. 光电催化基础与应用[M]. 北京：化学工业出版社.

Abdelnasser S，Al-Sakkaf R，Palmisano G，2021. Environmental and energy applications of TiO_2 photoanodes modified with alkali metals and polymers[J]. Journal of Environmental Chemical Engineering，9（1）：1-22.

Carey J H，Lawrence J，Tosine H M，1976. Photodechlorination of PCB's in the presence of titanium dioxide in aqueous suspensions[J]. Bulletin of Environmental Contamination and Toxicology，16（6）：697-701.

Chawla H，Chandra A，Ingole P P，2021. Recent advancements in enhancement of photocatalytic activity using bismuth-based metal oxides Bi_2MO_6（M = W，Mo，Cr）for environmental remediation and clean energy production[J]. Journal of Industrial and Engineering Chemistry，95：1-15.

Cheng Y, Song R Q, Wu K, et al., 2020. The enhanced visible-light-driven antibacterial performances of PTCDI-PANI (Fe(III)-doped) heterostructure[J]. Journal of Hazardous Materials, 383: 121166.

Dindar B, Güler A C, 2018. Comparison of facile synthesized N doped, B doped and undoped ZnO for the photocatalytic removal of Rhodamine B[J]. Environmental Nanotechnology, Monitoring & Management, 10: 457-466.

Divya J, Shivaramu N J, Purcell W, et al., 2020. Effects of annealing temperature on the crystal structure, optical and photocatalytic properties of Bi_2O_3 needles[J]. Applied Surface Science, 520: 146294.

El-Sheshtawy H S, El-Hosainy H M, Shoueir K R, et al., 2019. Facile immobilization of Ag nanoparticles on $g-C_3N_4/V_2O_5$ surface for enhancement of post-illumination, catalytic, and photocatalytic activity removal of organic and inorganic pollutants[J]. Applied Surface Science, 467-468: 268-276.

Fandi Z, Ameur N, Brahimi F T, et al., 2020. Photocatalytic and corrosion inhibitor performances of CeO_2 nanoparticles decorated by noble metals: Au, Ag, Pt[J]. Journal of Environmental Chemical Engineering, 8 (5): 104346.

Fujishima A, Honda K, 1972. Electrochemical photolysis of water at a semiconductor electrode[J]. Nature, 238: 37-38.

Fujishima A, Honda K, Watanabe T, 1999. TiO_2: Hotocatalysisi, Fundamentals and Applications[M]. Tokyo: BKC, Inc.

Ge M Z, Cai J S, Iocozzia J, et al., 2017. A review of TiO_2 nanostructured catalysts for sustainable H_2 generation[J]. International Journal of Hydrogen Energy, 42 (12): 8418-8449.

Guan R Q, Wang D D, Zhang Y J, et al., 2021. Enhanced photocatalytic N_2 fixation via defective and fluoride modified TiO_2 surface[J]. Applied Catalysis B: Environmental, 282: 119580.

Hu L X, Deng G H, Lu W C, et al., 2017. Deposition of CdS nanoparticles on MIL-53 (Fe) metal-organic framework with enhanced photocatalytic degradation of RhB under visible light irradiation[J]. Applied Surface Science, 410: 401-413.

Hu X, Hu X J, Peng Q Q, et al., 2020. Mechanisms underlying the photocatalytic degradation pathway of ciprofloxacin with heterogeneous TiO_2[J]. Chemical Engineering Journal, 380: 122366.

Ikreedeegh R R, Tahir M, 2021. A critical review in recent developments of metal-organic-frameworks (MOFs) with band engineering alteration for photocatalytic CO_2 reduction to solar fuels[J]. Journal of CO_2 Utilization, 43: 101381.

Khalil M, Gunlazuardi J, Ivandini T A, et al., 2019. Photocatalytic conversion of CO_2 using earth-abundant catalysts: A review on mechanism and catalytic performance[J]. Renewable and Sustainable Energy Reviews, 113: 109246.

Kondo T, Nagata M, 2017. Cu-doped ZnS/zeolite composite photocatalysts for hydrogen production from aqueous S^{2-}/SO_3^{2-} solutions[J]. Chemistry Letters, 46 (12): 1797-1799.

Liu T Y, Yang G J, Wang W, et al., 2020., Preparation of C_3N_5 nanosheets with enhanced performance in photocatalytic methylene blue (MB) degradation and H_2-evolution from water splitting[J]. Environmental Research, 188: 109741.

Liu T Y, Zhang X Q, Zhao F, et al., 2019. Targeting inside charge carriers transfer of photocatalyst: selective deposition of Ag_2O on $BiVO_4$ with enhanced UV-vis-NIR photocatalytic oxidation activity[J]. Applied Catalysis B: Environmental, 251: 220-228.

Liu X M, Deng H Q, Yao W L, et al., 2015. Preparation and photocatalytic activity of Y-doped Bi_2O_3[J]. Journal of Alloys and Compounds, 651: 135-142.

Mamba G, Mishra A K, 2016. Graphitic carbon nitride ($g-C_3N_4$) nanocomposites: A new and exciting generation of visible light driven photocatalysts for environmental pollution remediation[J]. Applied Catalysis B: Environmental, 198: 347-377.

Manjunatha A S, Pavithra N S, Shivanna M, et al., 2020. Synthesis of citrus limon mediated SnO_2-WO_3 nanocomposite: Applications to photocatalytic activity and electrochemical sensor[J]. Journal of Environmental Chemical Engineering, 8 (6): 104500.

Munawar T, Nadeem M S, Mukhtar F, et al., 2021. Rare earth metal Co-doped $Zn_{0.9}La_{0.05}M_{0.05}O$ (M = Yb, Sm, Nd) nanocrystals, energy gap tailoring, structural, photocatalytic and antibacterial studies[J]. Materials Science in Semiconductor Processing, 122: 105485.

Nasir A M, Awang N, Jaafar J, et al., 2021. Recent progress on fabrication and application of electrospun nanofibrous photocatalytic membranes for wastewater treatment: A review[J]. Journal of Water Process Engineering, 40: 101878.

Parul R, Kaur K, Badru R, et al., 2020. Photodegradation of organic pollutants using heterojunctions: A review[J]. Journal of Environmental Chemical Engineering, 8 (2): 103666.

Patnaik S, Sahoo D P, Parida K, 2021. Recent advances in anion doped g-C$_3$N$_4$ photocatalysts: A review[J]. Carbon, 172: 682-711.

Rao M F, Sathishkumar P, Mangalaraja R V, et al., 2018. Simple and low-cost synthesis of CuO nanosheets for visible-light-driven photocatalytic degradation of textile dyes[J]. Journal of Environmental Chemical Engineering, 6 (2): 2003-2010.

Ren X J, Gao M C, Zhang Y F, et al., 2020. Photocatalytic reduction of CO$_2$ on BiOX: Effect of halogen element type and surface oxygen vacancy mediated mechanism[J]. Applied Catalysis B: Environmental, 274: 119063.

Sharma K, Dutta V, Sharma S, et al., 2019. Recent advances in enhanced photocatalytic activity of bismuth oxyhalides for efficient photocatalysis of organic pollutants in water: A review[J]. Journal of Industrial and Engineering Chemistry, 78: 1-20.

Sowik J, Miodyńska M, Bajorowicz B, et al., 2019. Optical and photocatalytic properties of rare earth metal-modified ZnO quantum dots[J]. Applied Surface Science, 464: 651-663.

Wang S M, Guan Y, Zeng R H, et al., 2019. Plate-like WO$_3$ inserting into I-deficient BiO$_{1.2}$I$_{0.6}$ microsphere for highly efficient photocatalytic degradation of VOCs[J]. Journal of the Taiwan Institute of Chemical Engineers, 105: 96-103.

Xue W J, Huang D L, Wen X J, et al., 2020. Silver-based semiconductor Z-scheme photocatalytic systems for environmental purification[J]. Journal of Hazardous Materials, 390: 122128.

Yarahmadi A, Sharifnia S, 2014. Dye photosensitization of ZnO with metallophthalocyanines (Co, Ni and Cu) in photocatalytic conversion of greenhouse gases[J]. Dyes and Pigments, 107: 140-145.

You Y Y, Yuan H G, Wu Y X, et al., 2021. A novel red phosphorus/perylene diimide metal-free photocatalyst with p-n heterojunctions for efficient photoreduction of bromate under visible light[J]. Separation and Purification Technology, 264: 118456.

Yuan Y, Guo R T, Hong L F, et al., 2021. Recent advances and perspectives of MoS$_2$-based materials for photocatalytic dyes degradation: A review[J]. Colloids and Surfaces A: Physicochemical and Engineering Aspects, 611: 125836.

Zhang J H, Fu D, Wang S Q, et al., 2019. Photocatalytic removal of chromium (VI) and sulfite using transition metal (Cu, Fe, Zn) doped TiO$_2$ driven by visible light: Feasibility, mechanism and kinetics[J]. Journal of Industrial and Engineering Chemistry, 80: 23-32.

Zhang M L, Yang Y, An X Q, et al., 2021. A critical review of g-C$_3$N$_4$-based photocatalytic membrane for water purification[J]. Chemical Engineering Journal, 412: 128663.

Zhao J, Ge K, Zhao L F, et al., 2017. Enhanced photocatalytic properties of CdS-decorated BiPO$_4$ heterogeneous semiconductor catalyst under UV-light irradiation[J]. Journal of Alloys and Compounds, 729: 189-197.

Zheng J H, Liu X Y, Zhang L, 2020. Design of porous double-shell Cu$_2$O@CuCo$_2$O$_4$ Z-Scheme hollow microspheres with superior redox property for synergistic photocatalytic degradation of multi-pollutants[J]. Chemical Engineering Journal, 389: 124339.

Zhu K X, Lv Y, Liu J, et al., 2019. Facile fabrication of g-C$_3$N$_4$/SnO$_2$ composites and ball milling treatment for enhanced photocatalytic performance[J]. Journal of Alloys and Compounds, 802: 13-18.

Zou W X, Deng B, Hu X X, et al., 2018. Crystal-plane-dependent metal oxide-support interaction in CeO$_2$/g-C$_3$N$_4$ for photocatalytic hydrogen evolution[J]. Applied Catalysis B: Environmental, 238: 111-118.

Zou W X, Gao B, Ok Y S, et al., 2019. Integrated adsorption and photocatalytic degradation of volatile organic compounds (VOCs) using carbon-based nanocomposites: A critical review[J]. Chemosphere, 218: 845-859.

第 2 章 聚酰亚胺复合光催化材料的构建及应用

2.1 Z 型 ZnS/PI 复合材料的构建及废水中四环素的降解

2.1.1 引言

聚酰亚胺（PI）是一种具有可见光响应的有机高分子材料。PI 具有独特的化学稳定性和易于调控的化学结构，由均苯四甲酸二酐（PMDA）和三聚氰胺（MA）制备的 PI 具有合适的能带结构和良好的可见光响应，但是单晶 PI 的光催化性能会受到其自身量子效率的限制，所以可以通过改性的方法提高 PI 的量子效率，从而达到提高其光催化性能的目的。在污染控制领域，异质结光催化材料因其良好的光生电子-空穴对分离效率而备受关注。研究表明，构建依赖于两个材料能带位移的异质结光催化剂是促进空间电荷分离和光催化性能的有效途径（Wang et al., 2014; Low et al., 2017; Fu et al., 2018; Xu et al., 2018）。在异质体系中，II 型异质结光催化剂是常见的复合材料，严格来说，它可以分离空间中的光生电荷（Low et al., 2017）。一般认为在 II 型异质结复合材料中，电子和空穴的氧化还原能力被削弱了（Huang et al., 2017）。相反，Z 型异质结除了能有效促进光生电荷的分离外，还能保持两种材料更强的氧化还原能力（Zhang et al., 2014; Low et al., 2017; Huang et al., 2017; Xu et al., 2018）。因此，构建 Z 型异质结可以很好地实现光催化降解四环素（tetracycline，TC）的要求。为了提高 PI 的量子效率，选择适合的硫化物与 PI 构建独特的 Z 型结构，以达到对其进行改性的目的。ZnS 具有良好的热稳定性、高电子迁移率和低毒性，是光催化中最重要的金属硫化物材料之一（Mehrizad and Gharbani, 2017; Bakhtkhosh and Mehrizad, 2017; Yazdani and Mehrizad, 2018）。PI 和 ZnS 合适的禁带宽度使得 PI 和 ZnS 之间可以形成 Z 型异质结。本节采用溶剂热法在 PI 上原位生长 ZnS 制备独特的 Z 型 ZnS/PI 光催化剂，研究其对 TC 的光催化降解性能，通过结构表征，揭示其结构特性和光学性质，并探究 ZnS/PI 复合材料光催化降解废水中 TC 的作用机制。

2.1.2 Z 型 ZnS/PI 光催化剂的制备

（1）PI 的制备方法。根据 Chu 等（2013）的方法，采用固体聚合法合成。准确称量 20mmol MA 和 20mmol PMDA，将称取的原料放入陶瓷坩埚中充分研磨并混合均匀，然后将坩埚转移到马弗炉中以 7℃/min 的速率煅烧至 325℃，在此温度下保持 4h。煅烧结束后，让坩埚自然冷却至室温，取样研磨得到粉状材料，再用 50℃去离子水洗涤数次，然后将沉淀物在 60℃烘箱中干燥以获得固体粉末，最后将所得固体粉末分散于 25mL 去离子水中，水浴超声 2h，离心干燥。将该材料标记为 PI。

（2）ZnS/PI 复合材料的制备。将 5mmol 二水乙酸锌（$C_4H_{10}O_6Zn$）和 5mmol 硫脲（CH_4N_2S）分散在 50mL 去离子水溶液中，磁力搅拌 30min。然后将 0.369g PI 分散到混合溶液中并磁力搅拌 30min。接着将混合溶液装入衬有聚四氟乙烯的 80mL 高压釜中。然后将高压釜置于温度设定为 160℃的电加热恒温烘箱中，并在此温度下保持 16h。将得到的水热材料自然冷却至室温，再进行过滤、沉淀、洗涤处理，然后在 60℃烘箱中干燥，得到 ZnS/PI 复合材料。依次制备 XZnS/PI 复合材料，其中 X 代表 ZnS 质量占 ZnS 和 PI 总质量的百分比（10%、30%、45%、60%、90%，理论含量）。在不添加 PI 的情况下，以相同方式制备 ZnS。

2.1.3 结果与讨论

PI 是由胺和酸酐在空气中通过固相聚合进行亚胺化合成的（Meng et al.，2018）。首先将 MA 和 PMDA 以相同的物质的量比混合，然后在 325℃马弗炉中煅烧，使 PMDA 组分混入 MA 的三嗪环中（Chu et al.，2013）。采用水热法将 $C_4H_{10}O_6Zn$ 和 CH_4N_2S 通过高温高压混合形成 ZnS。将 $C_4H_{10}O_6Zn$ 和 CH_4N_2S 在去离子水中充分混合，然后加入制备好的 PI，使充分混合的微粒吸附到 PI 表面，再经过高温高压后，PI 与 ZnS 紧密接触，将 ZnS 负载到 PI 表面，最终合成 ZnS/PI 复合材料。

XRD 图谱可以确定制备材料的物相结构。制备的 PI 材料具有较强的衍射峰[图 2-1（a）]，表明采用固相聚合法合成的 PI 具有更强的链间相互作用、更高的聚合度和更有序的链取向。PI 的峰值主要集中在 15°～30°，与 Ma 等（2015）的描述一致。位于 29.7°和 19.0°的峰来源于重复元素的（100）平面和层间叠加的（002）平面，代表 π 共轭二维骨架的堆叠以及 PI 的 π-π 堆叠（Gong et al.，2019）。ZnS 的所有特征峰对应于标准卡片 PDF#79-0043 中所示的 ZnS 结构。在 2θ 值为 28.9°、48.4°和 57.2°处有 3 个主要衍射峰，分别对应于 ZnS 的（111）、（220）和（311）晶面（Bakhtkhosh and Mehrizad，2017；Allahveran and Mehrizad，2017；Motejadded Emrooz and Rahmani，2017；Mehrizad et al.，2019）。10ZnS/PI 复合材料中显示出有 PI 的几个主要特征峰，2θ 为 28.04°的特征峰强度增强，可能是 ZnS 的加入导致特征峰向低角度偏移（Yazdani and Mehrizad，2018）。30ZnS/PI 和 45ZnS/PI 复合材料的 XRD 图谱显示出与 PI 和 ZnS 对应的特征峰，表明 ZnS/PI 复合材料制备成功（Bakhtkhosh and Mehrizad，2017；Allahveran and Mehrizad，2017），而 60ZnS/PI 和 90ZnS/PI 材料的 XRD 图谱与 ZnS 一致。在 90ZnS/PI 复合材料中没有明显的 PI 的特征峰，可能是因为复合材料中 PI 的含量较低，且在复合材料中具有相对较高的分散性（Xu et al.，2013；Yan et al.，2015）。不同 ZnS 含量的复合材料的 XRD 图谱大致呈现出 ZnS 的特征衍射峰［图 2-1（b）］，而 ZnS 含量较低的复合材料还有一些其他相对较弱的衍射峰，其中 PI 的特征峰明显。此外，随着 ZnS 含量的增加，ZnS 特征峰强度增大，波形趋于变宽，同时样品中 PI 特征峰强度下降。结果表明，在水热过程中，PI 与 ZnS 发生相互作用，复合物中均含有这两种物质。

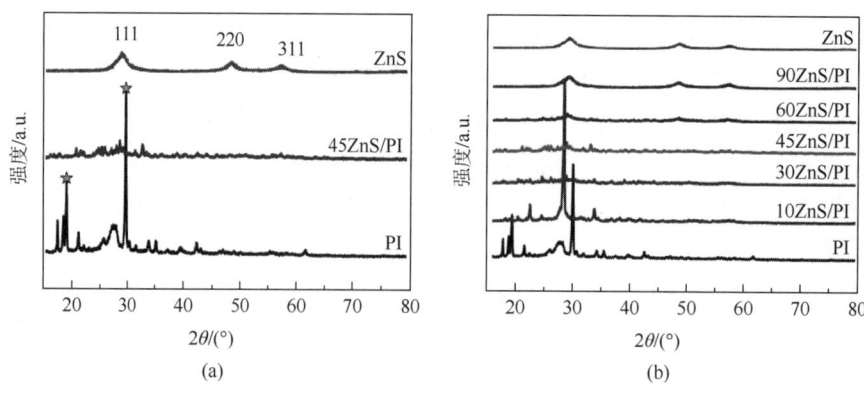

图 2-1 材料的 XRD 图谱

a.u. 指 arbitrary units，即任意单位，后同

FT-IR 可以进一步验证 ZnS/PI 复合材料的分子结构。复合材料的拉伸振动方式与 PI 的拉伸方式基本一致，没有出现显著变化，直接证明了 PI 分子结构的完整性[图 2-2(a)]。PI 的 FT-IR 显示在 729cm^{-1}、1722cm^{-1} 和 1772cm^{-1} 处存在吸收峰，这归因于聚酰亚胺羰基的弯曲振动、对称拉伸和不对称拉伸（Meng et al.，2018）。在 1304cm^{-1} 和 1374cm^{-1} 处的吸收峰归结为五元亚胺环的 C—N—C 伸缩振动和三嗪环的芳族 C—N 伸缩振动（Chu et al.，2012；Yan et al.，2015）。ZnS 在 620cm^{-1} 和 997cm^{-1} 处的吸收峰归因于 Zn—S 键的伸缩振动（Iranmanesh et al.，2015）。在 45ZnS/PI 复合材料的图谱中可以观察到 PI 和 ZnS 的典型振动。此外，在 3220cm^{-1} 和 3558cm^{-1} 处出现宽峰，表明复合材料表面存在一些羟基，这可能是由于材料表面存在吸附水。图 2-2（b）为水热温度 160℃、水热反应时间 16h 时不同原料配比的复合材料的 FT-IR 图谱。从图中可以发现随着 ZnS 含量的增加，样品中 ZnS 的特征峰的强度逐渐增强，而 PI 的特征峰的强度逐渐减弱。原因可能是 ZnS 的增加对 PI 的特征峰有掩蔽作用。结果表明，ZnS 和 PI 复合形成了 ZnS/PI 复合材料。

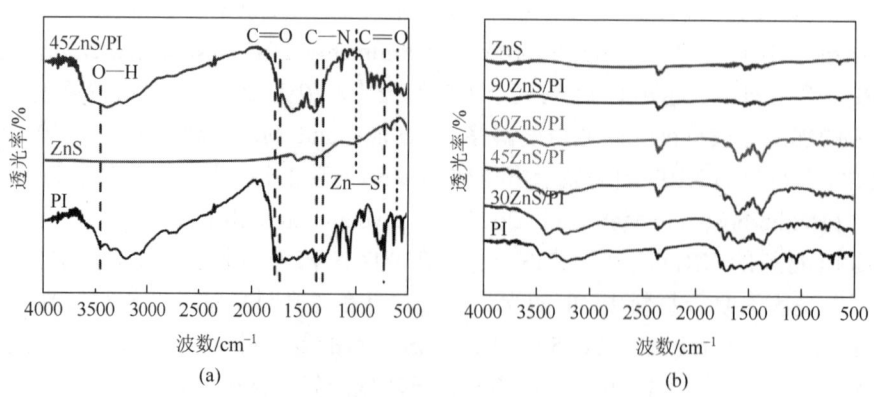

图 2-2 材料的 FT-IR 图谱

SEM 用于观察 PI、ZnS 和 ZnS/PI 光催化剂的形貌。PI 的 SEM 图[图 2-3（a）]显

示尺寸不规则的层状结构堆叠在一起（Gong et al.，2015；Meng et al.，2018；Meng et al.，2019）。ZnS 则是类似于不同尺寸的珍珠状微球［图 2-3（b）］。当 ZnS 和 PI 复合时，可以看到层状材料和微球共存［图 2-3（c）］。结果表明，PI 材料包裹着 ZnS 微球，进一步说明 ZnS/PI 复合材料是由 PI 和 ZnS 组成的。从 TEM 图［图 2-4（a）和图 2-4（b）］可以看出，PI 是一种薄层结构（Guo et al.，2018），而且从图 2-4（d）中可以清楚地观察到 ZnS 的晶格条纹，其中晶格条纹的间距为 0.220nm，对应于 ZnS 的（111）晶面（Shi et al.，2014），该结果与 ZnS 的 XRD 图谱相互印证。此外，45ZnS/PI 复合材料的图谱［图 2-4（e）］证实 PI 包裹着 ZnS 纳米颗粒（暗区对应 ZnS 纳米颗粒，亮区为 PI）（Hu et al.，2020；Gao et al.，2021），而且 ZnS 颗粒的尺寸小于 ZnS［图 2-4（c）和图 2-4（d）］。从图中可以看出，PI 和 ZnS 的接触非常紧密，这有利于光诱导电荷转移。圈出的区域（ZnS）有明显晶格条纹，而另一侧（PI）没有明显的晶格条纹，进一步印证了复合材料的制备成功［图 2-4（f）］。此外，在两者的接触区域可以清楚地看到两种材料之间的接触，这进一步验证了异质结的存在。

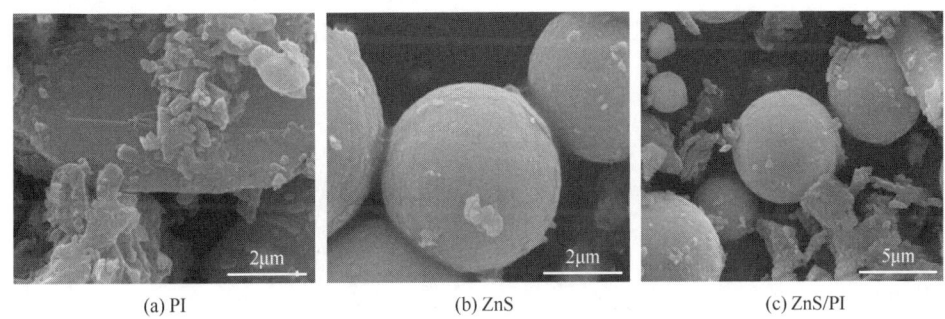

图 2-3　制备样品的 SEM 图

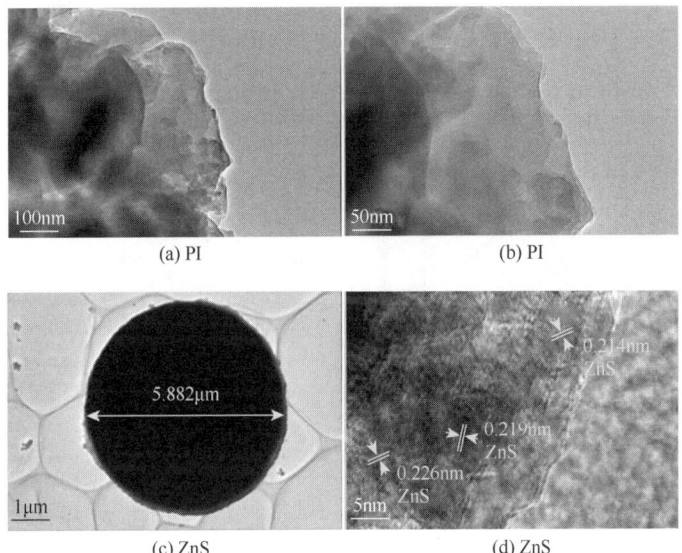

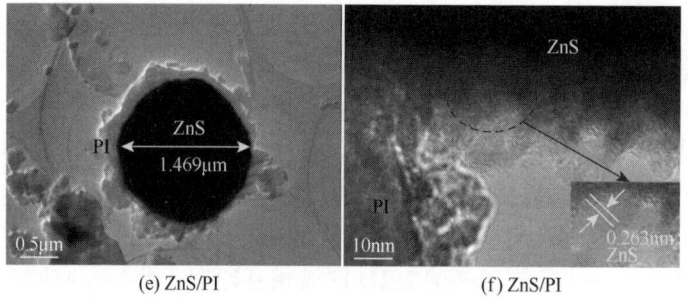

(e) ZnS/PI   (f) ZnS/PI

图 2-4 制备样品的 TEM 图和 HRTEM 图

  ZnS/PI 复合材料的 N_2 吸附-脱附等温线和孔径分布如图 2-5 所示。PI 和 ZnS 材料的 N_2 吸附-脱附等温线和孔径分布如图 2-6 所示。从图中可以发现，PI 和 ZnS/PI 材料的曲线为Ⅳ型等温线，具有介孔结构特征，可以通过相应的孔径进一步证实（Hu et al.，2020）。根据国际纯粹与应用化学联合会（International Union of Pure and Applied Chemisitry，IUPAC）分类（Thommes et al.，2015），ZnS 呈现Ⅲ型等温线，在无孔或大孔固体表面，吸附剂和吸附质之间的相互作用较弱（Hojamberdiev et al.，2020）。PI、ZnS

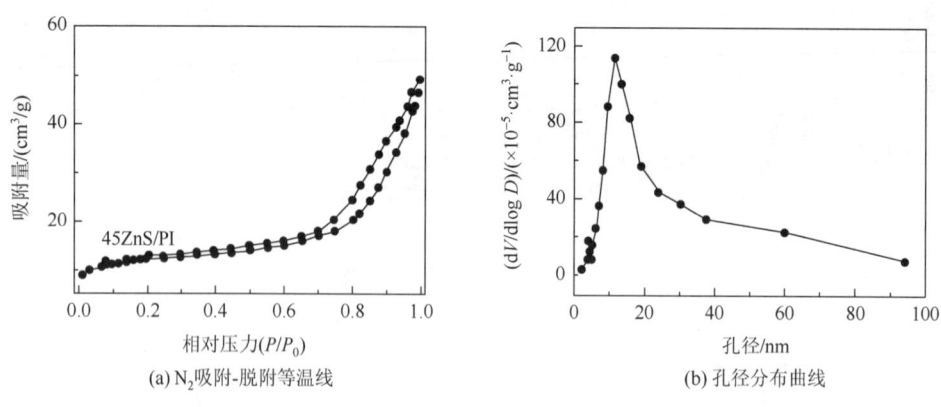

图 2-5 ZnS/PI 复合材料的 N_2 吸附-脱附等温线及孔径分布曲线

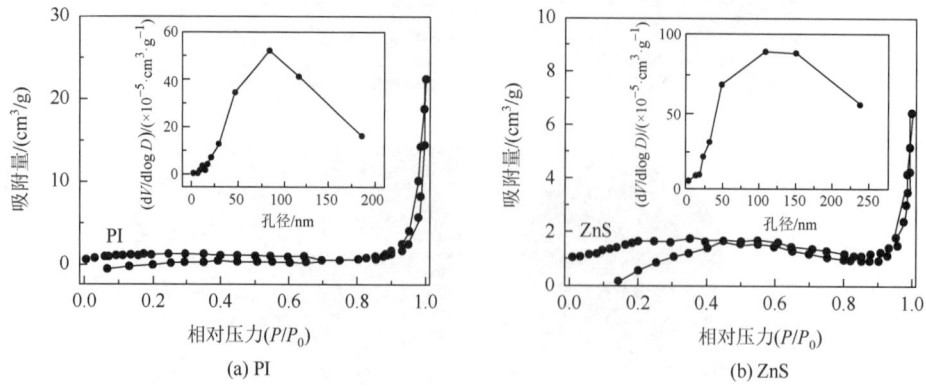

图 2-6 PI 和 ZnS 材料的 N_2 吸附-脱附等温线和孔径分布曲线

和 45ZnS/PI 的比表面积分别为 3.17m²/g、5.28m²/g 和 39.32m²/g；PI、ZnS 和 45ZnS/PI 的孔体积分别为 0.024cm³/g、0.010cm³/g 和 0.070cm³/g。45ZnS/PI 的比表面积约是 PI 的 12 倍和 ZnS 的 7 倍，孔体积约是 PI 和 ZnS 的 3 倍和 7 倍（表 2-1）。在 PI 中加入 ZnS 后，复合材料的比表面积和孔体积显著增加。

表 2-1 材料的比表面积和孔体积

材料	比表面积/(m²/g)	孔体积/(cm³/g)
PI	3.17	0.024
ZnS	5.28	0.010
45ZnS/PI	39.32	0.070

用 XPS 分析了 PI、ZnS 和 ZnS/PI 材料的元素组成。C、N、O、Zn 和 S 的共存证实了 ZnS 成功引入 PI（图 2-7）。C1s、N1s、O1s、S2p 和 Zn2p 相应的高分辨 XPS 图如图 2-8 所示。在 PI 的 XPS 图中，284.82eV 和 288.01eV 的 C1s 峰［图 2-8（a）］分别对应于 C—C/C＝C 和 C＝O（Guo et al.，2018）。PI 中 N1s 光谱中的 398.27eV 和 399.54eV 的峰［图 2-8（b）］归结为三嗪单元中的 C—N＝C 和五酰亚胺环中的 C—N（Li et al.，2020a）。PI 中 531.50eV 和 532.87eV 的 O1s 峰［图 2-8（c）］对应于环状酸酐中的 C—O—C 和五元酰亚胺环中的 C＝O（Li et al.，2020a）。在 ZnS 光谱中，162.87eV 和 1021.76eV 的两个峰［图 2-8（d）和图 2-8（e）］是 S2p$_{1/2}$ 和 Zn2p 的结合能，表明材料中存在 Zn—S 键。此外，复合材料中相应的峰出现在 162.86eV 和 1021.84eV，这与其他报道的锌硫键值基本一致（Motejadded Emrooz and Rahmani，2017；Gong et al.，2019）。在 ZnS/PI 的 XPS 图中，与 PI 相比，可以看出复合材料形成后 C1s（288.01eV）和 N1s（398.27eV 和 399.54eV）向高结合能方向（288.52eV、398.89eV 和 399.96eV）移动。相反，与 ZnS 相比，复合材料中 S2p（161.82eV）和 Zn2p（1044.89eV）的峰［图 2-8（d）和图 2-8（e）］向低结合能方向（161.69eV、1044.71eV）移动，这种变化可能是由 PI 和 ZnS 之间强大的相互作用引起的。结合能的变化与表面电子密度的变化有关，这是由不同费米能级（Fermi level，FE）

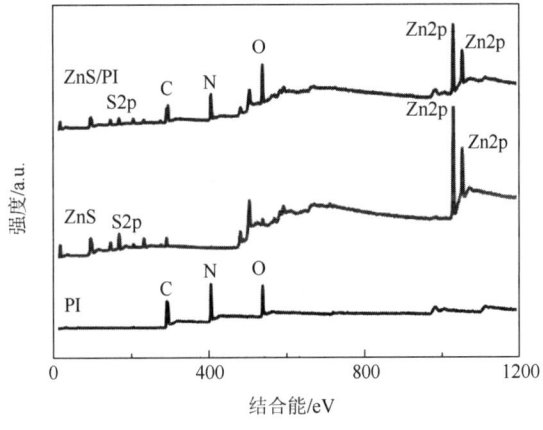

图 2-7 材料的 XPS 图

的半导体之间的电子转移引起的（Zhang et al.，2013；Sun et al.，2017；Di et al.，2017）。因此，复合物中的 C1s 和 N1s 信号向高结合能方向移动，S2p$_{1/2}$ 和 Zn2p 的结合能向低结合能方向移动，这意味着 ZnS/PI 光催化剂中 ZnS 的电子密度增加，PI 的电子密度降低。这些结果表明，ZnS 和 PI 之间会产生界面电场，方向是从 PI 到 ZnS。内建电场结构对 ZnS/PI 复合材料的局部结合能有很大影响。因此，XPS 表明 ZnS 和 PI 具有密切相关的界面作用。

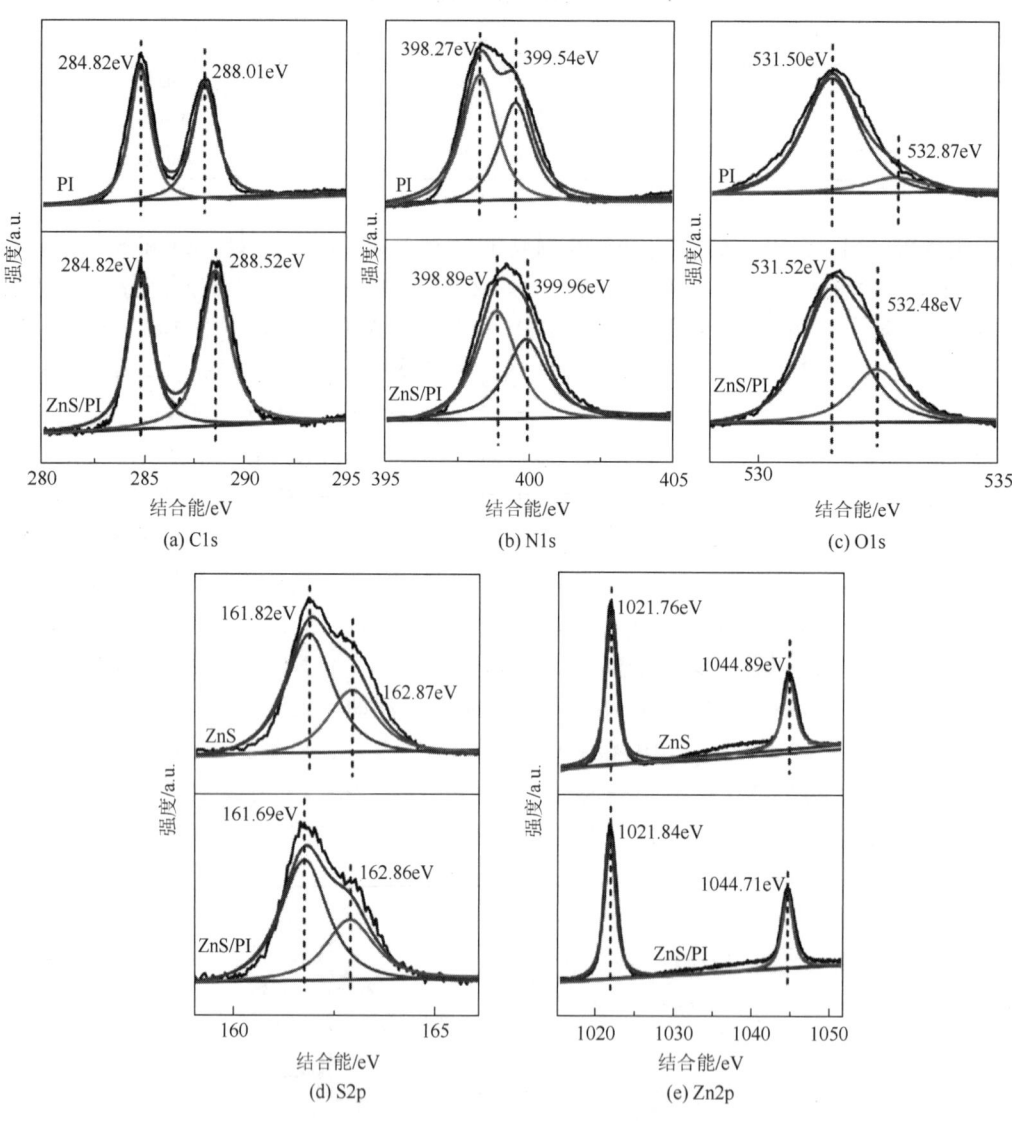

图 2-8　材料中各元素的高分辨 XPS 图

分别对 PI、ZnS 和 ZnS/PI 样品进行紫外-可见漫反射测试，以研究制备光催化剂的光吸收特性［图 2-9（a）］。陡峭的光谱形状表明可见光吸收不是因为杂质能级跃迁，而是因为带隙跃迁（Kudo et al.，2002）引起的。PI 在可见光区有明显的吸收，而 ZnS 和复合材料在可见光区有较弱的吸收，在可见光范围内，45ZnS/PI 复合材料具有最大吸收波长。

通过比较 PI 和 ZnS/PI 复合材料的光谱，进一步探究复合材料中 ZnS 的作用。样品的禁带宽度可以用公式 $(\alpha h\nu)^2 = A(h\nu - E_g)$ 计算（Zhang et al., 2008; Xiao and Zhang, 2011）。因此，带隙能量 E_g 可以从 $(\alpha h\nu)^2$ 和光子能量（$h\nu$）的曲线推算出来。切线和 X 轴的截距很接近带隙能量（Li et al., 2020b）。[图 2-9（b）] 显示了 $(\alpha h\nu)^2$ 与从紫外-可见漫反射光谱计算的 $h\nu$ 之间的关系。根据紫外-可见漫反射光谱估计，ZnS 和 PI 的吸收禁带宽度分别为 3.39eV 和 2.84eV [图 2-9（b）]，且 PI 和 ZnS 的禁带宽度值与报道值是一致的（Shi et al., 2014; Yazdani and Mehrizad, 2018; Kameli and Mehrizad, 2019; Gao et al., 2021）。对于 ZnS/PI 复合材料，ZnS 通过与 PI 之间的强界面相互作用在 PI 上原位结晶，不仅使 ZnS 具有高分散性，而且在 PI 上也具有优异的稳定性。用莫特肖特基曲线计算了 PI 和 ZnS 在 0.2mol/L Na_2SO_4 电解液中的平带电位 E_{fb}。莫特肖特基曲线的正斜率表明 PI 和 ZnS 是 n 型半导体（图 2-10）。在图 2-10 中，相对于饱和甘汞电极 SCE，PI 和 ZnS 的平带电位 E_{fb} 分别为 –0.72V 和 –0.29V。众所周知，对于 n 型半导体，导带电位 E_{CB} 通常比其平带电位低 0.1V 或 0.3V（Li et al., 2015; Yue et al., 2017）左右。因此，与普通氢电极（NHE）相比，PI 和 ZnS 的 E_{CB} 分别约为 –0.72V 和 –0.29V（$E_{NHE} = E_{SCE} + 0.2415V$）

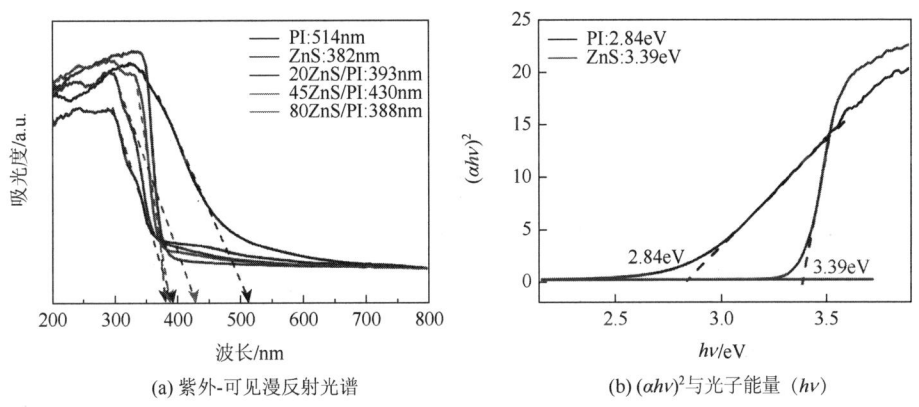

图 2-9 制备材料的紫外-可见漫反射光谱

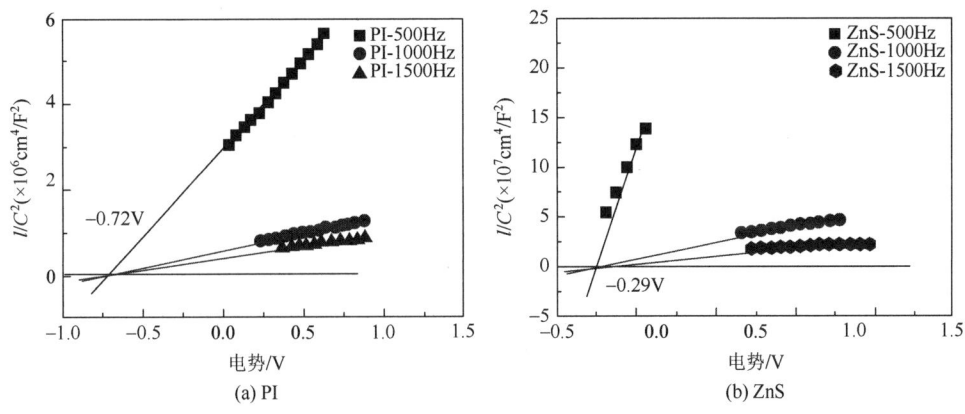

图 2-10 PI 和 ZnS 材料的莫特肖特基曲线

（Hu et al.，2020b）。此外，根据公式 $E_{VB} = E_{CB} + E_g$（Jia et al.，2016），相较于 NHE，PI 和 ZnS 的价带电位分别计算为 2.12V 和 3.10V。

ESR（电子自旋共振谱）技术用于确定反应过程中存在的自由基。当使用 DMPO（5-5-二甲基-1-吡咯啉-N-氧化物）作为自旋阱时，•OH 和 •O$_2^-$ 可以在可见光照射下被捕获（图 2-11）。ESR 光谱表明，合成的复合材料在可见光照射下同时存在 DMPO-CH$_3$OH 和 DMPO-H$_2$O 的 ESR 信号，表明 •O$_2^-$ 和 •OH 作为活性物质参与了光催化消除过程（Wang et al.，2018b）。为进一步探讨 PI、ZnS 和 ZnS/PI 产生的活性物质在光催化去除盐酸四环素（tetracycline hydrochloride）过程中的主要作用，开展了自由基捕获实验（Lu et al.，2019a；Gao et al.，2020）。抗坏血酸（AA）、叔丁醇（TBA）、溴酸钾（KBrO$_3$）和 EDTA-2Na 分别用于去除 •O$_2^-$、•OH，e$^-$ 和 h$^+$ 自由基（Gan et al.，2013；Wang et al.，2017a；Lu et al.，2019a；Gao et al.，2020）。显然，四种捕获剂对反应过程都有抑制作用，其中含有 EDTA-2Na 的体系和加入 AA 的体系存在很强的抑制作用［图 2-11（c）］。EDTA-2Na 和 AA 体系对 TC 废水的去除率分别为 2.96%和 3.15%，分别比不加捕获剂的去除率降低 79.79%和 79.60%，说明 •O$_2^-$ 和 h$^+$ 是光催化过程中非常活跃的基团。

为了证明 Z 型光催化剂中光生电子-空穴对的电荷转移和分离效率的提升，在可见光（$\lambda \geq 420$nm）下对材料进行了光电流测试。在间歇照射下的几个开关周期中，记录了 PI、ZnS 和 45ZnS/PI 的瞬态光电流-时间（i-t）曲线（Lin et al.，2017）。45ZnS/PI 复合材料的光电流密度高于 PI 和 ZnS，表明从 PI 到 ZnS 的电荷传输得到了改善［图 2-11（d）］。结果表明，ZnS 的引入有效地提高了复合材料的光生电荷分离能力，这是由于 ZnS 和 PI 能级结构的合理匹配。众所周知，光致发光（PL）光谱能够反映复合材料的电子-空穴对的复合效率。为了研究 ZnS 和 PI 之间的界面电荷转移，在 605nm 的激发波长下考察了材料的光致发光特性。如图 2-11（e）所示，ZnS 对应的峰强度极强，这是其电子和空穴快速复合的表现。45ZnS/PI 复合材料的光致发光强度远低于 ZnS，ZnS 纳米粒子在 PI 表面生长后电子-空穴对复合率降低，通过 ZnS 与 PI 结合可以有效降低电荷复合效率。根据光致发光光谱和光电流结果发现，PI 具有最低的电荷分离效率和较低的电荷复合效率；ZnS 的电子-空穴对具有较高的电荷分离效率和最高的电荷复合效率；45ZnS/PI 的电荷分离效率最高，电荷复合效率较低。总之，由于 ZnS 和 PI 具有良好的导电性和紧密接触，ZnS 的引入提高了 ZnS/PI 光催化剂中的电荷寿命。

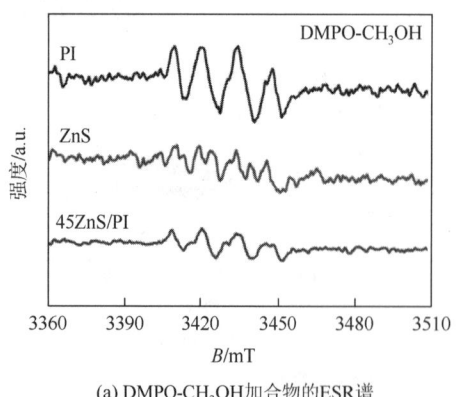

(a) DMPO-CH$_3$OH加合物的ESR谱 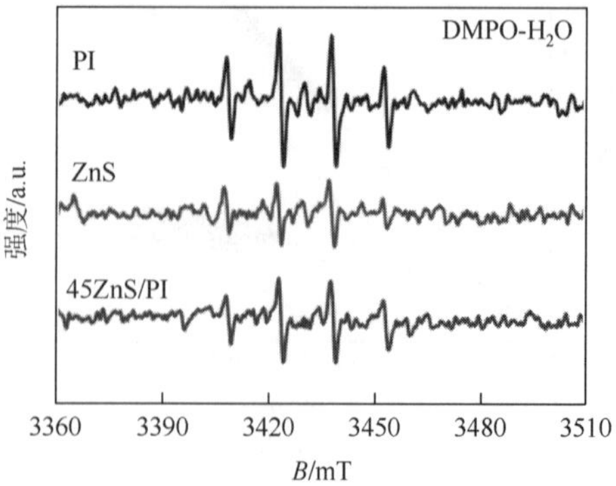   (b) DMPO-H$_2$O加合物的ESR谱

(c) 自由基捕获实验

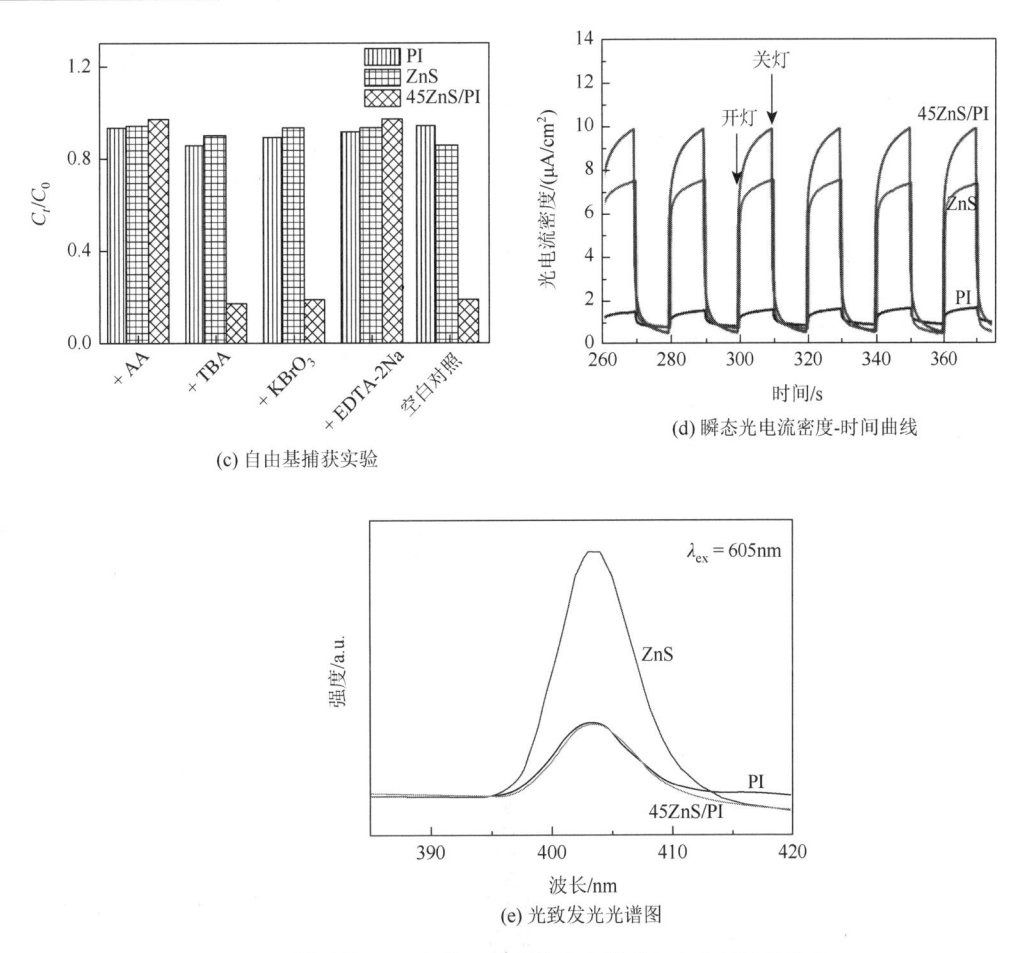

(d) 瞬态光电流密度-时间曲线

(e) 光致发光光谱图

图 2-11　材料的 ESP 光谱、光致发光光谱图和自由基捕获实验

2.1.4　光催化活性评价

在可见光下测量了 PI、ZnS 和 ZnS/PI 降解 TC 的光催化活性。由图 2-12（a）可知，相较于 ZnS 和 PI，所有 ZnS/PI 样品的光催化活性均有所增加。45ZnS/PI 复合材料对 TC 的光催化降解率达 80%以上，分别是 PI 和 ZnS 的 11 倍和 8 倍［图 2-12（b）］。这种显著的增强效应表明 45ZnS/PI 的高效光生电子-空穴对分离可以提高光催化降解率。此外，需要注意的是，随着 ZnS 负载量的增加，降解率先增大后减小，这是由于 ZnS 负载在 PI 表面可以提供更多的光催化活性位点，使得 ZnS/PI 光催化剂具有显著的光催化活性。然而，进一步增加 ZnS 的用量会抑制 ZnS/PI 复合材料的光催化活性，这可能是由于过量 ZnS 纳米粒子的严重团聚和超载的 ZnS 纳米粒子之间的晶界增多所致。对于光催化反应，载流子转移和载流子捕获同样重要。当电子和空穴转移到表面时，光生载流子很可能在过载的 ZnS 纳米颗粒之间发生严重结合，导致 ZnS/PI 的活性降低（Zhang et al.，2014）。此外，制备的光催化剂降解 TC 的降解动力学曲线均符合表观一级动力学模型，采用一级动力学方程 $-\ln(C_t/C_0) = kt$ 分析光催化反应动力学，其中 C_0 和 C_t 分别是可见

光照射前和照射时间 t 时的 TC 浓度，k 是速率常数。在图 2-12（c）中，与 PI 和 ZnS 相比，ZnS/PI 的 k 值有所增加。其中，45ZnS/PI 的 k 值最高。显然，不同原料配比的复合材料降解 TC 符合准一级反应动力学。此外，与以往报道的用于 TC 降解的光催化剂相比（表 2-2），ZnS/PI 具有更高的降解率，这表明 ZnS/PI 复合光催化剂具有更好的应用前景。

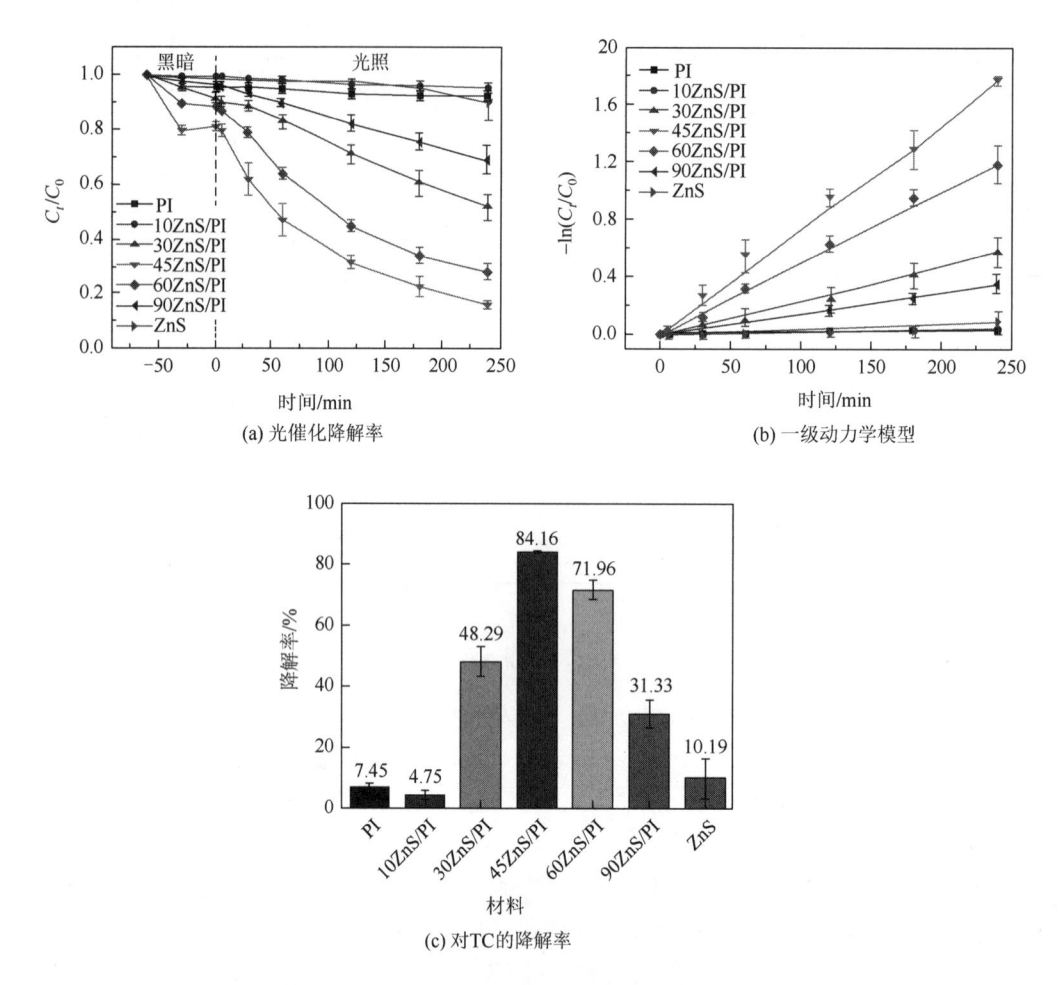

图 2-12 制备材料的降解动力学图谱及降解率分析

表 2-2 不同光催化剂降解 TC 的比较

材料	用量/mg	TC 的体积和浓度	光源	降解率/%	参考文献
AgI/Zn$_3$V$_2$O$_8$	50	150mL 20mg/L	300W 氙灯	45.4	Luo et al.，2021a
CeO$_2$/Zn$_3$V$_2$O$_8$	50	150mL 20mg/L	300W 氙灯	53.4	Luo et al.，2021b
Cu-Fe/LDH@BiOI$_{1.5}$	30	50mL 20mg/L	1000W 氙灯	73.0	Zhu et al.，2021

续表

材料	用量/mg	TC 的体积和浓度	光源	降解率/%	参考文献
Au-g-C$_3$N$_4$-ZnO	10	50mL 50mg/L	氙灯	74.7	Huang et al.，2021
ZnO/g-C$_3$N$_4$	20	100mL 20mg/L	300W 人工可见光	78.4	Hu et al.，2019
MoO$_3$/Zn-Al LDHs	100	100mL 40mg/L	300W 氙灯	79.0	Wang et al.，2021
MoS$_2$/ZnSnO$_3$	25	500mL 30mg/L	300W 氙灯	80.2	Guo et al.，2020a
Carbon Dots-ZnSnO$_3$	50	50mL 20mg/L	300W 氙灯	81.76	Guo et al.，2020a
ZnS/PI	25	50mL 20mg/L	18W LED 灯	84.2	—

为探索了复合材料的最佳制备条件，研究不同水热温度、不同水热时间和不同溶剂对复合材料光催化降解率的影响。由图 2-13（a）可知，水热温度为 160℃（此时水热时间 16h，溶剂为去离子水）时制备的复合材料具有最强的降解 TC 的光催化活性。当继续增加水热温度时，合成的复合材料的光催化性能反而减弱。为了继续探讨合适的制备条件，此后的水热温度定为 160℃。从图 2-13（b）可以发现，水热时间为 16h（此时水热温度为 160℃，溶剂为去离子水）时制备的复合材料具有最强的光催化性能。当继续提高水热时间时，制备的复合材料的光催化活性显著减弱。从图 2-13（c）可以看出，溶剂为去离子水（此时水热温度为 160℃，水热时间为 16h）时制备的复合材料具有最强的光催化性能，而使用无水乙醇和乙二醇作为溶剂时制备的复合材料的光催化活性明显减弱。实验结果表明，最佳的制备条件是水热温度为 160℃，水热时间为 16h，溶剂为去离子水。

为研究复合材料降解 TC 的最佳降解条件，讨论初始 pH、初始浓度 TC 和催化剂用量对复合材料光催化降解性能的影响。从图 2-14 可以看出，当 pH = 7 时（盐酸四环素加入催化剂后溶液的初始 pH 为 7），复合材料的光催化活性最大；初始浓度 TC 对复合材料的光催化性能影响较小，对 TC 的降解率在小范围内上下波动。考虑到实际情况，

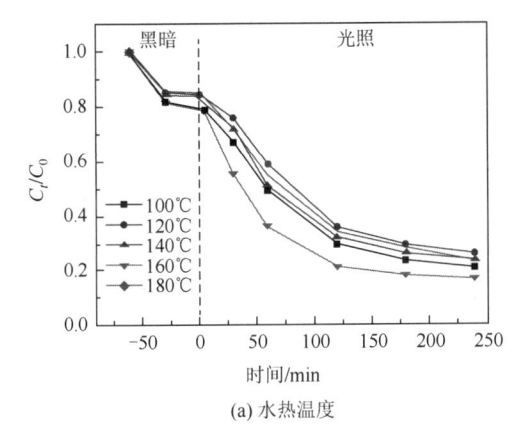

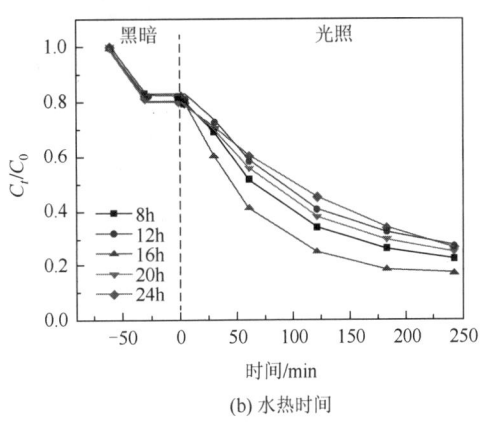

(a) 水热温度

(b) 水热时间

(c) 溶剂类型

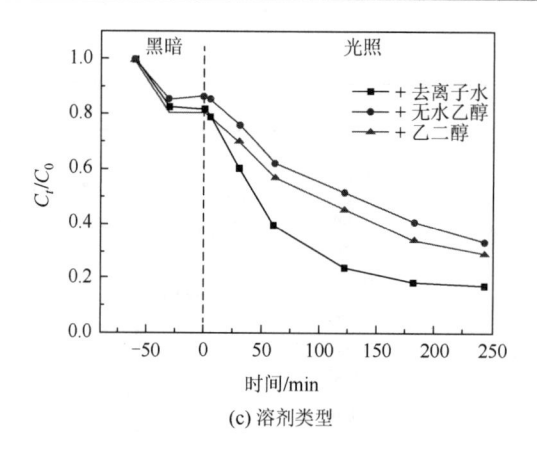

图 2-13　复合材料的光催化性能实验

选择初始浓度 TC 为 20mg/L 进行后续实验。图 2-14（c）表明复合材料的光催化活性随着催化剂用量的增加而增加，当催化剂用量达到 25mg 时，增加速度减慢。因此，考虑到经济性，催化剂的最佳用量为 25mg。由此可得最佳降解条件为 pH = 7，初始浓度 TC 为 20mg/L，复合材料用量为 25mg。

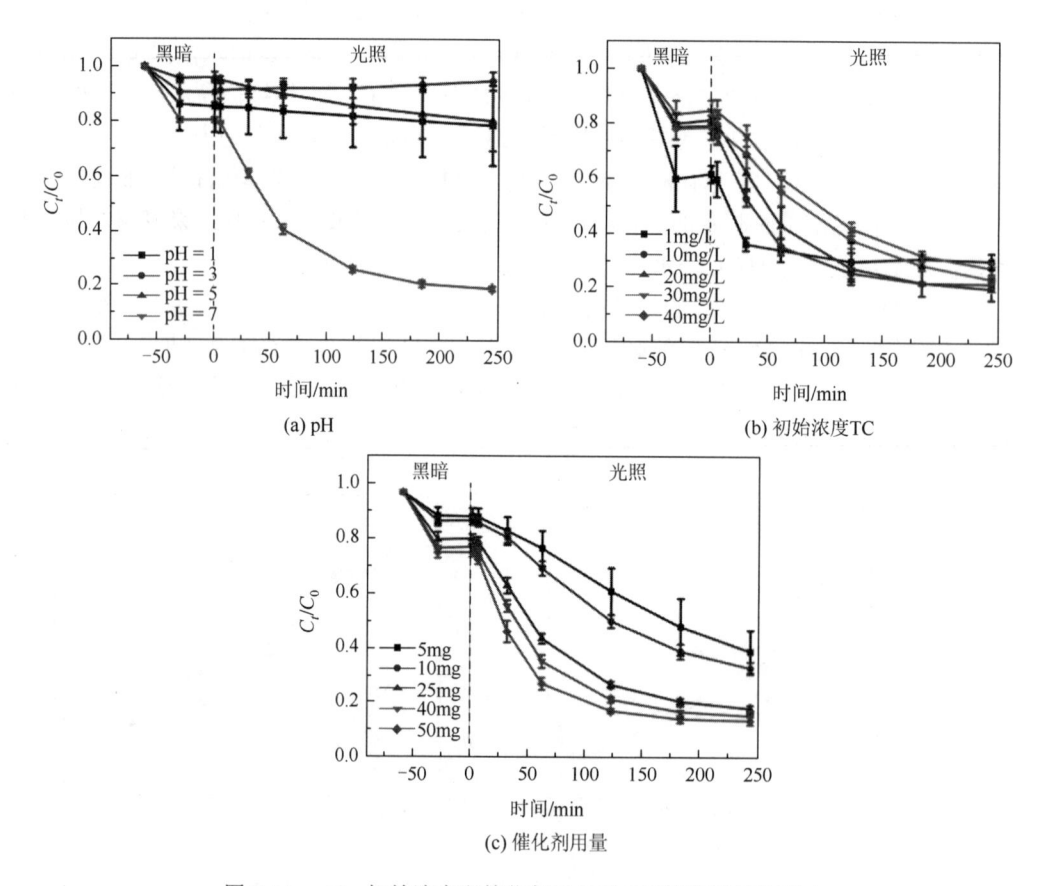

(a) pH

(b) 初始浓度 TC

(c) 催化剂用量

图 2-14　pH、初始浓度和催化剂用量对 TC 降解效果的影响

ZnS/PI 材料的零点电荷处的 pH 为 2.04 [图 2-15（a）]。这一结果表明，当 pH>2.04 时，ZnS/PI 表面呈负电荷，有利于去除带正电荷的污染物（Guo et al., 2021）。对 ZnS/PI 复合材料进行循环测试实验 [图 2-15（b）]。经过 4 个光催化降解循环后，ZnS/PI 材料对 TC 的光催化降解率仍能达到 58.80%，是 PI 和 ZnS 的 8 倍和 6 倍。从以上结果可以看出，ZnS/PI 复合材料具有较强的稳定性和光催化活性。

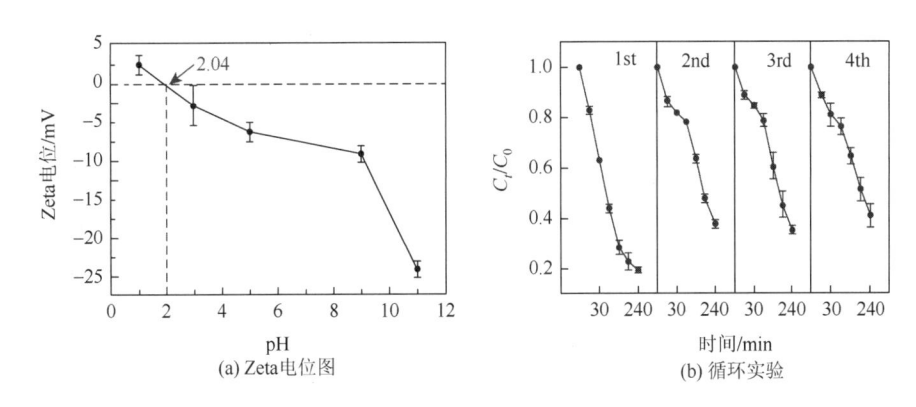

图 2-15 ZnS/PI 材料的 Zeta 电位图和循环实验

2.1.5 降解路径和催化反应机制

用 HPLC-MS 鉴定光催化降解 TC 的中间产物，并推测它们可能的结构（表 2-3）。一般来说，TC 中的苯环、双键和低键能 C—N 键（305kJ/mol）容易受到自由基的攻击（Zhang et al., 2018）。图 2-16 为光照 3h 前后 ZnS/PI 复合材料光降解 TC 的质谱图。从图中可以发现在加入制备的复合材料的光催化降解体系中，TC 随着光照时间的增加逐渐消失。根据中间产物分析，推测复合材料光降解 TC 的途径（图 2-17）可能有以下三种（Tian et al., 2018；Wang et al., 2020a；Wang et al., 2020b）。在 TC 去除的前期，途径Ⅰ是甲基基团遭受破坏，产生 TC1（m/z[①] = 403），然后是脱酰胺、脱氨基、羟基化、羰基化、加成反应和开环反应。通过上述一系列反应降解成 TC2（m/z = 337）。由于 TC2 中的烯醇型结构不稳定，它会转化为酮型并生成 TC3（m/z = 337）。然后 TC2 和 TC3 分别失去 CH_2O 和 C_2H_4O 组分，生成 TC4（m/z = 297）。同时，对于途径Ⅱ，由于 h^+ 的作用，TC 通过多次羟基化、H_2O 分子脱离和脱酰胺作用生成 TC5（m/z = 400）。随后，TC6（m/z = 343）可以通过 TC5 的氨基和甲基还原得到，接着被 h^+ 攻击，导致脱碳，形成 TC7（m/z = 301）。此外，途径Ⅲ在 h^+ 的攻击下发生脱碳、C—N 键断裂和去甲基化，形成一系列中间产物。其中，TC8（m/z = 396）是 TC 甲基化的副产物。随后，由于 C—C、C—N 裂解和羟基化，形成了 TC9（m/z = 346）。TC10（m/z = 307）由 TC9 中的 C—C 裂解、醌化和羟基化产生（Gao et al., 2019a；2019b）。最终，这些中间体在光催化剂的作用下，通过一系列官能团的解离和开环过程被进一步氧化成低分子量有机物（包括 m/z = 149、141、117、

---

① 表示质荷比。

85 和 60）。一般来说，TC 在 ZnS/PI 的 $\cdot O_2^-$ 和 h^+ 的共同作用下逐渐降解，最终产生一系列小分子化合物，如 CO_2、H_2O 和 NH_4^+（Tun et al.，2020）。

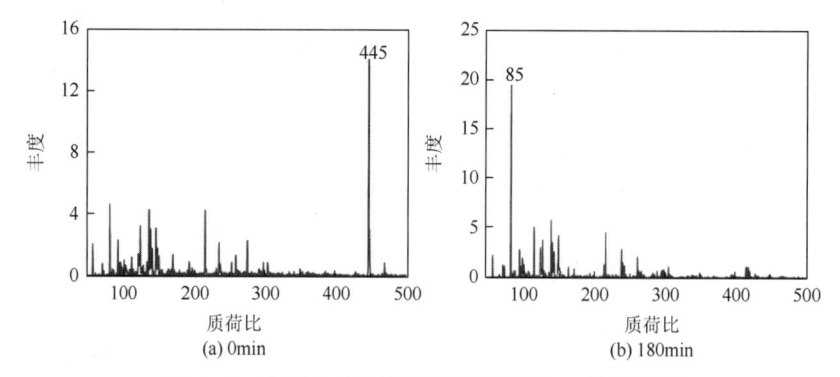

图 2-16　光照 3h 前后复合材料光降解 TC 的质谱图

表 2-3　ZnS/PI 光降解四环素过程中的中间产物

分子式	分子结构	m/z
$C_{19}H_{18}O_8N_2$	TC1 m/z 403	403
$C_{21}H_{21}O_7N$	TC5 m/z 400	400
$C_{23}H_{25}O_5N$	TC8 m/z 396	396
$C_{18}H_{19}O_6N$	TC9 m/z 346	346
$C_{18}H_{14}O_7$	TC6 m/z 343	343
$C_{14}H_8O_{10}$	TC2 m/z 337	337

续表

分子式	分子结构	m/z
$C_{14}H_8O_{10}$	TC3 m/z 337	337
$C_{15}H_{14}O_7$	TC10 m/z 307	307
$C_{17}H_{16}O_5$	TC7 m/z 301	301
$C_{12}H_8O_9$	TC4 m/z 297	297
$C_{10}H_{12}O$	m/z 149	149
$C_7H_8O_3$	m/z 141	141
$C_5H_8O_3$	m/z 117	117
C_5H_8O	m/z 85	85
C_2H_5ON	m/z 60	60
C_2H_5ON	m/z 60	60

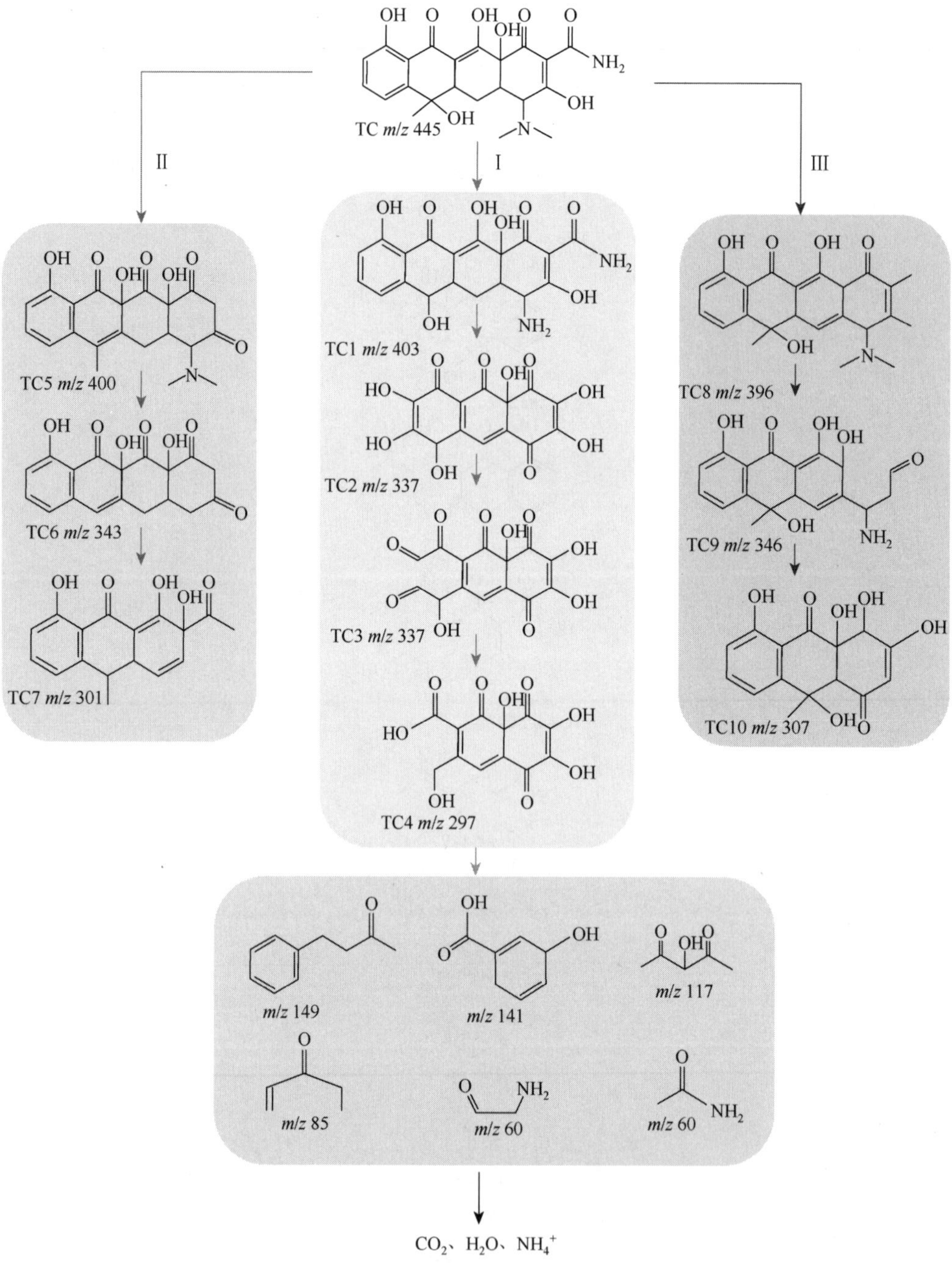

图 2-17　ZnS/PI 降解 TC 可能的路径图

基于上述研究，提出 ZnS/PI 复合材料的两种电荷转移路径（图 2-18），并验证 ZnS/PI 复合材料中电荷的直接 Z 型转移方式。如果 PI 和 ZnS 之间形成的电荷转移方式是 II 型，理论上光生电子从 PI 转移到 ZnS 的 CB 上。进一步的分析和测试表明，由于 ZnS 的 CB 电位（-0.29eV）大于 $O_2/\cdot O_2^-$（-0.33eV，相较于 NHE）（Yan et al.，2015），CB 的电子

不会与 O_2 相互作用而形成 $\cdot O_2^-$（Gao et al., 2021）。这种电荷转移方式不利于 $\cdot O_2^-$ 的形成，与自由基捕获实验和 ESR 测试的结果相反。因此，本书提出一种更合理的 Z 型电荷转移机制。与 PI 相比，45ZnS/PI 具有更强的光稳定性，这印证了 PI 和 ZnS 之间是 Z 型电荷转移机制。在 ZnS/PI 复合材料中，电子从 ZnS 的 CB 转移到 PI 的 VB，形成直接 Z 型电荷转移模式，然后 PI 的 LUMO 中的光生电子攻击 O_2 生成 $\cdot O_2^-$，进而降解 TC，而 ZnS 的 VB 中的空穴可以直接氧化去除 TC。简而言之，实验分析表明，ZnS/PI 的光生电荷转移与 II 型转移方式相反，遵循 Z 型转移方式，这进一步表明，通过提高光载流子的分离效率和抑制光生电子和空穴的复合率，可以提高 ZnS/PI 光催化剂的催化活性。

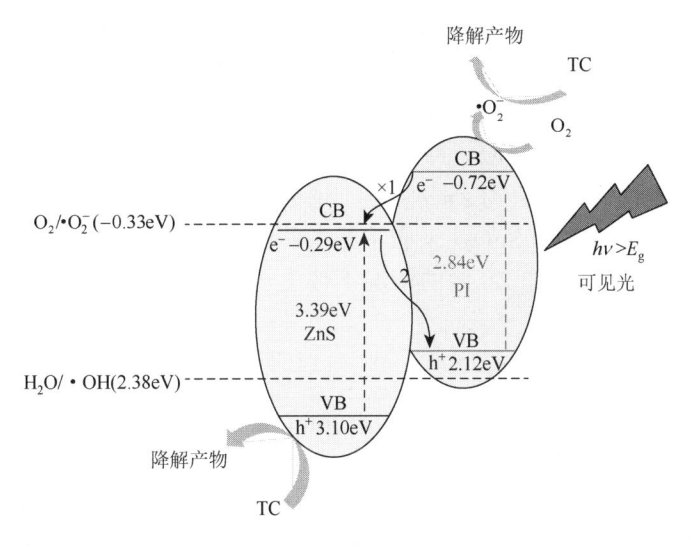

图 2-18　ZnS/PI 在可见光下对 TC 的 II 型（路径 1）和 Z 型（路径 2）光催化机理

2.2　Zn@SnO$_2$/PI 通过吸附和光催化的协同作用有效去除废水中四环素

2.2.1　引言

PI 具有良好的可见光响应，但其电子-空穴对的寿命短，所以 PI 在光催化过程中的效率并不高，且 PI 的比表面积小，能提供的活性位点较少，对目标污染物的吸附效率很低。为了克服这些缺点，PI 可以通过与 Zn@SnO$_2$ 复合设计高效光催化剂。选择 SnO$_2$ 是因为其与 PI 具有合适的能带结构，可以改善产生的电子-空穴对的寿命（Pan et al., 2016; Patil et al., 2018; Jia et al., 2019; Aruna Kumari et al., 2022）。Zn 掺杂 SnO$_2$ 主要用于提高复合材料的比表面积（Ben Soltan et al., 2017; Lu et al., 2021）。本节研究采用水热法合成 Zn@SnO$_2$/PI 复合材料。该催化剂通过吸附和光催化的协同作用去除 TC，通过表征手段探讨其结构特性和光学性质，并进一步研究 Zn@SnO$_2$/PI 复合材料光催化降解 TC 废水的作用机制。

2.2.2 Zn@SnO$_2$/PI 光催化剂的制备

1. PI 的制备

具体制备方法见 2.1.2 节。

2. Zn@SnO$_2$ 材料的制备

将 0.720g NaOH 加入装有 60mL 溶剂（36mL 去离子水 + 24mL 无水乙醇）的 100mL 烧杯中，磁力搅拌至完全溶解，然后加入 SnCl$_4$·5H$_2$O，磁力搅拌 30min，再加入 Zn(NO$_3$)$_2$·6H$_2$O，磁力搅拌 30min，最后将溶液转移至 80mL 反应釜中，将高压反应釜置于 180℃烘箱中 20h。待反应釜冷却至室温后，经过离心、洗涤、干燥、收集，最终得到掺杂锌的氧化锡，标记为 Zn@SnO$_2$。通过调整六水硝酸锌的质量，制备不同比例的 Zn@SnO$_2$，记为 XZn@SnO$_2$，X 表示掺杂锌的质量占总质量的百分比（1%、3%、5%、10%、15%）。在不添加 Zn 源的情况下按上述方法制备 SnO$_2$。

3. Zn@SnO$_2$/PI 复合材料的制备

将 0.720g NaOH 分散在装有 60mL 溶剂（36mL 去离子水 + 24mL 无水乙醇）的 100mL 烧杯中，磁力搅拌至完全溶解，然后加入 SnCl$_4$·5H$_2$O，磁力搅拌 30min，接着加入 Zn(NO$_3$)$_2$·6H$_2$O，磁力搅拌 30min，加入 PI，磁力搅拌 30min，然后将溶液转移至 80mL 反应釜中，将高压反应釜置于 180℃烘箱中 20h，反应釜冷却至室温后，对反应釜中的物质进行离心、洗涤、干燥、收集，得到 Zn@SnO$_2$/PI。通过调整 PI 的质量，制备不同比例的 Zn@SnO$_2$/PI 材料，并标记为 XZn@SnO$_2$/PI，X 表示 Zn@SnO$_2$ 的质量占总质量的百分比（10%~80%）。

2.2.3 结果与讨论

未掺杂锌和掺杂锌的 SnO$_2$ 材料的 XRD 图谱如图 2-19（a）所示，观察到的 XRD 图谱与标准卡片 PDF#41-1445 相匹配。图中的所有衍射峰都对应于多晶 SnO$_2$ 的四方金红石结构。如图 2-19 所示，衍射峰位于 2θ = 26.6°、34.0°、51.8°，分别对应于（110）、（101）、（211）晶面（Jia et al., 2019; Das et al., 2019; Aruna Kumari et al., 2022）。随着 Zn 掺杂浓度的提高，衍射峰向较低的衍射角移动并变得更宽，这与之前报道的研究一致（Sahay et al., 2013; Guan et al., 2014）。此外，当锌含量增加到 10%时，衍射峰（101）的强度和半峰宽逐渐增加。这种趋势可以归结为 SnO$_2$ 中的缺陷或合金化破坏了长程平移晶体对称性（Ben Soltan et al., 2017）。PI 的 XRD 图谱［图 2-19（b）］的特征峰的特点是大部分峰集中在 15°~30°，与研究中的描述一致（Ma et al., 2015）。29.7°和 19.0°处的峰是 π 共轭二维骨架的堆叠（Meng et al., 2018）和 PI 的 π-π 叠加（Gong et al., 2019）。此外，从经过四次循环实验后的复合材料的 XRD 图谱中可以发现，复合材料的相结构没有发生明显变化，表明复合材料具有很强的稳定性。

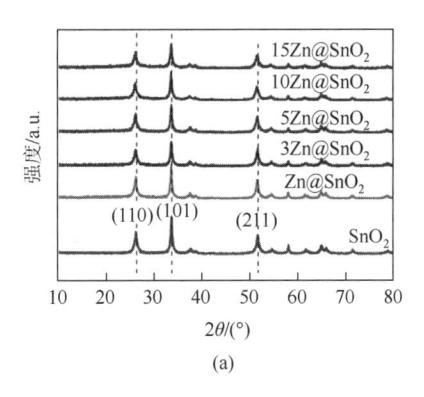

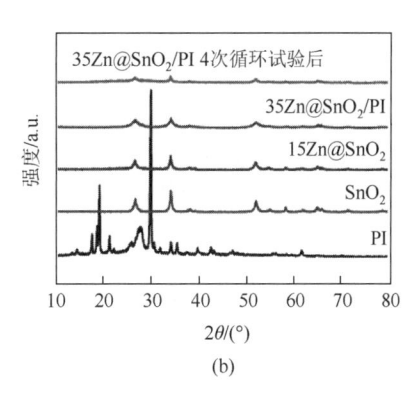

图 2-19 材料的 XRD 图谱

35Zn@SnO$_2$/PI 复合材料的 XRD 图谱显示除了 SnO$_2$ 的特征峰，没有其他衍射峰。这表明该催化剂具有高度结晶的 SnO$_2$ 结构（Pan et al.，2016）。复合材料的光谱没有明显的 PI 峰。从 SEM 图和 HRTEM 图中可以看到 Zn@SnO$_2$ 附着在 PI 的表面，同时，0.34nm 的晶格间距与 SnO$_2$ 的（101）晶面一致（Yu et al.，2014；Pan et al.，2015）。PI 的 SEM 图显示有较大尺寸的层状结构堆叠在一起，同时，TEM 图显示 PI 是一种薄层结构（Meng et al.，2018；Meng et al.，2019）。从图 2-20 中可以发现，未掺杂锌的 SnO$_2$ 是光滑的球形，而 Zn@SnO$_2$ 是非光滑的球形，且 SnO$_2$ 的尺寸随着锌浓度的增加而减小，这意味着 Zn 掺杂会改变纳米粒子的尺寸（Sahay et al.，2013；Guan et al.，2014）。此外，在图 2-21 中观察到的距离为 0.33nm、0.26nm 和 0.16nm 的晶格条纹对应于金红石 SnO$_2$ 的（110）晶面、（101）晶面和（211）晶面（Ben Soltan et al.，2017）。Zn@SnO$_2$ 材料的 HRTEM 图观察到的 0.36nm、0.29nm 和 0.19nm 的晶格条纹对应于（110）晶面、（101）晶面和（211）晶面。推测 Zn 掺杂引起了纳米粒子的聚合，导致纳米粒子的尺寸和晶格间距发生变化（Lu et al.，2021）。纳米晶体的光学性质通常与取决于量子尺寸的能带有关（Tayebeh，2018；Molla et al.，2019），但颗粒大小和晶格间距对其也有不可忽视的影响。基于 SAED 光谱研究催化材料的结晶度。图 2-21 中观察到的衍射环被标记，它们与 SnO$_2$ 相匹配，其中环的明显尖锐反射证实了半导体材料的高结晶度（Patil et al.，2018）。其中，SnO$_2$ 的 SAED 光

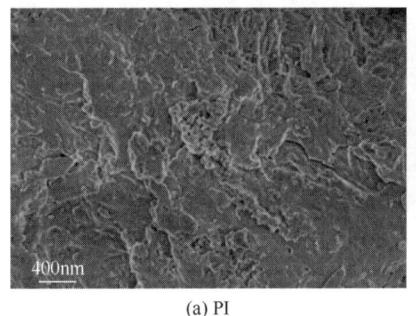

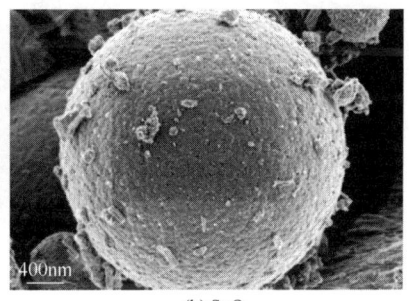

(a) PI

(b) SnO$_2$

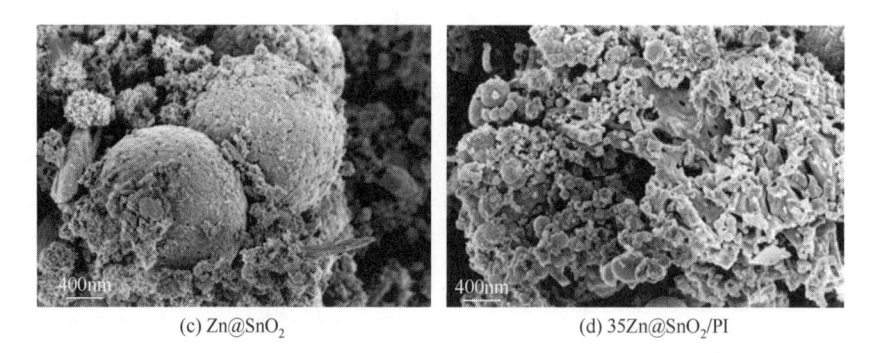

(c) Zn@SnO$_2$　　　　　　　　　(d) 35Zn@SnO$_2$/PI

图 2-20　材料的 SEM 图

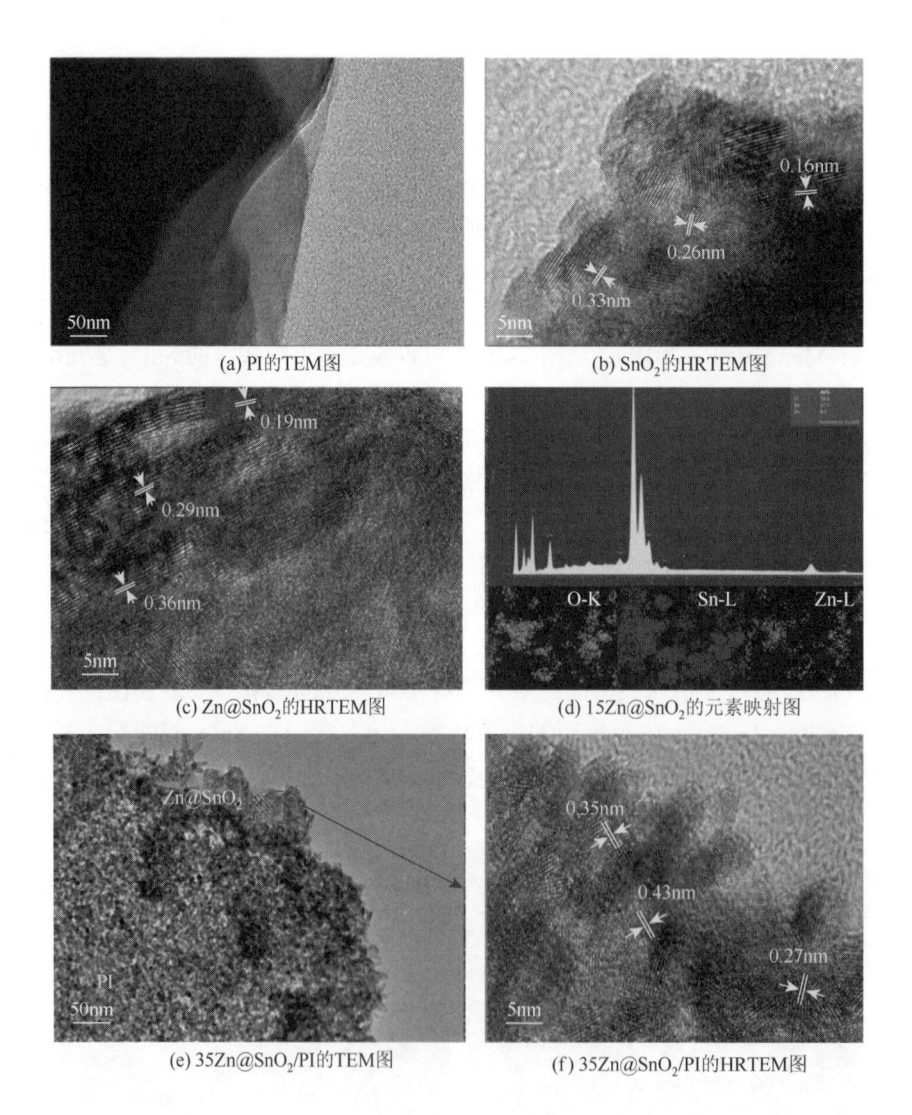

(a) PI的TEM图　　　　　　　　　(b) SnO$_2$的HRTEM图

(c) Zn@SnO$_2$的HRTEM图　　　　　(d) 15Zn@SnO$_2$的元素映射图

(e) 35Zn@SnO$_2$/PI的TEM图　　　　(f) 35Zn@SnO$_2$/PI的HRTEM图

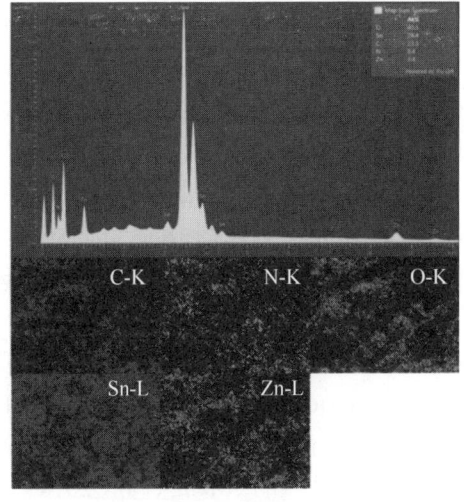

(g) 35Zn@SnO$_2$/PI的元素映射图

图 2-21　材料的 TEM 图、HRTEM 图以及材料的元素映射图

(a) PI

(b) SnO$_2$

(c) Zn@SnO$_2$

(d) 35Zn@SnO$_2$/PI

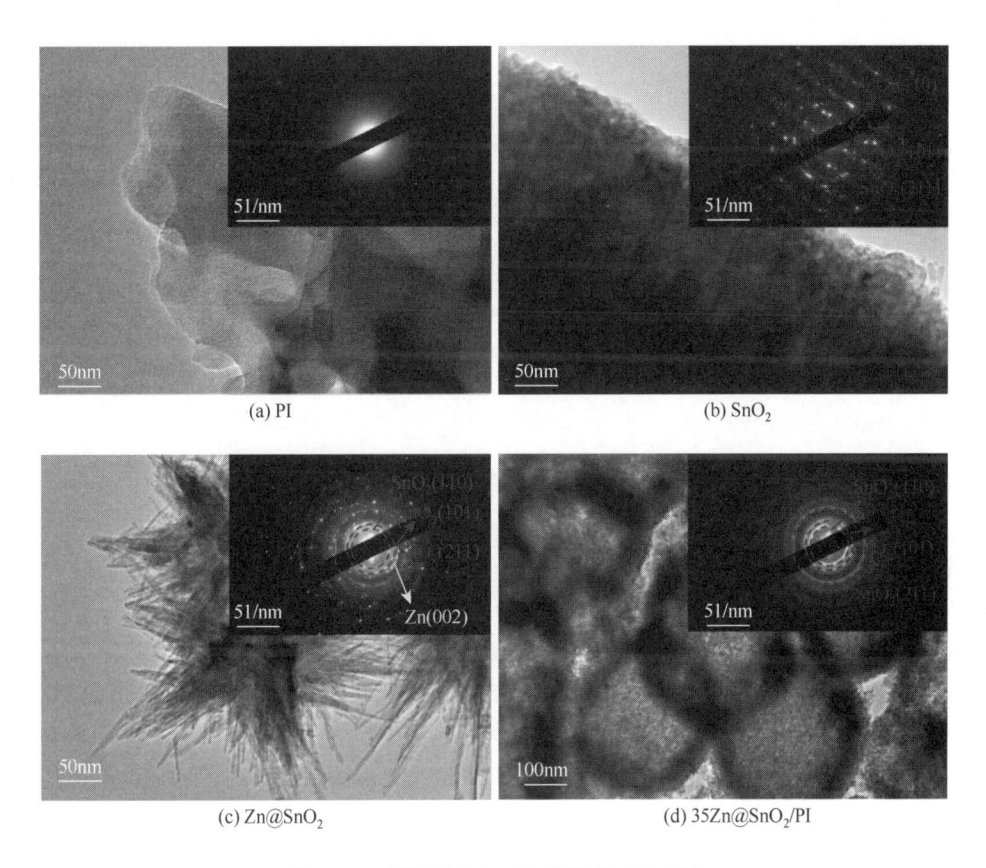

图 2-22　材料带有 SAED 图案的 TEM 图

谱清楚地显示了 SnO₂ 的典型（110）晶面、（101）晶面和（211）晶面，而 Zn 的（002）晶面出现在 Zn@SnO₂ 的 SAED 光谱中，证实了 Zn 的存在。该结果与 EDX 光谱一致。在能量色散 X 射线分析（EDX）结果中，Zn@SnO₂ 中除了 Sn 和 O 之外还记录了少量 Zn。图 2-22 中 Zn@SnO₂/PI 复合材料的 SAED 图明显表明 PI 和 SnO₂ 的存在。此外，还进行了元素映射测试，进一步证实了催化材料中元素的存在。Zn@SnO₂ 的 EDX 光谱包含 Sn、Zn 和 O 的峰，各元素含量与 15Zn@SnO₂ 催化剂相同。Zn@SnO₂/PI 的 EDX 光谱包含 Sn、Zn、O、C 和 N 的峰，各元素含量与 35Zn@SnO₂/PI 催化剂相同。因此，上述结果表明已成功制备了 Zn@SnO₂/PI 复合材料。

图 2-23 为样品的 FT-IR 图谱。在 620cm⁻¹ 处观察到 SnO₂ 的特征吸收峰为 O—Sn—O 键的拉伸振动 [图 2-23（a）]（Bhattacharjee and Ahmaruzzaman, 2015; Luque et al., 2021）。PI 的 FT-IR 显示在 729cm⁻¹、1722cm⁻¹ 和 1772cm⁻¹ 处存在吸收峰，这归因于酰亚胺羰基的弯曲振动、对称拉伸和不对称拉伸振动（Meng et al., 2018）。在 1304cm⁻¹ 和 1374cm⁻¹ 处的吸收峰归结为五元亚胺环的 C—N—C 伸缩振动和三嗪环的芳族 C—N 伸缩振动（Chu et al., 2012; Yan et al., 2015）。复合材料的特征拉伸方式与 PI 相同，直接证明了 PI 分子结构的完整性 [图 2-23（b）]。在 35Zn@SnO₂/PI 复合材料的图谱中出现了 PI 和 SnO₂ 的典型拉伸振动所对应的特征吸收峰。这表明 PI 已成功引入 Zn@SnO₂。

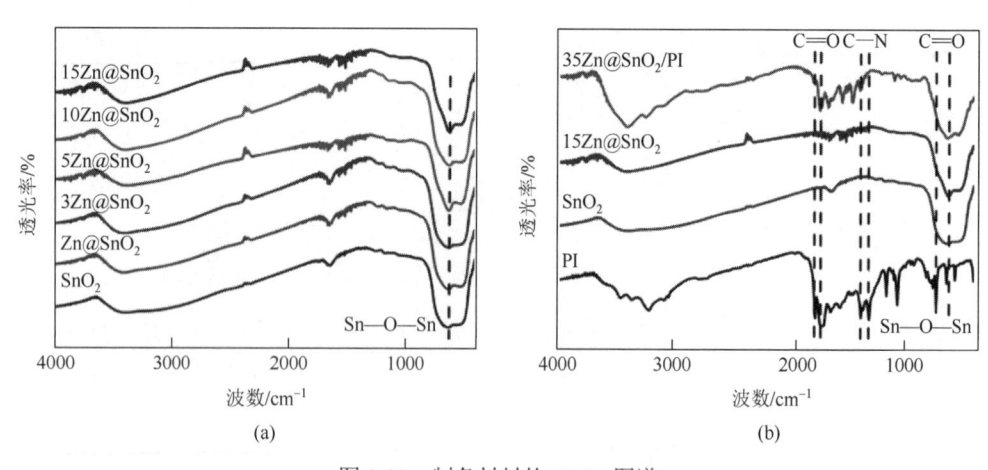

图 2-23　制备材料的 FT-IR 图谱

材料的 XPS 全谱图如图 2-24（a）所示。具体来说，在 PI 的 XPS 图中，284.8eV 和 288.0eV 的 C1s 峰对应于 C—C/C═C 和 C═O [图 2-24（b）]（Guo et al., 2018）。PI 中 N1s 的 398.2eV 和 399.5eV 峰 [图 2-24（c）] 归结为三嗪单元中的 C—N═C 和五酰亚胺环中的 C—N（Li et al., 2020b）。PI 中 531.1eV 和 531.8eV 的 O1s 峰 [图 2-24（f）] 对应于环酐中的 C—O—C 和五元酰亚胺环中的 C═O。对于 Sn3d 光谱，在 486.6eV 和 495.0eV 处的两个峰确定为 SnO₂ 的 Sn3d₅/₂ 和 Sn3d₃/₂（Alshehri et al., 2018; Xie et al., 2018; Praus et al., 2018）。此外，在 Zn@SnO₂/PI 的高分辨 XPS 图中 [图 2-24（b）和图 2-24（e）] 没有发现 Sn—C 键的峰，这表明 PI 在复合材料中不作为杂质存在（Pan et al., 2016）。复合材料在 530.5eV、531.1eV 和 532.0eV 处的峰 [图 2-24（f）] 归因于 S═O、

C=O 和 C—O (Pan et al., 2016)。从图 2-24 (b) 和 (c) 可以看出，复合材料形成后，C1s(288.0eV)和 N1s(398.2eV 和 399.5eV)向高结合能方向(288.6eV、398.6eV 和 399.7eV)移动，Zn2p$_{3/2}$(1021.6eV)和 Zn2p$_{1/2}$(1044.7eV)向高结合能方向(1021.8eV 和 1044.9eV)移动。相反，Zn@SnO$_2$ 与未掺杂锌的 SnO$_2$ 相比，Sn3d(486.6eV 和 495.0eV)和 O1s(530.5eV 和 532.2eV)的峰[图 2-24 (e)(f)]向低结合能方向移动(486.5eV 和 494.9eV、530.4eV 和 531.6eV)。当复合材料形成时，O1s(531.6eV)的峰值[图 2-24(f)]向低结合能(531.1eV)方向移动。这种变化可能是由于 PI 和 Zn@SnO$_2$ 之间的强相互作用。结合能的转换与表面电子密度的变化有关，这是因为半导体之间的电子转移具有不同的费米能（FE）属性(Zhang et al., 2013; Sun et al., 2017; Di et al., 2017)。因此，复合材料中的 C1s 和 N1s 信号向高结合能方向移动，O1s 结合能向低结合能方向移动。这意味着 Zn@SnO$_2$/PI 中 Zn@SnO$_2$ 的电子密度提高了。相反，PI 的电子密度降低。结果表明，Zn@SnO$_2$ 和 PI 之间产生了界面电场，方向是从 PI 到 Zn@SnO$_2$。内置电场结构对 Zn@SnO$_2$/PI 催化剂的局部结合能具有很大影响。因此，XPS 表明复合材料的每个单体都密切相关。

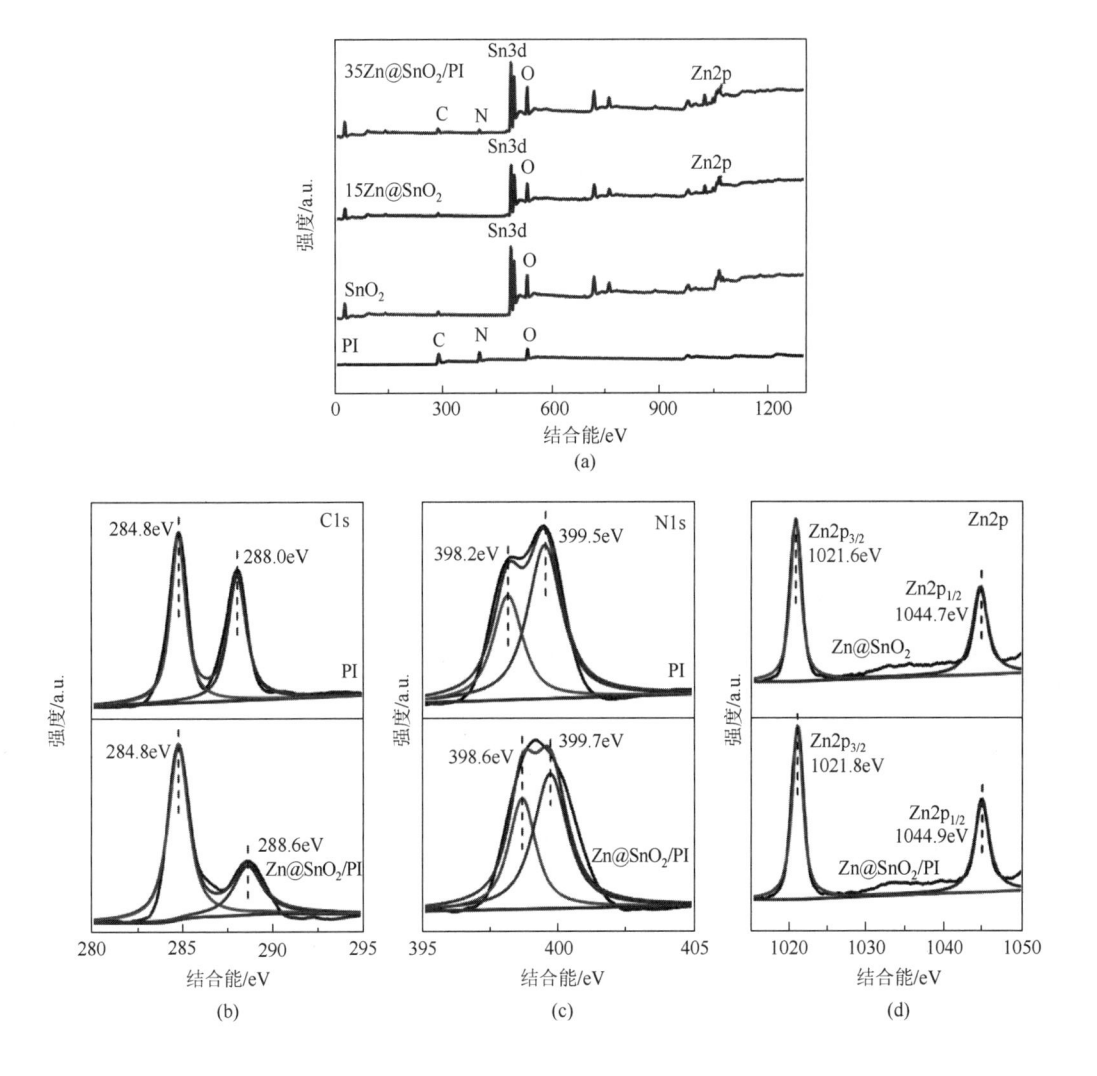

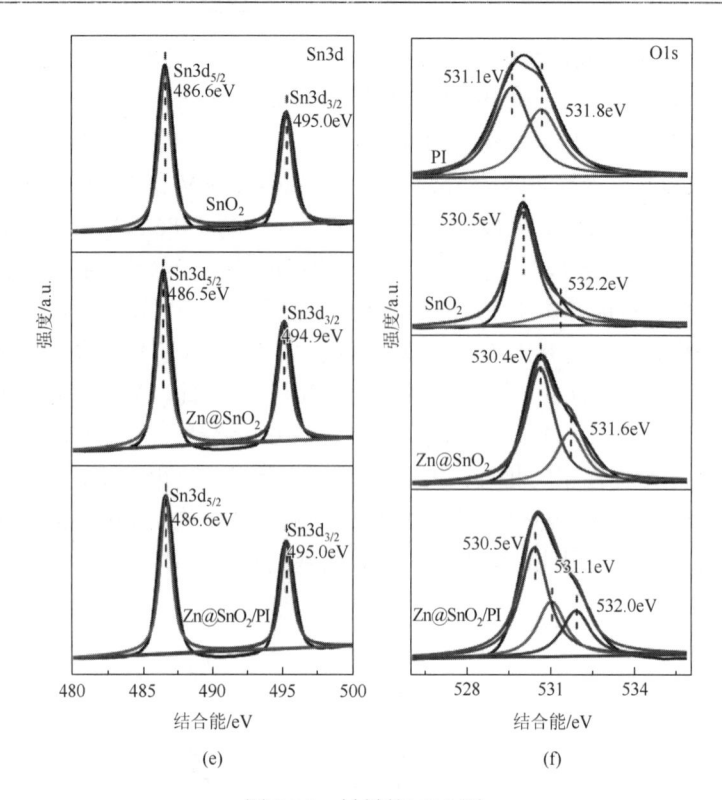

图 2-24 材料的 XPS 图

（a）XPS 全谱图；（b）～（f）材料中各个元素的高分辨 XPS 图

为了深入了解复合配比对复合材料结构特性（BET 比表面积、孔径分布和平均孔径）的影响，比较 PI、SnO$_2$ 和 15Zn@SnO$_2$ 与不同原料配比制备的 Zn@SnO$_2$/PI 材料的 N$_2$ 吸附-脱附等温线（图 2-25）。根据 IUPAC 分类（Thommes et al., 2015），各纳米粉体均呈现IV型等温线，表明存在窄颈宽体的墨水瓶介孔，是纳米粒子聚集网络的典型特征

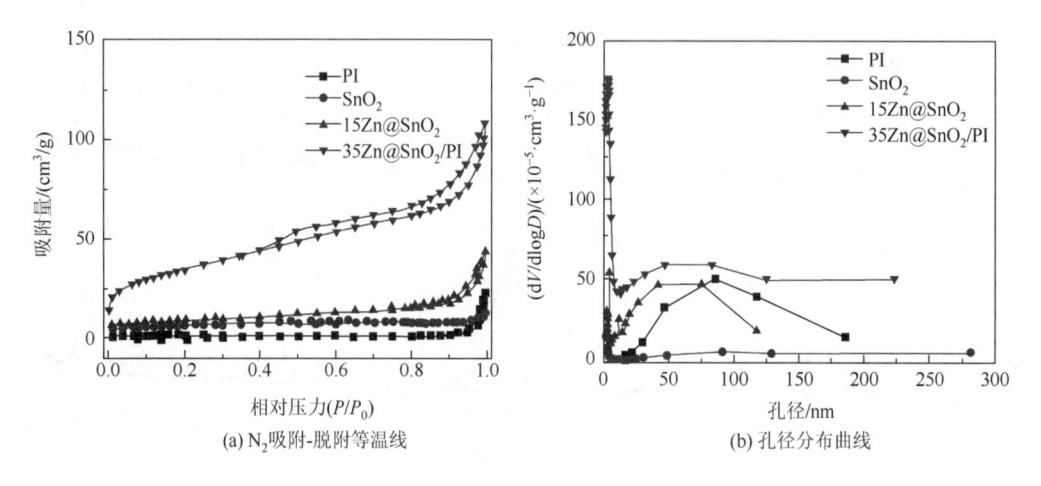

图 2-25 材料的 N$_2$ 吸附-脱附等温线和孔径分布曲线

(Toupance et al., 2006; Ben Soltan et al., 2017)。此外, 当 PI 的比例增加时, 观察到其比表面积先增大后减小, 在 35Zn@SnO$_2$/PI 处达到最大值。35Zn@SnO$_2$/PI 的比表面积为 121.77m^2/g, 分别约为 PI、SnO$_2$ 和 15Zn@SnO$_2$ 的 31.0 倍、5.9 倍和 4.1 倍 (表 2-4)。另一方面, 所有材料都显示出较大的孔体积。孔体积随着 PI 比例的增加而变化, 35Zn@SnO$_2$/PI 材料的孔体积最大。这与 SEM 和 TEM 的结果完全一致。综上, 与其他催化剂相比, 35Zn@SnO$_2$/PI 材料的光催化活性和吸附能力应该是具有极大前景的, 因为它具有更高的比表面积和孔体积。

表 2-4 材料的比表面积和孔体积

材料	比表面积/(m^2/g)	孔体积/(cm^3/g)
PI	3.93	0.035
SnO$_2$	20.71	0.019
15Zn@SnO$_2$	29.93	0.067
10Zn@SnO$_2$/PI	18.34	0.066
20Zn@SnO$_2$/PI	91.42	0.128
30Zn@SnO$_2$/PI	94.18	0.126
35Zn@SnO$_2$/PI	121.77	0.167
40Zn@SnO$_2$/PI	95.80	0.139
50Zn@SnO$_2$/PI	73.09	0.132
60Zn@SnO$_2$/PI	55.62	0.150

MO (M 代表金属) 半导体的光学性质是决定其光催化性能的关键因素之一 (Li et al., 2011), 这对于确定禁带宽度非常重要。为此在室温下研究 PI、未掺杂和锌掺杂的氧化锡以及 35Zn@SnO$_2$/PI 材料的 UV-vis DRS [图 2-26 (a)]。每种材料在 200~450nm 的波长范围都有很强的吸收。在可见光区, PI 显示出明显的吸收, SnO$_2$ 显示出弱吸收, 同时, 15Zn@SnO$_2$ 和 35Zn@SnO$_2$/PI 复合材料的最大吸收波长也出现在可见光吸收范围。通过比较 PI 和复合材料的光吸收光谱, 发现 35Zn@SnO$_2$/PI 复合材料的吸收带边缘明显发生蓝移。材料的禁带宽度由 $(\alpha h v)^2 = A(hv - E_g)$ 计算 (Xiao and Zhang, 2011)。因此, 可以从 $(\alpha h v)^2$ 和 hv 的曲线中算出带隙能量 E_g。切线和 X 轴的截距很好地近似于带隙能量 (Li et al., 2020a)。图 2-26 (b) 显示了从吸收光谱计算的结果 $(\alpha h v)^2$ 和 hv 之间的关系。根据紫外-可见光谱估计, PI、SnO$_2$ 和 Zn@SnO$_2$ 的吸收禁带宽度分别达到 2.83eV、3.59eV 和 3.53eV。锌的掺杂相应地减小了 SnO$_2$ 的禁带宽度。此外 PI 和 SnO$_2$ 的禁带宽度与文献报道相同 (Ben Soltan et al., 2017; Meng et al., 2019; Gao et al., 2021; Luque et al., 2021)。

为了深入分析光致载流子分离的机理, 需要确定能带结构, 计算材料的禁带宽度、导带 (CB) 和价带 (VB) 位置。SnO$_2$ 和 Zn@SnO$_2$ 薄膜电极的莫特肖特基曲线如图 2-27 所示。相对于饱和甘汞电极, PI 和 SnO$_2$ 的平电位计算为 −0.72V [图 2-26 (c)] 和 −0.26V [图 2-26 (d)]。仔细分析 Zn@SnO$_2$ 的莫特肖特基曲线后, 可以发现在 −0.53~−0.29V

处出现负斜率区域（图 2-27），表明 Zn@SnO$_2$ 中存在 p 型缺陷。可以计算出平带电位为 0.43V（V vs.SCE）[图 2-26（e）]。与普通氢电极（NHE）相比，它们相当于-0.50V、-0.04V 和 0.65V（Sayama et al.，2006；Luo et al.，2008）。图 2-26（f）是 PI、SnO$_2$ 和 Zn@SnO$_2$ 的 VB-XPS 曲线图。结果表明，PI、SnO$_2$ 和 Zn@SnO$_2$ 的 VB 和费米能级（FE）之间的能隙分别为 2.55eV、3.20eV 和 2.81eV（Tian et al.，2017；Liu et al.，2017）。一般来说，平带电位的值大约等于费米能级的值（Scaife，1980；Li et al.，2016；Bai et al.，2016）。因此，PI、SnO$_2$ 和 Zn@SnO$_2$ 的 VB 分别为 2.05eV、3.16eV 和 3.46eV。基于禁带宽度图[图 2-26（b）]，PI、SnO$_2$ 和 Zn@SnO$_2$ 的 CB 分别为-0.78eV、-0.43eV 和-0.07eV。Zn@SnO$_2$ 的能带结构反映了 Zn 掺杂的影响。Zn 的添加将带间态引入 Zn@SnO$_2$ 的禁带宽度，导致光生电子的迁移路径更短。因此，Zn@SnO$_2$ 的电子结构有望提供高氧化还原性能。

  ESR 通常用于确认反应过程中的活性基团。在可见光照射下，不同溶剂的 DMPO 可以分别捕获 •OH 和 •O$_2^-$。如图 2-28（a）和图 2-28（b）所示，复合材料在可见光照射下同时具有 DMPO-Water 和 DMPO-CH$_3$OH 的 ESR 信号，表明 •OH 和 •O$_2^-$ 作为活性物种参与光催化降解过程（Wang et al.，2018c）。为了进一步探究催化剂在可见光照射下去除 TC 的过程中产生主要作用的自由基团，进行活性基团捕获实验（Lu et al.，2019a；Gao et al.，2020）。对苯醌（benzoquinone，BQ）、异丙醇（isopropanol，IPA）、KBrO$_3$

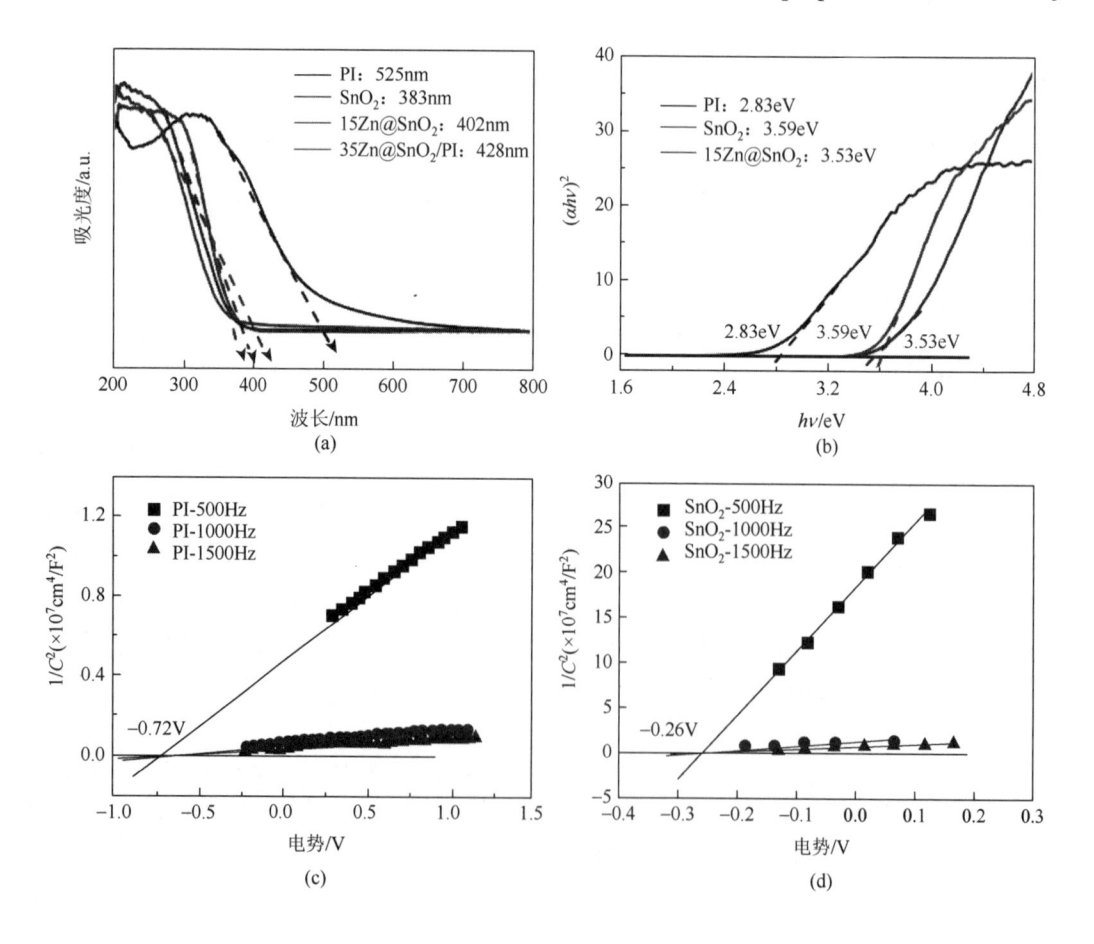

(e)

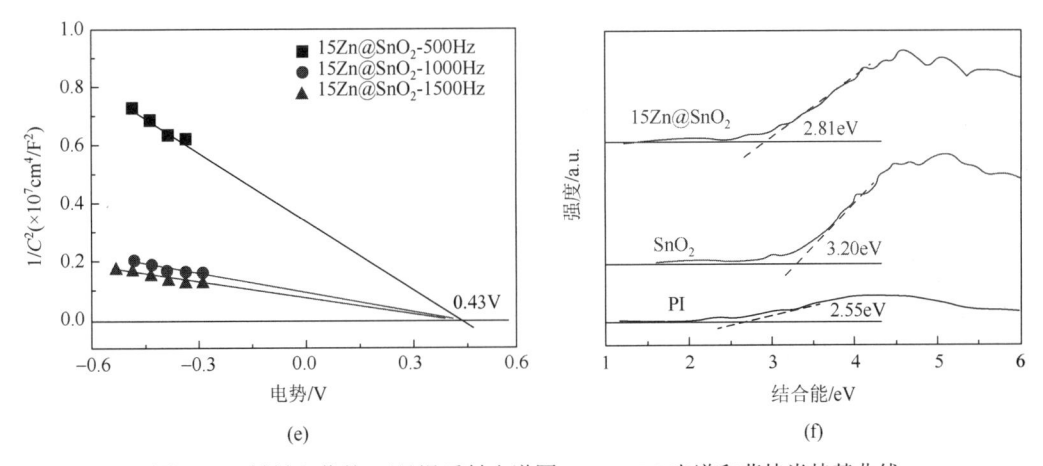

(f)

图 2-26 材料和紫外-可见漫反射光谱图、VB-XPS 光谱和莫特肖特基曲线

（a）材料的紫外-可见漫反射光谱图；（b）$(\alpha h v)^2$ 与光子能量（hv）的关系；（c）～（e）材料的莫特肖特基曲线；（f）VB-XPS 光谱

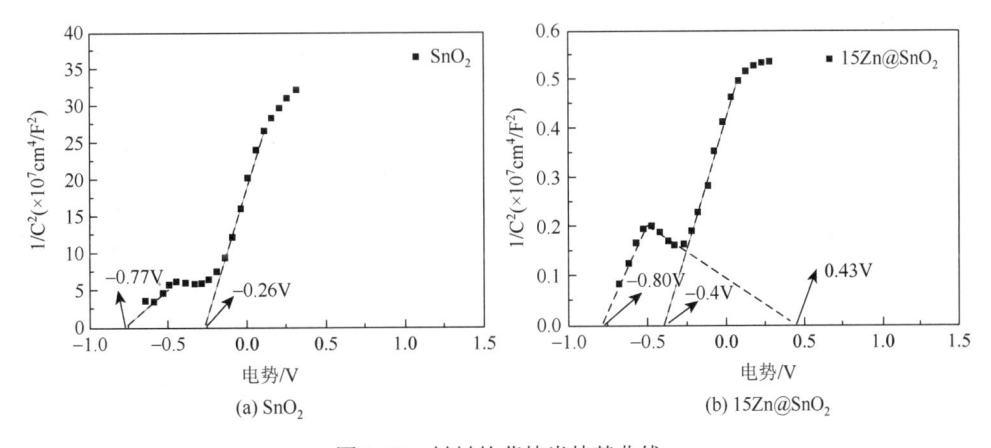

(a) SnO$_2$

(b) 15Zn@SnO$_2$

图 2-27 材料的莫特肖特基曲线

和 EDTA-2Na 分别用于消除 •O$_2^-$、•OH、e$^-$ 和 h$^+$（Gao et al.，2020；Li et al.，2020c；Hu et al.，2020b）。从图 2-28（c）中可以发现，复合材料在 BQ 和 EDTA-2Na 体系中对 TC 的降解效果较差，也就是说，BQ 和 EDTA-2Na 对催化剂降解 TC 的抑制效果最强，表明 •O$_2^-$ 和 h$^+$ 在光催化中是较为活跃的基团。

众所周知，光致发光（PL）光谱可以反映复合材料中电子-空穴对的复合效率。为了研究 Zn@SnO$_2$ 和 PI 之间的界面电荷转移，在 605nm 的激发波长下研究了材料的光致发光特性。PI 和 SnO$_2$ 具有很强的发射峰，表明它们对电子和空穴的辐射复合效率很高[图 2-28（d）]。Zn@SnO$_2$ 的光致发光强度远低于 SnO$_2$，这表明锌的掺杂延长了 SnO$_2$ 中 e$^-$ 和 h$^+$ 对的寿命。Zn@SnO$_2$/PI 复合材料的光致发光强度远低于 PI，说明 Zn@SnO$_2$ 纳米粒子在 PI 表面生长后电子-空穴对复合率降低，同时 Zn@SnO$_2$ 和 PI 结合可以有效降低电荷重组效率。在可见光（$\lambda \geqslant 420$nm）下进行催化剂的光电流测试，以证明电荷转移和光生 e$^-$ 和 h$^+$ 分离效率的改善。在间歇照射下，样品的瞬态光电流-时间（i-t）曲线记录了几个开关周期[图 2-28（e）]。35Zn@SnO$_2$/PI 催化剂的光电流密度远高于 PI 和 Zn@SnO$_2$，这表明从 PI 到 Zn@SnO$_2$ 的电荷转移得到改善，此外，Zn@SnO$_2$ 的光电流密度高于 SnO$_2$。以上情况表明锌掺杂可以有效提高 e$^-$ 和 h$^+$ 对的分离效率，同时 Zn@SnO$_2$ 的引入有效地增强了复合材料的光生电荷分离能力，这是因为 Zn@SnO$_2$ 和 PI 能级结构的合理匹配。根据以上实验结果，35Zn@SnO$_2$/PI 具有最高的电荷分离效率和最低的电荷复合效率。综上所述，Zn@SnO$_2$ 和 PI 具有良好的导电性且接触紧密，Zn@SnO$_2$ 的引入延长了 Zn@SnO$_2$/PI 复合材料的载流子寿命。

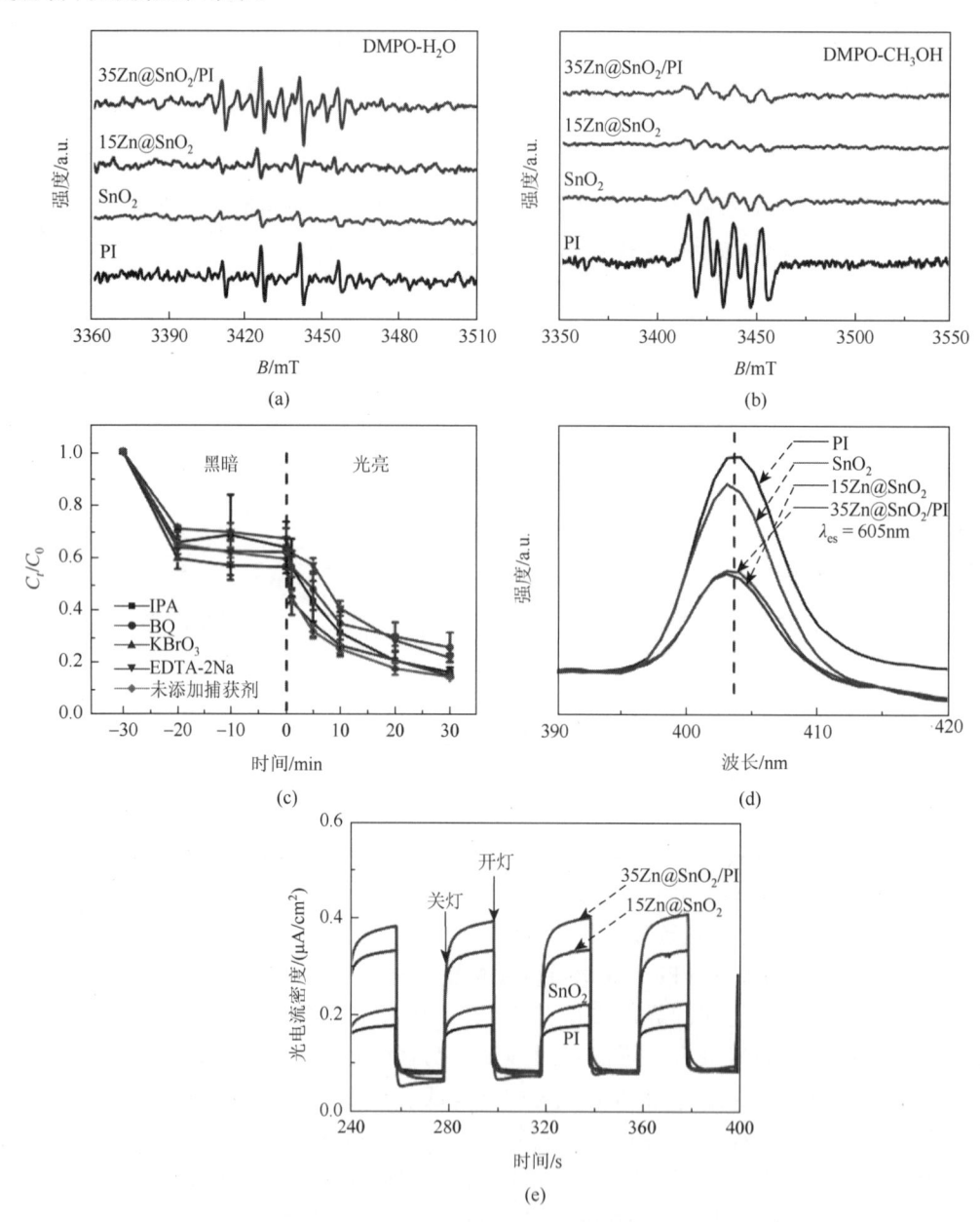

图 2-28　材料的 ESR 光谱、自由基捕获实验、光致发光光谱和光电流测试实验
（a）DMPO-H$_2$O 加合物的 ESR 光谱；（b）DMPO-CH$_3$OH 加合物的 ESR 光谱；（c）自由基捕获实验；（d）催化剂的光致发光光谱；（e）瞬态光电流-时间曲线

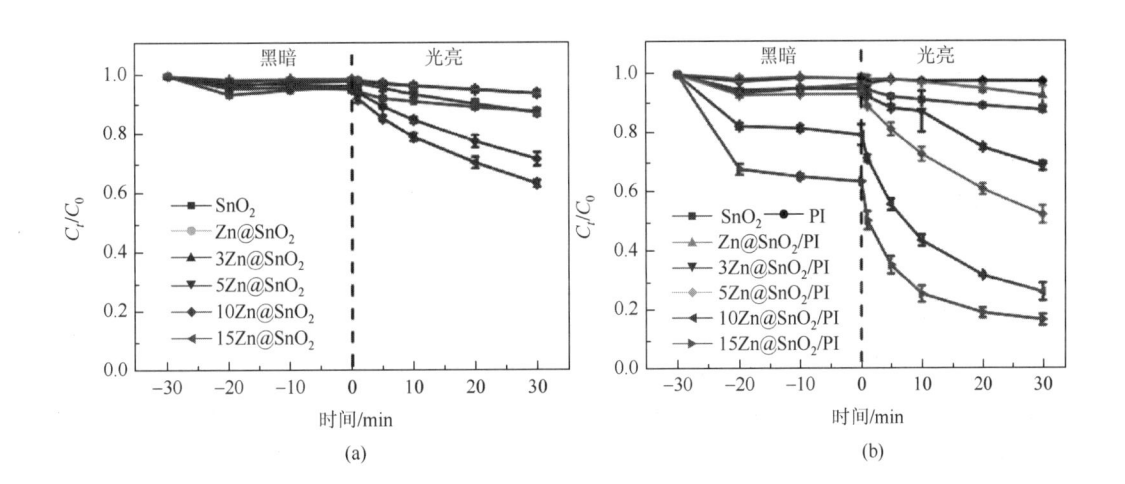

在可见光照射下，测定 PI、SnO_2、$Zn@SnO_2$ 和 $Zn@SnO_2/PI$ 对 TC 的去除率。图 2-29（a）是不同的锌掺杂 SnO_2 和相同质量的未掺杂 SnO_2 在 1h 内对 TC 的去除率。显然，与 SnO_2 相比，掺杂的锌含量越高，催化剂的光催化活性越高，在 $15Zn@SnO_2$ 时达到最大值。通过固定 PI 质量、改变锌掺杂量制备的 $Zn@SnO_2/PI$ 复合材料在 1h 内对 TC 的去除率如图 2-29（b）所示。结果表明，制备的 $Zn@SnO_2/PI$ 样品比相应的 $Zn@SnO_2$ 具有更好的 TC 去除性能，同时，上述所有样品对 TC 的去除率均大于 PI 和 SnO_2。将锌掺杂量固定为 15%，改变单体材料配比，1h 内复合材料的 TC 去除率如图 2-29（c）所示。随着 $Zn@SnO_2$ 质量的提高，复合材料的去除率先增大后减小，$35Zn@SnO_2/PI$ 材料对 TC 的去除率最大，其最大去除率为 85.53%，分别约为 PI、SnO_2 和 $15Zn@SnO_2$ 的 35 倍、7 倍和 2 倍 [图 2-29（d）]。此外，使用 $35Zn@SnO_2/PI$ 催化剂在遮光条件下去除 TC（20mg/L）时，经遮光处理 1h 后，$35Zn@SnO_2/PI$ 复合材料对 TC 的去除率为 37.3%。当遮光时间达到 30min 并继续延长遮光时间时，复合材料对 TC 的去除率基本保持不变。因此，进一步验证复合材料在遮光 30min 后达到吸附平衡。另外需要注意的是，随着 $Zn@SnO_2$ 负载量的增加，去除率先升高后降低。出现上述情况是因为 PI 表面负载的 $Zn@SnO_2$ 可以提供更多的光催化活性位点，这使得催化剂具有显著的光催化活性。然而，进一步提高 $Zn@SnO_2$ 的含量将抑制 $Zn@SnO_2/PI$ 复合材料的光催化活性。这可能是由过量 $Zn@SnO_2$ 的严重团聚以及过载的 $Zn@SnO_2$ 纳米颗粒之间有更多的晶界所致。对于光催化反应，载流子转移和载流子捕获同等重要。随着 e^- 和 h^+ 转移到表面，光生载流子很可能在过载的 $Zn@SnO_2$ 之间严重结合，导致 $Zn@SnO_2/PI$ 活性降低（Zhou et al., 2019），同时，经过四次循环实验，$35Zn@SnO_2/PI$ 材料对 TC 的去除率仍达到 53.10% [图 2-29（f）]，而 $Zn@SnO_2$ 的去除率仅为 15.1%。从以上结果可以看出，PI 和 $Zn@SnO_2$ 的复合材料可以有效提高复合材料的光催化性能和稳定性。

为了探讨复合材料的最佳降解条件，接下来研究催化剂的用量、初始 TC 浓度和初始 pH 对复合材料光催化去除 TC 的影响。图 2-30（a）显示了复合材料的光催化活性随着催

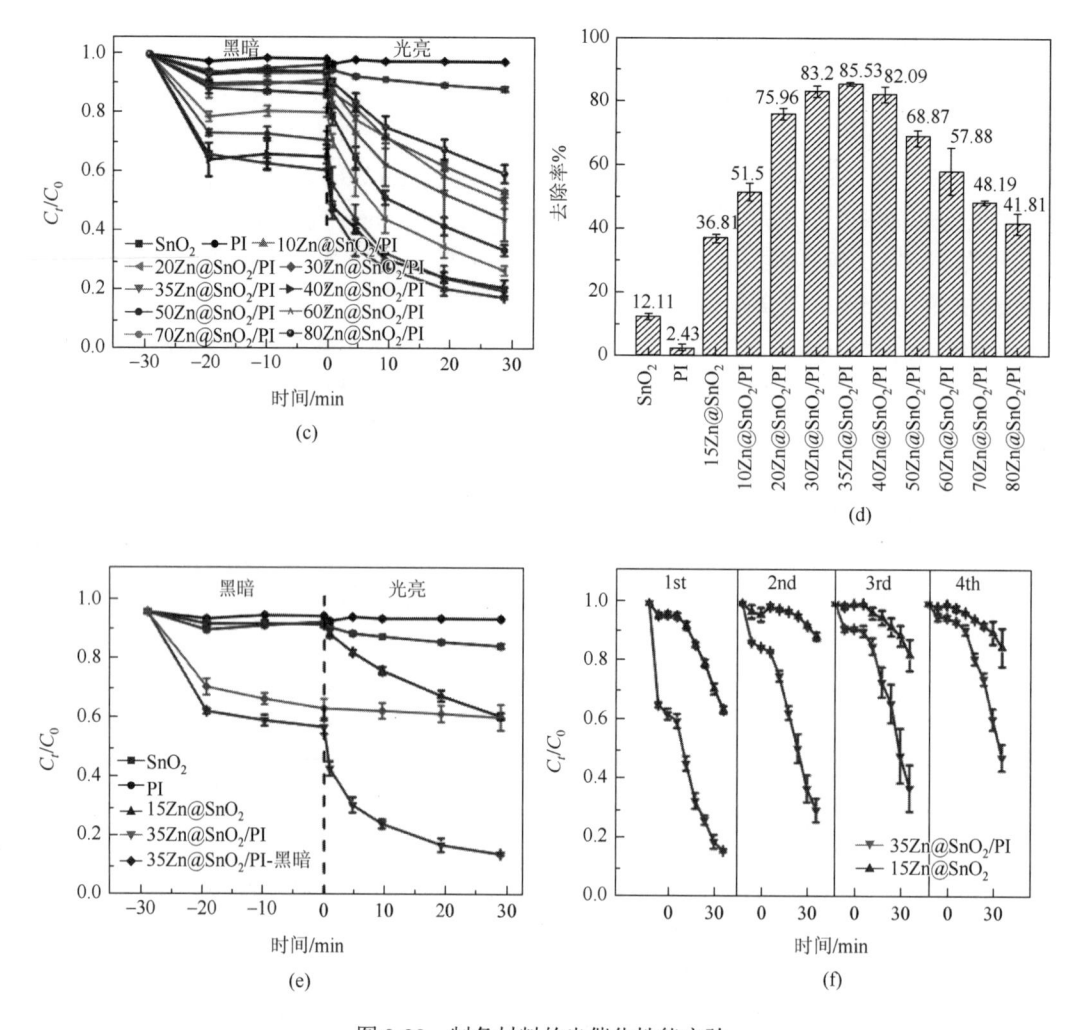

图 2-29 制备材料的光催化性能实验

（a）～（e）材料对 TC 的去除率；（f）Zn@SnO$_2$ 和 Zn@SnO$_2$/PI 材料对 TC 的循环降解实验

化剂用量的增加而提高，同时在催化剂用量从 10mg 变为 25mg 时，材料的光催化活性有显著提高，但当催化剂用量达到 25mg 时，提高速度减缓。因此，考虑到经济性和实用性，材料的最佳用量设为 25mg。从图 2-30（b）可以看出，随着 TC 浓度的增加，光催化活性逐渐降低，当初始 TC 浓度为 20mg/L 时，继续增加 TC 的浓度，复合材料的光催化活性基本不变。综上，制备的复合材料可降解不同浓度的 TC，且均具有高效的光催化性能。结合上述情况，选择 TC 浓度为 20mg/L 进行后续实验探索。图 2-30（c）表明该催化剂在强酸条件下（pH＝1 和 pH＝3）几乎没有光催化活性，但当 pH＝5 时（催化剂加入 TC 后溶液的初始 pH 为 5），材料的光催化活性达到最大值，而且继续增加溶液的碱度，对光催化活性影响不大。因为考虑到 TC 在碱性条件易于水解，所以没有考虑 pH＞7 的情况。基于上述情况得到最佳降解条件为：材料投加量为 25mg，TC 初始浓度为 20mg/L，初始 pH＝5。上述情况表明，该材料适合处理 pH≥5 的废水。

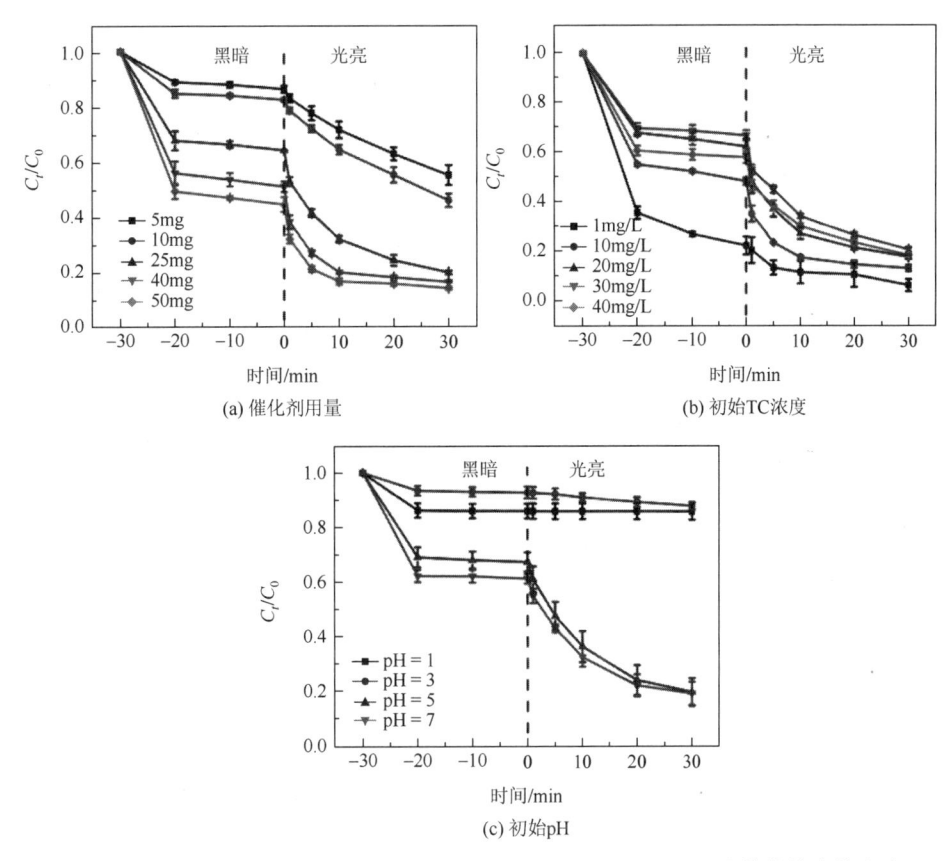

图 2-30 催化剂用量、初始 TC 浓度和初始 pH 对 35Zn@SnO$_2$/PI 光催化效率的影响

共存离子影响评价如下。

（1）无机阳离子的影响。探讨不同浓度的无机阳离子（Na^+、K^+、Ca^{2+}、Mg^{2+}）对复合材料去除 TC 的光催化性能的影响。在图 2-31 中，不同阳离子对材料光催化活性的抑制影响由弱到强依次为 Na^+、K^+、Ca^{2+}、Mg^{2+}。具体来说，不同浓度的 Na^+ 和 K^+ 对材料的光催化活性的影响较小；Ca^{2+} 对材料的光催化活性有一定的抑制作用，并随着 Ca^{2+} 浓度的提高，抑制作用逐渐增强；Mg^{2+} 对催化剂的光催化活性的抑制效果最强，并随着 Mg^{2+} 浓度的增加，抑制效果逐渐增强，当 Mg^{2+} 浓度为 40mmol/L 时，复合材料对 TC 的去除率仅为 60%。结果表明，在处理含有 Mg^{2+} 或 Ca^{2+} 的废水时，Zn@SnO$_2$/PI 复合材料光催化性能会明显被削弱，且浓度越高，削弱效果越明显，而处理含有 Na^+ 和 K^+ 的废水时，Zn@SnO$_2$/PI 复合材料仍能保持高效的光催化活性。

（2）无机阴离子的影响。探讨不同浓度的无机阴离子（Cl^-、HCO_3^-、SO_4^{2-}、CO_3^{2-}）对复合材料去除 TC 的影响。由图 2-32 可以看出，不同阴离子对催化剂光催化活性的抑制由强到弱的顺序为 CO_3^{2-}、HCO_3^-、SO_4^{2-}、Cl^-。从图中可以看出，Cl^- 对复合材料的光催化活性基本没有影响，HCO_3^- 和 SO_4^{2-} 对复合材料的光催化活性存在一定的削弱，而 CO_3^{2-} 对材料的光催化活性的影响最大。所以在处理含有 CO_3^{2-} 的废水时，复合光催化剂的光催化性能会被抑制。从图 2-31 和图 2-32 可以看出，无机阳离子和阴离子的加入主要影响复合材料的吸附性能。因此，推测 Ca^{2+}、Mg^{2+}、CO_3^{2-}、HCO_3^- 和 SO_4^{2-} 会抑制复合材料的光催化活性，主要是因为它们占据了材料表面的活性位点，导致其光催化活性减弱，同时表明处理含有 Na^+、K^+ 和 Cl^- 的废水时，$Zn@SnO_2/PI$ 复合光催化仍将具备高效的光催化性能。这可以为复合光催化剂处理实际废水提供参考。

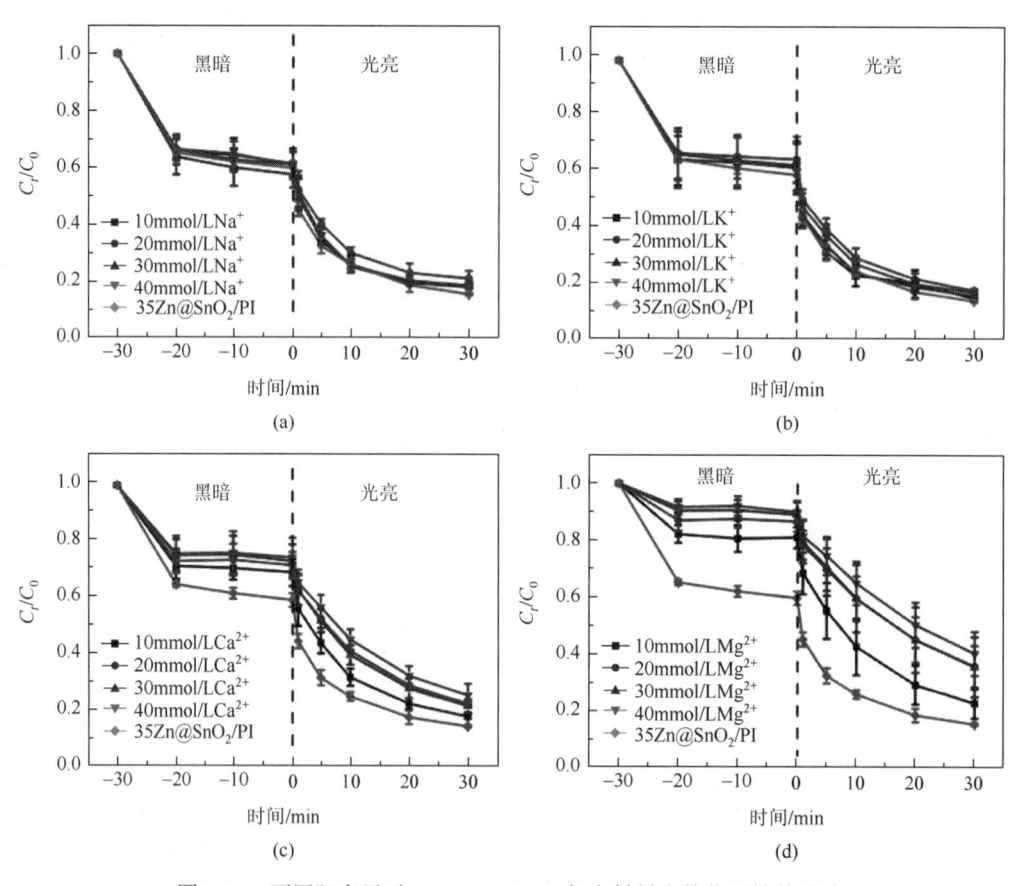

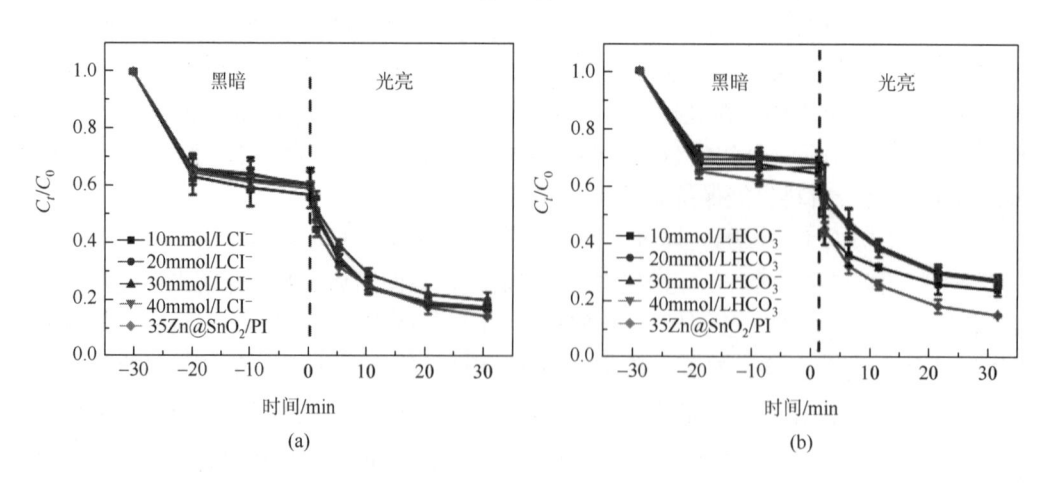

图 2-31　不同阳离子对 $35Zn@SnO_2/PI$ 复合材料光催化活性的影响

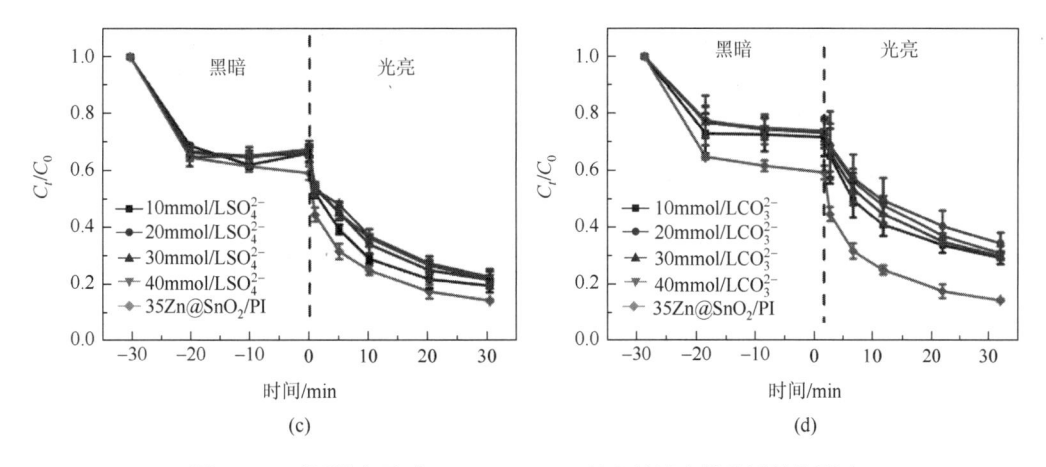

图2-32 不同阴离子对35Zn@SnO₂/PI复合材料光催化活性的影响

采用 HPLC-MS 技术对不同辐照时间的反应溶液进行分析,可以鉴定出 TC 在 Zn@SnO₂/PI 复合材料上的光催化分解中间体。LC-MS 光谱如图 2-33 所示。母体 TC 和推断的降解产物的分子结构、分子式和 m/z(质荷比)列于表 2-5。根据中间鉴定数据和相关报道(Wang et al.,2020a),提出了去除 TC 的合理路径(图 2-34)。对于路径 I,由于羟基自由基的作用,TC 首先经过多个羟基化步骤被粉碎成 TC1(m/z = 477)。之后,TC2(m/z = 459)的出现归因于 TC1 的 H₂O 分子的脱落,然后 TC2 脱酰胺化成为 TC3 (m/z = 400)。之后 TC4(m/z = 343)可能来自 TC3 的氨基和甲基的脱离。随着光照时间的增加,TC4 进一步裂解碳环,形成 TC5(m/z = 201)。路线 II 从脱水过程开始,形成 TC6(m/z = 427)。依次脱除 TC6 的 N-甲基取代基后,生成中间体 TC7(m/z = 399),再进行脱氨反应,进一步转化为 TC8(m/z = 384)。TC9(m/z = 307)的形成,可以假设碳环的裂解发生在 TC8 上。在 TC9 的基础上进一步脱水形成 TC10(m/z = 225)。途径Ⅲ是由 TC 去除前期甲基基团,断裂诱导产生 TC11(m/z = 403),然后通过脱氨作用降解为 TC12(m/z = 384)。随后,TC12 通过脱酰胺、羟基化和开环反应的联合作用降解为 TC13 (m/z = 301)。然后 TC13 通过羧基化、加成反应和开环反应的联合作用降解为 TC14

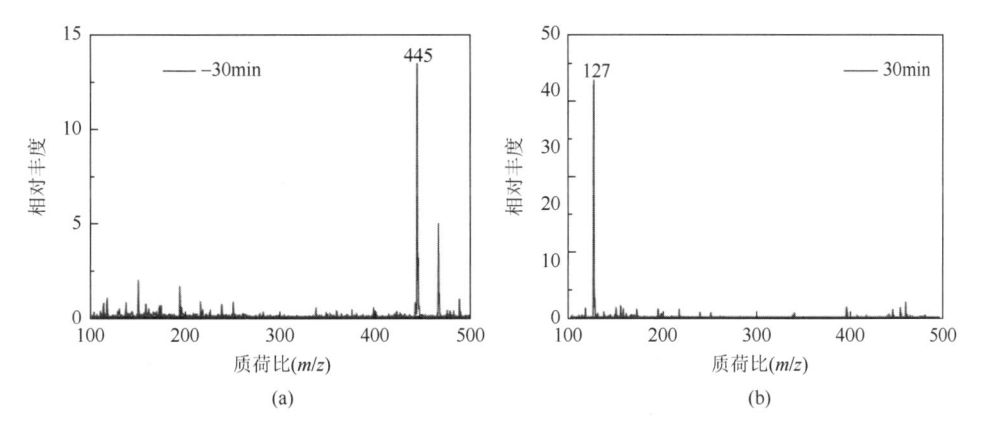

图2-33 Zn@SnO₂/PI 光解四环素 1h 前后的质谱图

（m/z = 247）。TC14 通过脱水和开环反应形成 TC15（m/z = 149）。随着降解反应的进行，这些中间产物通过一系列解离官能团和开环过程被进一步氧化成低分子量有机物 TC16（m/z = 127）。最终，在反应体系中产生的自由基的攻击下，上述产物可以变成无害物质，彻底破坏 TC 结构。

表 2-5 Zn@SnO$_2$/PI 光降解四环素过程中的中间体

分子式	分子结构	m/z
$C_{22}H_{24}O_{10}N_2$		477
$C_{22}H_{22}O_9N_2$		459
$C_{22}H_{22}O_7N_2$		427
$C_{19}H_{18}O_8N_2$		403
$C_{21}H_{21}O_7N$		400
$C_{20}H_{18}O_7N_2$		399
$C_{20}H_{17}O_7N$		384

续表

分子式	分子结构	m/z
$C_{19}H_{13}O_8N$		384
$C_{18}H_{14}O_7$		343
$C_{16}H_{18}O_6$		307
$C_{16}H_{12}O_6$		301
$C_{13}H_{10}O_5$		247
$C_{14}H_8O_3$		225
$C_9H_{12}O_5$		201
$C_{10}H_{12}O$		149
$C_7H_{10}O_2$		127

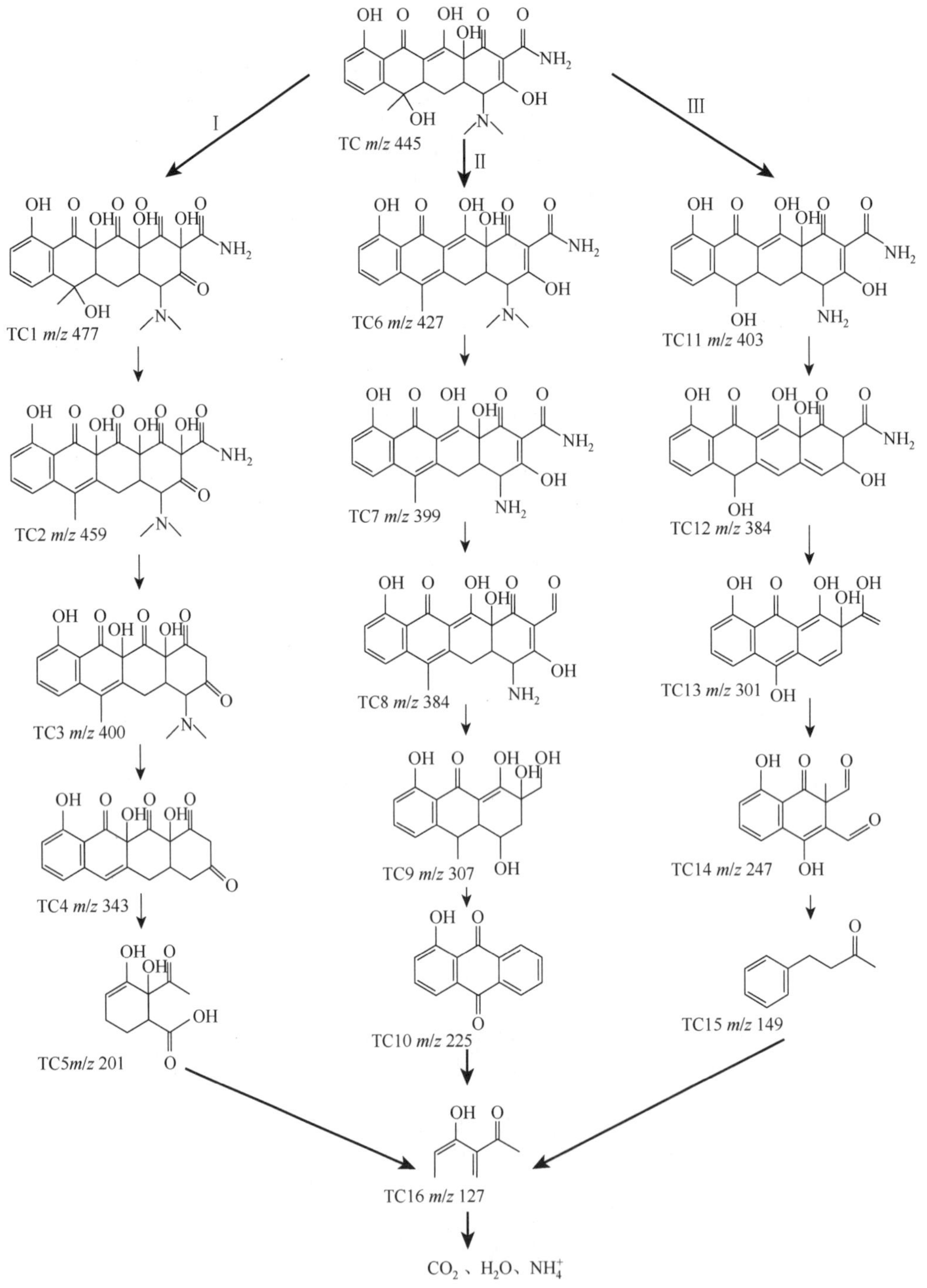

图 2-34 35Zn@SnO$_2$/PI 复合材料降解 TC 可能的路径

从图 2-26 中可以计算出 PI 和 Zn@SnO$_2$ 的 CB 分别为-0.78eV 和-0.07eV。PI 和 Zn@SnO$_2$ 的 VB 分别为 2.05eV 和 3.46eV。光催化反应是由可见光下光催化剂产生的 e$^-$

和 h⁺引起的。在图 2-35 中，光生 e⁻在可见光照射下从 VB 激发到 CB，并在光敏材料的价带中形成 h⁺。由于 Zn@SnO₂ 的 CB 比 PI 的更正，PI 的 CB 中的电子可以转移到 Zn@SnO₂ 的 CB 中，这将有助于减少由光能产生的空穴电子对的复合。同时，在 PI 的 VB 上会有更多的 h⁺。因此，光催化还原机理遵循典型的电荷迁移路径。光生电子可以攻击 O_2 生成 $·O_2^-$ 进而降解 TC，而 h⁺可以直接氧化去除 TC。Zn@SnO₂/PI 光催化活性的显著提高可以归结为光激发的 e⁻ 和 h⁺ 对的有效分离和光生电子寿命的延长。

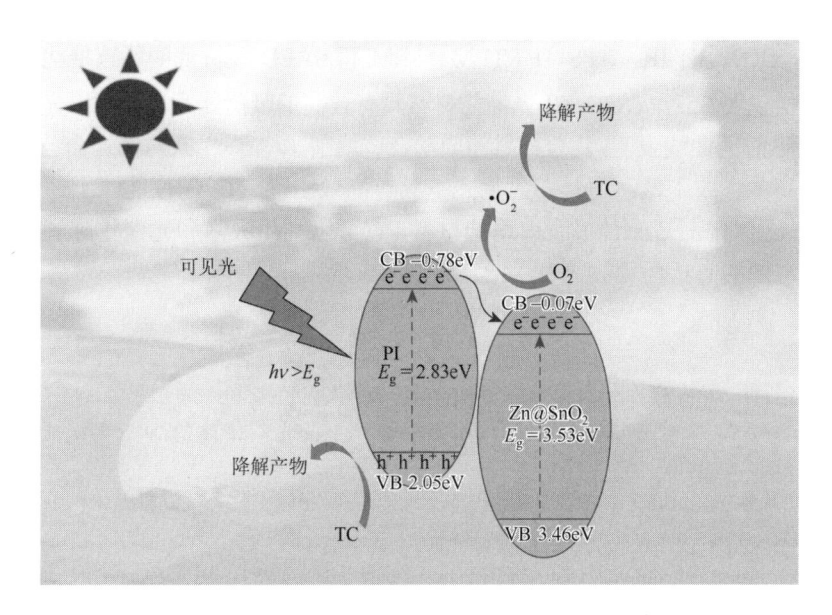

图 2-35　35Zn@SnO₂/PI 在可见光下对 TC 的光催化机理图

2.3　本章小结

（1）通过简单的水热法，制备了具有高效光催化活性的 Z 型 ZnS/PI 光催化剂，与 PI 和 ZnS 光催化剂相比，ZnS/PI 复合材料光生电荷的寿命延长，具有更高的光催化活性。在可见光照射下，45ZnS/PI 复合材料对 TC 的最大降解率为 84%，分别是 PI 和 ZnS 的 11 倍和 8 倍。此外，光催化性能和光稳定性的提高可归因于 ZnS 和 PI 之间紧密结合的界面中的 Z 型电荷转移，这种电荷转移方法可以促进电荷分离和转移，有效抑制电子-空穴对复合。XPS、HRTEM、自由基捕获实验和 ESR 分析证明了直接 Z 型电荷转移机制的合理性。并获得了 ZnS/PI 复合材料的最佳制备条件和最佳降解条件。

（2）利用 HPLC-MS 测试结果，提出了 TC 降解的途径和中间产物。更重要的是，所构建的 ZnS/PI 复合材料符合 Z 型异质结的光催化机理，具有高矿化能力、良好的稳定性和可回收性。Z 型 ZnS/PI 复合材料的成功制备表明，利用 PI 与各种金属硫化物结合构建具有 Z 型异质结结构的二元或三元杂化光催化材料的可行性，这项工作凸显了聚合物载体在构建高效直接 Z 型光催化剂中的作用。

（3）利用 SnCl₄·5H₂O、Zn(NO₃)₂·6H₂O 和 PI，通过简单的水热反应制备了 Zn@SnO₂/PI。

Zn@SnO$_2$/PI 对 TC 的去除率不仅包括材料表面的吸附，还包括 Zn@SnO$_2$/PI 在可见光下的光催化降解以及纳米复合材料中各组分的协同作用。在可见光照射下，35Zn@SnO$_2$/PI 在 60min 内对 TC（20mg/L）的去除率为 86%，分别约为 PI 和 Zn@SnO$_2$ 的 35 倍和 2 倍。获得复合材料光催化降解 TC 的最佳降解条件为材料投加量为 25mg，初始 TC 浓度为 20mg/L，初始 pH 为 5。

（4）体系中不同阳离子对材料光催化活性的抑制影响由弱到强依次为 Na$^+$、K$^+$、Ca^{2+}、Mg^{2+}；不同阴离子对复合材料光催化性能的抑制效果由强到弱依次为 CO$_3^{2-}$、HCO$_3^-$、SO$_4^{2-}$、Cl$^-$。XRD、FT-IR、XPS、HRTEM、SEM 和 SAED 分析证明了该催化剂的成功合成。BET 分析说明 35Zn@SnO$_2$/PI 光催化材料具有较高的吸附能力，同时，光致发光光谱和瞬态光电流-时间曲线表明，复合材料的成功合成增加了电子-空穴对的寿命。Zn@SnO$_2$/PI 的制备方法简单、成本低，而且在可见光下具有高效去除 TC 的性能。上述结果表明，Zn@SnO$_2$/PI 光催化剂是一种很有前途的材料，它可以利用吸附和光催化降解的协同作用高效去除废水中的有机污染物。

参 考 文 献

龚莹，李庆，田军，等，2018. 超支化共聚聚酰亚胺与氧化锌粒子复合薄膜的制备与性能研究[J]. 粘接，39（10）：30-34.

侯建梅，张溪文，韩高荣，2009. 静电纺丝法制备 PI/TiO$_2$ 亚微米纤维膜及其光催化性能[C]//2009 中国功能材料科技与产业高层论坛，镇江：479-482.

霍歆彤，李青，周易博，等，2016. CeO$_2$ 聚酰亚胺复合薄膜的制备及光催化性能研究[J]. 毛纺科技，44（2）：25-29.

Allahveran S，Mehrizad A，2017. Polyaniline/ZnS nanocomposite as a novel photocatalyst for removal of rhodamine 6G from aqueous media: Optimization of influential parameters by response surface methodology and kinetic modeling[J]. Journal of Molecular Liquids，225：339-346.

Alshehri M，Al-Marzouki F，Alshehrie A，et al.，2018. Synthesis, characterization and band alignment characteristics of NiO/SnO$_2$ bulk heterojunction nanoarchitecture for promising photocatalysis applications[J]. Journal of Alloys and Compounds，757：161-168.

Antoniadou M，Daskalaki V M，Balis N，et al.，2011. Photocatalysis and photoelectrocatalysis using（CdS-ZnS）/TiO$_2$ combined photocatalysts[J]. Applied Catalysis B: Environmental，107（1-2）：188-196.

Aruna Kumari M L，Devi L G，Maia G，et al.，2022. Mechanochemical synthesis of ternary heterojunctions TiO$_2$（A）/TiO$_2$（R）/ZnO and TiO$_2$（A）/TiO$_2$（R）/SnO$_2$ for effective charge separation in semiconductor photocatalysis: A comparative study[J]. Environmental Research，203：111841.

Bai Y，Ye L Q，Chen T，et al.，2016. Facet-dependent photocatalytic N$_2$ fixation of bismuth-rich Bi$_5$O$_7$I nanosheets[J]. ACS Applied Materials & Interfaces，8（41）：27661-27668.

Bakhtkhosh P，Mehrizad A，2017. Sonochemical synthesis of Sm-doped ZnS nanoparticles for photocatalytic degradation of Direct Blue 14: Experimental design by response surface methodology and development of a kinetics model[J]. Journal of Molecular Liquids，240：65-73.

Ben Soltan W，Ammar S，Olivier C，et al.，2017. Influence of zinc doping on the photocatalytic activity of nanocrystalline SnO$_2$ particles synthesized by the polyol method for enhanced degradation of organic dyes[J]. Journal of Alloys and Compounds，729：638-647.

Bhattacharjee A，Ahmaruzzaman M，2015. A green approach for the synthesis of SnO$_2$ nanoparticles and its application in the reduction of p-nitrophenol[J]. Materials Letters，157：260-264.

Chen B B，Li X F，Li X，et al.，2017. Friction and wear properties of polyimide-based composites with a multiscale carbon fiber-carbon nanotube hybrid[J]. Tribology Letters, 65 (3): 111.

Chen Y, Li D X, Yang W Y, et al., 2018. Effects of different amine-functionalized graphene on the mechanical, thermal, and tribological properties of polyimide nanocomposites synthesized by in situ polymerization[J]. Polymer, 140: 56-72.

Chu S, Wang Y, Guo Y, et al., 2012. Facile green synthesis of crystalline polyimide photocatalyst for hydrogen generation from water[J]. Journal of Materials Chemistry, 22 (31): 15519-15521.

Chu S, Wang Y, Guo Y, et al., 2013. Band structure engineering of carbon nitride: in search of a polymer photocatalyst with high photooxidation property[J]. ACS Catalysis, 3 (5): 912-919.

Das S, Misra A J, Habeeb Rahman A P, et al., 2019. Ag@SnO$_2$@ZnO core-shell nanocomposites assisted solar-photocatalysis downregulates multidrug resistance in Bacillus sp.: A catalytic approach to impede antibiotic resistance[J]. Applied Catalysis B: Environmental, 259: 118065.

Daughton C G, Ternes T A, 1999. Pharmaceuticals and personal care products in the environment: Agents of subtle change?[J]. Environmental Health Perspectives, 107 (Suppl 6): 907-938.

Di T M, Zhu B C, Cheng B, et al., 2017. A direct Z-scheme g-C$_3$N$_4$/SnS$_2$ photocatalyst with superior visible-light CO$_2$ reduction performance[J]. Journal of Catalysis, 352: 532-541.

Fu J W, Yu J G, Jiang C J, et al., 2018. g-C$_3$N$_4$-based heterostructured photocatalysts[J]. Advanced Energy Materials, 8(3): 1701503.

Fukubayashi Y, Yoda S, 2014. Porous polyimide-silica composite: a new thermal resistant flexible material[J]. MRS Online Proceedings Library, 1645 (1): 510.

Gan H H, Zhang G K, Huang H X, 2013. Enhanced visible-light-driven photocatalytic inactivation of Escherichia coli by Bi$_2$O$_2$CO$_3$/Bi$_3$NbO$_7$ composites[J]. Journal of Hazardous Materials, 250-251: 131-137.

Gao L W, Mao Q M, Luo S, et al., 2020. Experimental and theoretical insights into kinetics and mechanisms of hydroxyl and sulfate radicals-mediated degradation of sulfamethoxazole: Similarities and differences[J]. Environmental Pollution, 259: 113795.

Gao X, Niu J, Wang Y F, et al., 2021. Solar photocatalytic abatement of tetracycline over phosphate oxoanion decorated Bi$_2$WO$_6$/polyimide composites[J]. Journal of Hazardous Materials, 403: 123860.

Gao X Y, Yang X X, Guo Q, et al., 2019a. Enhanced photocatalytic performance of BiOCl for carbamazepine degradation by coupling H-ZSM-5 and modifying phosphate groups: improved charge separation efficiency with high redox ability[J]. Journal of the Taiwan Institute of Chemical Engineers, 104: 301-309.

Gao Y Q, Gao N Y, Chu W H, et al., 2019b. UV-activated persulfate oxidation of sulfamethoxypyridazine: Kinetics, degradation pathways and impact on DBP formation during subsequent chlorination[J]. Chemical Engineering Journal, 370: 706-715.

Ghoreishian S M, Raju G S R, Pavitra E, et al., 2019. Ultrasound-assisted heterogeneous degradation of tetracycline over flower-like rGO/CdWO$_4$ hierarchical structures as robust solar-light-responsive photocatalysts: Optimization, kinetics, and mechanism[J]. Applied Surface Science, 489: 110-122.

Ghoreishian S M, Raju G S R, Ranjith K S, et al., 2020a. Construction of 2D/2D/2D rGO/p-C$_3$N$_4$/Cu$_3$Mo$_2$O$_9$ heterostructure as an efficient catalytic platform for cascade photo-degradation and photoelectrochemical activity[J]. Applied Surface Science, 511: 145469.

Ghoreishian S M, Ranjith K S, Lee H, et al., 2020b. Hierarchical N-doped TiO$_2$@Bi$_2$W$_x$Mo$_{1-x}$O$_6$ core-shell nanofibers for boosting visible-light-driven photocatalytic and photoelectrochemical activities[J]. Journal of Hazardous Materials, 391: 122249.

Gong Y, Yang B, Zhang H, et al., 2019. Graphene oxide enwrapped polyimide composites with efficient photocatalytic activity for 2, 4-dichlorophenol degradation under visible light irradiation[J]. Materials Research Bulletin: An International Journal Reporting Research on Crystal Growth and Materials Preparation and Characterization, 112: 115-123.

Gong Y, Yu H T, Chen S, et al., 2015. Constructing metal-free polyimide/g-C$_3$N$_4$ with high photocatalytic activity under visible light irradiation[J]. RSC Advances, 5 (101): 83225-83231.

Guan Y, Wang D W, Zhou X, et al., 2014. Hydrothermal preparation and gas sensing properties of Zn-doped SnO$_2$ hierarchical architectures[J]. Sensors and Actuators B: Chemical, 191: 45-52.

Guo F, Huang X L, Chen Z H, et al., 2020a. Investigation of visible-light-driven photocatalytic tetracycline degradation via carbon dots modified porous ZnSnO$_3$ cubes: Mechanism and degradation pathway[J]. Separation and Purification Technology, 253: 117518.

Guo F, Huang X L, Chen Z H, et al., 2020b. MoS$_2$ nanosheets anchored on porous ZnSnO$_3$ cubes as an efficient visible-light-driven composite photocatalyst for the degradation of tetracycline and mechanism insight[J]. Journal of Hazardous Materials, 390: 122158.

Guo H Q, Li H, Zhang Q, et al., 2018. Fabrication, characterization and mechanism of a novel Z-scheme Ag$_3$PO$_4$/NG/polyimide composite photocatalyst for microcystin-LR degradation[J]. Applied Catalysis B: Environmental, 229: 192-203.

Guo Z Q, Yang F J, Yang R R, et al., 2021. Preparation of novel ZnO-NP@Zn-MOF-74 composites for simultaneous removal of copper and tetracycline from aqueous solution[J]. Separation and Purification Technology, 274: 118949.

Hao R, Xiao X, Zuo X X, et al., 2012. Efficient adsorption and visible-light photocatalytic degradation of tetracycline hydrochloride using mesoporous BiOI microspheres[J]. Journal of Hazardous Materials, 209: 137-145.

Hojamberdiev M, Czech B, Göktas A C, et al., 2020. SnO$_2$@ZnS photocatalyst with enhanced photocatalytic activity for the degradation of selected pharmaceuticals and personal care products in model wastewater[J]. Journal of Alloys and Compounds, 827: 154339.

Hu J Y, Yang R, Li Z H, et al., 2019. In-situ growth of ZnO globular on g-C$_3$N$_4$ to fabrication binary heterojunctions and their photocatalytic degradation activity on tetracyclines[J]. Solid State Sciences, 92: 60-67.

Hu X L, Lu P, He Y Z, et al., 2020a. Anionic/cationic synergistic action of insulator BaCO$_3$ enhanced the photocatalytic activities of graphitic carbon nitride[J]. Applied Surface Science, 528: 146924.

Hu X, Sun Z, Song J, et al., 2019. Synthesis of novel ternary heterogeneous BiOCl/TiO$_2$/sepiolite composite with enhanced visible-light-induced photocatalytic activity towards tetracycline[J].Journal of Colloid and Interface Science, 533: 238-250.

Hu Y, Hao X Q, Cui Z W, et al., 2020b. Enhanced photocarrier separation in conjugated polymer engineered CdS for direct Z-scheme photocatalytic hydrogen evolution[J]. Applied Catalysis B: Environmental, 260: 118131.

Huang L S, Bao D Y, Li J H, et al., 2021. Construction of Au modified direct Z-scheme g-C$_3$N$_4$/defective ZnO heterostructure with stable high-performance for tetracycline degradation[J]. Applied Surface Science, 555: 149696.

Huang Z F, Song J J, Wang X, et al., 2017. Switching charge transfer of C$_3$N$_4$/W$_{18}$O$_{49}$ from type-II to Z-scheme by interfacial band bending for highly efficient photocatalytic hydrogen evolution[J]. Nano Energy, 40: 308-316.

Iranmanesh P, Saeednia S, Nourzpoor M, 2015. Characterization of ZnS nanoparticles synthesized by co-precipitation method[J]. Chinese Physics B, 24 (4): 046104.

Jalili-Jahani N, Rabbani F, Fatehi A, et al., 2021. Rapid one-pot synthesis of Ag-decorated ZnO nanoflowers for photocatalytic degradation of tetracycline and product analysis by LC/APCI-MS and direct probe ESI-MS[J]. Advanced Powder Technology, 32 (8): 3075-3089.

Jia S L, Xu M Z, Chen S F, et al., 2019. A hierarchical sandwich-structured MoS$_2$/SnO$_2$/CC heterostructure for high photocatalysis performance[J]. Materials Letters, 236: 697-701.

Jia X, Tahir M, Pan L, et al., 2016. Direct Z-scheme composite of CdS and oxygen-defected CdWO$_4$: An efficient visible-light-driven photocatalyst for hydrogen evolution[J]. Applied Catalysis B: Environmental, 198: 154-161.

Kameli S, Mehrizad A, 2019. Ultrasound-assisted synthesis of Ag-ZnS/rGO and its utilization in photocatalytic degradation of tetracycline under visible light irradiation[J]. Photochemistry and Photobiology, 95 (2): 512-521.

Kudo A, Tsuji I, Kato H, 2002. AgInZn$_7$S$_9$ solid solution photocatalyst for H$_2$ evolution from aqueous solutions under visible light irradiation[J]. Chemical Communications (17): 1958-1959.

Kwon J, Kim J Y, Lee J, et al., 2014. Fabrication of polyimide composite films based on carbon black for high-temperature resistance[J]. Polymer Composites, 35 (14): 2214-2220.

Lei Y L, Huo J C, 2018. Enhanced visible-light photoelectrochemical and photoelectrocatalytic activity of nano-TiO$_2$/polyimide/Ni foam photoanode[J]. Research on Chemical Intermediates, 44 (10): 6401-6418.

Li D, Yan P P, Zhao Q Q, et al., 2020a. The hydrothermal synthesis of ZnSn(OH)$_6$ and Zn$_2$SnO$_4$ and their photocatalytic performances[J]. Cryst. Eng. Comm., 22 (29): 4923-4932.

Li H F, Yu H T, Quan X, et al., 2016. Uncovering the key role of the Fermi level of the electron mediator in a Z-scheme photocatalyst by detecting charge transfer process of WO$_3$-metal-gC$_3$N$_4$ (metal = Cu, Ag, Au)[J]. ACS Applied Materials & Interfaces, 8 (3): 2111-2119.

Li R, Ye C, Zhang X Y, et al., 2020b. Construction of photocathodic bioanalytical platform based on Z-scheme polyimide/CdS composite assisted by dual-catalysis system[J]. Sensors and Actuators B: Chemical, 314: 314: 128079.

Li T B, Chen G, Zhou C, et al., 2011. New photocatalyst BiOCl/BiOI composites with highly enhanced visible light photocatalytic performances[J]. Dalton Transactions, 40 (25): 6751-6758.

Li X, Yu J G, Low J, et al., 2015. Engineering heterogeneous semiconductors for solar water splitting[J]. Journal of Materials Chemistry A, 3 (6): 2485-2534.

Li Y X, Fu H F, Wang P, et al., 2020c. Porous tube-like ZnS derived from rod-like ZIF-L for photocatalytic Cr (VI) reduction and organic pollutants degradation[J]. Environmental Pollution, 256: 113417.

Li Z L, Guo C S, Lyu J C, et al., 2019. Tetracycline degradation by persulfate activated with magnetic Cu/CuFe$_2$O$_4$ composite: Efficiency, stability, mechanism and degradation pathway[J]. Journal of Hazardous Materials, 373: 85-96.

Lin G Q, Ding H M, Chen R F, et al., 2017. 3D porphyrin-based covalent organic frameworks[J]. Journal of the American Chemical Society, 139 (25): 8705-8709.

Liu C Y, Zhang Y H, Dong F, et al., 2017. Chlorine intercalation in graphitic carbon nitride for efficient photocatalysis[J]. Applied Catalysis B: Environmental, 203: 465-474.

Liu J C, Lu G H, Wu D H, et al., 2014a. A multi-biomarker assessment of single and combined effects of norfloxacin and sulfamethoxazole on male goldfish (Carassius auratus)[J]. Ecotoxicology and Environmental Safety, 102: 12-17.

Liu J N, Tian G F, Qi S L, et al., 2014b. Enhanced dielectric permittivity of a flexible three-phase polyimide-graphene-BaTiO$_3$ composite material[J]. Materials Letters, 124: 117-119.

Liu L, He H, 2017. Effect of imidization process on the performance of PI/nano-Al$_2$O$_3$ three layer composite film[J]. Pigment & Resin Technology, 46 (4): 327-331.

Liu L P, Lv F Z, Zhang Y H, et al., 2017. Enhanced dielectric performance of polyimide composites with modified sandwich-like SiO$_2$@GO hybrids[J]. Composites: Part A, 99: 41-47.

Low J X, Yu J G, Jaroniec M, et al., 2017. Heterojunction photocatalysts[J]. Advanced Materials, 2017, 29 (20): 1601694.

Lu C F, Chen D X, Duan Y Y, et al., 2021. New properties of carbon nanomaterials through zinc doping and application as a ratiometric fluorescence pH sensor[J]. Materials Research Bulletin: An International Journal Reporting Research on Crystal Growth and Materials Preparation and Characterization, 142: 111410.

Lu P, Hu X L, Li Y J, et al., 2019a. Novel CaCO$_3$/g-C$_3$N$_4$ composites with enhanced charge separation and photocatalytic activity[J]. Journal of Saudi Chemical Society, 23 (8): 1109-1118.

Lu Z Y, Zhou G S, Song M S, et al., 2019b. Magnetic functional heterojunction reactors with 3D specific recognition for selective photocatalysis and synergistic photodegradation in binary antibiotic solutions[J]. Journal of Materials Chemistry A, 7 (23): 13986-14000.

Luo J, Chen J Y, Chen X T, et al., 2021a. Construction of cerium oxide nanoparticles immobilized on the surface of zinc vanadate nanoflowers for accelerated photocatalytic degradation of tetracycline under visible light irradiation[J]. Journal of Colloid and Interface Science, 587: 831-844.

Luo J, Li R, Chen Y Q, et al., 2019. Rational design of Z-scheme LaFeO$_3$/SnS$_2$ hybrid with boosted visible light photocatalytic activity towards tetracycline degradation[J]. Separation and Purification Technology, 210: 417-430.

Luo J, Ning X M, Zhan L, et al., 2021b. Facile construction of a fascinating Z-scheme AgI/Zn$_3$V$_2$O$_8$ photocatalyst for the photocatalytic degradation of tetracycline under visible light irradiation[J]. Separation and Purification Technology, 255: 117691.

Luo W J, Li Z S, Jiang X J, et al., 2008. Correlation between the band positions of (SrTiO$_3$)$_{1-x}$·(LaTiO$_2$N)$_x$ solid solutions and photocatalytic properties under visible light irradiation[J]. Physical Chemistry Chemical Physics, 10 (44): 6717-6723.

Luque P A, Garrafa-Gálvez H E, Nava O, et al., 2021. Efficient sunlight and UV photocatalytic degradation of Methyl Orange, Methylene Blue and Rhodamine B, using Citrus×paradisi synthesized SnO_2 semiconductor nanoparticles[J]. Ceramics International, 47 (17): 23861-23874.

Ma C H, Zhu H Y, Zhou J, et al., 2017. Confinement effect of monolayer MoS_2 quantum dots on conjugated polyimide and promotion of solar-driven photocatalytic hydrogen generation[J]. Dalton Transactions, 46 (12): 3877-3886.

Ma C H, Zhou J, Cui Z W, et al., 2016. In situ growth MoO_3 nanoflake on conjugated polymer: An advanced photocatalyst for hydrogen evolution from water solution under solar light[J]. Solar Energy Materials and Solar Cells, 150: 102-111.

Ma C H, Zhou J, Zhu H Y, et al., 2015. Constructing a high-efficiency MoO_3/polyimide hybrid photocatalyst based on strong interfacial interaction[J]. ACS Applied Materials & Interfaces, 7 (27): 14628-14637.

Ma L L, Wang B X, Zhao S Y, et al., 2019. The fabrication and electrical properties of polyimide/boron nitride nanosheets composite films[J]. Journal of Materials Science: Materials in Electronics, 30 (22): 20302-20310.

Maranho L A, Baena-Nogueras R M, Lara-Martin P A, et al., 2014. Bioavailability, oxidative stress, neurotoxicity and genotoxicity of pharmaceuticals bound to marine sediments. The use of the polychaete Hediste diversicolor as bioindicator species[J]. Environmental Research, 134: 353-365.

Mehrizad A, Gharbani P, 2017. Novel ZnS/carbon nanofiber photocatalyst for degradation of rhodamine 6G: Kinetics tracking of operational parameters and development of a kinetics model[J]. Photochemistry and Photobiology, 93 (5): 1178-1186.

Mehrizad A, Behnajady M A, Gharbani P, et al., 2019. Sonocatalytic degradation of Acid Red 1 by sonochemically synthesized zinc sulfide-titanium dioxide nanotubes: optimization, kinetics and thermodynamics studies[J]. Journal of Cleaner Production, 215: 1341-1350.

Meng P C, Heng H M, Sun Y H, et al., 2018. Positive effects of phosphotungstic acid on the in-situ solid-state polymerization and visible light photocatalytic activity of polyimide-based photocatalyst[J]. Applied Catalysis B: Environmental, 226: 487-498.

Meng P C, Huang J H, Liu X, 2019. Extended light absorption and enhanced visible-light photocatalytic degradation capacity of phosphotungstate/polyimide photocatalyst based on intense interfacial interaction and alternate stacking structure[J]. Applied Surface Science, 465: 125-135.

Molla M Z, Zhigunov D, Noda S, et al., 2019. Structural optimization and quantum size effect of Si-nanocrystals in SiC interlayer fabricated with bio-template[J]. Materials Research Express, 6 (6): 065059.

Montes-Grajales D, Fennix-Agudelo M, Miranda-Castro W, 2017. Occurrence of personal care products as emerging chemicals of concern in water resources: A review[J]. Science of the Total Environment, 595: 601-614.

Motejadded Emrooz H B, Rahmani A R, 2017. Synthesis, characterization and photocatalytic behavior of mesoporous ZnS nanoparticles prepared by hybrid salt extraction and structure directing agent method[J]. Materials Science in Semiconductor Processing, 72: 15-21.

Padhye L P, Yao H, Kung'u F T, et al., 2014. Year-long evaluation on the occurrence and fate of pharmaceuticals, personal care products, and endocrine disrupting chemicals in an urban drinking water treatment plant[J]. Water Research, 51: 266-276.

Pan J Q, Sheng Y Z, Zhang J X, et al., 2015. Photovoltaic conversion enhancement of a carbon quantum dots/p-type $CuAlO_2$/n-type ZnO photoelectric device[J]. ACS Applied Materials & Interfaces, 7 (15): 7878-7883.

Pan J Q, Zhou Y, Cao J, et al., 2016. Fabrication of carbon quantum dots modified granular SnO_2 nanotubes for visible light photocatalysis[J]. Materials Letters, 170: 187-191.

Parmeggiani M, Zaccagnini P, Stassi S, et al., 2019. PDMS/polyimide composite as an elastomeric substrate for multifunctional laser-induced graphene electrodes[J]. ACS Applied Materials & Interfaces, 11 (36): 33221-33230.

Patil S M, Dhodamani A G, Vanalakar S A, et al., 2018. Multi-applicative tetragonal TiO_2/SnO_2 nanocomposites for photocatalysis and gas sensing[J]. Journal of Physics and Chemistry of Solids, 115: 127-136.

Praus P, Svoboda L, Dvorský R, et al., 2018. Nanocomposites of SnO_2 and $g-C_3N_4$: Preparation, characterization and photocatalysis under visible LED irradiation[J]. Ceramics International, 44 (4): 3837-3846.

Qian X X, Chen Z, Yang X R, et al., 2020. Perovskite cesium lead bromide quantum dots: A new efficient photocatalyst for degrading antibiotic residues in organic system[J]. Journal of Cleaner Production, 249: 119335.

Qin L P, Wang G J, Tan Y W, 2018. Plasmonic Pt nanoparticles: TiO_2 hierarchical nano-architecture as a visible light photocatalyst for water splitting[J]. Scientific Reports, 8 (1): 16198.

Radjenović J, Petrović M, Barceló D, 2019. Fate and distribution of pharmaceuticals in wastewater and sewage sludge of the conventional activated sludge (CAS) and advanced membrane bioreactor (MBR) treatment[J]. Water Research, 43 (3): 831-841.

Sahay P P, Mishra R K, Pandey S N, et al., 2013. Structural, dielectric and photoluminescence properties of co-precipitated Zn-doped SnO_2 nanoparticles[J]. Current Applied Physics, 13 (3): 479-486.

Sápi A, Mutyala S, Garg S, et al., 2021. Size controlled Pt over mesoporous NiO nanocomposite catalysts: Thermal catalysis vs. photocatalysis[J]. Journal of Porous Materials, 28 (2): 605-615.

Sayama K, Nomura A, Arai T, et al., 2006. Photoelectrochemical decomposition of water into H_2 and O_2 on porous $BiVO_4$ thin-film electrodes under visible light and significant effect of Ag ion treatment[J]. The Journal of Physical Chemistry B, 110 (23): 11352-11360.

Scaife D E, 1980. Oxide semiconductors in photoelectrochemical conversion of solar energy[J]. Solar Energy, 25 (1): 41-54.

Shi F F, Chen L L, Xing C S, et al., 2014. ZnS microsphere/g-C_3N_4 nanocomposite photo-catalyst with greatly enhanced visible light performance for hydrogen evolution: Synthesis and synergistic mechanism study[J]. RSC Advances, 4 (107): 62223-62229.

Shi W L, Ren H J, Li M Y, et al., 2020. Tetracycline removal from aqueous solution by visible-light-driven photocatalytic degradation with low cost red mud wastes[J]. Chemical Engineering Journal, 382: 122876.

Shirai Y, Takahashi K, Kawauchi T, et al., 2013. Preparation and properties of polyimide-polysiloxane hybrids using Sol-gel method[J]. Journal of Photopolymer Science and Technology, 26 (3): 333-340.

Sun M J, Hu J Y, Zhai C Y, et al., 2017. CuI as hole-transport channel for enhancing photoelectrocatalytic activity by constructing CuI/BiOI heterojunction[J]. ACS Applied Materials & Interfaces, 9 (15): 13223-13230.

Talreja N, Afreen S, Ashfaq M, et al., 2021. Bimetal (Fe/Zn) doped BiOI photocatalyst: an effective photodegradation of tetracycline and bacteria[J]. Chemosphere, 280: 130803.

Tayebeh M, 2018. Study of quantum confinement effects in ZnO nanostructures[J]. Materials Research Express, 5 (3): 35032.

Thommes M, Kaneko K, Neimark A V, et al., 2015. Physisorption of gases, with special reference to the evaluation of surface area and pore size distribution (IUPAC Technical Report) [J]. Pure and Applied Chemistry, 87 (9-10): 1051-1069.

Tian N, Zhang Y H, Li X W, et al., 2017. Precursor-reforming protocol to 3D mesoporous g-C_3N_4 established by ultrathin self-doped nanosheets for superior hydrogen evolution[J]. Nano Energy, 38: 72-81.

Tian N, Tian X K, Nie Y L, et al., 2018. Biogenic manganese oxide: an efficient peroxymonosulfate activation catalyst for tetracycline and phenol degradation in water[J]. Chemical Engineering Journal, 352: 469-476.

Toupance T, El Hamzaoui H, Jousseaume B, et al., 2006. Bridged polystannoxane: A new route toward nanoporous tin dioxide[J]. Chemistry of Materials, 18 (26): 6364-6372.

Tun P P, Wang J T, Khaing T T, et al., 2020. Fabrication of functionalized plasmonic Ag loaded Bi_2O_3/montmorillonite nanocomposites for efficient photocatalytic removal of antibiotics and organic dyes[J]. Journal of Alloys and Compounds, 818: 152836.

Wang A Q, Zheng Z K, Wang H, et al., 2020a. 3D hierarchical H_2-reduced Mn-doped CeO_2 microflowers assembled from nanotubes as a high-performance Fenton-like photocatalyst for tetracycline antibiotics degradation[J]. Applied Catalysis B: Environmental, 277: 119171.

Wang D B, Jia F Y, Wang H, et al., 2018a. Simultaneously efficient adsorption and photocatalytic degradation of tetracycline by Fe-based MOFs[J]. Journal of Colloid and Interface Science, 519: 273-284.

Wang F L, Chen P, Feng Y P, et al., 2017a. Facile synthesis of N-doped carbon dots/g-C_3N_4 photocatalyst with enhanced visible-light photocatalytic activity for the degradation of indomethacin[J]. Applied Catalysis B: Environmental, 207: 103-113.

Wang H, Jiang S L, Shao W, et al., 2018b. Optically switchable photocatalysis in ultrathin black phosphorus nanosheets[J]. Journal of the American Chemical Society, 140 (9): 3474-3480.

Wang H, Yuan X Z, Wu Y, et al., 2017b. Plasmonic Bi nanoparticles and BiOCl sheets as cocatalyst deposited on perovskite-type ZnSn(OH)$_6$ microparticle with facet-oriented polyhedron for improved visible-light-driven photocatalysis[J]. Applied Catalysis B: Environmental, 209: 543-553.

Wang H X, Liao B, Lu T, et al., 2020b. Enhanced visible-light photocatalytic degradation of tetracycline by a novel hollow BiOCl@CeO$_2$ heterostructured microspheres: Structural characterization and reaction mechanism[J]. Journal of Hazardous Materials, 385: 121552.

Wang H L, Zhang L S, Chen Z G, et al., 2014. Semiconductor heterojunction photocatalysts: design, construction, and photocatalytic performances[J]. Chemical Society Reviews, 43 (15): 5234-5244.

Wang J, Lei X F, Huang C, et al., 2021. Fabrication of a novel MoO$_3$/Zn-Al LDHs composite photocatalyst for efficient degradation of tetracycline under visible light irradiation[J]. Journal of Physics and Chemistry of Solids, 148: 109698.

Wang J B, Zhi D, Zhou H, et al., 2018c. Evaluating tetracycline degradation pathway and intermediate toxicity during the electrochemical oxidation over a Ti/Ti$_4$O$_7$ anode[J]. Water Research, 137: 324-334.

Wang Q, Zhang Y, Ye W C, et al., 2016. Ni(OH)$_2$/MoS$_x$ nanocomposite electrodeposited on a flexible CNT/PI membrane as an electrochemical glucose sensor: The synergistic effect of Ni(OH)$_2$ and MoS$_x$[J]. Journal of Solid State Electrochemistry, 20 (1): 133-142.

Wu Y X, Zhao X S, Huang S B, et al., 2021. Facile construction of 2D g-C$_3$N$_4$ supported nanoflower-like NaBiO$_3$ with direct Z-scheme heterojunctions and insight into its photocatalytic degradation of tetracycline[J]. Journal of Hazardous Materials, 414: 125547.

Xiang Y M, Zhou Q L, Li Z Y, et al., 2020. A Z-scheme heterojunction of ZnO/CDots/C$_3$N$_4$ for strengthened photoresponsive bacteria-killing and acceleration of wound healing[J]. Journal of Materials Science & Technology, 57: 1-11.

Xiao X, Zhang W D, 2011. Hierarchical Bi$_7$O$_9$I$_3$ micro/nano-architecture: Facile synthesis, growth mechanism, and high visible light photocatalytic performance[J]. RSC Advances, 1 (6): 1099.

Xie X, Li Y Z, Yang Y, et al., 2018. UV-Vis-IR driven thermocatalytic activity of OMS-2/SnO$_2$ nanocomposite significantly enhanced by novel photoactivation and synergetic photocatalysis-thermocatalysis[J]. Applied Surface Science, 462: 590-597.

Xu H, Yan J, Xu Y G, et al., 2013. Novel visible-light-driven AgX/graphite-like C$_3$N$_4$ (X = Br, I) hybrid materials with synergistic photocatalytic activity[J]. Applied Catalysis B: Environmental, 129: 182-193.

Xu Q L, Zhang L Y, Yu J G, et al., 2018. Direct Z-scheme photocatalysts: Principles, synthesis, and applications[J]. Materials Today, 21 (10): 1042-1063.

Yan T, Li M M, Wang X D, et al., 2015. Facile preparation of novel organic-inorganic PI/Zn$_{0.25}$Cd$_{0.75}$S composite for enhanced visible light photocatalytic performance[J]. Applied Surface Science, 340: 102-112.

Yan X Q, Xia M Y, Xu B R, et al., 2018. Fabrication of novel all-solid-state Z-scheme heterojunctions of 3DOM-WO$_3$/Pt coated by mono-or few-layered WS$_2$ for efficient photocatalytic decomposition performance in Vis-NIR region[J]. Applied Catalysis B: Environmental, 232: 481-491.

Yazdani E B, Mehrizad A, 2018. Sonochemical preparation and photocatalytic application of Ag-ZnS-MWCNTs composite for the degradation of Rhodamine B under visible light: Experimental design and kinetics modeling[J]. Journal of Molecular Liquids, 255: 102-112.

Yu X J, Liu J J, Yu Y C, et al., 2014. Preparation and visible light photocatalytic activity of carbon quantum dots/TiO$_2$ nanosheet composites[J]. Carbon, 68: 718-724.

Yuan X J, Shen D Y, Zhang Q, et al., 2019. Z-scheme Bi$_2$WO$_6$/CuBi$_2$O$_4$ heterojunction mediated by interfacial electric field for efficient visible-light photocatalytic degradation of tetracycline[J]. Chemical Engineering Journal, 369: 292-301.

Yue X Z, Yi S S, Wang R W, et al., 2017. Cobalt phosphide modified titanium oxide nanophotocatalysts with significantly enhanced photocatalytic hydrogen evolution from water splitting[J]. Small, 13 (14): 1603301.

Zhang H X, Nengzi L C, Wang Z J, et al., 2020a. Construction of Bi$_2$O$_3$/CuNiFe LDHs composite and its enhanced photocatalytic degradation of lomefloxacin with persulfate under simulated sunlight[J]. Journal of Hazardous Materials, 383 (5): 121236.

Zhang L J, Li S, Liu B K, et al., 2014. Highly efficient CdS/WO$_3$ photocatalysts: Z-scheme photocatalytic mechanism for their enhanced photocatalytic H$_2$ evolution under visible light[J]. ACS Catalysis, 4 (10): 3724-3729.

Zhang S, Yi J J, Chen J R, et al., 2020b. Spatially confined Fe$_2$O$_3$ in hierarchical SiO$_2$@TiO$_2$ hollow sphere exhibiting superior photocatalytic efficiency for degrading antibiotics[J]. Chemical Engineering Journal, 380: 122583.

Zhang X, Ai Z H, Jia F L, et al., 2008. Generalized one-pot synthesis, characterization, and photocatalytic activity of hierarchical BiOX (X=Cl, Br, I) nanoplate microspheres[J]. The Journal of Physical Chemistry C, 112 (3): 747-753.

Zhang Y M, Chen Z, Wu P P, et al., 2020c. Three-dimensional heterogeneous Electro-Fenton system with a novel catalytic particle electrode for bisphenol a removal[J]. Journal of Hazardous Materials, 393: 120448.

Zhang Y H, Shi J, Xu Z W, et al., 2018. Degradation of tetracycline in a schorl/H$_2$O$_2$ system: Proposed mechanism and intermediates[J]. Chemosphere, 202: 661-668.

Zhang Z Y, Shao C L, Li X H, et al., 2013. Hierarchical assembly of ultrathin hexagonal SnS$_2$ nanosheets onto electrospun TiO$_2$ nanofibers: Enhanced photocatalytic activity based on photoinduced interfacial charge transfer[J]. Nanoscale, 5 (2): 606-618.

Zhao L, Deng J H, Sun P Z, et al., 2018. Nanomaterials for treating emerging contaminants in water by adsorption and photocatalysis: Systematic review and bibliometric analysis[J]. Science of the Total Environment, 627: 1253-1263.

Zhu Z J, Yang R Y, Zhu C M, et al., 2021. Novel Cu-Fe/LDH@BiOI$_{1.5}$ photocatalyst effectively degrades tetracycline under visible light irradiation[J]. Advanced Powder Technology, 32 (7): 2311-2321.

Zhuo C, Jun G, Hao-Li Q, et al., 2014. Character and preparation of nano-SiO$_2$/PI composites by sol-gel method[J]. Advanced Materials Research, 924: 110-114.

Zhou L, Kamyab H, Surendar A, et al., 2019. Novel Z-scheme composite Ag$_2$CrO$_4$/NG/polyimide as high performance nano catalyst for photoreduction of CO$_2$: Design, fabrication, characterization and mechanism [J]. Journal of Photochemistry and Photobiology A-Chemistry, 368: 30-40.

第3章 氮化碳结构增强效应及光催化性能

3.1 Mg/O 共同修饰无定形氮化碳的电子结构增强光催化性能

3.1.1 引言

石墨相氮化碳（CN）因其具有良好的化学稳定性和能带结构易调控等优点，是一种有广阔使用前景的可见光光催化材料，然而 CN 的电子-空穴对易复合，导致其光催化效率并不理想。为了解决这个问题，人们提出了许多提高活性的策略，例如，改变 CN 内部结构，对其表面进行修饰。研究发现 CN 的表面用金属离子修饰可以改善其光学和电荷传输性质，但 CN 的内部结构容易被修改，石墨相氮化碳能由有序结构转变为无定形氮化碳，无定形氮化碳相较于改性前的 CN 具有更小的禁带宽度，这样的修饰改性可以提高催化剂的光吸收能力。表面金属离子修饰可以降低电子-空穴复合率，这是增强其光催化性能的最有效的策略之一。

本节通过实验与理论相结合的方法，设计并制备具有独特电子结构的 Mg/O 共同修饰无定形氮化碳（标记为 MgO-CN），以 30mg/L 的盐酸四环素溶液（TC）作为目标污染物评价其光催化性能。

3.1.2 Mg/O 共同修饰无定形氮化碳的制备

实验中所用药品与试剂均为分析纯，且未进一步处理。首先制备 MgO 粉末，将 10g 碱式碳酸镁溶解在 30mL 去离子水中，并超声搅拌 30min。将上述混合物转移至坩埚并在 80℃下的烘箱里面干燥 10h，然后将置于铝坩埚中的前驱体混合物在 580℃下加热 4h（升温速率为 20℃/min），冷却至室温后研磨干燥备用。将一定量 MgO 粉末和 10g 尿素混合加入去离子水中，并超声搅拌 1h。然后将上述固体复合物前驱体在 60℃下干燥 10h，并在 550℃下煅烧 2h（10℃/min），得到粉末状的 Mg/O 共同修饰无定形氮化碳。将不同 MgO 与尿素质量比的复合物（0.04%、0.08%、0.12%和 0.15%）分别标记为 MgO-CN-0.04、MgO-CN-0.08、MgO-CN-0.12 和 MgO-CN-0.15。

3.1.3 结果与讨论

图 3-1（a）为 MgO 样品的 XRD 图谱，从图中可以看出，MgO 样品在 36.9°、42.9°、62.3°、74.7°和 78.6°处观察到的衍射峰对应于（111）晶面、（200）晶面、（220）晶面、（311）晶面和（222）晶面，MgO 结晶度高。图 3-1（b）为 CN 和具有不同 MgO 含量的 MgO-CN-X 样品的 XRD 图谱。CN 分别在 13.1°和 27.6°具有两个典型的特征峰（Fina et al., 2015），分

别对应于平面内三嗪环结构的堆积和类石墨相层状结构，对应（100）晶面和（002）晶面。随着 MgO 的引入，MgO-CN-X 中 CN 的特征峰位置没有明显的变化，但是对应的（100）晶面和（002）晶面的峰强逐渐降低并趋于消失，当 MgO 的质量分数为 0.08%时，MgO-CN-0.08 对应的（100）晶面近乎消失，但是（002）晶面仍有保留，说明 CN 的平面内原本排列有序的三嗪环结构被破坏（Fan et al., 2019）。当 MgO 质量分数增加到 0.15%时，MgO-CN-0.15 的特征峰全部消失不见，包括（002）晶面对应的峰，说明 CN 的类石墨相层状结构的堆积也被破坏，CN 结构完全被破坏，此外在 MgO-CN-X 的 XRD 图谱中没有发现 MgO 的特征吸收峰。

(a) MgO 样品的 XRD 图谱

(b) CN 和 MgO-CN-X 样品的 XRD 图谱

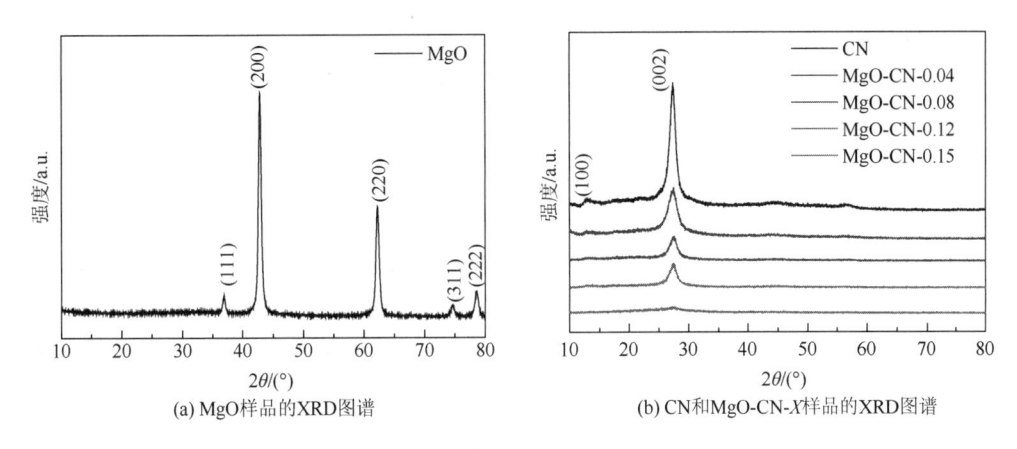

图 3-1　样品的 XRD 图谱

用 FT-IR 对 CN、MgO 和 MgO-CN-0.12 样品中的成键情况和官能团进行分析，从图 3-2 可以看出，CN 在 810cm^{-1} 处的峰是由于其三嗪振动模式吸收带，位于 1242～1646cm^{-1} 处的峰对应于 CN 的典型 C(sp^2)＝N、C(sp^2)—N 伸缩振动模式，是 CN 的基本单元结构（C$_6$N$_7$），在 1035cm^{-1} 处的峰值归因于 C—N 杂环伸缩振动。MgO 位于 450～600cm^{-1} 处的峰归因于 Mg—O 拉伸振动。MgO 的加入导致 MgO-CN-0.12 在 810cm^{-1} 处的

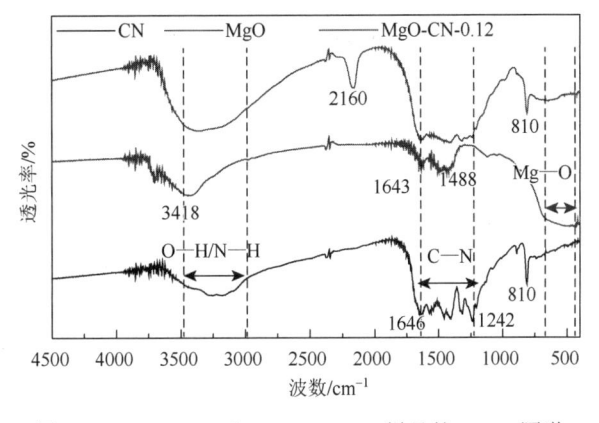

图 3-2　CN、MgO 和 MgO-CN-1.2 样品的 FT-IR 图谱

峰变弱，说明三-s-三嗪环结构遭到一定的破坏。但是位于 1242～1646cm^{-1} 处的吸收峰依然存在，表明 MgO-CN-0.12 仍维持 CN 的基本结构单元，同时在 2160cm^{-1} 处有一个新的归属于 N＝C＝N（Cui et al.，2017）的红外特征峰出现，表明 MgO 的加入只是破坏了内部 CN 层三嗪环连接的氢键，但仍维持 CN 的基本结构，使之具有一种特有的无定形结构。

利用 XPS 测试结果研究 CN 和 MgO-CN-0.12 复合材料的表面元素组成和各个元素存在形态。图 3-3（a）和图 3-3（b）为 CN 和 MgO-CN-0.12 样品的 XPS 全谱图，从图中可以观察到 C、N、O 三种元素的能谱峰，此外在 MgO-CN-0.12 的 XPS 图中可以发现有 Mg 的能谱峰。从图 3-3（c）中可以观察到各样品的 C1s 区域高分辨 XPS 图，主要存在两个峰（键能强度为 284.6eV 和 288.1eV）分别归属于表面的杂质碳（C—C）与 CN 的三-s-三嗪环中 sp^2 杂化碳结合键（N＝C—N）（Hadjiivanov，2007）。图 3-3（d）为各样品的 N1s 区域高分辨光谱图，可以观察到 398.4eV、399.9eV 和 401.4eV 三个峰，其中归属于 N1s 最强信号峰（398.4eV）为三-s-三嗪环中与 C 发生 sp^2 杂化的 N（C＝N—C），较弱的信号峰（399.9eV）归属于三-s-三嗪环与 C 发生 sp^3 杂化的 N[N—(C)^3（Zhang et al.，2012a）]，而 401.4eV 处的峰值并不明显，这个峰归属于 C—N—H。这也可以在图 3-3（e）的 O1s 谱中观察到，532.9eV 处的峰来自表面吸附的水。与 CN 相比，MgO-CN-0.12 的 O1s 谱中出现了 531.8eV 的新峰，这可归因于煅烧中形成 N—C—O，相比较于 CN、MgO-CN-0.12 样品中 O 含量明显增多，这是由于 O 含量中包含了一定量的表面吸附水中的 O 和 MgO 中的 O。如图 3-3（f）所示，MgO-CN-0.12 复合材料中 Mg2p 的信号峰位于 49.8eV。结合 O1s 和 Mg2p 的高分辨图，表明 MgO 修饰在 CN 表面。结合 XRD 图谱与 XPS 图数据分析可知，CN 与 MgO 在原位热聚合过程中相互作用，破坏 CN 的结构，进而生成了无定形的氮化碳。

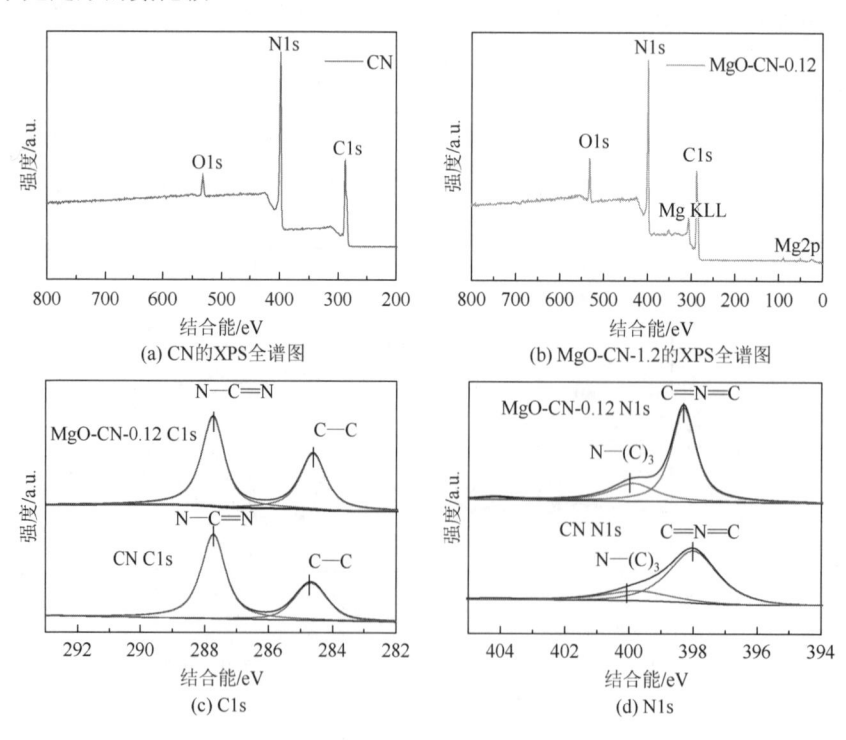

(a) CN的XPS全谱图

(b) MgO-CN-1.2的XPS全谱图

(c) C1s

(d) N1s

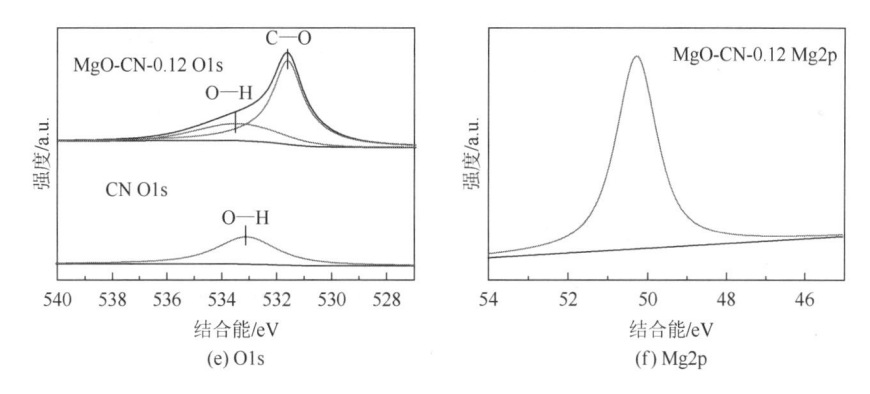

图 3-3 样品的 XPS 图

(a)(b) XPS 全谱图；(c)～(f) 高分辨 XPS 图；KLL 指俄歇电子谱线

采用 SEM 和 TEM 对 CN、MgO、MgO-CN-0.12 的形貌结构进行分析。如图 3-4 所示，CN 是由多孔的较薄的纳米片堆积形成的，MgO 是由体积大、厚度大的纳米片堆积形成的。MgO-CN 样品的形貌与 CN 一致，呈纳米片状。TEM 观察了样品的微观结构，CN 由层状纳米片组成。MgO 样品的晶格条纹清晰可见，而 MgO-CN-0.12 的晶格在图 3-4（e）的 HRTEM 图没有被发现，这进一步说明了非晶态无定形氮化碳的形成。TEM 结果表明，MgO 的引入可以诱导原始 CN 变为非晶化无定形 CN，其光催化活性的差异并不全是形貌引起的。

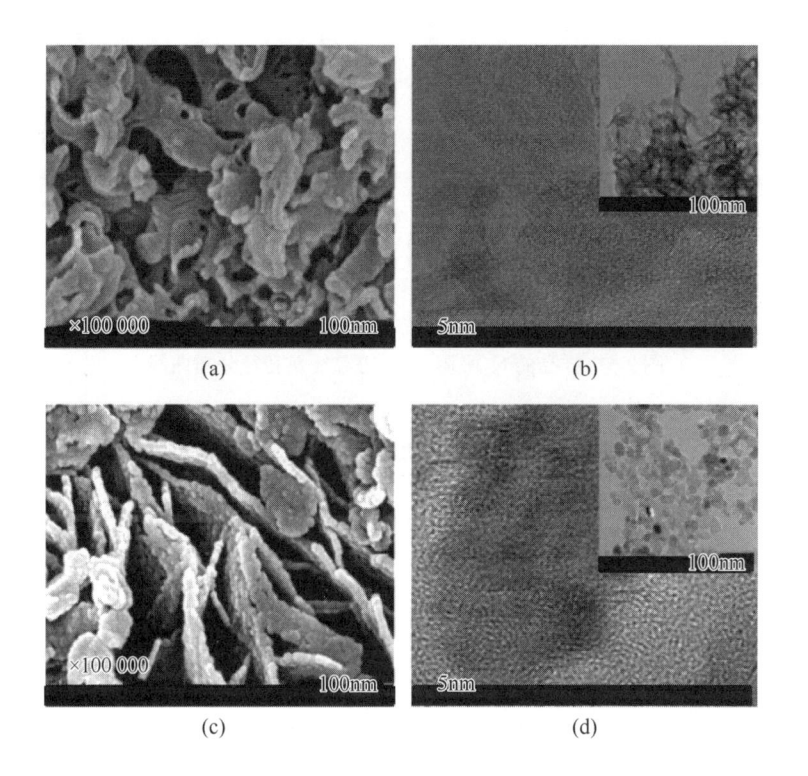

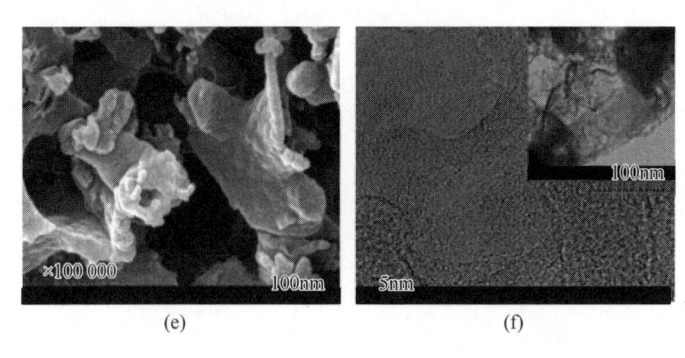

图 3-4　样品的 SEM 图和 TEM 图

(a)(b) CN；(c)(d) MgO；(e)(f) MgO-CN-0.12

图 3-5（a）为 CN、MgO、MgO-CN-X 的 N_2 吸附-脱附等温线，结果显示，所有的样品在相对压力为 0.5～1.0 时均为典型的Ⅳ型、H3 回滞环，显示样品均具有孔结构（Dong et al.，2013a）。CN 的比表面积为 129.13m²/g，MgO 的比表面积为 62.60m²/g，随着不同含量的 MgO 的掺入，MgO-CN-X 的比表面积越来越小，这是因为 MgO 会堵塞 CN 的孔隙结构，导致比表面积变小，孔体积略有减小。比表面积、孔体积和孔径的大小详见表 3-1。

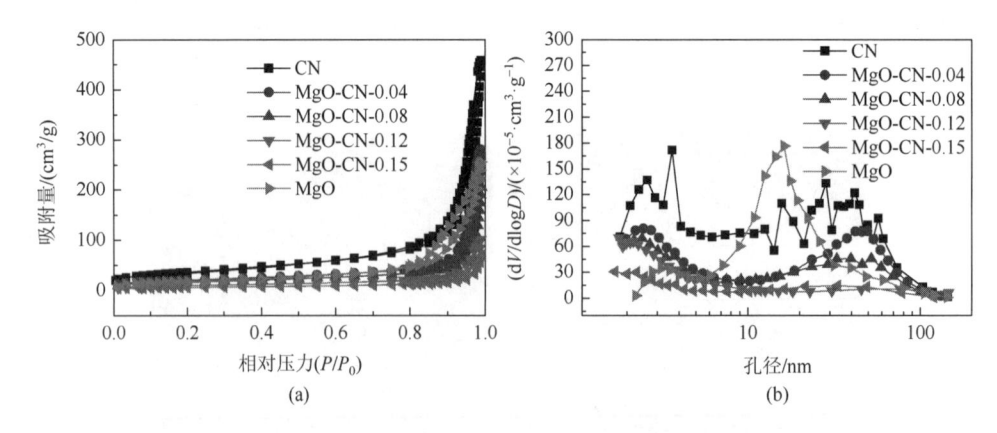

图 3-5　样品的 N_2 吸附-脱附等温线及孔径分布曲线

表 3-1　所制备样品的比表面积、孔体积和孔径

样品	比表面积/(m²/g)	孔体积/(cm³/g)	孔径/nm
CN	129.13	0.71	3.8/32.6
MgO-CN-0.04	71.48	0.44	3.7/24.7
MgO-CN-0.08	58.48	0.32	3.7/24.6
MgO-CN-0.12	34.55	0.16	3.6/24.5
MgO-CN-0.15	21.11	0.11	3.5/24.4
MgO	62.60	0.40	3.2/16.2

采用实验与理论相结合的方法研究 CN 和 MgO-CN-0.12 的光学吸收性质,在图 3-6(a)的紫外-可见漫反射光谱图中可以看出,相较于 CN,样品 MgO-CN-0.12 的吸收带边发生明显红移,且在整个波长范围内的光吸收强度增强。图 3-6(b)给出了 MgO、CN 和 MgO-CN-0.12 $(\alpha h\nu)^{1/2}$ 对光能量的变化关系图。

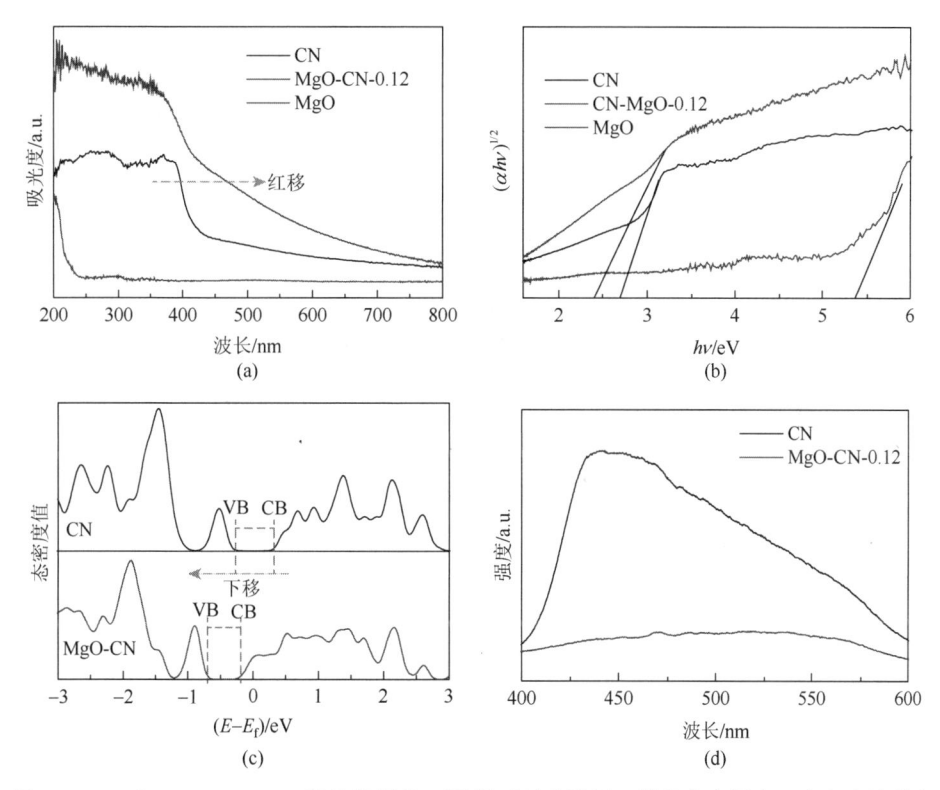

图 3-6 CN 和 MgO-CN-0.12 样品的紫外-可见漫反射光谱图、禁带宽度测定、态密度计算和光致发光光谱图

(a)紫外-可见漫反射光谱图;(b)禁带宽度测定;(c)CN 和 MgO-CN-0.12 样品态密度计算;(d)光致发光光谱图

光催化材料禁带宽度可以根据以下公式计算:

$$(\alpha h\nu)^{1/n} = A(h\nu - E_g) \tag{3-1}$$

以 $(\alpha h\nu)^{1/2}$ 为纵坐标,$h\nu$ 为横坐标作图,可以得到 CN 和 MgO-CN-0.12 的禁带宽度图,可以估算出催化剂的 E_g 值(Zhang et al.,2007)。CN 的禁带宽度为 2.75eV,MgO-CN-0.12 的禁带宽度为 2.48eV。为进一步探究能带结构对 CN 和 MgO-CN-0.12 的光催化活性影响,可以通过一种简便的方法计算 CN 和 MgO-CN-0.12 相应的导带(CB)和价带(VB)的位置。半导体的导带位置(E_{CB})在零点电位(PH_{zpc})时,可以计算得到 $E_{CB} = X - E_C - 1/2E_g$,$X$ 为该半导体的绝对电位(约为 4.73),E_C 为相对于氢电位水平的电子自由能(约为 4.5eV),E_g 为半导体的禁带宽度。CN 和 MgO-CN-0.12 通过上述公式计算得到导带(CB)和价带(VB)的位置,其中 CN 的导带(CB)和价带(VB)位置分别为 –1.15eV 和 1.60eV,

而 MgO-CN-0.12 的导带（CB）和价带（VB）位置分别为–1.01eV 和 1.47eV。随之，态密度的计算结果如图 3-6（c）所示，由于理论计算方法的限制（Dong et al., 2014），态密度的理论计算只限于比较两种催化剂的禁带宽度大小，通常理论计算出的值都比实际小，CN 的禁带宽度计算值为 0.86eV，MgO-CN-0.12 的禁带宽度计算值为 0.74eV，相比较本底 CN 禁带宽度明显下降，拓宽了光吸收范围，并且 MgO-CN-0.12 的价带和导带位置相较于 CN 下移，表明调控 CN 的电子结构可以有效地调控禁带宽度，以及导带、价带位置。这个结果与图 3-6（c）一致。综上可知，光吸收能力增强及价带位置的变化会影响空穴的氧化能力，使得光催化氧化污染物的能力增强。光致发光光谱可以显示电子-空穴的复合率，图 3-6（d）显示了 CN 和 MgO-CN-0.12 在 340nm 光激发下的光致发光光谱图。MgO-CN-0.12 的光致发光发射峰比 CN 的弱，说明 CN 的电子-空穴复合率高，这是由于 MgO-CN-0.12 的结构是无定形的，结构缺陷可以捕获电子或空穴，抑制电子-空穴的复合。Mg/O 共同修饰的无定形氮化碳可以优化能带结构，提高电子-空穴分离的效率。因此，独特的 Mg/O 共修饰无定形氮化碳可以解决电子-空穴复合率高的问题。

通过密度泛函理论计算进一步解析载流子的迁移方向和路径。图 3-7（a）和图 3-7（b）显示了 CN 和 MgO-CN 优化后的结构。计算差分电荷直观地反映了电子的得失情况。图 3-7（c）显示 MgO-CN 的电荷差异分布，如图所示，蓝色表示得到电子，黄色代表失去电子，从图中可以发现，O 原子从相邻的 C、N 和 Mg 原子接收电子，这归因于不同原子电负性的差异。在局部电子捕获区域、表面电子捕获物种和层间电子传递媒介的协同作用下，MgO-CN 结构的内部电子重新分布，通过独特的 Mg/O 共修饰无定形氮化碳结构形成的局部电子捕获区域和表面吸附的 O 原子形成的表面电子捕获物种使得 CN 面内离域的光生载流子局域化。电子局域函数图如图 3-7（d）所示，显示 Mg/O 共同修饰可以提供电子局域化，其具有可以用于层内电子转移的特定传输轨道（C→O←Mg）。

图 3-8（a）为实验所制备的 CN 和 MgO-CN 复合样品对 TC 模拟废水的光降解效果。在可见光照射 2.5h 后，CN 对 TC 的降解率为 23.5%。不同的质量比的 MgO-CN-X 复合催化剂的光催化活性均高于 CN，尤其是 MgO-CN-0.12 样品，在 2.5h 的光降解下，对 TC 的降解率达到 82%。表明 MgO 的含量对复合催化剂的光催化活性有重要的影响。为了进一步探究 TC 的降解反应动力学，将实验数据用一级反应动力学方程拟合，从图 3-8（b）

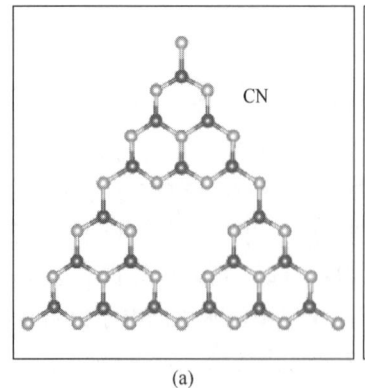

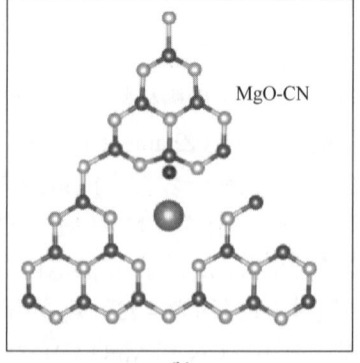

(a)　　　　　　　　　　(b)

(c) (d)

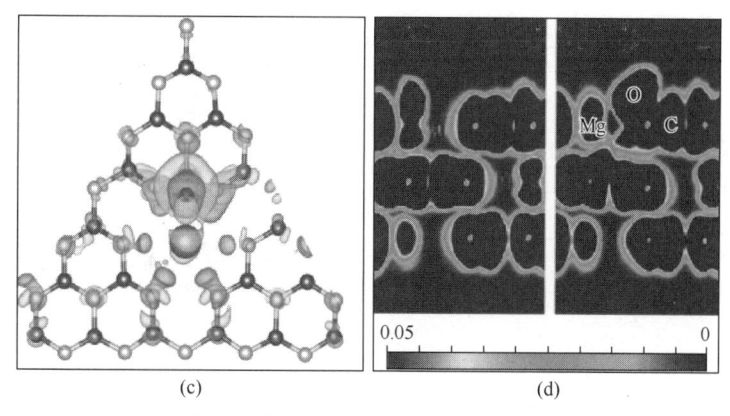

图 3-7 材料的结构及电荷密度分布图

（a）结构优化后的 CN；（b）结构优化后的 MgO-CN；（c）MgO-CN 的差分电荷图，灰色球、棕色球、红色球和橙色球的电荷密度差异分别表示 N、C、O 和 Mg 原子，电荷积累用蓝色标记，电荷消耗用黄色表示，等值面均设为 0.005e/Å³；（d）CN 和 MgO-CN 的电子局域函数

中可以看出，CN、MgO-CN-X 的一级动力学常数（K）分别为 0.00205min^{-1}、0.00734min^{-1}、0.00879min^{-1}、0.01018min^{-1} 和 0.00584min^{-1}。其中 MgO-CN-0.12 光降解速率常数为 CN 的 5 倍。综上可知，在引入 MgO 后，复合材料的光催化效率显著提高，MgO-CN-0.12 复合材料的光催化活性最高。图 3-8（c）显示了在特定时间间隔内用 MgO-CN-0.12 催化剂降解 TC 的紫外-可见漫反射光谱，随着处理时间的增加，在 357nm 特征峰的吸光度逐渐降低并消失。因此，MgO-CN-0.12 可以通过光催化处理方法有效地降解 TC。

光催化剂的稳定性是体现光催化性能的重要因素。将使用后的 CN 和 MgO-CN-0.12 复合材料用蒸馏水多次洗涤、离心后收集再重复进行 TC 光催化降解实验。如图 3-8（d）所示，MgO-CN-0.12 复合材料在五次重复试验后仍有 63.5%的降解率，在重复实验中，光催化剂的效率有轻微下降，原因可能是催化剂在几次重复使用后，部分失活且有部分催化剂在回收期间有质量损失。

将以尿素为前驱体制备的 CN 用于降解亚甲基蓝溶液，固定催化剂的量为 0.1g，考察其对不同浓度亚甲基蓝溶液的降解效果，如图 3-9（a）所示，亚甲基蓝溶液的浓度越高其降解率越低，当亚甲基蓝溶液浓度为 40mg/L 时，降解率下降到 25.3%。图 3-9（b）为 MgO-CN-1.2 样品光催化降解 200mg/L 亚甲基蓝溶液的紫外-可见漫反射光谱图，从图中可以发现其对高浓度的亚甲基蓝溶液仍具备降解能力。

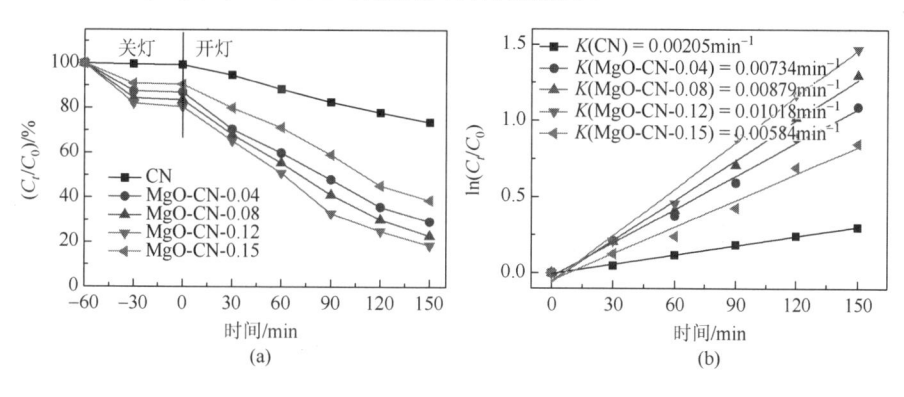

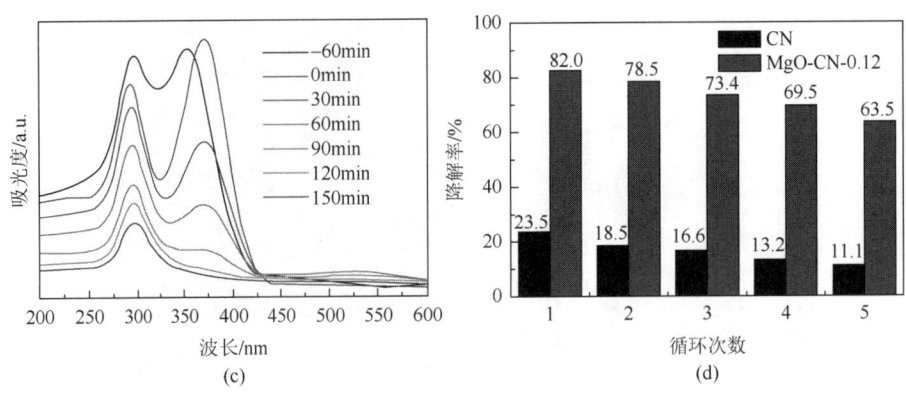

图 3-8　样品对 TC 的降解性能分析及降解动力学图谱

（a）CN 和 MgO-CN-X 催化剂对 TC 的降解率；（b）一级动力学降解速率分析；（c）MgO-CN-0.12 催化剂降解 TC 的紫外-可见漫反射光谱图；（d）对 CN 和 MgO-CN-0.12 催化剂进行五次重复试验；图中 0min 表示开灯光照，−20min、−40min、−60min 分别表示开灯前 20min、40min、60min 的时间点，后同

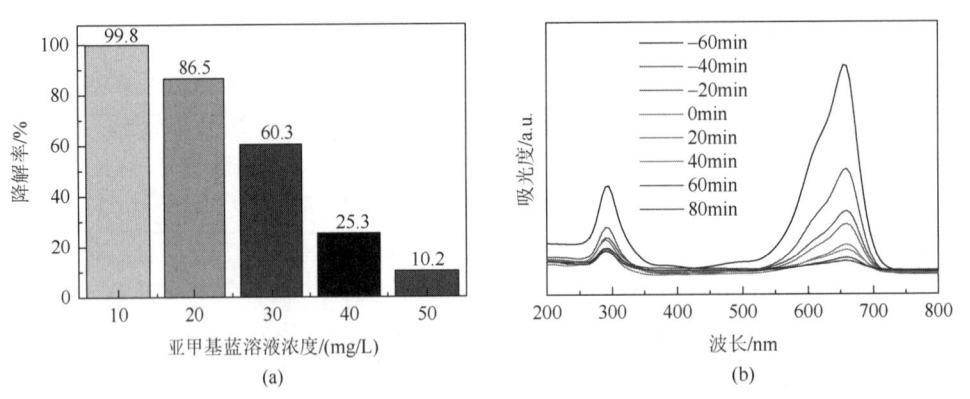

图 3-9　样品对亚甲基蓝溶液的降解性能分析和降解过程中的紫外-可见漫反射光谱

（a）CN 对不同浓度亚甲基蓝溶液的降解率；（b）MgO-CN-0.12 样品光催化降解 200mg/L 亚甲基蓝溶液的紫外-可见漫反射光谱图

催化剂的使用环境非常重要，溶液的 pH 是重要影响因素，pH 过高或过低都会影响光催化氧化的最终结果。如图 3-10 所示，调节 pH 分别为 3、5、7、9、11，结果发现在

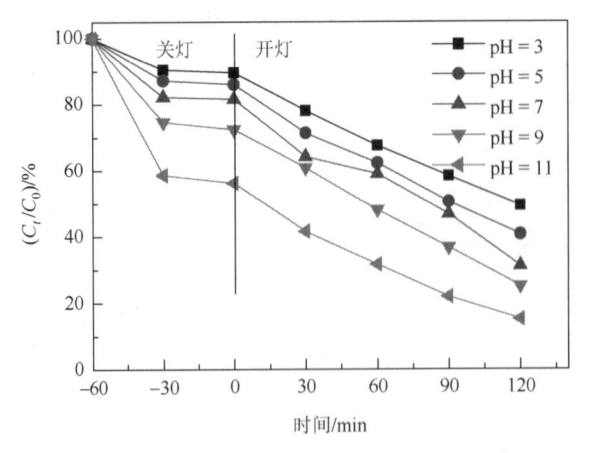

图 3-10　pH 对降解率的影响

酸性条件下，溶液中的 H⁺浓度高，生成的 •O₂⁻ 减少，不利于反应的进行。当 pH 为 3 时，TC 的去除率由 88.2%减小至 51.2%，TC 降解的最佳 pH 为 9~11，此时去除率可以达到 80%以上，试验结果表明碱性条件有利于去除 TC。

在光催化降解 TC 的反应中已经证明 MgO-CN-0.12 比 CN 具有更高的光催化活性，为了研究光催化机理，用 DMPO 作为自由基捕获剂对 CN 和 MgO-CN-0.12 进行 ESR 测试，如图 3-11 所示，样品 MgO-CN-0.12 和 CN 均显示 DMPO-•O₂⁻ 和 DMPO-•OH 特征信号，说明 CN 和 MgO-CN-0.12 在催化反应过程中均有 •O₂⁻ 和 •OH 产生，且 MgO-CN-0.12 的 DMPO-•O₂⁻ 和 DMPO-•OH 特征信号明显比 CN 强。因此得出结论，改性后的样品能够提升光生载流子的迁移转化能力，促进更多的活性物质产生。

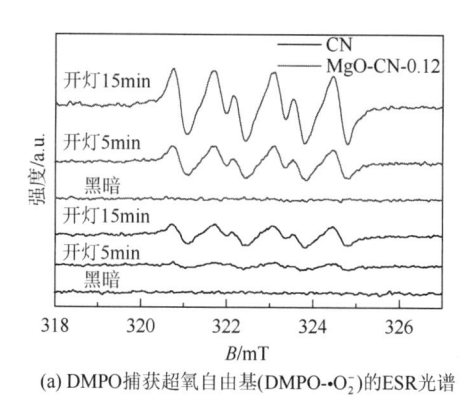

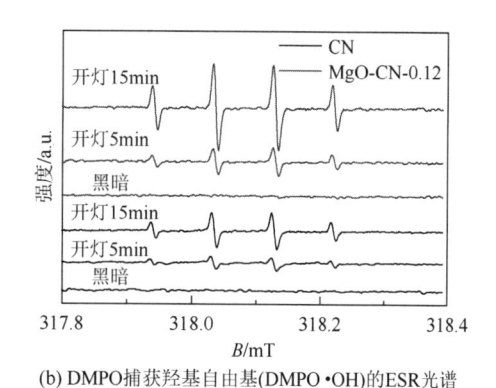

(a) DMPO 捕获超氧自由基(DMPO-•O₂⁻)的 ESR 光谱

(b) DMPO 捕获羟基自由基(DMPO •OH)的 ESR 光谱

图 3-11　样品的 ESR 光谱实验

羟基自由基（•OH）、超氧自由基（•O₂⁻）和空穴（h⁺）是光催化氧化污染物的活性物质。为了验证作用于 MgO-CN-0.12 材料的主要活性物质，对 MgO-CN-0.12 材料进行活性自由基捕获实验来确定有效活性基因。采用异丙醇（IPA）、L-抗坏血酸（AA）和乙二胺四乙酸二钠盐（EDTA-2Na）分别捕获 •OH、•O₂⁻ 和 h⁺（Li et al.，2011；Steinmann et al.，2017）。图 3-12 为 MgO-CN-0.12 材料在可见光下降解 TC 的自由基捕获实验结果。

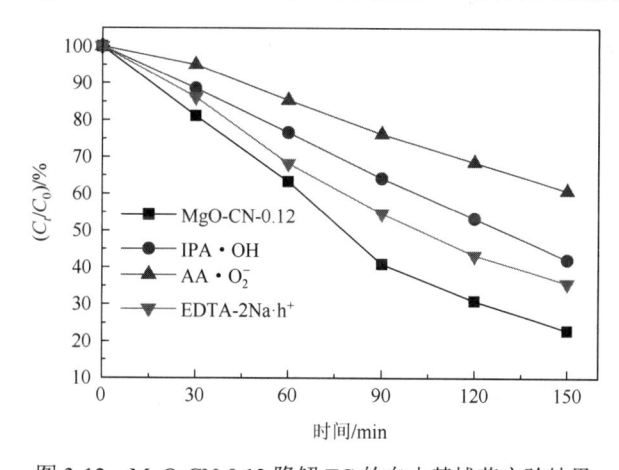

图 3-12　MgO-CN-0.12 降解 TC 的自由基捕获实验结果

从图中可以看出，三种抑制剂的加入都对光催化反应有影响，其中 L-抗坏血酸的加入对光催化反应的影响最大。实验结果说明，作用于 MgO-CN-0.12 光催化降解 TC 的主要活性物质为 $•O_2^-$；其次，$•OH$ 和 h^+ 也对光催化反应有比较重要的影响。

ESR 测试结果表明，CN 和 MgO-CN-0.12 光催化降解污染物的活性自由基为 $•O_2^-$ 和 $•OH$，通常光激发产生的光生载流子由于催化剂内部电场的作用迁移至材料表面，与表面吸附的 O_2 作用后产生超氧自由基（$•O_2^-$）。根据相关报道（Li et al., 2012；Xu et al., 2015），MgO-CN-0.12 的 VB 位置为 1.47eV, 氧化能力不足以氧化 OH^-/H_2O 生成 $•OH$（Zhang et al., 2009；Jiang et al., 2012），检测到的 $•OH$ 信号峰是通过以下反应路径产生的：$•O_2^- → H_2O_2 → •OH$。MgO-CN 样品在可见光照射下降解 TC 的机理图如图 3-13 所示。

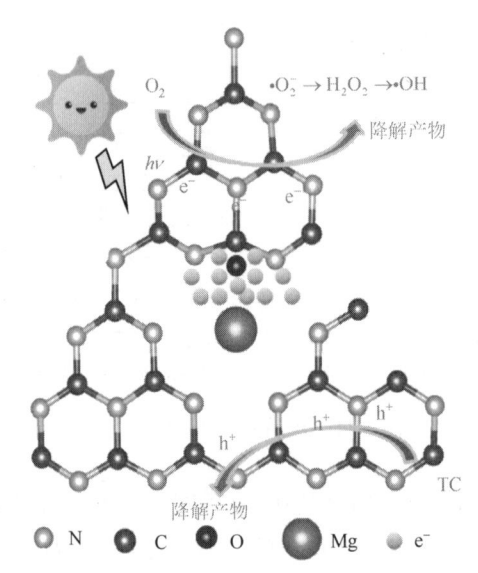

图 3-13　MgO-CN 样品在可见光照射下降解 TC 的机理图

光催化降解 TC 反应机理可描述如下：

$$MgO\text{-}CN + hv \longrightarrow e^- + h^+ \tag{3-2}$$

$$O_2 + e^- \longrightarrow •O_2^- \tag{3-3}$$

$$•O_2^- + 2H^+ + e^- \longrightarrow H_2O_2 \tag{3-4}$$

$$H_2O_2 + e^- \longrightarrow •OH + OH^- \tag{3-5}$$

$$TC + h^+ \longrightarrow 降解产物 \tag{3-6}$$

$$TC + •O_2^-/•OH \longrightarrow 降解产物 \tag{3-7}$$

3.2　Na$^+$掺杂改性氮化碳及其光催化降解污染物性能

3.2.1　引言

利用尿素、三聚氰胺、双氰胺和硫脲一步原位热聚合合成的 CN 具有高的热稳定性、化学稳定性和光稳定性，是理想的光催化剂。然而，CN 可见光吸收范围有限，电子-空穴复合率高，光催化活性很低。有研究表明，在 CN 框架中引入氮缺陷可以显著提高 CN 在可见光激发下的光催化活性，氮缺陷的引入会导致其禁带宽度更窄。在本节工作中，用 NaOH 碱溶液同前驱体三聚氰胺混合，以一步原位热聚合的方式引入 N 缺陷，同时引入金属钠离子（Na^+），合成 Na^+ 掺杂与 N 缺陷同时存在的无定形氮化碳（CN-NaOH-X）。N 缺陷的引入会导致 CN 对光的吸收发生红移，通过控制 NaOH 的加入量，可以控制 N 缺陷的数量。同时 Na^+ 的引入会发生电子局域化，导致 CN 面内原本随机传递的电子可以通过特有的电子传递通道定向传递，从而实现高效的电子-空穴分离。

3.2.2　Na^+ 掺杂与 N 缺陷同时存在的无定形氮化碳的制备

实验中所用的化学药品均为分析纯。将 10g 三聚氰胺放入 100mL 烧杯中，加入 20mL 去离子水。分别向上述混合物加入 0mL、10mL、20mL、30mL 和 40mL 浓度为 1mol/L 的 NaOH 溶液，并在超声装置中超声处理 30min。将混合物转移至坩埚中，并放入 60℃ 烘箱中干燥 10h，然后连同坩埚在 550℃ 条件下煅烧 2h（升温速率为 10℃/min），冷却至室温后研磨干燥备用，并命名为 CN、CN-NaOH-10、CN-NaOH-20、CN-NaOH-30 和 CN-NaOH-40。

3.2.3　结果与讨论

图 3-14 是 CN 以及 CN-NaOH-X 样品的 XRD 图谱，从图中可以看出 CN 分别在 13.1° 和 27.6° 具有两个典型的特征峰，分别对应于平面内三嗪环结构的堆积和类石墨相层状结构。随着 NaOH 加入量的增加，CN-NaOH-X 中 CN 的特征峰的位置没有明显的变化，峰强逐渐降低，峰形变宽，这说明 CN 平面内原本排列有序的三嗪环结构和类石墨相层状结构被破坏。此外在 XRD 图谱中没有发现 NaOH 的特征吸收峰。

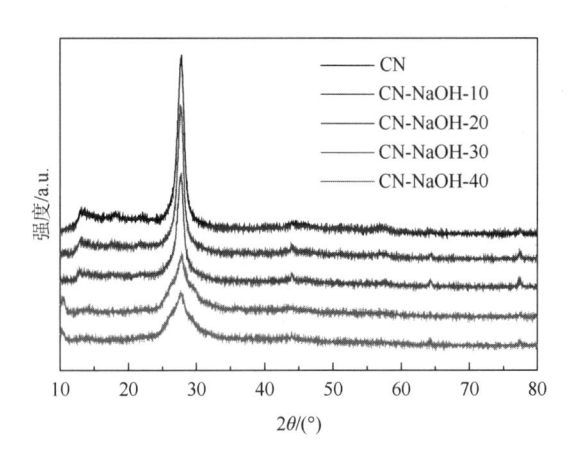

图 3-14　CN 和 CN-NaOH-X 样品的 XRD 图谱

采用 XPS 对 CN-NaOH-*X* 的元素组成、价态和表面官能团进行分析,如图 3-15 所示,图 3-15(a)、(b)为 CN 和 CN-NaOH-30 的 XPS 全谱图。从图中可以看出,CN 在 531.5eV、339.0eV、284.6eV 均有明显的吸收峰,与 CN 催化剂中 O、N 和 C 元素比较,CN-NaOH-30 样品的 XPS 全谱图中,除了含有 O、N 和 C 元素外,还发现在 1071.5eV 处有 Na 元素特征峰 [图 3-15 (f)]。

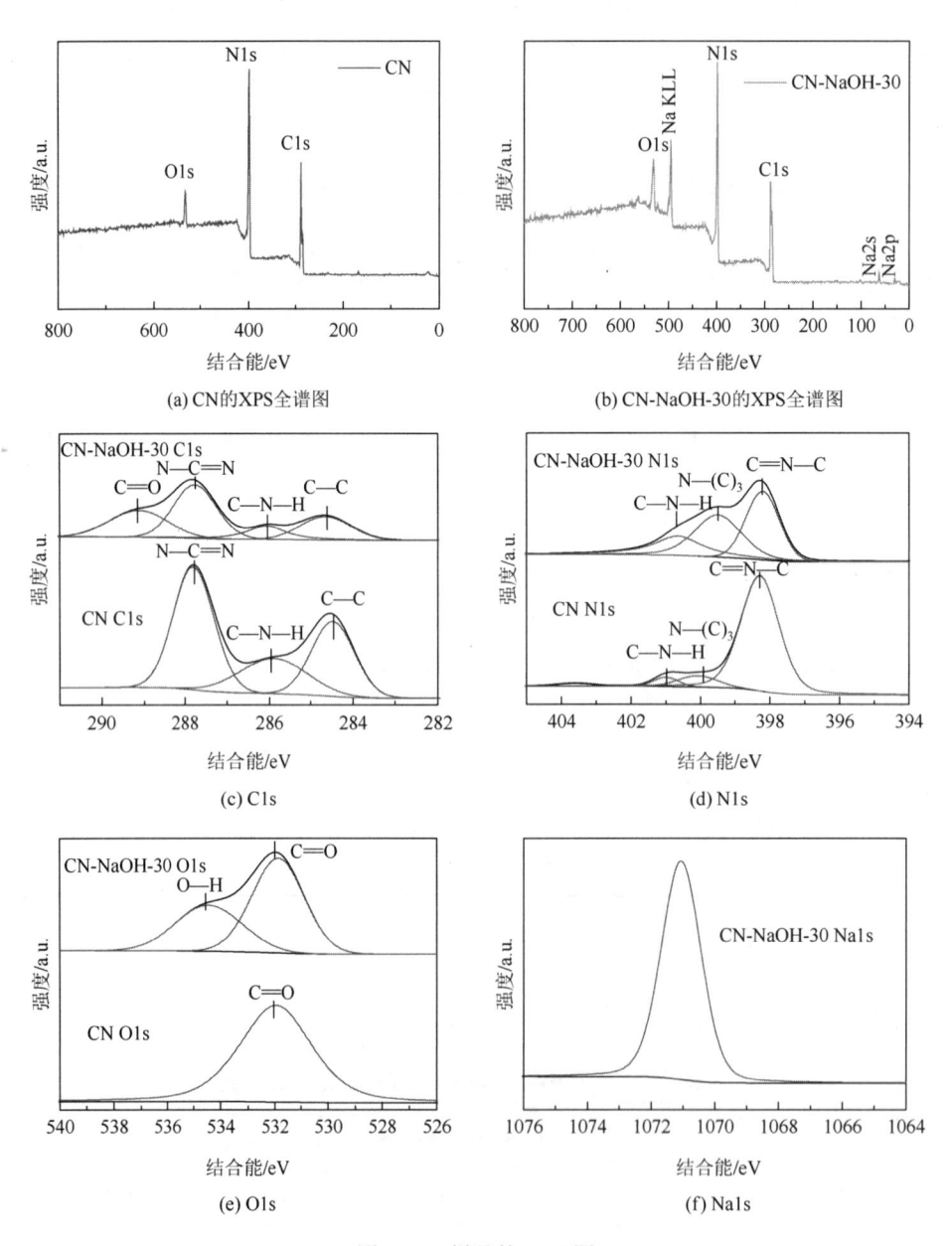

图 3-15 样品的 XPS 图

(a)(b) XPS 全谱图;(c)~(f) 高分辨 XPS 图

从图 3-15(c)可以看出,CN-NaOH-30 的 C1s 的 XPS 结合能可以分为 289.1eV、287.8eV、286.1eV 和 284.7eV 四个峰,分别对应 C═O、N─C═N、C─N─H、C─C 键;CN 的 C1s 的 XPS 结合能可以分为 287.8eV、286.0eV 和 284.5eV 三个峰,分别对应 N─C═N、C─N─H、C─C 键。

从图 3-15(d)可以观察到 CN 和 CN-NaOH-30 样品的 N1s 的 XPS 结合能,分别属于 C─N─H、N─(C)₃ 和 C═N─C 的三个峰。其中,CN-NaOH-30 的三个峰位置在 400.7eV、399.5eV 和 398.2eV,CN 的三个峰位置在 401.0eV、400.0eV 和 398.3eV。可以发现对于 CN-NaOH-30 样品中 C─N─H、N─(C)₃ 和 C═N─C 所占比例与 CN 有明显的差异,具体表现在 CN-NaOH-30 样品中 C─N─H、N─(C)₃ 比例明显上升。有理由推测,CN-NaOH-30 样品的结构相较于 CN 明显被破坏,可能存在 N 缺陷。对于 CN 样品,其 C/N 值为 0.62,比理论值 0.75 小,这是由于三聚氰胺生成的 CN,其边缘芳环存在较多的─NH₂ 和─NH 基团(Thomas et al.,2008;Kim et al.,2010),而 CN-NaOH-30 样品的 C/N 值为 0.72,明显比 CN 的高,从而也证明了相较于 CN,CN-NaOH-30 样品存在 N 缺陷(Chang et al.,2013)。表 3-2 是样品 CN 和 CN-NaOH-30 中 N 原子的比例。

表 3-2　样品 CN 和 CN-NaOH-30 中 N 物种的原子比例

样品	原子比例/%		
	C─N─H	N─(C)₃	C═N─C
CN	4.24	8.18	87.58
CN-NaOH-30	23.18	38.07	38.75

图 3-16 为 CN、CN-NaOH-X 样品的 FT-IR 图谱。CN 在 810cm^{-1} 处的峰是由于三嗪振动吸收带,位于 1627cm^{-1}、1406cm^{-1}、1315cm^{-1} 和 1246cm^{-1} 处的峰归因于 CN 的典型 C(sp^2)─N、C(sp^2)═N 伸缩振动,在 1035cm^{-1} 处的峰值归因于 C─N 杂环伸缩振动;而随着 NaOH 加入量的增加,样品 CN-NaOH-X 出现了一个归因于 N═C═N 的红外特征峰,说明在前驱体三聚氰胺聚合生成 CN 的过程中,NaOH 的加入破坏了三嗪环间的氢键,但是依然维持了基本的三嗪结构,从而形成了特有的长程无序短程有序的无定形结构。

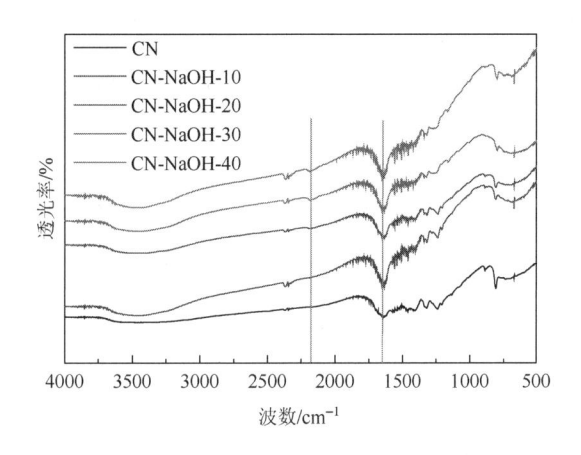

图 3-16　CN 和 CN-NaOH-X 样品的 FT-IR 图谱

图3-17是CN和CN-NaOH-X样品的N₂吸附-脱附等温线和孔径分布曲线,如图3-17(a)所示,所有样品的H3回滞环都属于典型的Ⅳ型等温线,且均有介孔存在。三聚氰胺煅烧制备的CN比表面积小,呈片状结构材料的孔径主要分布在3～4nm。这种比表面积小、孔径小的结构不利于为光化学反应提供活性位点,不利于光催化反应的进行。根据计算,CN、CN-NaOH-10、CN-NaOH-20、CN-NaOH-30和CN-NaOH-40的比表面积分别为5.58m²/g、8.93m²/g、13.89m²/g、23.19m²/g和16.85m²/g。其中CN-NaOH-30样品的比表面积最大。NaOH预处理过的样品相较于CN其比表面积和孔径明显增大。表3-3给出了所有样品的比表面积、孔体积和孔径的大小。

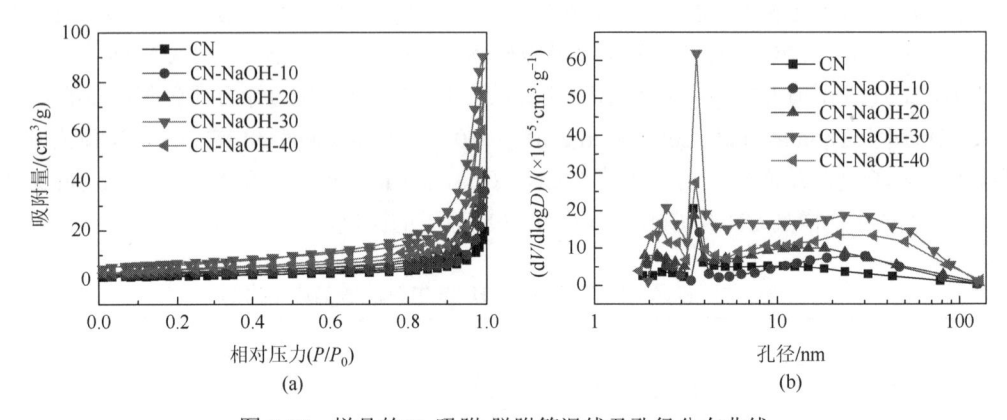

图3-17 样品的N₂吸附-脱附等温线及孔径分布曲线

表3-3 所制备样品的比表面积、孔体积和孔径

样品	比表面积/(m²/g)	孔体积/(cm³/g)	孔径/nm
CN	5.58	0.03	3.7
CN-NaOH-10	8.93	0.04	3.7
CN-NaOH-20	13.89	0.09	3.6
CN-NaOH-30	23.19	0.14	3.6
CN-NaOH-40	16.85	0.12	3.6

图3-18(a)显示了CN的形貌,它是由无规则的层状和块状堆积而成。图3-18(c)显示了NaOH-CN-30的形貌与CN的区别不明显,只是NaOH的加入使CN的层状平面结构被破坏,变成更小的碎片,层层叠叠更加密集,这与BET结果一致。从图3-18(d)展示的HRTEM图可以看出,NaOH-CN-30的晶格是无法检测到的,这进一步阐明了非晶态无定形氮化碳的形成。Na⁺的引入可以诱导原始CN转变为非晶化、无定形的CN,其光催化活性的差异并不是表面形貌引起的。

图3-19(a)为样品CN和CN-NaOH-X的紫外-可见漫反射光谱图。由图可以看出,相较于CN,CN-NaOH-X的光吸收范围均向可见光的范围拓展。CN-NaOH-X均在吸收带拖尾处出现的鼓包现象,表明更多缺陷态的存在(Parlett et al., 2013)。根据CN和CN-NaOH-30的吸收带边,图3-19(b)体现了CN和CN-NaOH-30的$(\alpha h\nu)^{1/2}$与光能量

的变化关系。根据公式 $(\alpha h\nu)^{1/n} = A(h\nu - E_g)$ 可以计算出 CN 和 CN-NaOH-30 的禁带宽度为 2.6eV 和 2.3eV。这说明 NaOH 溶液预处理 CN 前驱体的方法可以产生较多的 N 缺陷态，从而缩小 CN 的禁带宽度，拓宽样品的可见光吸收范围。通过公式 $E_{CB} = X - E_C - 1/2E_g$ 计算可以得到样品导带（CB）和价带（VB）的位置。CN 的 CB 和 VB 位置分别为-1.07eV 和 1.53eV，而 CN-NaOH-30 的 CB 和 VB 位置分别为-0.92eV 和 1.38eV。

图 3-18 样品的 SEM 图和 TEM 图
（a）（b）CN；（c）（d）NaOH-CN-30

(a) 紫外-可见漫反射光谱图

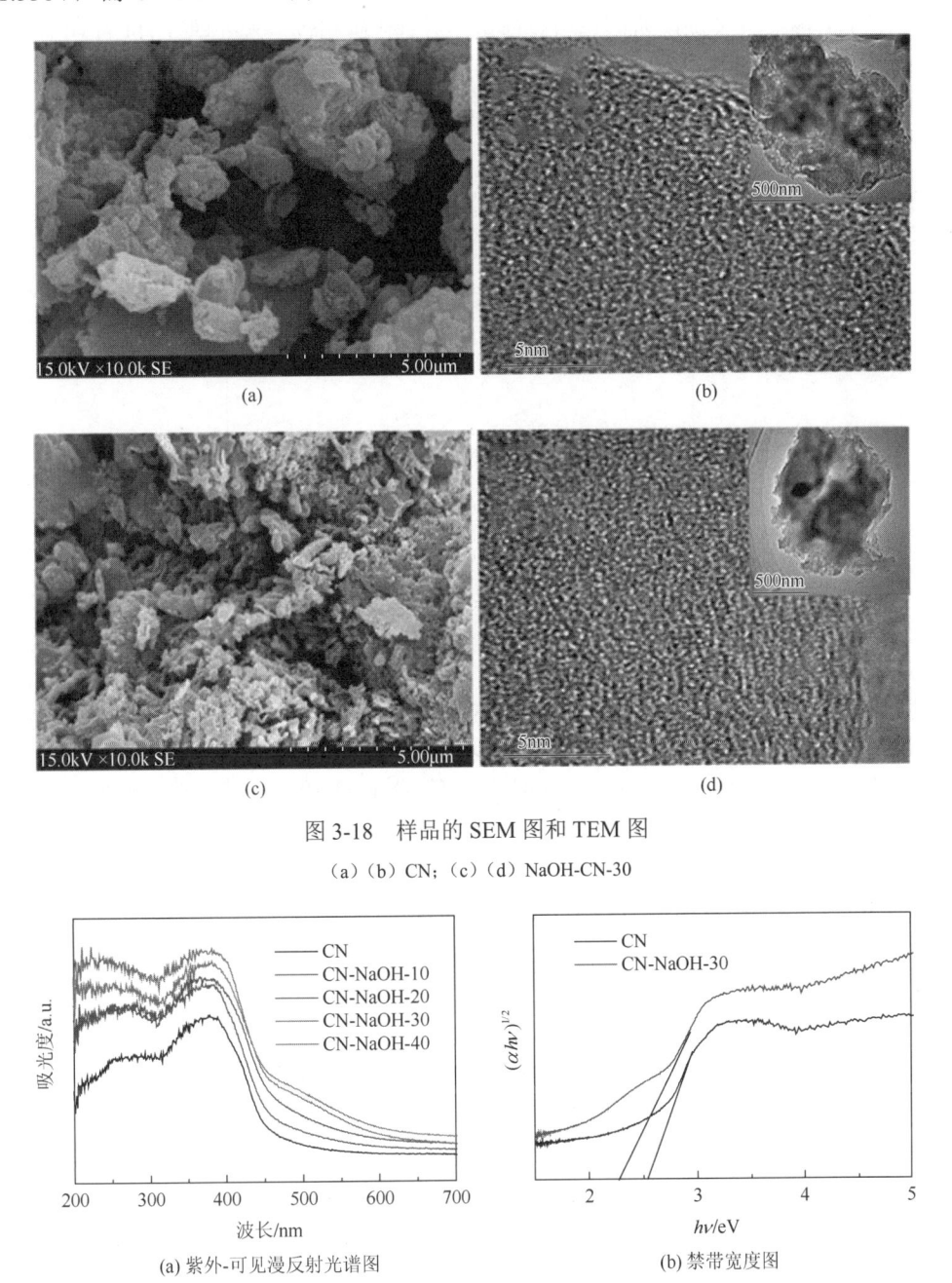

(b) 禁带宽度图

图 3-19 样品的紫外-可见漫反射光谱图和禁带宽度图

为进一步比较样品的光生电子-空穴对的分离和利用率,确定 Na$^+$掺杂对提升光生电子传输的积极作用,测定 CN 和 CN-NaOH-X 的光致发光光谱。如图 3-20 所示,峰强越强说明电子-空穴复合率越高,CN-NaOH-X 样品的峰强均低于 CN,但是 CN-NaOH-40 样品的峰强高于 CN-NaOH-30,说明加入过量 NaOH 反而不利于光催化反应,上述样品的光生电子-空穴的利用效率依次为 CN-NaOH-30＞CN-NaOH-40＞CN-NaOH-20＞CN-NaOH-10＞CN。说明 Na$^+$掺杂与 N 缺陷协同作用修饰无定形氮化碳相较于未处理过的 CN 明显能抑制光生电子-空穴对的复合,氮化碳的无定形化过程中产生的 N 缺陷,形成带尾和局域态,会形成电子捕获特殊通道,捕获光生电子和空穴,可以提高光生电荷的利用率。

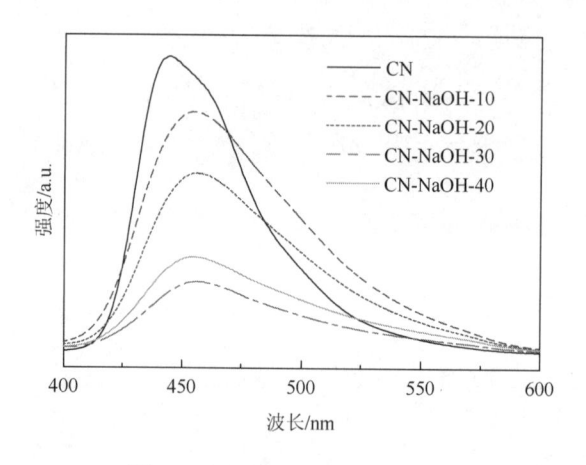

图 3-20　样品的光致发光光谱图

图 3-21(a)为实验制备的 CN 和 CN-NaOH-X 复合样品对 20mg/L 的 TC 的光降解效果。在可见光照射 2.0h 后,发现 CN-NaOH-X 复合催化剂的光催化活性均高于 CN,CN-NaOH-10、CN-NaOH-20、CN-NaOH-30、CN-NaOH-40 的光降解率分别为 72.0%、80.1%、89.6%、77.3%。其中 CN-NaOH-30 样品的光催化活性最好,比 CN(46.6%)的降解率高出 43.0%,但是当 NaOH 的量增加到一定程度,反而不利于光催化反应的进行。为了进一步探究 CN-NaOH-X 样品对 TC 的降解反应动力学,实验数据拟合为一级动力学方程。从图 3-21(b)中可以看出,CN、CN-NaOH-10、CN-NaOH-20、CN-NaOH-30、CN-NaOH-40 的一级动力学常数(K)分别为 0.00465min^{-1}、0.00945min^{-1}、0.01212min^{-1}、0.01673min^{-1} 和 0.01100min^{-1}。其中 CN-NaOH-30 光降解速率常数为 CN 的 3.6 倍。综上可知,在引入 Na$^+$和 N 缺陷后,复合材料的光催化速率大大提高。

为考查 CN-NaOH-30 复合材料的稳定性,将使用后的 CN-NaOH-30 复合材料用蒸馏水多次洗涤、离心后收集再重复进行 TC 光催化降解实验。如图 3-22 所示,CN-NaOH-30 复合材料在五次重复试验中的降解率分别为 89.6%、80.5%、75.2%、70.4%和 66.8%,说明催化剂在五次重复使用后,仍有 66.8%的降解率。光催化活性的轻微减弱,可能是由于前一次的光催化测试中,光催化剂内部的有机小分子未被清洗掉,一定程度上阻碍了催化剂光催化降解 TC。实验结果表明 CN-NaOH-30 光催化剂具有一定的循环使用稳定性。

(a) CN和CN-NaOH-X催化剂对TC的降解率

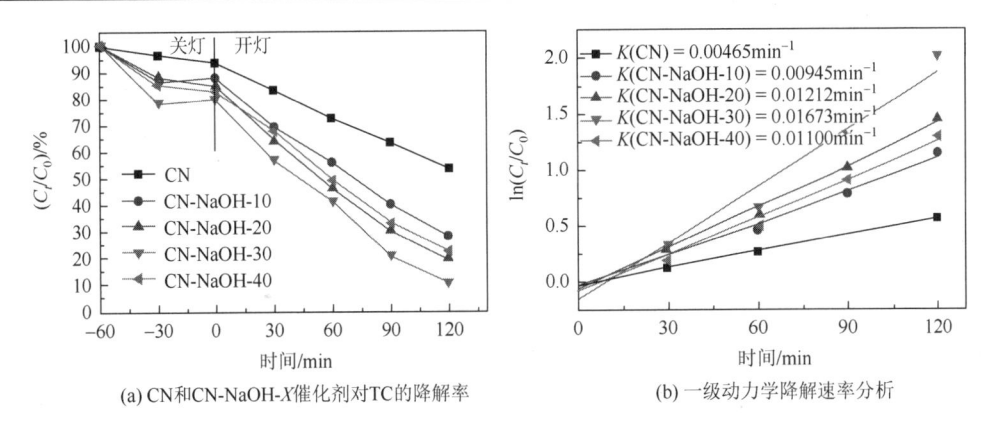

(b) 一级动力学降解速率分析

图 3-21　样品对 TC 的降解率和降解动力学图谱

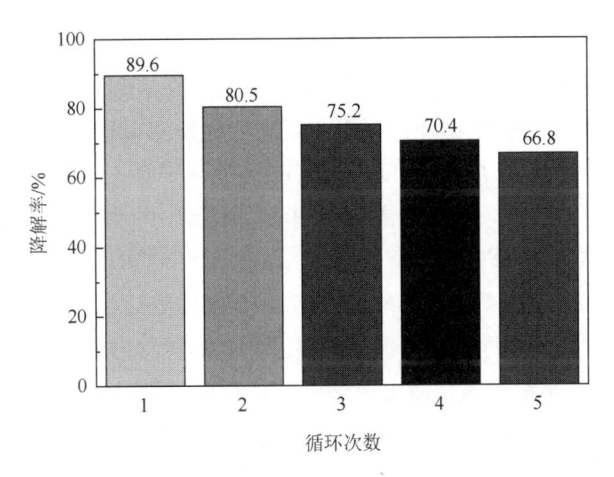

图 3-22　对 CN-NaOH-30 催化剂进行五次重复试验

如图 3-23 所示，所制备的 CN 和 CN-NaOH-30 样品被用于可见光氧化 NO 的实验。在 550ppb①浓度下的 NO 非常稳定，只有光照没有催化剂的条件下，NO 不会被氧化。在催化剂被光照的情况下，NO 浓度在 5min 内急速下降，此时 NO 的去除率最高。由于部分中间产物和终产物会在催化剂表面积累覆盖，影响催化剂的活性，所以 NO 浓度会有所回升，光照 30min 后，NO 浓度趋于平稳状态。从图中可以看出，CN-NaOH-30 的去除率为 47%，明显高于 CN（23%）。显然 Na⁺掺杂与 N 缺陷协同作用促使无定形氮化碳提高了其对 NO 的去除能力。降解 NO 气体的降解过程如下：

$$NO + 2·OH \longrightarrow NO_2 + H_2O \tag{3-8}$$

$$NO_2 + ·OH \longrightarrow NO_3^- + H^+ \tag{3-9}$$

$$3NO_2 + H_2O \longrightarrow 2HNO_3 + NO \tag{3-10}$$

$$NO + ·O_2^- \longrightarrow NO_3^- \tag{3-11}$$

---

① 表示 10^{-9}，余同。

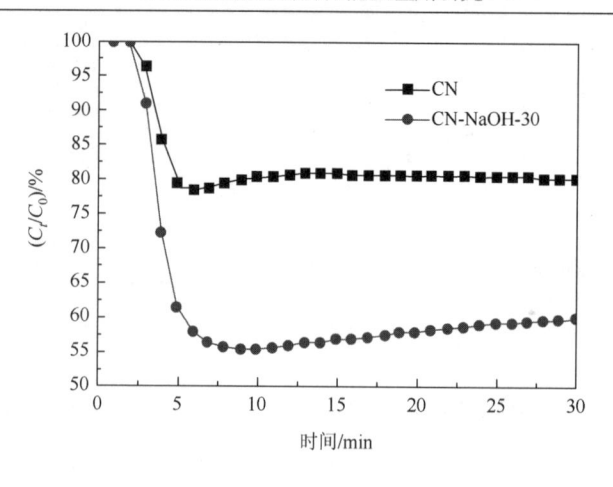

图 3-23　可见光光催化氧化 NO 活性测试图

根据上述光催化反应结果，CN-NaOH-30 样品比 CN 表现出更好的光催化活性。通过确定光催化过程中主要的氧化物种，可以阐明光催化反应机理。采用 ESR 技术检测样品 CN 和 CN-NaOH-30 光照前后产生的活性自由基，其中在甲醇溶液中检测 DMPO-•O$_2^-$ 和水中检测 DMPO-•OH 的 ESR 光谱如图 3-24 所示，由图可知，光照后样品 CN 和 CN-NaOH-30 均显示出 DMPO-•O$_2^-$ 的特征信号，且 CN-NaOH-30 的 DMPO-•O$_2^-$ 特征信号明显比 CN 强，证实 •O$_2^-$ 为 CN 和 CN-NaOH-30 光催化的活性自由基。同时，光照 5min 后 CN-NaOH-30 的 DMPO•OH 信号明显增强，而 CN 几乎没有任何改变，表明 Na$^+$ 掺杂与 N 缺陷协同作用的无定形氮化碳可以增强催化反应过程中 •O$_2^-$ 和 •OH 两种活性自由基的产生。因此，改性后的样品能够提升光生载流子的迁移转化能力，促进产生更多的活性物质，而 •O$_2^-$ 和 •OH 是 CN-NaOH-30 样品的主要氧化物种。

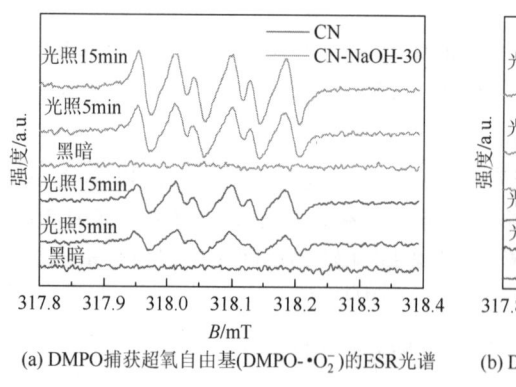

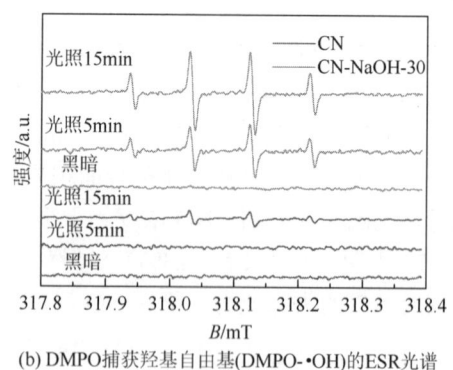

(a) DMPO捕获超氧自由基(DMPO-•O$_2^-$)的ESR光谱

(b) DMPO捕获羟基自由基(DMPO-•OH)的ESR光谱

图 3-24　样品的 ESR 光谱

EPR 能检测到晶体的缺陷，表征样品的光学性质。图 3-25 是在可见光照射下，CN 和 CN-NaOH-30 样品在 77K 时的 EPR 图谱。图谱上检测关于 π 共轭平面上未配对的电子的特征峰，从图中可以看到，CN 的信号峰很弱，而 CN-NaOH-30 的信号峰很强，对称峰

的 $g = 2.0024$，这可以归属于 π 共轭平面上芳香环上碳原子未配对的电子（N 缺陷）（Hong et al.，2013），N 缺陷的引入将额外的电子重新分配到相邻的碳原子上。在光催化反应中 CN-NaOH-30 内的 N 缺陷会捕获光生载流子，促进光生电子和空穴的分离，增强光催化氧化的能力（Zhang and Wang，2013）。

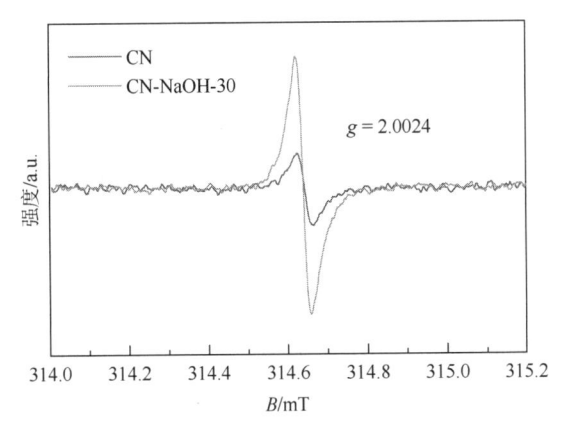

图 3-25　样品 CN 与 CN-NaOH-30 的 EPR 图谱

图 3-26 为 CN-NaOH 样品光催化降解 TC 的机理，随着 NaOH 引入量的增加，CN-NaOH 样品趋于无定形态，禁带宽度减小，有利于可见光的吸收，扩大了可见光吸收范围。在可见光的激发下 CN-NaOH 形成了光生电子和空穴，内部经过 XPS 和 EPR 表征，证明存在 N 缺陷，缺陷的存在有利于捕获光生电子或空穴，促进电子-空穴的分离。此外 Na^+ 的掺杂作为电子传递媒介增强了光生电子的传输和转化。光催化的活性效率很大程度决定于活性自由基的数量，Na^+ 掺杂与 N 缺陷协同作用修饰的无定形氮化碳样品能够产生更多的光生电子，进而更多的电子活化 O_2 生成活性自由基，提高了光催化反应效率。

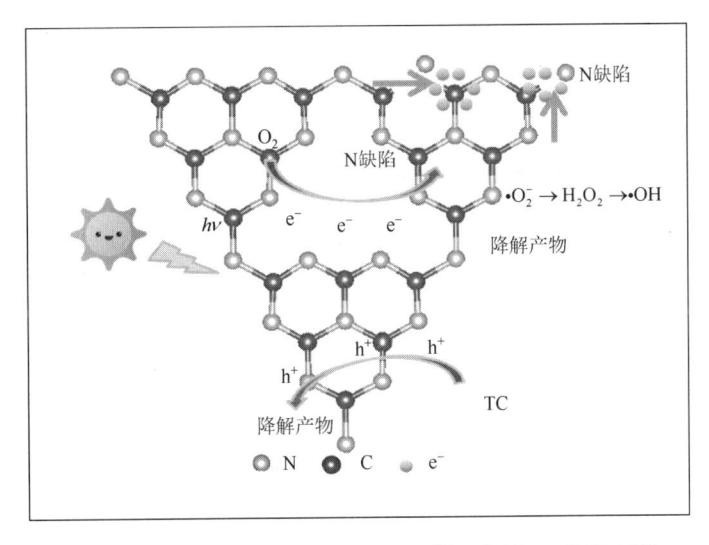

图 3-26　CN-NaOH 样品在可见光照射下降解 TC 的机理图

光催化降解 TC 反应机理可描述如下：

$$CN\text{-}NaOH + h\nu \longrightarrow e^- + h^+ \quad (3\text{-}12)$$

$$O_2 + e^- \longrightarrow \cdot O_2^- \quad (3\text{-}13)$$

$$\cdot O_2^- + 2H^+ + e^- \longrightarrow H_2O_2 \quad (3\text{-}14)$$

$$H_2O_2 + e^- \longrightarrow \cdot OH + OH^- \quad (3\text{-}15)$$

$$TC + h^+ \longrightarrow 降解产物 \quad (3\text{-}16)$$

$$TC + \cdot O_2^- / \cdot OH \longrightarrow 降解产物 \quad (3\text{-}17)$$

3.3 BaCl$_2$辅助构建氰基缺陷态 g-C$_3$N$_4$及降解有机废水和产氢

3.3.1 引言

金属离子辅助法可在 g-C$_3$N$_4$ 结构中掺杂碱金属离子 K$^+$（Hu et al.，2015）、Na$^+$（Fang et al.，2017）和过渡金属离子 Mn^{2+}（Fan et al.，2019）、Co^{2+}（Wang et al.，2019a）、Cu^{2+}（Zou et al.，2015）来改善 g-C$_3$N$_4$ 的光催化活性，这是基于 g-C$_3$N$_4$ 中氮周围的六个 N 原子都具有孤对电子，它们容易与阳离子建立离子-偶极相互作用，从而优化 g-C$_3$N$_4$ 的能带和电子结构（Jiang et al.，2017a）。Ba^{2+}的离子半径为 1.35Å，小于 g-C$_3$N$_4$ 的层内空腔的尺寸（4.72Å）（Zhou et al.，2019），因此可以被捕集在七嗪环空腔中。有趣的是，通过不同性质的钡盐[Ba$_3$(PO$_4$)$_2$ 和 BaCO$_3$]优化 g-C$_3$N$_4$ 的光催化性能发现，C$_3$H$_6$N$_6$ 与钡盐混合煅烧都可在 g-C$_3$N$_4$ 骨架中引入氰基团（—C≡N），该基团为强吸电子基团，可有效促进光生载流子的分离（Chen et al.，2018；Kong et al.，2020）。Ba^{2+}在钡盐改善 g-C$_3$N$_4$ 光催化活性起何种作用，以及氰基是如何在 g-C$_3$N$_4$ 框架中产生的，都有待进一步研究。

本节采用碱土金属盐辅助方法制备 Ba^{2+}掺杂和氰基缺陷共改性 g-C$_3$N$_4$ 光催化剂 BaCN-C$_3$N$_4$。结合实验表征和密度泛函理论计算等结果，分析 Ba^{2+}和—C≡N 对 g-C$_3$N$_4$ 能带结构和光生载流子迁移的影响，这项工作有望为 g-C$_3$N$_4$ 基光催化剂有效转化太阳能提供一条新途径，并提高其在环境治理和能源开发领域的应用价值。

3.3.2 氰基缺陷态 g-C$_3$N$_4$ 光催化剂的制备

本节使用的所有化学品均为分析级，未经进一步处理。通过盐辅助方法掺杂 Ba^{2+}在 g-C$_3$N$_4$ 骨架中构建—C≡N 缺陷，合成由 Ba^{2+}和—C≡N 共改性的双功能氮化碳基光催化剂（BaCN-C$_3$N$_4$）。具体为将 10g 的 C$_3$H$_6$N$_6$ 和一定量的 BaCl$_2$（0.5g、0.7g 和 0.9g）放入 100mL 的陶瓷坩埚中，添加 20mL 的去离子水并充分搅拌。然后将混合物在超声清洁器中超声处理 20min，并在鼓风干燥箱中进一步干燥过夜以获得前驱体。此后，将前驱体在马弗炉中以 5℃/min 的升温速率从室温升至 600℃，并在此温度下保持 4h。冷却至室温后，将煅烧的材料充分研磨以获得粉末样品。进一步取 1g 粉末样品置于 250mL 去离子水中，超声清洗 3h，以完全去除水溶性杂质。最后，以 5000r/min 的速度离心后，将样品

m-BaCN-C$_3$N$_4$ 干燥并标记,其中 m(5%、7%和 9%)是指 BaCl$_2$ 的相对含量。通过直接煅烧 10g 的三聚氰胺(不含 BaCl$_2$)标记为 CN 来制备 g-C$_3$N$_4$。流程图 3-27 显示了 BaCN-C$_3$N$_4$ 的制备过程。

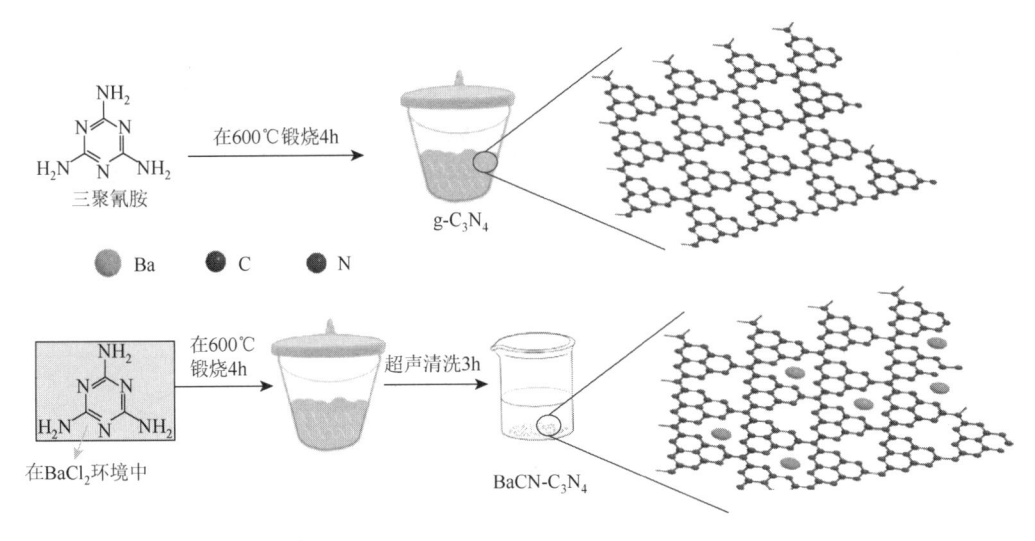

图 3-27　双功能 BaCN-C$_3$N$_4$ 催化剂的制备

3.3.3　结果与讨论

图 3-28 给出了催化剂的表面形貌和微观结构。图 3-28(a)中 g-C$_3$N$_4$ 显示为无定形的片状堆叠结构。7%-BaCN-C$_3$N$_4$ 的纳米片尺寸较小 [图 3-28(b)],在较高的放大倍数下未观察到清晰的晶格条纹 [图 3-28(c)]。这表明 7%-BaCN-C$_3$N$_4$ 保持了 g-C$_3$N$_4$ 的无定形片状结构,但是 BaCl$_2$ 的加入影响了 g-C$_3$N$_4$ 晶体的生长。在图 3-28(d)中,7%-BaCN-C$_3$N$_4$ 的 SEM-mapping 元素图谱显示,元素 C、N 和 Ba 是均匀分布的,这表明 Ba 元素通过高温煅烧成功进入 g-C$_3$N$_4$ 骨架中。N$_2$ 吸附-解吸等温线和相应的 Barrett-Joyner-Halenda 孔径

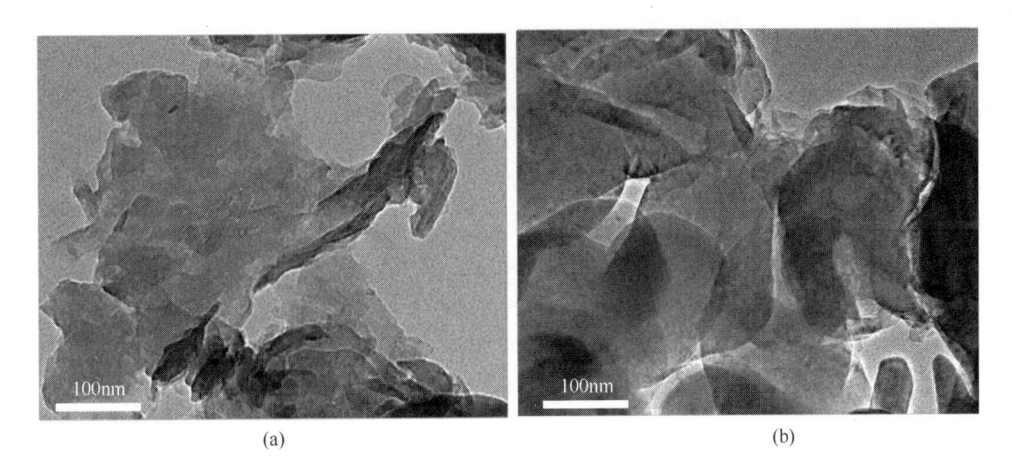

(a)　　　　　　　　　　　　(b)

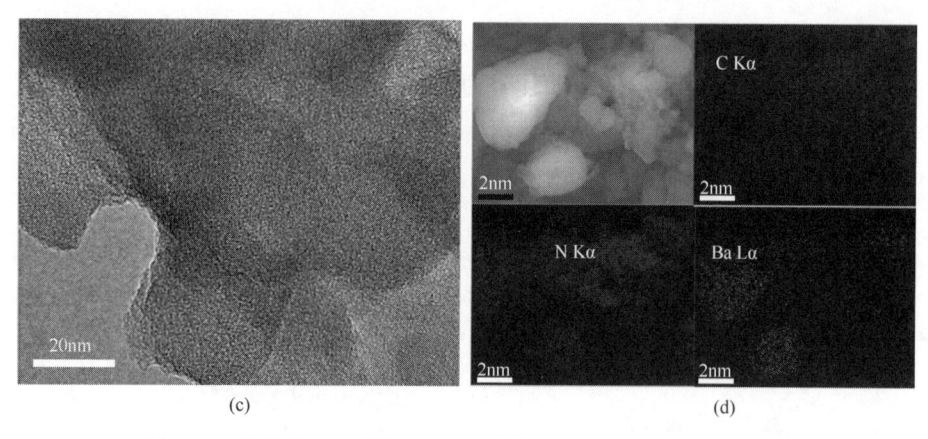

图 3-28 样品的 TEM 图、HRTEM 图及 SEM-mapping 元素图谱

(a) g-C$_3$N$_4$ 的 TEM 图；(b) 7%-BaCN-C$_3$N$_4$ 的 TEM 图；(c) 7%-BaCN-C$_3$N$_4$ 的 HRTEM 图；
(d) 7%-BaCN-C$_3$N$_4$ 的 SEM-mapping 元素图谱

分布曲线如图 3-29 所示。7%-BaCN-C$_3$N$_4$（19.05cm^2/g）的比表面积明显高于 g-C$_3$N$_4$（14.45cm^2/g），并且孔径分布曲线表明 7%-BaCN-C$_3$N$_4$ 的比表面积较小，孔径在 2~10nm。这些物理性质表明，7%-BaCN-C$_3$N$_4$ 可能具有更多的活性位点，可以更快地迁移光生载流子。

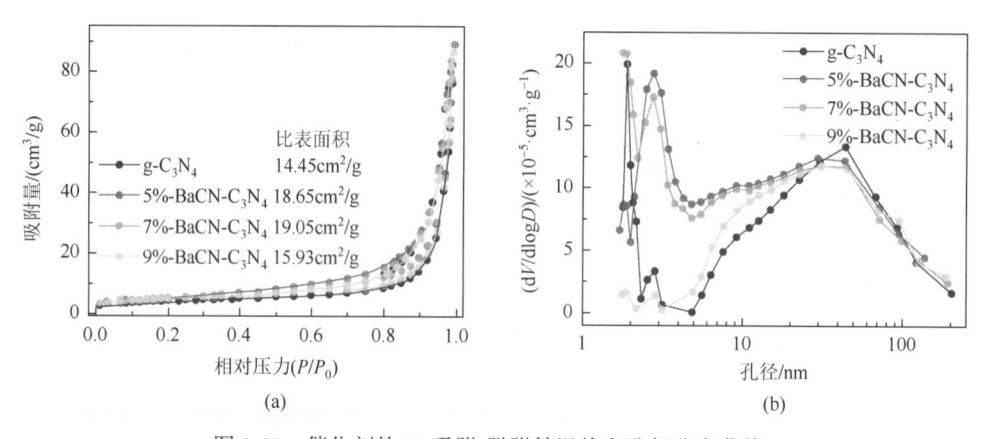

图 3-29 催化剂的 N$_2$ 吸附-脱附等温线和孔径分布曲线

图 3-30（a）是 g-C$_3$N$_4$ 和 m-BaCN-C$_3$N$_4$ 催化剂的 XRD 图谱，由图可见，层状 g-C$_3$N$_4$ 在 12.9°和 27.8°处出现了两个特征衍射峰，分别与庚嗪单元的（100）平面间堆积和（002）平面间堆积基序一致（Yang et al.，2019a）。对于 BaCN-C$_3$N$_4$，其主峰位置仍在 12.9°和 27.8°，这表明其主要结构仍为 g-C$_3$N$_4$。有趣的是，BaCN-C$_3$N$_4$（002）特征峰的强度随着 Ba^{2+}掺杂含量的增加而逐渐减弱，表明 g-C$_3$N$_4$ 的聚合受到了 Ba^{2+}的影响。特征峰的减弱意味着 g-C$_3$N$_4$ 的远程有序的原子排列方式被破坏，并且可能存在一些缺陷（如氰基）(Liu et al.，2018)。如图 3-30（b）所示，g-C$_3$N$_4$ 和 m-BaCN-C$_3$N$_4$ 的官能团可通过 FT-IR 测得，对于 g-C$_3$N$_4$，在 1700~1200cm^{-1} 处的强能带峰与 N—C=N 杂环的拉伸振动有关，而在 808cm^{-1} 处的振动峰被分配给三-s-三嗪环（Zhang et al.，2020a）。3400cm^{-1} 和 3200cm^{-1}

处的特征峰分别归因于 g-C$_3$N$_4$ 结构的 N—H 和吸附的 O—H 的伸缩振动吸收峰。然而，m-BaCN-C$_3$N$_4$ 在 2178cm^{-1} 处出现了一个新的特征峰，这归因于氰基（—C≡N）的拉伸振动（Wang et al.，2019a）。这进一步证实在 BaCl$_2$ 盐环境下煅烧 C$_3$H$_6$N$_6$ 会影响 g-C$_3$N$_4$ 缩合，并将 Ba^{2+} 和氰基（—C≡N）引入其结构。

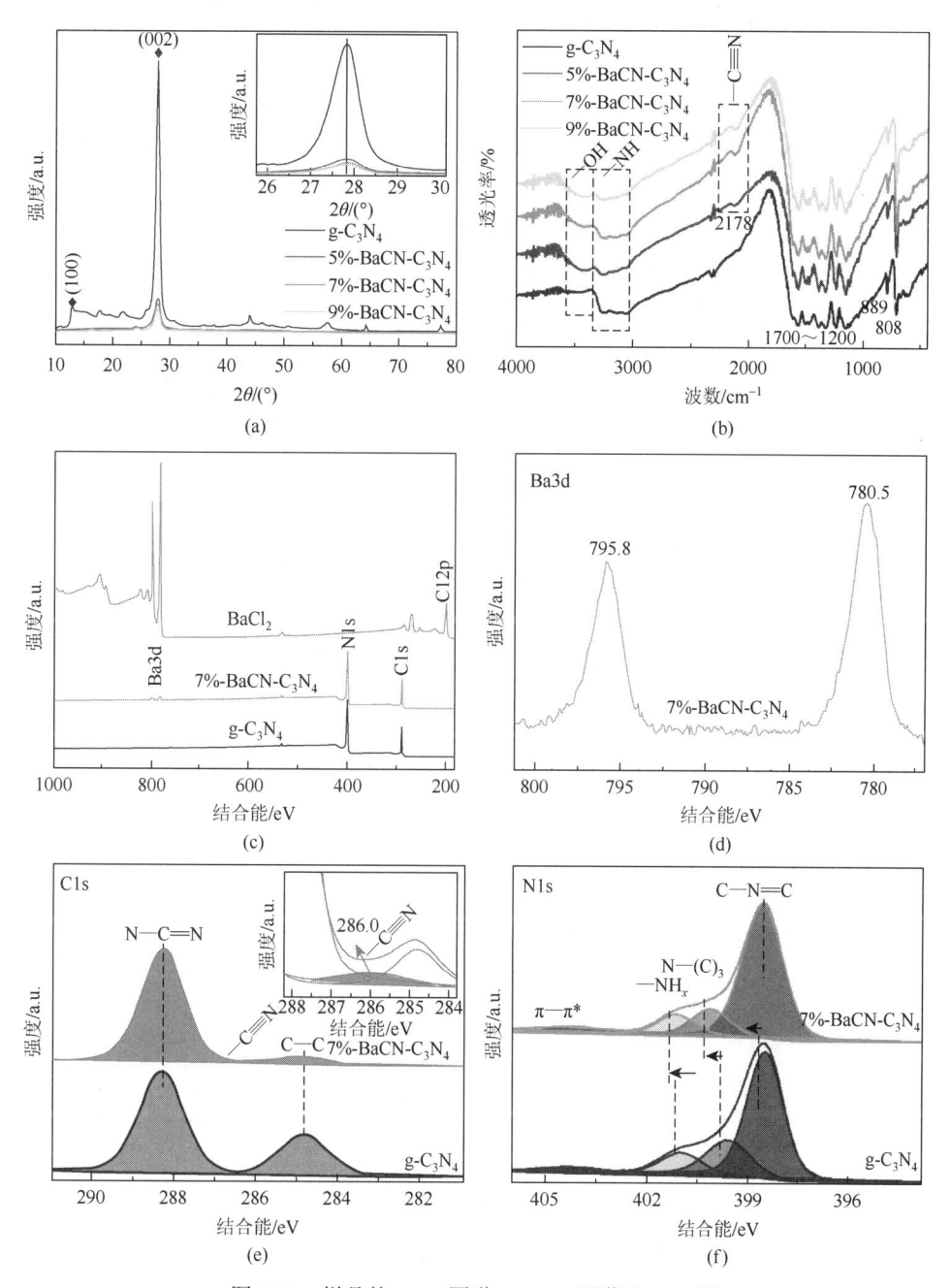

图 3-30 样品的 XRD 图谱、FT-IR 图谱及 XPS 图

（a）g-C$_3$N$_4$ 和 m-BaCN-C$_3$N$_4$ 的 XRD 图谱；（b）g-C$_3$N$_4$ 和 m-BaCN-C$_3$N$_4$ 的 FT-IR 图谱；（c）催化剂的 XPS 全谱图；（d）～（f）高分辨 XPS 图

图 3-30（c）中的 XPS 全谱图显示，通过 Ba^{2+} 辅助方法成功地将 Ba 掺入 $g-C_3N_4$ 中。此外，图 3-30（d）显示了 7%-$BaCN-C_3N_4$ 的 Ba3d 窄光谱。检测到结合能为 780.5eV 和 795.8eV 的峰分别被指定为 $Ba3d_{5/2}$ 和 $Ba3d_{3/2}$，这表明 Ba 元素作为 Ba^{2+} 存在于 7%-$BaCN-C_3N_4$ 中（Wu et al.，2007）。与 $g-C_3N_4$ 相比，在 7%-$BaCN-C_3N_4$ 的 C1s 中发现了氰基的特征峰（286.5eV），这再次证明 $g-C_3N_4$ 的部分结构受 Ba^{2+} 的影响而形成了氰基（Wang et al.，2019b）；7%-$BaCN-C_3N_4$ 中 N1s 的结合能向更高的能级转移，这可能是由于掺杂的 Ba^{2+} 和 $g-C_3N_4$ 空腔 N 之间的化学配位（Jiang et al.，2017b）。在 7%-$BaCN-C_3N_4$ 中，N—$(C)_3$ 的峰面积减小，而—NH_x 的峰面积增大。可以推测，Ba^{2+} 的掺杂破坏了 $g-C_3N_4$ 的长程有序结构，导致部分桥接 N 的断裂而形成氰基。

优异的可见光吸收性能与光催化剂的出色光催化活性密切相关，为此测定并记录了合成催化剂的光吸收范围（图 3-31）。对于 $g-C_3N_4$，它具有 460nm 的光吸收带边缘，与先前的报道相对应（Yang et al.，2019b；Cao et al.，2019）。有趣的是，所有的 $BaCN-C_3N_4$ 催化剂都具有红移的光吸收带边缘（约在 470nm 处），这意味着它们具有更宽的可见光吸收范围。通过 Kubelka-Munk（库贝尔卡-蒙克）公式获得了合成样品的禁带宽度[图 3-31（b）]。$g-C_3N_4$、5%-$BaCN-C_3N_4$、7%-$BaCN-C_3N_4$ 和 9%-$BaCN-C_3N_4$ 的禁带宽度分别为 2.71eV、

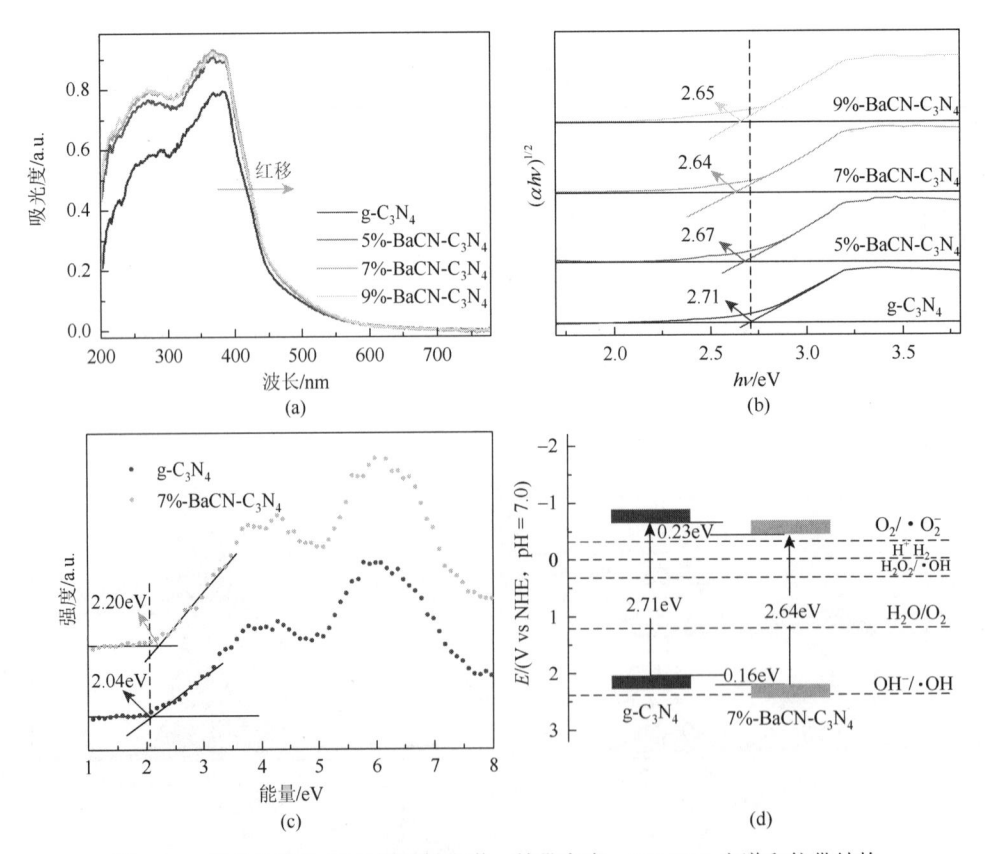

图 3-31 样品的紫外-可见漫反射光谱、禁带宽度、VB-XPS 光谱和能带结构

（a）$g-C_3N_4$ 和 $m-BaCN-C_3N_4$ 的紫外-可见漫反射光谱；（b）Kubelka-Munk 公式计算出的禁带宽度；
（c）$g-C_3N_4$ 和 7%-$BaCN-C_3N_4$ 的 VB-XPS 光谱；（d）$g-C_3N_4$ 和 7%-$BaCN-C_3N_4$ 的能带结构

2.67eV、2.64eV 和 2.65eV。此外，VB-XPS 光谱提供了 g-C$_3$N$_4$ 和 7%-BaCN-C$_3$N$_4$ 的价带位置，分别为 2.04eV 和 2.20eV [图 3-31（c）]。根据获得的相应禁带宽度可计算确定催化剂的 CB 位置。g-C$_3$N$_4$ 和 7%-BaCN-C$_3$N$_4$ 具体的 CB 和 VB 电位如图 3-31（d）所示。与 g-C$_3$N$_4$ 相比，7%-BaCN-C$_3$N$_4$ 的能带结构向下移动，这可能是 Ba^{2+} 和氰基对 g-C$_3$N$_4$ 的能带结构的调控引起的。

通过比较 g-C$_3$N$_4$、Ba-C$_3$N$_4$（仅掺杂 Ba^{2+}）和 BaCN-C$_3$N$_4$（掺杂 Ba^{2+}）三个模型的 DFT 计算结果，讨论 Ba^{2+} 和氰基如何影响 g-C$_3$N$_4$ 的能带和电子结构，以及氰基缺陷。计算结果表明，Ba^{2+} 可以成功插入 g-C$_3$N$_4$ 的庚嗪环腔中 [图 3-32（d）]。在图 3-32（b）、图 3-32（e）和图 3-32（h）中，计算出的 g-C$_3$N$_4$、Ba-C$_3$N$_4$ 和 BaCN-C$_3$N$_4$ 的禁带宽度分别为 1.84eV、0.89eV 和 0.20eV，由于已知的 DFT 计算局限，它们都比实验值低（Steinmann et al.，2017）。显然，Ba-C$_3$N$_4$ 的禁带宽度比 g-C$_3$N$_4$ 的禁带宽度更窄，表明 Ba^{2+} 的掺杂使 g-C$_3$N$_4$ 的禁带宽度变窄。与其他两个模型相比，BaCN-C$_3$N$_4$ 的能带最窄，这证明氰基可以进一步优化 g-C$_3$N$_4$ 的能带，具有较窄的能带，这与 UV-vis DRS 的结论一致，这将有利于可见光的吸收和光生载流子的分离。理论计算的部分状态密度（PDOS）表明，所有催化剂的最小导带（CB）和最大价带（VB）均由 C2p 和 N2p 贡献，而 Ba^{2+} 不参与能带的构建 [在图 3-32（c）、图 3-32（f）、图 3-32（i）中]。在图 3-33（a）和图 3-33（b）中，在空腔周围 N 孤对电子的排斥作用使优化后 g-C$_3$N$_4$ 结构呈波纹状，沿 P_z 轴的最大距离约为 2.67Å，这与 Azofra 等（2016）的结论相似。与 g-C$_3$N$_4$ 相比，Ba-C$_3$N$_4$ 的波纹幅度减小了约 0.62Å，这表明 g-C$_3$N$_4$ 的禁带宽度变窄可能是由于掺入 Ba^{2+} 优化了波纹结构。此外，差分电荷分布进一步表明，Ba^{2+} 有利于光生电子的富集，并提高了光生电子-空穴分离的效率[图 3-33（c）]。此外，氰基作为强吸电子基团也被证明对光生电子的转移是有益的（Li et al.，2021）。

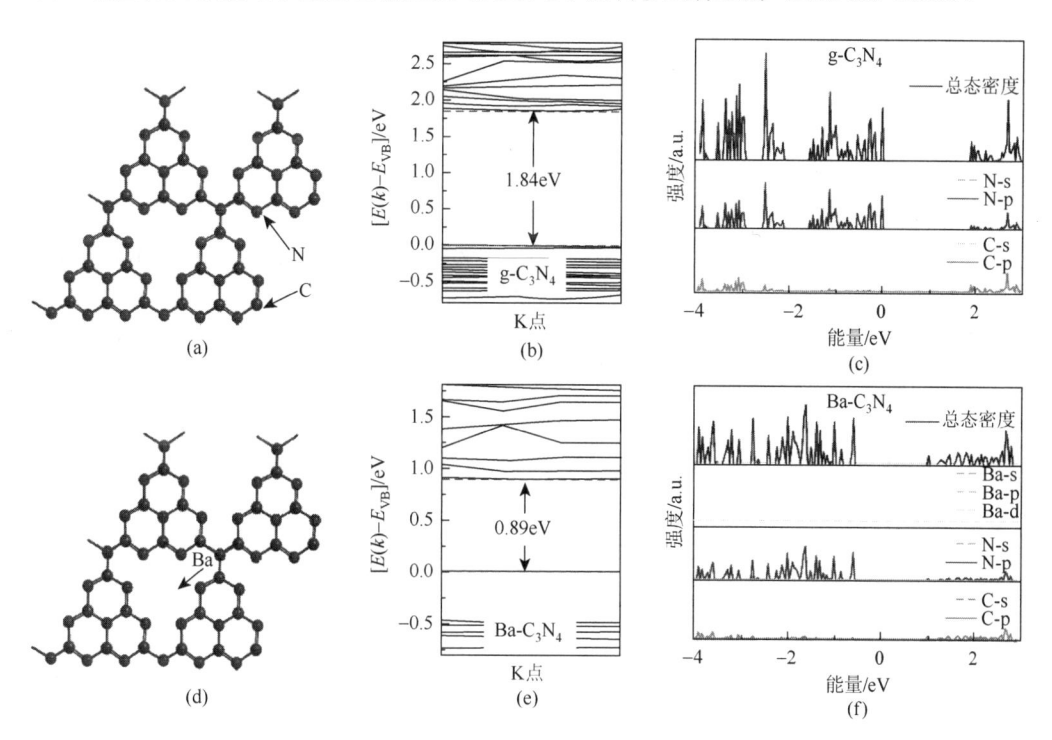

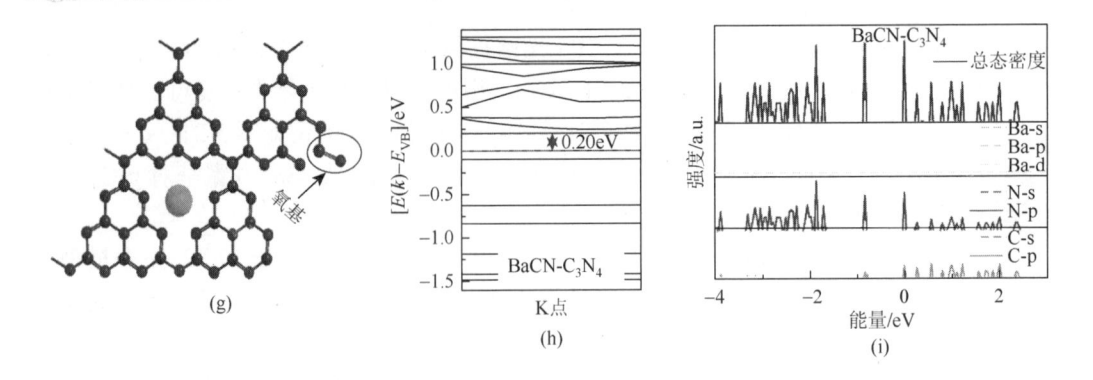

图 3-32 样品的结构模型、能带结构和态密度分布

(a)(d)(g) 结构模型；(b)(e)(h) 能带结构；(c)(f)(i) 部分态密度图；K 点指在态密度模型中用于对倒易空间进行离散采样的点

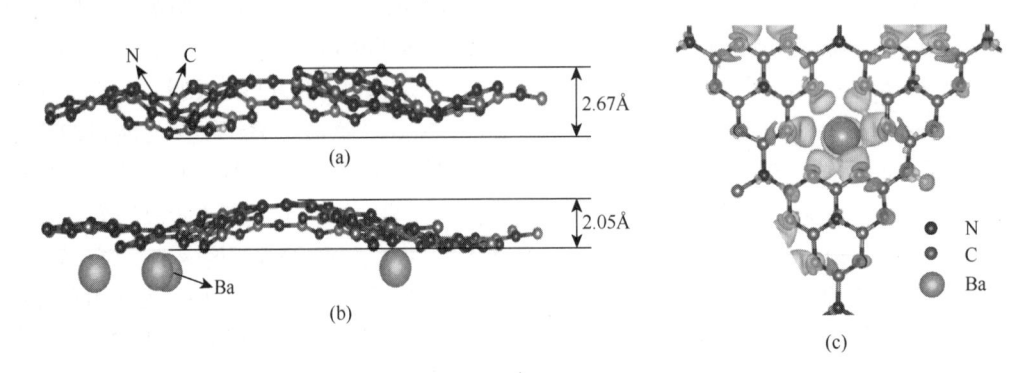

图 3-33 催化剂结构优化后沿 P_z 轴的图及电荷差分布图

(a) g-C$_3$N$_4$；(b) Ba-C$_3$N$_4$；(c) Ba-C$_3$N$_4$ 的电荷差分布，电荷积累为黄色，耗尽为青色

仅包含 TC 和催化剂的系统用于研究 BaCN-C$_3$N$_4$ 对 TC 的氧化降解能力。如图 3-34（a）所示，120min 后，g-C$_3$N$_4$ 对 TC 的降解率为 37.4%，而 m-BaCN-C$_3$N$_4$ 催化剂的光催化活性相较 g-C$_3$N$_4$ 都得到了一定的提升。其中，7%-BaCN-C$_3$N$_4$ 处理 TC 的最佳降解率（70.0%）是 g-C$_3$N$_4$ 的 1.87 倍。图 3-34（b）中准一级动力学方程的拟合结果表明，7%-BaCN-C$_3$N$_4$ 的动力学常数为 0.0091min^{-1}，约为 g-C$_3$N$_4$ 的 2.3 倍，这可能与 7%-BaCN-C$_3$N$_4$ 的光生电子空穴转换为更强的氧化性物质有关。通过液质联用（HPLC-MS）分析 TC 在光降解过程中的中间产物。在反应之前，由于其相对分子量，TC 的质荷比（m/z）为 445。在可见光辐射下，7%-BaCN-C$_3$N$_4$ 上的光生电子空穴通过与 H$_2$O 和 O$_2$ 反应而转化为活性氧（•OH、•O$_2^-$ 等），在这些活性氧物质的强氧化作用下 TC 被分解为小分子。在 TC 分子中，C2-C3 和 C11a-C12 处不饱和双键的加成可以被亲电试剂羟基化，从而产生 m/z 为 477 的副产物 P1（Li et al., 2020）。由于在 C4 位置去甲基化和在 C2 位置酰胺基的去氨基作用，也观察到了 m/z 为 415 的中间产物 P7（Zhang et al., 2020b）。根据质谱图推测可能的 TC 降解途径，一级中间体、二级中间体、多级中间体和终产物，如图 3-35 所示。

(a) 氧化TC效率

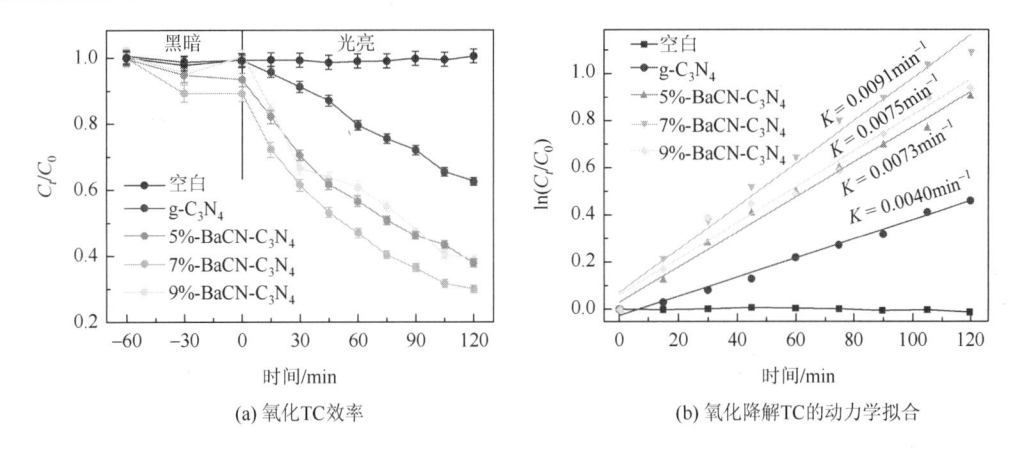

(b) 氧化降解TC的动力学拟合

图 3-34　在可见光（λ≥420nm）照射下 g-C$_3$N$_4$ 和 BaCN-C$_3$N$_4$ 催化剂光催化性能

图 3-35　7%-BaCN-C$_3$N$_4$ 催化剂氧化降解 TC 可能的途径

在闭环系统中使用 100mL Pyrex（派莱克斯）耐高温玻璃顶部辐射反应器进行光解水制氢实验。在反应器中包含 25mg 光催化剂、50mL 三乙醇胺（TEOA）水溶液（10%，体积分数）电子牺牲剂和 2mL 氯铂酸溶液（1g/L）助催化剂。使用真空泵抽去系统内的空气，并使用附有 420nm 滤光器（λ≥420nm）的 300W 的氙气灯作为模拟可见光光源，光源距离液面的距离大约为 15cm。采用带有热导检测器的气相色谱仪对系统的产氢量进行在线采集和分析。

在可见光辐射下，以 H$_2$PtCl$_6$ 为助催化剂，TEOA 为牺牲剂，研究 m-BaCN-C$_3$N$_4$ 的光催化还原产氢效率。在图 3-36（a）中，g-C$_3$N$_4$ 的 H$_2$ 产生速率仅为 1218μmol/(g·h)，低于 5%-BaCN-C$_3$N$_4$［7334μmol/(g·h)］、7%-BaCN-C$_3$N$_4$［7382μmol/(g·h)］和 9%-BaCN-C$_3$N$_4$

[6237μmol/(g·h)]。在 g-C$_3$N$_4$ 结构中，随着 Ba^{2+} 和氰基的引入，H$_2$ 的产量逐渐增加，并在 7%-BaCN-C$_3$N$_4$ 达到最大值（生产速率是 g-C$_3$N$_4$ 的 6.06 倍），但 9%-BaCN-C$_3$N$_4$ 氢气释放速率却降低了，这可能是由于催化剂结晶度降低，导致过多的缺陷，部分缺陷形成了电子-空穴对复合中心（Wang et al.，2016b）。此外，由光功率计（CEL-NP2000，中教金源）计算所有催化剂的表观量子产率如图 3-36（b）所示。7%-BaCN-C$_3$N$_4$ 的量子产率达到 4.33%，具有良好的量子转换效率。图 3-37 显示了使用 20mg/L 四环素废水代替去离子水研究 7%-BaCN-C$_3$N$_4$ 催化剂在去除环境污染物的同时产生氢气。实验结果表明，7%-BaCN-C$_3$N$_4$ 可以同步实现 TC 分子降解和氢气产生，降解率和 H$_2$ 产生速率分别高达 10316μmol/(g·h) 和 63.62%。与去离子水溶液相比，在 TC 溶液中的制氢速率更高。原因可能是 TC 进一步充当了空穴清除剂，导致系统中更多的光生电子参与光还原以释放氢气。

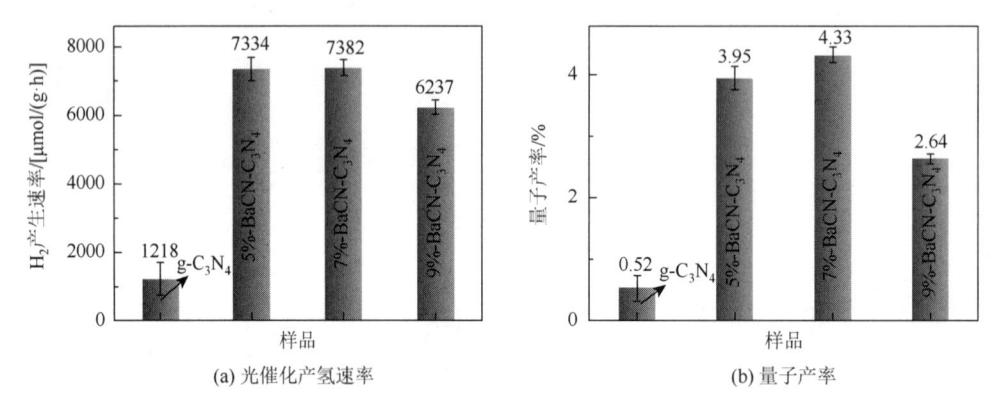

(a) 光催化产氢速率

(b) 量子产率

图 3-36　在可见光（λ≥420nm）照射下 g-C$_3$N$_4$ 和 BaCN-C$_3$N$_4$ 催化剂的催化性能

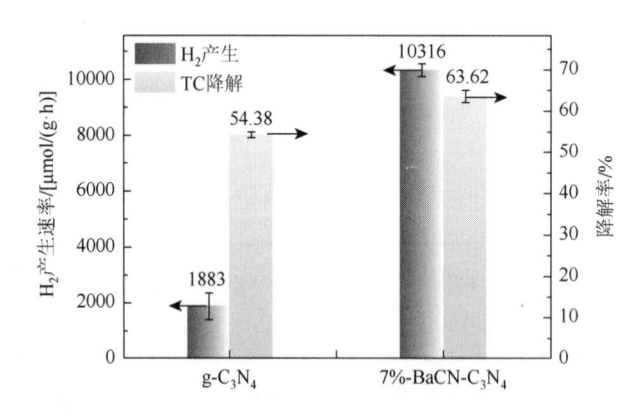

图 3-37　在可见光（λ≥420nm）照射下 g-C$_3$N$_4$ 和 7%-BaCN-C$_3$N$_4$ 催化剂在 TC 废水中同步降解污染物和产氢速率

g-C$_3$N$_4$ 和 7%-BaCN-C$_3$N$_4$ 的光电化学测试显示了光生载流子的激发和分离。在图 3-38（a）中，7%-BaCN-C$_3$N$_4$ 瞬态光电流-时间曲线的相应强度高于 g-C$_3$N$_4$，这表明 7%-BaCN-C$_3$N$_4$ 的光生电子-空穴分离效率得到了提高。此外，光致发光光谱用于进一步分析催化剂的光生电子-空穴复合效率。图 3-38（b）显示了 g-C$_3$N$_4$、5%-BaCN-C$_3$N$_4$、7%-BaCN-C$_3$N$_4$ 和

9%-BaCN-C$_3$N$_4$ 的光致发光光谱在 452nm 处具有激发峰（Chen et al.，2019）。显然，7%-BaCN-C$_3$N$_4$ 的强度比 g-C$_3$N$_4$ 弱，这进一步表明 7%-BaCN-C$_3$N$_4$ 的光生电子和空穴的复合效率较低。以上所有结论表明，Ba^{2+} 和氰基修饰的 BaCN-C$_3$N$_4$ 催化剂的光生载流子的分离效率高于 g-C$_3$N$_4$。

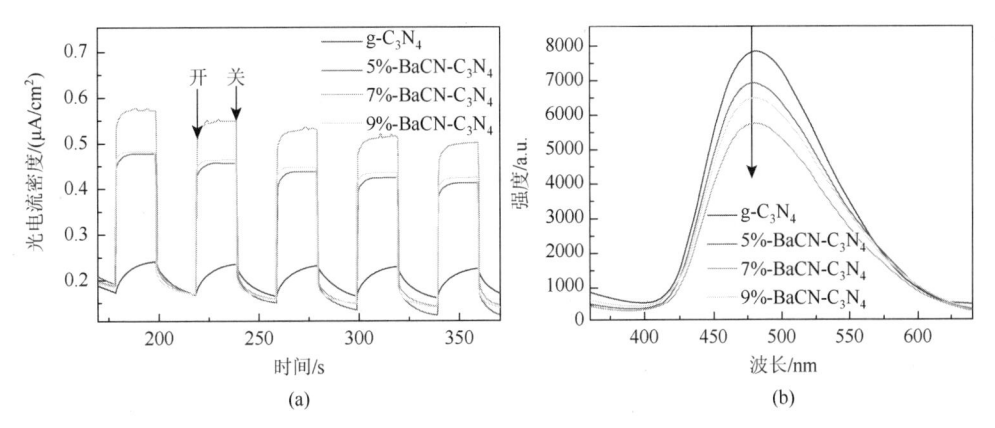

图 3-38　g-C$_3$N$_4$ 和 m-BaCN-C$_3$N$_4$ 的瞬态光电流-时间曲线和光致发光光谱图

活性物质的测定可以用来进一步研究光生电子-空穴的利用规律，图 3-39 提供了 g-C$_3$N$_4$ 和 7%-BaCN-C$_3$N$_4$ 的 ESR 光谱。在可见光的激发下，价电子 g-C$_3$N$_4$ 的能带跃迁到 CB 以产生光生电子-空穴对。电子与水中的溶解氧发生反应，生成超氧自由基（•O$_2^-$）[E_0（O$_2$/•O$_2^-$）= −0.33V]（Zhou et al.，2019）。电子还可以还原 O$_2$ 生成 H$_2$O$_2$ [E_0（O$_2$/H$_2$O$_2$）= 0.70V]，并且 •O$_2^-$ 的一部分可以与 H$_2$O$_2$ 反应进一步形成 •OH [E_0（H$_2$O$_2$/•OH）= 0.32V]（Torres-Pinto et al.，2019）。g-C$_3$N$_4$ 和 7%-BaCN-C$_3$N$_4$ 催化剂体系同时具有 •O$_2^-$ 和 •OH，但与 g-C$_3$N$_4$ 相比，7%-BaCN-C$_3$N$_4$ 催化剂体系具有更高的 •OH 含量。因为 •OH 的氧化能力强于 •O$_2^-$，所以 7%-BaCN-C$_3$N$_4$ 可以更有效地降解 TC，并且进一步证实了 7%-BaCN-C$_3$N$_4$ 中的光生电子-空穴对可以很好地分离和利用。

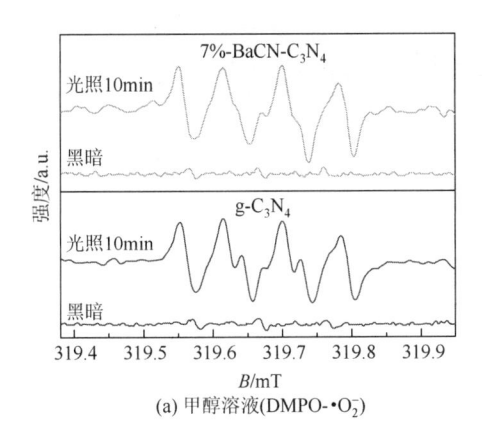

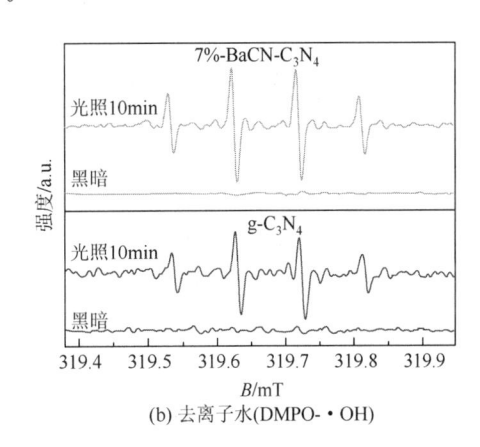

图 3-39　DMPO ESR 光谱

甲醇溶液中捕获为 •O$_2^-$、去离子水中捕获为 •OH，且均分别在黑暗和可见光照射 10min（$\lambda \geqslant 420$nm）进行测试

根据上述实验并结合 DFT 的计算结果，提出掺杂 Ba^{2+} 通过促进 g-C_3N_4 中氰基缺陷的产生从而提高 g-C_3N_4 光催化性能的机理。Ba^{2+} 掺杂和氰基缺陷的协同作用导致 g-C_3N_4 的禁带宽度窄，这更有利于可见光的吸收。在可见光辐射下，BaCN-C_3N_4 产生光生电子和空穴，并通过 Ba^{2+} 和氰基的富集电子效应而迅速分离。BaCN-C_3N_4 在 TC 光催化降解、催化产氢和 TC 废水中产氢三个系统中的光催化机理如下。

（1）TC 的光催化降解（开放环境）。BaCN-C_3N_4 催化剂在更正价带电位激发的光生空穴参与 TC 的氧化。然后，通过光生电子还原水中的溶解氧和其他物质以产生具有较强氧化能力的自由基（如 $\cdot O_2^-$、$\cdot OH$），进一步高效氧化 TC（ESR 光谱获得数据）。

（2）产氢体系（无氧气环境）。光生电子将 H^+ 或 H_2O 分子还原为氢，而光生空穴被电子供体 TEOA 消耗，从而实现水分解生成氢的反应。

（3）TC 废水中产氢（无氧气环境）。TC 进一步作为电子供体，这意味着光生空穴被更多的电子受体消耗，从而通过光生电子还原产生更多的氢气。此外，BaCN-C_3N_4 的价带位置比 CN 更正，这意味着它具有更强的氧化性可降解 TC。图 3-40 提出在可见光下 BaCN-C_3N_4 光催化降解有机废水以获得纯净水和氢气的可能过程。

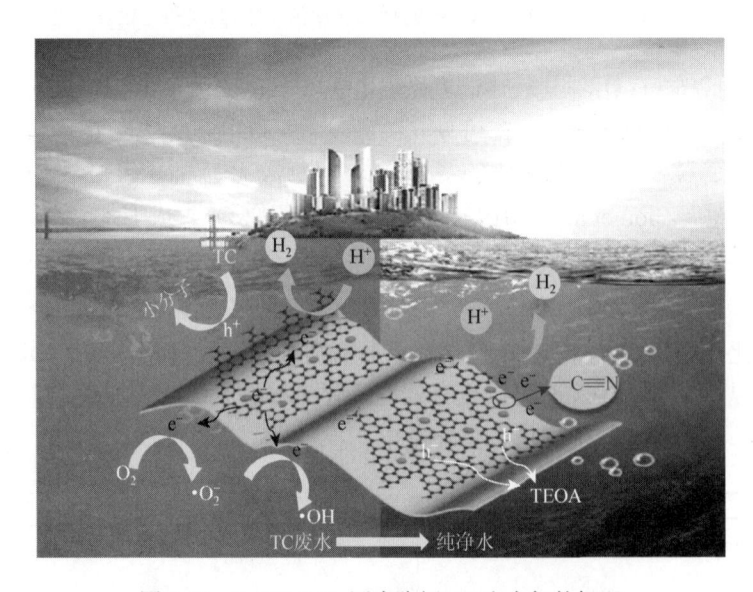

图 3-40 BaCN-C_3N_4 同步降解 TC 和产氢的机理

光催化剂的稳定性也是限制其应用的主要因素。为此，用 7%-BaCN-C_3N_4 对 TC 和 H_2 的演变进行四个稳定性测试。图 3-41（a）和图 3-41（b）显示，即使在新能源开发和污染物处理中重复四次后，7%-BaCN-C_3N_4 光催化剂仍可以保持较高的光催化活性。使用前后的 XRD 图谱和 FT-IR 图谱表明 7%-BaCN-C_3N_4 的结构没有显著变化，可再现性减弱的原因可能是活性位点减少而不是结构的破坏（图 3-42）。上述结果表明，BaCN-C_3N_4 既可以用作"源头控制"（清洁能源的开发），又可以用作"末端处理"（污染物的治理），并且具有出色的稳定性，因此具有广阔的应用前景。

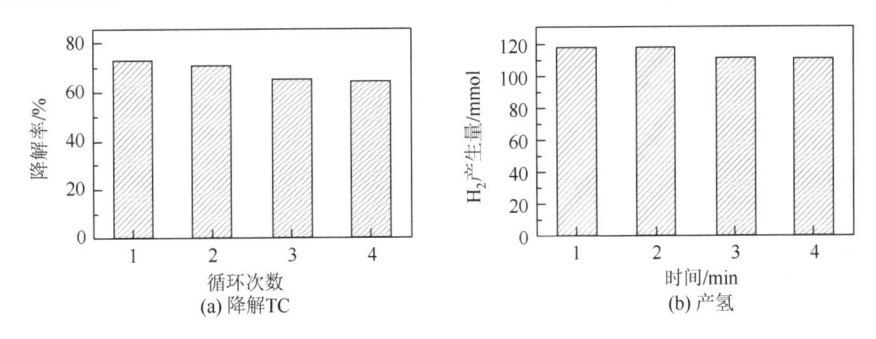

图 3-41 7%-BaCN-C$_3$N$_4$ 的 4 次重复实验结果

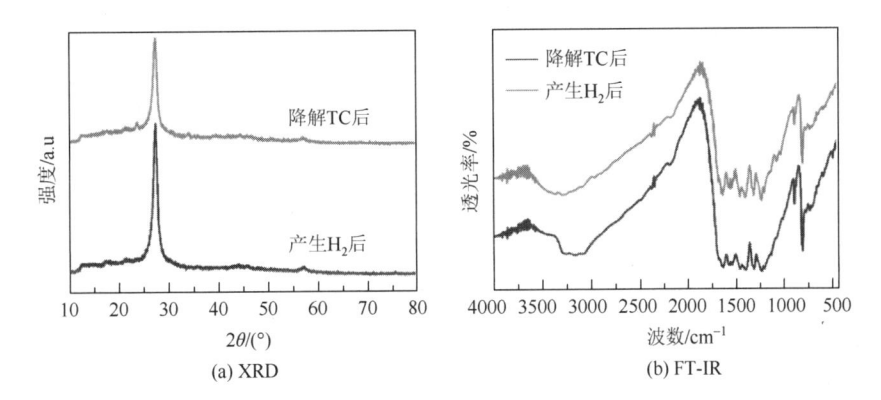

图 3-42 7%-BaCN-C$_3$N$_4$ 重复实验降解 TC 和产氢后的 XRD 和 FT-IR 对比图

3.4 二维 g-C$_3$N$_4$ 纳米片的制备及光催化还原 CO$_2$ 性能

3.4.1 引言

在众多光催化材料中，二维层状纳米材料因其独特的光电性能而备受关注，这是因为其超薄的纳米结构使其具有更大的比表面积，以及更高的载流子迁移率。二维纳米材料的发展得益于石墨烯的发现。2004 年，英国曼彻斯特大学的科学家用特殊的胶带对石墨进行反复撕揭得到石墨烯（Novoselov et al., 2004）。该材料具有极高的电导率和热传导性，以及高机械强度和高流动性，因而被广泛用于均相催化、太阳能电池和超级电容器（Stoller et al., 2008; Geng et al., 2010; Hou et al., 2012）。得益于石墨烯的合成，此后一系列具有层状结构的材料也被广泛研究，如 BN、MoS$_2$ 和 WS$_2$ 等（Warner et al., 2010; Yao et al., 2012; Wang et al., 2013）。剥离该类材料的常用方法有超声剥离法、热刻蚀法、球磨法等，制得的二维纳米片通常为单层或少层材料，比表面积大，薄层结构也有利于电子的迁移，从而可提高光催化活性。

g-C$_3$N$_4$ 也是一种具有层状结构的材料，且该材料只含 C、N 元素，资源丰富，成本低廉，且制备简便，只需要将富氮前驱体置于马弗炉中煅烧即可得到。基于石墨烯的合成理念，本节采用超声分散法来制备 g-C$_3$N$_4$ 纳米片。在此过程中，溶剂的选择也至关重要。在各种溶剂中，H_2O 的极性最强，更易将层状材料剥离为超薄纳米片。因此本节选择以 H_2O 为溶剂，将热解法制备的块状 $g-C_3N_4$ 超声剥离为 $g-C_3N_4$ 二维纳米片，并通过一系列表征手段对超声前后 $g-C_3N_4$ 的形貌、结构、载流子寿命等进行分析，并通过光催化还原 CO_2 对其光催化性能进行评价。

3.4.2 实验部分

1. 体相 $g-C_3N_4$ 的制备

称取 5.00g 三聚氰胺，转移至氧化铝坩埚中，然后放置于马弗炉中，以 3℃/min 的速率加热至 550℃，空气中保温 2h。待样品冷却至室温后，转移至玛瑙研钵中进行研磨，得到的黄色粉末收集备用并记为 B-CN。

2. $g-C_3N_4$ 纳米片的制备

称取 0.100g 上述方法制备的块状 $g-C_3N_4$，转移至 250mL 烧杯中，加入 200mL 去离子水，随后将烧杯放置于超声清洗机中，超声处理 12h，得到的悬浮液通过离心、干燥后收集，得到的 $g-C_3N_4$ 纳米片记为 G-CN。

3.4.3 结果与讨论

1. 催化剂的晶型与形貌

样品的 XRD 图谱如图 3-43 所示，B-CN 和 G-CN 都在 13.0°和 27.5°处有两个明显的衍射峰，分别对应于类石墨相 C_3N_4（标准卡片 JCPDS#87-1526）的（100）晶面和（002）晶面。位于 13.0°处较宽的峰归属于 3-s-三嗪的特征峰，相应的层间距为 0.681nm。27.5°处的特征峰则归属于 $g-C_3N_4$ 的叠层结构，层间距为 0.324nm（Liao et al., 2012）。超声处理前后 $g-C_3N_4$ 的峰位和晶相并未发生改变，说明超声处理并未对 $g-C_3N_4$ 的结构产生影响。

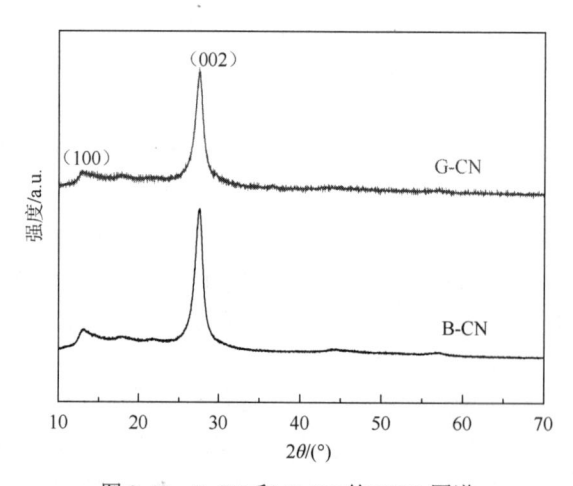

图 3-43 B-CN 和 G-CN 的 XRD 图谱

用 SEM 和 TEM 对 B-CN 和 G-CN 的形貌进行表征。如图 3-44（a）和图 3-44（b）所示，由热解法制得的 g-C$_3$N$_4$（B-CN）呈块状，尺寸为几百纳米到几微米。超声剥离后的 g-C$_3$N$_4$（G-CN）为超薄纳米片，且因其超薄结构而使边缘部分卷曲 [图 3-44（c）]。对 G-CN 进行 HRTEM 表征 [图 3-44（d）]，发现并不能从中观察到 g-C$_3$N$_4$ 的晶格，这是因为 g-C$_3$N$_4$ 的有机特性使其在电子束照射下会快速降解。G-CN 的选区电子衍射图为衍射环，表明 g-C$_3$N$_4$ 为多晶，其衍射环的半径为 0.324nm，对应于 g-C$_3$N$_4$ 的（002）晶面，这也与 XRD 的结果一致。

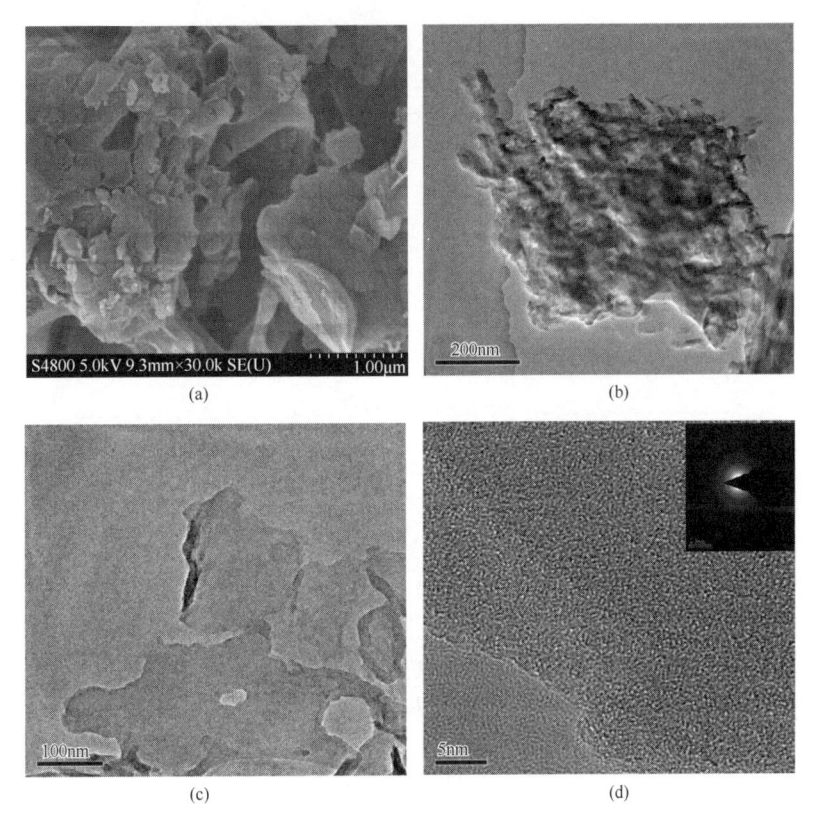

图 3-44　B-CN 的 SEM 图、TEM 图和 G-CN 的 TEM 图、HRTEM 图、SAED 图
(a) B-CN 的 SEM 图；(b) B-CN 的 TEM 图；(c) G-CN 的 TEM 图；(d) G-CN 的 HRTEM 图，
(d) 中插图为 G-CN 的 SAED 图

为了确定超声剥离后的 g-C$_3$N$_4$ 纳米片的厚度，对 G-CN 进行 AFM 表征，如图 3-45 所示。根据高度分析，P1 和 P2 之间的高度为 1.85nm，P3 和 P4 之间的高度为 1.62nm。XRD 和 HRTEM 的结果表明，g-C$_3$N$_4$ 的层间距为 0.324nm，因此可计算出 g-C$_3$N$_4$ 纳米片由 5~6 个 C-N 原子层组成（Zhang et al.，2013；Zhao et al.，2014）。

2. 催化剂的结构分析

B-CN 和 G-CN 的傅里叶变换红外光谱图如图 3-46 所示。G-CN 显示出与 B-CN 相同的特征峰，进一步证明超声处理并未改变 g-C$_3$N$_4$ 的化学结构。810cm^{-1} 处尖锐的峰归属于

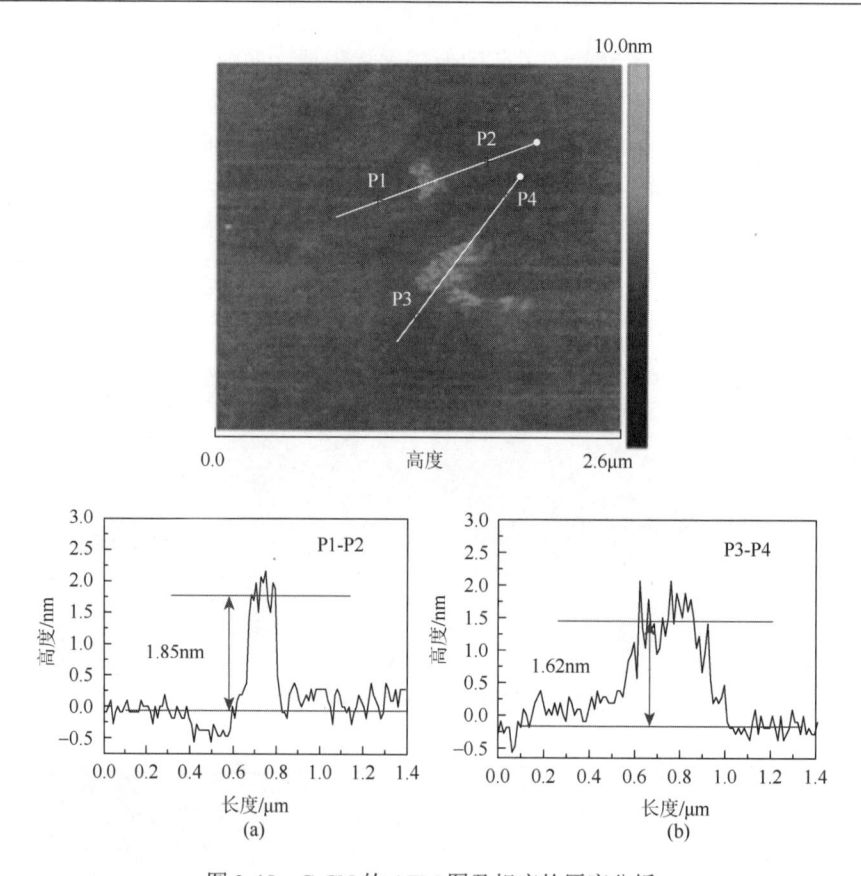

图 3-45 G-CN 的 AFM 图及相应的厚度分析

三-s-三嗪环的特征峰,888cm^{-1} 处的峰为 N—H 键的面外弯曲振动峰(Dong et al., 2013b), 1414cm^{-1}、1459cm^{-1}、1575cm^{-1} 和 1640cm^{-1} 处的特征峰归属于碳氮杂环中 C—N 键和 C═N 键的伸缩振动模式,1245cm^{-1} 和 1329cm^{-1} 处的峰分别属于桥联 N 中 C—N(—C)—C 和 C—N(—H)—C 的伸缩振动模式,3000~3700cm^{-1} 较宽的峰则归属于 g-C$_3$N$_4$ 合成过程

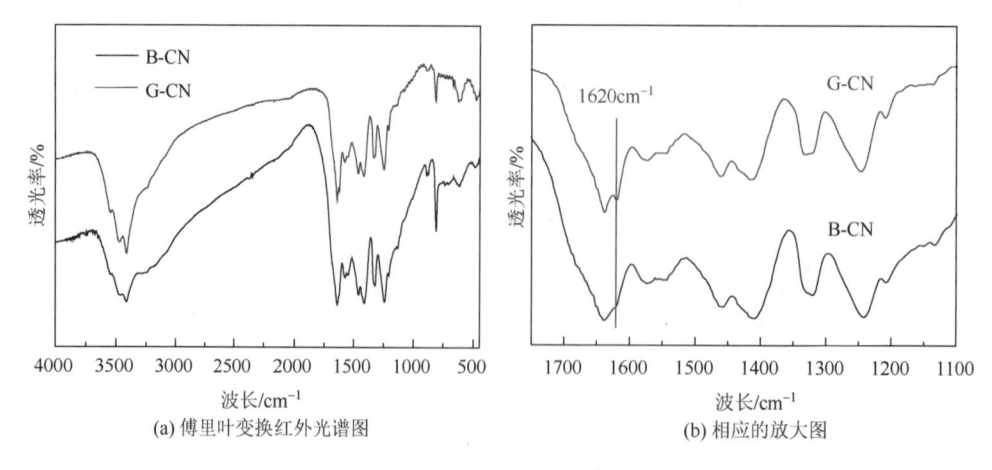

图 3-46 B-CN 和 G-CN 的傅里叶变换红外光谱图

中未完全热解的氨基的 N—H 键，表面吸附 H_2O 的伸缩振动峰和表面羟基的伸缩振动峰（Yuan et al., 2014）。从放大图中可以看出，G-CN 和 B-CN 都在 1620cm^{-1} 处显示出特征峰，但 G-CN 的峰强度明显高于 B-CN，该峰归属于表面羟基的变形振动峰，这表明超声剥离后的 G-CN 具有更多的表面羟基。此外，3000～3700cm^{-1} 的峰强度增加也可证明 G-CN 比 B-CN 具有更多的表面羟基。

样品的化学组成和元素的化合态通过 XPS 表征进行分析。如图 3-47（a）所示，B-CN 和 G-CN 中都能观察到 C、N 和 O，C 和 N 来源于 g-C_3N_4，而 O 则来源于表面羟基和样品表面吸附的 H_2O。对 B-CN 和 G-CN 中的元素进行分峰拟合处理，C1s 可拟合为 284.8eV 和 288.3eV 两个峰 [图 3-47（b）]，分别对应催化剂表面吸附碳和 CN 杂环中的 N—C═N（Long et al., 2014）。N1s 则可拟合为四个峰 [图 3-47（c）]，398.6eV 处的峰归属于 CN 杂环中的 C—N═C，399.2eV 处的特征峰归属于桥联 N 原子 [如 C—N(—C)—C 和 C—N(—H)—C]，401.0eV 处的峰归属于 g-C_3N_4 边缘的—NH_2 的特征峰，404.7eV 处较弱的峰则是由于电荷效应引起的（Thomas et al., 2008）。B-CN 的 O1s 可拟合为 531.8eV 和 532.9eV，分别属于表面羟基和表面吸附 H_2O，而 G-CN 中表面羟基和表面吸附 H_2O 的峰红移到 532.1eV 和 533.2eV，以—OH 和 H_2O 的峰面积比

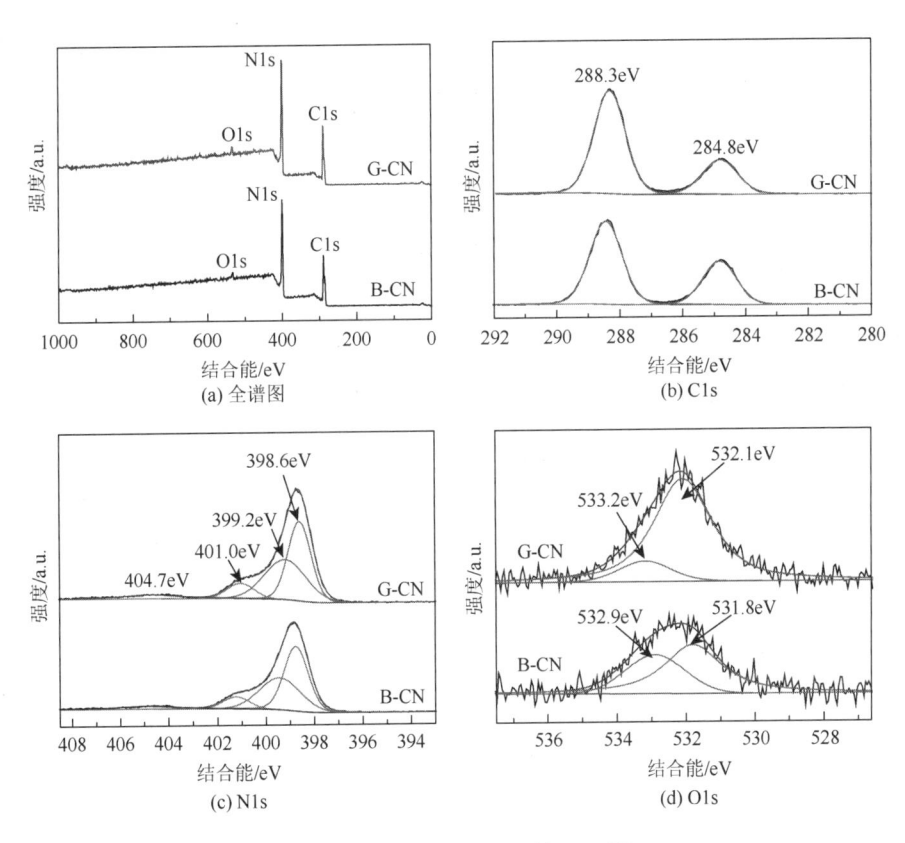

图 3-47 B-CN 和 G-CN 的 XPS 图

(a) XPS 全谱图；(b)～(d) 高分辨 XPS 图

（—OH/H₂O）来评估表面羟基的数量，发现超声前后—OH/H₂O 的值从 1.74 增加到 6.76，表明 G-CN 表面有更多的羟基，从而导致结合能发生 0.3eV 的位移，这也与红外光谱的结果一致。

在相对压力（P/P_0）为 0~1 时，样品的比表面积可通过 N_2 吸附-脱附测试测得。如图 3-48 所示，B-CN 和 G-CN 的等温线都是典型的Ⅳ型，并显示出 H3 型滞回环，这是由于片状材料聚集所形成的狭缝状介孔（Sing，1985；Li et al.，2013），由此得到 B-CN 和 G-CN 的比表面积分别为 8.66m²/g 和 26.48m²/g，G-CN 的比表面积约是 B-CN 的 3 倍，表明块状 g-C_3N_4 被成功剥离。比表面积增加有利于增加表面吸附位和活性位点，从而有利于光催化反应的发生。

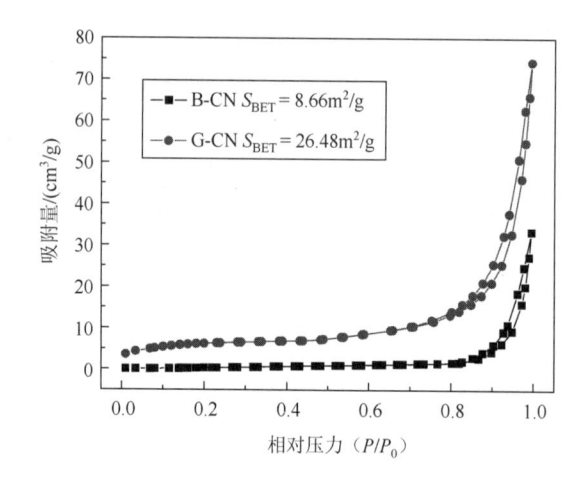

图 3-48　B-CN 和 G-CN 的 N_2 吸附-脱附等温线

3. 催化剂的光电性能

超声处理不仅可以影响 g-C_3N_4 的比表面积，还可以影响催化剂的光学性能和能带结构，如图 3-49 所示。根据紫外-可见漫反射光谱图可知，B-CN 的吸收边为 448nm，而 G-CN

(a) 紫外-可见漫反射光谱图　　(b) 禁带宽度图

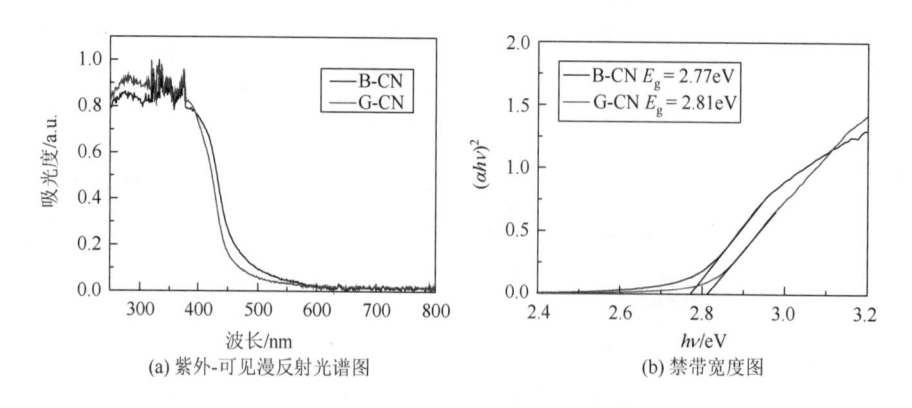

图 3-49　B-CN 和 G-CN 的紫外-可见漫反射光谱图和禁带宽度测定

的吸收边约为441nm，与B-CN相比发生了蓝移，这是由量子尺寸效应所致（Zhang and Wang，2014；Aresti et al.，2014）。相应的禁带宽度根据公式$(\alpha h\nu)^{1/n} = A(h\nu - E_g)$可得，其中，$n$的值为1/2和2，分别对应于直接和间接半导体（Sun et al.，2013）。g-C$_3$N$_4$为直接半导体，因此n的值为1/2。以$(\alpha h\nu)^2$对$h\nu$作图，得到样品的禁带宽度如图3-49（b）所示，B-CN和G-CN的禁带宽度分别确定为2.77eV和2.81eV。

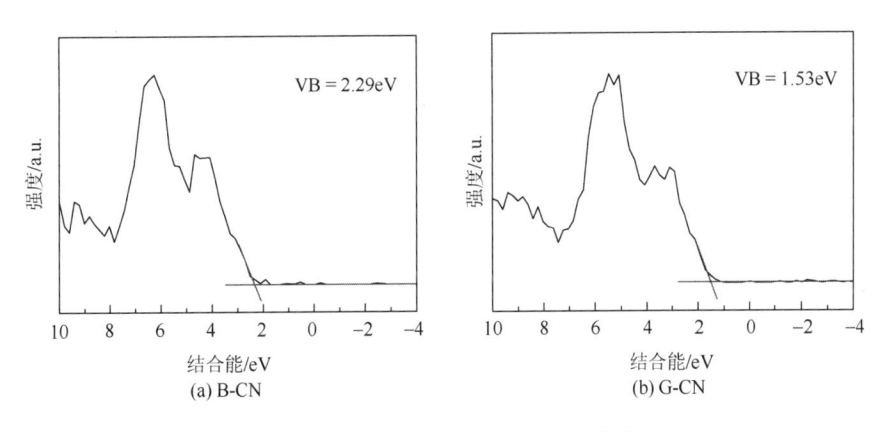

图3-50（a）和图3-50（b）分别为B-CN和G-CN的XPS价带谱，测得的结合能相当于仪器的费米能级。由图可知，B-CN和G-CN的价带顶分别为2.29eV和1.53eV。结合仪器功函（4.62eV），可得出B-CN和G-CN的价带电势分别为2.41V和1.65V（vs. SHE）。结合之前得到的禁带宽度，可计算出B-CN和G-CN的导带电势分别为–0.36V和–1.16V（vs. SHE）。B-CN和G-CN的能带结构具有较大的差异，可能是由于表面羟基引起G-CN表面结构的扭曲。相同现象也发生在TiO$_2$上（Chen et al.，2011；Naldoni et al.，2012；Khan et al.，2014）。

图3-50　B-CN和G-CN的XPS价带谱

图3-51（a）为样品的光致发光光谱图，激发波长为350nm，测试温度为室温。由图可知，B-CN在467nm处有强的发射峰，而超声处理后的G-CN的峰强度则明显降低，且峰位置也发生了蓝移，与紫外-可见漫反射光谱的结果一致。光致发光发射峰的强度降低表明G-CN具有比B-CN更低的载流子复合率，因而有利于光催化反应。这一结果也可用时间分辨光致发光衰减谱的结果证明，如图3-51（b）所示。B-CN和G-CN的光致发光衰减曲线都呈指数衰减，将衰减曲线用三阶指数公式拟合，所得的拟合参数如表3-4所示。样品的寿命是由非辐射过程（τ_1）、辐射过程（τ_2）和能量转移过程（τ_3）的寿命组成（Guo et al.，2013；Yu et al.，2014）。其中，辐射过程（τ_2）是与光生电子和空穴的复合直接相关的过程。从表中可以看出，G-CN的三个寿命值都高于B-CN相应的寿命值。不仅G-CN的τ_2值（1.16ns）明显高于B-CN的τ_2值（0.78ns），而且其相对比例（42.84%）也高于B-CN中τ_2的相对比例（38.09%），这一结果可以进一步说明光生电子和空穴的复合得到了有效抑制。

(a) 光致发光光谱图
(b) 时间分辨光致发光衰减曲线

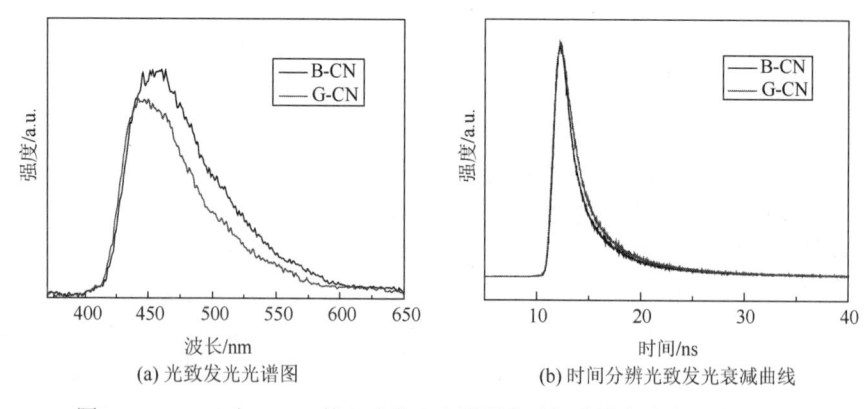

图 3-51　B-CN 和 G-CN 的光致发光光谱图和时间分辨光致发光衰减曲线

表 3-4　B-CN 和 G-CN 的光致发光寿命的拟合参数

样品	τ_1/ns	相对比例/%	τ_2/ns	相对比例/%	τ_3/ns	相对比例/%
B-CN	3.79	48.63	0.78	38.09	22.43	13.28
G-CN	4.54	45.40	1.16	42.84	26.68	11.76

此外，光电流响应曲线也可用于证明 G-CN 的载流子得以有效分离（Daude et al.，1977；Xu et al.，2011）。如图 3-52 所示，对 B-CN 和 G-CN 进行五次开-关循环测试，测试前后的光电流密度的差异较小，表明样品的稳定性较好。在光照下，样品产生的光生电子能有效转移到氟掺杂氧化锡（FTO）基底上，从而产生光电流。从图中可看出，B-CN 在光照下产生的光电流密度很小，而 G-CN 则有明显的光电流密度。这表明 G-CN 中有更多的电子转移到 FTO 表面，从而说明 G-CN 中光生电子-空穴的复合得以有效抑制。

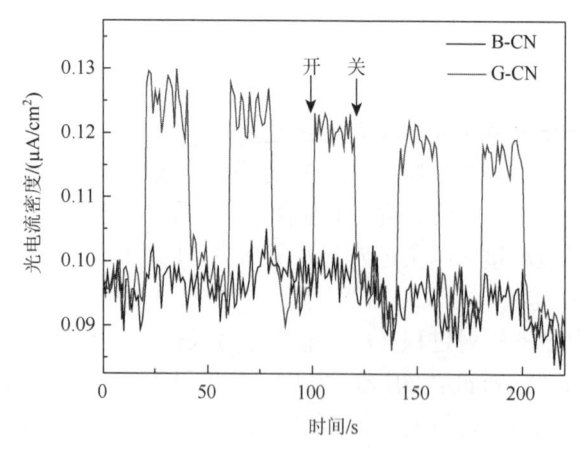

图 3-52　B-CN 和 G-CN 的瞬态光电流-时间曲线

4. 催化活性及机理

B-CN 和 G-CN 的光催化活性通过光催化还原 CO_2 来评估。光还原 CO_2 的产物为 CH_4，并未检测到其他可能生成的产物（如 HCOOH、HCHO 和 CH$_3$OH 等）。三组空白实验（无光照、无催化剂和用 N$_2$ 代替 CO$_2$）的结果表明产物中并没有 CH$_4$ 或其他有机物生成。由此可知，产物 CH$_4$ 是 CO$_2$ 光催化还原的结果，而不是来源于其他杂质，光催化还原 CO$_2$ 的反应是在光和催化剂的共同驱动下发生的。样品的催化实验是先将不同量的 G-CN（5mg、10mg 和 20mg）用于光催化还原 CO$_2$，以确定最佳催化剂用量。如图 3-53 所示，G-CN 用量为 10mg 时 CH$_4$ 的产率最高，反应 8h 后产率达到 7.47μmol/g，G-CN 用量为 20mg 时产率为 5.28μmol/g，而 G-CN 用量为 5mg 时产率最低，只有 4.05μmol/g。由此说明，催化剂的用量过多或过少都不利于光催化反应。当催化剂的用量不足时，反应活性位点较少，产率也较低；当催化剂用量过多时，可能造成催化剂不够分散，导致光的吸收和反应物的吸附受到阻碍，因而也不利于光催化反应。随后，将 10mg B-CN 用于光催化还原 CO$_2$，发现其产率只有 2.42μmol/g，约为相同量的 G-CN 产率的三分之一。由此说明，超声剥离后的 G-CN 的光催化活性显著增加。

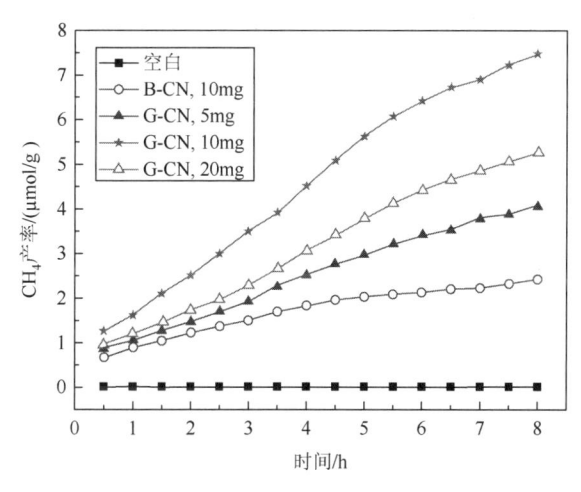

图 3-53　B-CN 和 G-CN 可见光催化生成 CH$_4$ 产率

G-CN 的稳定性通过三次重复光催化反应来评定。如图 3-54（a）所示，三次催化反应后 CH$_4$ 的产率仍然达到 6.88μmol/g，只略微低于第一次催化反应的产率（7.47μmol/g），与瞬态光电流-时间曲线所显示出的稳定性一致。此外，对反应前后 g-C$_3$N$_4$ 的结构进行 XRD 表征。如图 3-54（b）所示，G-CN 在反应前后的 XRD 图谱并未发生明显变化。因此认为 G-CN 具有好的结构稳定性和稳定的光催化活性。

B-CN 和 G-CN 光催化还原 CO$_2$ 的机理如图 3-55 所示。B-CN 和 G-CN 具有合适的禁带宽度，因此都能在可见光下被激发，产生光生电子和空穴。空穴能将 H$_2$O 氧化为 O$_2$（H$_2$O ⟶ 1/2O$_2$ + 2H$^+$ + 2e$^-$，E = 0.82V vs. SHE）。由于仪器本身的限制，本实验中不能检测到 O$_2$。B-CN 和 G-CN 的导带电势均高于 CO$_2$ 还原为 CH$_4$ 的电势，因此都能将 CO$_2$ 还原为 CH$_4$（CO$_2$ + 8e$^-$ + 8H$^+$ ⟶ CH$_4$ + 2H$_2$O，E = −0.24V vs. SHE）。而 G-CN 的催化活性明显高于 B-CN，这主要有以下三方面原因：①G-CN 的导带电势比 B-CN 的更负，因此电子的还原能力更强，CO$_2$ 更易被还原；②G-CN 具有比 B-CN 更大的比表面积，较大的比表面积能为反应提供更多的活性位点，同时能吸附更多的反应物，因此更有利于光催化反应；③根据光致发光光谱、光致发光寿命值和瞬态光电流-时间曲线可知，光生电子和空穴的复合得到有效抑制，这是由于G-CN超薄纳米片的特性（Liu et al.，2014）和表面羟基（Yu et al.，2006；Shin et al.，2013）有利于光生电子的转移，从而有效分离光生电子和空穴。

(a) G-CN可见光催化还原CO2的重复性实验

(b) 三次催化实验前后的XRD图谱

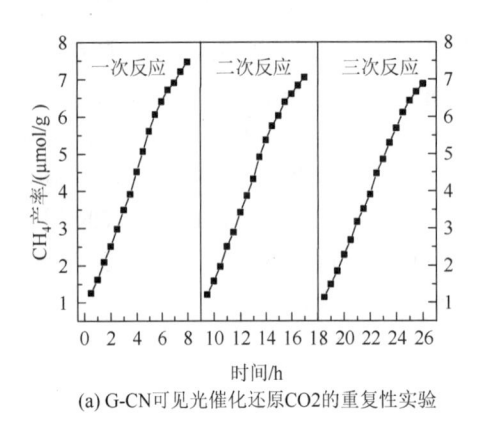

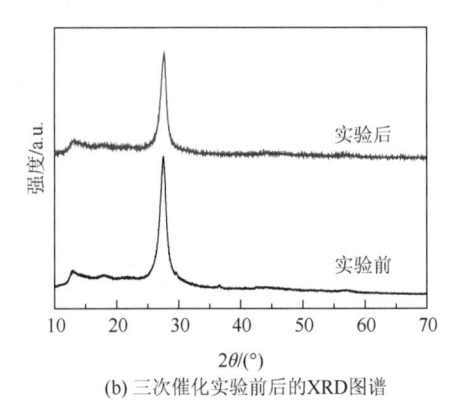

图 3-54 样品的稳定性实验及 XRD 图谱

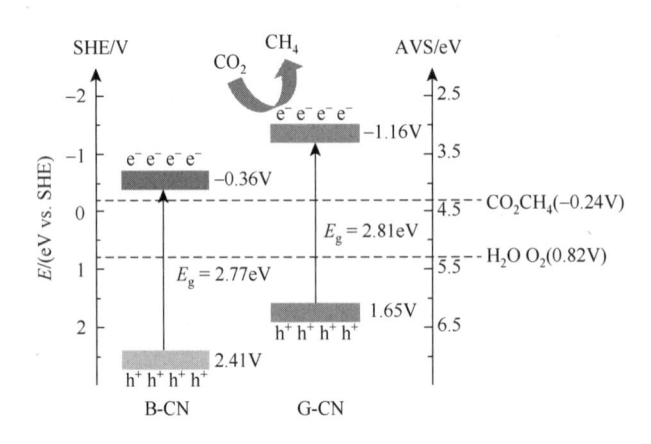

图 3-55 B-CN 和 G-CN 的能带结构和载流子转移路径

3.5 NH$_4$Cl 调控氮化碳及其光催化性能

3.5.1 引言

石墨氮化碳（g-C$_3$N$_4$，CN）作为一种无金属聚合物光催化剂，因其独特的物理化学性质受到广泛关注。然而，CN 也存在一些缺点，如光吸收范围较窄、比表面积小、电荷转移效率差等，导致 CN 的光催化活性受到限制。微观结构的改变会对催化剂的光催化活性产生影响（Safaei et al.，2018）。通过对 CN 进行微观结构调控以改变其比表面积和孔体积，增强光催化活性的研究近年来成为热点，例如纳米管状、棒状、片状、多孔结构及纳米空心球等形貌（Sun et al.，2020）。研究表明，减小 CN 的层间距可以加速相邻平面之间的载流子运输效率,孔状结构的存在能够增大比表面积,为光催化反应提供更多的活性位点,从而增强 CN 的光催化活性(Wu et al.,2019;Wang et al.,2020)。

本节通过在 CN 的前驱体三聚氰胺加入适量 NH_4Cl,采用一步热聚合的方法合成改性 CN(NCN)。在合成过程中,NH_4Cl 受热分解大量 HCl 和 NH_3 对 CN 的形貌进行调控,形成具有大量孔状结构的纳米层状 CN。同时,HCl 和 NH_3 对 CN 的孔壁进行氨化和氧化,分别形成活性基团—NH_2 和 C—OH,扩大了催化剂的光学响应范围(Wu et al.,2019),提供了一条有助于提高光生电子-空穴的分离效率的特有路径,最终改性后的催化剂显著提高了有机污染物的光催化降解率。

3.5.2 NH_4Cl 调控氮化碳的制备

NH_4Cl 调控氮化碳(X-NCN)的具体制备过程如下:准确称取 5g 的三聚氰胺和不同质量(1g、2g、3g、4g)的氯化铵(NH_4Cl)于 100mL 氧化铝坩埚中,向其中加入去离子水 20mL,超声分散 30min。将混合物转移至烘箱中,60℃条件下保持 10h,然后转移至马弗炉中,调节升温速率为 5℃/min,保持 550℃条件下煅烧 4h,待其反应完全并冷却至室温,研磨干燥装袋备用,根据加入氯化铵质量的不同分别命名为 1-NCN、2-NCN、3-NCN 和 4-NCN。纯样 CN 按前文所述方法制备。

3.5.3 结果与讨论

图 3-56 是纯样 CN 及改性样品 X-NCN 的 XRD 图谱。各样品的 XRD 图谱中均出现了强(002)衍射面和弱(100)衍射面的特征峰,并且没有出现其他杂峰,表明所制备的样品具有较高的纯度。对应于 π 共轭平面的石墨层状堆积的(002)晶面的较强衍射峰出现在 27.6°,对应于面内三嗪环结构堆积的(100)晶面的较弱衍射峰出现在 13.1°。以上表明,NH_4Cl 的加入并没有破坏 CN 的晶体结构,NH_4Cl 在形成 NCN 的过程中已被

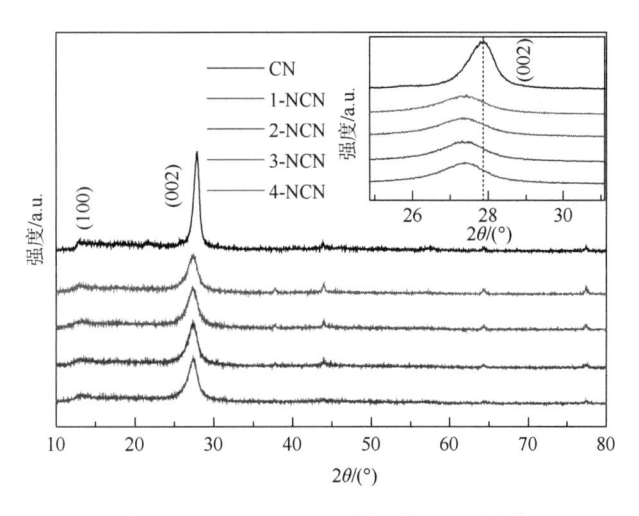

图 3-56 CN 和 X-NCN 样品的 XRD 图谱

完全分解（Wang et al., 2019b）。相对于 CN，样品 X-NCN 归属于（002）晶面的特征吸收峰强度显著降低并向小角度偏移，表明 NH_4Cl 的加入产生的 NH_3 抑制了 CN 的缩聚反应，破坏了 CN 的层间堆积，增大了晶格间距。

采用 XPS 对样品 3-NCN 的表面化学结构、元素组成和价态进行分析。图 3-57（a）为样品 3-NCN 的 XPS 全谱图，图中存在对应于该催化剂中 O、N 和 C 元素的特征峰，各特征峰结合能强度分别为 535.1eV、397.1eV 和 290.1eV。采用 XPS peak 软件对 CN 及 X-CN 的 XPS 图进行分峰，进一步了解各元素的化学键结构。从图 3-57（b）可以看出，CN 的 XPS 图 C1s 上各结合能的位置位于 284.9eV 和 288.3eV，分别对应于含氮的芳香环上的 sp^2 碳碳单键（C—C）和 CN 的三-s-三嗪环中 sp^2 杂化碳结合键（N—C=N）。同样，3-NCN 的 C1s 的 XPS 结合能为 284.9eV 和 288.5eV 的信号峰分别由 C—C 和 N—C=N 键引起。比较各峰结合能的变化发现，相对于 CN 的 C1s 图谱，3-NCN 的 C1s 上由 C—C 键所引起的信号峰强度减弱。图 3-57（c）为 N1s 区域的高分辨 XPS 图，在结合能为 398.9eV 和 400.6eV 处出现两个信号峰，较强的信号峰（398.9eV）归属于 sp^2 杂化的 N（C=N—C），较弱的信号峰（400.6eV）归属于 sp^3 杂化的 $N[N—(C)_3]$。

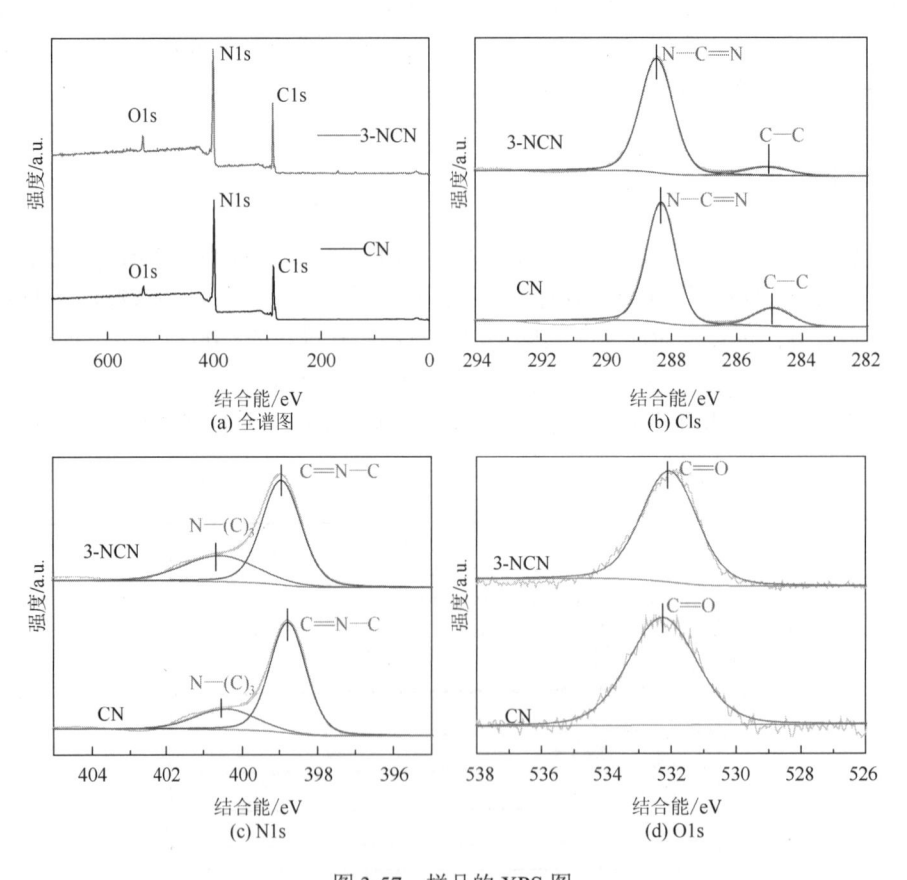

图 3-57 样品的 XPS 图

注：（a）样品的 XPS 全谱图；（b）~（d）高分辨 XPS 图

通过电镜扫描可以对 CN 及 3-NCN 样品的形貌结构进行分析。图 3-58（a）为 CN 的 SEM 图，可以看出 CN 是由无规则的块状堆积而成的。改性样品 3-NCN 的形貌如图 3-58（b）所示，经过加入 NH_4Cl 对 CN 改性过后的 3-NCN 样品为无序无规则的层状堆积，尺寸明显变小，并且出现大量孔状结构，特有的孔状结构能够增大 3-NCN 的比表面积，提供更多的活性位点，有利于光催化反应的进行。通过 TEM 对 3-NCN 样品进行扫描，进一步证实了孔状结构的大量存在［图 3-58（c）和图 3-58（d）］，并且可以看到，该孔状结构规则且呈有序排布，可能在改性过程中，NH_4Cl 受热分解为 HCl 和 NH_3 气体，该热气流对 3-NCN 的形貌造成极大影响，有效地促进 CN 的分层和解聚，形成大量有序的孔状结构（Wu et al.，2019）。实验结果表明，孔状结构的存在是 3-NCN 的光催化活性提高的主要原因之一。从图 3-58（e）中可以明显观察到晶格条纹的存在，晶格条纹的间距大约为 0.31nm，与 CN（002）晶面的 XRD 图谱导出的晶格参数一致，这表明 NH_4Cl 的辅助作用调控了 CN 的结构和形貌，形成无定形氮化碳。

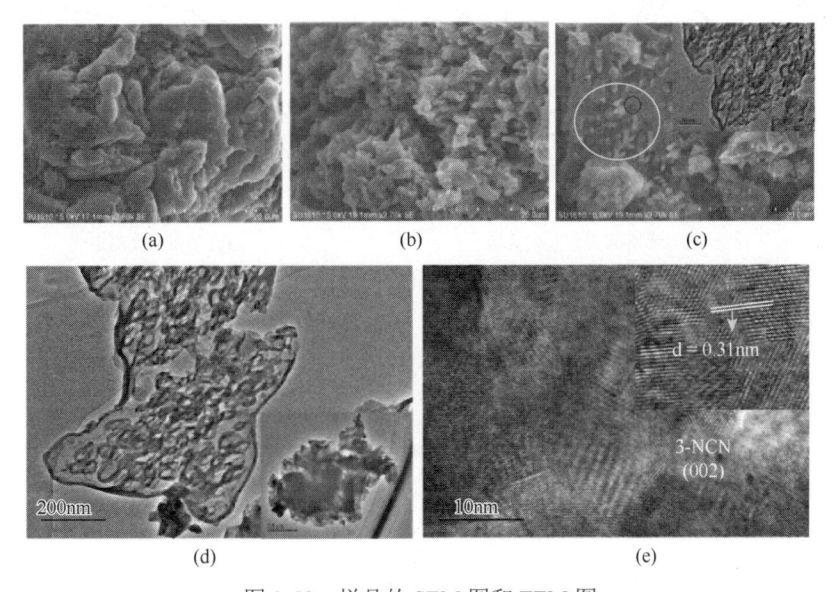

图 3-58 样品的 SEM 图和 TEM 图

(a) CN 的 SEM 图；(b) 3-NCN 的 SEM 图；(c)(d)(e) 3-NCN 的 TEM 图

图 3-59（a）为样品 CN 和 X-NCN 的紫外-可见漫反射光谱图，可以看出，样品 X-NCN 与 CN 相比，光吸收范围均向可见光范围扩展。NH_4Cl 辅助调控的 CN 存在大量孔状结构，在进行光催化反应时，孔隙间会出现光折射和反射现象，以此增强光吸收能力。同时 NH_4Cl 受热分解释放出的 NH_3 和 HCl 向 CN 中引入强供电子基团氨基和羟基，有效地扩大了 X-NCN 催化剂的光吸收范围，增强了其光吸收能力。图 3-59（b）给出了 CN 和 3-NCN 样品 $(\alpha h\nu)^{1/2}$ 对光能量的变化关系图，根据式 $(\alpha h\nu)^{1/n} = A(h\nu - E_g)$ 可以计算出 CN 和 3-NCN 的禁带宽度为 2.6eV 和 2.3eV（Bube，1955）。

为进一步比较其光生载流子的分离效率，采用光致发光光谱对 CN 和 X-NCN 各样品进行测定。X-NCN 的光致发光特征峰强度相较于 CN 均明显减弱，这与无定形氮化碳的长程无序短程有序结构相关。测定结果如图 3-59（c）所示，峰强度表示电子-空穴分离效率的不同，峰越弱说明该样品更能有效地促进电子-空穴的分离，提高光催化效率。通过比较得知，样品 3-NCN 最能有效抑制电子-空穴的复合效率，光催化活性最好，CN 的光催化活性最差。各样品的光生电子-空穴的利用效率依次为 3-NCN＞2-NCN＞1-NCN＞4-NCN＞CN。由此可见，改性 CN（X-NCN）的合成过程中，NH$_4$Cl 的加入对其光催化活性的提高具有重要意义，但是 NH$_4$Cl 的加入量和光催化活性的提高并不呈正相关，NH$_4$Cl 的加入量过少对光催化活性的促进作用不明显，过多反而会抑制光催化活性。但从该测试结果来看，相较于未处理的 CN，改性后的 X-NCN 光催化活性均有提高。

(a) 样品的紫外-可见漫反射光谱

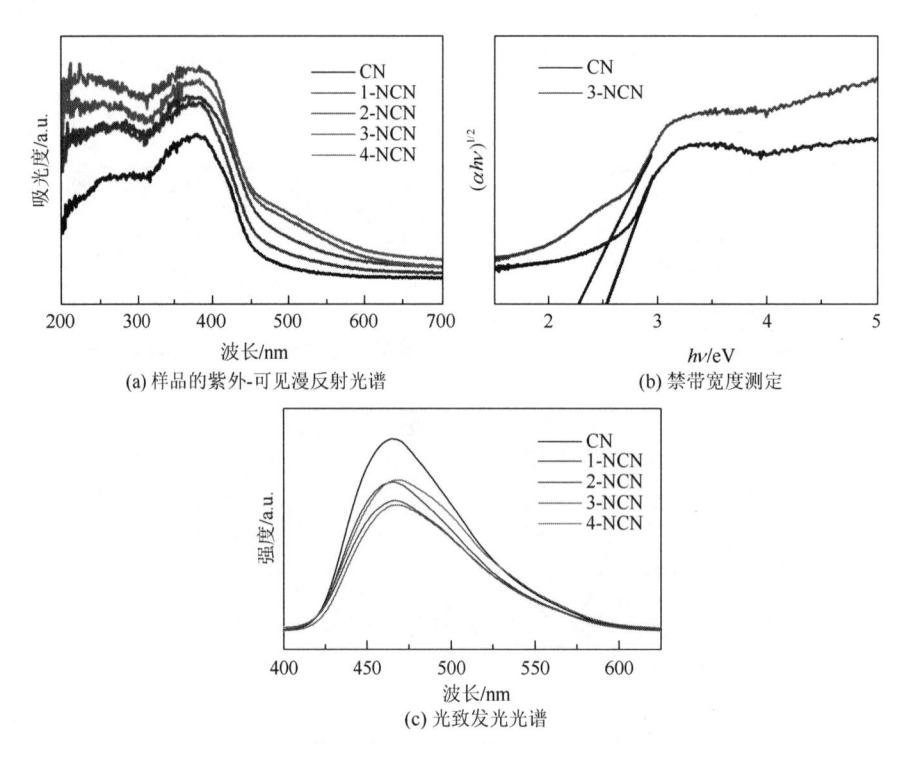

(b) 禁带宽度测定

(c) 光致发光光谱

图 3-59 样品的紫外-可见漫反射光谱图及光致发光光谱图

采用罗丹明 B（RhB）溶液作为目标污染物，评价 CN 及 X-NCN 各光催化剂对 20mg/L 的 RhB 溶液的光催化降解率，实验结果如图 3-60（a）所示。暗反应 1h，可见光照射 2.5h 后，光催化剂 2-NCN 和 3-NCN 对目标污染物的光催化活性的提高相较于 CN 较为明显，3-NCN 的光催化活性最高，最终可达到 97.8%的降解率，比 CN 的降解率（66.3%）提高 47.5%。然而，1-NCN 及 4-NCN 的光催化效果相较于 CN 并没有提升，反而有降低趋势，这表明 NH$_4$Cl 的加入量对改性催化剂 X-NCN 的光催化活性影响较大，NH$_4$Cl 的加入量过少（1mL）对光催化活性的提高基本没有作用，而加入量过多（4mL）反而抑制了催化剂对污染物的光催化活性。通过对实验结果拟合一级反应动力学方程探究光催化剂 X-NCN 对污染物的降解反应动力学，如图 3-60（b）所示。CN 及 X-NCN 的一级动力学常数分别为 0.0068min^{-1}、0.0066min^{-1}、0.0127min^{-1}、0.0196min^{-1} 和 0.0052min^{-1}。光催化活性最好的 3-NCN 催化剂的一级动力学常数约是 CN 的 2.9 倍。因此，在 CN 的制备过程中，适量 NH$_4$Cl 的加入对其光催化活性的提高具有积极作用。

(a) CN和X-NCN催化剂对罗丹明B溶液的降解率

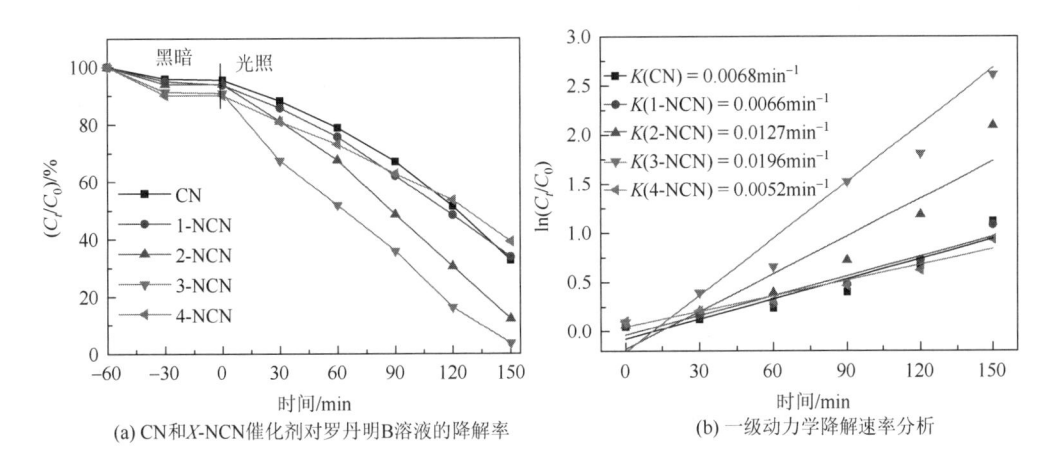

(b) 一级动力学降解速率分析

图 3-60　样品的降解性能和降解动力学图谱

对催化剂 3-NCN 进行重复性试验以探究该材料对污染物的降解稳定性。具体操作为：用蒸馏水对使用过后的催化剂进行多次离心洗涤，收集后放入烘箱中烘干，在相同步骤下进行光催化降解的重复性实验。图 3-61 为重复性实验 3-NCN 对染料污染物的降解率图示。可见，经过五次重复实验后，催化剂 3-NCN 对 RhB 溶液的降解率依然可以达到 75%，稳定性较好。重复性实验中光催化剂的催化活性降低的可能原因在于部分催化剂在多次实验过程中存在失活现象，并且在上一次催化剂收集过程中可能未将催化剂完全洗涤干净，有机杂质的存在也会对催化活性有一定的抑制作用。总体看来，3-NCN 催化剂的循环稳定性较好，在现实中可以多次使用以节约成本，此结果对今后该类催化剂的研究具有一定意义。

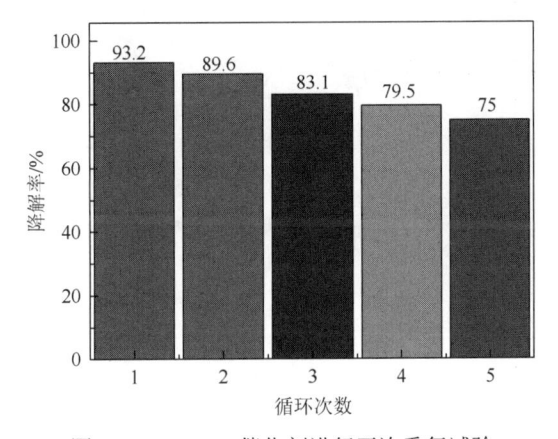

图 3-61　3-NCN 催化剂进行五次重复试验

利用三聚氰胺前驱体在 NH$_4$Cl 的辅助下采用一步热聚合法制备改性 CN（X-NCN）的具体步骤如图 3-62 所示。在升温过程中，NH$_4$Cl 的熔融和亚升华造成合成环境弱碱性，导致部分 C-NH$_2$ 基团在三嗪环的构建过程中去质子化，形成氰基。当温度达到 550℃时，NH$_4$Cl 在高温受热情况下分解释放出大量 HCl 和 NH$_3$ 热气流，该热气流对 CN 的形成造成一定影响，改变了 CN 原本的形貌，在 CN 的内部形成大量孔洞（Wang et al., 2019）。同时，NH$_3$ 和 HCl 对 CN 的孔壁产生氨化和氧化作用，引入-NH$_2$ 和 C-OH。上述过程中，改性 CN（X-NCN）成功合成。

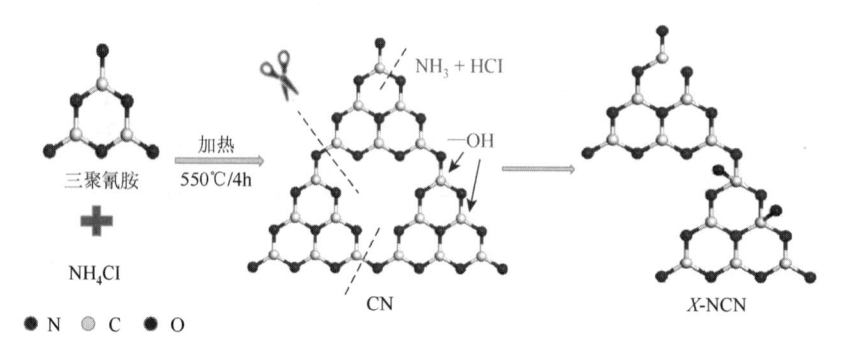

图 3-62 NH$_4$Cl 改性 CN 的合成过程

改性 3-NCN 样品在可见光照射下降解有机染料罗丹明 B（RhB）的机理如图 3-63 所示。NH$_4$Cl 所产生的 NH$_3$ 和 HCl 为 CN 引入强供电子基团氨基和羟基，该基团的存在扩大了 3-NCN 的光学响应范围，使光吸收边缘发生红移，这与样品 3-NCN 的紫外-可见漫反射光谱图结果一致，并且，氨基和羟基的存在为光生电荷的传输提供了一条特有

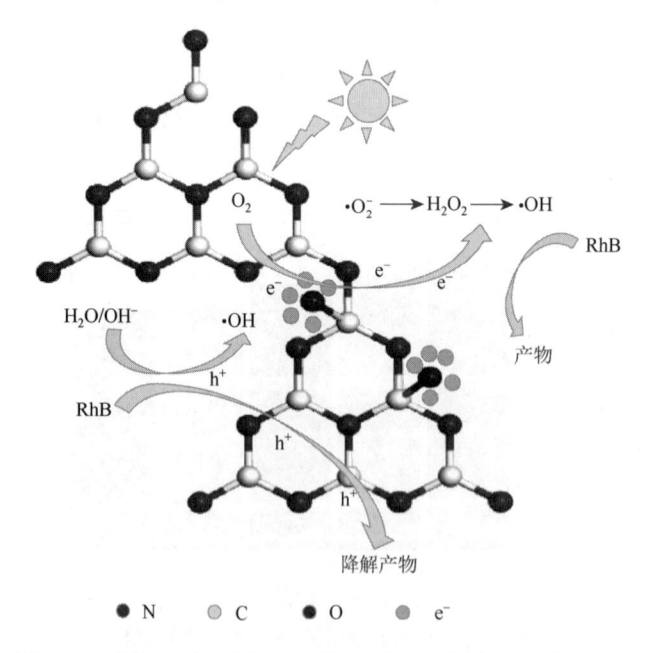

图 3-63 改性 3-NCN 样品在可见光照射下降解 RhB 的机理图

的路径,提高了光生载流子的分离效率,有效增强了 3-NCN 的可见光催化降解活性。羟基自由基(•OH)、超氧自由基($•O_2^-$)和空穴(h^+)是光催化氧化污染物的活性物质,活性自由基的数量决定了光催化降解的活性。

光催化降解 RhB 反应机理可描述如下:

$$3\text{-NCN} + hv \longrightarrow e^- + h^+ \tag{3-18}$$

$$O_2 + e^- \longrightarrow •O_2^- \tag{3-19}$$

$$•O_2^- + 2H^+ + e^- \longrightarrow H_2O_2 \tag{3-20}$$

$$H_2O_2 + e^- \longrightarrow •OH + OH^- \tag{3-21}$$

$$h^+ + H_2O/OH^- \longrightarrow •OH \tag{3-22}$$

$$\text{RhB} + h^+/•O_2^-/•OH \longrightarrow 降解产物 \tag{3-23}$$

3.6 DBD 低温等离子体改性 g-C$_3$N$_4$ 及光催化性能

3.6.1 引言

高压放电能产生物理和化学效应,如能产生电子、电场、紫外光、可见光和活性物质(如•OH、H•、O•、$•O_2^-$、O$_3$ 和 N•),这些效应都会直接或间接地作用在材料表面或降解废水和废气的污染物(Locke et al.,2006)。然而,对于低温等离子体应用于污染物治理的研究仅限于活性物质的产生和利用(Rong and Sun,2015;Karatum and Deshusses,2016),由于其物理效应的非直接作用而被忽略或者没有得到深入研究。前期实验已经证明介质阻挡放电(dielectric barrier discharge,DBD)系统会影响 g-C$_3$N$_4$ 的结构,但水溶液中干扰因素太多。关于两者耦合的研究较少,Hu 等(2017)协同同轴 DBD 反应器与 g-C$_3$N$_4$ 做 H$_2$S 传感器,放电 10min,发现高压放电能增大 g-C$_3$N$_4$ 的比表面积和孔体积。Mao 等(2017)采用 DBD 系统处理 g-C$_3$N$_4$ 5min,发现光催化活性提升,比表面积和孔体积都增大,当处理时间增长时,催化剂活性降低。

这些研究结果都证实了高压放电确实能对 g-C$_3$N$_4$ 光催化剂产生影响,但是两者的相互作用并没有得到深入研究,如关于高压放电与光催化剂之间的详细作用机理,而且关于低温等离子体—g-C$_3$N$_4$ 系统的研究很少,本节利用双介质 DBD 系统作用于 g-C$_3$N$_4$,研究两者的相互影响,包括放电特性,光催化剂表面的化学和物理结构变化。建立低温等离子体—光催化剂系统,通常采用介质阻挡放电比其他放电形式更适合该系统,因为 DBD 系统放电均匀,电子密度高,介质不仅能保护电极而且能减小对光催化剂的作用,介质的存在减弱电荷的传输和能量的分散,可以提高放电的能量效率。本节研究选用双介质 DBD 系统处理 g-C$_3$N$_4$,是为了避免放电产生的金属离子参与反应,防止金属电极直接接触光催化剂,排除了对实验结果影响的干扰。

3.6.2 双介质 DBD 反应装置构建

DBD 反应器由高压电源、石英介质槽和盖，以及对称不锈钢电极组成。如图 3-64 所示，将光催化剂放入石英槽内（槽内径为 60mm，槽深为 8mm，外部厚度为 10mm，整体外部圆直径为 145mm），用石英盖盖上（盖厚度为 2mm，直径为 150mm），压于两电极内；电极紧贴两介质，石英槽不密封，保证空气不流动。放电发生在常温下，光催化剂 $g-C_3N_4$ 在不同时间和不同电压下处理。放电电压和电流信号的检测与前两章的方法一致。

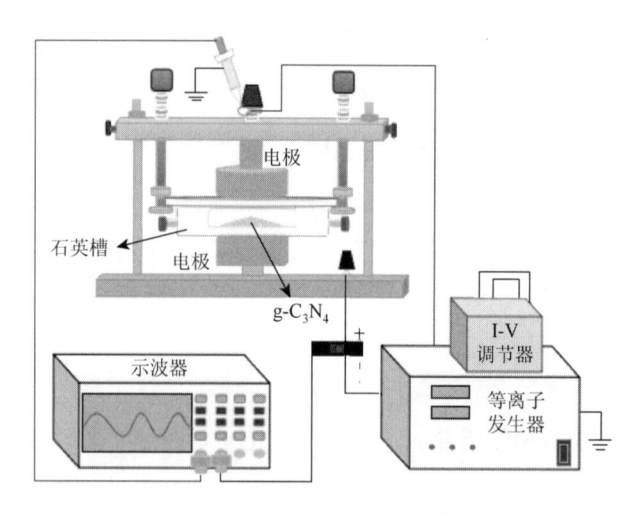

图 3-64 双介质 DBD/$g-C_3N_4$ 系统的示意图

在本节研究中采用高压交流电源（放电频率都保持在 10.37kHz），选取 DBD 和 $g-C_3N_4$ 为研究对象，采用不同放电时间和电压处理 $g-C_3N_4$，然后将处理后的 $g-C_3N_4$ 光催化 10mg/L 的亚甲基蓝废水，为了探究低温等离子体与光催化剂 $g-C_3N_4$ 间的相互影响，选用双介质 DBD 反应器对 $g-C_3N_4$ 进行处理，该实验在常温常压的空气中进行，避免溶液中的复杂因素干扰研究结果。

处理后的 $g-C_3N_4$ 以降解亚甲基蓝模拟染料废水来检测 $g-C_3N_4$ 的光催化剂活性，采用紫外-可见分光光度计测量吸光度，吸收波长为 660nm。光催化实验用可见光 LED 灯（120W）照射，每组实验都将 50mg $g-C_3N_4$ 加入装有 50mL 亚甲基蓝溶液的烧杯中，灯与 100mL 烧杯口的距离固定为 150mm，每组实验光照 1h，而且每组实验都做平行实验，每 30min 取样、离心、取上清液测其吸光度。

选择三聚氰胺为 $g-C_3N_4$ 的前驱体，在 520℃温度下，在马弗炉中烧 6h。探讨低温等离子体与光催化剂相互影响，研究内容包括放电特性、放电电压（18.4~21.6kV）、放电处理时间（0~90min）、光催化剂的光催化性能、光催化剂表面的物理与化学结构变化。放电处理后的光催化剂（不同放电电压、放电时间）降解亚甲基蓝，以此找出随时间和电压变化的降解规律，并探讨放电处理后光催化剂表面的物理结构和化学结构的变化。

3.6.3 光催化剂对 DBD 放电的影响

g-C$_3$N$_4$ 光催化剂对放电特性的影响见图 3-65。图 3-65（a）是典型气相 DBD 放电产生的波形图。其中，电流波形上的毛刺表示在正弦电压的每半个周期内，有流光或电晕放电的发生（Liu et al.，2016a）。在放入 g-C$_3$N$_4$ 光催化剂时，放电特性见图 3-65（b）。在 10min 放电时，加入光催化剂增强了放电强度。这可能是因为 g-C$_3$N$_4$ 能强烈吸附空间电荷，从而降低了放电间隙的自由电荷，而自由电荷的降低必然造成放电间隙间的电阻增大，所以放电电压增大。然而，当提供的电压进入方向的半周期时，其电场方向与吸附的电荷产生的电场方向一致，这样电场负荷增大，所以放电电流随之增大。另一方面，当放电时间增长（30min）时，g-C$_3$N$_4$ 的亲水性增强，这样促进了其对空间电荷和水的吸附，从而增强了放电强度（Wang et al.，2016a）

(a) 典型气相DBD放电波形图

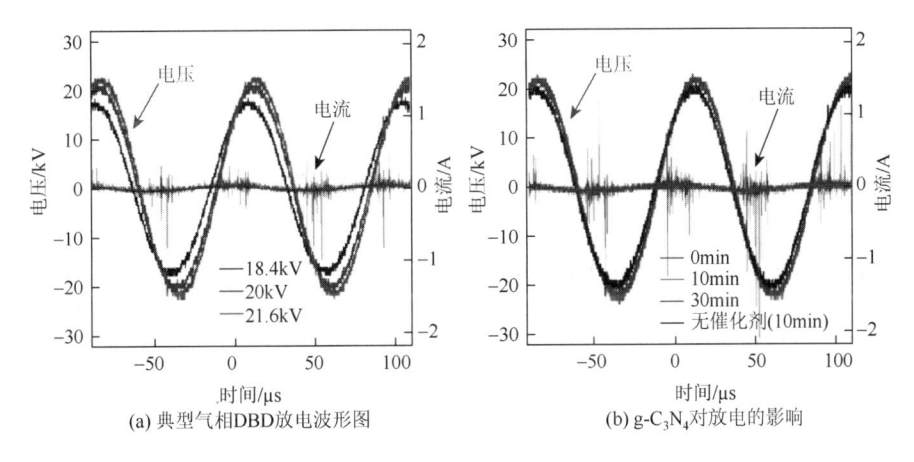

(b) g-C$_3$N$_4$对放电的影响

图 3-65 放电电压和电流波形图

3.6.4 g-C$_3$N$_4$ 的光催化活性变化

为了探究不同处理条件下 g-C$_3$N$_4$ 的光催化活性，采用光催化反应来间接研究，如图 3-66 所示。由图可知，30min 与 60min 光催化反应后的污染物降解效果规律一致，这使实验结果更具有说服力。受放电时间和电压的影响，MB（亚甲基蓝）的降解率具有一定的规律。总体来说，当放电时间和电压开始增大时，光催化活性首先得到提升（60min 后去除率可达 52.5%），然后持续增大这两个参数时，光催化活性降低（60min 后去除率下降到 20.11%），例如放电电压在 20.8kV 时，放电时间在 3min 和 20min 的过程。这个变化规律与先前相关研究结果一致（Mao et al.，2017）。然而，当放电处理时间继续延长时，光催化活性得到一定的恢复。所以，随着放电时间的延长，光催化剂的光催化活性是振荡变化的。

同理，由图 3-66 可知，随着放电电压的增大，光催化活性也是振荡变化的。在低电压条件下，例如放电电压在 18.4kV 时，放电对光催化活性影响不大，因为弱放电电压的能力不足以改变 g-C$_3$N$_4$ 的表面性能。但是，当增加电压时，DBD 系统对 g-C$_3$N$_4$ 的影响较明显。在更高的电压下,光催化活性的提升和下降变换频繁,而且,放电电压越大,所需要的开始改变光催化活性的放电时间越短。这些规律可能是 g-C$_3$N$_4$ 表面的物理和化学结构变化导致的。

(a) 30min 光催化反应

(b) 60min 光催化反应

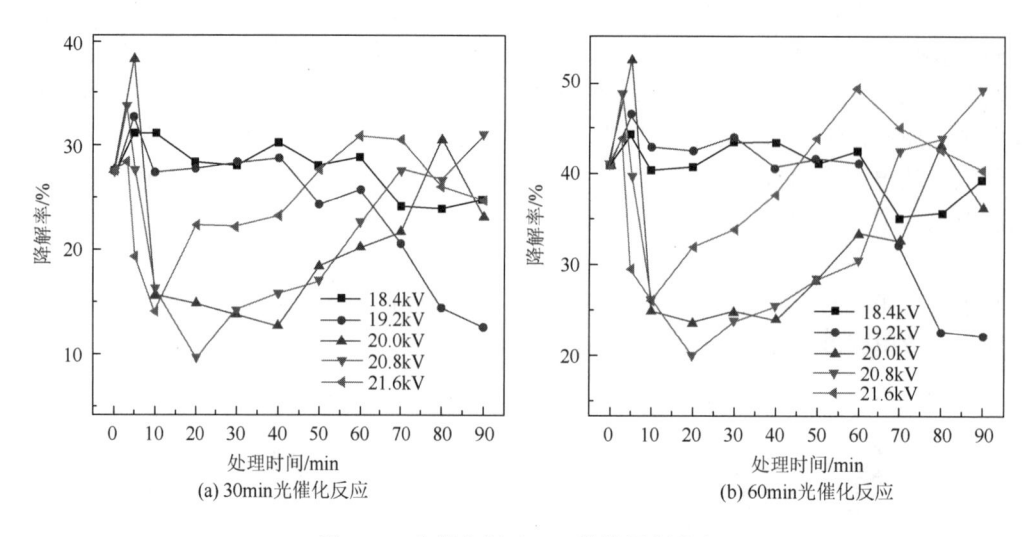

图 3-66　光催化剂对 MB 的降解率影响

3.6.5　放电对 g-C$_3$N$_4$ 物理结构的影响

在此对 g-C$_3$N$_4$ 表面的物理结构进行研究,包括它的晶体结构、孔结构、比表面积等,表征手段选择 XRD 和 BET。从光催化活性的研究结果选出具有代表性的样品来表征,包括原样（0kV-0min）、20.8kV-20min、21.6kV-10min、21.6kV-20min、21.6kV-60min、21.6kV-90min 处理后的样品。

放电处理前后的 g-C$_3$N$_4$ XRD 图谱见图 3-67,原样两个特征峰位置出现在 13.0°和 27.51°,根据布拉格定律公式（$2d\sin\theta = n\lambda$）换算成的间距分别代表平面结构内堆垛形成的间距和芳香环堆垛的层间间距（Xu et al., 2017）。从图可知,在长达 90min 的放电处理下,g-C$_3$N$_4$ 的晶相并没有变化。在放电处理时间 0~20min 时,特征峰位置向高衍射角移动,根据布拉格定律说明间距在变小,这表示层的平面尺寸和长程有序结构减少（Dong et al., 2015）。21.6kV-20min 样品的结晶度明显降低表示氮化碳表面产生了缺陷(Niu et al., 2012; Wang et al., 2018)。因此,放电系统能改变电子空穴传输通道距离和氮化碳缩聚程度,这与对 g-C$_3$N$_4$ 进行加热处理后产生的结果一样。然而,当放电处理时间在 60min 和 90min 时,样品的层间间距和结晶度恢复至接近原样的晶体特性,这可能是因为 g-C$_3$N$_4$ 的表面一层先被破坏形成缺陷,然后继续放电处理,缺陷被氧化和平化,这样 g-C$_3$N$_4$ 表面的晶体结构就恢复了（Niu et al., 2012）。但是与强氧化性溶剂相比,DBD 放电比较温和,不能明显破坏 g-C$_3$N$_4$ 的结构（Naseh et al., 2009; Niu et al., 2012; Pourfayaz et al., 2014）。总之,DBD 系统能逐层破坏 g-C$_3$N$_4$ 的结构,在延长处理时间和增大放电电压条件下,这一周期性过程可能会使 g-C$_3$N$_4$ 颗粒化或者形成纳米片。

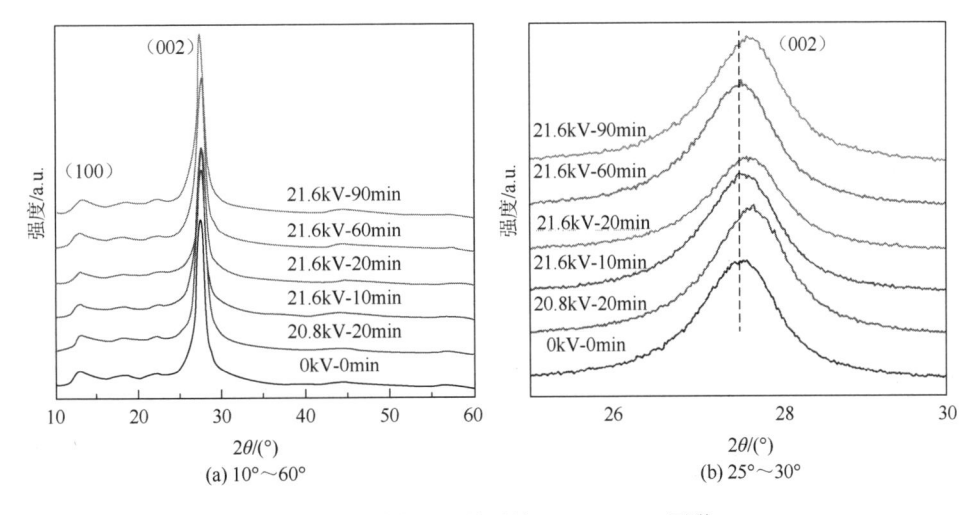

图 3-67　放电处理前后的 g-C$_3$N$_4$ XRD 图谱

图 3-68 给出了样品的 N$_2$ 吸附-脱附等温线和孔径分布。其中吸附等温线均属于Ⅳ型，脱附等温线形成了 H3 型回滞环，说明 g-C$_3$N$_4$ 中存在狭缝状的介孔（Zhang et al.，2012b；Li et al.，2013）。由样品的吸附量可知，介孔结构变化不大，但是当相对压力 P/P_0 在 0.8 以上时，21.6kV-20min 样品的吸附量最低，这也说明介孔结构减少，缺陷增多。在 21.6kV-60min 时，吸附量基本与原样相同，这可能是表面缺陷被平化。从表 3-5 可知，当处理 10min 时，DBD 系统能使 g-C$_3$N$_4$ 大颗粒瓦解和增大比表面积。当放电时间延长时，g-C$_3$N$_4$ 的比表面积周期性变化。结合 XRD 的研究结果，缺陷的生成和消失改变了 g-C$_3$N$_4$ 比表面积。

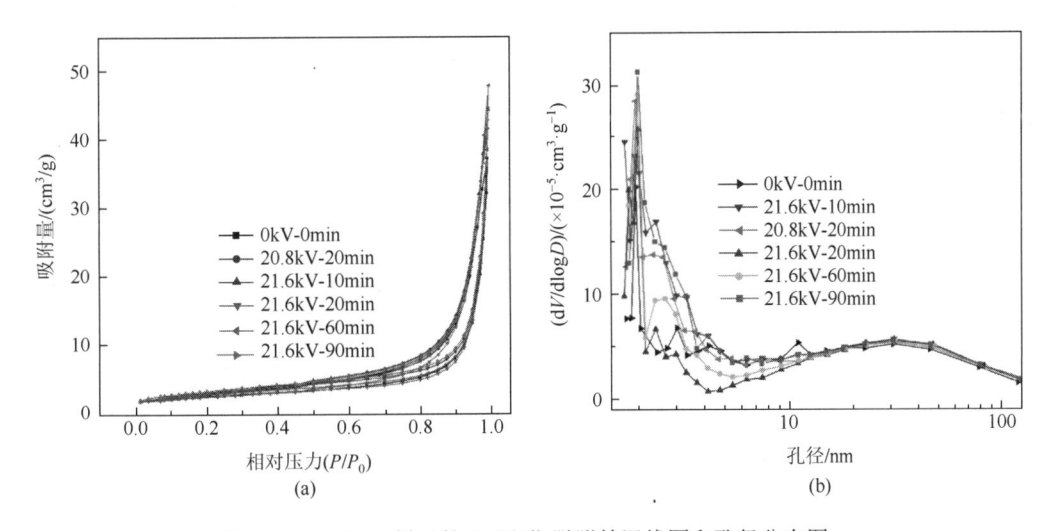

图 3-68　g-C$_3$N$_4$ 样品的 N$_2$ 吸附-脱附等温线图和孔径分布图

由三聚氰胺烧制的 g-C$_3$N$_4$ 的比表面积（7.82m^2/g）比其他前驱体烧制的 g-C$_3$N$_4$ 的比表面积小，如尿素、双氰胺、硫脲等。这是因为三聚氰胺烧制的 g-C$_3$N$_4$ 的结晶度很高以及层状的团聚片较厚（Li et al.，2012；Dong et al.，2012；Martha et al.，2013），所以 DBD 空气放电（较温和）并没有明显改变 g-C$_3$N$_4$ 样品的比表面积和孔体积，也有相关研究证实了这个结果（Hu et al.，2017）。XRD、孔径分布、比表面积和孔体积的实验结果表明，通过放电处理 g-C$_3$N$_4$，其结果是周期性地对 g-C$_3$N$_4$ 的层层剥离过程。21.6kV-10min 和 20.8kV-20min 样品的缺陷增多，比表面积增大，光催化活性却降低，见表 3-5。这有可能是因为低温等离子体技术的无选择性的物理效应，不像强氧化性溶液的选择性破坏（Solís-Fernández et al.，2008）。而且，DBD 放电的氧化性往往跟随着放电的物理作用，当材料破坏形成缺陷时，活性物质会立即氧化缺陷，这样有可能会在 g-C$_3$N$_4$ 的表面产生副作用的化学官能团（Solís-Fernández et al.，2010）。

表 3-5　g-C$_3$N$_4$ 样品的层间间距、比表面积、孔体积、峰孔径和对应的 MB 去除率

样品	层间间距/nm	比表面积/（m^2/g）	孔体积/（cm^3/g）	峰孔径/nm	MB 去除率/%
0kV-0min	0.3242	7.82	0.057	27.78	41.00
21.6kV-10min	0.3233	11.02	0.068	24.13	26.19
20.8kV-20min	0.3228	10.37	0.064	24.87	20.11
21.6kV-20min	0.3233	8.39	0.069	34.05	32.01
21.6kV-60min	0.3241	9.25	0.074	32.28	49.25
21.6kV-90min	0.3231	11.17	0.066	24.16	40.39

3.6.6　放电对 g-C$_3$N$_4$ 官能团的影响

低温等离子体技术会产生各种活性物质，如 e$^-$、•OH、H•、O•、•O$_2^-$、O$_3$、N• 和 NO$_x$，这些物质都可能与 g-C$_3$N$_4$ 表面的缺陷反应，而且，具有规则间隔的三角形孔的 g-C$_3$N$_4$ 是压电材料，这会使放电电压促进活性氧物质的产生（Zelisko et al.，2014；Huang et al.，2017）。为此对 g-C$_3$N$_4$ 表面的化学结构和成分的变化进行研究，包括其官能团、化学状态和化学组成。表征手段包括 FT-IR 和 XPS，为了研究短时间放电对光催化剂 g-C$_3$N$_4$ 的影响，将 20kV-5min 样品纳入研究。

g-C$_3$N$_4$ 样品的红外光谱图见图 3-69，其中在 2900～3400cm^{-1} 内表示—NH 官能团，3400～3700cm^{-1} 内表示—OH 官能团；CN 杂环伸缩振动中芳香环的连接单元 C—(N)$_3$ 和 C—NH—C 出现的峰位置分别为 1321cm^{-1} 和 1244cm^{-1}，以及其三嗪重复单元在 1200～1650cm^{-1}；典型三嗪单元 C—N 的弯曲振动的吸收峰在 810cm^{-1}（Xu et al.，2017）。由图 3-69 可知，这些样品的官能团组分相似。C—C、C—O 和 C—N 键具有相似的吸收光强度，但是 Liao 等（2012）证明了在 C—O—C 和 C—OH 官能团中的 C—O 共价键分别为 1060cm^{-1} 和 1410cm^{-1} 的弱吸收峰，而且在羰基和羧基官能团中的 C=O 键的吸收峰在 1660～1760cm^{-1}，（Pourfayaz et al.，2014）。在图 3-69 中，很难看出 C—O 和 C=O 官能团，因为经过放电处理后，含氧官能团的含量在 g-C$_3$N$_4$ 表面很少。有关研究表明，当在干燥空气中分别放电处理碳颗粒和碳纳米管时，仅仅只有 5.19% 和 7.47% 的氧含量出现在材料表面（Wang et al.，

2011；Sun et al.，2016）。光谱中新出现 1387cm^{-1} 吸收峰属于对称性—NO$_2$ 官能团，这与后面 XPS 图出现的物质一致（Yu et al.，2007）。在放电氧化处理 g-C$_3$N$_4$ 时出现了—NO$_2$ 官能团，即使在强氧化溶剂中也没有得到此类研究结果，如 KMnO$_4$ 和 H$_2$SO$_4$。但是，Xiao 等（2017）发现溶液中·OH 能破坏 g-C$_3$N$_4$ 的三嗪单元生成三聚氰酸（C$_6$H$_3$N$_7$O$_3$），如果继续氧化，就会被彻底氧化成 CO$_2$、H$_2$O 和 NO$_3^-$，由此说明 DBD 空气中放电处理 g-C$_3$N$_4$ 出现了—NO$_2$ 官能团。

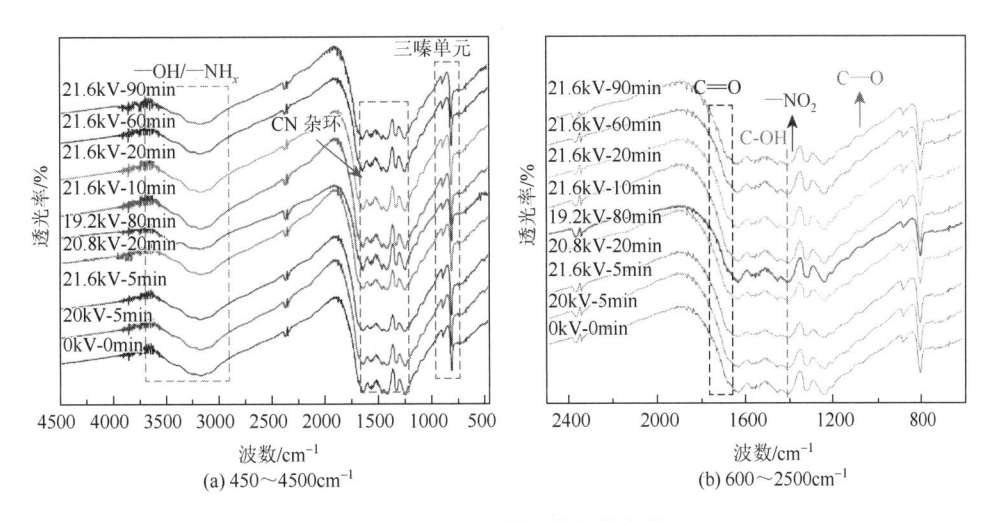

图 3-69　g-C$_3$N$_4$ 样品的红外光谱

实际上 DBD 与强氧化性溶剂氧化 g-C$_3$N$_4$ 所得的主要含氧物质种类相似，就像这两种方法氧化处理碳纳米管产生的含氧物质一样（Naseh et al.，2009，2010；Pourfayaz et al.，2014）。相对较弱的氧化剂［如 O$_3$（Mawhinney et al.，2000］和 KMnO$_4$ + NaOH（Zhang et al.，2003）在氧化碳纳米管时，会在材料表面产生羰基和羧基，但是强氧化剂［如 H$_2$SO$_4$ 和 HNO$_3$（Zhang et al.，2003）］在氧化碳纳米管时不会出现羰基。因此，不同的氧化剂氧化程度不同。许多强氧化剂氧化 g-C$_3$N$_4$ 时，如 H$_2$SO$_4$ + HNO$_3$（She et al.，2016）、H$_2$SO$_4$ + KMnO$_4$、K$_2$Cr$_2$O$_7$ + H$_2$SO$_4$（Li et al.，2015）、H$_2$O$_2$（Li et al.，2012；Liu et al.，2016b），g-C$_3$N$_4$ 表面会产生—COOH 和 C—OH 官能团，且氧化剂氧化性越强，对 g-C$_3$N$_4$ 的破坏越大。虽然 O$_3$ 是 DBD 产生的主要产物，但是它不能氧化没有缺陷的 g-C$_3$N$_4$，氧化缺陷生成 C═O 和 C—OH 官能团，甚至会在 298K 温度下，继续氧化成 CO$_2$（Mawhinney et al.，2000）。因此，DBD 放电处理 g-C$_3$N$_4$，这些低含量的含氧官能团应该会在 g-C$_3$N$_4$ 表面产生，会伴随着材料表面的物理变化出现。

图 3-70 为所有 g-C$_3$N$_4$ 样品的 XPS 图，包括全谱图，C、N 和 O 元素。从全谱图和表 3-6 可知，DBD 处理 g-C$_3$N$_4$ 会使氧含量增加。C—C、C—O、N—C═N 和 C═O 结合能峰值分别出现在 284.9eV、286.6eV、288.32eV 和 289.1eV，而原样中出现了 C═O 键可能是因为在空气中烧制为 g-C$_3$N$_4$（Pourfayaz et al.，2014；She et al.，2016）。C═N—C、N—(C)$_3$、C—N—H 和电荷效应所对应的特征峰分别为 398.81eV、400.09eV、401.36eV 和 404.74eV。在放电处理 5～90min 时，N1s 谱图中出现了峰值大约在 406.6eV 的—NO$_2$

键（Ansari et al.，2012）。由于在 g-C_3N_4 表面存在少量—NH_2（表 3-7）和放电处理过程中产生的缺陷，而缺陷的氧化可能产生 C＝O 和—COOH。吸附水、O—C＝O、C＝O 和 C—OH 结合能峰值分别在 532.7eV、530.6eV、531.8eV 和 533.1eV（Li et al.，2012；Pourfayaz et al.，2014；Li et al.，2015；She et al.，2016）。根据 XPS 数据库（NITS）和 N1s 中出现的—NO_2 的相对峰强可知，—NO_2 的结合能峰值在 531.8eV。在 O1s 中 C＝O 的相对峰强变化趋势应该与 C1s 中 C＝O 和 O—C＝O 相对峰值强度一致。所有 g-C_3N_4 表面的氧元素来自光催化剂的制作过程和放电氧化过程。从这些谱图可知，当延长放电处理时间时，这些特征峰峰值基本轻微移动，这表明相关化学键周围环境的改变。由于—NO_2 是亲电子官能团，以及氧的掺入，各结合能峰值整体向右移。

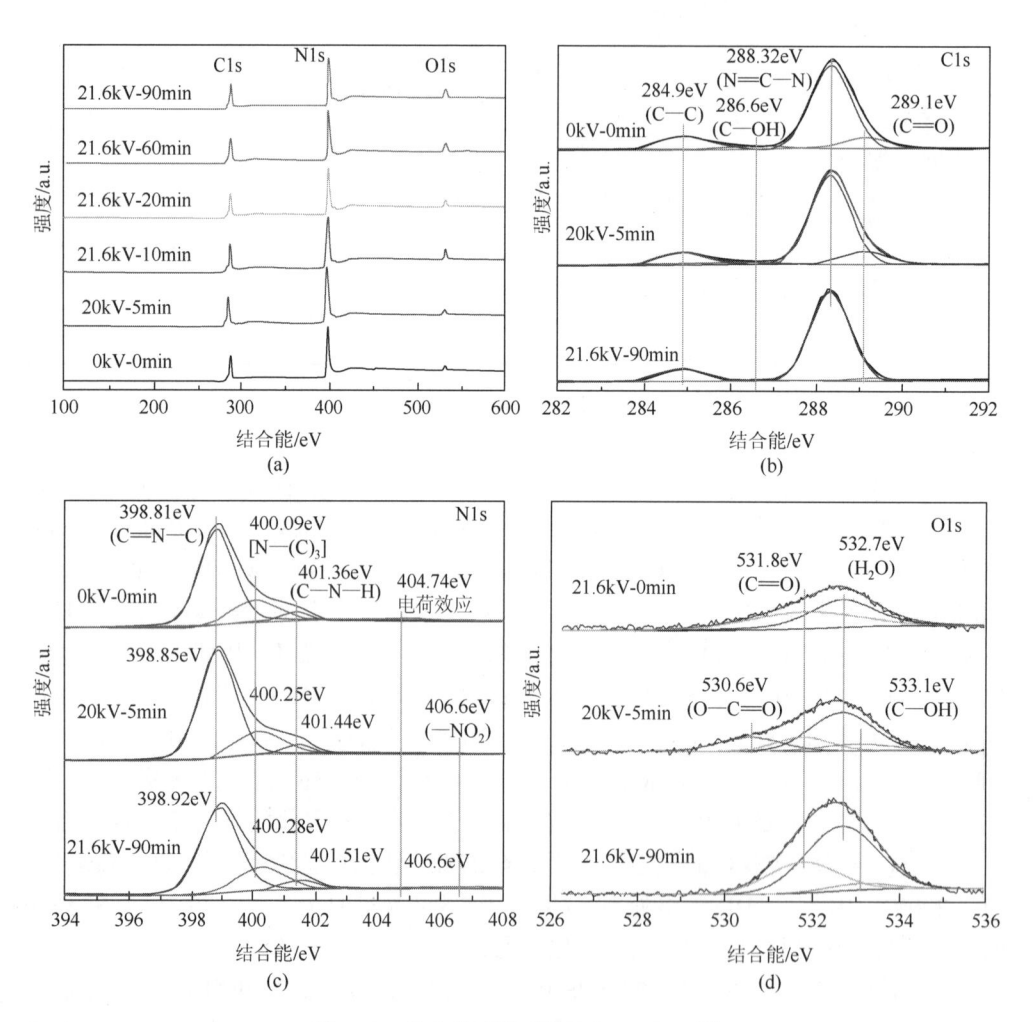

图 3-70 放电处理前后的 g-C_3N_4 XPS 图
(a) 全谱图；(b)～(f) 高分辨 XPS 图

由表 3-6 和表 3-7 可知，在所有放电处理的样品中，21.6kV-10min 样品氧含量最高。当延长放电处理时间时，氧含量和—NO_2 的峰强度降低，而光催化活性提升。除了放电物理效应对光催化剂表面的破坏，还有可能是—NO$_2$ 的强吸电子性和亲水性，导致光催化活性的降低。放电 5min 时，C/N 值和氧含量的提升，以及—NH$_x$ 相对峰强的降低，表明 g-C$_3$N$_4$ 表面上的—NH$_x$ 成功被氧化为含氧官能团，如—NO$_2$ 和 C＝O。延长放电时间，C＝N—C 与 N—(C)$_3$ 的峰强比例从 3.66 降为 3.41，以及—NH$_x$ 强度变化，这说明 DBD 已经破坏了芳香环，并且—N＝C 键的断裂通过亲电加成和氧化可能产生 N—H、C—N、—NO$_2$、C＝O、C—O 键等（Wang et al.，2011）。在 5~90min 放电处理中，发现 C＝O/—NO$_2$ 的相对峰强变化规律与 N1s 中—NO$_2$ 的峰强变化规律一致，而且还与氧含量的变化规律一致，这说明材料表面的 O 主要来自 C＝O 和—NO$_2$。在长时间放电过程中，C—OH 的峰强和 C 含量的降低说明 C—OH 可能转化为 C＝O 和—COOH 官能团，进一步还会氧化为 CO$_2$ 和 H$_2$O（Zhang et al.，2003；Naseh et al.，2010；Li et al.，2015）。当然，伴有物理性质变化的逐层剥离也会产生逐层氧化，就像在放电处理 60min 后的样品表面又出现了—COOH。

表 3-6　g-C$_3$N$_4$ 样品的 XPS 图中 C、N、O 相对峰强

样品	C 含量/%	O 含量/%	N 含量/%	C/N
0kV-0min	40.67	3.15	56.18	0.724
20kV-5min	40.74	3.59	55.67	0.732
21.6kV-10min	39.59	6.14	54.27	0.730
21.6kV-20min	39.39	5.80	54.81	0.719
21.6kV-60min	39.35	5.59	55.07	0.715
21.6kV-90min	39.54	5.99	54.47	0.726

表 3-7　g-C$_3$N$_4$ 样品的 XPS 图中 C、N、O 不同化学状态的相对峰强

样品	C—C	N—C＝N	C—O	C＝O	O—C＝O	C＝O/—NO$_2$	C—OH	C＝N—C	N—(C)$_3$	—NH$_x$	—NO$_2$
0kV-0min	12.40	68.30	4.70	11.90	0	45.54	0	72.82	19.90	5.29	0
20kV-5min	11.56	68.78	4.13	11.89	19.34	16.97	10.69	74.74	18.42	4.69	0.40
21.6kV-10min	12.19	69.48	4.97	10.36	7.54	37.84	7.97	70.73	19.88	5.42	2.05
21.6kV-20min	12.96	70.92	5.29	7.38	0	33.63	12.84	70.70	20.56	5.20	1.95
21.6kV-60min	13.11	74.66	3.41	5.26	5.48	31.17	8.30	70.78	20.51	5.44	1.59
21.6kV-90min	12.91	77.17	2.84	3.28	0	30.35	4.75	70.31	20.57	5.68	1.93

3.6.7　放电对 g-C$_3$N$_4$ 光学和光电化学性质的影响

利用紫外-可见漫反射光谱和光致发光光谱方法表征光催化剂 g-C$_3$N$_4$ 的光学性质和光电化学性质，包括光电性能、电子-空穴分离效率。

光学性质如图 3-71 所示，当放电时间短时，样品的光吸收带边受低温等离子体影响不大。这可以解释为经过放电处理的 g-C$_3$N$_4$ 样品表面的碳、氮空位等缺陷出现得不明显（Solís-Fernández et al.，2010）。有关研究表明掺入氧的 g-C$_3$N$_4$ 样品对价带无影响但会使

吸收带边蓝移（Jiang et al.，2017b）。从图3-71（b）可知，放电时间在20~90min时出现了轻微的带边蓝移，可能是因为放电时间过长，放电产生的物理和化学效应促使纳米颗粒产生，出现了量子约束效应。通过改变放电处理时间来调整微观结构和禁带宽度的方法与改变对光催化剂的热解时间一样，由于g-C$_3$N$_4$样品表面的氧含量低和轻微的层层破坏，微观结构和禁带宽度变化不明显。

(a) 紫外-可见漫反射光谱图

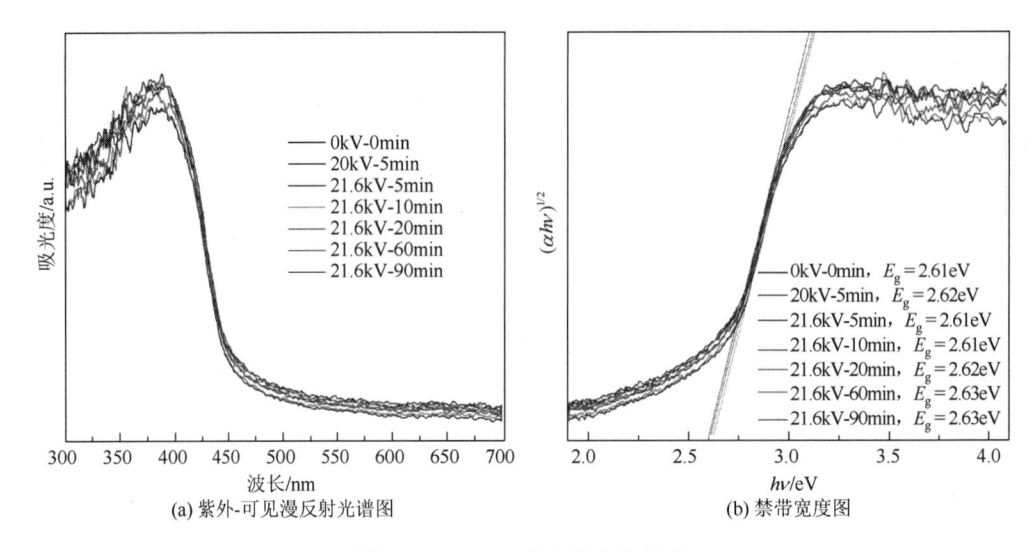

(b) 禁带宽度图

图3-71　g-C$_3$N$_4$样品的光学性质

g-C$_3$N$_4$样品的光致发光光谱图如图3-72所示，它反映了光催化产生光生载流子的分离与复合，以及材料表面的缺陷。由图可知，所有放电处理过后的g-C$_3$N$_4$样品的峰强都比原样的低，这表明高压气相放电的确能强化光生电子-空穴的分离，降低电子-空穴复合率。结合光催化活性结果可以发现，短时间放电处理样品的光催化活性与电子-空穴对的

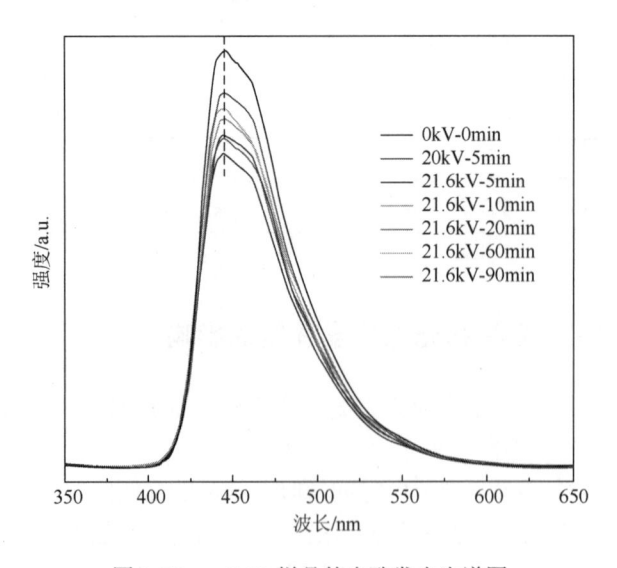

图3-72　g-C$_3$N$_4$样品的光致发光光谱图

分离效率变化一致,当光致发光强度变低时,光催化活性变高。因为光催化材料表面的C—OH 和—NO$_2$ 能够分别捕捉光生空穴和电子,阻止电子与空穴的复合。然而,延长放电时间时,电子-空穴的复合率并不能决定光催化活性,必须考虑 g-C$_3$N$_4$ 样品的物理和化学结构变化。—NO$_2$ 的强吸电子性也能使光生电子-空穴分离效率增高,即光致发光强度降低。因为光致发光峰强和峰位置受很多因素影响,例如粒子尺寸、表面缺陷(如氧空缺)、表面结构等。

3.6.8 低温等离子体影响 g-C$_3$N$_4$ 的作用机理

DBD 系统能够无选择性地破坏 g-C$_3$N$_4$ 的表面形成缺陷,再氧化缺陷并平化 g-C$_3$N$_4$ 的表面,这是对 g-C$_3$N$_4$ 的层层剥离的过程。DBD 放电处理材料表面是比较温和的方法,在放电处理 0~90min 以及高压条件下,它并不能改变 g-C$_3$N$_4$ 的晶相结构。与强氧化性溶剂相比,DBD 气相放电处理 g-C$_3$N$_4$ 是与之不一样的氧掺入过程。对处理的 g-C$_3$N$_4$ 进行 XPS 表征,发现 C=O/—NO$_2$ 的相对峰强变化规律与 N1s 中—NO$_2$ 的峰强变化规律一致,而且与氧含量的变化规律一致,这说明材料表面的 O 主要来自 C=O 和—NO$_2$。对 g-C$_3$N$_4$ 进行不同时间和电压的 DBD 放电处理,提出如图 3-73 的作用机理。在放电处理时间较短时(如 20kV-5min),g-C$_3$N$_4$ 的表面结构完整,有亲水性—OH 官能团在材料表面生成,这有利于提升 g-C$_3$N$_4$ 的光催化活性及其表面吸附作用(Mao et al., 2017)。然而,在高电压短时间内,如 21.6kV-10min 样品,具有表面缺陷和较高的氧含量,—COOH 和—OH 的相对峰强降低,—NO$_2$ 的相对峰强较高,其光催化活性降低。说明等离子体会打破 g-C$_3$N$_4$ 表面的稳定性,可能是因为放电产生的高能电子(具有 10^4~10^5°C 的温度)、流注和其他活性物质使材料表面形成物理和化学破坏(Hu et al., 2017)。当延长放电处理时间时,如 21.6kV-60min 样品,表面—NO$_2$ 的相对峰强降低,—COOH 官能团出现,g-C$_3$N$_4$ 的光催化活性再次提升。说明—COOH 和 C—OH 对光催化活性有提升作用,而—NO$_2$ 会对其起抑制作用。

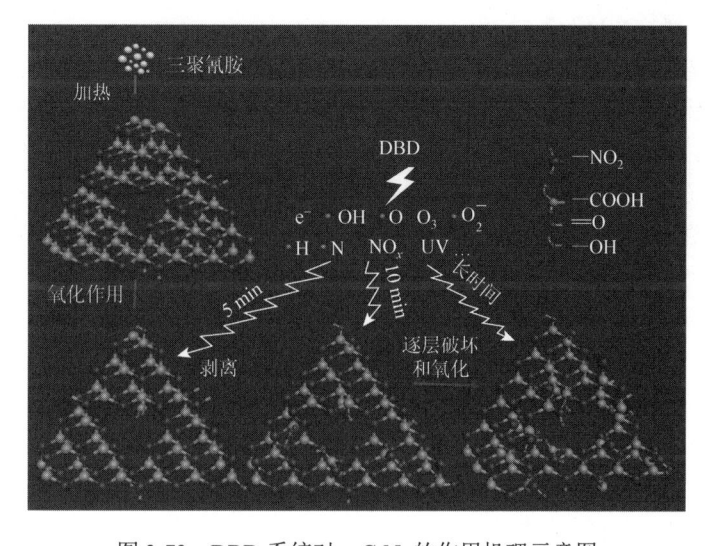

图 3-73 DBD 系统对 g-C$_3$N$_4$ 的作用机理示意图

关于 g-C₃N₄ 的氧化位置，有关研究结果表明，在强氧化溶液中，O 会替代芳香环中 C—N＝C 键的 N 原子。根据表 3-6 和表 3-7 可知，在高压放电作用下，N 减少量较大，而且—N＝C 的相对峰强也降低，并出现了其他官能团。表明 DBD 会对香环中 C—N＝C 键造成破坏，活性物质与缺陷产生亲电加成和氧化反应，生成 N—H、C—N、—NO₂、C＝O、C—O 键等，当然 g-C₃N₄ 缺陷的氧化也会有新键的生成，如—NH₂。如果继续放电处理，有些官能团就会消失，如—OH 转化为—COOH，再被氧化为 CO₂。

3.7 本章小结

（1）利用尿素和氧化镁一步原位热聚合的方法制备了 Mg/O 共同修饰的无定形氮化碳，该方法调控了 CN 的面内电子结构，使得原本在 CN 面内随机传递的电子局域化，实现了电子定向运输和电子-空穴的有效分离，Mg/O 共同修饰的电子结构可以延长载流子的光致发光寿命，促进电子-空穴分离，增强光吸收能力。通过 C→O←Mg 的路线使电子局域化，有利于电子诱导生成活性氧物种，能够高效降解 TC。基于实验数据和理论计算，揭示了光催化活性增强的原因。

（2）以三聚氰胺和氢氧化钠为前驱体，通过一步热聚法制备 CN-NaOH-X。研究发现，随着 NaOH 掺入量的增加，CN-NaOH 逐渐转变为无定形结构，当 NaOH 掺入量达到一定值时，CN-NaOH 的光催化活性会达到极值，掺入过量 NaOH 其光催化活性反而降低，这是 Na⁺掺杂、N 缺陷、结构无定形化、电子分离强化、禁带宽度调控等共同作用的结果。无定形结构能够减小催化剂的禁带宽度，提高其对可见光的吸收和利用。N 缺陷的存在能够捕获光生电子或空穴，促进电子-空穴的分离，进而提高光催化氧化的能力。但过量的 NaOH 会破坏 CN 的内部结构，反而不利于催化剂光催化反应的进行。在 Na⁺掺杂与 N 缺陷协同作用下，无定形氮化碳促进了光生电子和空穴分离，自由基产率显著增加，光催化活性较 CN 提高明显，其中 CN-NaOH-30 样品的光催化活性最好，对 20mg/L 的 TC 溶液的降解率达到了 89.6%。

（3）通过盐辅助法获得 Ba²⁺掺杂和—C≡N 缺陷共改性的新型双功能催化剂 BaCN-C₃N₄，该催化剂可以同时降解 TC 净化环境和分解水获得氢能。在同一污染物控制和制氢系统中，TC 降解率和制氢速率高于 g-C₃N₄，并且具有出色的重复性能。在 7%-BaCN-C₃N₄ 结构中，掺杂的 Ba²⁺促使部分庚嗪环开环，从而产生—C≡N 缺陷。此外，Ba²⁺和—C≡N 的协同作用使 CN 的禁带宽度变窄，提高可见光的利用率，并促进光生电子-空穴对的分离。这项研究表明，g-C₃N₄ 基催化剂在环境治理和能源开发方面具有巨大潜力，并可能为更多 g-C₃N₄ 基新型光催化剂在同时修复水体污染和 H₂ 的产生方面提供了新途径。

（4）采用超声分散法成功将块状 g-C₃N₄ 超声剥离为表面富羟基的 g-C₃N₄ 二维纳米片。原子力显微镜分析结果表明，超声剥离后的 g-C₃N₄ 二维纳米片为 5～6 个原子层厚度，超薄结构也使其比表面积从 8.66m²/g 增加至 26.48m²/g。FT-IR 和 XPS 分析结果显示，超声处理使 g-C₃N₄ 纳米片表面成功引入了羟基，有利于光催化还原 CO₂ 反应的发生。超声处理后的 g-C$_3$N$_4$ 纳米片的光致发光强度降低、光致发光寿命增加、光电流密度增加也可以证明光生电子-空穴的分离效率增加,从而使 g-C$_3$N$_4$ 纳米片显示出高于块状 g-C$_3$N$_4$ 的光催化活性。

(5) 以三聚氰胺作为前驱体,向其中加入 NH$_4$Cl 进行辅助结构调控,通过一步热聚法制备了改性氮化碳 X-NCN 体系。在 550℃ 高温条件下,NH$_4$Cl 受热分解,释放出大量的 NH$_3$ 和 HCl 热气流,该热气流对 CN 的形貌产生一定作用,形成具有大量孔状结构的改性氮化碳 X-NCN 光催化剂。NH$_3$ 和 HCl 还向 CN 中引入强供电子基团氨基和羟基,有效地扩大了 X-NCN 催化剂的光吸收范围,增强了其光吸收能力。基团的存在为光生电子-空穴的分离提供了一条特殊途径,抑制了光生载流子的复合效率,提高了 X-NCN 催化剂的光催化活性。NH$_4$Cl 的引入能够对 CN 的形貌进行调控,并且提高其光催化降解活性。但是,NH$_4$Cl 的引入量过大,不利于对 CN 形貌的调控,反而会抑制其光催化活性。在本实验中,样品 3-NCN 的光催化降解能力最高,吸附-脱附平衡后,可见光照射 2.5h,对有机染料污染物 RhB(20mg/L)的光催化降解率达到 97.8%,比 CN 的降解率(66.3%)高 47.5%。本项研究工作为无定形氮化碳的形貌调控提供了一种新的研究思路。

(6) 采用双介质 DBD 气相放电处理 g-C$_3$N$_4$,发现放电处理的 g-C$_3$N$_4$ 光催化活性周期性变化。DBD 系统能改变 g-C$_3$N$_4$ 的结晶度和层间间距的周期性,使 g-C$_3$N$_4$ 的表面产生缺陷并平滑材料表面,即高压放电可使 g-C$_3$N$_4$ 的表面层层剥离;DBD 系统产生的低温等离子能氧化 g-C$_3$N$_4$ 的表面,但是对 g-C$_3$N$_4$ 的物理破坏会加重氧化反应的进行,放电处理的 g-C$_3$N$_4$ 的氧含量主要来源于 C═O 和—NO$_2$;—OH 和—COOH 官能团的生成有助于提升 g-C$_3$N$_4$ 的光催化活性,但—NO$_2$ 强的吸电子能力和亲水性会抑制 g-C$_3$N$_4$ 的活性。

参 考 文 献

Ansari M B,Jin H L,Parvin M N,et al.,2012. Mesoporous carbon nitride as a metal-free base catalyst in the microwave assisted knoevenagel condensation of ethylcyanoacetate with aromatic aldehydes[J]. Catalysis Today,185(1):211-216.

Aresti M,Saba M,Piras R,et al.,2014. Colloidal Bi$_2$S$_3$ Nanocrystals:quantum size effects and midgap states[J]. Advanced Functional Materials,24(22):3341-3350.

Azofra L M,MacFarlane D R,Sun C H,2016. A DFT study of planar vs. corrugated graphene-like carbon nitride(g-C$_3$N$_4$)and its role in the catalytic performance of CO$_2$ conversion[J]. Physical Chemistry Chemical Physics,18(27):18507-18514.

Bube R H,1955. Temperature dependence of the width of the band gap in several photoconductors[J]. Physical Review Journals Archive,98(2):431-433.

Cao L Z,Li Y F,Tong Y Y,et al.,2019. A novel Bi$_{12}$TiO$_{20}$/g-C$_3$N$_4$ hybrid catalyst with a bionic granum configuration for enhanced photocatalytic degradation of organic pollutants[J]. Journal of Hazardous Materials,379:120808.

Chang F,Xie Y C,Li C L,et al.,2013. A facile modification of g-C$_3$N$_4$ with enhanced photocatalytic activity for degradation of methylene blue[J]. Applied Surface Science,280:967-974.

Chen X J,Shi R,Chen Q,et al.,2019. Three-dimensional porous g-C$_3$N$_4$ for highly efficient photocatalytic overall water splitting[J]. Nano Energy,59:644-650.

Chen X B,Liu L,Yu P Y,et al.,2011. Increasing solar absorption for photocatalysis with black hydrogenated titanium dioxide nanocrystals[J]. Science,331(6018):746-750.

Chen Z F,Lu S C,Wu Q L,et al.,2018. Salt-assisted synthesis of 3D open porous g-C$_3$N$_4$ decorated with cyano groups for photocatalytic hydrogen evolution[J]. Nanoscale,10(6):3008-3013.

Cui W, Li J Y, Dong F, et al., 2017. Highly efficient performance and conversion pathway of photocatalytic NO oxidation on SrO-Clusters@Amorphous carbon nitride[J]. Environmental Science & Technology, 51 (18): 10682-10690.

Daude N, Gout C, Jouanin C, 1977. Electronic band structure of titanium dioxide[J]. Physical Review B, 15 (6): 3229-3235.

Diebold U, 2003. The surface science of titanium dioxide[J]. Surface Science Reports, 48 (5-8): 53-229.

Dong F, Li Y H, Wang Z Y, et al., 2015. Enhanced visible light photocatalytic activity and oxidation ability of porous graphene-like g-C_3N_4 nanosheets via thermal exfoliation[J]. Applied Surface Science, 358: 393-403.

Dong F, Wang Z Y, Sun Y J, et al., 2013a. Engineering the nanoarchitecture and texture of polymeric carbon nitride semiconductor for enhanced visible light photocatalytic activity[J]. Journal of Colloid and Interface Science, 401: 70-79.

Dong F, Sun Y J, Wu L W, et al., 2012. Facile transformation of low cost thiourea into nitrogen-rich graphitic carbon nitride nanocatalyst with high visible light photocatalytic performance[J]. Catalysis Science & Technology, 2 (7): 1332-1335.

Dong F, Wang Z Y, Li Y H, et al., 2014. Immobilization of polymeric g-C_3N_4 on structured ceramicfoam for efficient visible light photocatalytic air purification with real indoor illumination[J]. Environmental Science and Technology, 48 (17): 10345-10353.

Dong F, Zhao Z W, Xiong T, et al., 2013b. In situ construction of g-C_3N_4/g-C_3N_4 metal-free heterojunction for enhanced visible-light photocatalysis[J]. ACS Applied Materials & Interfaces, 5 (21): 11392-11401.

Fan J H, Qin H H, Jiang S M, 2019. Mn-doped g-C_3N_4 composite to activate peroxymonosulfate for acetaminophen degradation: The role of superoxide anion and singlet oxygen[J]. Chemical Engineering Journal, 359: 723-732.

Fang W J, Liu J Y, Yu L, et al., 2017. Novel (Na, O) Co-doped g-C_3N_4 with simultaneously enhanced absorption and narrowed bandgap for highly efficient hydrogen evolution[J]. Applied Catalysis B: Environmental, 209: 631-636.

Fina F, Callear S K, Carins G M, et al., 2015. Structural investigation of graphitic carbon nitride via XRD and neutron diffraction[J]. Chemistry of Materials, 27 (7): 2612-2618.

Geng J, Liu L J, Yang S, et al., 2010. A simple approach for preparing transparent conductive graphene films using the controlled chemical reduction of exfoliated graphene oxide in an aqueous suspension[J]. Journal of Physical Chemistry C, 114 (34): 14433-14440.

Guo X Y, Song W Y, Chen C F, et al., 2013. Near-infrared photocatalysis of β-$NaYF_4$: Yb^{3+}, Tm^{3+} @ ZnO composites[J]. Physical Chemistry Chemical Physics, 15 (35): 14681-14688.

Hadjiivanov K, 2007, Identification of neutral and charged N_xO_y surface species by IR spectroscopy[J]. Catalysis Reviews, 42(1-2): 71-144.

Hong Z H, Shen B, Chen Y L, et al., 2013. Enhancement of photocatalytic H_2 evolution over nitrogen-deficient graphitic carbon nitride[J]. Journal of Materials Chemistry A, 1 (38): 11754-11761.

Hou Y, Zuo F, Dagg A, et al., 2012. Visible light-driven α-Fe_2O_3 nanorod/graphene/$BiV_{1-x}Mo_xO_4$ core/shell heterojunction array for efficient photoelectrochemical water splitting[J]. Nano Letters, 12 (12): 6464-6473.

Hu S Z, Li F Y, Fan Z P, et al., 2015. Band gap-tunable potassium doped graphitic carbon nitride with enhanced mineralization ability[J]. Dalton Transactions, 44 (3): 1084-1092.

Hu Y, Li L, Zhang L C, et al., 2017. Dielectric barrier discharge plasma-assisted fabrication of g-C_3N_4-Mn_3O_4 composite for high-performance cataluminescence H_2S gas sensor[J]. Sensors and Actuators B: Chemical, 239: 1177-1184.

Huang H W, Tu S C, Zeng C, et al., 2017. Macroscopic polarization enhancement promoting photo-and piezoelectric-induced charge separation and molecular oxygen activation[J]. Angewandte Chemie (International Ed in English), 56 (39): 11860-11864.

Jiang L, Yuan X, Pan Y, et al., 2017a. Doping of graphitic carbon nitride for photocatalysis: A reveiw[J]. Applied Catalysis B: Environmental, 217: 388-406.

Jiang J, Cao S W, Hu C L, et al., 2017b. A comparison study of alkali metal-doped g-C_3N_4 for visible-light photocatalytic hydrogen evolution[J]. Chinese Journal of Catalysis, 38 (12): 1981-1989.

Jiang J, Li H, Zhang L, 2012. New insight into daylight photocatalysis of AgBr@Ag: Synergistic effect between semiconductor photocatalysis and plasmonic photocatalysis[J]. Chemistry, 18 (20): 6360-6369.

Kang Y Y, Yang Y Q, Yin L C, et al., 2016. Selective breaking of hydrogen bonds of layered carbon nitride for visible light photocatalysis[J]. Advanced Materials, 28 (30): 6471-6477.

Karatum O, Deshusses M A, 2016. A comparative study of dilute VOCs treatment in a non-thermal plasma reactor[J]. Chemical Engineering Journal, 294: 308-315.

Khan M M, Ansari S A, Pradhan D, et al., 2014. Band gap engineered TiO_2 nanoparticles for visible light induced photoelectrochemical and photocatalytic studies[J]. Journal of Materials Chemistry A, 2 (3): 637-644.

Kim J, Lee C W, Choi W, 2010. Platinized WO_3 as an environmental photocatalyst that generates OH radicals under visible light[J]. Environmental Science & Technology, 44 (17): 6849-6854.

Kong Y, Lv C D, Zhang C M, et al., 2020. Cyano group modified g-C_3N_4: Molten salt method achievement and promoted photocatalytic nitrogen fixation activity[J]. Applied Surface Science, 515: 146009.

Li H J, Sun B W, Sui L, et al. 2015. Preparation of water-dispersible porous g-C_3N_4 with improved photocatalytic activity by chemical oxidation[J]. Physical Chemistry Chemical Physics, 17 (5): 3309-3315.

Li J H, Shen B, Hong Z H, et al., 2012. A facile approach to synthesize novel oxygen-doped g-C_3N_4 with superior visible-light photoreactivity[J]. Chemical Communications, 48 (98): 12017-12019.

Li Q, Meng H, Zhou P, et al., 2013. $Zn_{1-x}Cd_xS$ solid solutions with controlled bandgap and enhanced visible-light photocatalytic H_2-production activity [J]. ACS Catalysis, 3 (5): 882-889.

Li X, Shen S T, Xu Y Y, et al., 2021. Application of membrane separation processes in phosphorus recovery: A review[J]. Science of the Total Environment, 767: 144346.

Li Y Y, Wang J S, Yao H C, et al., 2011. Efficient decomposition of organic compounds and reaction mechanism with BiOI photocatalyst under visible light irradiation[J]. Journal of Molecular Catalysis A: Chemical, 334 (1-2): 116-122.

Li Z Z, Shen C S, Liu Y B, et al., 2020. Carbon nanotube filter functionalized with iron oxychloride for flow-through electro-Fenton[J]. Applied Catalysis B: Environmental, 260: 118204.

Liao G Z, Chen S, Quan X, et al., 2012. Graphene oxide modified g-C_3N_4 hybrid with enhanced photocatalytic capability under visible light irradiation[J]. Journal of Materials Chemistry, 22 (6): 2721-2726.

Liu J N, Pan J, Niu J H, et al., 2016a. Electrical and spectral characteristics of a tube-to-plate helium plasma generated using dielectric barrier discharge in water[J]. Journal of Electrostatics, 83: 16-21.

Liu Q, Wu D, Zhou Y, et al., 2014, Single-crystalline, ultrathin $ZnGa_2O_4$ nanosheet scaffolds to promote photocatalytic activity in CO_2 reduction into methane[J]. ACS Applied Materials & Interfaces, 6 (4): 2356-2361.

Liu S Z, Li D G, Sun H Q, et al. 2016b. Oxygen functional groups in graphitic carbon nitride for enhanced photocatalysis[J]. Journal of Colloid and Interface Science, 468: 176-182.

Liu X L, Wang P, Zhai H S, et al., 2018. Synthesis of synergetic phosphorus and cyano groups (CN) modified g-C_3N_4 for enhanced photocatalytic H_2 production and CO_2 reduction under visible light irradiation[J]. Applied Catalysis B: Environmental, 232: 521-530.

Locke B R, Sato M, Sunka P, et al., 2006. Electrohydraulic discharge and nonthermal plasma for water treatment[J]. Industrial and Engineering Chemistry Research, 45 (3): 882-905.

Long B H, Lin J L, Wang X C, 2014. Thermally-induced desulfurization and conversion of guanidine thiocyanate into graphitic carbon nitride catalysts for hydrogen photosynthesis[J]. Journal of Materials Chemistry A, 2 (9): 2942-2951.

Mao Z Y, Chen J J, Yang Y F, et al., 2017. Modification of surface properties and enhancement of photocatalytic performance for g-C_3N_4 via plasma treatment[J]. Carbon, 123: 651-659.

Martha S, Nashim A, Parida K M, 2013. Facile synthesis of highly active g-C_3N_4 for efficient hydrogen production under visible light[J]. Journal of Materials Chemistry A, 1 (26): 7816-7824.

Mawhinney D B, Naumenko V, Kuznetsova A, et al., 2000. Infrared spectral evidence for the etching of carbon nanotubes: ozone oxidation at 298 K[J]. Journal of the American Chemical Society, 122 (10): 2383-2384.

Naldoni A, Allieta M, Santangelo S, et al., 2012. Effect of nature and location of defects on bandgap narrowing in black TiO_2 nanoparticles[J]. Journal of the American Chemical Society, 134 (18): 7600-7603.

Naseh M, Khodadadi A, Mortazavi Y, et al., 2009. Functionalization of carbon nanotubes using nitric acid oxidation and DBD plasma[J]. World Academy of Science, Engineering and Technology, 49: 177-179.

Naseh M V, Ali Khodadadi A, Mortazavi Y, et al., 2010. Fast and clean functionalization of carbon nanotubes by dielectric barrier discharge plasma in air compared to acid treatment[J]. Carbon, 48 (5): 1369-1379.

Niu P, Zhang L L, Liu G, et al., 2012. Graphene-like carbon nitride nanosheets for improved photocatalytic activities[J]. Advanced Functional Materials, 22 (22): 4763-4770.

Novoselov K S, Geim A K, Morozov S V, et al., 2004. Electric field effect in atomically thin carbon films[J]. Science, 306 (5696): 666-669.

Parlett C M A, Wilson K, Lee A F, 2013. Hierarchical porous materials: Catalytic applications[J]. Chemical Society Reviews, 42 (9): 3876-3893.

Pourfayaz F, Mortazavi Y, Khodadadi A A, et al., 2014. A comparison of effects of plasma and acid functionalizations on structure and electrical property of multi-wall carbon nanotubes[J]. Applied Surface Science, 295: 66-70.

Rong S P, Sun Y B, 2015. Degradation of TAIC by water falling film dielectric barrier discharge: Influence of radical scavengers[J]. Journal of Hazardous Materials, 287: 317-324.

Safaei J, Ullah H, Mohamed N A, et al., 2018. Enhanced photoelectrochemical performance of Z-scheme g-C_3N_4/$BiVO_4$ photocatalyst[J]. Applied Catalysis B: Environmental, 234: 296-310.

She X J, Liu L, Ji H Y, et al., 2016. Template-free synthesis of 2D porous ultrathin nonmetal-doped g-C_3N_4 nanosheets with highly efficient photocatalytic H_2 evolution from water under visible light[J]. Applied Catalysis B: Environmental, 187: 144-153.

Shin H, Byun T H, Lee S, et al., 2013. Surface hydroxylation of TiO_2 yields notable visible-light photocatalytic activity to decompose rhodamine B in aqueous solution[J]. Journal of Physics and Chemistry of Solids, 74 (8): 1136-1142.

Sing K S W, 1985. Reporting physisorption data for gas/solid systems with special reference to the determination of surface area and porosity (Recommendations 1984) [J]. Pure and Applied Chemistry, 57 (4): 603-619.

Solís-Fernández P, Paredes J I, Martínez-Alonso A, et al., 2008. New atomic-scale features in graphite surfaces treated in a dielectric barrier discharge plasma[J]. Carbon, 46 (10): 1364-1367.

Solís-Fernández P, Paredes J I, Cosío A, et al., 2010. A comparison between physically and chemically driven etching in the oxidation of graphite surfaces[J]. Journal of Colloid and Interface Science, 344 (2): 451-459.

Song X, Hu Y, Zheng M M, et al., 2016. Solvent-free in situ synthesis of g-C_3N_4/{001TiO_2 composite with enhanced UV- and visible-light photocatalytic activity for NO oxidation[J]. Applied Catalysis B: Environmental, 182 (5): 587-597.

Steinmann S N, Melissen S T A G, Le Bahers T, et al., 2017. Challenges in calculating the bandgap of triazine-based carbon nitride structures[J]. Journal of Materials Chemistry A, 5 (10): 5115-5122.

Stoller M D, Park S, Zhu Y W, et al., 2008. Graphene-based ultracapacitors[J]. Nano Letters, 8 (10): 3498-3502.

Sun D L, Hong R Y, Wang F, et al., 2016. Synthesis and modification of carbon nanomaterials via AC arc and dielectric barrier discharge plasma[J]. Chemical Engineering Journal, 283: 9-20.

Sun H Q, Zhou G L, Liu S Z, et al., 2013. Visible light responsive titania photocatalysts codoped by nitrogen and metal (Fe, Ni, Ag, or Pt) for remediation of aqueous pollutants[J]. Chemical Engineering Journal, 231: 18-25.

Sun J W, Yang S R, Liang Z Q, et al., 2020. Two-dimensional/one-dimensional molybdenum sulfide (MoS_2) nanoflake/graphitic carbon nitride (g-C_3N_4) hollow nanotube photocatalyst for enhanced photocatalytic hydrogen production activity[J]. Journal of Colloid and Interface Science, 567: 300-307.

Thomas A, Fischer A, Goettmann F, et al., 2008. Graphitic carbon nitride materials: variation of structure and morphology and their use as metal-free catalysts[J]. Journal of Materials Chemistry, 18 (41): 4893-4908.

Torres-Pinto A, Sampaio M J, Silva C G, et al., 2019. Metal-free carbon nitride photocatalysis with in situ hydrogen peroxide generation for the degradation of aromatic compounds[J]. Applied Catalysis B: Environmental, 252: 128-137.

Wang C, Fu M, Cao J, et al., 2020. $BaWO_4$/g-C_3N_4 heterostructure with excellent bifunctional photocatalytic performance[J]. Chemical Engineering Journal, 385: 123-132.

Wang J, Sun Y B, Feng J W, et al., 2016a. Degradation of triclocarban in water by dielectric barrier discharge plasma combined with TiO$_2$/activated carbon fibers: effect of operating parameters and byproducts identification[J]. Chemical Engineering Journal, 300: 36-46.

Wang Y G, Xu Y L, Wang Y L, et al., 2016b. Synthesis of Mo-doped graphitic carbon nitride catalysts and their photocatalytic activity in the reduction of CO$_2$ with H$_2$O[J]. Catalysis Communications, 74: 75-79.

Wang L L, Guo X, Chen Y Y, et al., 2019a. Cobalt-doped g-C$_3$N$_4$ as a heterogeneous catalyst for photo-assisted activation of peroxymonosulfate for the degradation of organic contaminants[J]. Applied Surface Science, 467: 954-962.

Wang S L, Peng T X, Zhang Y C, 2019b. NH$_4$Cl-assisted in air, low temperature synthesis of SnS$_2$ nanoflakes with high visible-light-activated photocatalytic activity[J]. Materials Letters, 234: 361-363.

Wang W K, Zhang H M, Zhang S B, et al., 2019c. Potassium-ion-assisted regeneration of active cyano groups in carbon nitride nanoribbons: Visible-light-driven photocatalytic nitrogen reduction[J]. Angewandte Chemie-International Edition, 58 (46): 16644-16650.

Wang W H, Huang B C, Wang L S, et al., 2011. Oxidative treatment of multi-wall carbon nanotubes with oxygen dielectric barrier discharge plasma[J]. Surface and Coatings Technology, 205 (21-22): 4896-4901.

Wang X P, Chen Y X, Fu M, et al., 2018. Effect of high-voltage discharge non-thermal plasma on g-C$_3$N$_4$ in a plasma-photocatalyst system[J]. Chinese Journal of Catalysis, 39 (10): 1672-1682.

Wang Y, Zhou C H, Wang W C, et al., 2013. Preparation of two dimensional atomic crystals BN, WS$_2$, and MoS$_2$ by supercritical CO$_2$ assisted with ultrasound[J]. Industrial & Engineering Chemistry Research, 52 (11): 4379-4382.

Warner J H, Rümmeli M H, Bachmatiuk A, et al., 2010. Atomic resolution imaging and topography of boron nitride sheets produced by chemical exfoliation[J]. ACS Nano, 4 (3): 1299-1304.

Wu X H, Gao D D, Wang P, et al., 2019. NH$_4$Cl-induced low-temperature formation of nitrogen-rich g-C$_3$N$_4$ nanosheets with improved photocatalytic hydrogen evolution[J]. Carbon, 153: 757-766.

Wu X M, Wang L D, Luo F, et al., 2007. BaCO$_3$ Modification of TiO$_2$ Electrodes in quasi-solid-state dye-sensitized solar cells: Performance improvement and possible mechanism[J]. The Journal of Physical Chemistry C, 111 (22): 8075-8079.

Xiao J D, Han Q Z, Xie Y B, et al., 2017. Is C$_3$N$_4$ chemically stable toward reactive oxygen species in sunlight-driven water treatment? [J]. Environmental Science & Technology, 51 (22): 13380-13387.

Xu C Y, Han Q, Zhao Y, et al., 2015. Sulfur-doped graphitic carbon nitride decorated with graphene quantum dots for an efficient metal-free electrocatalyst[J]. Journal of Materials Chemistry A, 3 (5): 1841-1846.

Xu Q L, Cheng B, Yu J G, et al., 2017. Making co-condensed amorphous carbon/g-C$_3$N$_4$ composites with improved visible-light photocatalytic H$_2$-production performance using Pt as cocatalyst[J]. Carbon, 118: 241-249.

Xu Q C, Wellia D V, Ng Y H, et al., 2011. Synthesis of porous and visible-light absorbing Bi$_2$WO$_6$/TiO$_2$ heterojunction films with improved photoelectrochemical and photocatalytic performances[J]. The Journal of Physical Chemistry C, 115 (15): 7419-7428.

Yang C W, Xue Z, Qin J Q, et al., 2019a. Heterogeneous structural defects to prompt charge shuttle in g-C$_3$N$_4$ plane for boosting visible-light photocatalytic activity[J]. Applied Catalysis B: Environmental, 259: 118094.

Yang F, Liu D Z, Li Y X, et al., 2019b. Salt-template-assisted construction of honeycomb-like structured g-C$_3$N$_4$ with tunable band structure for enhanced photocatalytic H$_2$ production[J]. Applied Catalysis B: Environmental, 240: 64-71.

Yao Y G, Lin Z Y, Li Z, et al., 2012. Large-scale production of two-dimensional nanosheets[J]. Journal of Materials Chemistry, 22 (27): 13494-13499.

Yu J G, Yu H G, Cheng B, et al., 2006. Enhanced photocatalytic activity of TiO$_2$ powder (P25) by hydrothermal treatment[J]. Journal of Molecular Catalysis A: Chemical, 253 (1-2): 112-118.

Yu Y L, Zhang P, Guo L M, et al., 2014. The design of TiO$_2$ nanostructures (nanoparticle, nanotube, and nanosheet) and their photocatalytic activity[J]. The Journal of Physical Chemistry C, 118 (24): 12727-12733.

Yu Y B, Zhang X L, He H, 2007. Evidence for the formation, isomerization and decomposition of organo-nitrite and-nitro species during the NO$_x$ reduction by C$_3$H$_6$ on Ag/Al$_2$O$_3$[J]. Applied Catalysis B: Environmental, 75 (3-4): 298-302.

Yuan Y P, Yin L S, Cao S W, et al., 2014. Microwave-assisted heating synthesis: A general and rapid strategy for large-scale production of highly crystalline g-C$_3$N$_4$ with enhanced photocatalytic H$_2$ production[J]. Green Chemistry, 16 (11): 4663-4668.

Zelisko M, Hanlumyuang Y, Yang S B, et al., 2014. Anomalous piezoelectricity in two-dimensional graphene nitride nanosheets[J]. Nature Communications, 5: 4284.

Zhang G G, Zhang J S, Zhang M W, et al., 2012a. Polycondensation of thiourea into carbon nitride semiconductors as visible light photocatalysts[J]. Journal of Materials Chemistry, 22 (16): 8083-8091.

Zhang G G, Wang X C, 2013. A facile synthesis of covalent carbon nitride photocatalysts by Co-polymerization of urea and phenylurea for hydrogen evolution[J]. Journal of Catalysis, 307: 246-253.

Zhang H, Zong R L, Zhu Y F, 2009. Photocorrosion inhibition and photoactivityenhancement for zinc oxide via hybridization with monolayer polyaniline[J]. Journal of Physical Chemistry C, 113 (111): 4605-4611.

Zhang J, Zou H L, Qing Q, et al., 2003. Effect of chemical oxidation on the structure of single-walled carbon nanotubes[J]. The Journal of Physical Chemistry B, 107 (16): 3712-3718.

Zhang M W, Wang X C, 2014. Two dimensional conjugated polymers with enhanced optical absorption and charge separation for photocatalytic hydrogen evolution[J]. Energy & Environmental Science, 7 (6): 1902-1906.

Zhang Q, Chai Y Y, Cao M T, et al., 2020a. Facile synthesis of ultra-small Ag decorated g-C$_3$N$_4$ photocatalyst via strong interaction between Ag$^+$ and cyano group in monocyanamide[J]. Applied Surface Science, 503: 143891.

Zhang Q C, Jiang L, Wang J, et al., 2020b. Photocatalytic degradation of tetracycline antibiotics using three-dimensional network structure perylene diimide supramolecular organic photocatalyst under visible-light irradiation[J]. Applied Catalysis B: Environmental, 277: 119122.

Zhang X, Ai Z H, Jia F L, et al., 2007. Selective synthesis and visible-light photocatalytic activities of BiVO$_4$ with different crystalline phases[J]. Materials Chemistry and Physics, 103 (1): 162-167.

Zhang X D, Xie X, Wang H, et al., 2013. Enhanced photoresponsive ultrathin graphitic-phase C$_3$N$_4$ Nanosheets for bioimaging[J]. Journal of the American Chemical Society, 135 (1): 18-21.

Zhang Y W, Liu J A, Wu G, et al., 2012b. Porous graphitic carbon nitride synthesized via direct polymerization of urea for efficient sunlight-driven photocatalytic hydrogen production[J]. Nanoscale, 4 (17): 5300-5303.

Zhao H X, Yu H T, Quan X, et al., 2014. Atomic single layer graphitic-C$_3$N$_4$: Fabrication and its high photocatalytic performance under visible light irradiation[J]. RSC Advances, 4 (2): 624-628.

Zhou C Y, Lai C, Huang D L, et al., 2018. Highly porous carbon nitride by supramolecular preassembly of monomers for photocatalytic removal of sulfamethazine under visible light driven[J]. Applied Catalysis B: Environmental, 220: 202-210.

Zhou M, Dong G H, Yu F K, et al., 2019. The deep oxidation of NO was realized by Sr multi-site doped g-C$_3$N$_4$ via photocatalytic method[J]. Applied Catalysis B: Environmental, 256: 117825.

Zou X X, Silva R, Goswami A, et al., 2015. Cu-doped carbon nitride: bio-inspired synthesis of H$_2$-evolving electrocatalysts using graphitic carbon nitride (g-C$_3$N$_4$) as a host material[J]. Applied Surface Science, 357: 221-228.

第4章 氮化碳二元复合材料光催化活性增强机制与催化性能

4.1 BaCO₃/g-C₃N₄复合材料的光催化性能

4.1.1 引言

石墨碳氮化物（g-C₃N₄）作为一种非金属的有机半导体光催化剂，由于其具有合适的带宽（2.7eV）、良好的化学性和热稳定性、低成本等优点，被广泛用于光解水（Sudhaik et al.，2018；Wu et al.，2019；Jiao et al.，2019）、降解NO_x（Zhao et al.，2017；Papailias et al.，2018a，2018b）、减少CO_2（Tonda et al.，2018；Ou et al.，2018；Jiang et al.，2018）和处理工业废水（Zhang et al.，2018；Lamkhao et al.，2018；Wei et al.，2018）。然而，由于g-C₃N₄光生载流子的快速重组，其应用受到限制（Jiao et al.，2019）。因此，许多学者通过各种方法来努力提高其光催化活性（Ran et al.，2018a；Oh et al.，2018；Fu et al.，2018；Hu et al.，2019；Yuan et al.，2019）。在这些方法中，改性材料主要是半导体或某些金属元素，而很少考虑使用来源丰富、低成本和环保的绝缘体材料对g-C₃N₄进行优化。

绝缘体可以潜在地应用于光催化领域，因为它改变了半导体发出的光激发电子的传输通道，抑制了光生电子与空穴的复合，最终提高了反应系统的活性（Dong et al.，2017；Wang et al.，2018a）。然而，绝缘体从半导体转移光生电子的过程仍然是一个谜，特别是缺乏从阴离子和阳离子的共修饰方向研究的方法。

在工作中，通过原位热共聚法设计了一种阴离子/阳离子共改性的石墨碳氮化物（BaCO₃/g-C₃N₄），并将其用于在可见光照射下去除废水中的CV（结晶紫）和TC（四环素）。实验数据显示，新型BaCO₃/g-C₃N₄光催化剂表现出优异的光降解性能。本章深入研究绝缘体如何增强半导体的光催化活性的机理。Ba^{2+}优化了g-C₃N₄的平面扭转，同时CO_3^{2-}扩展了π平面中的电子传输路径。阴离子和阳离子的协同作用使g-C₃N₄的禁带宽度变窄，并使电子在平面中的传输更顺滑、距离更远，从而增强了捕获可见光的能力，延长了载流子寿命。另外，采用HPLC-MS技术动态监测CV光降解中的中间体。这项工作首先将绝缘体-半导体光催化剂应用于有机废水处理领域，这可能会激发更多用于水处理的绝缘体-半导体复合材料的开发。

4.1.2 BaCO₃/g-C₃N₄复合材料的制备

所有原料均为分析纯，未经进一步纯化。BaCO₃/g-C₃N₄的制备如下：将一定量的BaCO₃（5%、7%、9%）和10g三聚氰胺（C₃H₆N₆）同时放入100mL陶瓷坩埚中。在无水条件下先进行物理混合,然后加入适量的去离子水再次搅拌均匀。混合溶液置于功率为 100%的超声波清洗器中超声分散 20min。将所得的水-固体混合物在 60℃的烘箱中过夜烘干,得到相对干燥的前驱体。最后,用坩埚盖盖住陶瓷坩埚以减少有机物的挥发,然后在马弗炉中以 5℃/min 的速度将其煅烧 4h 至 600℃(此煅烧温度远低于 $BaCO_3$ 的分解温度)。自然冷却后,收集样品,并研磨成粉末。样品标记为 x-Ba/CN(其中 x 表示 $BaCO_3$ 的含量)。同时,以相同的方式直接煅烧 $BaCO_3$ 和 $C_3H_6N_6$,所得粉末样品分别标记为 $BaCO_3$ 和 $g-C_3N_4$。

4.1.3 结果与讨论

为了分析制备的 $g-C_3N_4$、x-Ba/CN 和 $BaCO_3$ 样品的晶体结构,对样品进行 XRD 图谱分析,如图 4-1 所示。在 13.1°和 27.5°处的两个特征衍射峰,分别对应于七嗪单元的(100)平面堆积和(002)层间堆积图案(Yu et al., 2017; Thomas et al., 2018)。煅烧后的 $BaCO_3$ 显示为正交结构,符合标准卡片 JCPDS#71-2394。对于 x-Ba/CN,在 13.1°和 28.0°处只有两个峰,而没有其他杂质峰,这证实了 $BaCO_3$ 的掺入未改变 $g-C_3N_4$ 的基本结构。有趣的是,复合物中 $g-C_3N_4$ 的峰强度随 $BaCO_3$ 含量的增加而逐渐降低,表明 $BaCO_3$ 的掺入会影响 $g-C_3N_4$ 的聚合过程。此外,在 27.5°处的峰向高的角度略有偏移,这说明与 $BaCO_3$ 杂化后 $g-C_3N_4$ 的层间距减小(Cheng et al., 2018)。

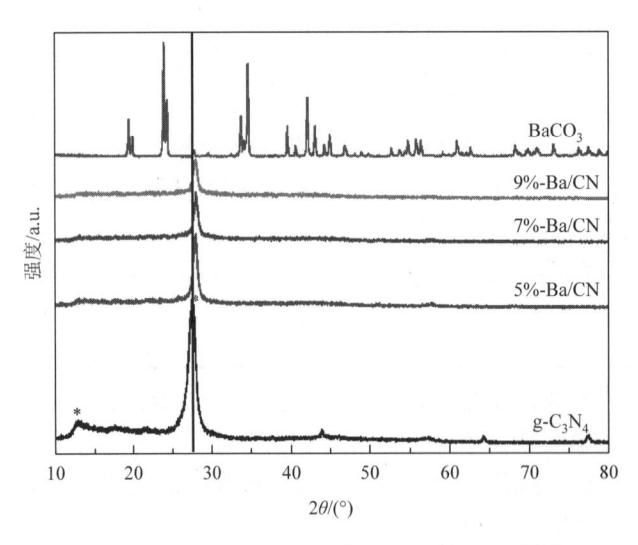

图 4-1　$g-C_3N_4$、x-Ba/CN 和 $BaCO_3$ 的 XRD 图谱

$g-C_3N_4$、7%-Ba/CN 和 $BaCO_3$ 的 SEM 图和 TEM 图如图 4-2 所示。$g-C_3N_4$ 是无定形的层状结构,与以前报道的文献一致(Chen et al., 2017; Zhao et al., 2018a),具体如图 4-2(a)和图 4-2(d)所示。$BaCO_3$ 为表面光滑的短棒状结构[图 4-2(b)和图 4-2(e)]。7%-Ba/CN 复合材料的 SEM 图清楚地表明,复合材料保留了层状 $g-C_3N_4$ 的结构[图 4-2(c)]。此外,图 4-2(f)为 7%-Ba/CN 复合材料的高分辨 TEM 图,图中可以看

到 g-C$_3$N$_4$ 的非晶态结构，但是没有观察到 BaCO$_3$ 的任何晶格条纹，表明其主要结构是层状氮化碳，该结论与 XRD 结果一致。为了进一步观察复合材料中 BaCO$_3$ 的存在，提供了 7%-Ba/CN 复合材料的分析元素分布 EDS（能谱仪）映射图［图 4-2（g）、图 4-2（h）］。在 7%-Ba/CN 复合材料中，Ba、C、N 和 O 四种元素被检测到，且均匀分布在复合物中。以上结论表明，BaCO$_3$ 与 g-C$_3$N$_4$ 混合煅烧成功制备了 BaCO$_3$/g-C$_3$N$_4$ 复合催化剂。

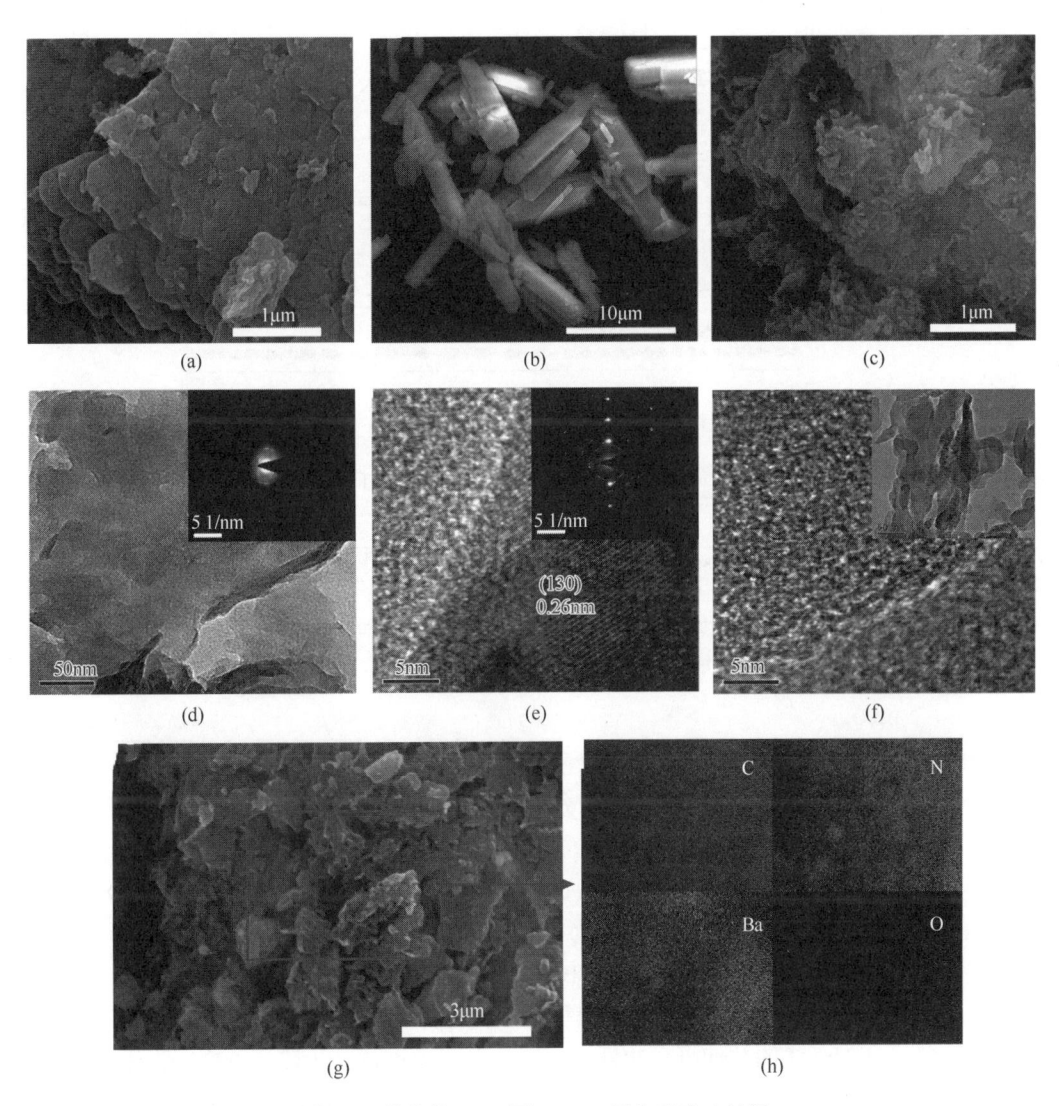

图 4-2 样品的 SEM 图、TEM 图和元素映射图

(a) g-C$_3$N$_4$ 的 SEM 图；(b) BaCO$_3$ 的 SEM 图；(c) 7%-Ba/CN 的 SEM 图；(d) g-C$_3$N$_4$ 的 TEM 图；(e) BaCO$_3$ 的 TEM 图；(f) 7%-Ba/CN 的 TEM 图；(g)、(h) 7%-Ba/CN 复合材料的元素映射图

g-C$_3$N$_4$、7%-Ba/CN 和 BaCO$_3$ 的 N$_2$ 吸附-脱吸等温线和孔径分布如图 4-3 所示。根据 IUPAC 分类，g-C$_3$N$_4$ 和 7%-Ba/CN 表现出Ⅳ型等温线具有 H3 磁滞回线，表明它们都具有介孔结构（Jiao et al.，2019）。g-C$_3$N$_4$、7%-Ba/CN 和 BaCO$_3$ 的比表面积分别为 24.31m^2/g、

19.80m²/g 和 0.71m²/g（表 4-1）。比表面积的减小可归因于固体棒状 BaCO₃ 的掺入对介孔结构的 g-C₃N₄ 具有堵塞作用。此外，比表面积和孔径不是改善光催化性能的主要因素。

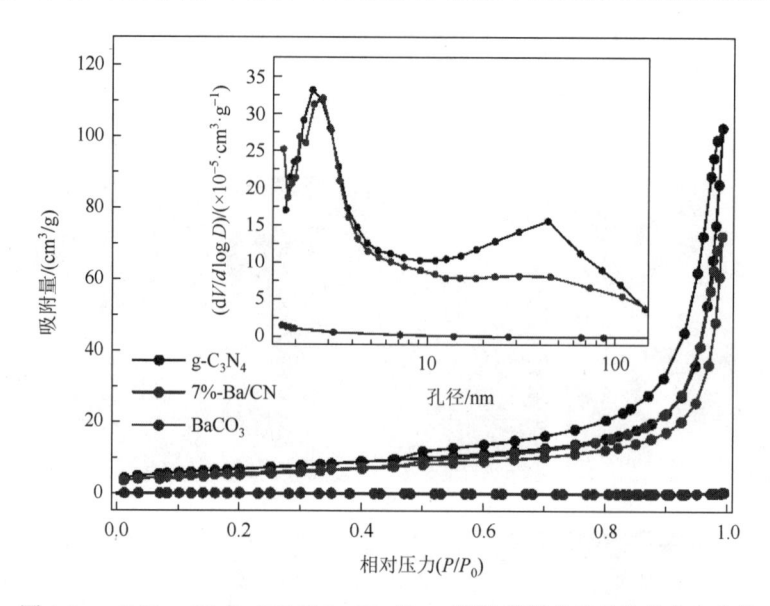

图 4-3　g-C₃N₄、7%-Ba/CN 和 BaCO₃ 的 N₂ 吸附-脱附曲线及孔径分布曲线

表 4-1　g-C₃N₄、7%-Ba/CN 和 BaCO₃ 的比表面积、孔体积大小

样品	比表面积/(m²/g)	孔体积/(cm³/g)
g-C₃N₄	24.31	0.1588
7%-Ba/CN	19.80	0.1122
BaCO₃	0.71	0.0006

样品的元素组成可以通过 XPS 光谱分析获得。在图 4-4（a）中，7%-Ba/CN 复合材料中除 C、N、O 和 Ba 外没有其他元素，表明合成样品纯度较高。光催化剂的元素含量如表 4-2 所示。从表中可以看出，7%-Ba/CN 中 C 与 N 的元素含量比值（C/N 值）（0.81）比 g-C₃N₄（0.79）有所提高，可能是因为 BaCO₃ 引入了少量 C 源。

图 4-4（b）为 g-C₃N₄、x-Ba/CN 和 BaCO₃ 的 FT-IR 图谱。对于 g-C₃N₄，在 1700～1200cm⁻¹ 内的强峰带对应于 N═C 的典型杂环拉伸振动，808cm⁻¹ 和 3200cm⁻¹ 处的峰分别与三嗪单元和 N—H 的拉伸振动相匹配（Jagannathan et al.，2012）。692cm⁻¹ 和 854cm⁻¹ 处的峰归因于 BaCO₃ 中 CO₃²⁻ 的面内或面外弯曲模式（Sha et al.，2017），而 1448cm⁻¹ 和 1059cm⁻¹ 处的峰则与不对称 C—O 的拉伸振动（Zhu et al.，2009；Eiblmeier et al.，2013）和对称 C—O 的拉伸振动（Lv et al.，2008）有关。相比之下，x-Ba/CN 在 1700～1200cm⁻¹ 处表现出三嗪环的特征衍射峰，表明 x-Ba/CN 保持了 g-C₃N₄ 的基本结构。然而，所有复合材料在 2152cm⁻¹ 处都有一个新的衍射峰归属于氰基（—C≡N）的特征峰（Liu et al.，2016b；Liu et al.，2018），且其峰强随着 BaCO₃ 含量的增加而增加（与 3200cm⁻¹ 处的 N—H 键的峰强变化相反）。根据 Hu 等（2019）提出的 g-C₃N₄ 的缩合过程，氰基（—C≡N）

可能的生成位点如图 4-4（c）所示。结果表明，BaCO$_3$ 的加入影响 g-C$_3$N$_4$ 的聚合过程，导致一些七嗪环被破坏，边缘的 sp^3 C—N 键被—C≡N 基团取代。

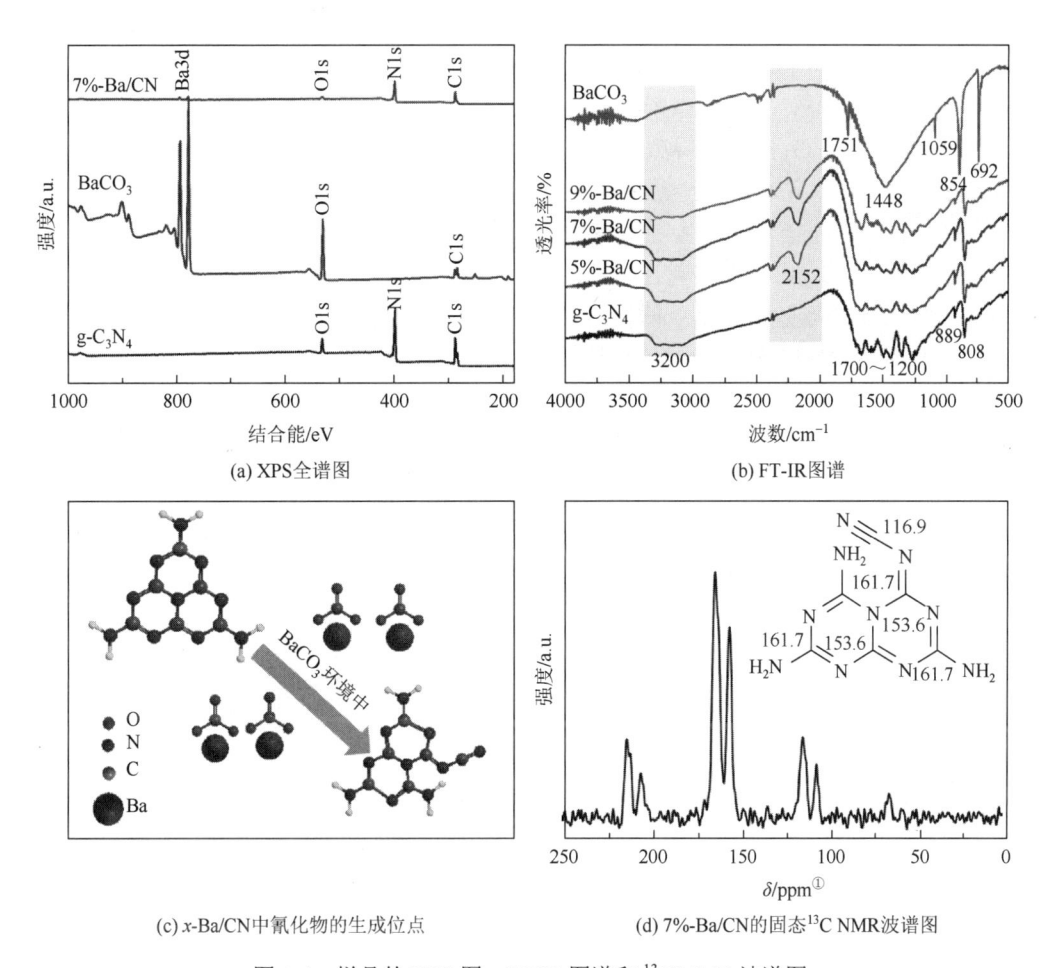

图 4-4 样品的 XPS 图、FT-IR 图谱和 ^{13}C NMR 波谱图

表 4-2　g-C$_3$N$_4$、7%-Ba/CN 和 BaCO$_3$ 的元素含量（%）

样品	C	N	O	Ba	C/N
g-C$_3$N$_4$	43.06	54.64	2.30	—	0.79
7%-Ba/CN	42.49	52.56	4.38	0.57	0.81
BaCO$_3$	33.58	—	47.45	18.97	—

通过 ^{13}C NMR（^{13}C 核磁共振）波谱图确定 CN 环上的七嗪结构，如图 4-4（d）所示。对于 g-C$_3$N$_4$，峰在 δ = 164.2ppm 和 156.4ppm 处振动，分别对应于—C—NH 和 N—C≡N（Cui et al., 2012）。重要的是，在 7%-Ba/CN 中发现了由氰基（—C≡N）引起的 δ = 116.9ppm

---

① 本书中 ppm 是数量份额，表示 10^{-6}。

处的振动峰（Zhou et al.，2016b），而其他峰则使主要信号的边带旋转（Erdogan et al.，2016）。该结论进一步证实七嗪环开环产生氰基（—C≡N），其与 FT-IR 图谱的结论相符。

众所周知，可见光的良好吸收是光催化剂优异光催化性能的先决条件。图 4-5 为紫外-可见漫反射光谱图和禁带宽度测定。对于原始 $g-C_3N_4$，它在约 460nm 处具有禁带宽度，与禁带宽度 E_g = 2.7eV 对应。由于绝缘体 $BaCO_3$ 具有较宽的禁带，因此无法通过阳光激发。有趣的是，$BaCO_3$ 的杂交导致 x-Ba/CN 的带边缘发生红移，这意味着它具有更好的可见光吸收能力，并且可以通过颜色变化进一步证实［图 4-5（a）］。此外，图 4-5（b）中由 7%-Ba/CN 获得的禁带宽度为 2.62eV（低于 $g-C_3N_4$）。可能的原因是氰基（—C≡N）的产生可以减小 $g-C_3N_4$ 的禁带宽度（Yu et al.，2017）。

电子/空穴的分离效率越高，催化剂的光催化性能越优异。因此，下面研究 $g-C_3N_4$ 和 x-Ba/CN 的光致发光分析。如图 4-6 所示，x-Ba/CN 的光致发光光谱强度明显低于 $g-C_3N_4$，这证明 $BaCO_3$ 的杂交抑制了光生载流子的重组，从而增强了复合材料的光催化活性。其中，7%-Ba/CN 的光致发光光谱强度最低，表明 7%-Ba/CN 可能具有最高的光催化活性。

(a) 紫外-可见漫反射光谱图

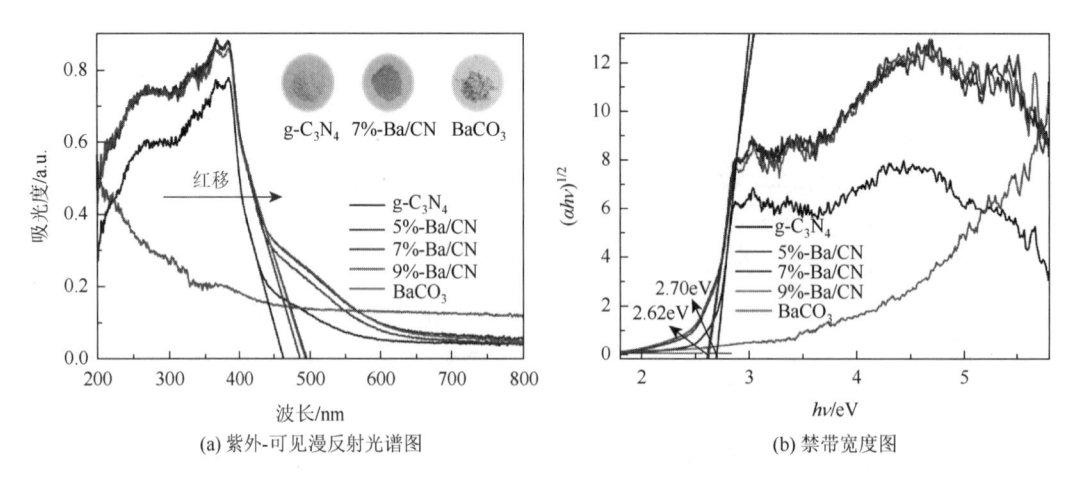

(b) 禁带宽度图

图 4-5　$g-C_3N_4$、x-Ba/CN 和 $BaCO_3$ 的紫外-可见漫反射光谱图和禁带宽度测定

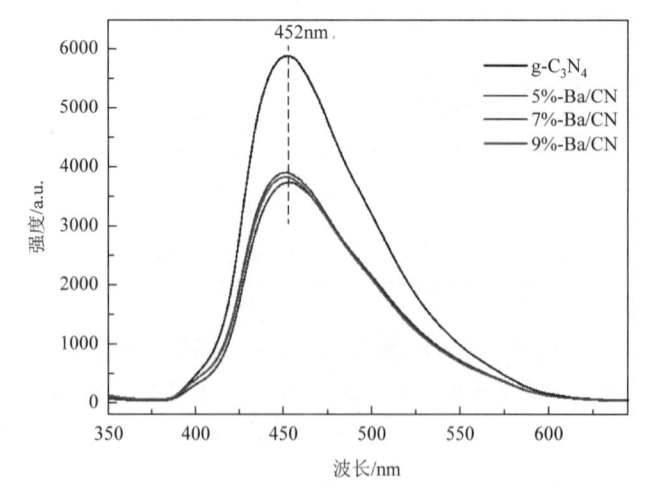

图 4-6　$g-C_3N_4$ 和 x-Ba/CN 的光致发光光谱图

通过在可见光照射下降解 CV 溶液来评价新型光催化剂的活性。如图 4-7（a）所示，CV 本身在辐照下没有明显的分解过程，表明 CV 是相对稳定的。120min 后，g-C$_3$N$_4$ 对 CV 的降解率仅为 21.5%，而 x-Ba/CN 复合材料的光催化活性显示出出乎意料的结果。其中，7%-Ba/CN 的 CV 最佳降解率为 80.0%，约是 g-C$_3$N$_4$ 的 3.7 倍。

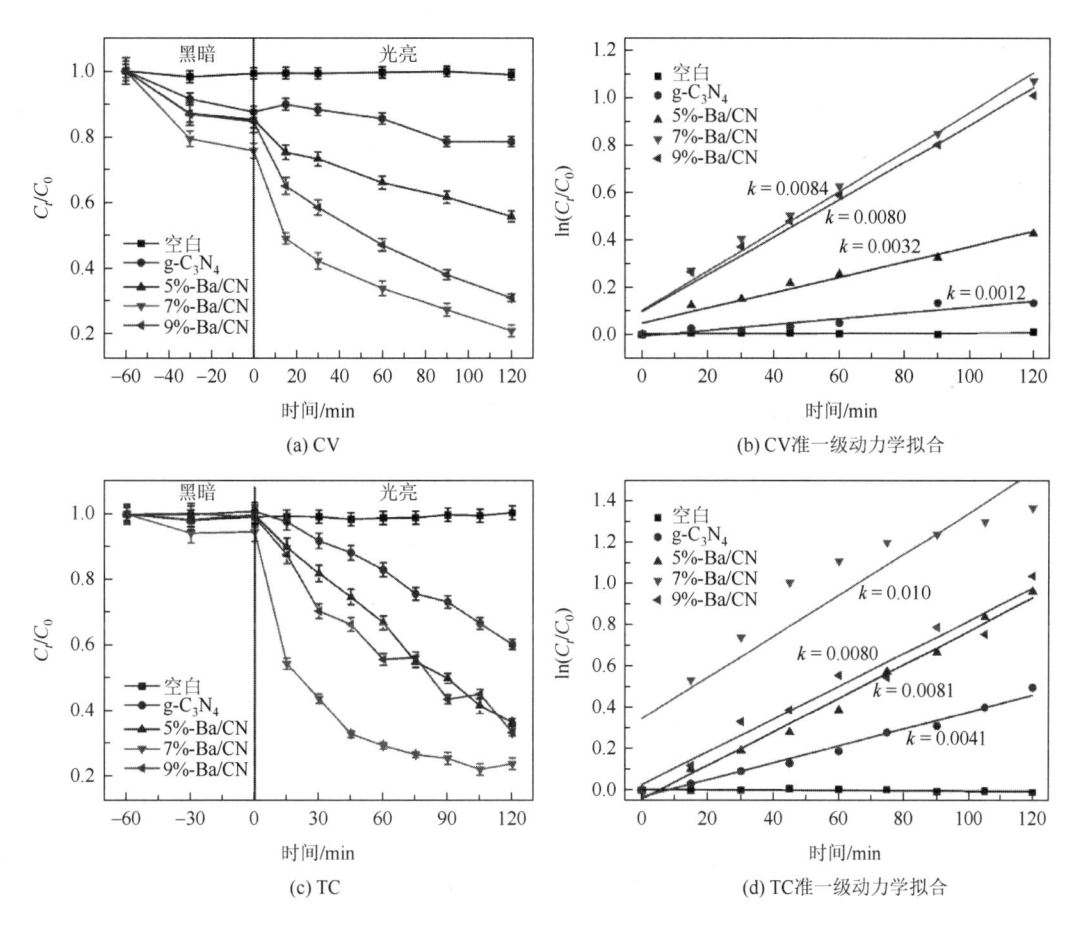

图 4-7 样品的催化性能及降解动力学图谱

通过简化朗缪尔-欣谢尔伍德（Langmuir-Hinshelwood）模型，可以将 CV 的降解与准一级动力学反应拟合（Zhang et al.，2017）。公式为

$$\ln(C_0 / C_t) = kt \tag{4-1}$$

式中，C_t 是时间 t 的 CV 浓度；C_0 是 CV 溶液的初始浓度；斜率 k 是表观反应速率常数。如图 4-7（b）所示，7%-Ba/CN 的 k 值（0.0084min^{-1}）更大，是 g-C$_3$N$_4$（0.0012min^{-1}）的 7 倍，表明它具有更强的降解 CV 的能力。高 k 值可归因于掺入 7%的 BaCO$_3$ 优化了 g-C$_3$N$_4$ 的禁带宽度，从而可有效捕获可见光并抑制光生电子空穴复合。

此外，通过在相同的反应条件下检查无色四环素（TC）的光降解，以此来排除染料的光敏化作用，从而证实可以通过绝缘体 BaCO$_3$ 优化 g-C$_3$N$_4$ 的活性。如图 4-7（c）

和图 4-7（d）所示，TC 的 7%-Ba/CN 光催化去除率的 k 值为 0.010min^{-1}，约为 g-C$_3$N$_4$（0.0041min^{-1}）的 2.4 倍。结论表明，新型 BaCO$_3$/g-C$_3$N$_4$ 催化剂可以光降解有机污染物。

溶液的初始 pH 是影响光催化降解的重要因素。下面讨论初始 pH 对光催化降解性能的影响。用 0.1mol/L HCl 和 0.1mol/L NaOH 调节 20mg/L CV 和 TC 的 pH，图 4-8 显示了在不同 pH 条件下光催化剂（7%-Ba/CN）的降解性能。显然，在溶液降解过程中，CV 或 TC 的降解率随着 pH 的升高而增加。对于 CV 的降解过程，k（速率常数）值从 0.0048min^{-1}（pH = 2.65）增加到 0.0400min^{-1}（pH = 11.00）（表 4-3）。同样，TC 光催化过程的 k 值在 0.0037min^{-1}（pH = 2.75）到 0.0280min^{-1}（pH = 10.73）的范围内。在酸性条件下，引入的 Cl$^-$ 与羟基自由基反应形成 •ClO$^-$，氧化能力比 •OH 和 •O$_2^-$ 低得多，从而降低了反应体系的光催化活性（Ejhieh and Khorsandi，2010）。在碱性溶液中，阳离子染料 CV 和酸性 TC 溶液与 OH$^-$ 的电吸引作用提高了 CV 和 TC 在 7%-Ba/CN 上的吸附能力，这更有利于后续的光催化反应（Nezamzadeh-Ejhieh and Karimi-Shamsabadi，2013；Lalhriatpuia et al.，2015）。此外，h$^+$ 和 OH$^-$ 在碱性环境中容易形成 •OH（Wang et al.，2017b）。实验数据表明，碱性条件更有利于 CV 和 TC 的降解，这与先前的文献结果相似（Cao et al.，2018；Nguyen et al.，2020）。

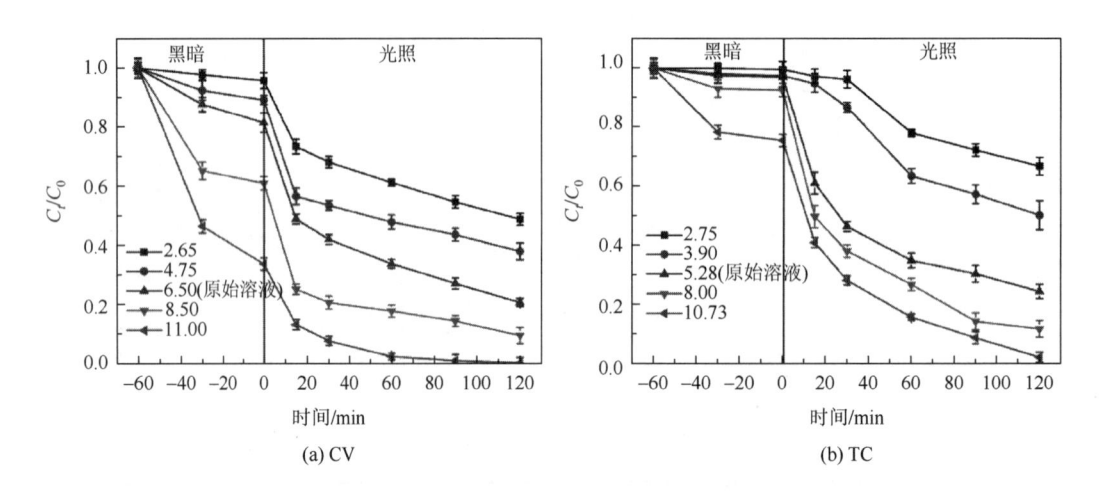

图 4-8　不同 pH 下 7%-Ba/CN 的光降解性能

表 4-3　在不同 pH 下 7%-Ba/CN 处理的 CV 和 TC 的速率常数

样品	pH	k/min^{-1}	样品	pH	k/min^{-1}
CV	2.65	0.0048	TC	2.75	0.0037
	4.75	0.0060		3.90	0.0061
	6.50	0.0100		5.28	0.0104
	8.50	0.0145		8.00	0.0167
	11.00	0.0400		10.73	0.0280

样品的稳定性是检查样品是否可以直接应用于实际工程的重要因素。如图 4-9 所示，

重复使用 5 次后,对于 20mg/L CV 溶液和 20mg/L TC 溶液,使用 7%-Ba/CN,处理效率保持较高水平,和第一次相比仅降低了约 10%和 12%。对比重复使用 5 次后 7%-Ba/CN 的 XRD 图谱和 SEM 图,观察光催化剂使用前后的结构和形态变化(处理 CV 或 TC 后的样品分别标记为 7%-Ba/CN-CV,7%-Ba/CN-TC)。从图 4-10 可以看出,与 7%-Ba/CN 相

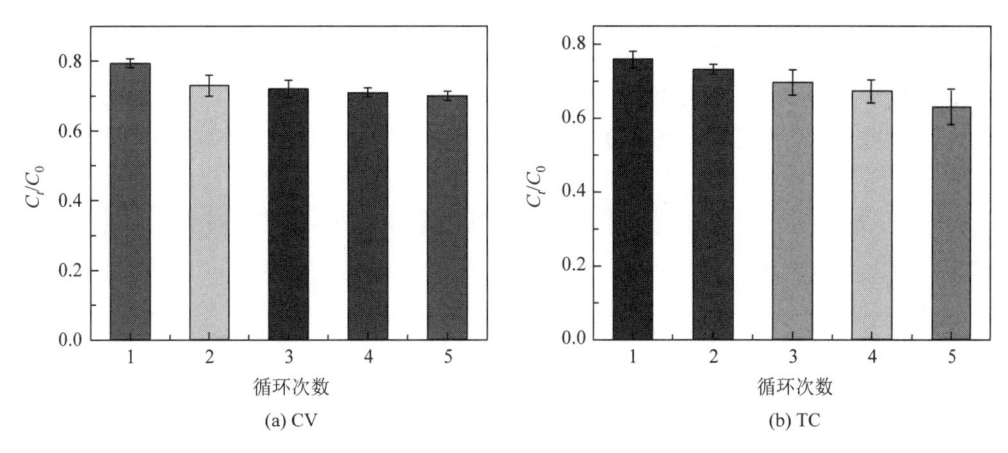

图 4-9　7%-Ba/CN 对 CV 和 TC 光降解的循环测试

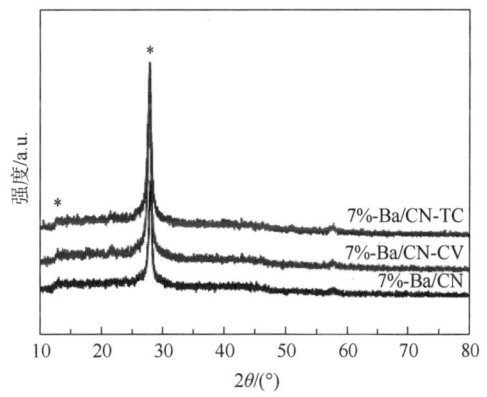

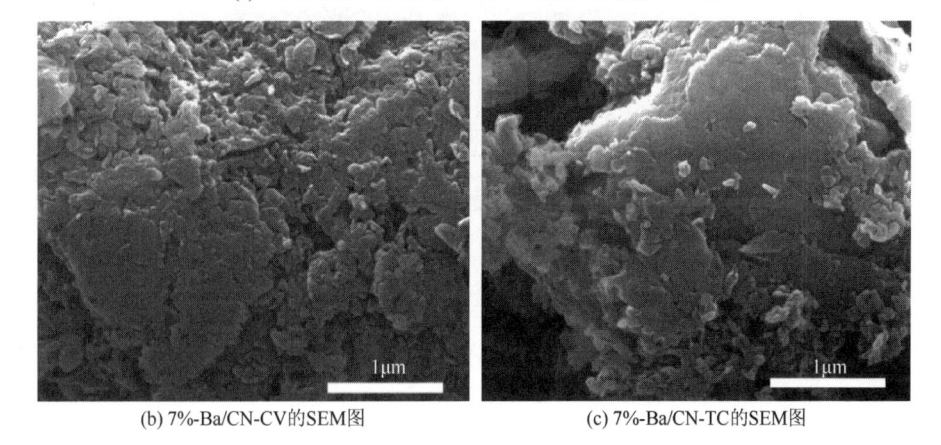

图 4-10　样品的 XRD 图谱和 SEM 图

比，7%-Ba/CN-CV 和 7%-Ba/CN-TC 的晶体相和形态没有显著变化。这些结果证实了复合材料在环境管理中具有良好的稳定性和应用价值。

探索新型催化剂 x-Ba/CN 光催化去除 CV 的机理，活性物质的测定是其重要的监测手段。通过 IPA、抗坏血酸（AA）、KBrO$_3$ 和 EDTA-2Na 分别捕获反应体系中的•OH、•O$_2^-$、e$^-$ 和 h$^+$ 活性基团。显然，图 4-11（a）所示的四种活性物质捕获剂对光降解 CV 的过程有一定的抑制作用，其中抗坏血酸体系的抑制作用最大，其次是 IPA。用 AA 系统处理的 CV 废水的去除率仅为 30%，比不使用捕获剂的去除率低 50%，这证实了•O$_2^-$ 是光催化过程中的主要活性基团。使用 DMPO 在可见光照射下捕获•OH 和•O$_2^-$ 的 ESR 技术证实了这一结果［图 4-11（b）和图 4-11（c）］。与未照射的 g-C$_3$N$_4$ 相比，7%-Ba/CN 在照射下会产生大量的•O$_2^-$ 反应性基团。自由基捕获实验和 ESR 光谱共同证实，处理 CV 溶液最主要的自由基是•O$_2^-$。

(a) IPA、AA、KBrO$_3$ 和 EDTA-2Na 的捕获自由基实验图

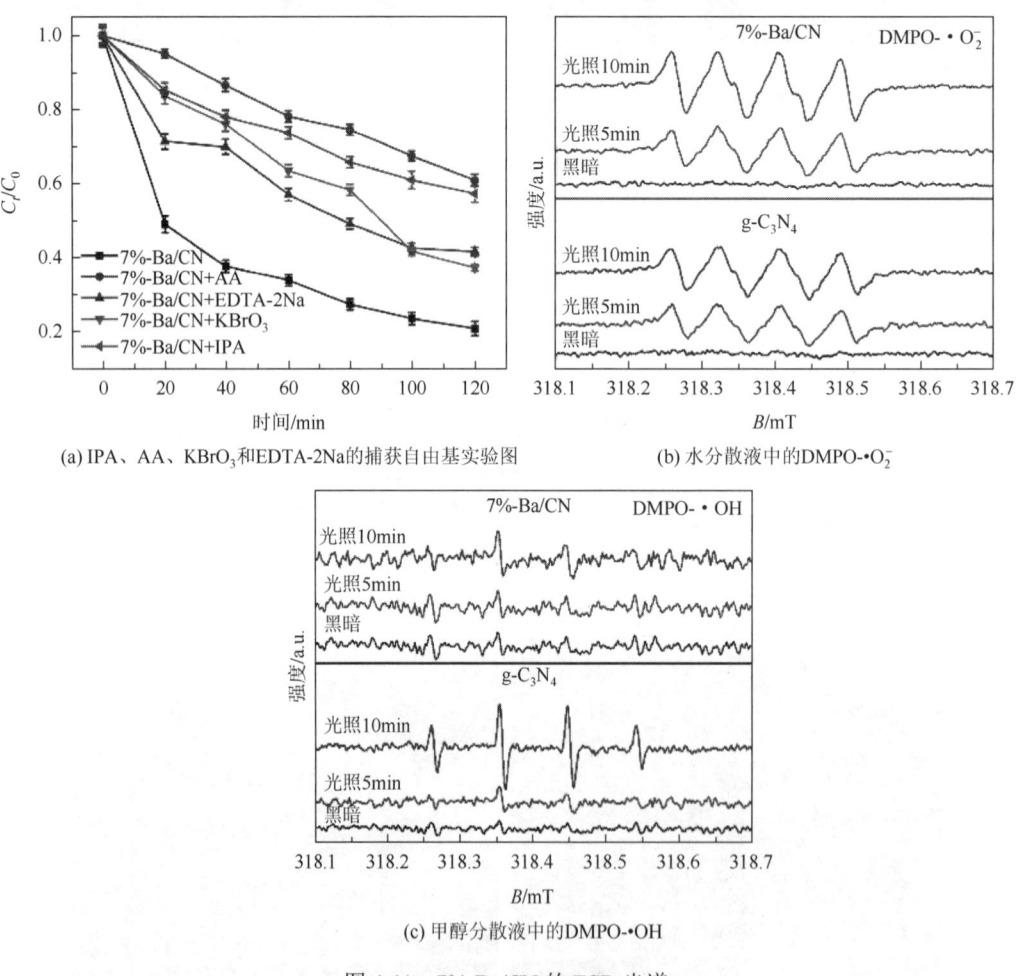

(b) 水分散液中的 DMPO-•O$_2^-$

(c) 甲醇分散液中的 DMPO-•OH

图 4-11　7%-Ba/CN 的 ESR 光谱

图 4-12 为高分辨 XPS 图，用于确定载流子的转移途径。7%-Ba/CN 的 C1s 和 N1s 的结合能中，只有与 BaCO$_3$ 相比 C1s 的结合能偏向更低的能级，与 g-C$_3$N$_4$ 相比其各个元素

的结合能都偏向更高能级。这些化学位移表明 g-C$_3$N$_4$ 上芳环的电子云移向 BaCO$_3$ 中的 CO$_3^{2-}$，表明 BaCO$_3$ 的引入可能会改变 g-C$_3$N$_4$ 上光生电子的传输路径。此外，Ba3d 在 7%-Ba/CN 中的结合能转移到更高的能级，表明 Ba^{2+} 可能参与了 g-C$_3$N$_4$ 结构的优化。这些结论表明 BaCO$_3$ 中的阴离子和阳离子可能参与了 g-C$_3$N$_4$ 的结构优化。

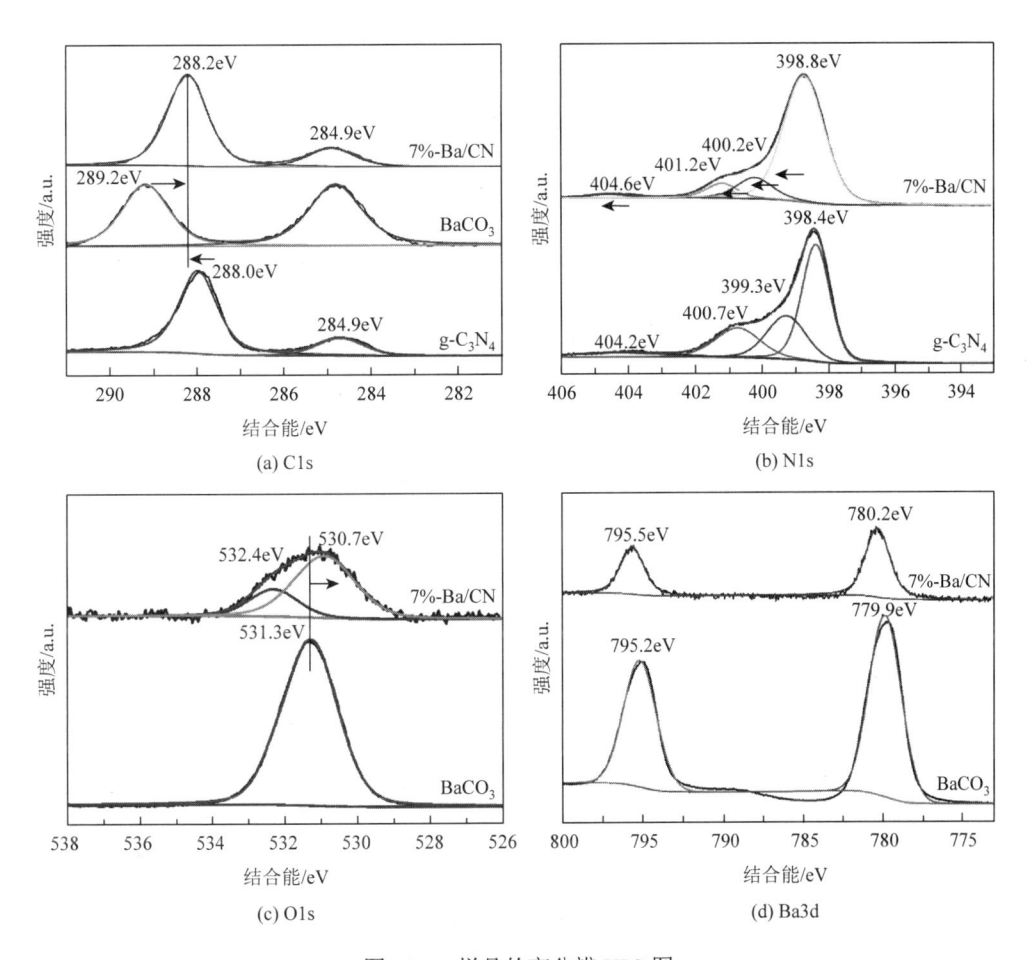

图 4-12 样品的高分辨 XPS 图

基于上述分析结果，可以推测 BaCO$_3$ 优化 g-C$_3$N$_4$ 的光催化性能的可能机理。绝缘体 BaCO$_3$ 改性的 g-C$_3$N$_4$ 的示意图如图 4-13 所示。随着混合煅烧的进行，部分离子半径为 1.35Å 的 Ba^{2+} 进入尺寸为 4.742Å 的 g-C$_3$N$_4$ 平面中的空腔（Zhou et al., 2019）。空腔中带正电的 Ba^{2+} 和周围的六个带负电的 N^{3-} 的偶极效应可以优化 g-C$_3$N$_4$ 平面的畸变，从而使光生电子在 g-C$_3$N$_4$ 平面中的传输更顺利（Sehnert et al., 2007）。此外，由于 g-C$_3$N$_4$ 和 CO$_3^{2-}$ 均具有 π 电子层，因此它们可能形成"肩对肩"结构，导致它们在 P$_z$ 轨道上的电子云发生重叠建立更大的 π 电子层，如图 4-13（b）所示，光生电子可以从 g-C$_3$N$_4$ 平面转移到 CO$_3^{2-}$ 平面，从而延长了光生载流子的传输距离并降低了光生电子与空穴的复合率。最终，Ba^{2+} 优化了 g-C$_3$N$_4$ 的平面扭转，同时 CO$_3^{2-}$ 扩展了 π 平面中的电子传输路径。阴离子和阳离子的协同作用使电子在平面内的传输更加顺利，从而增强了捕获可见光的能力并延长了载流子的寿命。光催化机理如图 4-14 所示。

(a) Ba^{2+} 进入 g-C_3N_4 空腔

(b) CO_3^{2-} 和 g-C_3N_4 的"肩对肩"结构

图 4-13　优化 g-C_3N_4 的示意图

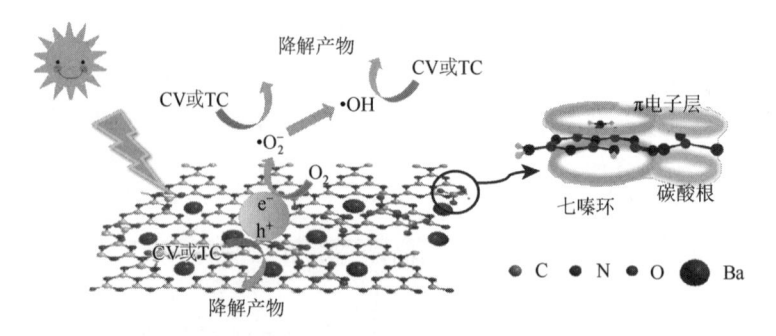

图 4-14　$BaCO_3$ 修饰的 g-C_3N_4 光催化降解 CV/TC 的机理图

基于质谱分析法的 HPLC-MS 技术用于鉴定光降解中 CV 的中间体及其可能的结构。光降解 CV 中，CV 首先转换为结晶紫阳离子（A）（$C_{25}H_{31}N_3$），m/z（质荷比）= 372.1（Shanmugam et al.，2017）。根据图 4-15，原始 CV 的停留时间为 1.076min。光照 30min 后，在 0.439min（C）和 0.629min（B）的停留时间出现了两个新峰，且随着进一步的光降解，A 和 B 都消失了。根据质谱分析，中间体 B 和中间体 C 分别被鉴定为 m/z 为 274.1 的 4,4′-(苯基亚甲基)二苯胺和 m/z 为 114.1 的(E)-4-(甲基氨基)丁-3-烯酸（图 4-16）。可能的 CV 降解途径如图 4-17 所示。在活性基团的作用下，化合物 A 通过途径 1（A→B→C）

和途径 2（A→C）转化为中间体 C，且随着进一步的光降解，中间体 C 可以进一步降解成 CO_2 和 H_2O。光照条件下，7%-Ba/CN 被激发产生光生电子-空穴对。水中溶解 O_2 与光生电子反应形成 $•O_2^-$（Wang et al.，2017a；Jia et al.，2019），从 ESR 光谱可知其是有机污染物光降解的主要活性物质。另外，电子还可以通过两电子还原反应与溶解的 O_2 反应生成 H_2O_2，部分 $•O_2^-$ 可以与 H_2O_2 进一步形成 $•OH$（Zhou et al.，2018；Torres-Pinto et al.，2019）。最终，基于这些活性物质（$•O_2^-$、$•OH$ 和 h^+），CV 被分解为小分子，并进一步降解为 CO_2 和 H_2O。通过以下方式生成强氧化能力的活性自由基：

$$BaCO_3/g\text{-}C_3N_4 \longrightarrow e_{CB}^- + h_{VB}^+ \qquad (4\text{-}2)$$

$$e_{CB}^- + O_2 \longrightarrow •O_2^- \qquad (4\text{-}3)$$

$$2e_{CB}^- + O_2 + 2H^+ \longrightarrow H_2O_2 \qquad (4\text{-}4)$$

$$H_2O_2 + •O_2^- \longrightarrow •OH + OH^- + O_2 \qquad (4\text{-}5)$$

$$•O_2^-、•OH、h_{VB}^+ + CV/TC \longrightarrow 小分子 \longrightarrow CO_2 + H_2O \qquad (4\text{-}6)$$

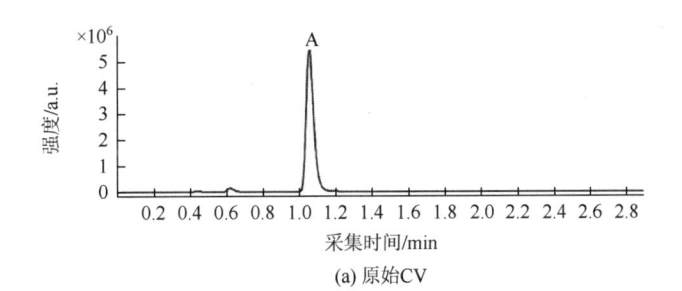

(a) 原始 CV

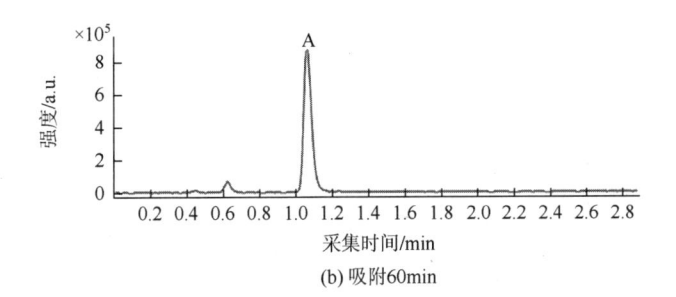

(b) 吸附 60min

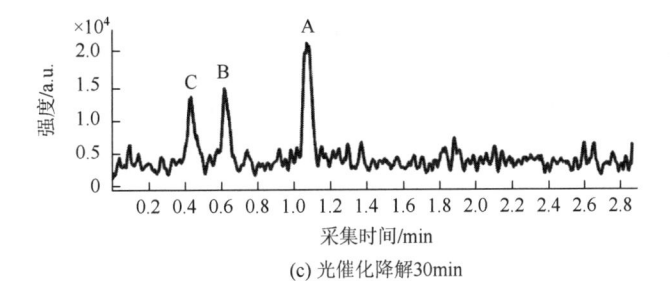

(c) 光催化降解 30min

(d) 光催化降解45min

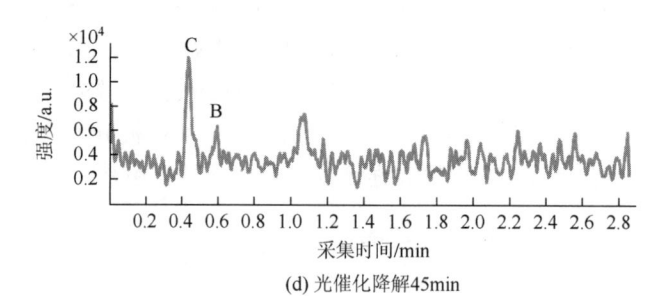

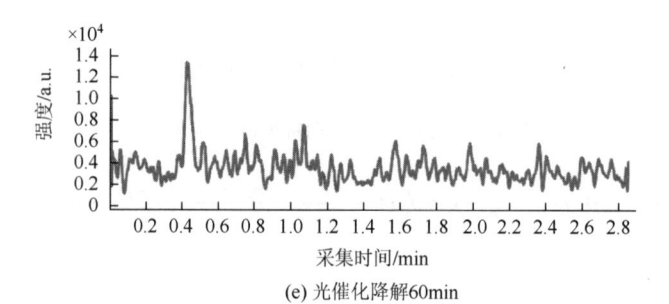

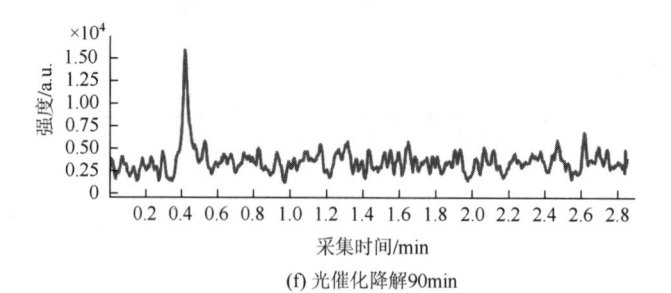

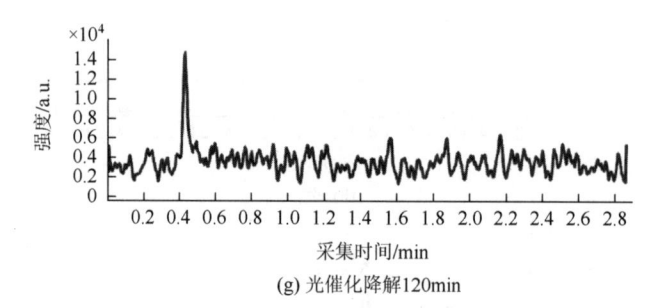

(e) 光催化降解60min

(f) 光催化降解90min

(g) 光催化降解120min

图 4-15　7%-Ba/CN 光降解 CV 的 HPLC 光谱

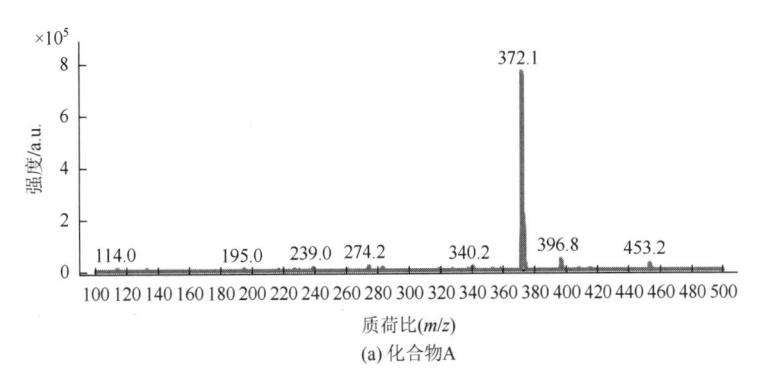

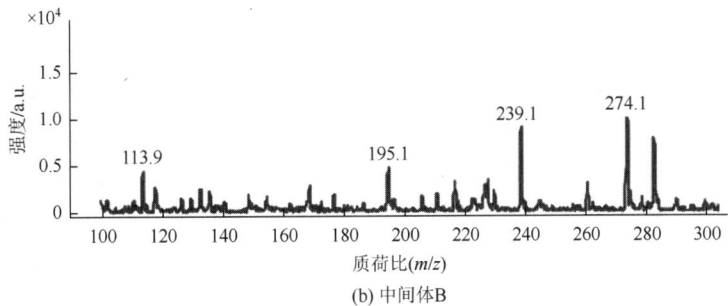

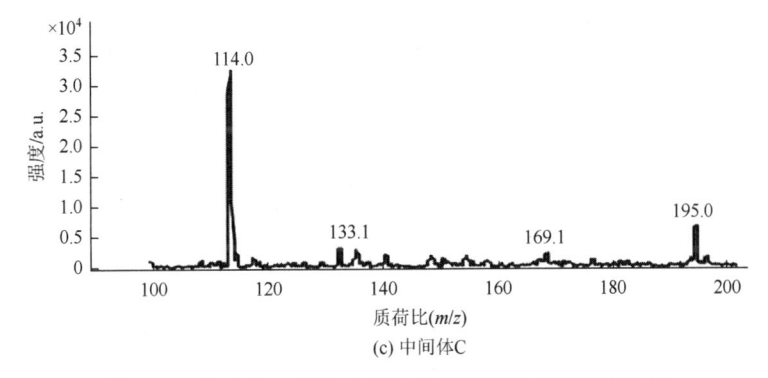

图 4-16　化合物 A 以及中间体 B 和中间体 C 的质谱分析

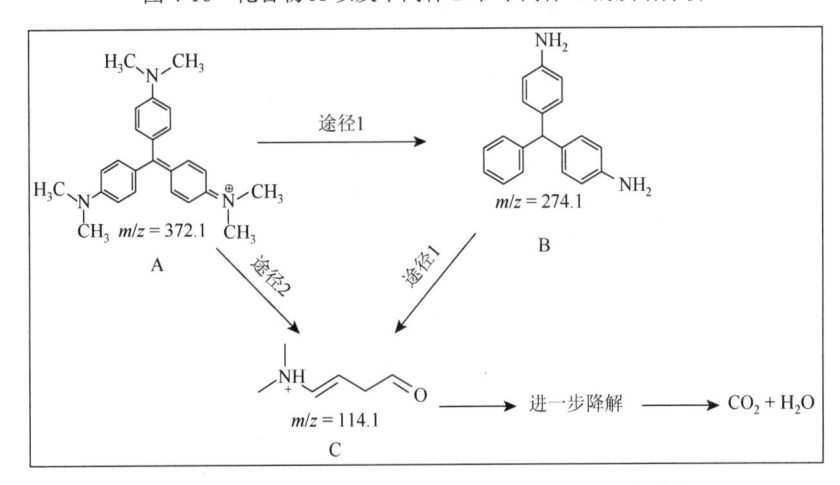

图 4-17　7%-Ba/CN 复合材料可能导致 CV 降解的途径

4.2 BaWO$_4$/g-C$_3$N$_4$复合材料的光催化性能

4.2.1 引言

石墨相碳氮化物（g-C$_3$N$_4$）由于其独特的固有2D晶体结构、出色的热稳定性和化学稳定性（禁带宽度为2.7eV）而被广泛用于光催化领域（Dong et al., 2014b; Zhao et al., 2015; Zhang et al., 2019）。然而，其小的比表面积可能导致严重的光电子-空穴复合和低的量子效率。g-C$_3$N$_4$ 的光催化性能受到限制。因此，现阶段已经应用了大量常规方法来增强这种类型的光催化剂的光催化活性，包括金属/非金属掺杂、结构调节以及与半导体的复合。迄今为止，研究人员正在研究异质结以增强光催化活性（Xu et al., 2013; Shen et al., 2014; Lei et al., 2015; Zeng et al., 2019）。具体来说，钨酸盐是一种重要的无机化合物，因其良好的化学性能和热稳定性而引起关注。钨酸盐在光致发光、微波、纤维、闪烁、湿度传感、磁性应用和催化方面具有广阔的应用前景，并在光催化领域引起了关注（Sun et al., 2012; Lin et al., 2015）。不同种类的钨酸盐具有良好的光催化活性，例如BiWO$_4$、ZnWO$_4$ 和 MnWO$_4$，但是它们的光催化效率仍然受到各种因素的限制。因此，一些研究小组试图通过组合两种半导体材料来提高光催化活性。在这些钨酸盐中，BaWO$_4$ 因其特殊的发光性能、较高的折射率和较低的光散射引发了广泛的研究（Sadiq et al., 2018）。Ying 和 Yang（2010）研究证实 BaWO$_4$ 是直接带隙半导体，结果表明，BaWO$_4$ 晶体中的氧空位（VO）数量大于钡空位（VBa），BaWO$_4$ 晶体中的缺陷主要以 VBa-VO 空位对存在，与 g-C$_3$N$_4$ 结合后 BaWO$_4$ 的空位对，可能会形成更多的氧空位，从而提高了复合催化剂的活性。此外，我们还观察到 BaWO$_4$ 的能带位置与 g-C$_3$N$_4$ 的能带位置能够很好地匹配，达到形成异质结的条件，因此，本书制备了具有优异光催化活性的 BaWO$_4$/g-C$_3$N$_4$ 异质结构的复合催化剂，以净化 NO$_x$ 并在可见光下诱导氢的产生。

4.2.2 BaWO$_4$/g-C$_3$N$_4$ 复合材料的制备

本节所用的化学药品均为分析纯并且没有经过进一步的处理。

（1）g-C$_3$N$_4$ 的制备。用分析天平称取 10g 三聚氰胺加入坩埚，加入适量去离子水重结晶，在 60℃的烘箱中干燥过夜。将装有干燥样品的坩埚置于马弗炉中，升温速率控制在 10℃/min，程序升温至 550℃，并煅烧 4h。将煅烧后的样品磨成 g-C$_3$N$_4$ 粉末。

（2）BaWO$_4$ 的制备。称取 0.165g 的 Na$_2$WO$_4$·2H$_2$O 和 0.122g 的 BaCl$_2$·2H$_2$O，放入 30mL 的去离子水中，用 0.1mol/L 的 NaOH 溶液将 pH 调节至 12，然后超声处理 30min。最后，将获得的溶液加入 100mL 水热反应釜中，将反应釜放置在电加热恒温鼓风炉中，并将温度控制在 180℃下水热 12h。当反应器冷却至室温时，将制备的产物用去离子水和无水乙醇洗涤并通过离心收集，然后将产物在 60℃下干燥过夜。烘干后，将白色样品研磨之后得到 BaWO$_4$ 粉末样品。

（3）BaWO$_4$/g-C$_3$N$_4$ 复合材料的制备。通过水热-煅烧法制备 BaWO$_4$/g-C$_3$N$_4$ 光催化

剂。将 2.736g 的 g-C$_3$N$_4$ 放入 30mL 的去离子水中,并超声处理 30min。然后,将 0.165g 的 Na$_2$WO$_4$·2H$_2$O 和 0.122g 的 BaCl$_2$·2H$_2$O 依次添加至上述溶液中,并用 0.1mol/L 的 NaOH 溶液将 pH 调节至 12,然后超声处理 30min。最后,将获得的溶液加入 100mL 水热反应釜中,将反应釜放置在电加热恒温鼓风炉中,并将温度控制在 180℃下水热 12h。当反应器冷却至室温时,将制备的产物用去离子水和无水乙醇洗涤并通过离心收集,然后将产物在 60℃下干燥过夜。最后,将干燥之后的产物在 450℃下烧结 2h,得到 BaWO$_4$/g-C$_3$N$_4$ 光催化剂,用 x-Ba-CN 表示对比,通过以上的水热方法在没有 g-C$_3$N$_4$ 的情况下合成 BaWO$_4$。

4.2.3 结果与讨论

制备样品的 XRD 图谱表征的相结构和晶体结构如图 4-18 所示。在图 4-18（a）中,位于 13.0°和 27.4°的两个衍射峰分别归属于 g-C$_3$N$_4$ 的（100）和（002）衍射面（Liu et al., 2012a；Wang et al., 2014b；Chen et al., 2014；Liu et al., 2017）。BaWO$_4$ 的所有特征峰均与单斜结构 BaWO$_4$ 的标准卡片 JCPDS#72-0746 的 XRD 图谱一致。通过对比发现,复合材料中 BaWO$_4$（004）晶面对应的特征衍射峰变宽了,这可能是 g-C$_3$N$_4$ 在 27.4°时的衍射峰与之重合。通过观察图 4-18（b），BaWO$_4$ 的峰非常尖锐,随着 BaWO$_4$ 含量的增加,复合材料中 BaWO$_4$ 的（004）晶面所对应的衍射峰更加接近 BaWO$_4$,而 g-C$_3$N$_4$ 在 27.4°时的衍射峰正逐渐削弱,这进一步表明,复合材料包含 BaWO$_4$ 和 g-C$_3$N$_4$。

为了进一步验证光催化反应之后催化剂的稳定性,对多测试之后的样品再一次进行 XRD 测试,通过对比发现,实验前后的 XRD 图谱没有明显的差异,特征峰的位置没有变化,说明催化剂在反应前后的晶体形态没有明显的变化。因此,该催化剂表现出很高的稳定性（图 4-19）。

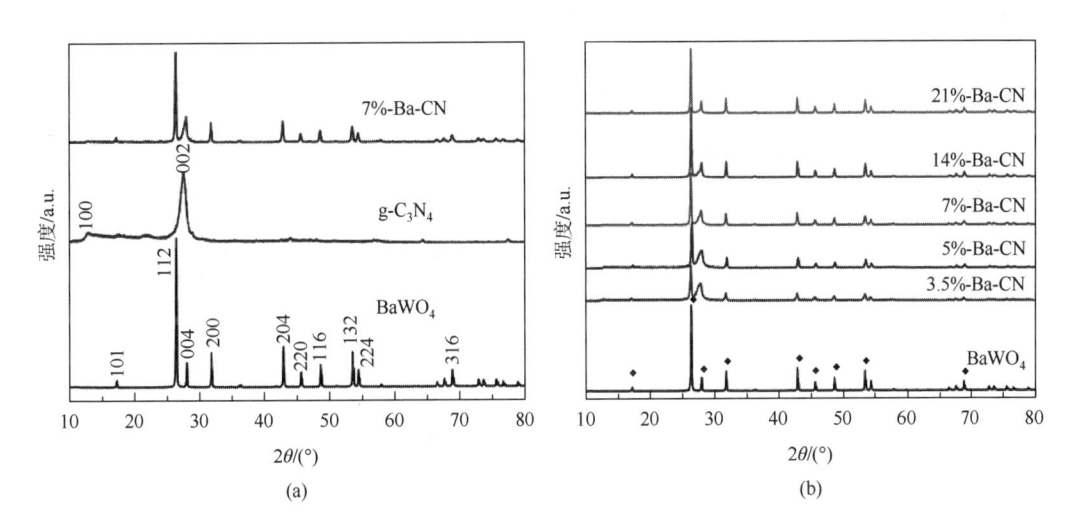

图 4-18 g-C$_3$N$_4$、BaWO$_4$、不同比例的 Ba-CN 复合催化剂的 XRD 图谱

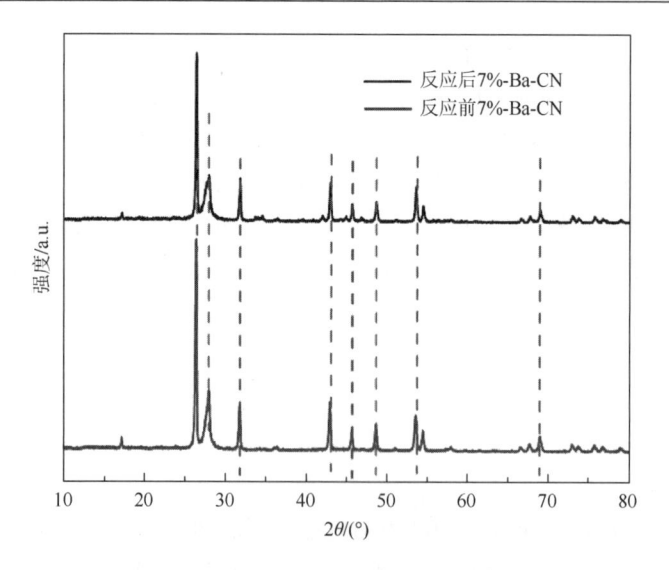

图 4-19　7%-Ba-CN 样品反应前后的 XRD 图谱对比

采用红外光谱对合成的 g-C$_3$N$_4$、7%-Ba-CN 和 BaWO$_4$ 样品的表面化学键、官能团进行研究。在图 4-20 中，BaWO$_4$ 在 820cm^{-1} 和 1640cm^{-1} 处的红外吸收峰可以划分为典型白钨结构 WO$_4^{2-}$ 的特征吸收带，这可能是由 W—O 的拉伸振动引起的（Shi et al.，2002；Shi et al.，2003；Liu et al.，2005；Shi et al.，2006；Kočí et al.，2017；Eghbali-Arani et al.，2020）。g-C$_3$N$_4$ 在 804cm^{-1} 处的峰值对应于三嗪单元 C—N 的弯曲振动，在 1633～1200cm^{-1} 的强峰值振动可归因于 g-C$_3$N$_4$ 杂环化合物的典型拉伸振动（Huang et al.，2015a；He et al.，2017；Li et al.，2017；Habibi-Yangjeh and Mousavi，2018；Ran et al.，2018a）。在 7%-Ba-CN 峰形下也观察到三嗪类化合物的典型拉伸振动，BaWO$_4$ 的特征峰清晰，但在 820cm^{-1} 处的特征峰发生了位移，这可能是 BaWO$_4$ 与 g-C$_3$N$_4$ 相互作用的结果。

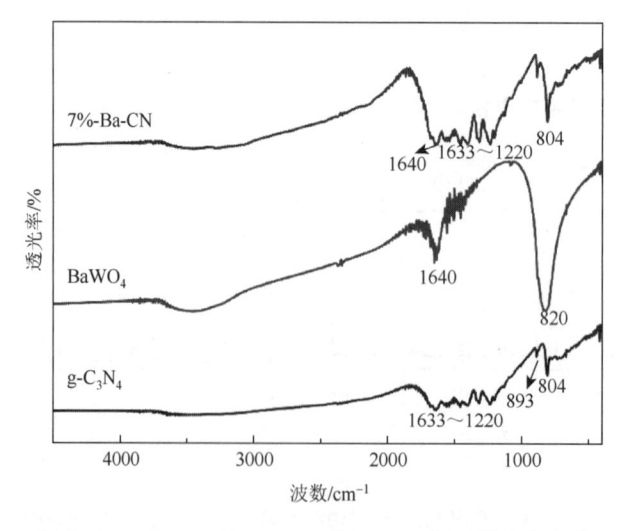

图 4-20　g-C$_3$N$_4$、7%-Ba-CN 和 BaWO$_4$ 样品的红外光谱

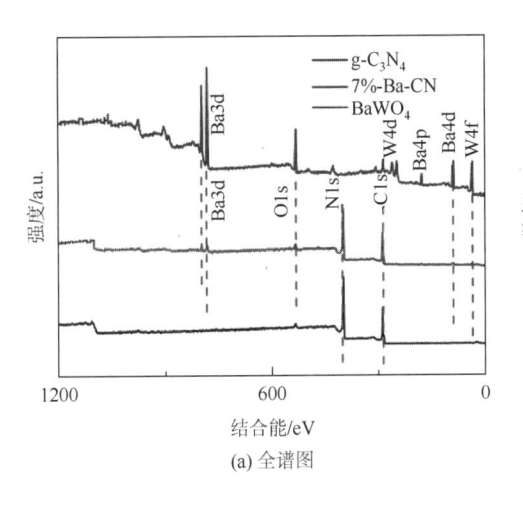

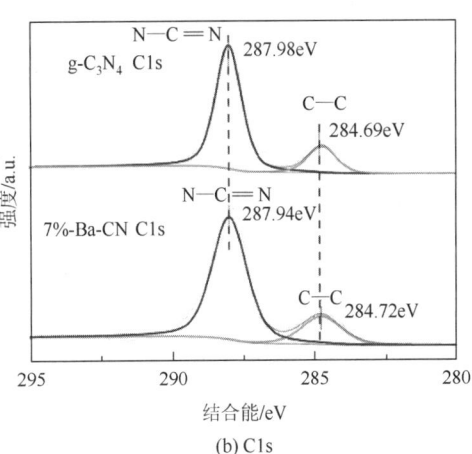

为了进一步了解 $BaWO_4$、$g-C_3N_4$ 和 7%-Ba-CN 的元素组成以及 C、N、O、Ba、W 元素的化学环境,对制备的样品进行 XPS 测试。$BaWO_4$、$g-C_3N_4$ 和 7%-Ba-CN 纳米复合材料的 XPS 全谱图如图 4-21(a)所示。在 7%-Ba-CN 纳米复合材料中发现了 C、N、O、Ba 和 W 的元素峰,证实了 $g-C_3N_4$ 和 $BaWO_4$ 的存在。$g-C_3N_4$ 和 $BaWO_4$ 图谱中也没有发现其他杂质峰。三种材料特征峰的比较也证明了 $BaWO_4$ 与 $g-C_3N_4$ 的成功复合。从图 4-21(b)可以看出,$g-C_3N_4$ 样品的 C1s 的高分辨 XPS 峰可以被拟合成两个峰,其结合能分别为 287.98eV 和 284.69eV,这可能归因于 $g-C_3N_4$ 中的 N—C=N 键和 C—C 键(Huang et al.,2013)。同时,$g-C_3N_4$ 和 7%-Ba-CN 样品中 C 元素的峰强度和键能没有明显变化,复合后的样品没有携带其他杂质。在图 4-21(c)中,$g-C_3N_4$ 的 N1s 的高分辨 XPS 峰可以被拟合成两个峰,它们的结合能分别为 398.49eV、400.21eV,分别属于 C—N=C 和 N—$(C)_3$ 基团(Zhao et al.,2015;Cui et al.,2017a)。经过对比发现,样品 7%-Ba-CN 的 N1s 的结合能相对于 $g-C_3N_4$ 的 N1s 的结合能有所降低,这可能是由于电子密度增加,屏蔽效应增强,电荷分离。图 4-21(d)为 $BaWO_4$ 和复合材料 7%-Ba-CN 的 Ba3d 的高分辨 XPS 图,其中,$BaWO_4$ 的 $Ba3d_{3/2}$ 和 $Ba3d_{5/2}$ 的峰值依次对应 794.42eV 和 779.16eV;795.56eV 和 780.20eV 的峰值分别对应 7%-Ba-CN 的 $Ba3d_{3/2}$ 和 $Ba3d_{5/2}$。通过对比发现复合后 Ba3d 对应的峰值强度比 $BaWO_4$ 弱,可能是由于 $g-C_3N_4$ 的加入,以及 C 和 N 元素的引入。如图 4-21(e)所示,36.78eV 和 34.64eV 的双峰分别属于 $W4f_{5/2}$ 和 $W4f_{7/2}$,这是 $BaWO_4$ 中 W^{6+} 的特征峰。相比之下,复合后 W4f 所对应的峰值强度明显低于 $BaWO_4$,这与 Ba3d 所对应的峰值趋势一致,进一步证明了 $BaWO_4$ 与 $g-C_3N_4$ 成功结合。在图 4-21(f)中,$BaWO_4$ 中 O1s 的高分辨 XPS 峰可以拟合成两个特征峰,所对应的结合能分别为 529.78eV 和 531.11eV,7%-Ba-CN 的 O1s 的高分辨 XPS 峰可以拟合成两个特征峰,所对应的结合能分别为 531.46eV 和 533.06eV,这可能归因于晶格氧和表面吸附氧。综上所述,复合后的样品,N1s 向低结合能偏移,而 Ba3d 和 W4f 向高结合能偏移,两者之间的电荷密度可能重合,或者轨道之间可能存在一定的重叠。在复合材料中,$g-C_3N_4$ 作为基体是一种非成形材料,但可以观察到其中的晶格氧,进一步说明了 $BaWO_4$ 与 $g-C_3N_4$ 的成功复合。

(a) 全谱图

(b) C1s

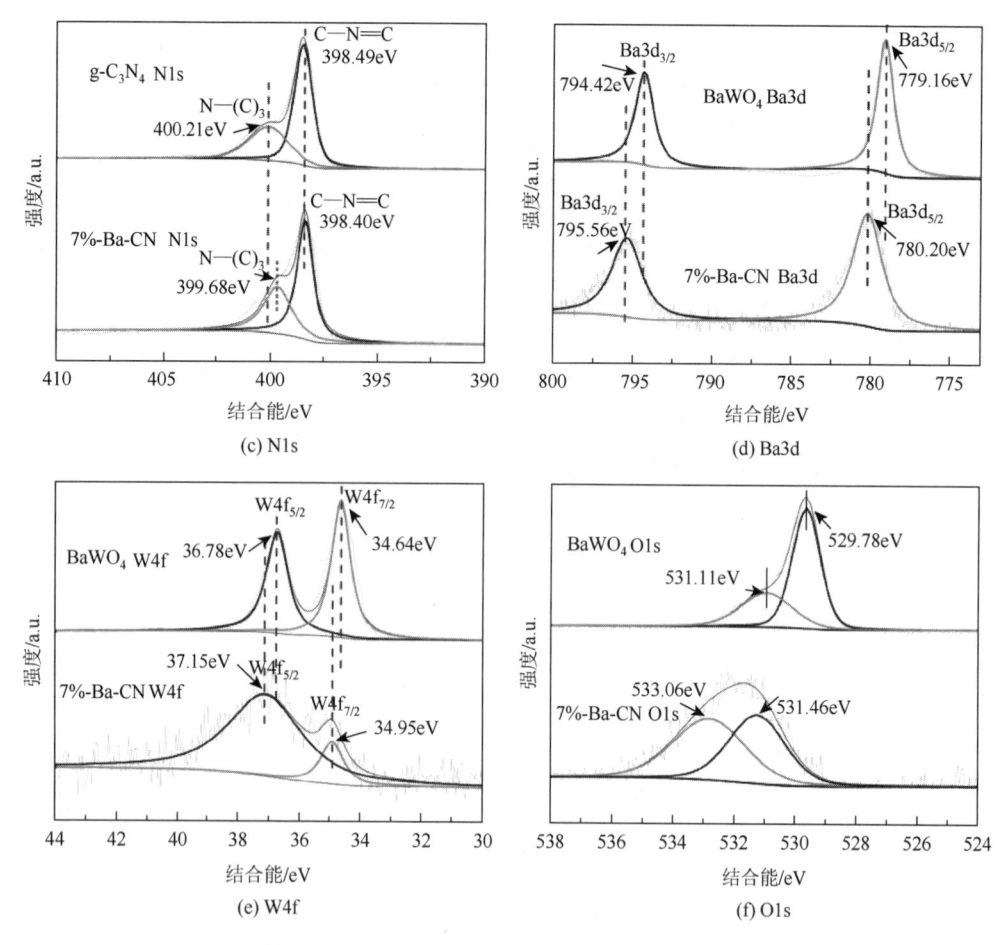

图 4-21　BaWO₄、g-C₃N₄ 和 7%-Ba-CN 的 XPS 图
(a) 全谱图；(b) ~ (f) 高分辨 XPS 图

为了进一步研究该复合催化剂的稳定性，对光催化反应之后的样品进行了 XPS 测试（图 4-22）。通过测试前后样本的 XPS 比较，7%-Ba-CN 和反应后 7%-Ba-CN 的 XPS 测量光谱没有明显变化，主要特征峰位置不偏移，复合材料非常稳定。与图 4-22（b）、图 4-22（c）、图 4-22（d）对应的 C1s、N1s 和 Ba3d 的结合能没有明显偏移。在图 4-22（e）中，值得注意的是，W4f 的结合能在反应前后有轻微偏差，W4f$_{5/2}$ 和 W4f$_{7/2}$ 在反应后分别向高结合能位置偏移了 0.19eV 和 0.28eV。在图 4-22（f）中，相对应 O1s 的特征峰测试后转移到低结合能的位置，分别偏移了 1.05eV 和 0.60eV，这可能是由于在光催化反应过程中，NO 被氧化成 NO₂、硝酸盐和亚硝酸盐后附着在光催化剂的表面，两者发生相互作用，造成 O1s 的结合能发生偏移。

图 4-23（a）和图 4-23（b）分别为 g-C₃N₄、BaWO₄ 和 7%-Ba-CN 样品的 N₂ 吸附-脱附等温线和孔径分布图，可以研究样品的比表面积和孔结构。在图 4-23（a）中，g-C₃N₄ 和 7%-Ba-CN 的 N₂ 吸附-脱附等温线为Ⅳ型等温线（IUPAC 分类），属于介孔材料（2~

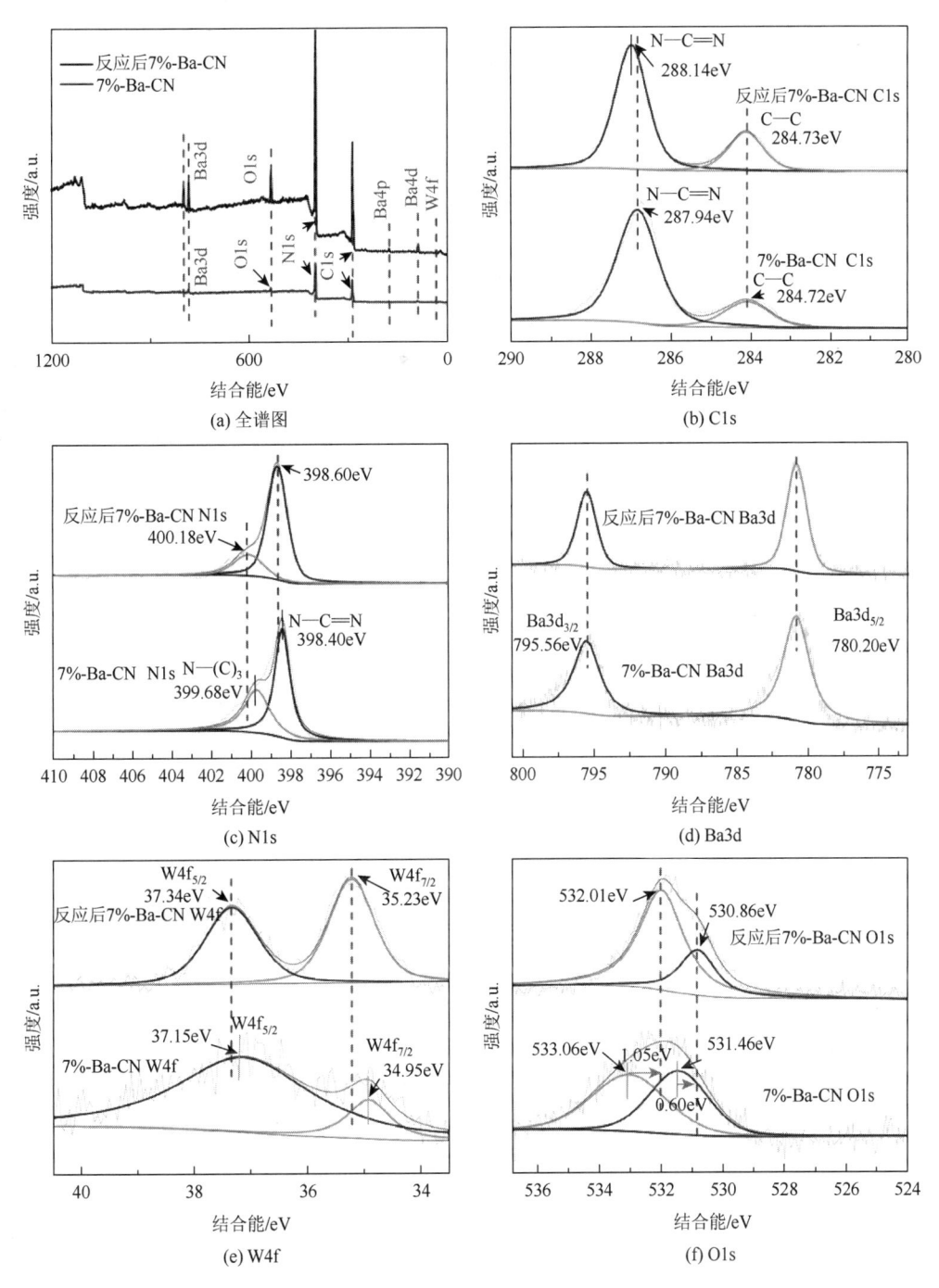

图 4-22 7%-Ba-CN 样品光催化反应前后的 XPS 图

(a) 全谱图；(b)~(f) 高分辨 XPS 图

50nm）的普遍类型，回滞环为 H3 型（IUPAC 分类）（Sing，1985）。在图 4-23（b）中，g-C$_3$N$_4$ 和 7%-Ba-CN 催化剂富含大量介孔（3.55nm，3.40nm）。

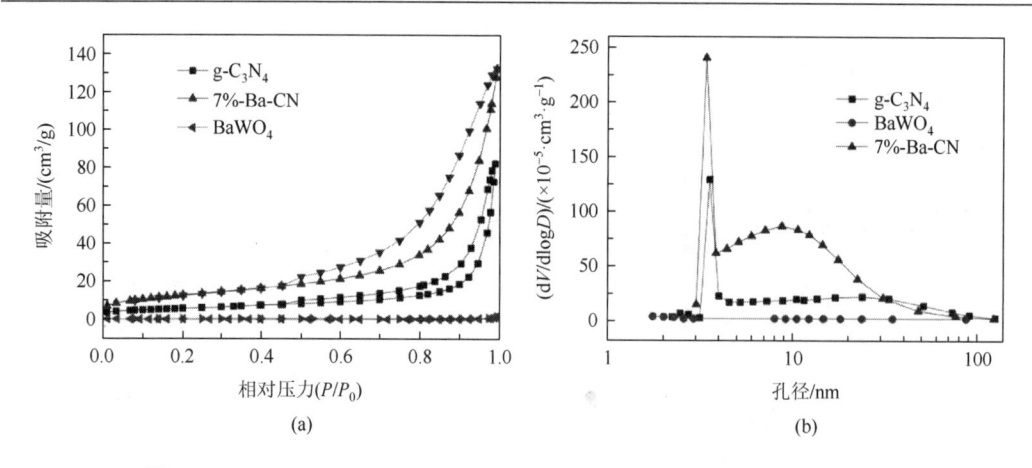

图 4-23 g-C₃N₄、BaWO₄、7%-Ba-CN 的 N₂ 吸附-脱附等温线及孔径分布图

由表 4-4 可以看出，复合催化剂的比表面积明显增大，孔体积增大。通过对比发现，复合后催化剂的比表面积从 19.9600m²/g 增加到 45.7300m²/g，这可能是 BaWO₄ 的加入导致 g-C₃N₄ 在形成过程中发生了改变，影响了其孔隙的形成，使其复合后的比表面积增大，比表面积越大，活性位点越多。孔体积也从 0.127cm³/g 增加到 0.205cm³/g，促进了反应物分子和产物分子的扩散。该复合材料具有良好的吸附性能和大量的活性位点。二者的界面促进了 g-C₃N₄ 中的电子向 BaWO₄ 转移，抑制了电子-空穴对的复合，提高了复合材料的稳定性和电荷转移速度。

表 4-4 不同样品的比表面积、孔体积及孔径大小

样品	比表面积/(m²/g)	孔体积/(cm³/g)	孔径/nm
g-C₃N₄	19.9600	0.127	3.55
BaWO₄	0.0261	0.003	~0
7%-Ba-CN	45.7300	0.205	3.40

对 g-C₃N₄、BaWO₄、7%-Ba-CN 样品的形貌和结构进行 SEM 分析。在图 4-24（a）中，g-C₃N₄ 的 SEM 图为平面二维片状结构，图 4-24（b）中 BaWO₄ 显示为菱面体颗粒。图 4-24（c）和图 4-24（d）为 7%-Ba-CN 的形态结构，通过观察发现 BaWO₄ 均匀地锚定在 g-C₃N₄ 的表面，并且使 g-C₃N₄ 表面变得粗糙，甚至有许多气孔出现，这可能是由煅烧过程中与 BaWO₄ 相互作用引起的。图 4-24（e）和图 4-24（f）为 7%-Ba-CN 样品的 TEM 图。在图 4-24（e）中，BaWO₄ 与 g-C₃N₄ 很好地结合在一起，由于 g-C₃N₄ 是无定形结构，因此不能看到晶格条纹，但是能够清晰地观察到 BaWO₄ 的晶格，BaWO₄ 晶格条纹的间距约为 0.33nm，与 BaWO₄ 的（112）平面相对应标准卡片（JCPDS#72-0746）。同时，在图 4-24（f）中，g-C₃N₄ 与 BaWO₄ 存在明显的界面，表明 BaWO₄ 与 g-C₃N₄ 可能形成异质结。

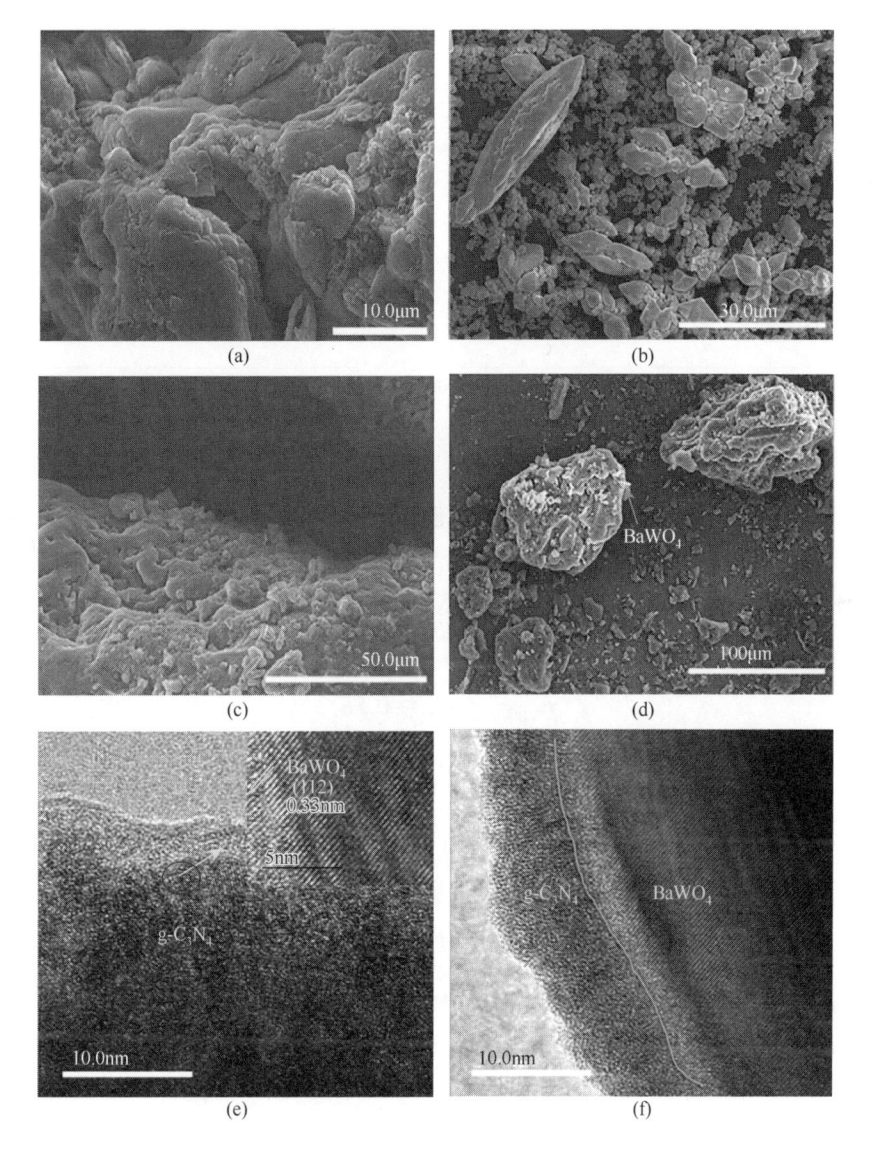

图 4-24 样品的 SEM 图和 TEM 图

(a) g-C$_3$N$_4$ 的 SEM 图；(b) BaWO$_4$ 的 SEM 图；(c)、(d) 7%-Ba-CN 的 SEM 图；(e)、(f) 7%-Ba-CN 的 TEM 图

图 4-25（a）为 g-C$_3$N$_4$、BaWO$_4$ 和 7%-Ba-CN 的紫外-可见漫反射光谱图。从图 4-25（a）可以看出，BaWO$_4$ 仅在紫外光下有反应，而 g-C$_3$N$_4$ 和复合材料在紫外光和可见光下均有反应。此外，BaWO$_4$/g-C$_3$N$_4$ 在紫外和可见区域比 g-C$_3$N$_4$ 和 BaWO$_4$ 表现出更强的吸收能力。与 g-C$_3$N$_4$ 相比，随着 BaWO$_4$ 加入量的增加，吸收边缘发生了红移。结果表明，g-C$_3$N$_4$ 的光吸收能力弱于 7%-Ba-CN 样品，复合催化剂的氧化能力也可能增强。此外，通过图 4-25（b）的各个样品的禁带宽度（E_g）对比发现，g-C$_3$N$_4$、BaWO$_4$ 和 7%-Ba-CN 的 E_g 分别为 2.44eV、4.14eV 和 2.30eV，复合之后样品的禁带宽度比 g-C$_3$N$_4$ 的禁带宽度更小，说明 7%-Ba-CN 样品更加有利于光生电子的转移，需要的能量更低，光催化活性更高。

(a) g-C$_3$N$_4$、BaWO$_4$和7%-Ba-CN的紫外-可见漫反射光谱图

(b) g-C$_3$N$_4$、BaWO$_4$和7%-Ba-CN的禁带宽度图

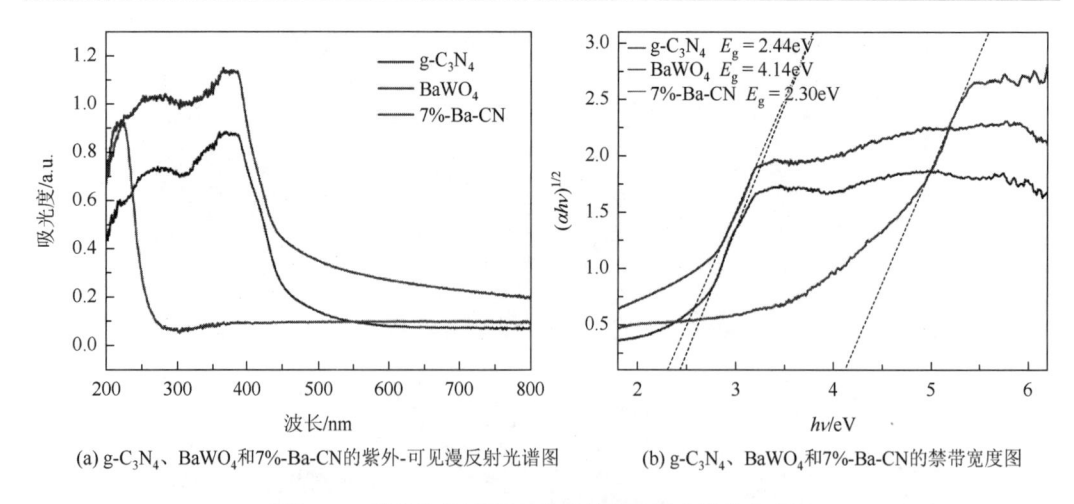

图 4-25　样品的紫外-可见漫反射光谱图和禁带宽度图

此外，可以通过相应的经验公式对 BaWO$_4$ 和 g-C$_3$N$_4$ 的价带和导带的位置进行粗略的计算（Zhang et al., 2007）：

$$E_{\text{VB}} = \chi - E^{\text{e}} + 0.5E_{\text{g}} \tag{4-7}$$

$$E_{\text{CB}} = E_{\text{VB}} - E_{\text{g}} \tag{4-8}$$

式中，E^{e} 为氢标下自由电子的能量（$E^{\text{e}}=4.5\text{eV}$）；$\chi$ 为马利肯布（Mulliken）电负性，也称为绝对电负性，可通过式（4-9）计算：

$$\chi = \frac{I+A}{2} \tag{4-9}$$

根据电负性均衡原理，化合物的电负性等于各元素电负性的几何平均值。

$$\chi(A_aB_bC_c) = (\chi_A^a \chi_B^b \chi_C^c)^{1/(a+b+c)} \tag{4-10}$$

通过计算，BaWO$_4$ 和 g-C$_3$N$_4$ 的绝对电负性分别为 5.68eV 和 4.73eV。将上述已知值代入式（4-7）和式（4-8），得到 BaWO$_4$ 的 E_{VB} 和 E_{CB} 分别为 3.25eV 和 −0.88eV；g-C$_3$N$_4$ 的 E_{VB} 和 E_{CB} 分别为 1.45eV 和 −0.99eV。根据异质结相关理论，这两种材料满足形成异质结的条件来提高光催化活性。

为了研究样品的电子-空穴的复合效率，对样品进行光致发光分析。图 4-26 为 g-C$_3$N$_4$ 和 7%-Ba-CN 样品的光致发光光谱图。通过对比发现，样品的光致发光强度随着 BaWO$_4$ 的加入而降低，表明氮化碳与钨酸钡的复合能够在一定程度上降低光生电子的复合率，其中 7%-Ba-CN 样品的光致发光强度最低，表明 7%-Ba-CN 的光生电子-空穴复合率比 g-C$_3$N$_4$ 低，表现出较高的光催化活性。通过光催化活性测试实验也证实了 7%-Ba-CN 样品的光催化活性较高。

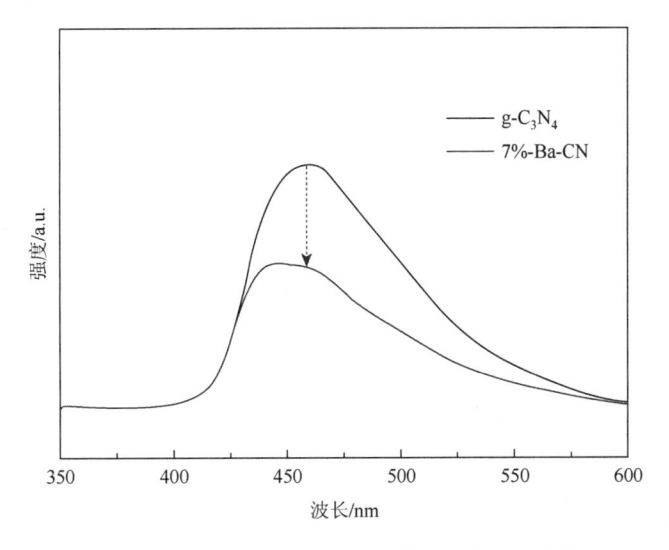

图 4-26　g-C$_3$N$_4$ 和 7%-Ba-CN 的光致发光光谱图

为了验证该 BaWO$_4$/g-C$_3$N$_4$ 复合催化剂的光催化性能比 BaWO$_4$ 和 g-C$_3$N$_4$ 高，下面进行 CV 曲线的对比（图 4-27）。

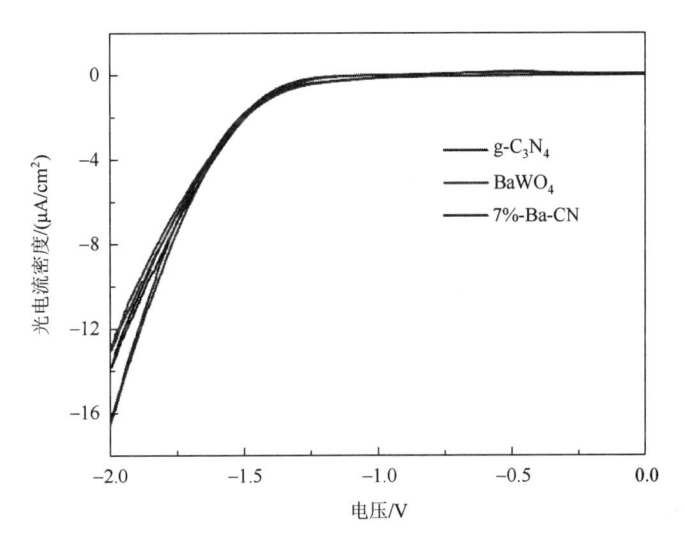

图 4-27　g-C$_3$N$_4$、BaWO$_4$、7%-Ba-CN 的 CV 曲线

从图 4-27 可以看出，7%-Ba-CN 的光电流密度比 g-C$_3$N$_4$ 和 BaWO$_4$ 的光电流密度高，所以催化速率更快，也反映了复合材料的催化性能更好。

1）NO 氧化的光催化性能及转化途径

在可见光照射下，用 NO 的净化率来评价 g-C$_3$N$_4$ 和 BaWO$_4$/g-C$_3$N$_4$ 样品的光催化性能。已有研究表明，在可见光照射下，光催化剂可将 NO 氧化为硝酸盐或亚硝酸盐。从图 4-28（a）可以看出，经过 30min 的辐照，g-C$_3$N$_4$ 的 NO 去除率为 28.21%，3.5%-Ba-CN、5%-Ba-CN、7%-Ba-CN、14%-Ba-CN 和 21%-Ba-CN 的光催化活性分别为 35.34%、

32.14%、42.17%、37.51%、34.81%。值得注意的是，7%-Ba-CN 催化剂的 NO 净化率最高（42.17%），说明 BaWO$_4$ 的含量对光催化性能有一定的影响，这可能是 BaWO$_4$ 与 g-C$_3$N$_4$ 相互作用的结果。光催化剂的稳定性也是限制其应用的主要因素，因此进行了稳定性测试［图 4-28（b）］。经过连续五次循环测试，7%-Ba-CN 对 NO 的净化率没有明显的变化，说明制备的复合催化剂可以作为一种高效、稳定的光催化剂用于 NO 的净化。

(a) 样品对NO的净化率

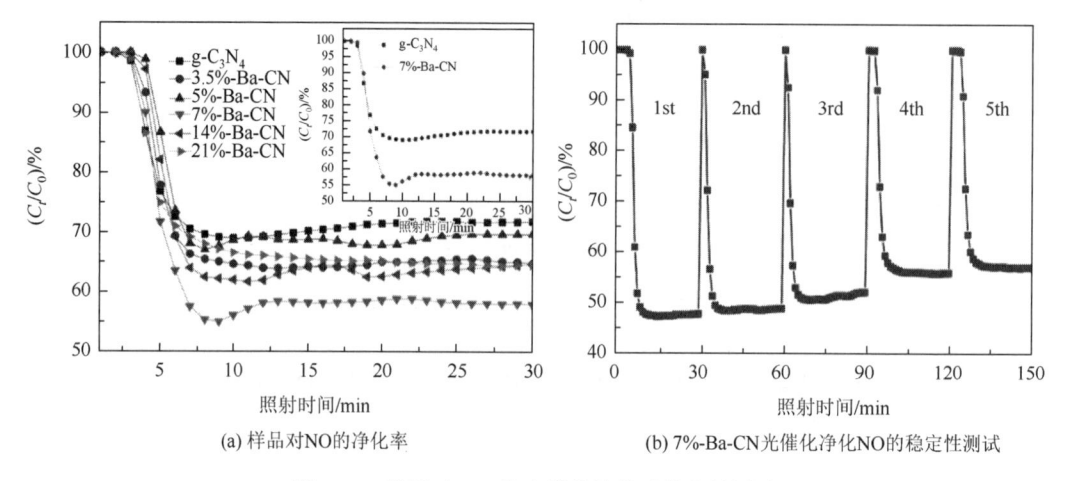

(b) 7%-Ba-CN光催化净化NO的稳定性测试

图 4-28　样品对 NO 的光催化性能及稳定性测试

为了揭示 NO 在光催化反应过程中的转化机制，通过原位红外来检测反应过程中的转化途径和终产物（图 4-29）。首先，关闭氢气后扫描背景光谱，引入 NO 和 O$_2$，在黑暗条件下观察 NO 的吸附带。如图 4-29（a）所示，在 870cm^{-1} 处吸附带的强度随时间逐渐增强，这可能归因于亚硝酸盐的伸缩振动或螯合亚硝酸盐（Cui et al.，2017b）。在 7%-Ba-CN 催化剂表面，N$_2$O（862cm^{-1}）、N$_2$O$_4$（917cm^{-1}）和 NO$^-$（1106cm^{-1}）吸附带的形成是 NO 的化学吸附［图 4-29（b）］。与 g-C$_3$N$_4$ 相比，7%-Ba-CN 有更多的新吸收带，说明复合光催化剂的氧化能力强于 g-C$_3$N$_4$，推测其化学反应为 3NO + OH$^-$ ⟶ NO$_2$ + NO$^-$ + NOH（Cui et al.，2017b）。

当达到吸附平衡时，动态记录 g-C$_3$N$_4$ 和 7%-Ba-CN 在可见光照射下的原位红外光谱。NO 在 g-C$_3$N$_4$ 上的光催化氧化如图 4-29（c）所示。与黑暗条件相比，在 870cm^{-1} 的吸附带消失了，而出现了新的吸附带，分别为 865cm^{-1}（N$_2$O）、882cm^{-1}（N$_2$O$_3$）和 1106cm^{-1}（NO$^-$），表明有更多的 NO 转变成亚硝酸盐和硝酸盐或中间产物，光催化效果明显增强，对 NO 有一定的净化效果（Wu and Cheng，2006；Wang et al.，2018b）。在图 4-29（d）中，917cm^{-1}（N$_2$O$_4$）处的吸收带消失，说明产生的副产物较少，而 865cm^{-1} 处的吸收带出现，这是由于生成了 NO（螯合亚硝酸盐）光催化氧化的终产物。新吸收带的产生，如 965cm^{-1}（N$_2$O$_3$）、1003cm^{-1}（NO$_2^-$）、983cm^{-1}（螯合双齿硝酸盐 NO$_3^-$）等，预示着更多的终产物正在生成，但同时不可避免地会产生一部分 NO$_2$（2092cm^{-1}）（Hadjiivanov and Knözinger，2000；Kantcheva，2001）。值得注意的是，一个新的吸收带出现在 2164cm^{-1}，这可以归因于吸附态 NO 中的电子被光电空穴捕获，然后转化生成了 NO$^+$，当 NO 吸附在氧化性能较强的催化剂表面时,通常会产生 NO⁺(Hadjiivanov,2000),这是一个重要的反应活性中间体,该物质更容易被氧化成硝基化合物,进一步说明该复合光催化剂具有比 g-C$_3$N$_4$ 更好的光催化活性。总的来说,7%-Ba-CN 的光催化活性优于 g-C$_3$N$_4$,这可能促使更多的光催化活性自由基产生,从而促进 NO 的转化,降低光催化剂的电子-空穴复合速率。这一发现与上述实验结果一致。

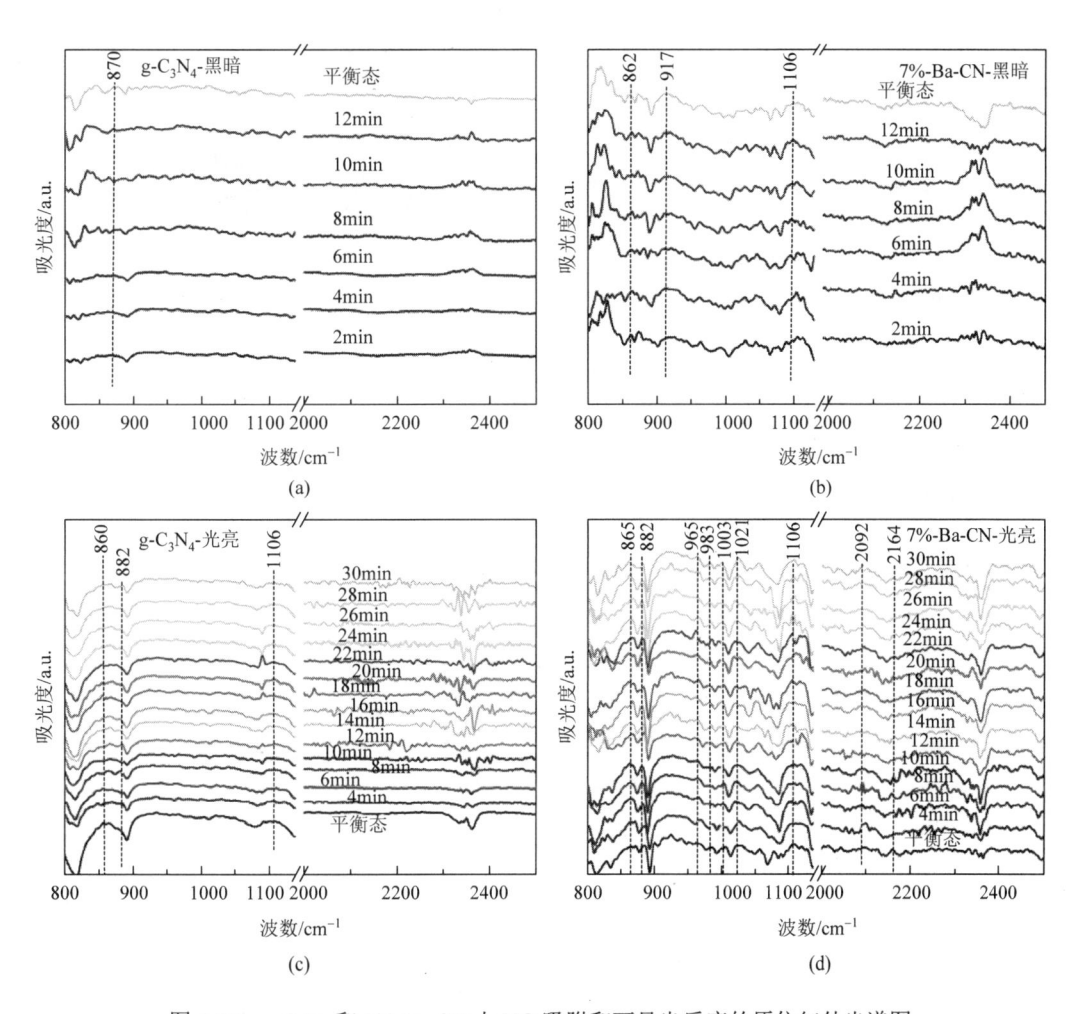

图 4-29　g-C$_3$N$_4$ 和 7%-Ba-CN 上 NO 吸附和可见光反应的原位红外光谱图

2) 光催化产氢活性评价

在可见光下光催化产氢作为评价制备材料的另一个评价指标,结果显示,该复合材料同样表现出很高的活性。

通过光催化制氢来评价不同催化剂的活性(图 4-30)。从图 4-30 可以清楚地看出,不同催化剂光催化产氢速率是不同的。从图 4-30(a)可以看出,在相同的条件下,7%-Ba-CN 催化剂的产氢量最高,优于 BaWO$_4$ 和 g-C$_3$N$_4$。图 4-30(b)显示 7%-Ba-CN 催化剂的产氢速率大约是 g-C$_3$N$_4$ 的 4 倍,说明 g-C$_3$N$_4$ 与 BaWO$_4$ 的复合能够很好地提升析氢性能，可能是因为 BaWO$_4$ 和 g-C$_3$N$_4$ 形成的异质结加快了电子之间的转移，从而提高了光催化析氢性能。

(a) 7%-Ba-CN、g-C$_3$N$_4$ 和 BaWO$_4$ 在可见光下的析氢性能（产氢量）

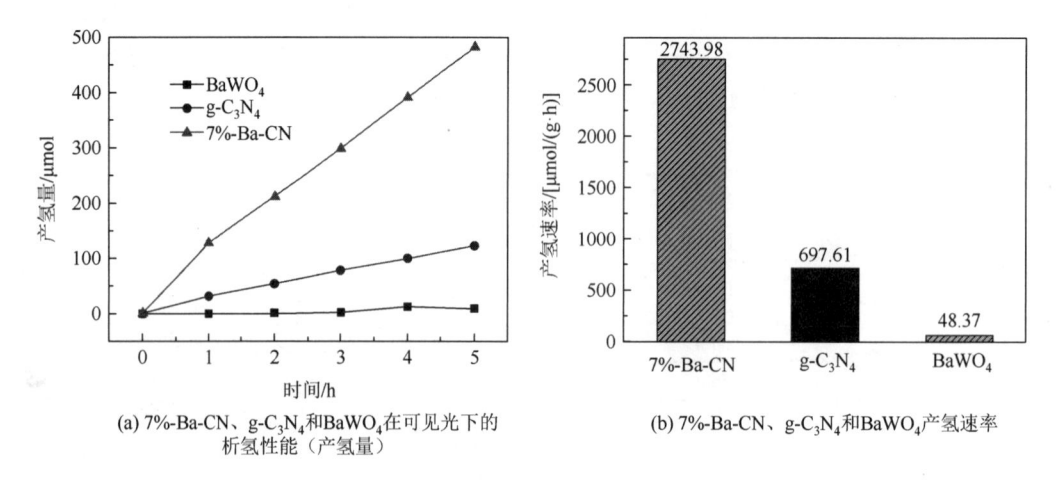

(b) 7%-Ba-CN、g-C$_3$N$_4$ 和 BaWO$_4$ 产氢速率

图 4-30 样品的析氢性能和产氢速率

3）光催化反应机理

根据以上实验结果和理论分析，研究人员提出了提高 7%-Ba-CN 异质结光催化活性的可能机制，如图 4-31 所示。结合原位红外光谱，研究人员还提出了 BaWO$_4$/g-C$_3$N$_4$ 纳米复合材料净化 NO$_x$ 的可能电荷转移机理（Hadjiivanov，2000；Kantcheva，2001）。

$$2NO + O_2 \longrightarrow 2NO_2 \longrightarrow N_2O_4 \qquad (4-11)$$

$$NO + NO_2 \longrightarrow N_2O_3 \qquad (4-12)$$

$$NO + N_{(CN)} \longrightarrow N_2O \qquad (4-13)$$

$$NO_2 + e^- \longrightarrow NO_2^- \qquad (4-14)$$

$$NO + e^- \longrightarrow NO^- \qquad (4-15)$$

$$NO^- + \cdot O_2^- \longrightarrow NO_3^- \qquad (4-16)$$

$$NO + 2\cdot OH \longrightarrow NO_2 + H_2O \qquad (4-17)$$

在可见光照射下，g-C$_3$N$_4$ 半导体的 VB 上的电子被激发到 CB 上，在 VB 上留下空穴，从而形成电子-空穴对。通过前面的计算和讨论，我们大致了解了 g-C$_3$N$_4$ 和 BaWO$_4$ 的 VB 位置和 CB 位置。BaWO$_4$ 的 CB 电势略低于 g-C$_3$N$_4$ 的 CB 电势，而 g-C$_3$N$_4$ CB 的电子很容易转移到 BaWO$_4$ 的 CB 上，造成有效的电荷分离和转移。该光催化剂在光照条件下产生超氧自由基和羟基自由基，从而将 NO$_x$ 转化为 NO$_3^-$ 和 NO$_2^-$。本书提出该复合催化剂光催化制氢的可能机理（图 4-31）。在可见光照射下，g-C$_3$N$_4$ 产生光生电子和空穴，三乙醇胺作为电子牺牲剂产生电子，生成的空穴氧化时，H$_2$O 中的 H$^+$ 与生成的电子发生反应生成 H$_2$。总之，BaWO$_4$ 与 g-C$_3$N$_4$ 形成异质结，可以减少电子-空穴复合，从而提高光催化活性。

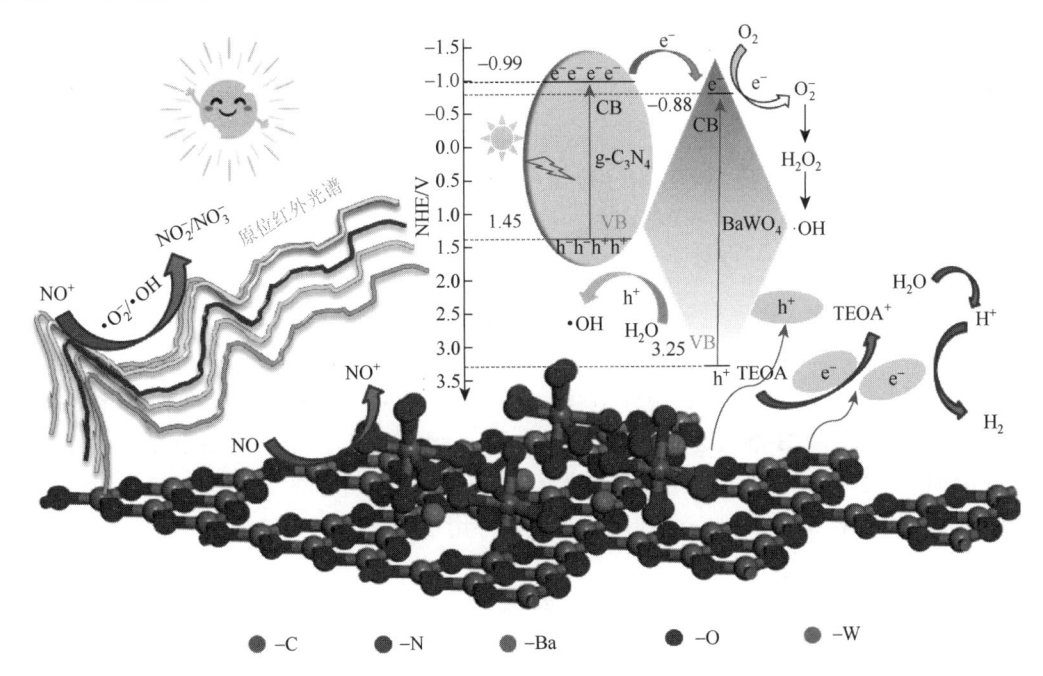

图 4-31　可见光下 BaWO₄/g-C₃N₄ 复合材料降解 NO$_x$ 和光催化产氢的反应机理图

4.3　g-C₃N₄/BiVO₄ 复合材料的制备及光催化还原 CO₂ 性能

4.3.1　引言

虽然将体相 g-C₃N₄ 超声剥离为 g-C₃N₄ 二维纳米片后能显著提高光催化活性,但单一材料的光生电子和空穴的复合率仍然较高,这就需要进一步对 g-C₃N₄ 纳米片进行改性。BiVO₄ 最早作为光催化剂是用于析氧反应(Kudo et al.,1998)。BiVO₄ 具有四方锆石相、四方白钨矿相和单斜白钨矿相三种晶相。其中,具有窄禁带宽度的单斜白钨矿相 BiVO₄ (2.4eV)显示出最高的光催化活性。水热法常用于制备单斜相 BiVO₄,并通过调节反应前驱体的配比可以得到不同的形貌,如纳米椭球、纳米微球、纳米片和纳米叶等(Zhang et al.,2006;Sun et al.,2009;Ke et al.,2009;Wang et al.,2011)。由于 BiVO₄ 体相材料的导带能级低于 H_2O 的还原电势(0V vs. NHE),因此 BiVO₄ 通常用于析氧反应和光降解反应。然而,用不同方法合成的 BiVO₄ 纳米材料,其导带能级发生上移,从而能用于光催化还原 CO_2。例如,Mao 等(2012)用表面活性剂辅助水热法合成了层状的 BiVO₄,并用于光催化还原 CO_2,催化实验显示 BiVO₄ 在可见光照射下能选择性生成甲醇。然而,BiVO₄ 的光催化活性较低,因此一系列的改性方法也被用于增强 BiVO₄ 的光催化活性,如贵金属沉积(Au-BiVO₄)、离子掺杂(Mo-BiVO₄)和半导体复合(BiOBr-BiVO₄)等(Zhang and Zhang,2010;Liu et al.,2012a;Cao et al.,2014)。

本节用超声分散法将剥离后的 g-C₃N₄ 纳米片与 BiVO₄ 复合,制备不同配比的 g-C₃N₄/BiVO₄ 复合光催化剂,并用于可见光照射下光催化还原 CO_2。实验结果发现,与 g-C₃N₄ 纳米片和 BiVO$_4$ 相比，复合催化剂光催化活性明显提高，同时提出了复合催化剂光催化活性增强的机理。

4.3.2 g-C$_3$N$_4$/BiVO$_4$ 复合材料的制备

1. 钒酸铋（BiVO$_4$）的制备

称取 2.4254g 五水合硝酸铋置于盛有 20mL HNO$_3$（2mol/L）的烧杯中，搅拌溶解后，向上述溶液中加入 1.4613g 乙二胺四乙酸，搅拌溶解后得 A 溶液。再称取 1.6g NaOH 于 100mL 烧杯中，加入 20mL 水，搅拌溶解后，向上述溶液中加入 0.5849g 偏钒酸铵，搅拌溶解后得 B 溶液。将 B 溶液逐滴加入 A 溶液中，得到黄色悬浊液，用 2mol/L NaOH 溶液调节溶液的 pH 为 6，然后将溶液转移至 100mL 水热反应釜的聚四氟乙烯内衬中，于 180℃ 加热 24h。冷却后，离心得到黄色沉淀，并用水和乙醇分别洗涤 3 次，然后于 80℃ 干燥 10h，即得 BiVO$_4$。

2. g-C$_3$N$_4$/BiVO$_4$ 复合催化剂的制备

称取一定量的 g-C$_3$N$_4$ 纳米片置于 100mL 烧杯中，加入 30mL 甲醇，超声分散 30min。称取一定量的 BiVO$_4$ 加入上述溶液中，搅拌至溶剂完全挥发后，将其置于 80℃ 鼓风干燥箱中干燥 10h，即得 g-C$_3$N$_4$/BiVO$_4$ 复合催化剂。含 20%、40%、60% 和 80% g-C$_3$N$_4$ 的复合催化剂通过调节 g-C$_3$N$_4$ 和 BiVO$_4$ 的质量制得，并记为 20-CNBV、40-CNBV、60-CNBV 和 80-CNBV。

4.3.3 结果与讨论

图 4-32 为 g-C$_3$N$_4$ 纳米片、BiVO$_4$ 和不同复合比的 g-C$_3$N$_4$/BiVO$_4$ 催化剂的 XRD 图谱。由谱图分析可知，g-C$_3$N$_4$ 纳米片的特征衍射峰对应类石墨相 C$_3$N$_4$（标准卡片 JCPDS#87-

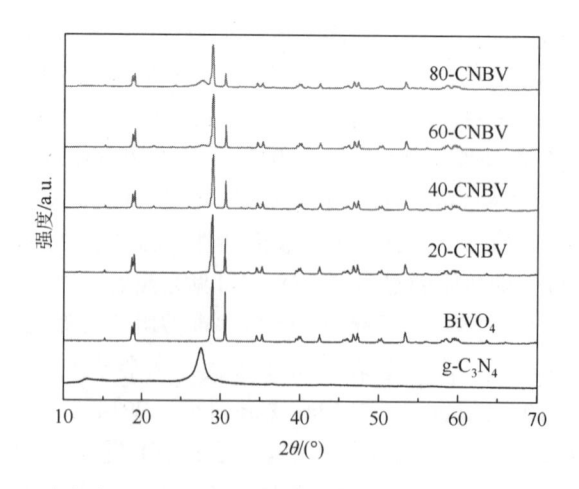

图 4-32 g-C$_3$N$_4$ 纳米片、BiVO$_4$ 和不同复合比的 g-C$_3$N$_4$/BiVO$_4$ 催化剂的 XRD 图谱

1526），BiVO$_4$ 的特征峰对应单斜白钨矿相 BiVO$_4$（标准卡片 JCPDS#14-0688）。对于复合催化剂，20-CNBV 和 40-CNBV 都只显示 BiVO$_4$ 的特征峰，这是由 g-C$_3$N$_4$ 的晶体含量过低造成的，其衍射峰强度远远低于 BiVO$_4$ 的衍射峰强度。但当 g-C$_3$N$_4$ 的含量增加到 60%时（60-CNBV），开始观察到 g-C$_3$N$_4$ 的衍射峰，继续增加到 80%时（80-CNBV），g-C$_3$N$_4$ 的衍射峰变得更加明显，表明复合催化剂同时存在 g-C$_3$N$_4$ 和 BiVO$_4$ 两相，即成功制备了两者的复合催化剂。

图 4-33 为样品的形貌表征。超声剥离前的 g-C$_3$N$_4$ 呈块状 [图 4-33（a）]，且尺寸达到微米级，而经超声剥离后的 g-C$_3$N$_4$ 为超薄纳米片 [图 4-33（b）]。BiVO$_4$ 是厚度为 200～320nm 的纳米片 [图 4-33（c）]。在复合催化剂样品（40-CNBV）的 SEM 图中只观察到了 BiVO$_4$，未观察到 g-C$_3$N$_4$ 的存在。为了证明复合催化剂中 g-C$_3$N$_4$ 确实存在，对样品进行 TEM 和 HRTEM 表征。从 BiVO$_4$ 的 TEM 图 [图 4-33（e）] 及其放大的 TEM 图

(a) 块状g-C$_3$N$_4$的SEM图
(b) g-C$_3$N$_4$纳米片的TEM图
(c) BiVO$_4$的SEM图
(d) 40-CNBV的SEM图
(e) BiVO$_4$的TEM图
(f) 放大的BiVO$_4$的TEM图
(g) 40-CNBV的TEM图
(h) BiVO$_4$的HRTEM图

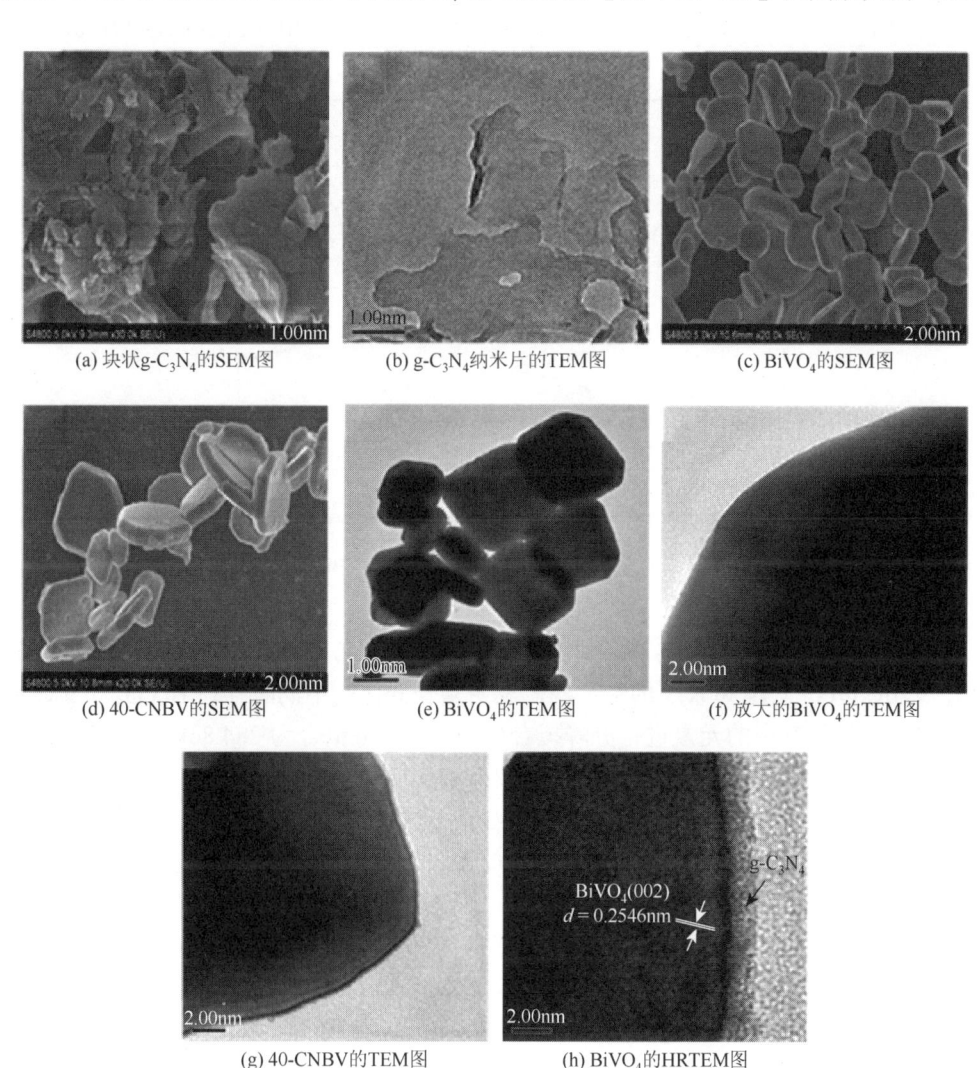

图 4-33　样品的 SEM 图、TEM 图和 HRTEM 图

[图 4-33（f）] 中可以看出，BiVO$_4$ 的表面光滑、边缘清晰。而 40-CNBV 的 TEM 图显示 BiVO$_4$ 表面包覆了一层 g-C$_3$N$_4$ 纳米片 [图 4-33（g）]，其 HRTEM 图 [图 4-33（h）] 进一步表明 g-C$_3$N$_4$ 包覆于 BiVO$_4$ 表面，且与 BiVO$_4$（002）晶面紧密结合，这表明 g-C$_3$N$_4$ 纳米片与 BiVO$_4$ 成功复合得到了杂化催化剂。

图 4-34 为催化剂的 FT-IR 图谱。对于 BiVO$_4$，665cm^{-1} 处的吸收峰归属为 Bi—O 的弯曲振动峰（Pérez et al.，2011）。对于 g-C$_3$N$_4$ 和复合催化剂，810cm^{-1} 处的吸收峰归属于三嗪环的特征振动峰，1414cm^{-1}、1459cm^{-1}、1575cm^{-1} 和 1640cm^{-1} 处的特征峰归属于碳氮杂环中 C—N 和 C═N 的伸缩振动模式，1245cm^{-1} 和 1329cm^{-1} 处的振动峰分别归属于桥联 N 中 C—N(—C)—C 和 C—N(—H)—C 的伸缩振动峰，3000~3700cm^{-1} 处较宽的峰则归属于 g-C$_3$N$_4$ 合成过程中未完全热解的氨基中的 N—H 键，或表面吸附水的羟基的伸缩振动峰。相较于 g-C$_3$N$_4$，复合催化剂中特征吸收峰的峰位向低波数方向移动，表明 g-C$_3$N$_4$ 和 BiVO$_4$ 不是简单的物理混合，而是存在弱的相互作用（Li et al.，2015a）。

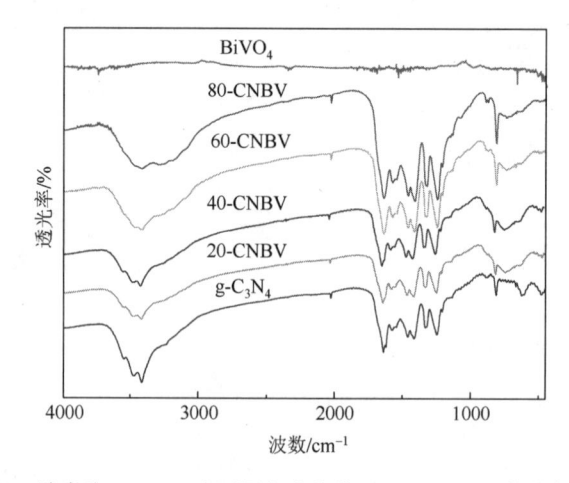

图 4-34　g-C$_3$N$_4$ 纳米片、BiVO$_4$ 和不同复合比的 g-C$_3$N$_4$/BiVO$_4$ 催化剂的 FT-IR 图谱

图 4-35 为光催化剂的 XPS 图。由图 4-35（a）可知，40-CNBV 存在 Bi4f、Bi5d、Bi4d、Bi4p、V2p、O1s、C1s 和 N1s 的特征峰，表明复合催化剂中同时存在 BiVO$_4$ 和 g-C$_3$N$_4$。对 40-CNBV 催化剂中的元素进行分峰拟合处理，C1s 可拟合为 284.8eV 和 288.3eV 两个峰 [图 4-35（b）]，分别对应催化剂表面吸附碳和 g-C$_3$N$_4$ 中的 N—C═N。N1s 可拟合为 398.6eV、399.1eV 和 400.7eV 三个峰 [图 4-35（c）]，分别对应 g-C$_3$N$_4$ 中的 C—N═C、C—N(—C/H)—C 和 —NH$_2$。Bi4f 在 159.0eV 和 164.3eV 处的两个峰 [图 4-35（d）] 分别对应 BiVO$_4$ 中的 Bi4f$_{7/2}$ 和 Bi4f$_{5/2}$，表明 BiVO$_4$ 中 Bi 呈 +3 价。V2p 在 516.3eV 和 523.8eV 出现的特征峰 [图 4-35（e）] 分别对应 V2p$_{3/2}$ 和 V2p$_{1/2}$，表明 BiVO$_4$ 中 V 为 +5 价。O1s 可以拟合为三个峰 [图 4-35（f）]，529.4eV 处的峰为 BiVO$_4$ 中晶格氧的特征峰，531.0eV 处的特征峰为 g-C$_3$N$_4$ 表面羟基中的氧，532.3eV 处的峰则为催化剂表面吸附 H$_2$O 中的氧。

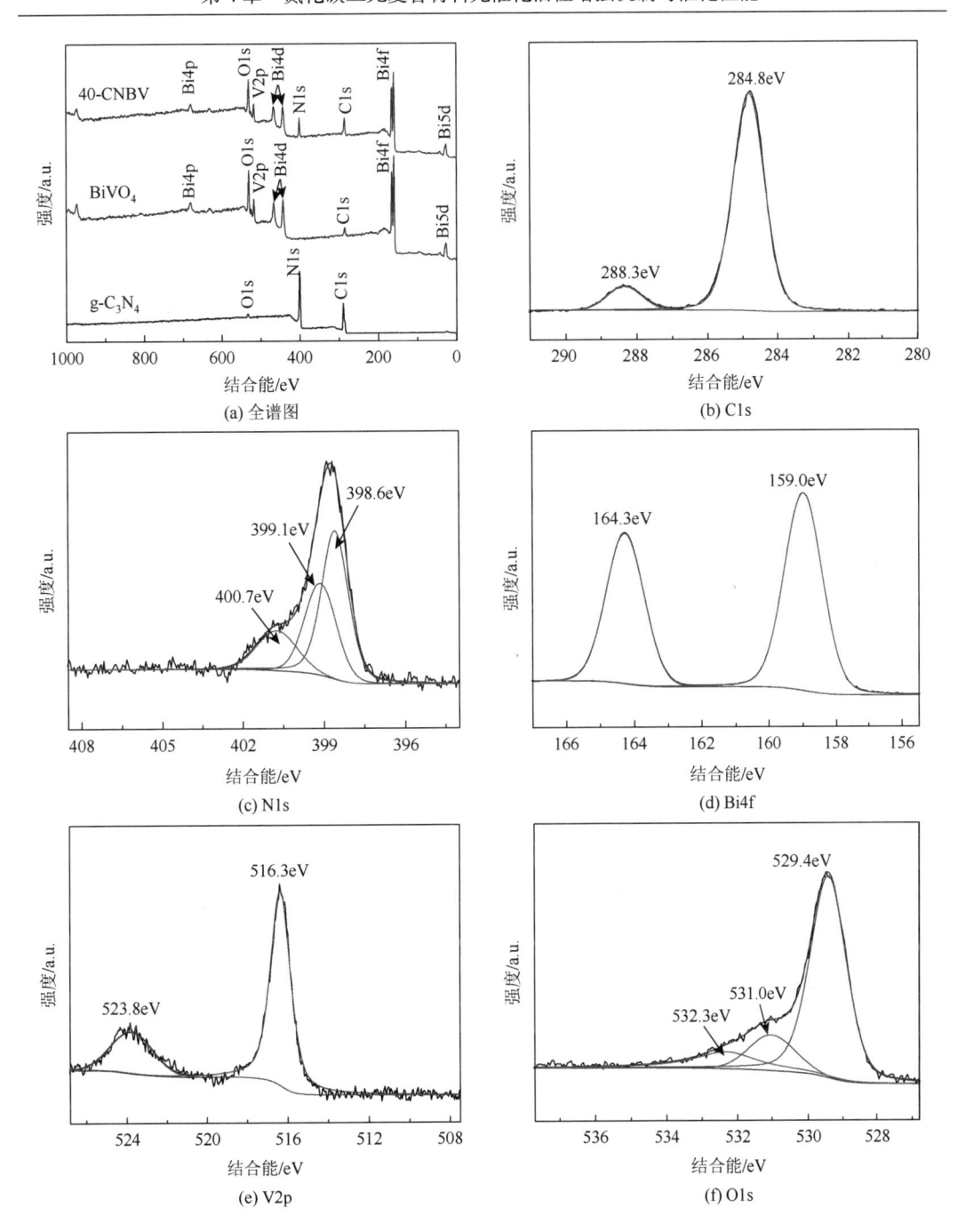

图 4-35 样品的 XPS 图

(a) g-C₃N₄、BiVO₄ 和 40-CNBV 的 XPS 全谱图；(b)~(f) 高分辨 XPS 图

图 4-36（a）为 g-C₃N₄ 纳米片、BiVO₄ 和复合催化剂的紫外-可见漫反射光谱图。从图中可以看出，g-C₃N₄ 纳米片和 BiVO₄ 均在可见光区有吸收，g-C₃N₄ 的吸收波长为 441nm，BiVO₄ 的吸收波长为 523nm，复合催化剂的吸收波长则位于 g-C₃N₄ 和 BiVO₄ 的值之间。

以$(\alpha h\nu)^2$对$h\nu$作图[图4-36（b）]，得到g-C$_3$N$_4$纳米片和BiVO$_4$的禁带宽度分别为2.81eV和2.37eV。图4-37（a）和图4-37（b）分别为g-C$_3$N$_4$纳米片和BiVO$_4$的XPS价带谱，所测得结合能为相对于仪器的费米能级。从图中可以看出，g-C$_3$N$_4$纳米片和BiVO$_4$的价带顶分别为1.53eV和1.79eV。结合仪器功函（4.62eV），可计算出g-C$_3$N$_4$纳米片和BiVO$_4$的价带分别为1.65V和1.91V（vs. SHE），同时，结合禁带宽度和价带顶位置可以确定g-C$_3$N$_4$纳米片和BiVO$_4$的导带底位置分别为–1.16V和–0.46V（vs. SHE）。

(a) g-C$_3$N$_4$纳米片、BiVO$_4$和不同复合比的g-C$_3$N$_4$/BiVO$_4$催化剂的紫外-可见漫反射光谱图

(b) g-C$_3$N$_4$纳米片和BiVO$_4$的禁带宽度图

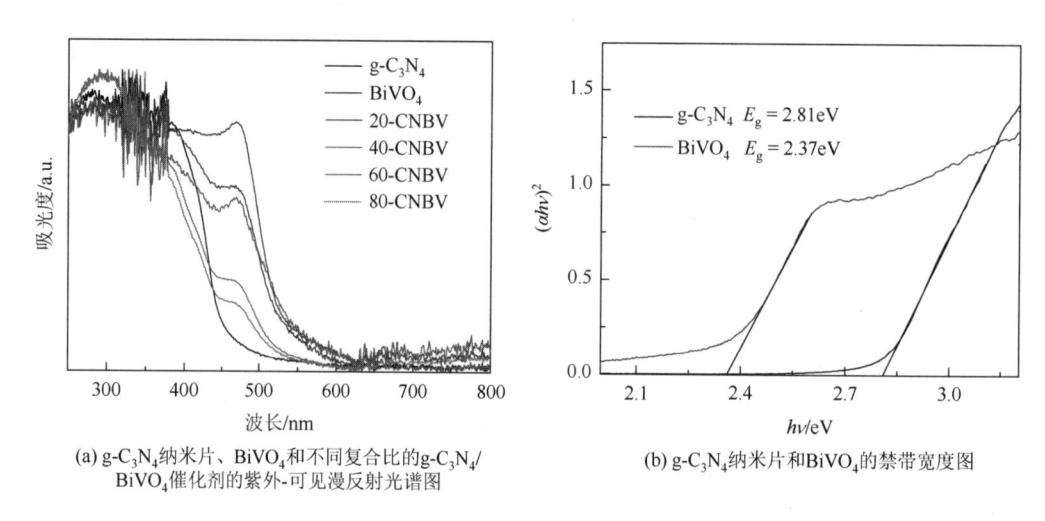

图4-36 样品的紫外-可见漫反射光谱图和禁带宽度测定

(a) g-C$_3$N$_4$纳米片

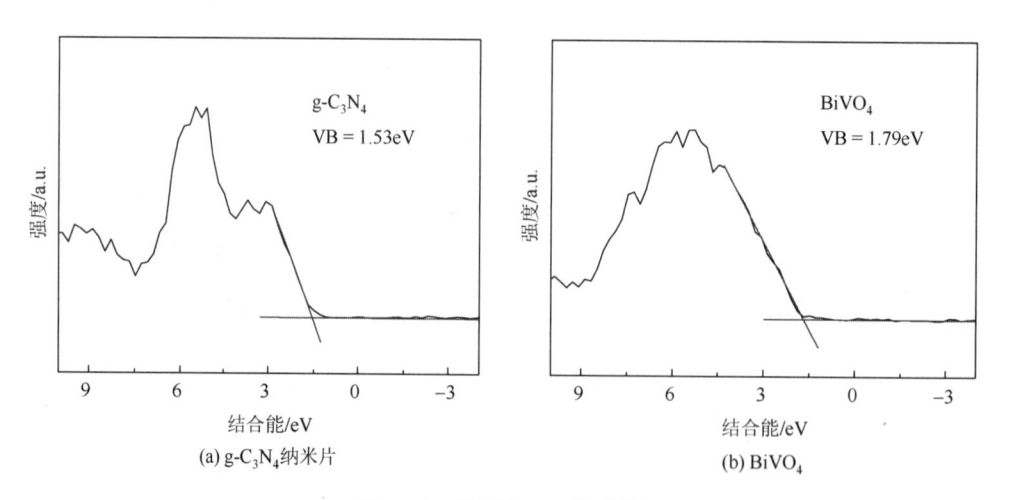

(b) BiVO$_4$

图4-37 样品的XPS价带谱

图4-38为样品的光致发光光谱图（激发光为350nm），从中可以发现复合催化剂的光致发光强度相对于g-C$_3$N$_4$纳米片明显降低。根据光致发光发射机理（Li et al.，2005），复合催化剂中光生电子和空穴的复合率低于g-C$_3$N$_4$纳米片。不同复合比的催化剂中，40-CNBV表现出最低的光致发光强度，随后依次是20-CNBV、60-CNBV和80-CNBV，表明g-C$_3$N$_4$含量为40%时载流子的复合率最低。

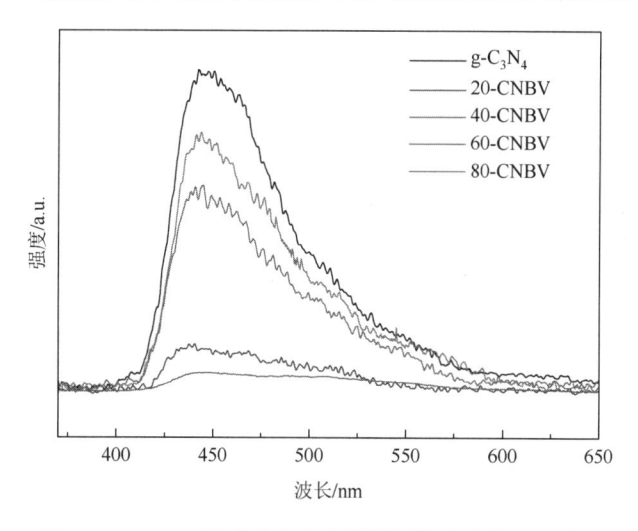

图 4-38　g-C₃N₄ 纳米片和复合催化剂的光致发光光谱图

图 4-39 为样品的瞬态光电流-时间曲线，从图中可以看出，g-C₃N₄ 纳米片和 BiVO₄ 的光电流密度较低，当 g-C₃N₄ 纳米片和 BiVO₄ 复合后，光电流密度明显增大。其中，40-CNBV 表现出最高的光电流密度，表明 40-CNBV 中电子和空穴的复合率最低。这与光致发光光谱图的结果一致。

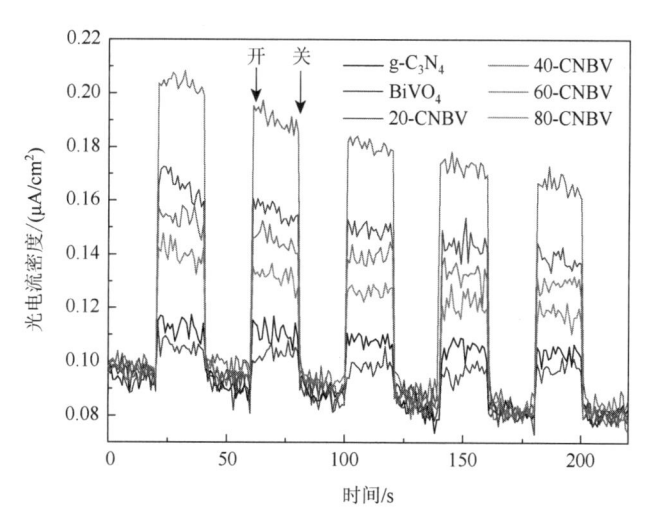

图 4-39　g-C₃N₄ 纳米片、BiVO₄ 和复合催化剂的瞬态光电流-时间曲线

样品的光催化性能通过光催化还原 CO_2 来评价。如图 4-40 所示，反应 8h 所得的主要产物为 CH_4，并未检测到其他可能生成的产物（如 HCOOH、HCHO 和 CH_3OH 等）。三组空白实验（无光照、无催化剂和用 N_2 代替 CO_2）的结果显示，产物中并没有 CH_4 或其他有机物生成。由此推断，所得产物 CH_4 是 CO_2 催化还原的结果，而不是其他来源，光催化还原 CO_2 的反应是在光和催化剂的共同驱动下发生的。g-C₃N₄ 纳米片和 BiVO₄ 的 CH_4 产量较低，反应 8h 后分别为 7.47μmol/g 和 3.65μmol/g。复合催化剂的催化活性显著

提高。其中，40-CNBV 显示出最高的光催化活性（反应 8h 后 CH$_4$ 产量为 14.58μmol/g），分别约为 g-C$_3$N$_4$ 纳米片和 BiVO$_4$ 的 2 倍和 4 倍，这主要是由于复合体系中光生载流子的复合得到了显著抑制。这与光致发光光谱和光电流响应的结果一致，即光生电子-空穴的分离效率是影响光催化活性的关键因素。

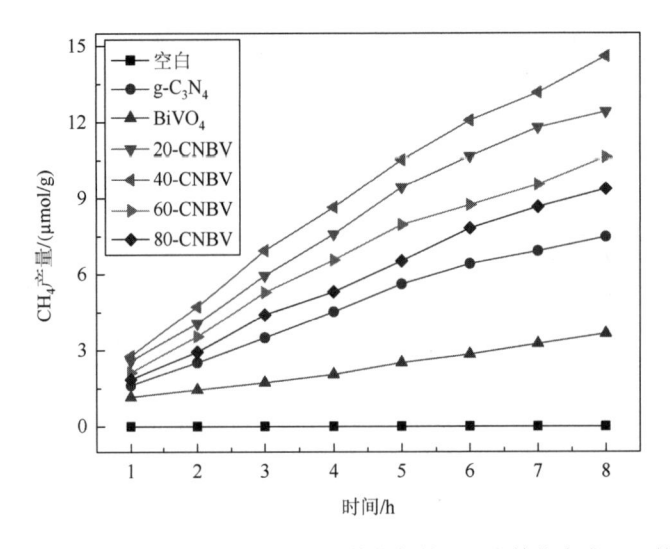

图 4-40　g-C$_3$N$_4$ 纳米片、BiVO$_4$ 和复合催化剂的可见光催化生成 CH$_4$ 的产量

g-C$_3$N$_4$/BiVO$_4$ 光催化还原 CO$_2$ 的机理如图 4-41 所示。g-C$_3$N$_4$ 纳米片和 BiVO$_4$ 均能实现在可见光激发下，电子（e$^-$）从价带跃迁到导带，同时在价带生成空穴（h$^+$）。由于 g-C$_3$N$_4$ 的导带比 BiVO$_4$ 的更负，光生电子从 g-C$_3$N$_4$ 的导带迁移到 BiVO$_4$ 的价带。同时，BiVO$_4$ 的价带比 g-C$_3$N$_4$ 的更正，空穴从 BiVO$_4$ 的价带转移到 g-C$_3$N$_4$ 的价带，从而实现光生电子和空穴的有效分离，有利于催化反应的发生。因为 BiVO$_4$ 的导带比 CO$_2$/CH$_4$ 的还原电势（E = –0.24V vs. SHE）更负，电子能将吸附在催化剂表面的 CO$_2$ 还原为 CH$_4$（CO$_2$ + 8e$^-$ + 8H$^+$ ⟶ CH$_4$ + 2H$_2$O），同时，g-C$_3$N$_4$ 价带上的空穴则与 H$_2$O 反应生成 O$_2$（H$_2$O ⟶ 1/2O$_2$ + 2H$^+$ + 2e$^-$，E = 0.82V vs. SHE）。因此，g-C$_3$N$_4$ 纳米片和 BiVO$_4$ 的能级匹配，能有效地分离光生电子和空穴，复合光催化剂显示出高于 g-C$_3$N$_4$ 和 BiVO$_4$ 的光催化活性。

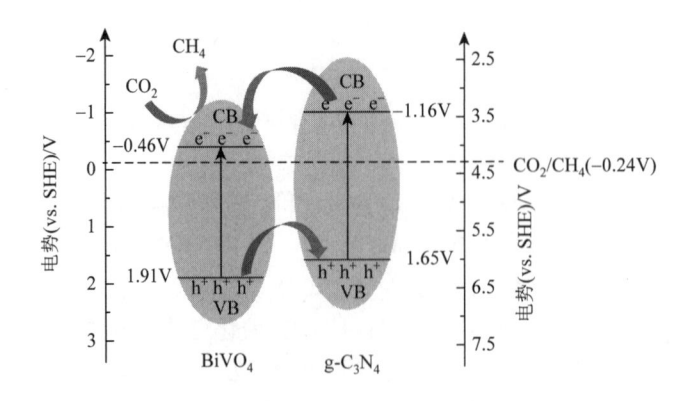

图 4-41　g-C$_3$N$_4$/BiVO$_4$ 光催化还原 CO$_2$ 反应机理图

4.4 PPy/g-C₃N₄的光催化特性

4.4.1 引言

目前 g-C₃N₄ 大多采用热缩聚（Bhunia et al., 2014）的方式制备，具有较高激子结合能，不利于光生电子-空穴对的有效转移和分离，导致光催化性能较低。所以将 g-C₃N₄ 和其他材料进行复合掺杂形成异质结，作为光生载流子快速转移的桥梁，达到提高光催化性能的目的。通过复合掺杂方法能改性 g-C₃N₄ 的原因是：①具有空隙的层状结构有利于颗粒状态的均相掺杂，使最高被占分子轨道（最低空轨道）掺杂态与价带（导带）的边缘发生合并、耦合，扩展价带（导带）的宽度；②可通过减少堆垛数量、改变片层尺寸等简易的方法调节 g-C₃N₄ 结构尺寸和微观形貌（冯西平等, 2012）。目前, g-C₃N₄ 的纳米复合物主要有 g-C₃N₄ 金属异质结、g-C₃N₄ 金属氧化物（金属硫化物）异质结、g-C₃N₄ 复合氧化物、g-C₃N₄ 卤素异质结、g-C₃N₄ 贵金属异质结以及 g-C₃N₄ 基底复合材料（Zhao et al., 2015）。如金属/非金属元素掺杂，金属、非金属离子的引入可以从微观上抑制 g-C₃N₄ 的晶型生长，改变化学分子结构（Raziq et al., 2017），通过由掺杂引进的表面活性位点异质结促进电荷分离，改变光电子行为，从宏观上提高光降解活性。Jin 等（2017）在合成 2D g-C₃N₄ 纳米片时，将 Ag 纳米颗粒同时负载在其表面，一方面 Ag 作为电子转移载体实现电子-空穴分离，另一方面 Ag 产生的局域表面等离子体通过共振形成异质结，提高复合催化剂的光催化性能。Xing 等（2017b）用 β-环糊精和三聚氰胺作为前驱体，高温热缩聚形成 g-C₃N₄ 结构上的非金属镶嵌层。经 β-环糊精掺杂后的 g-C₃N₄ 的析氢能力增强，不仅是因为夹层是由含氧态物质形成的，减小了禁带宽度，而且还因为夹层和 g-C₃N₄ 之间形成的 C—O—C 键作为桥梁，强化了 π 共轭电子体系。

导电聚合物因其独特的电化学性质和光学性质，已在电催化和光催化等相关能源、太阳能电池、传感器、环境保护等领域（Zhou et al., 2016a）被广泛关注。导电聚合物结构上存在高度离域的 π-π* 共轭体系，能有效地将价电子转移，从而表现出优秀的导电性，同时还可以吸收紫外光或者近红外光，所以在光催化（光敏化）领域也有突出作用。He 等（2014）采用一步热缩聚方法制备了 g-PAN/g-C₃N₄ 复合物，g-PAN 是复合物的电子转移渠道，从而促进了光生载流子分离效率，表现出极强的析氢能力。然而，导电聚合物聚吡咯（PPy）（付长璟等, 2016）是一种有机半导体，具有导电率高、易于掺杂、电化学可逆性强等特点，且来源广泛、易于制备、环境稳定性强、氧化还原（电子转移）能力强。PPy 的禁带宽度为 2.2~2.5eV，用于修饰具有光催化性能的半导体材料时，相互间能级相匹配。Duan 等（2013）采用原位氧化沉积法合成 PPy/Bi₂WO₆ 复合物，催化剂降解 RhB 的能力显著增强，PPy 的参与并未对 Bi₂WO₆ 的晶体结构产生影响，反而保证了催化剂在降解实验中的稳定性和抗光腐蚀性。Wang 等（2015）采用简单的水热合成法制备了 PPy/Bi₂O₂CO₃ 复合催化剂，对目标污染物 RhB 降解过程中的 PPy 和 Bi₂O₂CO₃ 产生协同作用，提高了光催化性能。Hu 等（2015）采用超声的方法制备了 PPy-CN 和 PTp-CN 两种复合催化剂，PTp-CN 促进电子-空穴分离的能力更强，光催化活性和稳定性更佳。

Liu 等（2016a）用 PPy 包覆 Ag 纳米颗粒修饰 g-C$_3$N$_4$ 材料，以 RhB 作为目标污染物评价其光催化性能。其所制备的样品降解活性提高的原因是经 Ag 和 PPy 的引入，样品吸收光能力增强，而且抑制了电子和空穴的复合。Sui 等（2013）在 g-C$_3$N$_4$ 表面负载高分散度的导电 PPy，PPy 与 g-C$_3$N$_4$ 表面形成异质结，促进电子快速分离，从而提高析氢能力。Liu 等（2016b）合成了一种 CdS/PPy/g-C$_3$N$_4$ 复合物，其首次作为光催化受体传感器进行腺苷检测，表现出强灵敏性和稳定性。

本节研究 PPy/g-C$_3$N$_4$ 复合材料的制备及降解亚甲基蓝的光催化活性。PPy 与 g-C$_3$N$_4$ 形成有机-有机异质结构，不同半导体的价带、导带和禁带宽度发生交叠，产生耦合作用，而 PPy 起到载体作用，抑制 g-C$_3$N$_4$ 纳米颗粒的团聚（侯宪辉，2014），颗粒尺寸和分布得到很好的控制。本节实验先制备 g-C$_3$N$_4$ 粉末，再采用简单的原位氧化聚合法与吡咯单体 Py 在氧化环境下聚合制备得到 PPy/g-C$_3$N$_4$ 复合材料（王芳等，2015）。实验制备得到的样品采用 XRD、FT-IR、UV-vis DRS、BET、PL 等表征分析，讨论了表面活性剂十二烷基苯磺酸钠（SDBS）的添加量对复合材料降解性能的影响及复合材料光催化活性提高的可能作用机理。PPy/g-C$_3$N$_4$ 复合催化剂聚集了导电聚合物、半导体、纳米材料的优越性能，PPy 的掺杂强化了 g-C$_3$N$_4$ 电子转移能力，从而体现了太阳光的有效利用率和降解污染物能力。这种材料不仅应用于环境污染物降解，而且在太阳能、电极材料、信息存储、传感器（Wang et al., 2017a）等方面也具有良好的发展前景。

4.4.2　PPy/g-C$_3$N$_4$ 复合材料的制备

称取适量的三聚氰胺（C$_3$H$_6$N$_6$）置于氧化铝坩埚中，然后加入去离子水混合均匀，超声分散 1h，放入 60℃烘箱中，烘干后研磨均匀放入马弗炉中煅烧，以 10℃/min 的升温速率升温至 520℃，煅烧 5h。煅烧完成后，待其冷却至 80℃以下，取出样品并研磨均匀装袋，置于干燥器储备备用。

称取适量自制 g-C$_3$N$_4$ 纳米粉末和适量 SDBS 置于烧杯中，加入 100mL 去离子水，超声分散 20min，使纳米 g-C$_3$N$_4$ 粉末和 SDBS 在水中充分分散开，再加入微量吡咯单体 Py，于冰水浴（3℃）环境下磁力搅拌，使吡咯单体充分混合于上述溶液中，此时记为溶液Ⅰ；另外称取一定量的 FeCl$_3$·6H$_2$O 加入 10mL 去离子水中，充分搅拌使其溶解，记为溶液Ⅱ。待溶液Ⅰ搅拌混合 0.5h 后，将溶液Ⅱ逐滴加入溶液Ⅰ中，聚合合成 2h，然后静置陈化 1h。合成完成后对反应产物进行减压过滤，并用无水乙醇和去离子水充分洗涤，于 60℃烘箱中干燥 12h 后取出，充分研磨装袋得到 PPy/g-C$_3$N$_4$ 纳米粉末，并储存于干燥箱。

改变反应溶液中 PPy 与 g-C$_3$N$_4$ 的比例得到多个复合光催化剂样品，标名 *X*PPy/g-C$_3$N$_4$（*X* 分别为 1、0.75、0.50、0.25，表示 PPy 和 g-C$_3$N$_4$ 的质量比分别为 1%、0.75%、0.50%、0.25%），同时以 0.75%的吡咯含量，改变 SDBS 的添加量（0.1g、0.2g、0.3g），按照以上方法制备不同表面活性剂添加量的催化剂。

样品的物相成分和晶型结构采用日本岛津 XRD-6000 型 XRD 仪（衍射源为 Cu 靶、Kα 射线）分析得到 XRD 图谱。样品中的化学键、官能团采用岛津 IR Prestige-21 型红外光谱仪，以 KBr 为载体将样品压片，得到 FT-IR 图谱。分析测定样品的比表面积和孔结构分布特征，采用美国 Micromeritics 的 ASAP 2020 型物理吸附仪进行比表面积-孔结构测定（BET-BJH），吸附气体为高纯度氮气，在−196℃的液氮环境下用 N_2 吸附法测定。表征材料的光学吸收性能和禁带宽度计算采用日本岛津 UV-2550 型紫外-可见分光光度计测定紫外-可见漫反射光谱，测试的样品需要压制成片，并以 $BaSO_4$ 作为测定参比。材料光致发光性能分析采用日本 Hitachi F-7000 光致发光分析仪，激发波长 330nm，光源为氙灯，测得光致发光光谱。

以浓度为 10mg/L 的亚甲基蓝（MB）溶液为目标化合物，评价所制备样品的光催化活性。取 50mL 亚甲基蓝溶液置于 100mL 烧杯中，并加入 0.05g 样品和磁性搅拌子，将烧杯置于自制的光催化反应器中进行实验（催化剂投加量为 1g/L，光源为 12W LED 灯，灯距为 15cm，光强为 28μW/cm²）。于暗环境下进行吸附-脱附平衡实验，每隔 0.5h 用移液管移取 5mL 溶液，离心机（5000r/min）离心 5min 后取上清液在紫外-可见分光光度计 662nm 波长下测定并记录亚甲基蓝的吸光度，实验进行 1h 后达到吸附-脱附平衡，此时吸光度值记为 A_0。待平衡后开灯，再连续测定 2h，测吸光度记为 A_t，以吸光度所对应的染料浓度表征光催化剂的催化性能。亚甲基蓝降解率为

$$\eta = (1 - A_t / A_0) \times 100\% \tag{4-18}$$

式中，A_0 为溶液吸附-脱附平衡时的吸光度，对应浓度 C_0；A_t 为光催化反应后溶液的吸光度，对应浓度 C_t。

4.4.3 结果与讨论

图 4-42 为 g-C_3N_4、0.75PPy/g-C_3N_4 和 PPy 样品的 XRD 图谱。图 4-42 中，g-C_3N_4 大约在 13.1°和 27.4°处出现了明显的衍射峰，分别对应 g-C_3N_4 的（100）、（002）晶面。其中（002）晶面的衍射峰表征的是芳香物的层间堆积（崔雯等，2015），具有类似石墨状结构，而衍射角度为 13.1°处的（100）晶面则对应三-s-三嗪环结构，这和实验使用的前驱

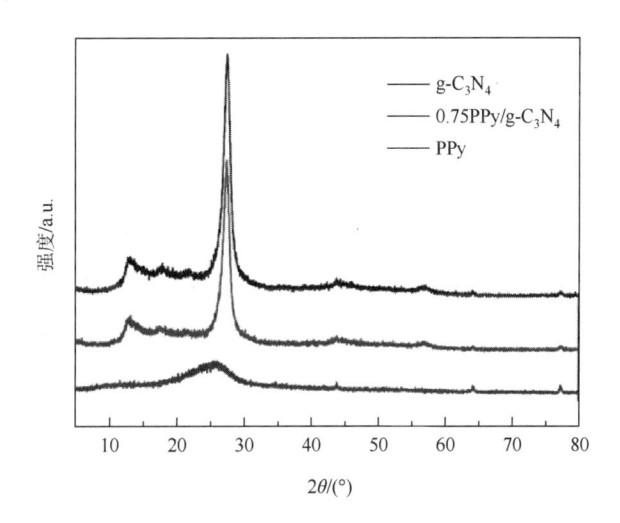

图 4-42 g-C_3N_4、0.75PPy/g-C_3N_4 和 PPy 样品的 XRD 图谱

体三聚氰胺有关（张金水等，2013），而三嗪环结构的存在可以有效降低碳氮成键的反应能垒，从而促进类石墨相层状结构的生长。分析 0.75PPy/g-C$_3$N$_4$ 复合催化剂的晶型结构，也大约在 13.1°和 27.4°出现了衍射峰，并未出现其他杂峰，和 g-C$_3$N$_4$ 比较基本相似。(002)晶面上晶型并无明显区别，但衍射峰强度减弱，说明引入的微量 PPy 并没有改变 g-C$_3$N$_4$ 的晶型，而仅仅影响了其结晶度。这也说明掺杂的 PPy 量少，并没有改变 g-C$_3$N$_4$ 的分子结构，仅可能包覆于表面，从而影响其晶型生长。

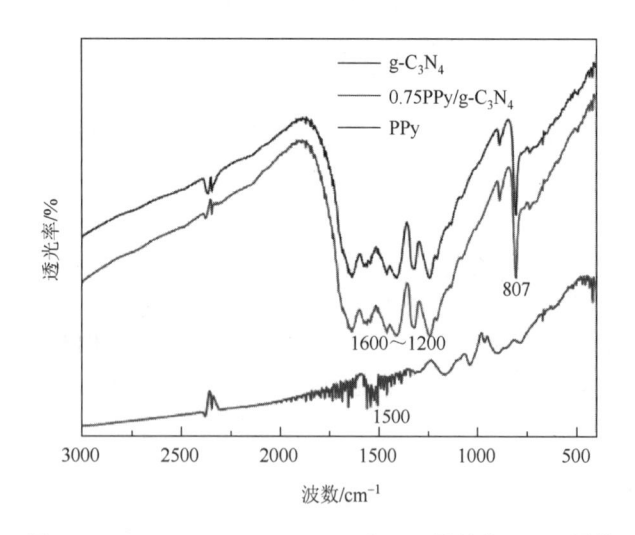

图 4-43 为 g-C$_3$N$_4$、0.75PPy/g-C$_3$N$_4$ 和 PPy 样品的 FT-IR 图谱。g-C$_3$N$_4$ 和复合催化剂 0.75PPy/g-C$_3$N$_4$ 的图谱中出现相同特征峰。在 807cm^{-1} 处均出现了三嗪环的呼吸振动峰；1600～1200cm^{-1} 处出现了氮化碳三嗪环的特征伸缩振动峰，其中出现在 1610cm^{-1} 和 1300cm^{-1} 处的峰分别表示 C(sp^2)—N、C(sp^2)=N 基团的振动（Zhu et al., 2015），而样品 PPy 在 1500cm^{-1} 左右出现了较多的振动峰，表征的是聚吡咯环的 C=C 双键的伸缩振动峰。0.75PPy/g-C$_3$N$_4$ 复合样品在 1700～1200cm^{-1} 处的振动峰强于 g-C$_3$N$_4$，可能是因为微量的 PPy 负载在 g-C$_3$N$_4$ 上，出现两者相互重叠作用，这也和两者分子结构极其相似有关，复合的样品中有微量 PPy 存在。

图 4-43　g-C$_3$N$_4$、0.75PPy/g-C$_3$N$_4$ 和 PPy 样品的 FT-IR 图谱

图 4-44 为 g-C$_3$N$_4$ 和不同掺杂比例 PPy/g-C$_3$N$_4$ 复合催化剂的光致发光光谱图和紫外-可见漫反射光谱图。从图 4-44（a）可以看出，经掺杂后复合样品的可见光吸收波长明显不同，其中样品 0.50PPy/g-C$_3$N$_4$、0.75PPy/g-C$_3$N$_4$ 和 1PPy/g-C$_3$N$_4$ 的可见光吸收范围接近。众所周知，吸收波长和半导体的禁带宽度有关，由图 4-44（b）的插图中的禁带宽度图谱可知，g-C$_3$N$_4$、0.75PPy/g-C$_3$N$_4$、0.25PPy/g-C$_3$N$_4$ 的禁带宽度分别为 2.56eV、2.40eV、2.30eV，它们分别对应的可见光吸收波长为 484nm、516nm、539nm。故经聚吡咯修饰的氮化碳材料的禁带宽度变窄，光响应范围增大，总体上，复合后样品光响应范围增大。图 4-44（b）是各个样品的光致发光光谱图，表征的是在一定激发波长下，样品微观结构上的电子被激发到高能级激发态又重新跃迁到低能级时，被空穴捕获，即光生电子-空穴对复合产生

的发光的过程。从图中可以看出复合样品与 g-C$_3$N$_4$ 的光致发光强度有明显区别，总体上复合样品光致发光强度较本底 g-C$_3$N$_4$ 弱，样品 1PPy/g-C$_3$N$_4$ 的光致发光强度最弱，这可能是因为 PPy 具强导电性，当和本底 g-C$_3$N$_4$ 协同作用时，1%的聚吡咯将氮化碳导带上的电子更强烈地迁移到其表面上，从而阻止电子和空穴复合，产生的光致发光效果就弱。此光致发光强度由弱到强分别为：1PPy/g-C$_3$N$_4$、0.75PPy/g-C$_3$N$_4$、0.50PPy/g-C$_3$N$_4$、g-C$_3$N$_4$、0.25PPy/g-C$_3$N$_4$。一般情况下，光致发光强度越弱，说明样品被光激发后产生的光生电子-空穴对复合越少，电子转移效率越高，则样品表面的电子和溶解氧的结合机会增大，作用产生的超氧自由基和具有氧化性的空穴就表现出更好的氧化性（Chen et al.，2017）。

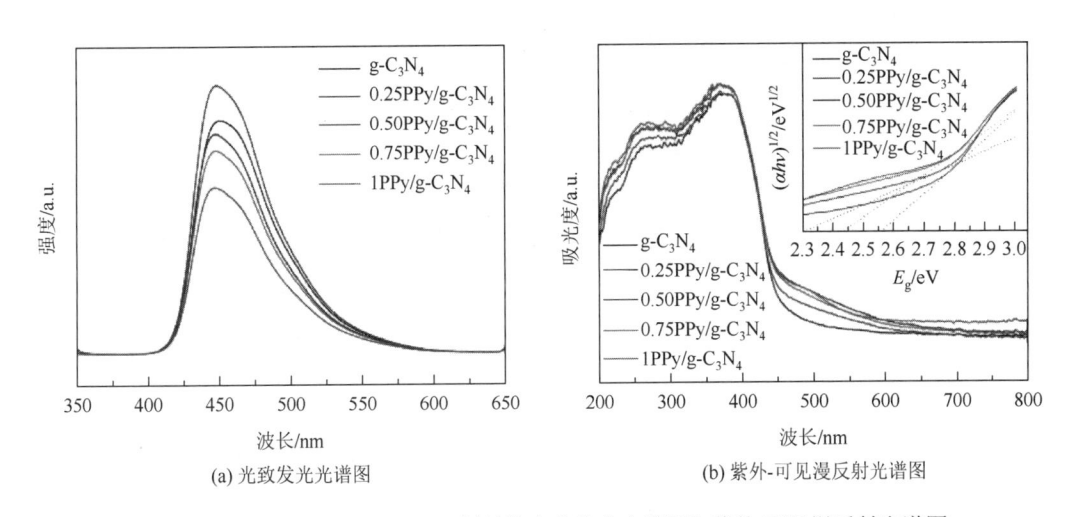

图 4-44 g-C$_3$N$_4$ 和 XPPy/g-C$_3$N$_4$ 样品的光致发光光谱图和紫外-可见漫反射光谱图

图 4-45 分析了 g-C$_3$N$_4$、0.75PPy/g-C$_3$N$_4$ 样品的比表面积和孔径结构分布。由图 4-45（a）N$_2$ 吸附-脱附等温线可知，样品的 N$_2$ 吸附产生的滞后现象为Ⅳ型等温线，这是介孔材料存在的普遍类型。相对压力 P/P_0 在 0.7～1.0 产生了磁滞环，磁滞回线为类型 H3，说明样品是由片状物堆积而成的介孔结构（Dong et al.，2014b），而当相对压力 P/P_0 接近 1.0 时，样品均表现强的吸收性，样品 0.75PPy/g-C$_3$N$_4$ 的比表面积较 g-C$_3$N$_4$ 增大。由图 4-45（b）孔径分布曲线可知，样品孔径都介于 1～140nm，存在介孔（2～50nm）和大孔（>50nm），但介孔是主要孔径分布。g-C$_3$N$_4$ 和样品 0.75PPy/g-C$_3$N$_4$ 的介孔都分布在 3.5nm、30～32nm，而且两者孔径较大的介孔分布较宽，样品 0.75PPy/g-C$_3$N$_4$ 的孔体积较大，但在孔径为 20～40nm 下的孔体积比 g-C$_3$N$_4$ 小，此时的最大介孔孔径为 30.45nm，小于 g-C$_3$N$_4$ 的介孔孔径，这有可能是起修饰作用的聚吡咯存在于孔径较大的氮化碳的介孔结构空隙之间，导致该介孔环境下的孔体积减小，但又因为聚吡咯的掺杂引入存在于 g-C$_3$N$_4$ 介孔处，比表面积增加。表 4-5 给出了 g-C$_3$N$_4$、0.75PPy/g-C$_3$N$_4$ 的具体比表面积、孔体积、孔径和禁带宽度值。样品 0.75PPy/g-C$_3$N$_4$ 的比表面积为 18m^2/g，g-C$_3$N$_4$ 的比表面积为 14m^2/g，相比较，掺杂后的样品比表面积增大，一定程度上表征该复合样品太阳光利用率提高，降解污染物的能力增强。

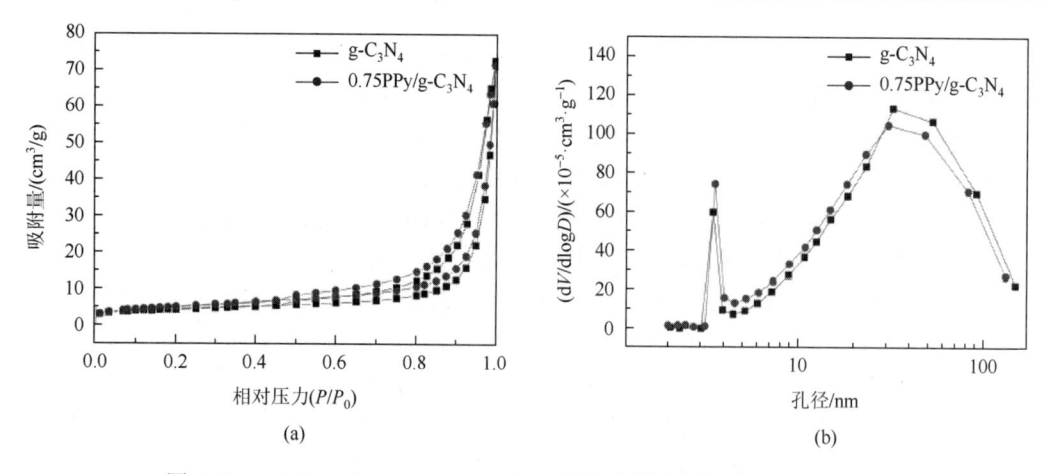

图 4-45　g-C₃N₄、0.75PPy/g-C₃N₄ 的 N₂ 吸附-脱附等温线和孔径分布曲线

表 4-5　g-C₃N₄、0.75PPy/g-C₃N₄ 的比表面积、孔体积、孔径和禁带宽度值

样品	比表面积/(m²/g)	孔体积/(cm³/g)	孔径/nm	禁带宽度/eV
g-C₃N₄	14	0.081	3.48/32.31	2.56
0.75PPy/g-C₃N₄	18	0.094	3.50/30.45	2.40

1）不同 SDBS 添加量的影响

聚合态高分子聚吡咯中包含着 C、N、H 元素，而它的高分子链是吡咯环之间通过单键交替连接而形成的，其中也存在着 π-π* 双键共轭结构，但纯长链态的聚吡咯导电性较差，一般要在聚合物结构上引入掺杂剂（Yuan et al.，2013），形成掺杂态聚吡咯，表现出较高的导电性。本实验采用的掺杂剂是有机酸阴离子表面活性剂十二烷基苯磺酸钠（SDBS）。图 4-46 是不同 SDBS 添加量的降解污染物质效果图。从图中可以看出添加 SDBS 后，对 MB 的降解效果均提高，进行光催化反应 2h 后，添加 0.1g、0.2g、0.3g 的

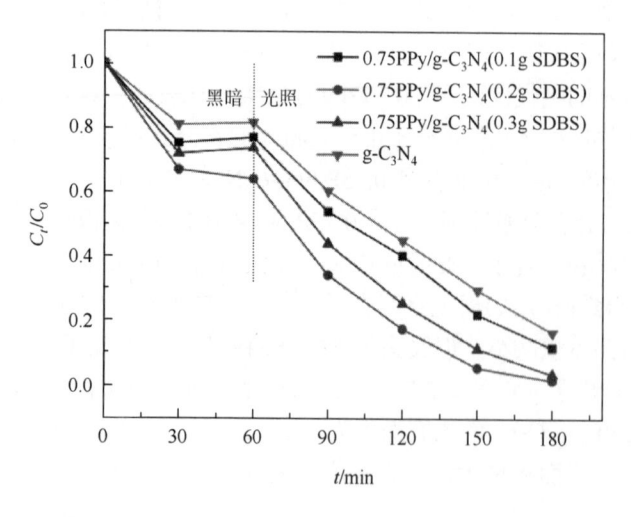

图 4-46　不同 SDBS 添加量对亚甲基蓝的降解效果

SDBS 的复合催化剂降解率分别为 85%、97%、94%，而 g-C$_3$N$_4$ 的降解率为 79%，当添加量为 0.2g 时，降解效果最佳，提高了 22%。如果 SDBS 添加量过多，样品中的吡咯单体微量聚合，反而不能充分利用，造成聚吡咯结构的负担，降低导电性；而添加量较少时，又没有起到掺杂的作用，所以实验得出 0.2g 的 SDBS 添加量最佳。对聚吡咯进行有机酸掺杂，实质是为了促进聚吡咯内部结构上的电荷转移能力。反应过程中，聚合物链提供电子，本身带正电；添加的阴离子表面活性剂直接与聚合物链复合，此时 PPy 的能量状态发生变化，能带减小，导电性增强。因此，添加 SDBS 时，引起聚吡咯主链上电子数改变，导电能力也发生变化。当作用在 g-C$_3$N$_4$ 的分子结构上时，更容易将其价带上的电子转移，从而改善了光催化活性。

2）不同 PPy 掺杂比例影响

为了系统地评价不同掺杂比例 PPy 的复合催化剂的光催化活性，将亚甲基蓝（MB）溶液作为目标污染物，进行降解染料污染物的实验。从图 4-47（a）可看出吸附-脱附平衡后再进行 2h 光催化反应，经掺杂的复合催化剂降解 MB 的能力均明显强于 g-C$_3$N$_4$，0.75PPy/g-C$_3$N$_4$ 样品的降解能力一直优于其他样品，而且光照 1.5h 后降解率高达 99%，此时染料分子几乎完全被催化剂降解成小分子物质。反应结束时，0.75PPy/g-C$_3$N$_4$ 样品对 MB 的降解率高于 g-C$_3$N$_4$。实验前的 1h 黑暗吸附实验中，该样品的吸附性也较强，明显强于 1PPy/g-C$_3$N$_4$、0.50PPy/g-C$_3$N$_4$、g-C$_3$N$_4$，这一现象说明此样品的比表面积较大，呈多孔性，这和 BET 表征分析提到的较大比表面积和较大孔体积相联系。不同 PPy 掺杂量的催化剂降解效果顺序是 0.75PPy/g-C$_3$N$_4$＞0.25PPy/g-C$_3$N$_4$＞1PPy/g-C$_3$N$_4$＞0.5PPy/g-C$_3$N$_4$＞g-C$_3$N$_4$，说明 0.75PPy/g-C$_3$N$_4$ 的光降解作用是最强的。

为了定量分析实验中的 MB 降解反应动力学，用线性拟合法做了 $\ln(C_t/C_0)$ 对时间 t 的一级动力学分析图，此动力学方程为 $\ln(C_t/C_0) = Kt$，其中 K 是动力学反应速率常数（min^{-1}），具体数据如图 4-47（b）所示。显然，经 PPy 负载的氮化碳复合催化剂都具有较高降解率，0.75PPy/g-C$_3$N$_4$ 样品的速率常数为 0.03773min^{-1}，而 g-C$_3$N$_4$ 为 0.01284min^{-1}，大约提高了 2 倍，其他掺杂比例的复合材料也相应地强化了降解污染物的能力。这表明，PPy 在 g-C$_3$N$_4$ 基底复合材料光催化性能中扮演重要角色。

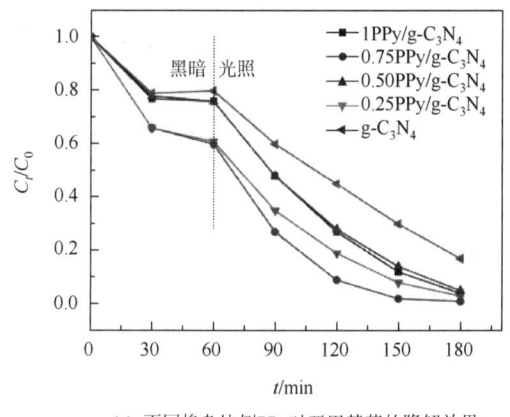

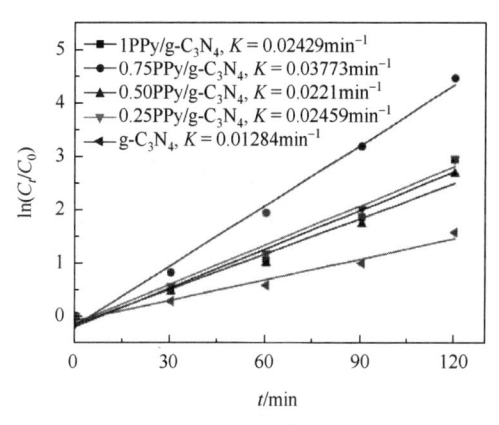

(a) 不同掺杂比例PPy对亚甲基蓝的降解效果　　(b) 一级动力学降解速率分析

图 4-47　样品对亚甲基蓝的降解效果及降解动力学图谱

3) PPy/g-C₃N₄ 复合材料降解污染物途径

根据以上分析讨论，经 PPy 掺杂的复合催化剂表现出更好的催化活性，说明导电 PPy 以无定形形态可能包覆在 g-C₃N₄ 微粒表面，增大了整个复合材料的比表面积，快速迁移和分离 g-C₃N₄ 上的电子，抑制光生电子和空穴复合，最终强化了此复合材料的光催化活性。图 4-48 是 PPy/g-C₃N₄ 复合催化剂在可见光下的降解污染物机理图。PPy 在实验中也作光敏剂，有较强的吸光系数，可对 g-C₃N₄ 产生光敏化效果，还具有能使价电子相对移动的线性 π-π*共轭电子结构，表现出 PPy 的强导电性。

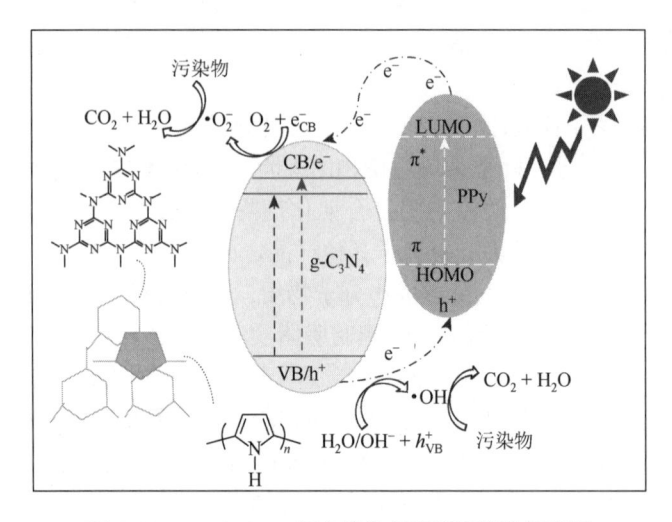

图 4-48　PPy/g-C₃N₄ 复合催化剂降解污染物机理图

g-C₃N₄ 是 n 型半导体材料，可作为电子受体，故如图 4-48 所示，PPy 捕获太阳光，诱导 π-π*共轭体系上的最高占有轨道 HOMO 轨道上的电子受激发跃迁至最低空轨道 LUMO 轨道，HOMO 形成价带，LUMO 形成导带，此时导带上仅存在电子 e^-，价带存在空穴 h^+（Ghosh et al., 2015）。又由于此时 PPy 的电势高于 g-C₃N₄ 的导带，所以作为电子转移渠道（Li et al., 2015a），将 e^- 转移到 g-C₃N₄ 催化剂导带上，导带电子再转移给吸附在表面的电子受体（溶解氧、污染物质），使其发生氧化还原反应。与此同时，g-C₃N₄ 受小部分光子激发，产生了 e^- 和 h^+，其价带上的电子一部分转移到 PPy 的 HOMO 上和空穴复合，另一部分则跃迁到导带，与 PPy 迁移过来的 e^- 重合，增大复合催化剂的导带宽度，减小禁带宽度，可将光吸收范围扩大，这和 UV-vis DRS 分析得出的吸收可见光波长扩宽相一致。同时建立一个稳定的、可循环的电场域，保证了电子-空穴有效分离，延长了光生载流子的寿命，进而增强了光催化活性。形成稳定的电子转移分离系统后，处于催化剂导带上的 e^- 和表面的溶解性 O_2 发生还原反应生成超氧自由基 $·O_2^-$，而 H_2O、OH^- 和 g-C₃N₄ 价带及 PPy 价带上少量的空穴氧化反应生产羟基自由基 $·OH$。具体作用途径如下：

$$\text{PPy}/\text{g-C}_3\text{N}_4 \xrightarrow{h\nu} \text{PPy}^+/\text{g-C}_3\text{N}_4 + e_{CB}^- \tag{4-19}$$

$$\text{PPy}^+/\text{g-C}_3\text{N}_4 \xrightarrow{h\nu} \text{PPy}/\text{g-C}_3\text{N}_4 + h_{VB}^+ \tag{4-20}$$

$$O_2 + e_{CB}^- \longrightarrow \cdot O_2^- \tag{4-21}$$

$$H_2O/OH^- + h_{VB}^+ \longrightarrow \cdot OH + H^+ \tag{4-22}$$

$$MB + \cdot O_2^- /\cdot OH / h_{VB}^+ \longrightarrow 产物 + CO_2 + H_2O \tag{4-23}$$

在催化降解过程中，$\cdot O_2^-$、$\cdot OH$、h^+ 都具有强氧化性，可以将有机污染物质降解成小分子物质，或者矿化为 CO_2、H_2O，从而达到治理污染的目的。

4.5 Bi₂S₃/g-C₃N₄ 复合光催化剂的微波合成及其光催化性能

4.5.1 引言

光催化技术在解决当今世界面临的能源危机和环境问题方面有极其广阔的前景。随着研究者对光催化反应的深入研究，高效光催化剂的开发成为提高光催化活性的主要关注点。Bi₂S₃（BS）是一种能带间隙很窄（$E_g = 1.3 \sim 1.7 \text{eV}$）的半导体光催化剂（Arumugam et al.，2018），其可见光利用率极高，但是严重的光致腐蚀和电子-空穴复合率的存在极大地限制了其可见光催化活性。石墨相氮化碳（g-C₃N₄，CN）作为一种光催化活性较高、稳定性好的晶体结构，成为近几年研究的热点。CN 的禁带宽度较大（2.7eV），不能有效地利用可见光，且光生载流子复合率较高，限制了其光催化活性（Wang et al.，2009；Hong et al.，2013）。迄今为止，已经产生多种对 CN 进行改性以提高其可见光催化活性的方法，如贵金属沉积（Ling et al.，2019b）、金属离子掺杂（Ming et al.，2018）、半导体复合（Mousavi et al.，2019）、二维结构构筑（Kumar et al.，2018）和多孔结构设计等。其中，采用半导体复合的改性方法是目前较常用的方法之一。

近年来，利用微波合成法制备纳米材料逐渐被人们所重视，其具有操作简单、加热速度快、热能利用率高和无滞后效应等特点，在制备材料的过程中，可以使材料的表面和内部同时受热，有助于材料形貌的形成，对现有的研究具有重要意义（Ling et al.，2019a）。本节采用微波合成法制备半导体光催化剂 BS，并合成其复合光催化剂 Bi₂S₃/g-C₃N₄（BS/CN），研究其光催化性能。

4.5.2 微波法合成 Bi₂S₃/g-C₃N₄ 复合光催化剂

（1）块状 g-C₃N₄ 的制备。本节所用的化学药品均为分析纯。称取 5g 三聚氰胺放入氧化铝坩埚内，加入适量去离子水，超声分散 0.5h 后放入烘箱中在 60℃下干燥，然后转移至马弗炉中，调节升温速率为 5℃/min，保持 550℃条件下煅烧 4h，冷却至室温，研磨干燥，装袋备用。

（2）复合光催化剂 Bi₂S₃/g-C₃N₄ 的制备。利用微波法制备 BS/CN 复合材料：称取一定量的 Bi(NO₃)₃·5H₂O 和 CH₄N₂S（物质的量比为 2∶3）加入 40mL 乙二醇中，通过超声处理 30min 直至完全溶解，形成溶液 A。然后，称取 0.5g CN 溶解于 20mL 乙二醇中，形成溶液 B。将上述两种溶液混合并搅拌 30min，转移至多功能微波合成萃取仪中，在 180℃的条件下反应 15min。冷却后取出，所得沉淀用去离子水和无水乙醇离心洗涤三次以上，60℃下烘干，得到 BS/CN 复合材料。通过改变 Bi(NO$_3$)$_3$·5H$_2$O 和 CH$_4$N$_2$S 的质量，在相同的制备条件下制得不同质量比（BS 与 CN 的质量比分别为 1%、5%、15%、30%）的 BS/CN 复合样品，分别标记为 1-BS/CN、5-BS/CN、15-BS/CN、30-BS/CN。在不加入 CN 的前提下，按照上述条件合成纯相 BS。

4.5.3 复合光催化剂 Bi$_2$S$_3$/g-C$_3$N$_4$ 的表征及催化性能分析

图 4-49（a）为 BS 样品的 XRD 图谱，图中所有的衍射峰均与斜方晶系 BS 的标准图谱（标准卡片 JCPDS#65-2431）相吻合。图 4-49（b）为 CN 和 X-BS/CN 复合物的 XRD 图谱，CN 在 13.1°和 27.5°处出现分别对应于 CN 的（100）和（002）晶面的两个不同的衍射峰，最强的衍射峰（位于 27.5°）由共轭芳香族堆垛形成（Wu et al.，2015）。复合比例较低时，X-BS/CN 复合物的 XRD 图谱与 CN 的图谱非常相似，归属于 BS 的衍射峰不明显；随着复合比例的提高，BS 的衍射峰逐渐趋于明显，X-BS/CN 复合物的 XRD 图谱相似于 BS 的图谱，证明了复合物中 BS 的存在。图中没有任何杂峰的存在，说明制备的产物具有较高的纯度。

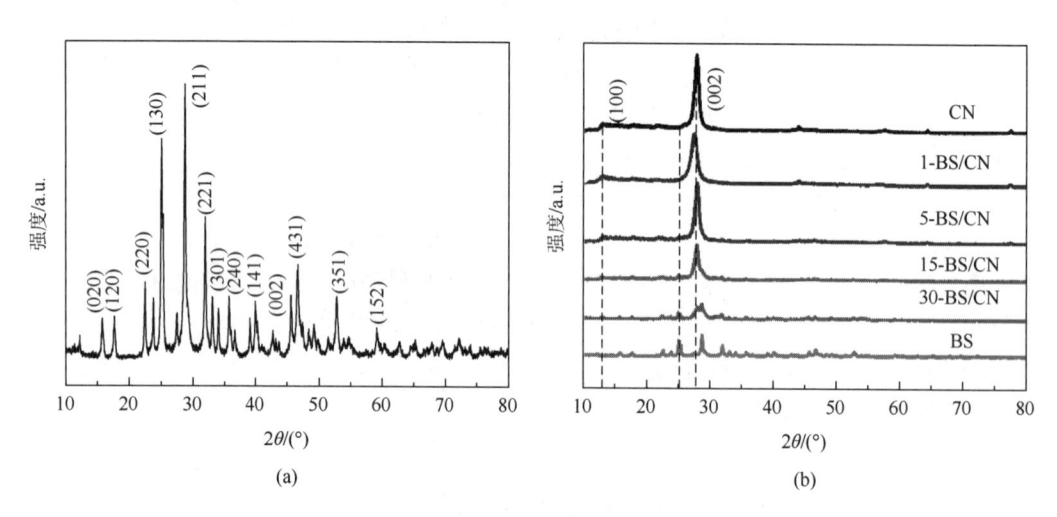

图 4-49　BS、CN 和 X-BS/CN 样品的 XRD 图谱

图 4-50 为 CN、BS、5-BS/CN 的 FT-IR 图谱。BS 图谱中 1103cm^{-1} 处的衍射峰对应于 Bi—S 键的振动（Zhao et al.，2018a）。CN 图谱中 1241~1665cm^{-1} 处的衍射峰对应于典型 C(sp^2)=N、C(sp^2)—N 伸缩模式。此外，在 810cm^{-1} 处的峰对应于三嗪振动模式吸收带（Liu et al.，2019）。可以看出在复合物 5-BS/CN 的图谱中同时出现了 CN 和 BS 中的伸缩振动峰，说明复合光催化剂制备成功。

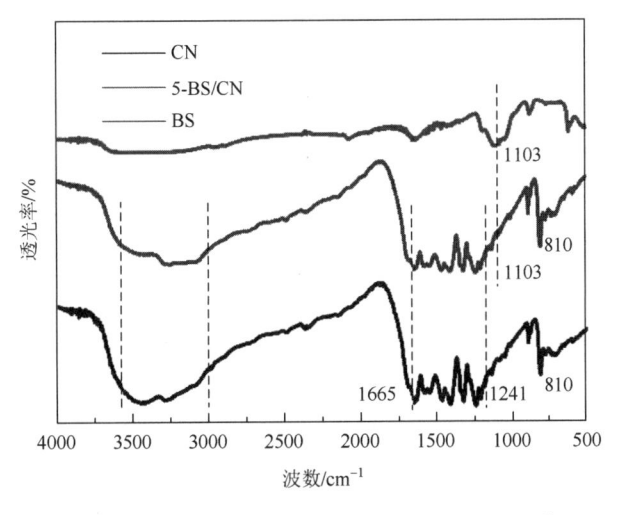

图4-50 CN、BS和5-BS/CN样品的FT-IR图谱

为了进一步研究CN和5-BS/CN复合材料的表面化学成分和氧化态,进行XPS分析,结果如图4-51所示。在CN和5-BS/CN样品的XPS全谱图[图4-51(a)和图4-51(b)]中,可以观察到C、N、O三种元素的能谱峰,在5-BS/CN的图谱中还可以观察到归属于Bi元素的能谱峰。图4-51(c)为各样品的C1s高分辨XPS图,主要存在两个峰,归属于表面的杂质碳(C—C)的信号峰的键能强度为284.9eV,归属于CN的三-s-三嗪环中sp^{2}杂化碳结合键(N=C—N)的信号峰的键能强度为288.3eV。图4-51(d)为各样品的N1s高分辨XPS图,可以观察到两个峰,分别归属于三-s-三嗪环中与C发生sp^{2}杂化的N(C=N—C)和归属于三-s-三嗪环与C发生sp^{3}杂化的N[N—(C)$_3$],键能强度分别为398.7eV和400.4eV(Cao et al.,2012)。图4-51(e)为样品的O1s高分辨XPS图,相比于CN,复合样品5-BS/CN的结合能向低能级偏移。由图4-51(f)和图4-51(g)可以看出,5-BS/CN复合材料中Bi4f的信号峰位于164.7eV(Bi4f$_{5/2}$)和159.2eV(Bi4f$_{7/2}$)处,S2s的信号峰位于232.5eV处。结合XRD图谱分析,共同印证了BS/CN新化学态的形成(王永剑等,2018)。对其元素组成分析,除了C、N、O、Bi、S,没有其他杂质元素产生,表明产物的纯度高。

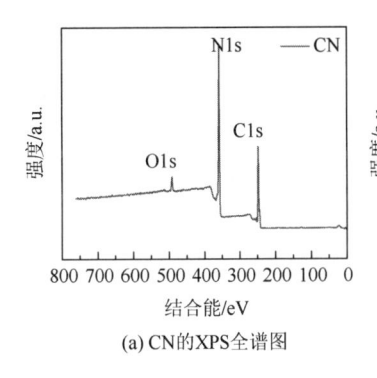

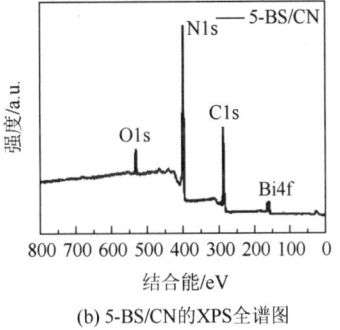

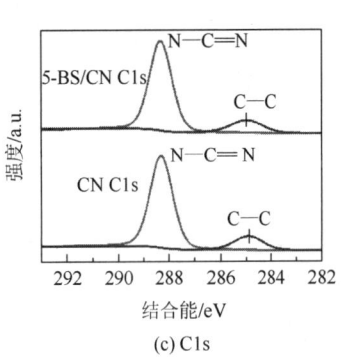

(a) CN的XPS全谱图

(b) 5-BS/CN的XPS全谱图

(c) C1s

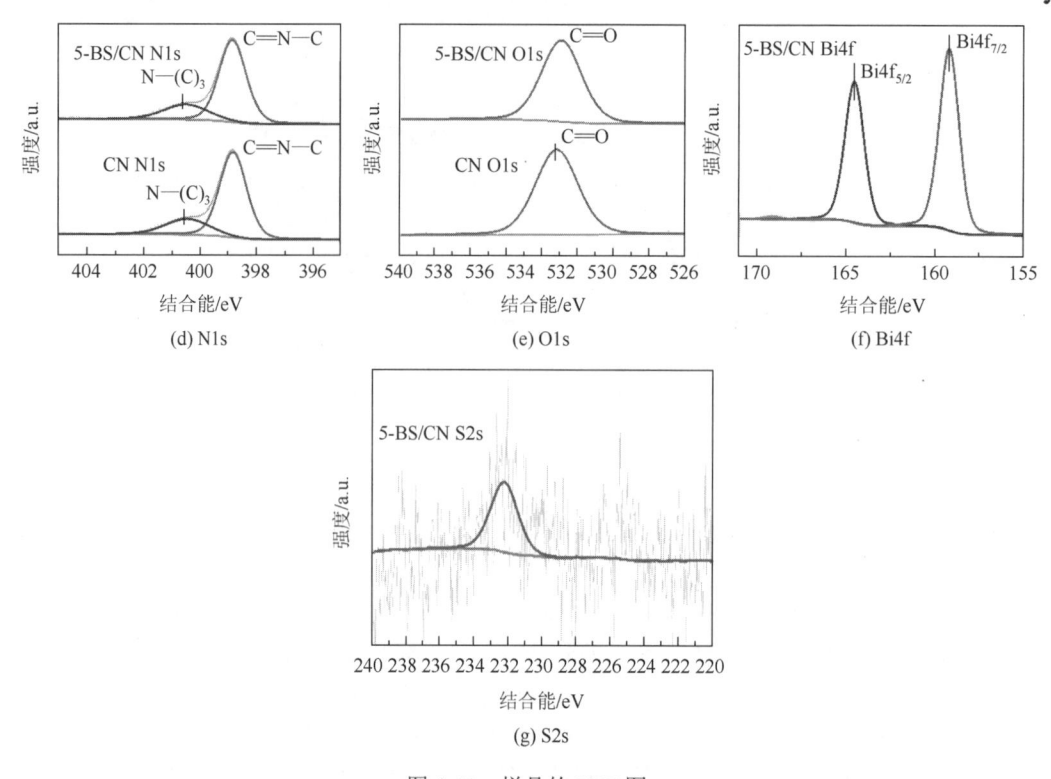

图 4-51 样品的 XPS 图

(a)、(b) XPS 全谱图；(c)～(g) 高分辨 XPS 图

采用 SEM 对单体 BS、CN 和复合样品 5-BS/CN 进行分析，从图 4-52（a）可以看出，CN 由无定形的块状结构堆积而成，采用微波法合成纳米 BS 单体由棒状和块状结构混合[图 4-52（b）]，可能原因是在未添加任何表面活性剂的情况下，BS 的形貌得不到有效的控制，不能形成特定单一的纳米形貌（Abdpour et al., 2018）。复合后样品 5-BS/CN 的 SEM 图如图 4-52（c）所示，可以看出，CN 的尺寸明显变小，形状更无规则，BS 纳米棒状变得细长，分散性更好，部分 BS 层状结构与 CN 层状结构存在混合现象，不易区分。

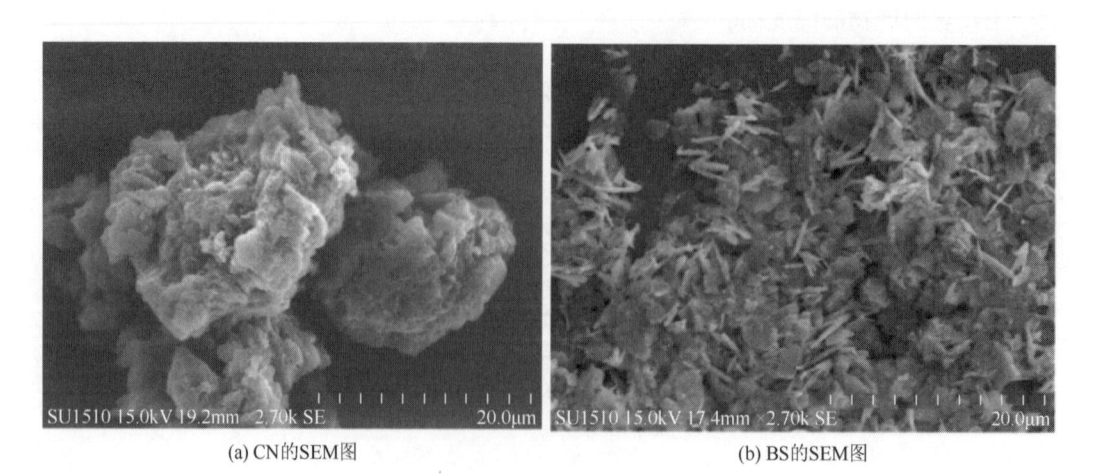

(a) CN 的 SEM 图

(b) BS 的 SEM 图

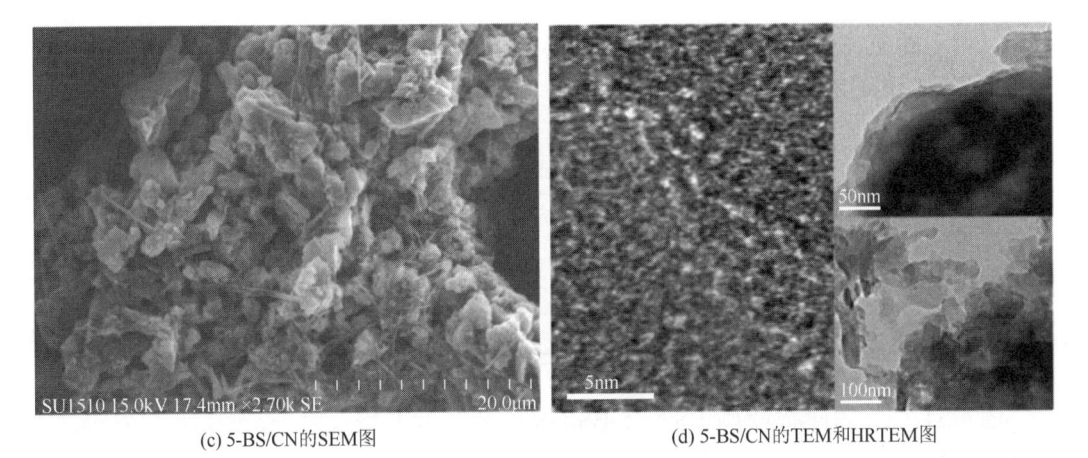

(c) 5-BS/CN的SEM图　　　　　　(d) 5-BS/CN的TEM和HRTEM图

图 4-52　样品的 SEM 图、TEM 图和 HRTEM 图

图 4-52（d）的 HRTEM 图中无法检测到 5-BS/CN 的晶格，这进一步阐明了非晶态无定形氮化碳的形成（Shahzeydi et al.，2019）。

图 4-53（a）为样品 CN、BS 和 5-BS/CN 的 N_2 吸附-脱附等温线，图 4-53（b）为孔径分布图。一般来说，按照孔径的大小，多孔材料可以分为微孔材料（孔径<2nm）、介孔材料（孔径为 2~50nm）和大孔材料（孔径>50nm）（Bui and Phan，2016）。由图 4-53（a）可知，各样品的 N_2 吸附-脱附等温线属于中孔毛细凝聚（Ⅳ）型，存在明显的 H3 型回滞线，且均有介孔存在，是介孔材料的普遍类型。从图 4-53（b）可以看出，相比于样品 CN 和 BS，复合样品 5-BS/CN 峰值出现明显的增高，说明该复合样品的小中孔数量比例最大；峰宽变窄，说明复合样品的孔径更均一。

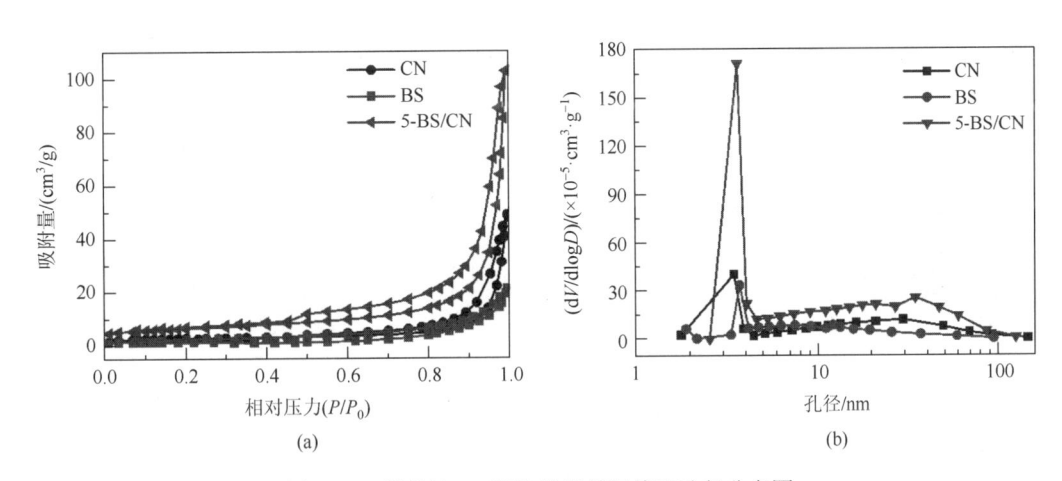

图 4-53　样品的 N_2 吸附-脱附等温线及孔径分布图

由表 4-6 可以看出样品的比表面积和孔体积变化，与样品 CN、BS 的比表面积和孔体积相比较，复合样品 5-BS/CN 的比表面积和孔体积均明显增大，5-BS/CN 的比表面积约是 CN 的 2.4 倍。从 SEM 表征结果来看，比表面积增大的原因是复合样品的晶粒尺寸

变小。增大的比表面积能够提供更多的活性位点，使催化剂表面的吸附能力增强，有利于光催化反应的进行。

表 4-6　不同样品的比表面积、孔体积及孔径大小

样品	比表面积/(m²/g)	孔体积/(cm³/g)	孔径/nm
CN	8.9782	0.075747	3.44040
BS	3.4533	0.032803	3.70244
5-BS/CN	21.7329	0.159016	3.61086

图 4-54（a）为样品 CN、BS 和 5-BS/CN 的紫外-可见漫反射光谱图，可以看出，BS 因其禁带宽度很窄，具有很高的可见光利用率。相比于 CN，5-BS/CN 的吸收带发生明显红移，可见光吸收范围扩大，跃迁所需要的能量变小，这是由于复合之后的催化剂化学结构引入共轭体系，分子间发生共轭效应导致的（Kowalczyk et al.，2003），扩大的光响应范围有利于光催化活性的提高。结合光谱图，以 $h\nu$（用 1024/波长代替）为横坐标，$(\alpha h\nu)^{1/2}$ 为纵坐标作图，比较样品 CN 和 5-BS/CN 的禁带宽度，如图 4-54（b）所示，估算出样品的禁带宽度（E_g）。CN 的禁带宽度为 2.75eV，5-BS/CN 的禁带宽度为 2.7eV。可以看出，复合催化剂 5-BS/CN 的禁带宽度变小，CN 和 BS 的复合有效地拓宽了光吸收范围，提高了样品对可见光的利用率。半导体的导带位置（E_{CB}）在零点电位（PHzpc），通过如下公式计算出样品的导带位置（E_{CB}）和半导体的导带（CB）与价带（VB）的位置：

$$E_{CB} = X - E^C - \frac{1}{2}E_g \tag{4-24}$$

式中，X 为该半导体的绝对电位（约为 4.73eV）；E^C 为相对于氢电位水平的电子自由能（约为 4.5eV）。通过计算得到，CN 的导带（CB）和价带（VB）位置分别为 –1.15eV 和 1.60eV，而 5-BS/CN 的导带（CB）和价带（VB）位置分别为 –1.12eV 和 1.58eV。

(a) 紫外-可见漫反射光谱图

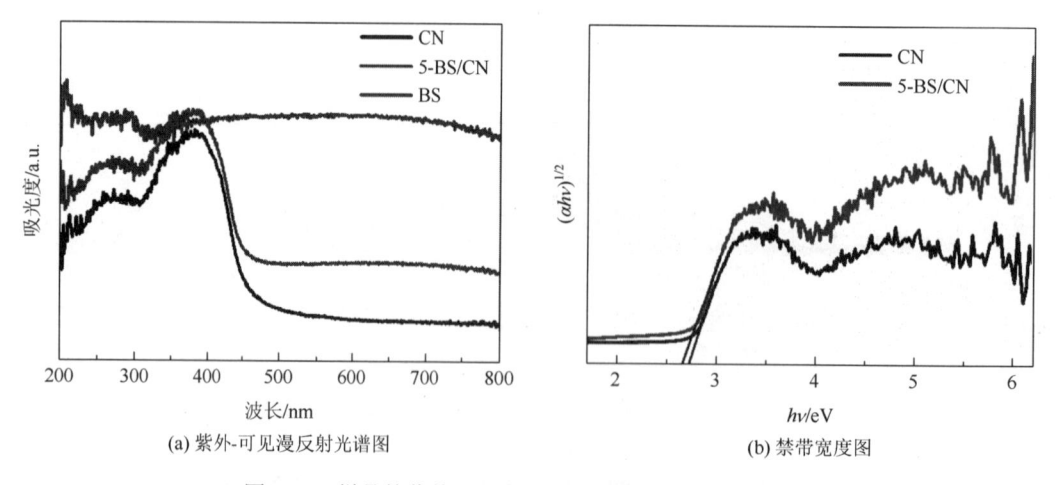

(b) 禁带宽度图

图 4-54　样品的紫外-可见漫反射光谱图和禁带宽度测定

图 4-55 为样品的光致发光光谱图，特征峰的强弱反映光生电子-空穴复合效率的高

低。可以看出，相比于 CN，复合样品的光致发光强度均降低，各复合样品的光致发光强度依次为 1-BS/CN＞30-BS/CN＞15-BS/CN＞5-BS/CN，表明 BS 的加入能明显提高光生电子-空穴对的分离效率，这有利于光催化活性的提高。样品 5-BS/CN 的光致发光强度最低，其电子-空穴的分离效率最高，最有利于光催化反应的进行，BS 的含量过高或过低均不能达到最佳的光催化效果。

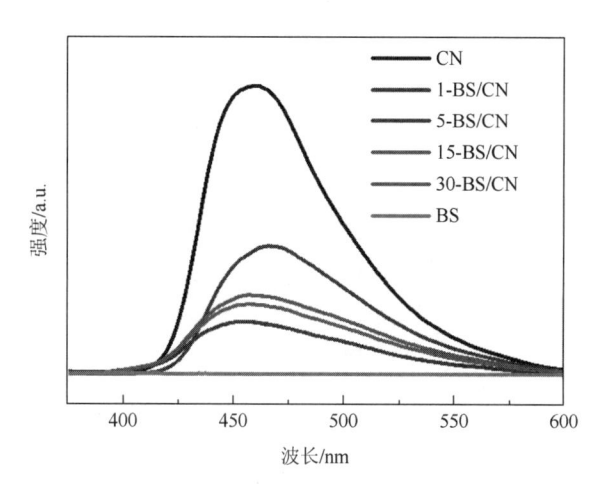

图 4-55　样品 CN、BS、X-BS/CN 的光致发光光谱图

图 4-56 为在未添加催化剂情况下对 RhB 溶液的光催化降解对照实验，可以看出，在没有催化剂存在的情况下，RhB 溶液存在自降解的现象，但是该现象并不明显。因此，在实际实验过程中，自降解现象可以忽略不计。由此可见，RhB 溶液可以作为研究光催化剂光催化活性的目标污染物。

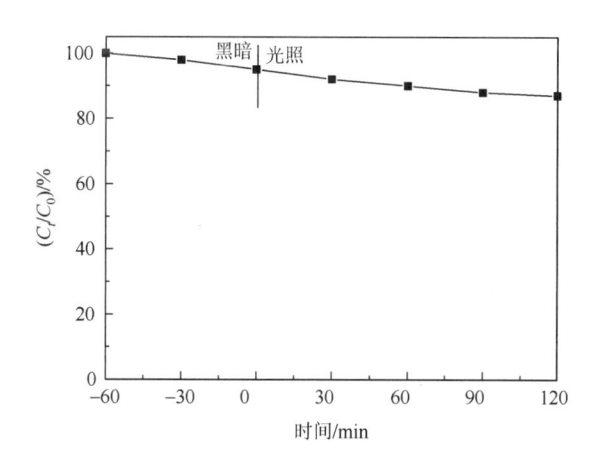

图 4-56　RhB 溶液对照实验

CN、BS 及 X-BS/CN 各样品对有机染料废水 RhB（50mg/L）溶解的可见光降解率如图 4-57（a）所示，BS 的光催化降解率最低（18.9%），CN 的光催化活性较优异，光催化

降解率可达到 66.2%。复合样品 X-BS/CN 的光催化活性均高于 CN 和 BS，1-BS/CN、5-BS/CN、15-BS/CN 和 30-BS/CN 的光催化降解率分别为 72.1%、98.9%、95.8%和 92.4%。样品 5-BS/CN 的光催化活性最好，约是 CN 的 1.5 倍，约是 BS 的 5.2 倍，可见复合之后样品的光催化活性得到显著提高。由图 4-57（b）可以看出，5-BS/CN 基于一级动力学降解模型（Roberts et al.，2017）的降解速率常数约是 CN 的 4.6 倍，是 BS 的 30.8 倍。经过光催化活性测试证明，X-BS/CN 复合光催化剂能够显著提高对有机染料废水 RhB 溶液的降解率。

(a) CN、BS和X-BS/CN催化剂对RhB溶液的降解率　　(b) 一级动力学降解速率分析

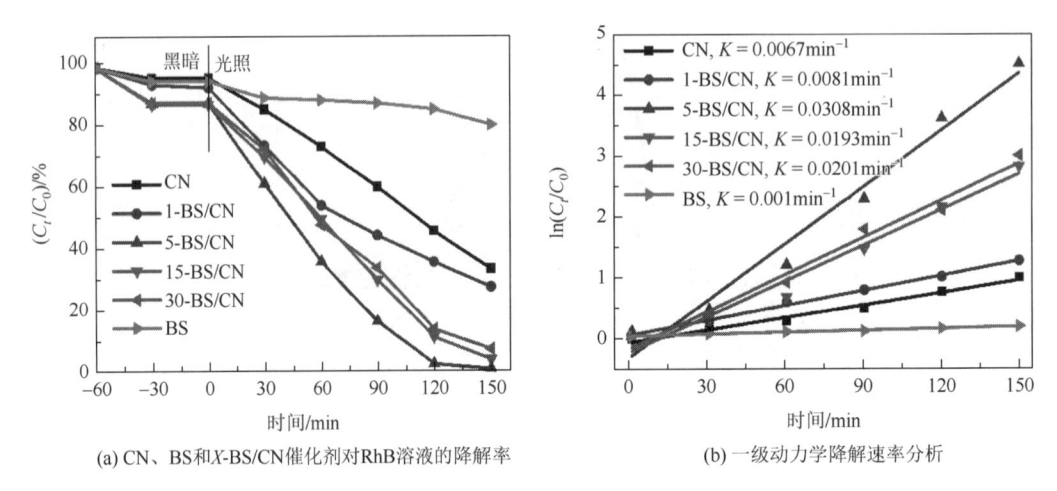

图 4-57　样品对 RhB 溶液的降解性能及降解动力学图谱

光催化稳定性是衡量催化剂光催化性能的重要因素。将使用过的催化剂 5-BS/CN 离心收集、洗涤干燥再进行重复使用。如图 4-58 所示，进行可见光下降解 RhB 的稳定性实验。在重复五次实验的情况下，该催化剂对 RhB 的降解率仍旧可以保持在 90%左右，重复实验的稳定性较好，相对于首次实验，后续实验的光催化效率均有轻微下降，可能原因是在收集催化剂的过程中存在一定的质量损失，并伴有催化剂失活现象。对于粉状光催化剂来说，稳定性的轻微下降是正常现象，此稳定性实验对于实际应用具有一定参考价值。

图 4-59 为 BS/CN 复合光催化剂降解 RhB 的机理图。通过 Mulliken 电负性计算出复合前 BS 和 CN 的导带（CB）和价带（VB）位置如图 4-59 所示，CN 的价带电位比 BS 的更正，可以将空穴（h$^+$）转移到 BS 的价带上；CN 的导带电位比 BS 的更负，由于内建电场作用，不能将 BS 的导带上的电子（e$^-$）转移到 CN 的导带上，光生电子和空穴易于重组。经过复合，BS 属于 p 型半导体，CN 属于 n 型半导体，两者结合形成 p-n 型异质结，根据 p-n 结形成的特点，BS 的能带整体上移，使两者的费米能级（E_F）达到平衡（张志贝等，2016）。在可见光照射下，BS 和 CN 分别被激发，BS 的导带电位比 CN 的更负，可以将 BS 的导带上的电子（e$^-$）转移到 CN 的导带上。这一过程有利于产生光生电子-空穴对，降低光生载流子的复合效率，并且产生的多种高活性物质（h$^+$/·O$_2^-$/·OH）有利于提高光催化效率。

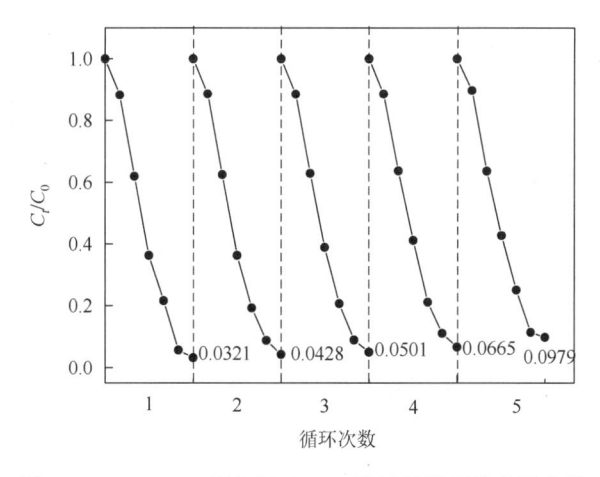

图 4-58　5-BS/CN 催化剂对 RhB 溶液的降解稳定性实验

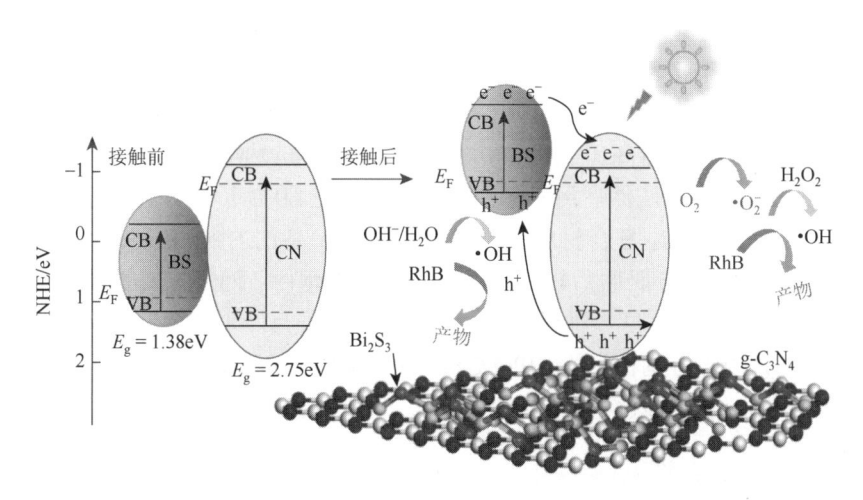

图 4-59　BS/CN 复合光催化剂降解 RhB 溶液的机理图

4.6　$Ba_3(PO_4)_2$/g-C_3N_4 复合材料的构建及有机废水的降解

4.6.1　引言

为解决 g-C_3N_4 的可见光吸收能力较弱、光生载流子分离效率低以及在光催化氧化反应中价带位置较低等问题，许多研究者利用金属氧化物、金属盐等与其复合制备成 g-C_3N_4 基复合催化剂，用于优化 g-C_3N_4 的结构，提升其光催化活性。$Ba_3(PO_4)_2$ 作为一种钡盐，因合成方法简单、性质稳定等特点被广泛应用于制药、陶瓷和发光材料等领域。$Ba_3(PO_4)_2$ 属于六方晶系，空间群为 R-3m（166）。在它的结构中 Ba 原子占据两种不同晶格位置，分别与 O 形成 6 个配位（Ba1）和 10 个配位（Ba2）；PO_4^{3-} 是稳定的正四面体，由 1 个 P^{5+} 和 4 个 O^{2-} 配位构成，每个 PO_4^{3-} 之间相互连接形成二维平面层结构。由于 PO_4^{3-} 的诱导效应可以促进其电子-空穴对的分离，在提高光催化活性方面有着重要作用，因此许多学者对磷酸盐类材料做了大量研究,并发现如 Ag$_3$PO$_4$(高闯闯等,2021)、BiPO$_4$(Naciri et al.,2020)、Cu$_3$(PO$_4$)$_2$(Han and Cho,2020)等材料可作为光催化剂用于降解有机污染物。Ba$_3$(PO$_4$)$_2$ 作为磷酸盐的一类,在光催化领域的应用尚未被报道,其是否具备光催化活性或能否改善 g-C$_3$N$_4$ 的光催化活性有待进一步研究。本节通过溶剂热法和混合煅烧法两步合成制备新型的 Ba$_3$(PO$_4$)$_2$/g-C$_3$N$_4$ 复合材料,研究其对 TC 的光催化降解活性,通过表征手段揭露其结构特性和光学性质,并探讨 Ba$_3$(PO$_4$)$_2$/g-C$_3$N$_4$ 复合材料光催化作用降解有机废水的作用机制。

4.6.2 Ba$_3$(PO$_4$)$_2$/g-C$_3$N$_4$ 光催化剂的制备

(1) Ba$_3$(PO$_4$)$_2$ 的制备。在本次实验中使用的所有化学品均为分析级,无须进一步处理。通过使用溶剂热诱导的热乙二醇制备了纳米片的 Ba$_3$(PO$_4$)$_2$ 粉末材料。在典型的制备方法中,将 6mmol Bi(NO$_3$)$_3$·5H$_2$O 加入 60mL 乙二醇与去离子水混合溶液(体积比为 1∶1)中,搅拌 30min 使其充分溶解配成溶液 A。将 4mmol Na$_3$(PO$_4$)$_3$·5H$_2$O 加入溶液 A 中,继续搅拌 60min,获得乳白色溶液前驱体。将上述前驱体转移至 100mL 聚四氟乙烯内衬的不锈钢高压釜中。然后,将高压釜在 180℃下加热 24h,自然冷却至室温。收集所得沉淀物并用去离子水洗涤 3 次,然后用乙醇洗涤 3 次,并在 60℃下干燥,标记为 BPO。

(2) Ba$_3$(PO$_4$)$_2$/g-C$_3$N$_4$ 复合材料的制备。将先前制备的 BPO(0.5g)与一定质量的 C$_3$H$_6$N$_6$ 置于研钵中,充分研磨后转移到 30mL 陶瓷坩埚中。随后在马弗炉中于 600℃下煅烧 4h(5℃/min)以制备复合材料。待自然冷却至室温后,取出复合材料并研磨装袋,按 C$_3$H$_6$N$_6$ 的加入质量分别标记为 BPO/CN-0.5g、BPO/CN-2.0g、BPO/CN-5.0g。仅含有 C$_3$H$_6$N$_6$ 的坩埚也按相同的煅烧条件制备 g-C$_3$N$_4$,标记为 Bulk-CN。

4.6.3 结果与讨论

Bulk-CN、Ba$_3$(PO$_4$)$_2$ 和 BPO/CN 复合材料的 XRD 图谱见图 4-60(a)。Bulk-CN 表现出典型的类石墨型氮化碳衍射峰。通过标准卡片对比,溶剂热法合成的 Ba$_3$(PO$_4$)$_2$ 与标准卡片 JCPDS #85-0904 相匹配,为六方晶系 Ba$_3$(PO$_4$)$_2$,说明制备合成了结晶度较好的 Ba$_3$(PO$_4$)$_2$。在 BPO/CN 复合材料中,未观察到明显的 g-C$_3$N$_4$ 的特征衍射峰,这可能是由于无定形的 Bulk-CN 的衍射峰强度比晶相结构的 Ba$_3$(PO$_4$)$_2$ 的衍射峰弱。

图 4-60(b) 为 Bulk-CN、Ba$_3$(PO$_4$)$_2$ 和含有不同质量 g-C$_3$N$_4$ 的 BPO/CN 复合材料的 FT-IR 图谱。Ba$_3$(PO$_4$)$_2$ 样品的 FT-IR 图谱显示在 1084cm^{-1}、995cm^{-1} 和 558cm^{-1} 处的 FT-IR 峰,这些峰与 PO$_4^{3-}$ 中的 P—O 键的 v_3 不对称拉伸有关。在 995cm^{-1} 处检测到 PO$_4^{3-}$ 中的 P—O 键的 v_1 对称振动,558cm^{-1} 处对应于 PO$_4^{3-}$ 的 P—O 键的拉伸振动(Maisang et al.,2020)。g-C$_3$N$_4$ 在 808cm^{-1} 处的峰归属于三嗪环的伸缩振动,而位于 1200~1700cm^{-1} 处的峰则归因于 g-C$_3$N$_4$ 中 C(sp^2)=N、C(sp^2)—N 典型的伸缩振动(Zhang et al.,2020)。对比发现,随着复合材料中 g-C$_3$N$_4$ 含量的增加,BPO/CN 的主体结构从 Ba$_3$(PO$_4$)$_2$ 变为 g-C$_3$N$_4$。BPO/CN-0.5g 的主体结构为 Ba$_3$(PO$_4$)$_2$,可能的原因是 g-C$_3$N$_4$ 在高温下发生了全分解。

BPO/CN-2.0g 和 BPO/CN-5.0g 中观察到 995cm^{-1} 和 558cm^{-1} 处两个属于 Ba$_3$(PO$_4$)$_2$ 的较弱的 P—O 键振动峰，表明成功构建了 BPO/CN 复合材料，同时，BPO/CN-0.5g、BPO/CN-2.0g 和 BPO/CN-5.0g 复合材料在 2154cm^{-1} 处观察到一个新的归属于氰基（—C≡N）的特征衍射峰，这表明 Ba$_3$(PO$_4$)$_2$ 影响了 g-C$_3$N$_4$ 的缩聚。

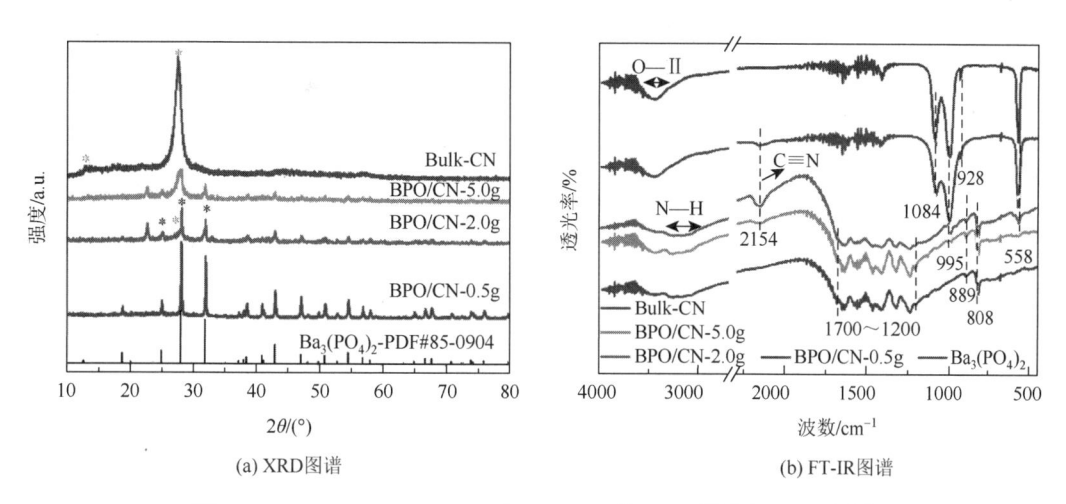

(a) XRD图谱

(b) FT-IR图谱

图 4-60　Bulk-CN、Ba$_3$(PO$_4$)$_2$ 和 BPO/CN 的 XRD 图谱和 FT-IR 图谱

图 4-61 为 Bulk-CN、Ba$_3$(PO$_4$)$_2$ 和 BPO/CN-2.0g 催化剂的 XPS 图。284.8eV 和 288.4eV 的结合能归因于 C—C 键（仪器）或七嗪环结构中的无定形碳和 N—C≡N[图 4-61（b）]（Luo et al., 2019; Han et al., 2019）。图 4-61（c）中有四个特征峰，分别为 404.7eV、401.4eV、400.2eV 和 398.9eV，分别对应于 C—N═C 振动、N—(C)$_3$、—NH$_x$ 和 π-π*（Xie et al., 2019）。与 Bulk-CN 相比，BPO/CN-2.0g 催化剂在 286.4eV 观察到氰基的衍射峰，以及 N 元素有向更高能级偏移的趋势，表明 Ba$_3$(PO$_4$)$_2$ 的加入改变了 Bulk-CN 的电子结构。Ba3d 窄谱图[图 4-61（d）]分别在结合能 779.1eV 和 794.5eV 出现了归属于 Ba3d$_{5/2}$ 和 Ba3d$_{3/2}$ 的特征峰，表明 Ba 元素以 Ba^{2+} 形式存在（Wu et al., 2007）。P2p 图[图 4-61（e）]中位于 132.0eV 的特征峰归因于 Ba$_3$(PO$_4$)$_2$ 中氧化态的 P^{5+}（高闯闯等，2021）。在图 4-61（f）

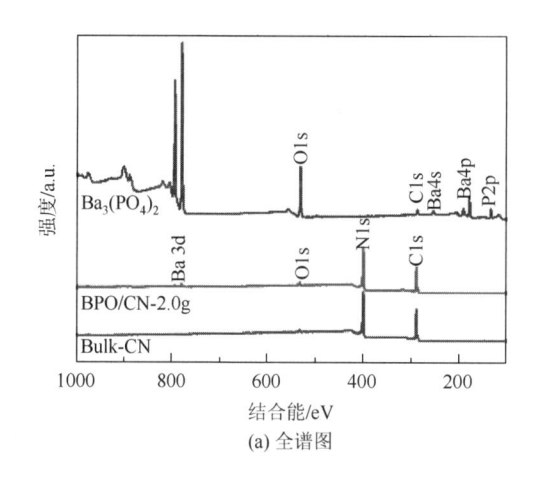

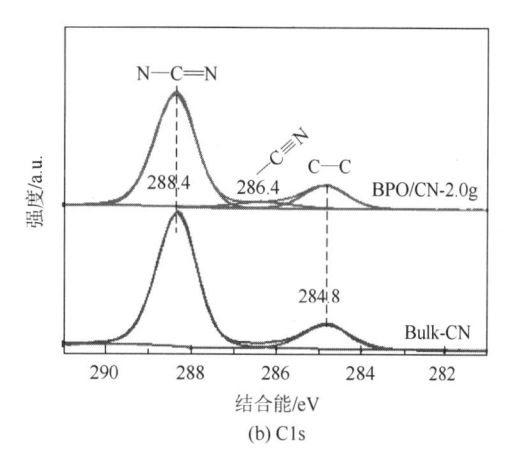

(a) 全谱图

(b) C1s

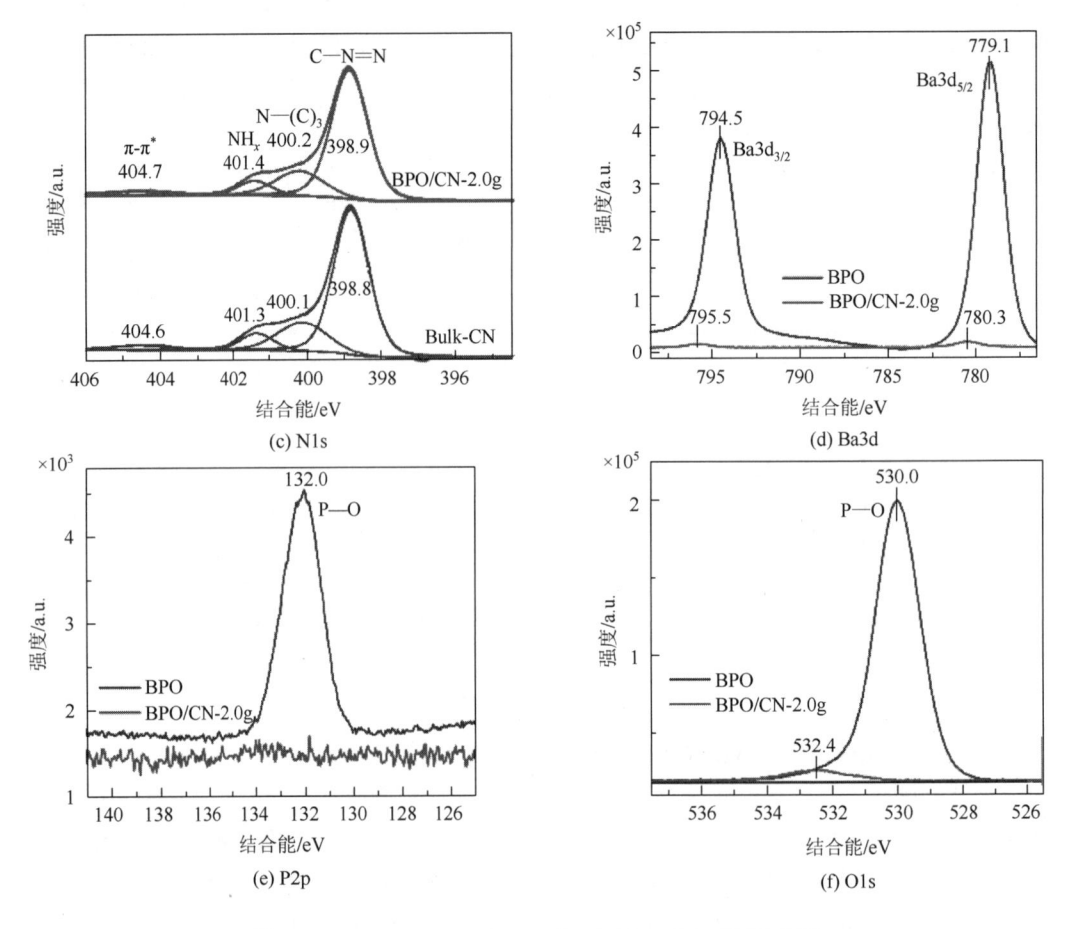

图 4-61　Bulk-CN、Ba$_3$(PO$_4$)$_2$ 和 BPO/CN-2.0g 的 XPS 图

（a）XPS 全谱图；（b）～（f）高分辨 XPS 图

中，位于 530.0eV 和 532.4eV 的特征峰分别属于 PO$_4^{3-}$ 中的 O^{2-} 和吸附水分子的 H$_2$O/OH$^-$。与 Ba$_3$(PO$_4$)$_2$ 相比，BPO/CN-2.0g 中 Ba^{2+} 结合能向更高能级偏移，这表明复合物中 Ba^{2+} 上的电子云转向其他元素，Ba^{2+} 参与了 Bulk-CN 电子结构调控。另外，在 BPO/CN-2.0g 催化剂中仅观察到强度很低的 P 和晶格 O 的特征峰，这可能是在 BPO/CN-2.0g 催化剂中 Ba$_3$(PO$_4$)$_2$ 占比太少。催化剂的物相及化学组分表明 BPO/CN 复合材料是由 Ba$_3$(PO$_4$)$_2$ 和 Bulk-CN 组成的，且它们的电子结构相互受到影响。

Bulk-CN、Ba$_3$(PO$_4$)$_2$ 和 BPO/CN 复合样品的 N$_2$ 吸附-脱附等温线和孔径分布曲线如图 4-62 所示，用以研究样品的比表面积和孔结构。在图 4-62（a）中，Bulk-CN 和 BPO/CN-2.0g 的 N$_2$ 吸附-脱附等温线均表现为Ⅳ型等温线和 H3 型回滞环（IUPAC 分类），这说明这些催化剂都含介孔结构（2～50nm）（Jiao et al.，2019）。

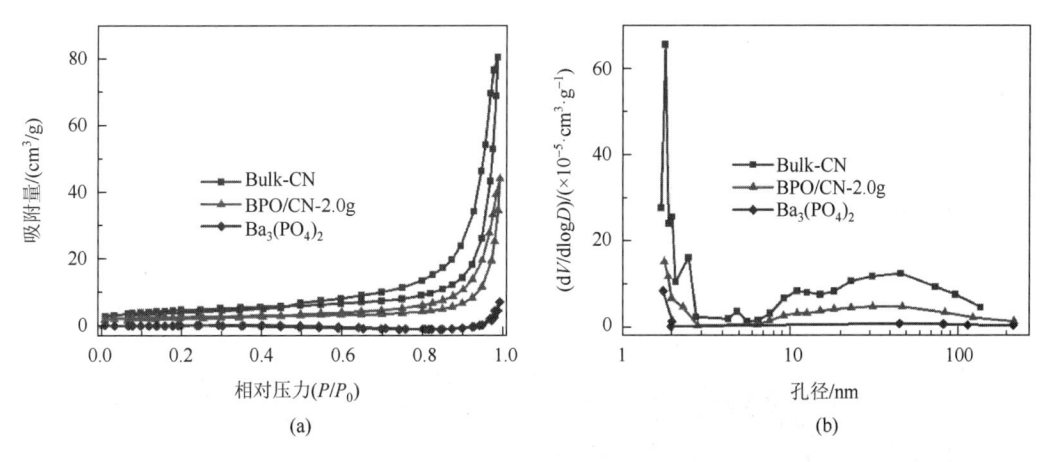

图 4-62 Bulk-CN、$Ba_3(PO_4)_2$ 和 BPO/CN 复合样品的 N_2 吸附-脱附等温线和孔径分布曲线

从表 4-7 还可以看出，复合催化剂的比表面积相对于 Bulk-CN 有所减小，从 $17.05m^2/g$ 减小到 $9.31m^2/g$，可能是在煅烧过程中，Bulk-CN 在 $Ba_3(PO_4)_2$ 的表面合成时对其进行覆盖，以致 Bulk-CN 的空腔被无孔洞的 $Ba_3(PO_4)_2$ 堵塞了。BPO/CN-2.0g 较小的比表面积表明比表面积不是增强其活性的主要因素，$Ba_3(PO_4)_2$ 可能改善了 Bulk-CN 的能带和电子结构，从而提高了其光催化活性。

表 4-7 不同样品的比表面积、孔体积大小

样品	比表面积/(m^2/g)	孔体积/(cm^3/g)
Bulk-CN	17.05	0.124
$Ba_3(PO_4)_2$	1.47	0.011
BPO/CN-2.0g	9.31	0.067

Bulk-CN、$Ba_3(PO_4)_2$ 和 BPO/CN-2.0g 的形貌和微观结构如图 4-63 所示。Bulk-CN 是无定形的层状结构，与以前的文献一致（Zhao et al.，2018a），具体如图 4-63（a）所示。溶剂热法制备的 $Ba_3(PO_4)_2$ 为六边形的纳米片状 [图 4-63（b）]。BPO/CN-2.0g 复合材料的 SEM 图 [图 4-63（c）] 清楚地表明复合材料保留了层状 $g-C_3N_4$ 的结构。图 4-63（d）为 BPO/CN-2.0g 催化剂的 SEM-mapping 图，在 BPO/CN-2.0g 催化剂中观察到 C、N、Ba、P 和 O 这五种元素均匀分布，表明 BPO/CN-2.0g 是由 Bulk-CN 和 $Ba_3(PO_4)_2$ 成功合成的。从 BPO/CN-2.0g 的 TEM 图和 HRTEM 图 [图 4-63（e）、（f）] 中可以看到 $g-C_3N_4$ 的非晶态结构，同时没有观察到 $Ba_3(PO_4)_2$ 的任何晶格条纹，表明其主要结构是层状氮化碳。

图 4-64（a）为 Bulk-CN、$Ba_3(PO_4)_2$ 和 BPO/CN-2.0g 复合催化剂的紫外-可见漫反射光谱图。从获得的数据可以看出，$Ba_3(PO_4)_2$ 仅在紫外光下有微弱的吸收。Bulk-CN 在可见光和紫外光区域都有光吸收。与 Bulk-CN 相比，BPO/CN-2.0g 复合材料的吸收带边发生红移，这表明其禁带宽度变窄有利于可见光吸收。通过 Kubelka-Munk 公式得到 Bulk-CN、$Ba_3(PO_4)_2$ 和 BPO/CN-2.0g 催化剂的禁带宽度分别为 2.68eV、4.83eV 和 2.50eV，如图 4-64（b）所示。复合之后样品的禁带宽度比 Bulk-CN 的更窄，说明 BPO/CN-2.0g 样品所需要

的激发能量更低，更有利于光生电子的转移。这可能的原因是复合的 $Ba_3(PO_4)_2$ 改变了 Bulk-CN 的电子结构从而调控了其能带结构。VB-XPS 图谱［图 4-64（c）］提供了 Bulk-CN、BPO/CN-2.0g 和 $Ba_3(PO_4)_2$ 具体的价带位置。表征数据显示 Bulk-CN、BPO/CN-2.0g 和 $Ba_3(PO_4)_2$ 的价带位置分别为 1.63eV、1.82eV 和 2.50eV，这暗示 BPO/CN-2.0g 可能具有更强的氧化性能。进一步，通过公式 $E_{CB} = E_g – E_{VB}$ 获得催化剂的导带位置。Bulk-CN、BPO/CN-2.0g 和 $Ba_3(PO_4)_2$ 的导带位置分别为 –1.05eV、–0.68eV 和 –2.33eV。不同催化剂的能带位置示意图如图 4-64 所示。

(a) Bulk-CN的SEM图

(b) $Ba_3(PO_4)_2$的SEM图

(c) BPO/CN-2.0g的SEM图

(d) BPO/CN-2.0g的SEM-mapping图

(e) BPO/CN-2.0g的TEM图

(f) BPO/CN-2.0g的HRTEM图

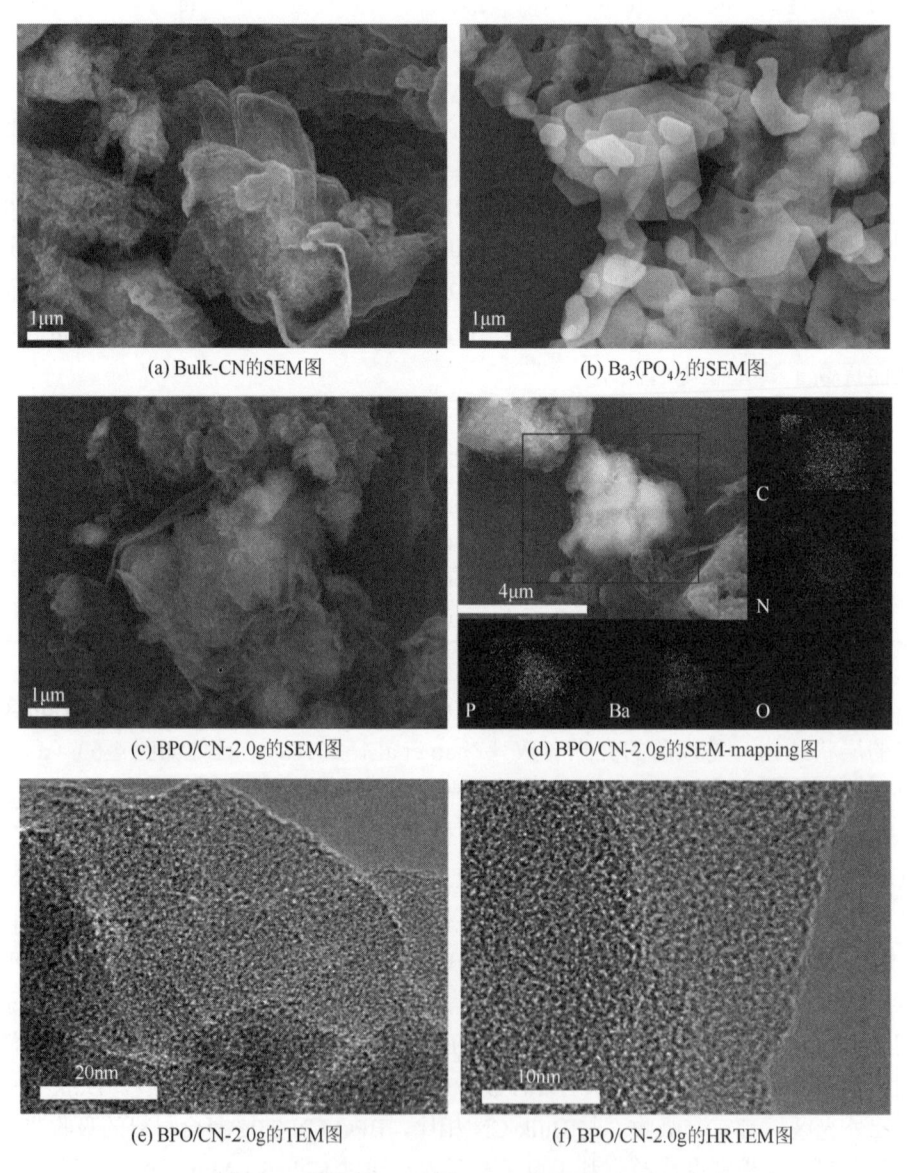

图 4-63 样品的 SEM 图、TEM 图和 HRTEM 图

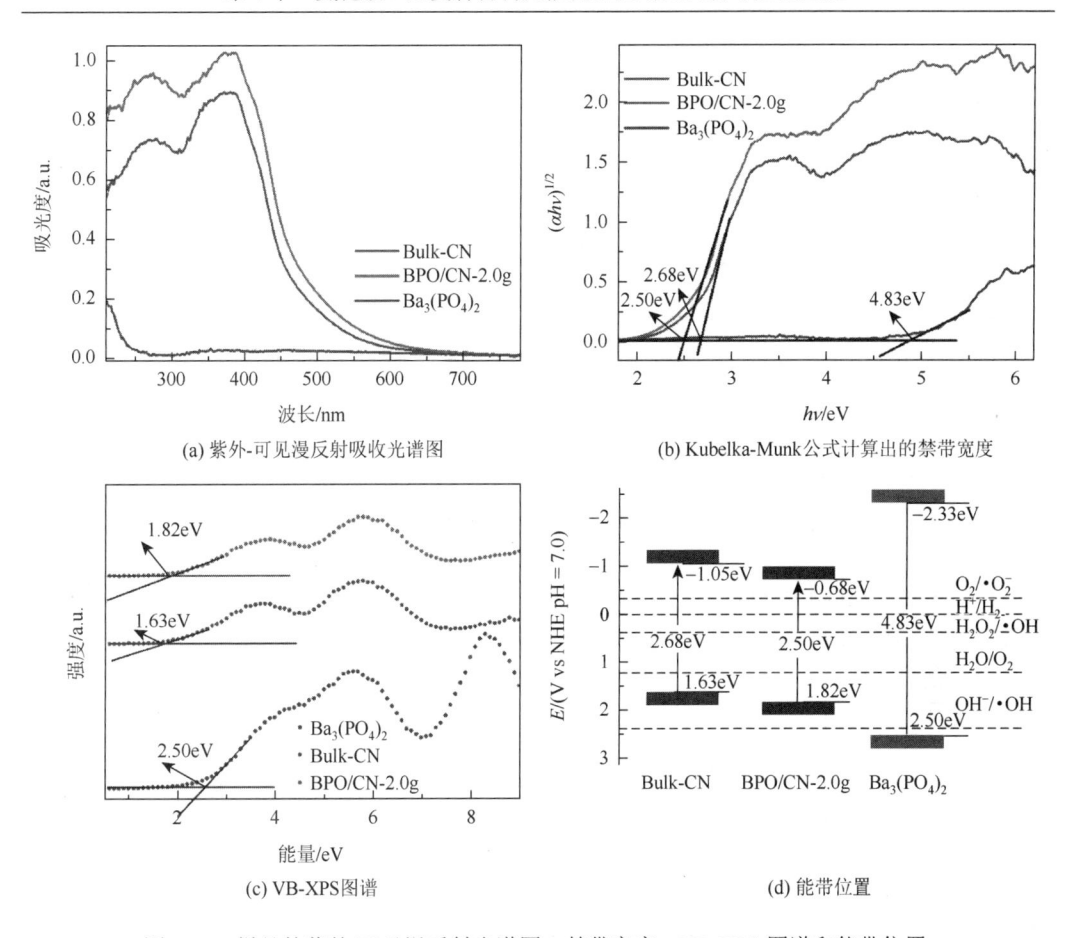

图 4-64 样品的紫外-可见漫反射光谱图、禁带宽度、VB-XPS 图谱和能带位置

在图 4-65（a）中，与催化剂所含主体成分一致，$Ba_3(PO_4)_2$ 与 BPO/CN-0.5g 的瞬态光电流-时间曲线的相应强度相近，Bulk-CN 与 BPO/CN-5.0g 的瞬态光电流-时间曲线的相应强度相差不大。仅 BPO/CN-2.0g 的强度达到最高值，这表明其光生电子-空穴分离效率提高了。通过图 4-65（b）的光致发光光谱图进一步分析催化剂的光生电子-空穴复合效率。与 Bulk-CN 相比，BPO/CN-2.0g 的光致发光光谱强度大幅度降低，进一步表明 $Ba_3(PO_4)_2$ 改变了 Bulk-CN 上光生电子的迁移，从而抑制了 Bulk-CN 光生电子-空穴对的复合效率，提高了其光催化活性。

合成的一系列催化剂被用于在 12W 的 LED 灯照射下降解废水中的 TC。在图 4-66（a）中，Bulk-CN、BPO/CN-0.5g、BPO/CN-2.0g、BPO/CN-5.0g 与 $Ba_3(PO_4)_2$ 对 20mg/L TC 废水处理 120min 后的降解率分别为 39.05%、40.35%、80.32%、73.14% 和 14.76%。BPO/CN-2.0g 光催化降解 TC 的效果最好，可能是由于合适的 $Ba_3(PO_4)_2$ 含量最大限度地改善了 Bulk-CN 的禁带宽度和光生载流子分离效率。BPO/CN-2.0g 对 TC 的降解率分别是 Bulk-CN 和 $Ba_3(PO_4)_2$ 的 2.06 倍和 5.44 倍。根据准一级动力学方程分析结果 [图 4-66（b）]，Bulk-CN、BPO/CN-0.5g、BPO/CN-2.0g、BPO/CN-5.0g 与 $Ba_3(PO_4)_2$ 对 20mg/L TC 废水的光催化降解速率常数 K 分别为 $0.0036min^{-1}$、$0.0059min^{-1}$、$0.0914min^{-1}$、$0.0113min^{-1}$

(a) Bulk-CN、Ba₃(PO₄)₂和BPO/CN的瞬态光电流-时间曲线

(b) Bulk-CN、Ba₃(PO₄)₂和BPO/CN-2.0g的光致发光光谱图

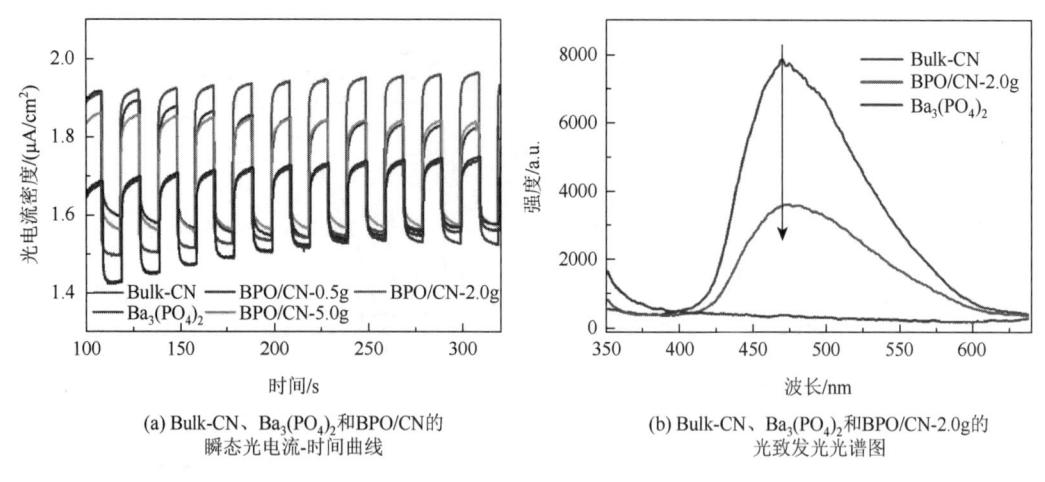

图 4-65　样品的瞬态光电流-时间曲线和光致发光光谱图

和 0.0020min^{-1}。其中 BPO/CN-2.0g 对 TC 的降解速率约为 Bulk-CN 和 Ba₃(PO₄)₂ 的 25.4 倍和 45.7 倍，表明 BPO/CN-2.0g 能更快速地氧化降解 TC 分子。

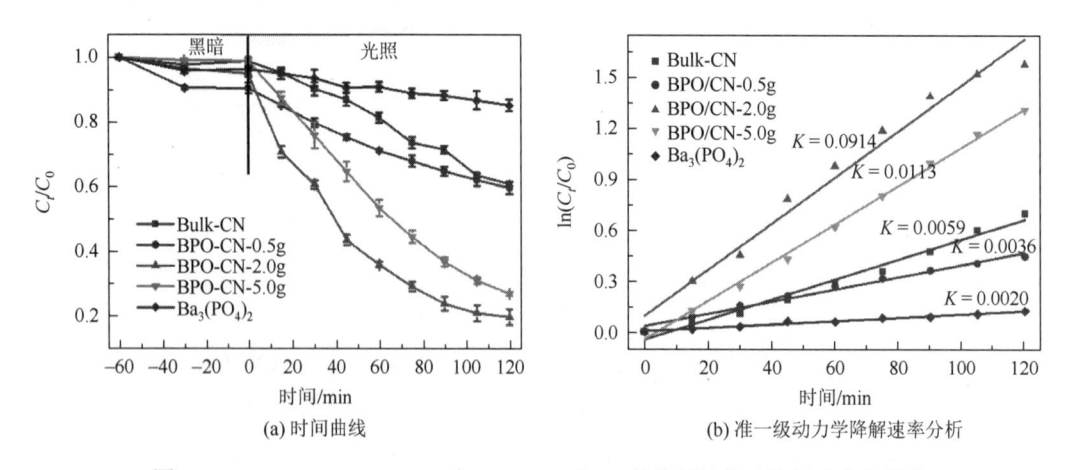

(a) 时间曲线

(b) 准一级动力学降解速率分析

图 4-66　Bulk-CN、Ba₃(PO₄)₂ 和 BPO/CN 对 TC 的降解性能及降解动力学图谱

UV-vis 波长扫描进一步分析了 BPO/CN-2.0g 降解 TC 的过程，如图 4-67（a）所示。TC 在 200~500nm 的波长扫描有 3 个吸收峰（358nm、278nm 和 218nm），由于降解产物可能在 278nm 和 218nm 处出峰，因此一般选用 358nm 作为 TC 的最大吸收波长。黑暗条件时，溶液的吸收波长未发生明显的变化。开灯后，随着光照时间的增加，在 358nm 处的吸收峰强度逐渐减弱，而在 278nm 和 218nm 处吸收峰强度逐渐增强。UV-vis 波长扫描数据表明光照条件下 BPO/CN-2.0g 催化剂产生的活性物质（如 •O₂⁻、•OH 等）将 TC 降解成了其他小分子。图 4-67（b）为 BPO/CN-2.0g 对 TC 的重复性处理效果，重复 3 次后降解率仍然维持在一个较高的水平，结果表明 BPO/CN-2.0g 能高效、稳定地去除废水中的 TC。

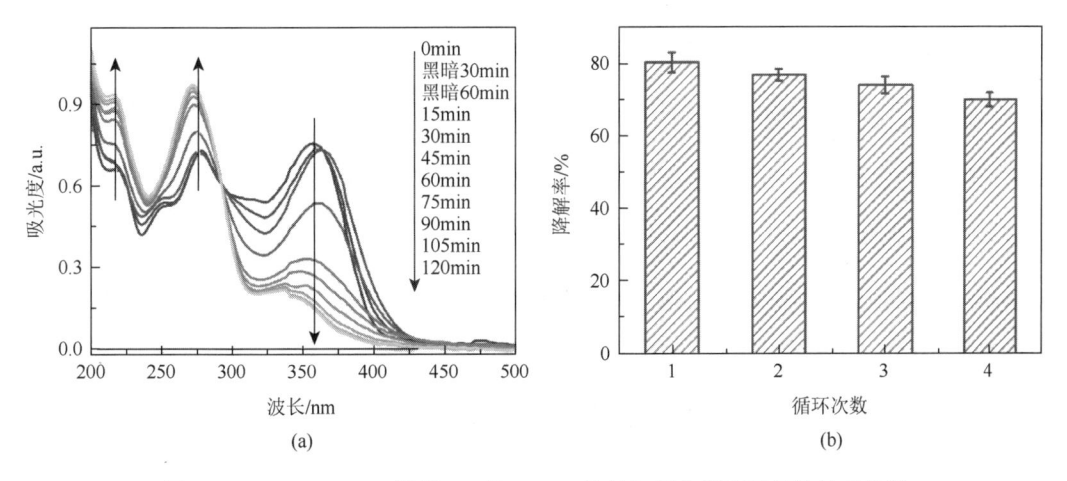

图 4-67 BPO/CN-2.0g 降解 TC 的 UV-vis 波长扫描分析和重复性处理效果

为了阐明在 LED 可见光下 BPO/CN-2.0g 催化剂降解有机污染物的作用机制，进行活性氧物质的测试［图 4-68（a）］。在可见光（$\lambda \geqslant 420\text{nm}$）照射 10min 后，在图 4-68（a）中观察到 Bulk-CN 和 BPO/CN-2.0g 催化剂四个强特征峰（强度为 1∶1∶1∶1），表明通过光激发电子的 O_2 还原产生了 •O_2^- 自由基。显然，$Ba_3(PO_4)_2$ 抑制了 Bulk-CN 光生电荷复合，使得更多电荷与 O_2 活化产生更多的 •O_2^- 基团。同时，如图 4-68（b）所示，在 Bulk-CN 和 BPO/CN-2.0g 中测到相对强度为 1∶2∶2∶1，对应于 •OH 基团的 ESR 光谱。在 Bulk-CN 体系中不能在 VB 处直接通过 h^+ 氧化水产生 •OH，但在 CB 处可通过电子还原途径产生（Sudhaik et al.，2018）。BPO/CN-2.0g 体系中 •OH 的强度高于 Bulk-CN，表明 BPO/CN-2.0g 体系能促进电荷分离和利用。

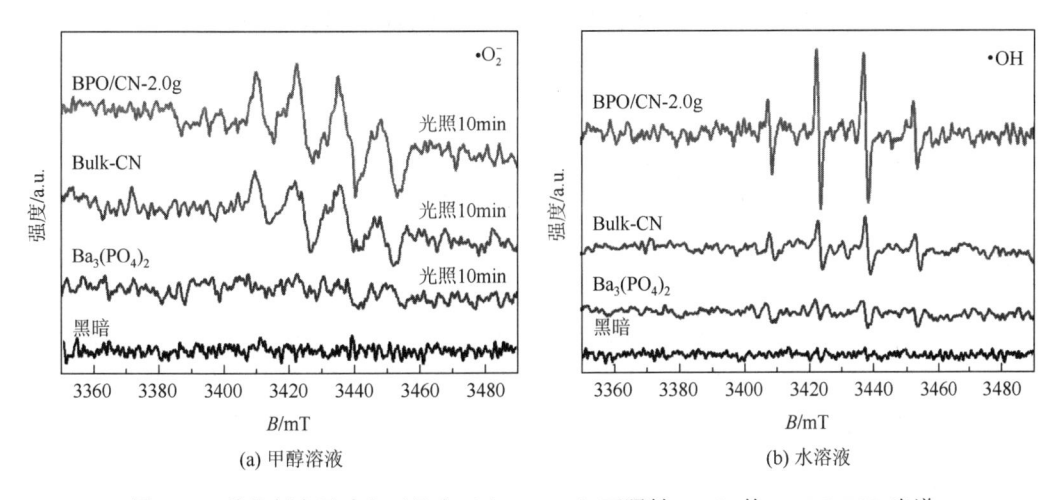

图 4-68 催化剂在黑暗和可见光（$\lambda \geqslant 420\text{nm}$）下照射 10min 的 DMPO ESR 光谱

光催化氧化 TC 的活性受各种因素控制，如比表面积、禁带宽度、光生空穴的氧化电位以及光生电子与空穴的分离效率。在 BPO/CN-2.0g 系统中，比表面积只有 $9.31\text{m}^2/\text{g}$，小于 Bulk-CN 的 $17.05\text{m}^2/\text{g}$，这表明其可能具有较少的活性位点。从能带理论角度来说，

BPO/CN-2.0g 的禁带宽度比 Bulk-CN 窄，这意味着可以获得更多的可见光。同时，BPO/CN-2.0g 的价带位置（1.82eV）比 Bulk-CN（1.63eV）更正，这表明其对 TC 有更强的氧化能力。另一方面，BPO/CN-2.0g 的光生载流子的高效分离是提高其光催化活性的重要原因。在 BPO/CN-2.0g 系统中，进一步讨论 $Ba_3(PO_4)_2$ 改善 Bulk-CN 能带结构和载流子有效分离的具体机制。$Ba_3(PO_4)_2$ 光催化剂由于其特殊的非金属氧结构和 PO_4^{3-} 基团的诱导作用，影响了 $g-C_3N_4$ 的电子结构和聚合，增强了光响应波长范围和光诱导的载流子分离，最终提高了光催化活性。具体表现为：①促使部分七嗪环开环产生氰基团，改变了 $g-C_3N_4$ 的面内结构，从而提高了其可见光利用率，窄化了禁带宽度并导致更正的价带位置有利于氧化反应的发生；②PO_4^{3-} 四面体因具有较多的负电荷，在 $g-C_3N_4$ 表面可产生静电场或表面偶极，诱导空穴转移到 $Ba_3(PO_4)_2$ 表面，从而有利于光生电子-空穴对的分离。详细的机制见图 4-69。

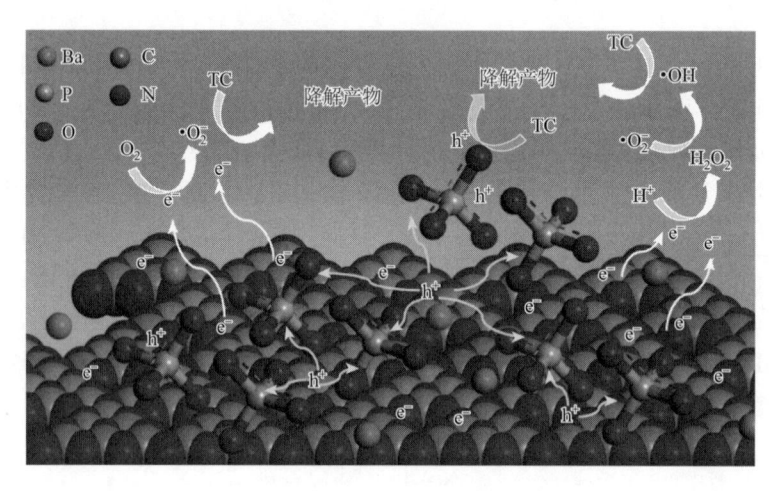

图 4-69　$Ba_3(PO_4)_2$ 改善 $g-C_3N_4$ 光催化活性高效降解 TC 的机理

4.7　$NaLa(WO_4)_2/g-C_3N_4$ 复合材料的制备及其光催化净化 NO_x 性能

4.7.1　引言

$g-C_3N_4$ 因其化学稳定性良好和能带结构易调控等优点而被广泛使用，然而由于 $g-C_3N_4$ 的光生电子-空穴对的复合率较高、比表面积较小等缺点，其光催化效率并不理想。为了克服这些缺点，许多专家探究了多种改性 $g-C_3N_4$ 的方法策略，例如，调控 $g-C_3N_4$ 内部结构，对其表面进行修饰，或者与其他材料构建复合材料等。常见的与 $g-C_3N_4$ 复合的材料大多数为半导体，将 $g-C_3N_4$ 与其他功能半导体组合，结合两者的优势，会制备出一些具有协同效果的材料。其中钨酸盐作为常见的半导体材料，被广泛地用于与 $g-C_3N_4$ 复合以提高相应的光催化性能，常见的有 Bi_2WO_6、WO_3、Ag_2WO_4 等（Li et al.，2016；Zhu et al.，2017；Xing et al.，2017a），但碱金属稀土二钨酸盐发光材料用于光催化的研究很少，将其与 $g-C_3N_4$ 复合的研究目前还没有发现。因此考虑到此类发光材料的稳定性好，发光效率高，与 g-C$_3$N$_4$ 复合之后能够扩大氮化碳的光吸收范围，从而能够有效地提高光催化性能（杨水金等，2000；薛宁等，2007），本书首次合成了 NaLa(WO$_4$)$_2$/g-C$_3$N$_4$ 复合光催化剂，并将光催化净化 NO$_x$ 作为活性的评价手段。

通过 XRD、SEM、TEM、N$_2$ 吸附-脱附等温线、UV-vis DRS、XPS、FT-IR、PL 等表征手段进行分析，结果表明，NaLa(WO$_4$)$_2$-CN 样品（101）晶面、（112）晶面的衍射峰强度随着 NaLa(WO$_4$)$_2$（简写为 NaLaW）含量的增加而逐渐增强，而 g-C$_3$N$_4$ 所对应的（100）晶面、（002）晶面的强度逐渐减弱，说明两种材料很好地复合在一起。同时 NaLaW-CN 样品的可见光吸收边带发生红移，呈现出更强的可见光吸收能力，可能是由于 NaLaW 这种光响应范围比较广的发光材料的进入，扩大了复合材料的光吸收范围。结合 XRD、UV-vis DRS、TEM 以及 XPS 综合分析，NaLaW 与 g-C$_3$N$_4$ 存在明显的界面，且能带匹配，两者之间能够构建异质结来提高光催化性能。值得注意的是，效果最好的 1-NaLaW-CN 复合催化剂的 NO 净化率最高（47.18%），比 g-C$_3$N$_4$ 净化 NO 的去除率提高了 16%，说明 NaLaW 的含量对光催化性能有一定的影响，这可能是 NaLaW 与 g-C$_3$N$_4$ 相互作用的结果。

4.7.2 NaLaW/g-C$_3$N$_4$ 复合材料的制备

实验过程中所用到的药品与试剂均为分析纯，且未进一步处理。

（1）g-C$_3$N$_4$ 的制备。用分析天平称取 10g 三聚氰胺加入坩埚，加入适量去离子水重结晶，在 60℃ 的烘箱中干燥过夜。将装有干燥样品的坩埚置于马弗炉中，升温速率控制在 10℃/min，程序升温至 550℃，并煅烧 4h。将煅烧后的样品磨成 g-C$_3$N$_4$ 粉末。

（2）NaLaW/g-C$_3$N$_4$ 复合材料的制备。称取 5g、2.5g、10g 三聚氰胺置于三个不同的坩埚中，向其中加入 0.236g La(NO$_3$)$_3$·6H$_2$O，再加入 0.21g Na$_2$(WO$_4$)·2H$_2$O，向坩埚中加入少量的蒸馏水，用玻璃棒将其混合均匀，然后放在温度为 60℃ 的烘箱中干燥过夜，最后将坩埚置于马弗炉中，升温速率控制在 10℃/min，程序升温至 550℃，煅烧 4h。将煅烧后的样品磨成粉末，并分别用去离子水和乙醇多次洗涤，再次烘干磨成粉末得到复合材料的样品。将上述三种样品分别标记为 1-NaLaW-CN、2-NaLaW-CN、3-NaLaW-CN。

4.7.3 NaLaW/g-C$_3$N$_4$ 复合材料的表征与光催化性能

为了确定样品的晶体结构，对所制备的样品进行 XRD 测试。图 4-70 为 g-C$_3$N$_4$、1-NaLaW-CN、2-NaLaW-CN 和 3-NaLaW-CN 样品的 XRD 图谱。从图中可以看出，g-C$_3$N$_4$ 分别在 13.1° 和 27.6° 具有两个典型的特征峰（Dong et al.，2012；Fina et al.，2015），分别对应 g-C$_3$N$_4$ 的（100）晶面和（002）晶面，归属于平面内三嗪环结构的堆积和类石墨相层状结构。随着 NaLaW 的引入，NaLaW-CN 中出现了 NaLaW 的特征峰，与 NaLaW 的标准卡片 JCPDS#79-1118 相对应，发现复合材料中出现了（101）、（112）、（004）、（200）等晶面，说明 g-C$_3$N$_4$ 可能与 NaLaW 复合成功，通过不同含量样品的 XRD 图谱对比发现，随着 NaLaW 的含量逐渐增加，g-C$_3$N$_4$ 的（002）晶面所对应的特征峰逐渐与 NaLaW

的（112）晶面所对应的特征峰重合，而 3-NaLaW-CN 中 g-C$_3$N$_4$ 的（002）晶面所对应的特征峰更加接近于 g-C$_3$N$_4$，这进一步说明两者之间存在一定的相互作用力，并且成功地制备了 NaLaW 和 g-C$_3$N$_4$ 的复合材料。

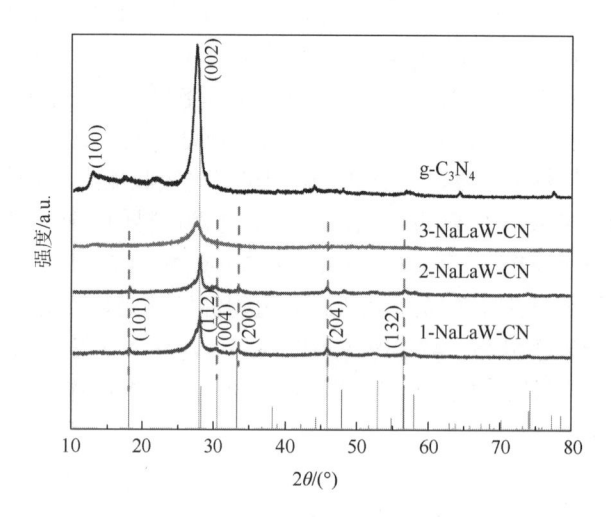

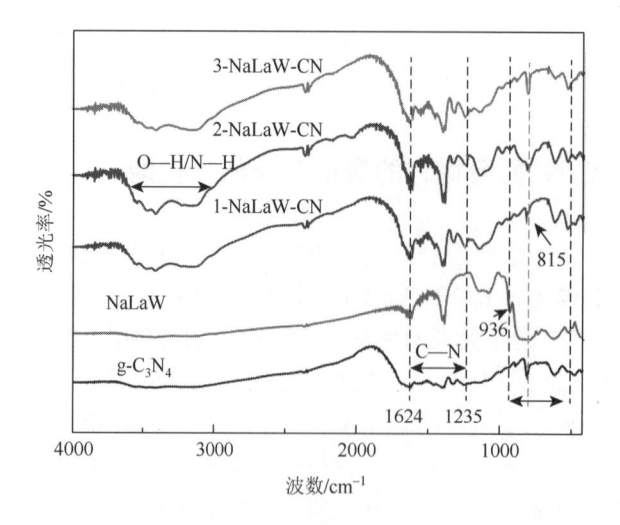

图 4-70　g-C$_3$N$_4$、1-NaLaW-CN、2-NaLaW-CN 和 3-NaLaW-CN 的 XRD 图谱

为了探究样品中的物质成键和官能团，用 FT-IR 图谱对 g-C$_3$N$_4$、1-NaLaW-CN、2-NaLaW-CN 和 3-NaLaW-CN 进行了表征。从图 4-71 可以看出，g-C$_3$N$_4$ 在 815cm^{-1} 处的峰归因于三嗪环的伸缩振动，而位于 1235～1624cm^{-1} 处的峰则归因于 g-C$_3$N$_4$ 中 C(sp^2)＝N、C(sp^2)—N 典型的伸缩振动。通过对比发现，复合材料中能够观察到这几种特征峰（Dong et al.，2015；Tan et al.，2018）。NaLaW 位于 936cm^{-1} 处的峰归因于 WO$_4^{2-}$ 的拉伸振动（Subbotin et al.，2002）。NaLaW 的加入导致 1-NaLaW-CN、2-NaLaW-CN 和 3-NaLaW-CN 在 815cm^{-1} 处的峰强度变弱，说明三-s-三嗪环遭到一定的破坏，而且随着 NaLaW 加入量

图 4-71　g-C$_3$N$_4$、1-NaLaW-CN、2-NaLaW-CN 和 3-NaLaW-CN 样品的 FT-IR 图谱

的不同，峰的强度也在发生相应的改变，但是位于 1235～1624cm^{-1} 处的吸收峰没有很明显的变化，表明 NaLaW-CN 中 g-C$_3$N$_4$ 基本结构单元没有发生改变。

为了探究 g-C$_3$N$_4$ 和 1-NaLaW-CN 复合材料的表面元素组成和每种元素的存在状态，进行 XPS 测试并获得 XPS 图。图 4-72（a）为 g-C$_3$N$_4$ 和 1-NaLaW-CN 样品的 XPS 全谱图，从图中均可以观察到 C、N、O 三种元素的能谱峰，通过对比 g-C$_3$N$_4$，再对比元素结合能对照表，在 1-NaLaW-CN 复合材料的图谱中可以发现 Na1s、La3d、La4d、W4d、W4f 对应的能谱峰，说明 g-C$_3$N$_4$ 和 NaLaW 很好地结合在一起。图 4-72（b）为 g-C$_3$N$_4$ 和 1-NaLaW-CN 的 C1s 高分辨 XPS 图，其中，g-C$_3$N$_4$ 主要存在两个拟合峰，其键能强度为 284.69eV 和 287.98eV，分别归属于表面的杂质碳（C—C）与 g-C$_3$N$_4$ 的三-s-三嗪环中 sp^2 杂化碳结合键（N＝C—N），通过对比发现，复合之后 1-NaLaW-CN 样品的 C1s 所对应的两个拟合峰的强度分别为 284.96eV 和 288.40eV，所对应的 C—C 的结合能没有发生很明显的偏移，但是 N＝C—N 所对应的结合能发生了偏移，向高结合能的位置偏移了 0.42eV，这可能是由于复合材料的加入，破坏了 g-C$_3$N$_4$ 的三-s-三嗪环（Hadjiivanov，2000）。图 4-72（c）为 g-C$_3$N$_4$ 和 1-NaLaW-CN 的 N1s 高分辨 XPS 图，其中，g-C$_3$N$_4$ 主要存在两个拟合峰，其键能强度为 398.49eV 和 400.04eV，其分别归属于 N1s 最强信号峰三-s-三嗪环中与 C 发生 sp^2 杂化的 N（C＝N—C），较弱的信号峰归属于三-s-三嗪环与 C 发生 sp^3 杂化的 N[N—(C)$_3$]（Zhang et al.，2012），通过对比发现，复合之后 1-NaLaW-CN 样品的 N1s 所对应的两个拟合峰的强度分别为 398.92eV 和 400.58eV，所对应的 C＝N—C 和 (N—C)$_3$ 的结合能相对于 g-C$_3$N$_4$ 都发生了偏移，分别向高结合能的位置偏移了 0.43eV 和 0.42eV，说明复合材料的加入，使 g-C$_3$N$_4$ 中 N 原子所在位置的电荷密度减小，可能是加入材料中的吸电子基团吸引了一部分电荷转移。

在图 4-72（d）的 O1s 高分辨 XPS 图中观察到，在 g-C$_3$N$_4$ 中，532.42eV 处的峰来自表面吸附的水，对应水中的 O—H。与 g-C$_3$N$_4$ 相比，1-NaLaW-CN 样品的 O1s 谱中出现了 530.49eV 的新峰，这可归因于加入的 NaLaW 中的晶格氧，与 g-C$_3$N$_4$ 相比较，1-NaLaW-CN 样品中 O 含量明显增多，这是由于 O 含量中包含一定量的表面吸附水中的 O 和 NaLa(WO$_4$)$_2$ 中的 O。如图 4-72（e）所示，1-NaLaW-CN 复合材料中 Na1s 的信号峰位于 1071.90eV。在图 4-72（f）中，复合之后 1-NaLaW-CN 样品的 La3d 所对应的四个拟合峰的强度分别为 855.71eV、852.27eV 和 838.73eV、835.36eV，其分别归属于 La3d$_{3/2}$ 和 La3d$_{5/2}$（Wang et al.，2005；Huang et al.，2012；Peter and Shameem Banu，2017），通过元素结合能对照表发现，其所在的结合能的位置有轻微的偏移，可能是由于 La 与 g-C$_3$N$_4$ 中的元素发生了相互作用。如图 4-72（g）所示，1-NaLaW-CN 复合材料中出现 37.76eV 和 35.63eV 的双峰，分别属于 W4f$_{5/2}$ 和 W4f$_{3/2}$，这是 WO$_4^{2-}$ 中 W^{6+} 的特征峰（Zeng and Tang，2012；Wang et al.，2014b）。结合 C1s、N1s 和 La3d、W4f 的高分辨 XPS 图，NaLaW 的加入改变了 g-C$_3$N$_4$ 的结构，并且进行了表面修饰。结合 XRD 图谱与 XPS 图数据分析可知，g-C$_3$N$_4$ 与 NaLaW 在原位热聚合过程中相互作用，提高了其光催化性能。

(a) XPS全谱图

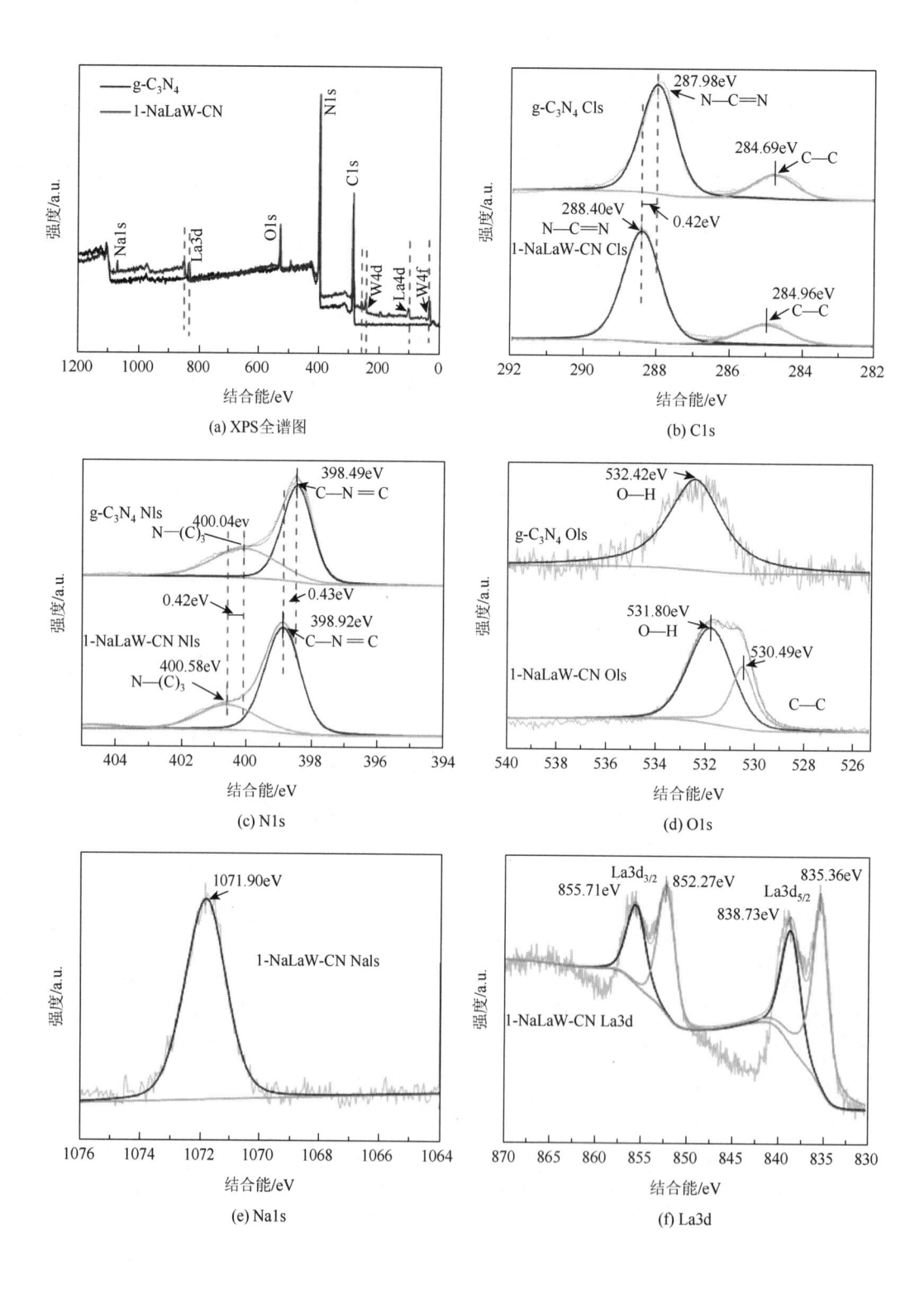

(b) C1s

(c) N1s

(d) O1s

(e) Na1s

(f) La3d

图 4-72 样品的 XPS 图

(a) 样品 g-C$_3$N$_4$ 和 1-NaLaW-CN 的 XPS 全谱图；(b) ~ (g) 高分辨 XPS 图

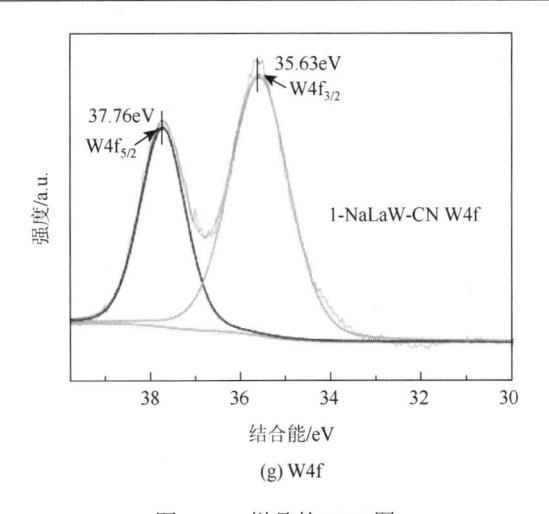

图 4-73 为 g-C$_3$N$_4$、NaLaW 和 1-NaLaW-CN 的 N$_2$ 吸附-脱附等温线和孔径分布曲线，可以研究样品的比表面积和孔结构。在图 4-73（a）中，g-C$_3$N$_4$ 和 1-NaLaW-CN 的 N$_2$ 吸附-脱附等温线为Ⅳ型等温线（IUPAC 分类），是介孔材料的普遍类型，根据 IUPAC 分类，可判定其回滞环为 H3 型（Sing，1985）。在图 4-73（b）中，g-C$_3$N$_4$ 富含大量介孔，主要集中在 3.55nm 处，而复合材料 1-NaLaW-CN 富含大量中孔，主要集中在 22.98nm 处。

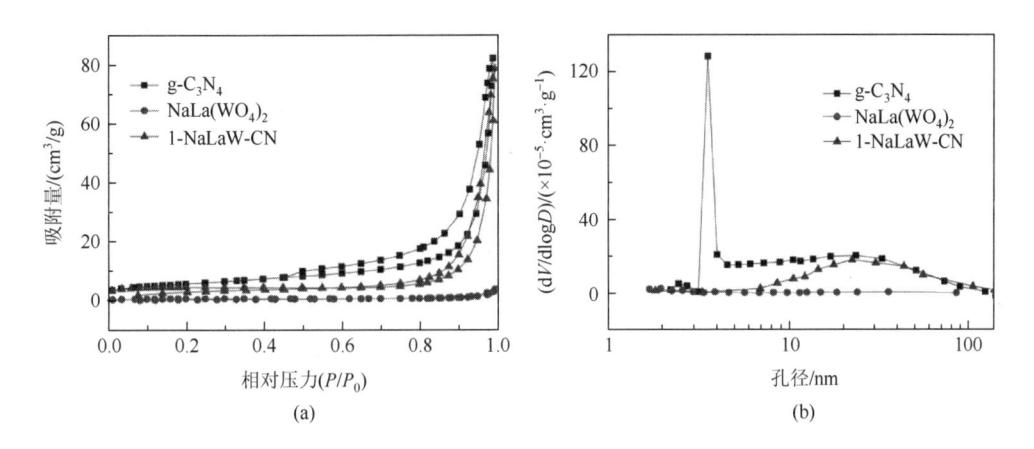

图 4-73 g-C$_3$N$_4$、NaLaW 和 1-NaLaW-CN 的 N$_2$ 吸附-脱附等温线及孔径分布曲线

从表 4-8 可以看出，复合催化剂的比表面积相对于 g-C$_3$N$_4$ 有所减小，从 19.96m^2/g 减小到 13.42m^2/g，可能是在煅烧过程中，形成的 NaLaW 覆盖在 g-C$_3$N$_4$ 的表面，又因为 NaLaW 的比表面积很小，堵塞了一些孔隙。但从表 4-8 中发现，复合材料的孔径主要集中在 22.98nm，这种含有大量中孔的材料，更利于反应物分子和产物分子的扩散。因此该复合材料能够促进电荷转移，从而提高反应速率。

表 4-8　不同样品的比表面积、孔体积及孔径大小

样品	比表面积/(m²/g)	孔体积/(cm³/g)	孔径/nm
g-C$_3$N$_4$	19.96	0.127	3.55
NaLaW	2.03	0.006	3.48
1-NaLaW-CN	13.42	0.121	22.98

采用 SEM 和 TEM 对 g-C$_3$N$_4$、NaLaW、1-NaLaW-CN 的形貌结构进行分析。如图 4-74（a）、(b) 所示，可以清楚地看到 g-C$_3$N$_4$ 是层状结构堆砌而成的二维材料。在图 4-74（c）、(d) 中，NaLaW 表现为块状的晶体结构，并且晶体之间团聚在一起，构成一种块状的物质。在图 4-74（e）、(f) 中，能够看到 g-C$_3$N$_4$ 的团聚结构，也很清楚地看到块状的 NaLaW 包裹着 g-C$_3$N$_4$，说明在煅烧过程中两种材料很好地结合在一起。

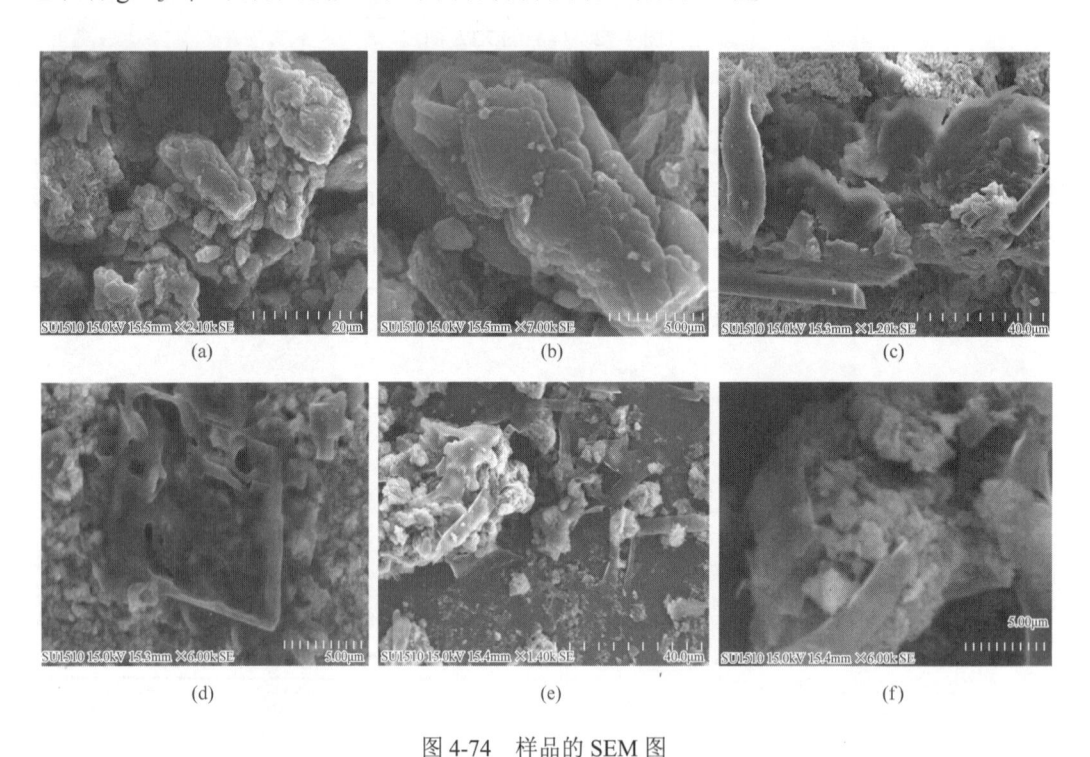

图 4-74　样品的 SEM 图

(a)、(b) g-C$_3$N$_4$ 的 SEM 图；(c)、(d) NaLaW 的 SEM 图；(e)、(f) 1-NaLaW-CN 的 SEM 图

图 4-75 为 1-NaLaW-CN 样品的 TEM 图。在图 4-75（a）中，选取电子衍射谱显示图像是以透射斑点为中心的衍射环，因此该复合材料是一种多晶体。在图 4-75（b）中，NaLaW 与 g-C$_3$N$_4$ 很好地结合在一起，由于 g-C$_3$N$_4$ 是无定形结构，因此不能看到晶格条纹，但能够清晰地观察到 NaLaW 的晶格，其晶格条纹的间距约为 0.31nm，与 NaLaW 的（112）平面相对应（标准卡片 JCPDS#79-1118）。同时，在图 4-75（b）中，g-C$_3$N$_4$ 与 NaLaW 存在明显的界面，表明 NaLaW 与 g-C$_3$N$_4$ 可能形成了异质结。

(a)　　　　　　　　　　　　　　　(b)

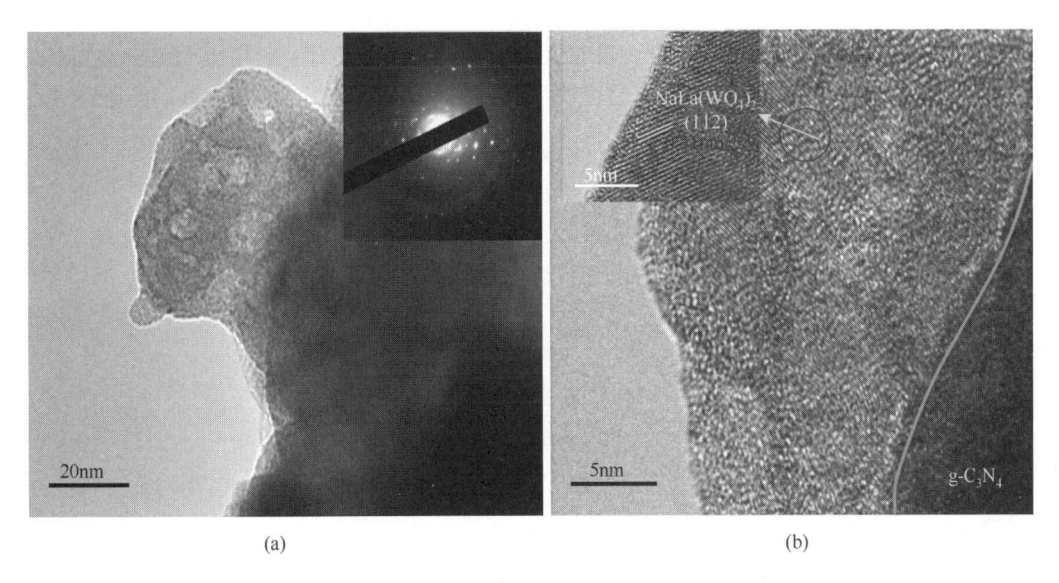

图 4-75　样品 1-NaLaW-CN 的 TEM 图

图 4-76（a）为 g-C$_3$N$_4$、NaLaW、1-NaLaW-CN、2-NaLaW-CN 和 3-NaLaW-CN 的紫外-可见漫反射光谱图，可以看出，NaLaW 在整个波长范围内都有很好的光响应，有很强的能量吸收，g-C$_3$N$_4$ 在紫外光和可见光下均有响应，但两者复合之后的光响应范围更广，且光吸收强度有所增加。此外，通过对比不同比例的复合材料在紫外和可见区域的光谱发现，样品 1-NaLaW-CN 的吸收带边发生红移，且在整个波长范围内的光吸收强度相比于 g-C$_3$N$_4$ 有所增加。

(a) g-C$_3$N$_4$、NaLaW 和不同比例复合样品的紫外-可见漫反射光谱图　　　　(b) 禁带宽度图

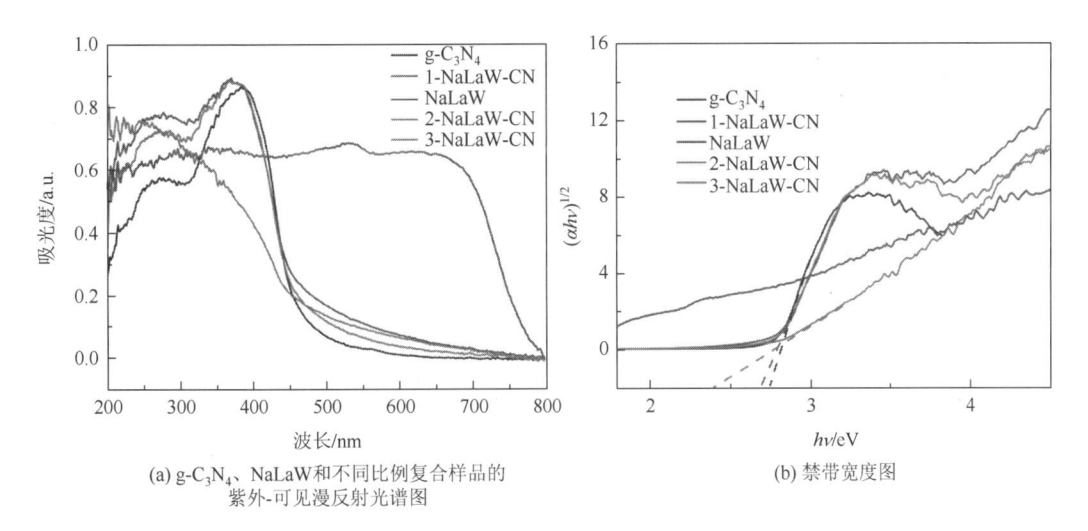

图 4-76　样品的紫外-可见漫反射光谱图和禁带宽度测定

通过图 4-76（b）中各个样品的禁带宽度（E_g）对比发现，g-C$_3$N$_4$、NaLaW 和 1-NaLaW-CN 的 E_g 分别为 2.74eV、2.39eV 和 2.67eV，复合之后样品的禁带宽度比 g-C$_3$N$_4$ 的禁带宽度（2.41eV）更低，说明 NaLaW 的加入更利于 NaLaW-CN 复合材料样品光生电

子的转移，需要的能量更低，光催化活性更好，而 1-NaLaW-CN 表现出的光催化性能最好，可能是因为 NaLaW 虽然有很广的光吸收范围，但光催化性能不是很好，且通过 SEM 图和比表面积对比，NaLaW 的孔径很小，可能覆盖了 g-C$_3$N$_4$ 的表面孔隙，不利于反应物和生成物分子之间的转移，因此，随着 NaLaW 含量的增加，复合材料的光催化性能并没有提高。

此外，为进一步探究能带结构对 g-C$_3$N$_4$ 和 1-NaLaW-CN 的光催化活性影响，可以通过相应的经验公式对 g-C$_3$N$_4$ 和 1-NaLaW-CN 的价带和导带的位置进行粗略的计算（Zhang et al.，2007）：

$$E_{VB} = \chi - E^e + 0.5E_g \tag{4-25}$$

$$E_{CB} = E_{VB} - E_g \tag{4-26}$$

式中，E^e 为氢标下自由电子的能量（E^e = 4.5eV）；χ 为 Mulliken 电负性，也称为绝对电负性，其表达式为

$$\chi = \frac{I+A}{2} \tag{4-27}$$

根据电负性均衡原理，化合物的电负性等于各元素电负性的几何平均值。

$$\chi(A_aB_bC_c) = (\chi_A^a \chi_B^b \chi_C^c)^{1/(a+b+c)} \tag{4-28}$$

通过计算，NaLaW 和 g-C$_3$N$_4$ 的绝对电负性分别为 5.89eV 和 4.73eV。将上述已知值代入式（4-25）和式（4-26），得到 NaLaW 的 E_{VB} 和 E_{CB} 分别为 2.58eV 和 0.19eV；g-C$_3$N$_4$ 的 E_{VB} 和 E_{CB} 分别为 1.60eV 和 –1.14eV。根据异质结相关理论，这两种材料满足形成异质结的条件以提高光催化活性。

为了研究样品的电子-空穴的复合效率，对样品进行光致发光分析。图 4-77 为 g-C$_3$N$_4$、1-NaLaW-CN 样品的光致发光光谱图。可以看出，样品光致发光强度随着 NaLaW 的加入而降低，光生电子-空穴复合率也降低，复合催化剂对光能的利用率提高，并且光催化活性测试结果也表明，1-NaLaW-CN 样品的光催化活性最高。

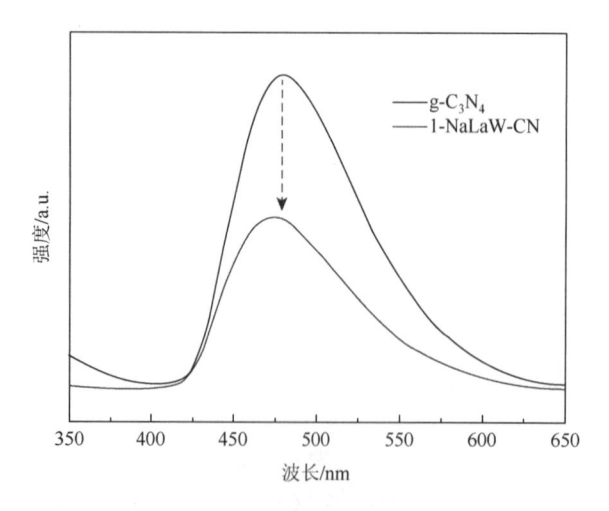

图 4-77　g-C$_3$N$_4$ 和 1-NaLaW-CN 的光致发光光谱图

在可见光照射下，用 NO 的净化率来评价 g-C$_3$N$_4$ 和 NaLaW/g-C$_3$N$_4$ 样品的光催化性能。已有研究表明，在可见光照射下，光催化剂可将 NO 氧化为硝酸盐或亚硝酸盐。从图 4-78（a）可以看出，经过 30min 的辐照，g-C$_3$N$_4$ 的 NO 净化率为 30.67%，1-NaLaW-CN、2-NaLaW-CN 和 3-NaLaW-CN 的 NO 净化率分别为 47.18%、21.44%、42.30%。值得注意的是，1-NaLaW-CN 催化剂的 NO 净化率最高（47.18%），说明 NaLaW 的含量对光催化性能有一定的影响，这可能是 NaLaW 与 g-C$_3$N$_4$ 相互作用的结果。光催化剂的稳定性也是限制其应用的主要因素，因此进行了稳定性测试 [图 4-78（b）]。经过连续测试，1-NaLaW-CN 的光催化性能有所降低（Cui et al.，2017c），可能是在反应过程中生成的亚硝酸盐或硝酸盐覆盖在催化剂的表面，造成催化剂轻微的失活，但其整体维持在一个稳定的水平，说明制备的复合催化剂可以作为一种高效、稳定的光催化剂用于 NO$_x$ 的净化。

(a) 样品对NO的净化率

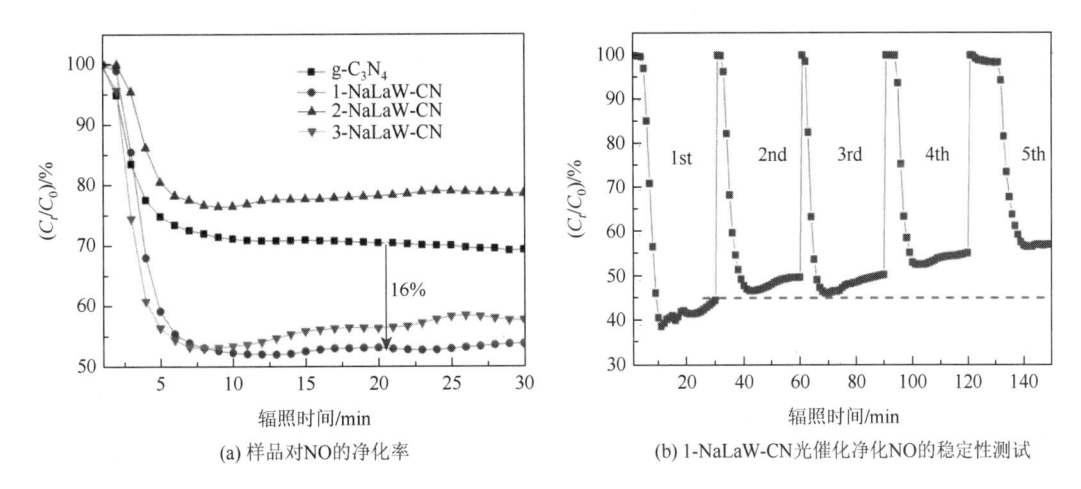

(b) 1-NaLaW-CN光催化净化NO的稳定性测试

图 4-78　样品对 NO 的净化性能及稳定性测试

根据以上实验结果和理论分析，提出 NaLaW-CN 异质结光催化净化 NO$_x$ 活性提高的可能反应机制，如图 4-79 所示。其可能的反应机理如下（Hadjiivanov，2000；Kantcheva，2001）：

$$2NO + O_2 \longrightarrow 2NO_2 \longrightarrow N_2O_4 \qquad (4\text{-}29)$$

$$NO + NO_2 \longrightarrow N_2O_3 \qquad (4\text{-}30)$$

$$NO + N_{(CN)} \longrightarrow N_2O \qquad (4\text{-}31)$$

$$NO_2 + e^- \longrightarrow NO_2^- \qquad (4\text{-}32)$$

$$NO + e^- \longrightarrow NO^- \qquad (4\text{-}33)$$

$$NO^- + \cdot O_2^- \longrightarrow NO_3^- \qquad (4\text{-}34)$$

$$NO^- + \cdot OH \longrightarrow HNO_2^- \qquad (4\text{-}35)$$

在可见光照射下，g-C$_3$N$_4$ 半导体的 VB 上的电子被激发到 CB 上，在 VB 上留下空穴，从而形成电子-空穴对。通过前文的计算和讨论，大致可了解 g-C$_3$N$_4$ 和 NaLaW 的 CB 位置和 VB 位置，两者的能带位置非常匹配，能够达到形成异质结的条件。NaLaW 的 CB

电势略低于 g-C₃N₄ 的 CB 电势，而 g-C₃N₄ CB 的电子很容易转移到 NaLaW 的 CB 上，造成有效的电荷分离和转移。该光催化剂在光照条件下产生超氧自由基和羟基自由基，从而将 NO_x 转化为 NO_3^- 和 NO_2^-，达到降解 NO_x 的目的。

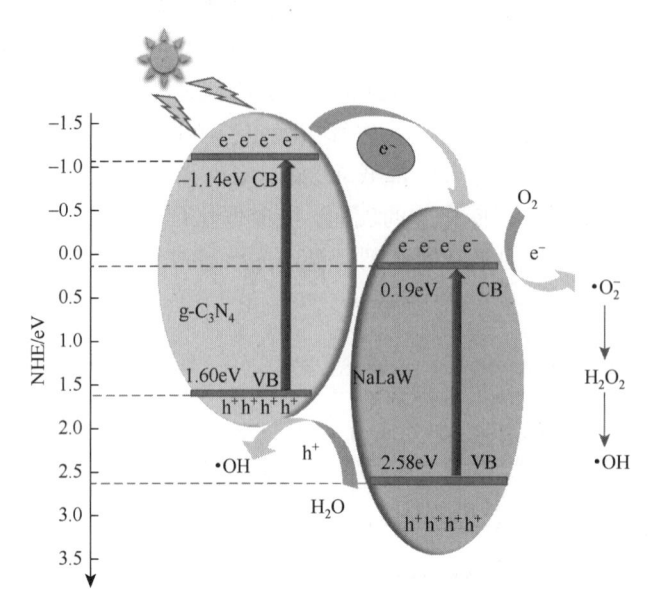

图 4-79　可见光下 NaLaW/g-C₃N₄ 复合材料催化净化 NO_x 的反应机理图

4.8　本章小结

（1）制备了 BaCO₃ 改性的 g-C₃N₄ 光催化剂（BaCO₃/g-C₃N₄），其在可见光照射下降解 CV 的光催化性能是 g-C₃N₄ 的 3.5 倍。采用 BaCO₃ 中阴离子（CO_3^{2-}）和阳离子（Ba^{2+}）的协同作用来优化 g-C₃N₄。首先，一些进入七嗪环空腔的 Ba^{2+} 可以抑制 g-C₃N₄ 的平面扭曲，从而促进电子的传输；其次，平面的 CO_3^{2-} 和七嗪环在 P_z 轨道上重叠，构成光生电子的传输通道，从而延长了光生载流子的迁移路径。自由基捕获实验和 ESR 数据表明，CV 光降解的主要活性物质是 $•O_2^-$，其次是 •OH。对光催化过程中 CV 的 7%-Ba/CN 光降解的 HPLC-MS 分析表明，存在两种可能的中间体且最终的产物可能被矿化成 CO_2 和 H_2O。绝缘体-半导体光催化剂在有机废水处理领域中的首次使用，可能为有机废水的光催化降解带来新的思路。

（2）采用简易水热-煅烧法制备了具有优异双功能光催化性能的异质结构的 BaWO₄/g-C₃N₄ 催化剂，复合之后的样品表现出更大的比表面积、更低的电子和空穴的复合率，BaWO₄ 与 g-C₃N₄ 构建的异质结，加快了电荷之间的迁移，从而使样品的光催化性能得到提高；在所有的复合样品中，7%-Ba/CN 样品在可见光下对 NO_x 净化的光催化活性最高。在 30min 内，复合光催化剂的 NO_x 净化率相对于 g-C₃N₄ 有所提高。通过原位红外光谱分析，阐明了 NO 在 g-C₃N₄ 和 7%-Ba/CN 上光催化净化 NO 的转化途径；此外，7%-Ba/CN 的光催化产氢速率为 2743.98μmol/(g·h)，是 g-C₃N₄ 的 4 倍。研究结果表明，电荷转移速率可以通过构建异质结来控制。BaWO$_4$/g-C$_3$N$_4$复合材料不仅能够氧化NO$_x$，还能够光催化产氢，说明该复合材料具有很好的氧化还原能力。这证明了BaWO$_4$/g-C$_3$N$_4$是一种极具潜力的双功能光催化剂，可为研发同时具有氧化和还原能力的光催化剂提供参考。

（3）采用超声分散法制备了g-C$_3$N$_4$/BiVO$_4$复合光催化剂，并将其用于光催化还原CO$_2$的研究。表征结果表明g-C$_3$N$_4$纳米片包覆于BiVO$_4$表面且紧密结合，而不是两者简单的物理混合。催化结果显示，所得催化剂光催化还原CO$_2$的主要产物均为CH$_4$，且g-C$_3$N$_4$/BiVO$_4$复合催化剂的光催化活性明显高于g-C$_3$N$_4$纳米片和BiVO$_4$。其中，40-CNBV复合催化剂的催化活性最高，分别是g-C$_3$N$_4$和BiVO$_4$的2倍和4倍。催化活性的增强主要是由于g-C$_3$N$_4$和BiVO$_4$的能级匹配，能有效分离光生电子和空穴。

（4）采用原位聚合法制备了导电聚吡咯（PPy）与g-C$_3$N$_4$的复合材料PPy/g-C$_3$N$_4$。催化剂的表征结果表明，经微量掺杂的聚吡咯未影响本底g-C$_3$N$_4$晶型结构，而是影响其结晶度；经掺杂后的样品比表面积增大，呈多孔性，一定程度上说明掺杂的PPy对微观形貌结构产生影响，增强了光催化活性；以降解亚甲基蓝染料溶液评价样品的光催化性能，复合催化剂降解率均提高，样品0.75PPy/g-C$_3$N$_4$进行3.5h光降解实验后，降解率达到99%，高于g-C$_3$N$_4$，而且反应速率提高；实验中掺杂的PPy既作为吸光物质，又形成异质结作为转移电子的载体。掺杂的PPy增大了复合催化剂的比表面积，为光生电子和空穴分离提供了更广阔的场所，延长了电子和空穴的作用时间。同时作为吸光物质，受光子激发产生电子，并迁移至g-C$_3$N$_4$导带与其电子重合叠加，减小复合催化剂的禁带宽度，综合提高光电效率及光催化活性。光催化活性的提高主要归因于复合材料具有高可见光利用率，p-n型异质结的形成和费米能级持平效应使得BS和CN的能带进行匹配，电子和空穴能够在两者导带和价带之间进行转移，有效地降低了电子-空穴的复合率。利用微波合成法制备材料，克服了常规合成方法面临的操作复杂、反应时间长、热能利用率低等难题，为今后的研究工作提供了一个发展方向。

（5）利用两步法制备了Ba$_3$(PO$_4$)$_2$/g-C$_3$N$_4$复合光催化材料。在可见光照射下，Ba$_3$(PO$_4$)$_2$/g-C$_3$N$_4$降解TC的光催化性能分别为g-C$_3$N$_4$和Ba$_3$(PO$_4$)$_2$的2.06倍和5.44倍。材料表征结果表明，Ba$_3$(PO$_4$)$_2$增强g-C$_3$N$_4$的光催化活性主要表现在：①Ba$_3$(PO$_4$)$_2$影响了g-C$_3$N$_4$的缩合，导致部分七嗪环开环产生强吸电子的氰基团；②Ba$_3$(PO$_4$)$_2$中的PO$_4^{3-}$四面体因具有较多的负电荷在g-C$_3$N$_4$表面可产生静电场或表面偶极，诱导空穴转移到Ba$_3$(PO$_4$)$_2$表面从而有利于光生电子-空穴对的分离；③在降解TC体系中，Ba$_3$(PO$_4$)$_2$/g-C$_3$N$_4$能产生更多的·OH和·O$_2^-$活性氧物质。最终，Ba$_3$(PO$_4$)$_2$/g-C$_3$N$_4$表现出更强的可见光吸收能力、更正的价带位置和更多的活性氧物质，因此对TC表现出高效且稳定的降解率。

（6）利用三聚氰胺、硝酸镧和钨酸钠（二水）一步原位热聚合的方法制备了NaLaW与g-C$_3$N$_4$的复合光催化材料，碱金属稀土二钨酸盐发光材料NaLaW的加入，拓宽了g-C$_3$N$_4$的光吸收范围，提高了发光效率，而且两者之间的能带匹配，构建的异质结使电荷转移的效率加快，电子-空穴复合效率也相应降低，再加上g-C$_3$N$_4$自身结构的优势，能够促进活性物质的产生，从而高效净化NO$_x$。基于详细的实验数据和表征测试，揭示了光催化活性增强的原因。

参 考 文 献

崔雯，李茴，孙艳娟，等，2015. 石墨型 C_3N_4 在泡沫陶瓷表面的原位负载及可见光催化空气净化应用[J]. 科学通报，60（33）：3221-3229.

冯西平，张宏，杭祖圣，2012. g-C_3N_4 及改性 g-C_3N_4 的光催化研究进展[J]. 功能材料与器件学报，18（3）：214-222.

付长璟，李爽，宋春来，等，2016. 聚吡咯/氧化石墨复合材料的制备及其电容性能[J]. 复合材料学报，33（3）：572-579.

高闯闯，刘海成，孟无霜，等，2021. Ag_3PO_4/g-C_3N_4 复合光催化剂的制备及其可见光催化性能[J]. 环境科学，42（5）：2343-2352.

黄艳，傅敏，贺涛，2015. g-C_3N_4/$BiVO_4$ 复合催化剂的制备及应用于光催化还原 CO_2 的性能[J]. 物理化学学报，31（6）：1145-1152.

侯宪辉，2014. 聚吡咯及聚吡咯/二氧化钛复合材料的制备与性能研究[D]. 北京：北京化工大学.

王芳，敏世雄，靳治良，等，2015. 光催化原位氧化聚合法制备聚吡咯/TiO_2 复合材料及其可见光催化降解罗丹明 B 的性能[J]. 化工新型材料，43（4）：118-121.

王永剑，张亮，赵朝成，等，2018. MoS_2/Bi_2S_3 异质结光催化剂的制备及其光催化性能[J]. 化工环保，38（3）：305-310.

薛宁，邹永金，樊先平，2007. 稀土掺杂复式钨酸盐纳米晶体的制备及发光性能[J]. 材料科学与工程学报，25（2）：214-217.

杨水金，余新武，孙聚堂，等，2000. 掺杂稀土离子钨酸盐体系发光特性研究进展[J]. 化学研究与应用，12（5）：465-470.

张金水，王博，王心晨，2013. 石墨相氮化碳的化学合成及应用[J]. 物理化学学报，29（9）：1865-1876.

张金水，王博，王心晨，2014. 氮化碳聚合物半导体光催化[J]. 化学进展，26（1）：19-29.

张志贝，李小明，陈飞，等，2016. g-C_3N_4/Bi_2S_3 复合物的制备及可见光催化降解 MO[J]. 环境科学，37（6）：2393-2400.

Abdpour S，Kowsari E，Alavi Moghaddam M R，et al.，2018. Mil-100（Fe）nanoparticles supported on urchin like Bi_2S_3 structure for improving photocatalytic degradation of rhodamine-B dye under visible light irradiation[J]. Journal of Solid State Chemistry，266：54-62.

Arumugam J，Raj A D，Irudayaraj A A，2018. Reaction time dependent investigation on the properties of the Bi_2S_3 nanoparticles：Photocatalytic application[J]. Materials Today：Proceedings，5（8）：16094-16099.

Bhunia M K，Yamauchi K，Takanabe K，2014. Harvesting solar light with crystalline carbon nitrides for efficient photocatalytic hydrogen evolution[J]. Angewandte Chemie-International Edition，53（41）：11001-11005.

Bui D H，Phan V N，2016. Ferromagnetic clusters induced by a nonmagnetic random disorder in diluted magnetic semiconductors[J]. Annals of Physics，375：313-321.

Cao F P，Ding C H，Liu K C，et al.，2014. Preeminent visible-light photocatalytic activity over BiOBr-$BiVO_4$ heterojunctions[J]. Crystal Research and Technology，49（12）：933-938.

Cao J，Xu B Y，Lin H L，et al.，2012. Novel heterostructured Bi_2S_3/BiOI photocatalyst：Facile preparation，characterization and visible light photocatalytic performance[J]. Dalton Transactions，41（37）：11482-11490.

Cao J，Yang Z H，Xiong W P，et al.，2018. One-step synthesis of Co-doped UiO-66 nanoparticle with enhanced removal efficiency of tetracycline：Simultaneous adsorption and photocatalysis[J]. Chemical Engineering Journal，353：126-137.

Chen D M，Yang J J，Ding H，2017. Synthesis of nanoporous carbon nitride using calcium carbonate as templates with enhanced visible-light photocatalytic activity[J]. Applied Surface Science，391：384-391.

Chen S F，Hu Y F，Meng S G，et al.，2014. Study on the separation mechanisms of photogenerated electrons and holes for composite photocatalysts g-C_3N_4-WO_3[J]. Applied Catalysis B：Environmental，150：564-573.

Cheng J S，Hu Z，Lv K L，et al.，2018. Drastic promoting the visible photoreactivity of layered carbon nitride by polymerization of dicyandiamide at high pressure[J]. Applied Catalysis B：Environmental，232：330-339.

Cui L F，Ding X，Wang Y G，et al.，2017a. Facile preparation of Z-scheme WO_3/g-C_3N_4 composite photocatalyst with enhanced photocatalytic performance under visible light[J]. Applied Surface Science，391：202-210.

Cui W，Li J Y，Dong F，et al.，2017b. Highly efficient performance and conversion pathway of photocatalytic NO oxidation on SrO-Clusters@Amorphous carbon nitride[J]. Environmental Science & Technology，51（18）：10682-10690.

Cui W，Li J Y，Cen W L，et al.，2017c. Steering the interlayer energy barrier and charge flow via bioriented transportation channels in g-C₃N₄: Enhanced photocatalysis and reaction mechanism[J]. Journal of Catalysis, 352: 351-360.

Cui Y J, Ding Z X, Fu X Z, et al., 2012. Construction of conjugated carbon nitride nanoarchitectures in solution at low temperatures for photoredox catalysis[J]. Angewandte Chemie (International Ed in English), 51 (47): 11814-11818.

Dong F, Ou M Y, Jiang Y K, et al., 2014a. Efficient and durable visible light photocatalytic performance of porous carbon nitride nanosheets for air purification[J]. Industrial & Engineering Chemistry Research, 53 (6): 2318-2330.

Dong F, Sun Y J, Wu L W, et al., 2012. Facile transformation of low cost thiourea into nitrogen-rich graphitic carbon nitride nanocatalyst with high visible light photocatalytic performance[J]. Catalysis Science & Technology, 2 (7): 1332-1335.

Dong F, Xiong T, Sun Y J, et al., 2017. Exploring the photocatalysis mechanism on insulators[J]. Applied Catalysis B: Environmental, 219: 450-458.

Dong F, Zhao Z W, Sun Y J, et al., 2015. An advanced semimetal-organic Bi spheres-g-C₃N₄ nanohybrid with SPR-enhanced visible-light photocatalytic performance for NO purification[J]. Environmental Science & Technology, 49 (20): 12432-12440.

Dong G P, Zhang Y H, Pan Q W, et al., 2014b. A fantastic graphitic carbon nitride (g-C₃N₄) material: Electronic structure, photocatalytic and photoelectronic properties[J]. Journal of Photochemistry and Photobiology C: Photochemistry Reviews, 20: 33-50.

Duan F, Zhang Q H, Shi D J, et al., 2013. Enhanced visible light photocatalytic activity of Bi₂WO₆ via modification with polypyrrole[J]. Applied Surface Science, 268: 129-135.

Eghbali-Arani M, Pourmasoud S, Ahmadi F, et al., 2020. Optimization and detailed stability study on coupling of CdMoO₄ into BaWO₄ for enhanced photodegradation and removal of organic contaminant[J]. Arabian Journal of Chemistry, 13 (1): 2425-2438.

Eiblmeier J, Kellermeier M, Deng M, et al., 2013. Bottom-up self-assembly of amorphous core-shell-shell nanoparticles and biomimetic crystal forms in inorganic silica-carbonate systems[J]. Chemistry of Materials, 25 (9): 1842-1851.

Ejhieh A N, Khorsandi M, 2010. Photodecolorization of eriochrome black T using NiS-P zeolite as a heterogeneous catalyst[J]. Journal of Hazardous Materials, 176 (1-3): 629-637.

Erdogan D A, Sevim M, Kisa E, et al., 2016. Photocatalytic activity of mesoporous graphitic carbon nitride (mpg-C₃N₄) towards organic chromophores under UV and VIS light illumination[J]. Topics in Catalysis, 59 (15): 1305-1318.

Fina F, Callear S K, Carins G M, et al., 2015. Structural investigation of graphitic carbon nitride via XRD and neutron diffraction[J]. Chemistry of Materials, 27 (7): 2612-2618.

Fu J W, Yu J G, Jiang C J, et al., 2018. g-C₃N₄-based heterostructured photocatalysts[J]. Advanced Energy Materials, 8 (3): 1-31.

Ghosh S, Kouamé N A, Ramos L, et al., 2015. Conducting polymer nanostructures for photocatalysis under visible light[J]. Nature Materials, 14 (5): 505-511.

Habibi-Yangjeh A, Mousavi M, 2018. Deposition of CuWO₄ nanoparticles over g-C₃N₄/Fe₃O₄ nanocomposite: novel magnetic photocatalysts with drastically enhanced performance under visible-light[J]. Advanced Powder Technology, 29 (6): 1379-1392.

Hadjiivanov K I, 2000. Identification of neutral and charged N_xO_y surface species by IR spectroscopy[J]. Catalysis Reviews, 42 (1-2): 71-144.

Hadjiivanov K I, Knözinger H, 2000. Species formed after NO adsorption and NO + O₂ co-adsorption on TiO₂: An FTIR spectroscopic study[J]. Physical Chemistry Chemical Physics, 2 (12): 2803-2806.

Han D Y, Liu J, Cai H, et al., 2019. High-yield and low-cost method to synthesize large-area porous g-C₃N₄ nanosheets with improved photocatalytic activity for gaseous nitric oxide and 2-propanol photodegradation[J]. Applied Surface Science, 464: 577-585.

Han G S, Cho I S, 2020. Copper phosphate compounds with visible-to-near-infrared-active photo-Fenton-like photocatalytic properties[J]. Journal of the American Ceramic Society, 103 (9): 5120-5128.

He F, Chen G, Yu Y G, et al., 2014. Facile approach to synthesize g-PAN/g-C₃N₄ composites with enhanced photocatalytic H₂ evolution activity[J]. ACS Applied Materials & Interfaces, 6 (10): 7171-7179.

He K L, Xie J, Luo X Y, et al., 2017. Enhanced visible light photocatalytic H₂ production over Z-scheme g-C₃N₄ nansheets/WO₃ nanorods nanocomposites loaded with Ni(OH)$_x$ cocatalysts[J]. Chinese Journal of Catalysis, 38 (2): 240-252.

Hong Z H, Shen B, Chen Y L, et al., 2013. Enhancement of photocatalytic H_2 evolution over nitrogen-deficient graphitic carbon nitride[J]. Journal of Materials Chemistry A, 1 (38): 11754-11761.

Hu J S, Zhang P F, An W J, et al., 2019. In-situ Fe-doped g-C_3N_4 heterogeneous catalyst via photocatalysis-Fenton reaction with enriched photocatalytic performance for removal of complex wastewater[J]. Applied Catalysis B: Environmental, 245: 130-142.

Hu S Z, Ma L, Wang H Y, et al., 2015. Properties and photocatalytic performance of polypyrrole and polythiophene modified g-C_3N_4 nanocomposites[J]. RSC Advances, 5 (40): 31947-31953.

Huang L Y, Xu H, Li Y P, et al., 2013. Visible-light-induced WO_3/g-C_3N_4 composites with enhanced photocatalytic activity[J]. Dalton Transactions, 42 (24): 8606-8616.

Huang S H, Wang D, Li C X, et al., 2012. Controllable synthesis, morphology evolution and luminescence properties of $NaLa(WO_4)_2$ microcrystals[J]. CrystEngComm, 14 (6): 2235-2244.

Huang S Q, Xu Y G, Xie M, et al., 2015a. Synthesis of magnetic $CoFe_2O_4$/g-C_3N_4 composite and its enhancement of photocatalytic ability under visible-light[J]. Colloids and Surfaces A: Physicochemical and Engineering Aspects, 478: 71-80.

Huang Y, Wang Y J, Bi Y Q, et al., 2015b. Preparation of 2D hydroxyl-rich carbon nitride nanosheets for photocatalytic reduction of CO_2[J]. RSC Advances, 5 (42): 33254-33261.

Jagannathan B, Elms P J, Bustamante C, et al., 2012. Direct observation of a force-induced switch in the anisotropic mechanical unfolding pathway of a protein[J]. Proceedings of the National Academy of Sciences of the United States of America, 109 (44): 17820-17825.

Jia J K, Jiang C Y, Zhang X R, et al., 2019. Urea-modified carbon quantum dots as electron mediator decorated g-C_3N_4/WO_3 with enhanced visible-light photocatalytic activity and mechanism insight[J]. Applied Surface Science, 495: 143524.

Jiang Z F, Wan W M, Li H M, et al., 2018. A hierarchical Z-scheme α-Fe_2O_3/g-C_3N_4 hybrid for enhanced photocatalytic CO_2 reduction[J]. Advanced Materials, 30 (10): 1-9.

Jiao Y Y, Huang Q Z, Wang J S, et al., 2019. A novel MoS_2 quantum dots (QDs) decorated Z-scheme g-C_3N_4 nanosheet/N-doped carbon dots heterostructure photocatalyst for photocatalytic hydrogen evolution[J]. Applied Catalysis B: Environmental, 247: 124-132.

Jin J, Liang Q, Ding C Y, et al., 2017. Simultaneous synthesis-immobilization of Ag nanoparticles functionalized 2D g-C_3N_4 nanosheets with improved photocatalytic activity[J]. Journal of Alloys and Compounds, 691: 763-771.

Kantcheva M, 2001. Identification, stability, and reactivity of NO_x species adsorbed on titania-supported manganese catalysts[J]. Journal of Catalysis, 204 (2): 479-494.

Ke D N, Peng T Y, Ma L, et al., 2009. Effects of hydrothermal temperature on the microstructures of $BiVO_4$ and its photocatalytic O_2 evolution activity under visible light[J]. Inorganic Chemistry, 48 (11): 4685-4691.

Kowalczyk P, Terzyk A P, Gauden P A, et al., 2003. Estimation of the pore-size distribution function from the nitrogen adsorption isotherm. Comparison of density functional theory and the method of Do and co-workers[J]. Carbon, 41 (6): 1113-1125.

Kočí K, Reli M, Troppová I, et al., 2017. Photocatalytic decomposition of N_2O over TiO_2/g-C_3N_4 photocatalysts heterojunction[J]. Applied Surface Science, 396: 1685-1695.

Kudo A, Ueda K, Kato H, et al., 1998. Photocatalytic O_2 evolution under visible light irradiation on $BiVO_4$ in aqueous $AgNO_3$ solution[J]. Catalysis Letters, 53 (3): 229-230.

Kumar S, Reddy N L, Kumar A, et al., 2018. Two dimensional N-doped ZnO-graphitic carbon nitride nanosheets heterojunctions with enhanced photocatalytic hydrogen evolution[J]. International Journal of Hydrogen Energy, 43 (8): 3988-4002.

Lalhriatpuia C, Tiwari D, Tiwari A, et al., 2015. Immobilized Nanopillars-TiO_2 in the efficient removal of micro-pollutants from aqueous solutions: physico-chemical studies[J]. Chemical Engineering Journal, 281: 782-792.

Lamkhao S, Rujijanagul G, Randorn C, 2018. Fabrication of g-C_3N_4 and a promising charcoal property towards enhanced chromium (VI) reduction and wastewater treatment under visible light[J]. Chemosphere, 193: 237-243.

Lei J Y, Chen Y, Wang L Z, et al., 2015. Highly condensed g-C_3N_4-modified TiO_2 catalysts with enhanced photodegradation performance toward acid orange 7[J]. Journal of Materials Science, 50 (9): 3467-3476.

Li D, Haneda H, Hishita S, et al., 2005. Visible-light-driven N-F-codoped TiO$_2$ photocatalysts. 1. Synthesis by spray pyrolysis and surface characterization[J]. Chemistry of Materials, 17 (10): 2588-2595.

Li H H, Wu X, Yin S, et al., 2017. Effect of rutile TiO$_2$ on the photocatalytic performance of g-C$_3$N$_4$/brookite-TiO$_{2-x}$N$_y$ photocatalyst for NO decomposition[J]. Applied Surface Science, 392: 531-539.

Li M L, Zhang L X, Fan X Q, et al., 2015a. Highly selective CO$_2$ photoreduction to CO over g-C$_3$N$_4$/Bi$_2$WO$_6$ composites under visible light[J]. Journal of Materials Chemistry A, 3 (9): 5189-5196.

Li W B, Feng C, Dai S Y, et al., 2015b. Fabrication of sulfur-doped g-C$_3$N$_4$/Au/CdS Z-scheme photocatalyst to improve the photocatalytic performance under visible light[J]. Applied Catalysis B: Environmental, 168: 465-471.

Li Y F, Jin R X, Fang X, et al., 2016. In situ loading of Ag$_2$WO$_4$ on ultrathin g-C$_3$N$_4$ nanosheets with highly enhanced photocatalytic performance[J]. Journal of Hazardous Materials, 313: 219-228.

Lin Z Y, Li J L, Zheng Z Q, et al., 2015. Electronic reconstruction of α-Ag$_2$WO$_4$ nanorods for visible-light photocatalysis[J]. ACS Nano, 9 (7): 7256-7265.

Ling L L, Feng Y W, Li H, et al., 2019a. Microwave induced surface enhanced pollutant adsorption and photocatalytic degradation on Ag/TiO$_2$[J]. Applied Surface Science, 483: 772-778.

Ling Y, Liao G Z, Xu P, et al., 2019b. Fast mineralization of acetaminophen by highly dispersed Ag-g-C$_3$N$_4$ hybrid assisted photocatalytic ozonation[J]. Separation and Purification Technology, 216: 1-8.

Liu C Y, Huang H W, Cui W, et al., 2018. Band structure engineering and efficient charge transport in oxygen substituted g-C$_3$N$_4$ for superior photocatalytic hydrogen evolution[J]. Applied Catalysis B: Environmental, 230: 115-124.

Liu G G, Zhao G X, Zhou W, et al., 2016a. In situ bond modulation of graphitic carbon nitride to construct p-n homojunctions for enhanced photocatalytic hydrogen production[J]. Advanced Functional Materials, 26 (37): 6822-6829.

Liu J H, Zhang Y W, Lu L H, et al., 2012a. Self-regenerated solar-driven photocatalytic water-splitting by urea derived graphitic carbon nitride with platinum nanoparticles[J]. Chemical Communications, 48 (70): 8826-8828.

Liu J K, Wu Q S, Ding Y P, 2005. Controlled synthesis of different morphologies of BaWO$_4$ crystals through biomembrane/organic-addition supramolecule templates[J]. Crystal Growth & Design, 5 (2): 445-449.

Liu K J, Chang Z D, Li W J, et al., 2012b. Preparation, characterization of Mo, Ag-loaded BiVO$_4$ and comparison of their degradation of methylene blue[J]. Science China-Chemistry, 55 (9): 1770-1775.

Liu K, Li J, Yan X, et al., 2017. Synthesis of direct Z-scheme MnWO$_4$/g-C$_3$N$_4$ photocatalyst with enhanced visible light photocatalytic activity[J]. Nano Brief Reports & Reviews, 12 (10): 175019.

Liu S Q, Liu Y Y, Dai G P, et al., 2019. Synthesis and characterization of novel Bi$_2$S$_3$/BiOCl/g-C$_3$N$_4$ composite with efficient visible-light photocatalytic activity[J]. Materials Letters, 241: 190-193.

Liu Y, Zhang H, Lu Y F, et al., 2016b. A simple method to prepare g-C$_3$N$_4$/Ag-polypyrrole composites with enhanced visible-light photocatalytic activity[J]. Catalysis Communications, 87: 41-44.

Liu Y X, Ma H M, Zhang Y, et al., 2016c. Visible light photoelectrochemical aptasensor for adenosine detection based on CdS/PPy/g-C$_3$N$_4$ nanocomposites[J]. Biosensors and Bioelectronics, 86: 439-445.

Luo Y D, Deng B, Pu Y, et al., 2019. Interfacial coupling effects in g-C$_3$N$_4$/SrTiO$_3$ nanocomposites with enhanced H$_2$ evolution under visible light irradiation[J]. Applied Catalysis B: Environmental, 247: 1-9.

Lv S, Sheng J, Zhang S, et al., 2008. Effects of reaction time and citric acid contents on the morphologies of BaCO$_3$ via PVP-assisted method[J]. Materials Research Bulletin, 43 (5): 1099-1105.

Maisang W, Phuruangrat A, Thongtem S, et al., 2020. Synthesis, characterization and photocatalysis of BiOCl/BiPO$_4$ composites[J]. Journal of the Iranian Chemical Society, 17 (8): 1977-1986.

Mao J, Peng T Y, Zhang X H, et al., 2012. Selective methanol production from photocatalytic reduction of CO$_2$ on BiVO$_4$ under visible light irradiation[J]. Catalysis Communications, 28: 38-41.

Ming L F, Sun N, Xu L M, et al., 2018. Fluoride ion-promoted hydrothermal synthesis of oxygenated g-C$_3$N$_4$ with high photocatalytic activity[J]. Colloids and Surfaces A: Physicochemical and Engineering Aspects, 549: 67-75.

Mousavi M, Habibi-Yangjeh A, Seifzadeh D, et al., 2019. Exceptional photocatalytic activity for g-C$_3$N$_4$ activated by H$_2$O$_2$ and integrated with Bi$_2$S$_3$ and Fe$_3$O$_4$ nanoparticles for removal of organic and inorganic pollutants[J]. Advanced Powder Technology, 30（3）: 524-537.

Naciri Y, Hsini A, Ajmal Z, et al., 2020. Recent progress on the enhancement of photocatalytic properties of BiPO$_4$ using π-conjugated materials[J]. Advances in Colloid and Interface Science, 280: 102160.

Nezamzadeh-Ejhieh A, Karimi-Shamsabadi M, 2013. Decolorization of a binary azo dyes mixture using CuO incorporated nanozeolite-X as a heterogeneous catalyst and solar irradiation[J]. Chemical Engineering Journal, 228: 631-641.

Nguyen T B, Huang C P, Doong R A, et al., 2020. Visible-light photodegradation of sulfamethoxazole（SMX）over Ag-P-codoped g-C$_3$N$_4$（Ag-P@UCN）photocatalyst in water[J]. Chemical Engineering Journal, 384: 123383.

Oh W D, Lok L W, Veksha A, et al., 2018. Enhanced photocatalytic degradation of bisphenol A with Ag-decorated S-doped g-C$_3$N$_4$ under solar irradiation: performance and mechanistic studies[J]. Chemical Engineering Journal, 333: 739-749.

Ou M, Tu D W, Yin D S, et al., 2018. Amino-assisted anchoring of CsPbBr$_3$ perovskite quantum dots on porous g-C$_3$N$_4$ for enhanced photocatalytic CO$_2$ reduction[J]. Angewandte Chemie（International Ed in English）, 57（41）: 13570-13574.

Papailias I, Todorova N, Giannakopoulou T, et al., 2018a. Chemical vs thermal exfoliation of g-C$_3$N$_4$ for NO$_x$ removal under visible light irradiation[J]. Applied Catalysis B: Environmental, 239: 16-26.

Papailias I, Todorova N, Giannakopoulou T, et al., 2018b. Enhanced NO$_2$ abatement by alkaline-earth modified g-C$_3$N$_4$ nanocomposites for efficient air purification[J]. Applied Surface Science, 430（2）: 225-233.

Peter A J, Shameem Banu I B, 2017. Synthesis and luminescence properties of NaLa（WO$_4$）$_2$: Eu^{3+} phosphors for white LED applications[J]. Journal of Materials Science: Materials in Electronics, 28（11）: 8023-8028.

Pérez U M G, Guzmán S S, Cruz A M, et al., 2011. Photocatalytic activity of BiVO$_4$ nanospheres obtained by solution combustion synthesis using sodium carboxymethylcellulose[J]. Journal of Molecular Catalysis A: Chemical, 335（1-2）: 169-175.

Ran J R, Guo W W, Wang H L, et al., 2018a. Metal-free 2D/2D Phosphorene/g-C$_3$N$_4$ van der waals heterojunction for highly enhanced visible-light photocatalytic H$_2$ production[J]. Advanced Materials, 30（25）: 2-7.

Ran M X, Li J R, Cui W, et al., 2018b. Efficient and stable photocatalytic NO removal on C self-doped g-C$_3$N$_4$: electronic structure and reaction mechanism[J]. Catalysis Science & Technology, 8（13）: 3387-3394.

Raziq F, Qu Y, Humayun M, et al., 2017. Synthesis of SnO$_2$/B-P codoped g-C$_3$N$_4$ nanocomposites as efficient cocatalyst-free visible-light photocatalysts for CO$_2$ conversion and pollutant degradation[J]. Applied Catalysis B: Environmental, 201: 486-494.

Roberts B C, Jones A R, Ezekoye O A, et al., 2017. Development of kinetic parameters for polyurethane thermal degradation modeling featuring a bioinspired catecholic flame retardant[J]. Combustion and Flame, 177: 184-192.

Sadiq M M J, Shenoy U S, Bhat D K, 2018. Synthesis of BaWO$_4$/NRGO-g-C$_3$N$_4$ nanocomposites with excellent multifunctional catalytic performance via microwave approach[J]. Frontiers of Materials Science, 12（3）: 247-263.

Sehnert J, Baerwinkel K, Senker J, 2007. Ab initio calculation of solid-state NMR spectra for different triazine and heptazine based structure proposals of g-C$_3$N$_4$[J]. The Journal of Physical Chemistry B, 111（36）: 10671-10680.

Sha F, Guo B, Zhao J, et al., 2017. Facile and controllable synthesis of BaCO$_3$ crystals superstructures using a CO$_2$-storage material[J]. Green Energy & Environment, 2（4）: 401-411.

Shahzeydi A, Ghiaci M, Farrokhpour H, et al., 2019. Facile and green synthesis of copper nanoparticles loaded on the amorphous carbon nitride for the oxidation of cyclohexane[J]. Chemical Engineering Journal, 370: 1310-1321.

Shanmugam S, Ulaganathan P, Sivasubramanian S, et al., 2017. Trichoderma asperellum laccase mediated crystal violet degradation-Optimization of experimental conditions and characterization[J]. Journal of Environmental Chemical Engineering, 5（1）: 222-231.

Shen K, Gondal M A, Siddique R G, et al., 2014. Preparation of ternary Ag/Ag$_3$PO$_4$/g-C$_3$N$_4$ hybrid photocatalysts and their enhanced photocatalytic activity driven by visible light[J]. Chinese Journal of Catalysis, 35（1）: 78-84.

Shi H T, Qi L M, Ma J M, et al., 2002. Synthesis of single crystal BaWO$_4$ nanowires in catanionic reverse micelles[J]. Chemical Communications, 38（16）: 1704-1705.

Shi H T, Qi L M, Ma J M, et al., 2003. Polymer-directed synthesis of penniform BaWO$_4$ nanostructures in reverse micelles[J]. The Journal of the American Chemical Society, 125 (12): 3450-3451.

Shi H T, Wang X H, Zhao N N, et al., 2006. Growth mechanism of penniform BaWO$_4$ nanostructures in catanionic reverse micelles involving polymers[J]. Journal of Physical Chemistry B, 110 (2): 748-753.

Sing K S W, 1985. Reporting physisorption data for gas/solid systems with special reference to the determination of surface area and porosity (Recommendations 1984) [J]. Pure and Applied Chemistry, 57 (4): 603-619.

Subbotin K A, Zharikov E V, Smirnov V A, 2002. Yb-and Er-Doped single crystals of double tungstates NaGd(WO$_4$)$_2$, NaLa(WO$_4$)$_2$, and NaBi(WO$_4$)$_2$ as active media for lasers operating in the 1.0 and 1.5 μm ranges[J]. Optics and Spectroscopy, 92 (4): 601-608.

Sudhaik A, Raizada P, Shandilya P, et al., 2018. Review on fabrication of graphitic carbon nitride based efficient nanocomposites for photodegradation of aqueous phase organic pollutants[J]. Journal of Industrial and Engineering Chemistry, 67: 28-51.

Sui Y, Liu J H, Zhang Y W, et al., 2013. Dispersed conductive polymer nanoparticles on graphitic carbon nitride for enhanced solar-driven hydrogen evolution from pure water[J]. Nanoscale, 5 (19): 9150-9155.

Sun L M, Zhao X, Jia C J, et al., 2012. Enhanced visible-light photocatalytic activity of g-C$_3$N$_4$-ZnWO$_4$ by fabricating a heterojunction: investigation based on experimental and theoretical studies[J]. Journal of Materials Chemistry, 22 (44): 23428-23438.

Sun Y F, Wu C Z, Long R, et al., 2009. Synthetic loosely packed monoclinic BiVO$_4$ nanoellipsoids with novel multiresponses to visible light, trace gas and temperature[J]. Chemical Communications (30): 4542-4544.

Tan Y G, Shu Z, Zhou J, et al., 2018. One-step synthesis of nanostructured g-C$_3$N$_4$/TiO$_2$ composite for highly enhanced visible-light photocatalytic H$_2$ evolution[J]. Applied Catalysis B: Environmental, 230: 260-268.

Thomas A, Fischer A, Goettmann F, et al., 2018. Graphitic carbon nitride materials: Variation of structure and morphology and their use as metal-free catalysts[J]. Journal of Materials Chemistry, 18 (41): 4893-4908.

Tonda S, Kumar S, Bhardwaj M, et al., 2018. G-C$_3$N$_4$/NiAl-LDH 2D/2D hybrid heterojunction for high-performance photocatalytic reduction of CO$_2$ into renewable fuels[J]. ACS Applied Materials & Interfaces, 10 (3): 2667-2678.

Torres-Pinto A, Sampaio M J, Silva C G, et al., 2019. Metal-free carbon nitride photocatalysis with in situ hydrogen peroxide generation for the degradation of aromatic compounds[J]. Applied Catalysis B: Environmental, 252: 128-137.

Wang B X, Zhong X, Chai Y Q, et al., 2017a. Ultrasensitive electrochemiluminescence biosensor for organophosphate pesticides detection based on carboxylated graphitic carbon nitride-poly (ethylenimine) and acetylcholinesterase[J]. Electrochimica Acta, 224: 194-200.

Wang F, Fan X P, Pi D B, et al., 2005. Hydrothermal synthesis and luminescence behavior of rare-earth-doped NaLa(WO$_4$)$_2$ powders[J]. Journal of Solid State Chemistry, 178 (3): 825-830.

Wang F L, Chen P, Feng Y P, et al., 2017b. Facile synthesis of N-doped carbon dots/g-C$_3$N$_4$ photocatalyst with enhanced visible-light photocatalytic activity for the degradation of indomethacin[J]. Applied Catalysis B: Environmental, 207: 103-113.

Wang H, He W J, Dong X A, et al., 2018a. In situ FT-IR investigation on the reaction mechanism of visible light photocatalytic NO oxidation with defective g-C$_3$N$_4$[J]. Science Bulletin, 63 (2): 117-125.

Wang H, Sun Y J, Jiang G M, et al., 2018b. Unraveling the mechanisms of visible light photocatalytic NO purification on earth-abundant insulator-based core-shell heterojunctions[J]. Environmental Science & Technology, 52 (3): 1479-1487.

Wang L L, Guo X, Chen Y Y, et al., 2019. Cobalt-doped g-C$_3$N$_4$ as a heterogeneous catalyst for photo-assisted activation of peroxymonosulfate for the degradation of organic contaminants[J]. Applied Surface Science, 467: 954-962.

Wang Q Z, Zheng L H, Chen Y T, et al., 2015. Synthesis and characterization of novel PPy/Bi$_2$O$_2$CO$_3$ composite with improved photocatalytic activity for degradation of Rhodamine-B[J]. Journal of Alloys and Compounds, 637: 127-132.

Wang S M, Li D L, Sun C, et al., 2014a. Synthesis and characterization of g-C$_3$N$_4$/Ag$_3$VO$_4$ composites with significantly enhanced visible-light photocatalytic activity for triphenylmethane dye degradation[J]. Applied Catalysis B: Environmental, 144: 885-892.

Wang X C, Maeda K, Thomas A, et al., 2009. A metal-free polymeric photocatalyst for hydrogen production from water under visible light[J]. Nature Materials, 8 (1): 76-80.

Wang X N, Jia J P, Wang Y L, 2017c. Combination of photocatalysis with hydrodynamic cavitation for degradation of tetracycline[J].

Chemical Engineering Journal, 315: 274-282.

Wang Z J, Zhong J F, Jiang H X, et al., 2014b. Controllable Synthesis of NaLu(WO$_4$)$_2$: Eu^{3+}microcrystal and luminescence properties for LEDs[J]. Crystal Growth & Design, 14（8）: 3767-3773.

Wang Z Q, Luo W J, Yan S C, et al., 2011. BiVO$_4$ nano-leaves: mild synthesis and improved photocatalytic activity for O$_2$ production under visible light irradiation[J]. CrystEngComm, 13（7）: 2500-2504.

Wei Y, Zou Q C, Ye P, et al., 2018. Photocatalytic degradation of organic pollutants in wastewater with g-C$_3$N$_4$/sulfite system under visible light irradiation[J]. Chemosphere, 208: 358-365.

Wu J C S, Cheng Y T, 2006. In situ FTIR study of photocatalytic NO reaction on photocatalysts under UV irradiation[J]. Journal of Catalysis, 237（2）: 393-404.

Wu M, Yan J M, Zhang X W, et al., 2015. Synthesis of g-C$_3$N$_4$ with heating acetic acid treated melamine and its photocatalytic activity for hydrogen evolution[J]. Applied Surface Science, 354: 196-200.

Wu M, Zhang J, He B B, et al., 2019. In-situ construction of coral-like porous P-doped g-C$_3$N$_4$ tubes with hybrid 1D/2D architecture and high efficient photocatalytic hydrogen evolution[J]. Applied Catalysis B: Environmental, 241: 159-166.

Wu X M, Wang L D, Luo F, et al., 2007. BaCO$_3$ modification of TiO$_2$ electrodes in quasi-solid-state dye-sensitized solar cells: Performance improvement and possible mechanism[J]. The Journal of Physical Chemistry C, 111（22）: 8075-8079.

Xie M, Tang J C, Kong L S, et al., 2019. Cobalt doped g-C$_3$N$_4$ activation of peroxymonosulfate for monochlorophenols degradation[J]. Chemical Engineering Journal, 360: 1213-1222.

Xing P F, Zhao R X, Li X P, et al., 2017a. Preparation of CoWO$_4$/g-C$_3$N$_4$ and its ultra-deep desulfurization property[J]. Australian Journal of Chemistry, 70（3）: 271.

Xing W N, Li C M, Chen G, et al., 2017b. Incorporating a novel metal-free interlayer into g-C$_3$N$_4$ framework for efficiency enhanced photocatalytic H$_2$ evolution activity[J]. Applied Catalysis B: Environmental, 203: 65-71.

Xu M, Han L, Dong S J, 2013. Facile fabrication of highly efficient g-C$_3$N$_4$/Ag$_2$O heterostructured photocatalysts with enhanced visible-light photocatalytic activity[J]. ACS Applied Materials & Interfaces, 5（23）: 12533-12540.

Ying X J, Yang Q, 2010. Simulation of the intrinsic defects in BaWO$_4$ crystal[J]. Rengong Jingti Xuebao/Journal of Synthetic Crystals, 39（2）: 520-523.

Yu H J, Shi R, Zhao Y X, et al., 2017. Alkali-assisted synthesis of nitrogen deficient graphitic carbon nitride with tunable band structures for efficient visible-light-driven hydrogen evolution[J]. Advanced Materials, 29（16）: 1605148.

Yuan X X, Ding X L, Wang C Y, et al., 2013. Use of polypyrrole in catalysts for low temperature fuel cells[J]. Energy & Environmental Science, 6（4）: 1105-1124.

Yuan Y J, Shen Z K, Wu S T, et al., 2019. Liquid exfoliation of g-C$_3$N$_4$ nanosheets to construct 2D-2D MoS$_2$/g-C$_3$N$_4$ photocatalyst for enhanced photocatalytic H$_2$ production activity[J]. Applied Catalysis B: Environmental, 246: 120-128.

Zeng D Q, Zhou T, Ong W J, et al., 2019. Sub-5 nm ultra-fine FeP nanodots as efficient Co-catalysts modified porous g-C$_3$N$_4$ for precious-metal-free photocatalytic hydrogen evolution under visible light[J]. ACS Applied Materials & Interfaces, 11（6）: 5651-5660.

Zeng L, Tang W J, 2012. Synthesis and luminescence properties of Eu^{3+}-activated NaLa（MoO$_4$）（WO$_4$）phosphor[J]. Ceramics International, 38（1）: 837-840.

Zhang A P, Zhang J Z, 2010. Characterization and photocatalytic properties of Au/BiVO$_4$ composites[J]. Journal of Alloys and Compounds, 491（1-2）: 631-635.

Zhang C, Li Y, Shuai D M, et al., 2019. Graphitic carbon nitride（g-C$_3$N$_4$）-based photocatalysts for water disinfection and microbial control: A review[J]. Chemosphere, 214: 462-479.

Zhang G G, Zhang J S, Zhang M W, et al., 2012. Polycondensation of thiourea into carbon nitride semiconductors as visible light photocatalysts[J]. Journal of Materials Chemistry, 22（16）: 8083-8091.

Zhang L, Chen D R, Jiao X L, 2006. Monoclinic structured BiVO$_4$ nanosheets: hydrothermal preparation, formation mechanism, and coloristic and photocatalytic properties[J]. The Journal of Physical Chemistry B, 110（6）: 2668-2673.

Zhang Q, Peng Y, Deng F, et al., 2020. Porous Z-scheme MnO$_2$/Mn-modified alkalinized g-C$_3$N$_4$ heterojunction with excellent Fenton-like photocatalytic activity for efficient degradation of pharmaceutical pollutants[J]. Separation and Purification Technology, 246: 116890.

Zhang W B, Zhang Z J, Kwon S, et al., 2017. Photocatalytic improvement of Mn-adsorbed g-C$_3$N$_4$[J]. Applied Catalysis B: Environmental, 206: 271-281.

Zhang W, Zhou L, Shi J, et al., 2018. Synthesis of Ag$_3$PO$_4$/G-C$_3$N$_4$ composite with enhanced photocatalytic performance for the photodegradation of diclofenac under visible light irradiation[J]. Catalysts, 8 (2): 45.

Zhang X, Ai Z H, Jia F L, et al., 2007. Selective synthesis and visible-light photocatalytic activities of BiVO$_4$ with different crystalline phases[J]. Materials Chemistry and Physics, 103 (1): 162-167.

Zhao G Q, Zheng Y J, He Z G, et al., 2018a. Synthesis of Bi$_2$S$_3$ microsphere and its efficient photocatalytic activity under visible-light irradiation[J]. Transactions of Nonferrous Metals Society of China, 28 (10): 2002-2010.

Zhao J L, Ji Z Y, Shen X P, et al., 2015. Facile synthesis of WO$_3$ nanorods/g-C$_3$N$_4$ composites with enhanced photocatalytic activity[J]. Ceramics International, 41 (4): 5600-5606.

Zhao Y Y, Liang X H, Wang Y B, et al., 2018b. Degradation and removal of Ceftriaxone sodium in aquatic environment with Bi$_2$WO$_6$/g-C$_3$N$_4$ photocatalyst[J]. Journal of Colloid and Interface Science, 523: 7-17.

Zhao Z H, Fan J M, Liu W H, et al., 2017. *In-situ* hydrothermal synthesis of Ag$_3$PO$_4$/g-C$_3$N$_4$ composite and their photocatalytic decomposition of NO$_x$[J]. Journal of Alloys and Compounds, 695: 2812-2819.

Zhao Z W, Sun Y J, Dong F, 2015. Graphitic carbon nitride based nanocomposites: A review[J]. Nanoscale, 7 (1): 15-37.

Zhou C Y, Lai C, Huang D L, et al., 2018. Highly porous carbon nitride by supramolecular preassembly of monomers for photocatalytic removal of sulfamethazine under visible light driven[J]. Applied Catalysis B: Environmental, 220: 202-210.

Zhou Q Q, Shi G Q, 2016a. Conducting polymer-based catalysts[J]. Journal of the American Chemical Society, 138 (9): 2868-2876.

Zhou M, Dong G H, Yu F K, et al., 2019. The deep oxidation of NO was realized by Sr multi-site doped g-C$_3$N$_4$ via photocatalytic method[J]. Applied Catalysis B: Environmental, 256: 117825.

Zhou J W, Qin J, Zhao N Q, et al., 2016b. Salt-template-assisted synthesis of robust 3D honeycomb-like structured MoS$_2$ and its application as a lithium-ion battery anode[J]. Journal of Materials Chemistry A, 4 (22): 8734-8741.

Zhu B C, Xia P F, Li Y, et al., 2017. Fabrication and photocatalytic activity enhanced mechanism of direct Z-scheme g-C$_3$N$_4$/Ag$_2$WO$_4$ photocatalyst[J]. Applied Surface Science, 391: 175-183.

Zhu J H, Yu S H, Xu A W, et al., 2009. The biomimetic mineralization of double-stranded and cylindrical helical BaCO$_3$ nanofibres[J]. Chemical Communications (9): 1106-1108.

Zhu Z, Lu Z Y, Zhao X X, et al., 2015. Surface imprinting of a g-C$_3$N$_4$ photocatalyst for enhanced photocatalytic activity and selectivity towards photodegradation of 2-mercaptobenzothiazole[J]. RSC Advances, 5 (51): 40726-40736.

第5章 氮化碳三元复合材料光催化活性增强机制与性能

5.1 SrTiO$_3$/g-C$_3$N$_4$/Bi$_2$O$_3$复合材料的光催化活性

5.1.1 引言

Bi$_2$O$_3$禁带宽度为2.8eV，与其他材料复合后光催化性能得到提高（Li et al., 2015；李晓金等, 2015）。Che等（2016）报道了SrTiO$_3$/Bi$_2$O$_3$材料的制备，异质结结构的形成有效降低电子-空穴的复合率，同时增大材料的比表面积，光催化性能显著提高。徐海燕等（2015）报道了TiO$_2$/g-C$_3$N$_4$/Bi$_2$O$_3$复合材料的制备，材料活性的提高得益于复合后电子-空穴复合率的降低。为进一步提高制备出的SrTiO$_3$的可见光响应能力和光催化性能，将SrTiO$_3$及g-C$_3$N$_4$与Bi(NO$_3$)$_3$·5H$_2$O混合后，煅烧制备SrTiO$_3$/g-C$_3$N$_4$/Bi$_2$O$_3$三元复合物，系统研究了不同Bi(NO$_3$)$_3$·5H$_2$O加入量对于样品的结构及光催化性能的影响，并应用于空气中NO降解，尝试探究其光催化机理。

从前面的工作中可知，由于溶胶水热法合成SrTiO$_3$的过程中易生成SrCO$_3$，样品在经醋酸洗涤后结晶性降低，尤其是水热温度在80℃时制备出的样品，其结晶度受到了严重影响。因此，为合成出水热温度较低且结晶度较好的纳米SrTiO$_3$颗粒，在溶胶水热法的基础上再次改进，将乙二醇的蒸干时间延长为12h，再进行水热反应。

5.1.2 SrTiO$_3$/g-C$_3$N$_4$/Bi$_2$O$_3$复合材料的制备

将硝酸锶、钛酸丁酯按1:1（0.1mol）的比例在200mL乙二醇溶液中搅拌混匀，水浴温度保持80℃，随着乙二醇的蒸发，溶液变成干凝胶，将其加入300mL浓度为5mol/L的NaOH溶液中搅拌20min。然后将混合溶液分别转移到50mL的水热釜中，并置于烘箱中80℃加热24h，冷却后用去离子水洗至溶液pH=8，所得样品经烘干研磨后备用，标记为SrTiO$_3$。称取一定量三聚氰胺（C$_3$H$_6$N$_6$）置于100mL坩埚中，放入马弗炉中，加盖煅烧，煅烧温度为520℃，时间为5h，起始温度为30℃，升温速率为10℃/min，冷却至室温后取出研磨20min干燥备用，标记为g-C$_3$N$_4$。将SrTiO$_3$和制备的g-C$_3$N$_4$按照质量比1:1.5分别置于1~6号坩埚，再分别加入不同量的Bi(NO$_3$)$_3$·5H$_2$O，Bi(NO$_3$)$_3$·5H$_2$O占SrTiO$_3$+g-C$_3$N$_4$质量的0%、4%、6%、8%、10%、12%。1~6号坩埚分别加去离子水混匀超声1h，然后放入马弗炉无盖煅烧，煅烧温度为500℃，时间为1h，起始温度为30℃，待其冷却至室温取出研磨干燥备用。1~6号坩埚煅烧所得样品（SrTiO$_3$/g-C$_3$N$_4$/Bi$_2$O$_3$）分别标记为0Bi、0.4Bi、0.6Bi、0.8Bi、1.0Bi、1.2Bi。

5.1.3 结果与讨论

在溶胶水热法的基础上改进后,将乙二醇的蒸干时间延长为 12h,在 80℃条件下进行水热反应,对得到的 SrTiO$_3$ 样品进行 XRD 物相表征,结果如图 5-1 所示。

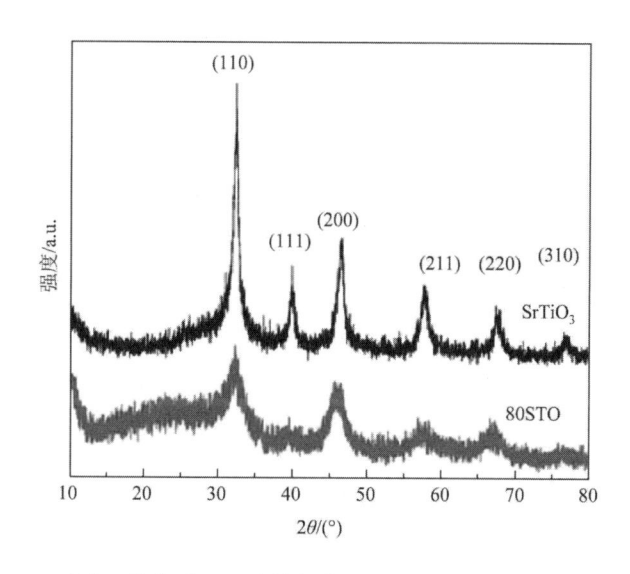

图 5-1 改进工艺前后 80℃水热条件下合成 SrTiO$_3$ 样品的 XRD 图谱

由前面工作可知,在 80STO(80℃水热条件下合成的 SrTiO$_3$ 样品)的制备工艺中,由于体系中乙二醇的量较多导致杂相碳酸锶的生成,经过酸处理后得到的样品结晶性较差,从图 5-1 中可以看出,本章制备的 SrTiO$_3$ 样品与 80STO 的特征衍射峰均能较好地与标准卡片 PDF#35-0734 对应,而且 SrTiO$_3$ 样品的峰型较 80STO 尖锐,样品的结晶性较好,说明改进工艺后体系中的乙二醇含量一定,溶液碱性相对较强,在 80℃的水热条件下即可合成结晶性良好、无杂相的 SrTiO$_3$。

图 5-2 为不同 SrTiO$_3$/g-C$_3$N$_4$/Bi$_2$O$_3$ 复合物及 SrTiO$_3$、g-C$_3$N$_4$ 的 XRD 图谱。从图 5-2(a)可见,随着硝酸铋加入量的增加,27.9°的 Bi$_2$O$_3$ 的特征峰(标准卡片 JCPDS#20-0050)逐步明显,其余峰的位置与 SrTiO$_3$ 标准卡片一致。XRD 图谱分析初步说明了复合样品中存在 SrTiO$_3$、g-C$_3$N$_4$ 和 Bi$_2$O$_3$ 的相。在图 5-2(b)中,0Bi 样品中的 g-C$_3$N$_4$ 的 27.5°峰比较明显;而在 1.0Bi 样品中,g-C$_3$N$_4$ 在复合物中的含量少、结晶度低以及呈层状均匀分布等,很难观察到其 27.5°的峰,同时,出现了 27.9°的 Bi$_2$O$_3$ 的特征峰(标准卡片 JCPDS#20-0050),其含量较少所以峰不显著。

图 5-3 为 0Bi 和 1.0Bi 样品的 TEM 图及 HRTEM 图。从图 5-3(a)和图 5-3(b)中可观察到 g-C$_3$N$_4$ 和 SrTiO$_3$ 的存在,g-C$_3$N$_4$ 的片层状结构与 SrTiO$_3$ 的颗粒状结构有明显的区别。图 5-3(c)中晶格间距为 0.276nm,对应 SrTiO$_3$ 的(110)晶面间距。图 5-3(b)的 1.0Bi 样品中发现长条状 Bi$_2$O$_3$ 存在,且与 SrTiO$_3$ 结合较为紧密,同时观察到 Bi$_2$O$_3$ 与 SrTiO$_3$、

SrTiO$_3$ 与 g-C$_3$N$_4$ 的结合；图 5-3（d）中可以明显看到两种不同的晶格条纹，晶面间距为 0.276nm 和 0.29nm 分别对应 SrTiO$_3$ 的（110）和 Bi$_2$O$_3$ 的（222）晶面，说明有 SrTiO$_3$ 和 Bi$_2$O$_3$ 的存在，并且可以清楚观察到两种物质的交界面，说明 SrTiO$_3$ 颗粒在 Bi$_2$O$_3$ 的表面形成了异质结结构；同时还可观察到 g-C$_3$N$_4$ 与 SrTiO$_3$（110）的结合边界存在，g-C$_3$N$_4$ 在 SrTiO$_3$ 的周边及部分表面形成异质结，SrTiO$_3$ 又与 Bi$_2$O$_3$ 形成异质结，存在 SrTiO$_3$/g-C$_3$N$_4$/Bi$_2$O$_3$ 异质结结构，形成 SrTiO$_3$/g-C$_3$N$_4$/Bi$_2$O$_3$ 复合物。

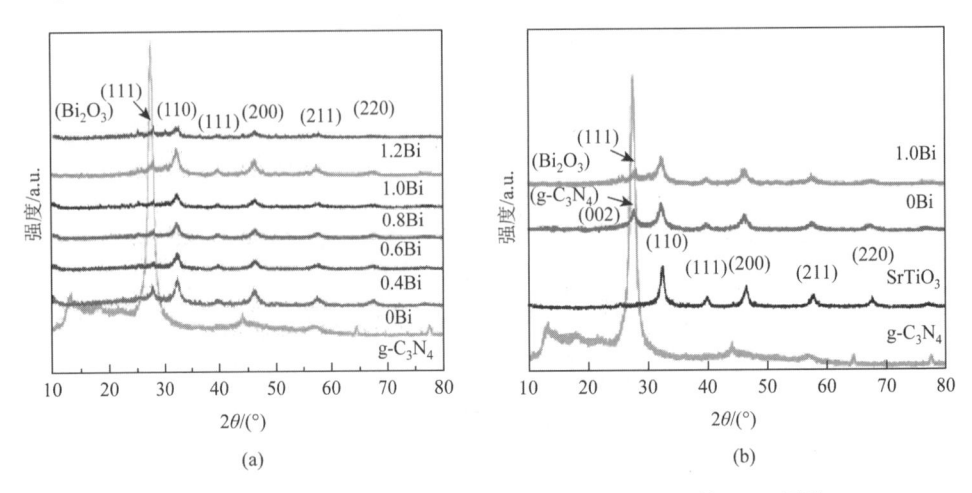

图 5-2 SrTiO$_3$/g-C$_3$N$_4$/Bi$_2$O$_3$ 复合物及 SrTiO$_3$、g-C$_3$N$_4$ 的 XRD 图谱

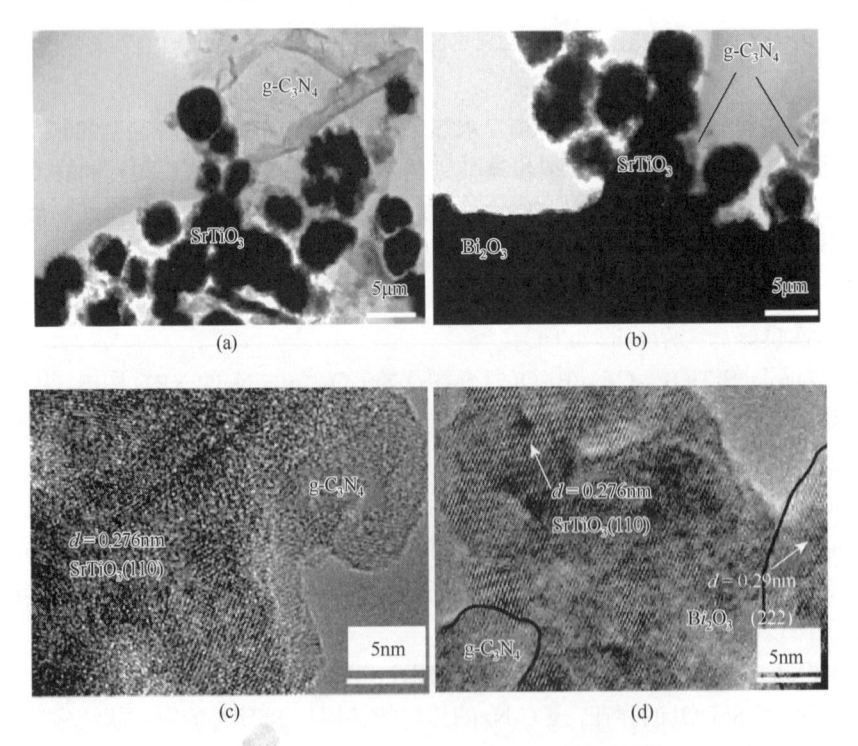

图 5-3 0Bi 和 1.0Bi 的 TEM 图及 HRTEM 图
（a）、（b）TEM 图；（c）、（d）HRTEM 图

图 5-4（a）为 0Bi、0.4Bi、0.6Bi、0.8Bi、1.0Bi 和 1.2Bi 样品的 N_2 吸附-脱附等温线，图 5-4（b）~图 5-4（d）分别为 0Bi 和 1.0Bi 样品的 N_2 吸附-脱附等温线及孔径分布。由图 5-4（a）可知，各样品的 N_2 吸附-脱附等温线均属于Ⅳ型等温线，是介孔（2~50nm）材料的普遍类型，滞回环应属于 H3 型（按 IUPAC 分类）（Sing，1985），说明样品中存在孔结构。从图 5-4（b）和图 5-4（c）可以看出，0Bi 和 1.0Bi 样品的吸附回线说明样品内部可能存在由片状结构聚集而成的类平行板结构的狭缝孔，结合前面 XRD、TEM 的表征结果可知，该现象主要由 $g-C_3N_4$ 的片状结构的存在引起。表 5-1 为不同样品的比表面积、孔体积以及 NO 的去除率。由表 5-1 可见，1.0Bi 样品的比表面积和孔体积均小于 0Bi 样品，这归因于一定量比表面积较小的 Bi_2O_3 的存在。

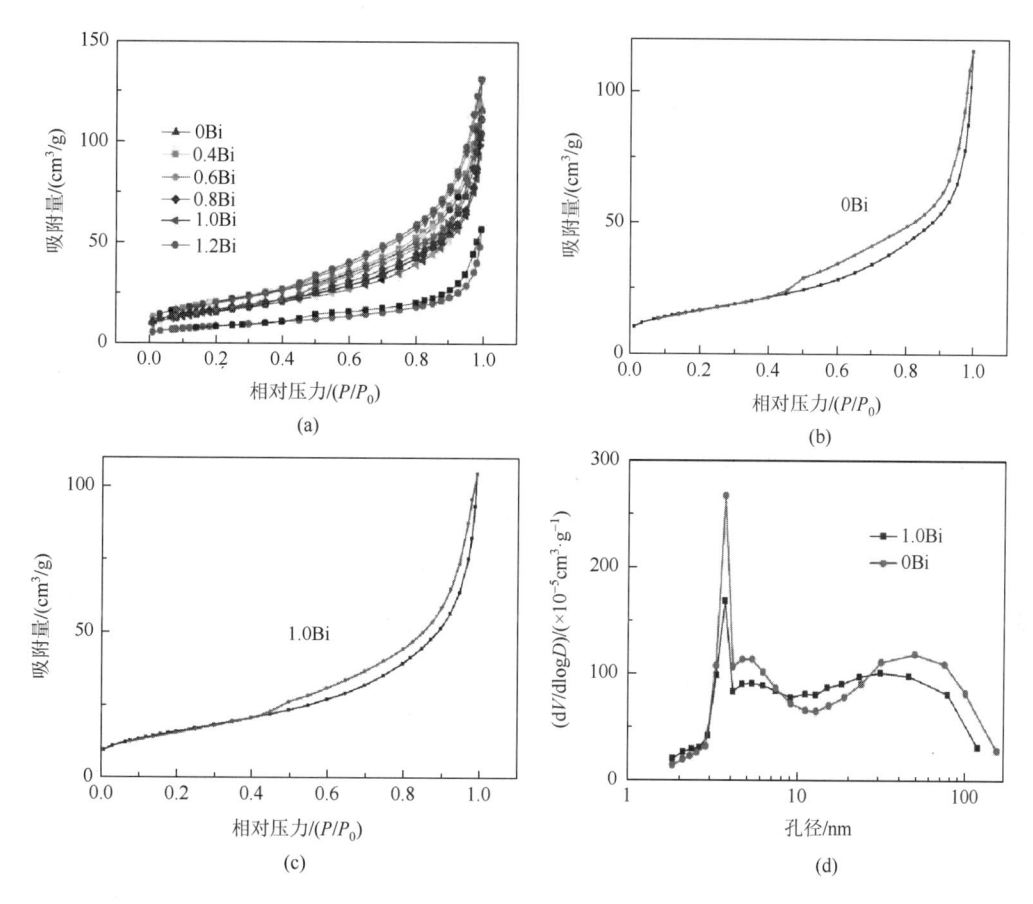

图 5-4 样品的 N_2 吸附-脱附等温线及孔径分布曲线

（a）不同样品的 N_2 吸附-脱附等温线；（b）(c) 0Bi 和 1.0Bi 的 N_2 吸附-脱附曲线；（d）孔径分布图

表 5-1 不同样品的比表面积、孔体积以及 NO 的去除率

样品	比表面积/(m²/g)	孔体积/(cm³/g)	NO 的去除率/%
0Bi	59.86	0.180	45.96
0.4Bi	74.58	0.204	47.00

续表

样品	比表面积/(m²/g)	孔体积/(cm³/g)	NO 的去除率/%
0.6Bi	72.87	0.203	39.92
0.8Bi	60.00	0.173	44.35
1.0Bi	57.11	0.162	53.27
1.2Bi	32.87	0.088	25.99

图 5-5 为 1.0Bi 样品的 XPS 全谱图，由图中可以看出，1.0Bi 样品含有 C、N、O、Sr、Ti 和 Bi 元素，分别归属于 C1s、N1s、O1s、Sr3p、Sr3d、Ti2p 和 Bi4f。

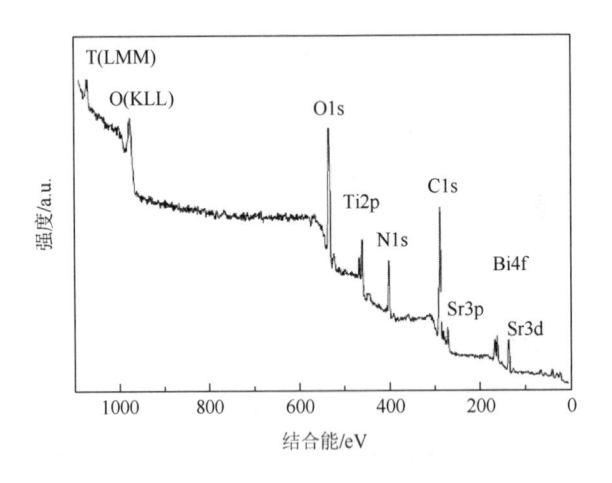

图 5-5　1.0Bi 样品的 XPS 全谱图

图 5-6 为 0Bi 样品和 1.0Bi 样品的 Sr3d、Ti2P、O1s、N1s、C1s 的 XPS 图和 1.0Bi 样品的 Bi4f 的高分辨 XPS 图。图 5-6（a）中 Sr3d 的特征峰在 133.06eV 和 134.63eV 处，对应于 Sr^{2+} 的 $Sr3d_{5/2}$ 和 $Sr3d_{1/2}$。图 5-6（b）中 Ti2p 特征峰在 458.10eV 和 463.90eV 处，为 Ti^{4+} 的 $Ti2p_{3/2}$ 和 $Ti2p_{1/2}$，对应于 Ti^{4+} 的特征结合能，没有观察到 Ti^{3+} 对应的特征峰出现，初步证明了没有氮的掺杂，由于样品未形成电负性更大的阴离子，复合后 Ti2p 峰位朝高结合能方向移动，这可能是受到了异质结的影响。图 5-6（c）中"1""2""3"处的峰分别对应于催化剂表面物理吸附—OH、O_2 和晶格氧的特征峰，其中，0Bi 样品的 529.64eV 处峰对应于 $SrTiO_3$ 晶格中的 O^{2-}；"1"和"2"处峰复合后移动到 532.72eV 和 531.38eV 处，可能是复合后样品比表面积的降低使得吸附作用减弱，与表 5-1 中比表面积测试结果一致。

图 5-6（d）中 N1s 拟合的两个峰位于 399.91eV 和 398.40eV 处，分别与 N≡C 和 N—C—N 结合能有关，未观察到对应于 N—O（间隙位氮）在 397.3eV 处或 Ti-N（替代位氮）在 398.9eV 处的特征峰，据此推断 N 没有进入 $SrTiO_3$ 中（Shkabko et al., 2009）。图 5-6（e）中 C1s 的结合能变化不大，在 284.84eV 和 288.17eV 处出现的两个特征峰分别对应于游离碳 C—C 和 N≡C 的结合能，证明样品中有 $g-C_3N_4$ 的存在；图 5-6（f）中

Bi4f 在 158.66eV 和 163.99eV 处的峰对应于 Bi4f$_{7/2}$ 和 Bi4f$_{5/2}$，对应 Bi^{3+} 的结合能，与文献一致（Shamaila et al.，2010；Subramanian and Swaminathan，2012），表明了 Bi$_2$O$_3$ 的存在。

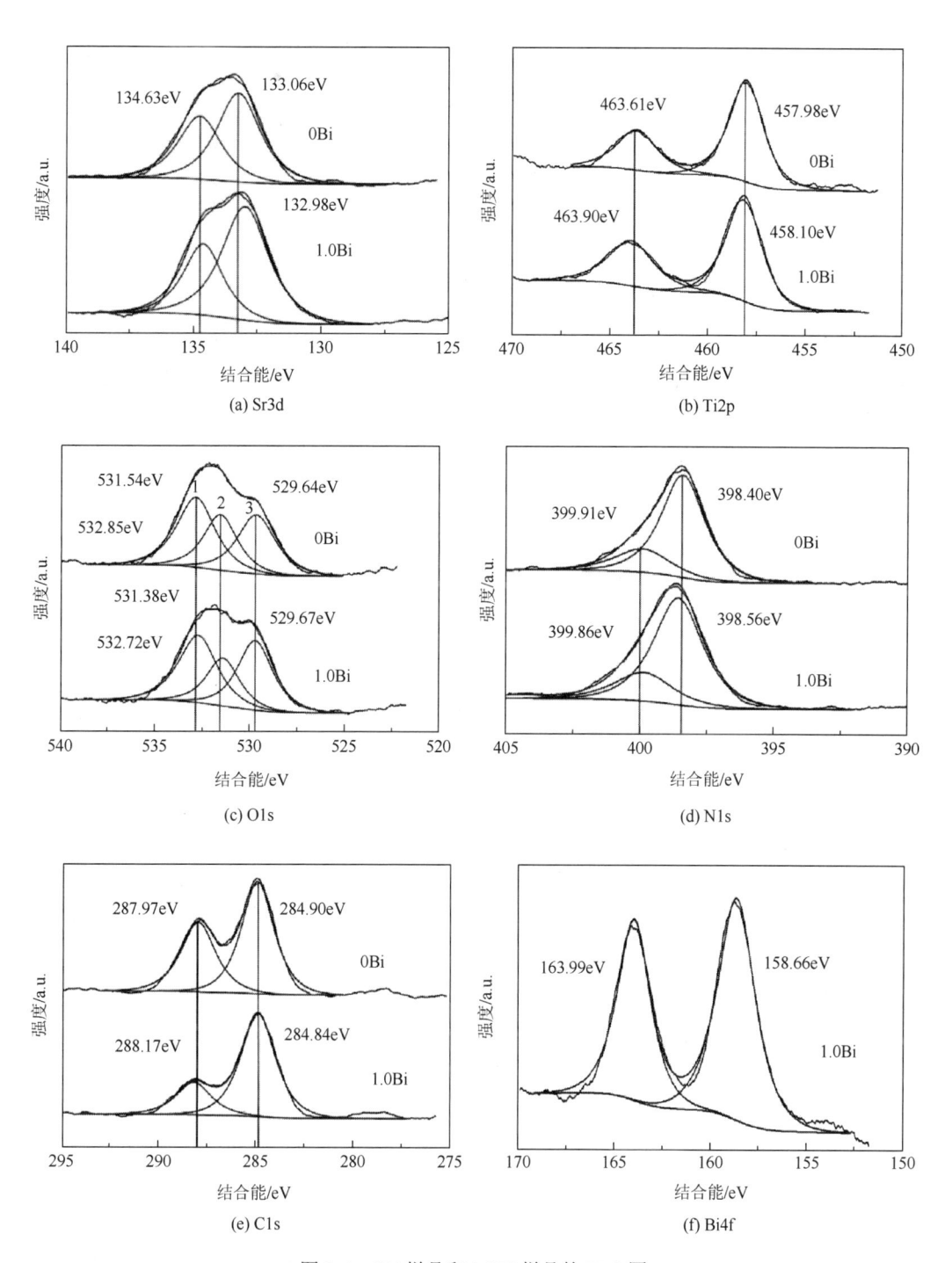

图 5-6 0Bi 样品和 1.0Bi 样品的 XPS 图

图5-7为不同复合样品的FT-IR图谱,各个复合样品在1637cm^{-1}和1243cm^{-1}处的吸收峰分别对应芳香环上的C=N振动和C—N单键振动,808cm^{-1}处的特征吸收峰对应于g-C$_3$N$_4$的三嗪单元中C—N键弯曲振动,表明复合物中g-C$_3$N$_4$的存在;500~700cm^{-1}处较宽的吸收峰对应于Ti—O键的伸缩振动,代表了SrTiO$_3$中TiO$_6$八面体的振动吸收。0.4Bi、0.6Bi、0.8Bi、1.0Bi、1.2Bi样品在843cm^{-1}处出现的吸收峰对应于Bi$_2$O$_3$中Bi—O键的振动(Dimitrov et al.,1994)。

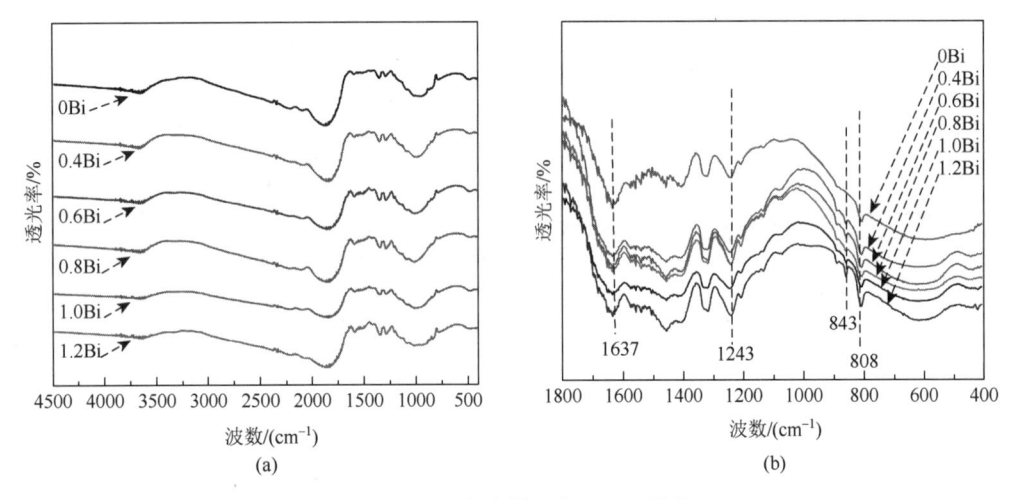

图5-7 不同复合样品的FT-IR图谱

图5-8为SrTiO$_3$、g-C$_3$N$_4$及不同Bi$_2$O$_3$含量样品的紫外-可见漫反射光谱图。从图5-8(a)可以看出,加入Bi后样品的吸收带边相对于SrTiO$_3$发生明显红移,相对g-C$_3$N$_4$蓝移,随着Bi$_2$O$_3$含量的增加,吸收带边不断红移,在可见光区的吸收增加,初步判断与Bi$_2$O$_3$的复合含量变化有关。样品的$(ahv)^{1/2}$对光能量的变化关系图[图5-8(b)]表明复合Bi$_2$O$_3$后样品的禁带宽度变小,0Bi样品的禁带宽度为2.45eV,1.0Bi的禁带宽度为2.25eV,结合TEM结果来看,可归因于复合Bi$_2$O$_3$形成了新的异质结结构。

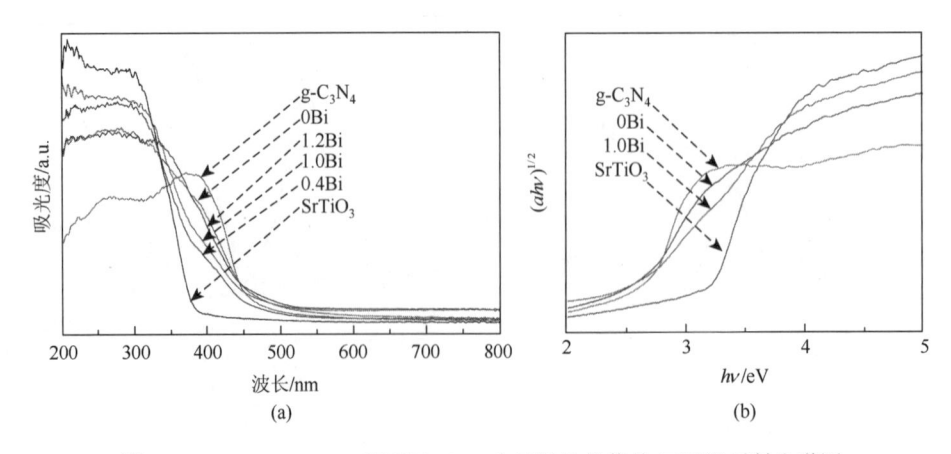

图5-8 SrTiO$_3$、g-C$_3$N$_4$及不同Bi$_2$O$_3$含量样品的紫外-可见漫反射光谱图

从图 5-9 可以看出复合样品光致发光强度总体来说比 g-C$_3$N$_4$ 的低，说明通过复合能有效延长光生载流子的寿命。复合样品的光致发光强度随着 Bi 含量的增加先增加后降低，随后又增加，其中 1.0Bi 样品的光致发光强度最低，结合 TEM 结果来看，可能是光生电子空穴在 SrTiO$_3$、g-C$_3$N$_4$、Bi$_2$O$_3$ 的价带导带上发生迁移，导致其光生电子-空穴复合率相对较低，有利于光催化活性的提高，而光催化活性测试结果也表明，1.0Bi 样品的光催化活性最高。

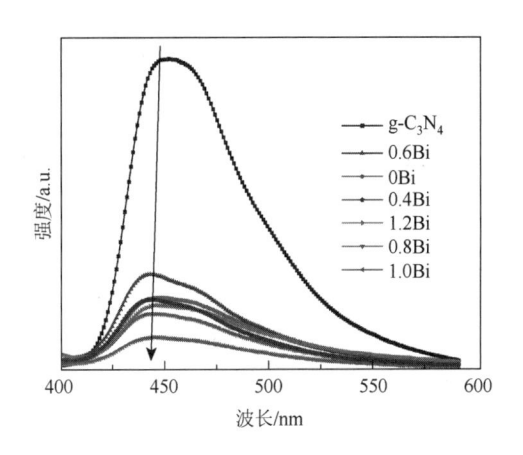

图 5-9　不同复合样品的光致发光光谱图

图 5-10 为样品对 NO 的净化性能和稳定性测试。从图 5-10（a）和图 5-10（b）可以看出，光照 32min 后，SrTiO$_3$ 在可见光下降解效果较差，然而对比改进合成工艺前在 80℃条件下制备出经酸洗的 80STO 样品，活性由先前的 12.9%增加到 20%，这可能是样品的结晶度增加，样品中缺陷中心数量减少导致的。复合后 SrTiO$_3$ 的光催化活性比 g-C$_3$N$_4$ 提高，其中 0Bi 样品的 NO 去除率相对 g-C$_3$N$_4$ 的 34.3%提高到 45.9%，与前面提及的 80STOCN（51.8%）对比活性相对降低，从 BET 对比结果可知 80STOCN 的比表面积大小为 171.86m^2/g，而 0Bi 样品的比表面积仅为 59.86m^2/g，进一步说明了比表面积及结晶度对光催化活性的影响。0.4Bi、0.6Bi、0.8Bi、1.0Bi、1.2Bi 样品的去除率分别为 47.0%、39.9%、44.3%、53.2%、25.9%。可见 1.0Bi 样品光催化效果最佳，归因于其较高的电荷分离率和较大的比表面积；0.8Bi 样品的光致发光强度虽然在 0.4Bi 样品之下，但其比表面积较小，有效负载量较低，影响其光催化性能；1.2Bi 样品的光致发光强度较低，但比表面积较小，对其活性影响较大。图 5-10（c）为 1.0Bi 样品的光催化稳定性测试，样品经过重复使用测试，对 NO 的去除率保持在 50%以上，说明样品具有一定的稳定性。

SrTiO$_3$/g-C$_3$N$_4$/Bi$_2$O$_3$ 复合物间的结合方式是固-固异质结。由图 5-11 可知，激发电子从 g-C$_3$N$_4$ 的价带（VB）跃迁至导带（CB），g-C$_3$N$_4$（−1.3eV）的导带比 SrTiO$_3$（−0.2eV）稍正，激发电子可通过异质结界面移动至 SrTiO$_3$ 导带，同时，转移到 SrTiO$_3$ 导带上的电子可以转移至 Bi$_2$O$_3$（0.33eV）的导带，空穴聚集留在 g-C$_3$N$_4$ 价带上可以直接参与氧化 NO 的反应。复合物中 Bi$_2$O$_3$ 被激发的电子从其价带跃迁至导带，导带上的电子不能迁移到更

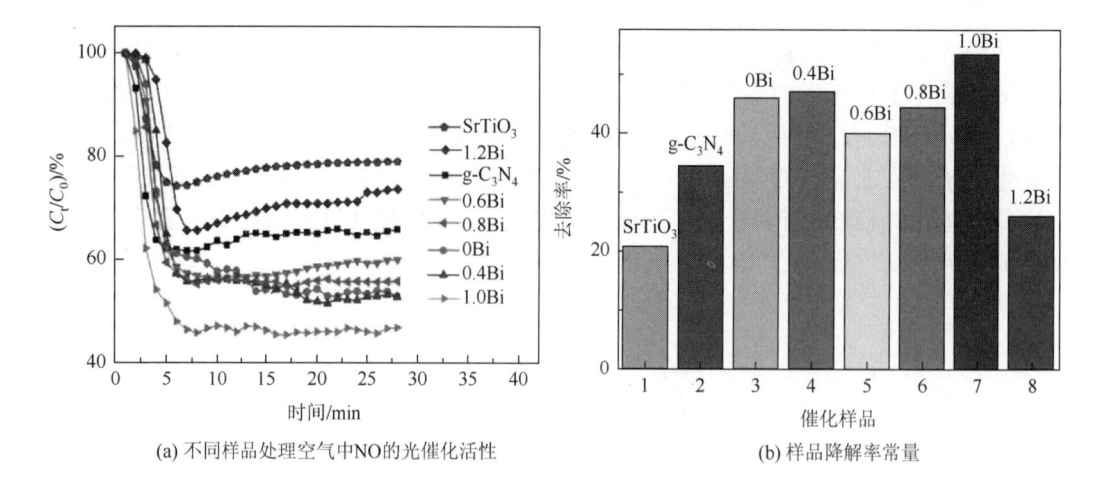

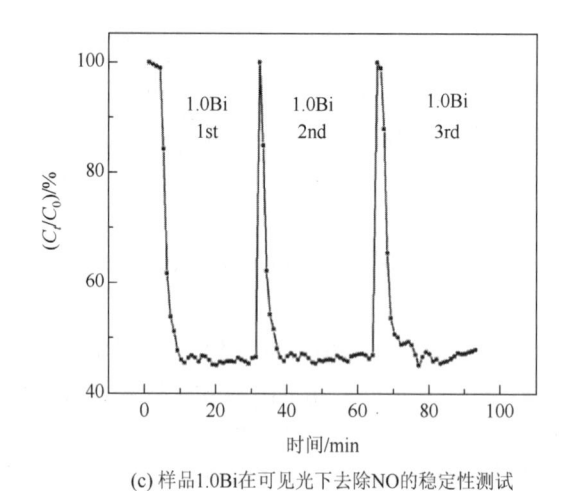

(a) 不同样品处理空气中NO的光催化活性

(b) 样品降解率常量

(c) 样品1.0Bi在可见光下去除NO的稳定性测试

图 5-10 样品对 NO 的净化性能和稳定性测试

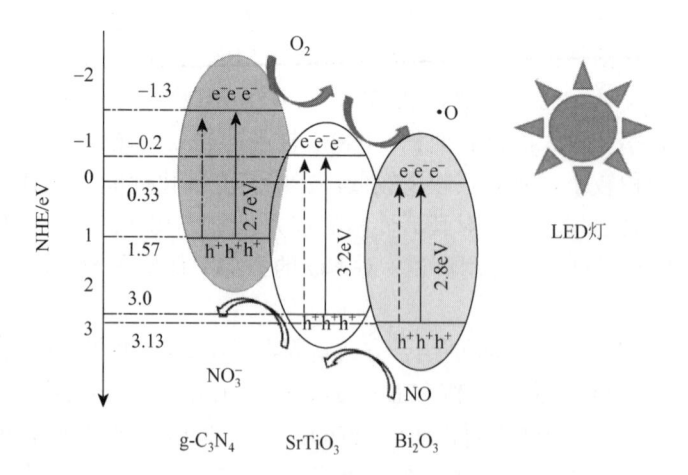

图 5-11 SrTiO$_3$/g-C$_3$N$_4$/Bi$_2$O$_3$ 复合光催化剂的光催化机理图

负的 SrTiO$_3$（-0.2eV）上，而 Bi$_2$O$_3$（3.13eV）的价带比 SrTiO$_3$（3.0eV）高，空穴会转移到 SrTiO$_3$ 的价带上，SrTiO$_3$ 价带上的空穴转移到 g-C$_3$N$_4$ 价带上，SrTiO$_3$ 被激发的同时作为电子和空穴的转移通道，电子和空穴在三者界面间的转移，有效延长了光生载流子的寿命，使电子和空穴有足够的时间与污染物质发生反应，光催化效率得到提高。

5.2 镧掺杂 TiO$_2$/g-C$_3$N$_4$ 复合材料的可见光催化活性

5.2.1 引言

纳米 TiO$_2$ 稳定、无毒、成本低且光催化效果优异，在光催化领域一直备受关注，但因其禁带宽度为 3.2eV，对可见光无响应而限制了大范围推广应用。稀土离子掺杂 TiO$_2$ 可在一定程度上抑制光生电子-空穴的复合，提高光催化活性。目前，已经报道大多数稀土元素对 TiO$_2$ 的掺杂都能提高 TiO$_2$ 的光催化性能。敖特根等（2012）利用密度泛函理论，研究了高掺杂量的镧元素对 TiO$_2$ 的结构和吸收光谱范围的影响，结果表明，Ti$_{0.9375}$La$_{0.0625}$O$_2$ 和 Ti$_{0.875}$La$_{0.125}$O$_2$ 的最小禁带宽度为 1.84eV，且电子结构也发生明显的变化。Liu 等（2015）采用溶胶-凝胶法制备了 La 掺杂 TiO$_2$ 的颗粒样品，实验证明样品在 300W 氙弧灯照射下还原二氧化碳，光照 20h 表现出较高的甲烷产量，是商业 TiO$_2$ 的 13 倍。陈鹏等（2014）以活性炭纤维为载体，以硝酸镧和钛酸丁酯为原料，采用溶胶-凝胶法制备了 La 掺杂的 TiO$_2$/ACF 复合光催化剂，光催化试验表明，La 的掺杂能明显提高 TiO$_2$/ACF 复合光催化剂的催化性能。王瑞芬等（2014）采用溶胶-凝胶法，以钛酸丁酯、硝酸镧和氟化钠为原料制备了 La、F 共掺杂改性 TiO$_2$ 的光催化材料，在 15W 紫外灯照射下对亚甲基蓝表现出较高的光催化活性。Priyanka 等（2016）通过溶胶-凝胶法合成了 La 掺杂 TiO$_2$ 的纳米催化剂，实验发现，La 掺杂对 TiO$_2$ 的晶体结构和光学性能有明显的影响，适合的 La 掺杂浓度可以在低温下很好地控制 TiO$_2$ 在锐钛矿相和金红石相之间的转变。

目前，通过镧掺杂 TiO$_2$ 大大提高了其对太阳光的利用，但是用得较多的溶胶-凝胶法、水热法等工艺烦琐、耗时较长、原材料价格偏高且大多不环保，而且目前的研究报道基本上是掺 La 后的 TiO$_2$ 在紫外光下光催化性能大大提高（Jiao et al.，2013），并没有对可见光下光催化性能进行研究。另外，单一的改性方法对 TiO$_2$ 光催化性能的提高有限，因此，本节以 LaN$_3$O$_9$·5H$_2$O 工业纳米 TiO$_2$、C$_3$H$_6$N$_6$ 为原材料，煅烧后混合制备了具有较高可见光催化性能的 La 掺杂 TiO$_2$/g-C$_3$N$_4$ 复合光催化剂，并研究其结构特征及可见光催化活性。

5.2.2 镧掺杂 TiO$_2$/g-C$_3$N$_4$ 复合材料的制备

称取一定质量的 C$_3$H$_6$N$_6$ 于坩埚内，放入马弗炉于 520℃煅烧 2h，煅烧好的样品即为 g-C$_3$N$_4$。称取一定质量的 TiO$_2$ 于 1~6 号坩埚内，再按质量分数为 0%、2%、3%、4%、5%、6%分别称取硝酸镧于上述 1~6 号坩埚内，加入适量蒸馏水，超声混合均匀后放入烘箱烘干。将烘干后的样品放入马弗炉于 520℃煅烧 2h，取出后即为 x%La/TiO$_2$ 复合样品（x%表示 La 掺杂的质量分数），再将 x%La/TiO$_2$ 复合样品与 g-C$_3$N$_4$ 按质量比 1∶2 混合，加入一定量的甲醇溶液，超声混合均匀后放入烘箱中，烘干后的样品即为 x%La/TiO$_2$/g-C$_3$N$_4$ 复合光催化剂。

5.2.3 结果与讨论

由图 5-12 可知，掺杂 La 的复合样品 TiO$_2$/g-C$_3$N$_4$ 的图谱基本保持一致。27°处的衍射峰是由于芳香烃的堆叠引起（Gu et al., 2014），表明样品中有 g-C$_3$N$_4$ 生成，其余峰的峰型和强度均与锐钛矿型 TiO$_2$ 的特征峰保持一致，说明 La^{3+} 并未取代晶格中的 Ti^{4+}，且没有改变 TiO$_2$ 的晶体结构，TiO$_2$ 仍然为单一高纯的锐钛矿晶型；此外，掺杂 La 的复合样品与 TiO$_2$ 相比，TiO$_2$ 的特征峰衍射强有所减弱，衍射峰宽化，这可能是由于 La 掺杂导致。掺杂 La 的复合样品中并未检测出 La 元素相关物质的特征衍射峰。由于煅烧温度为 520℃，有研究报道，650℃以上才有 La$_2$O$_3$ 生成（李德贵等，2014），所以 x%La/TiO$_2$/g-C$_3$N$_4$ 光催化剂中没有 La$_2$O$_3$ 生成。初步判断 x%La/TiO$_2$/g-C$_3$N$_4$ 复合光催化剂中存在 g-C$_3$N$_4$ 和锐钛矿相 TiO$_2$。

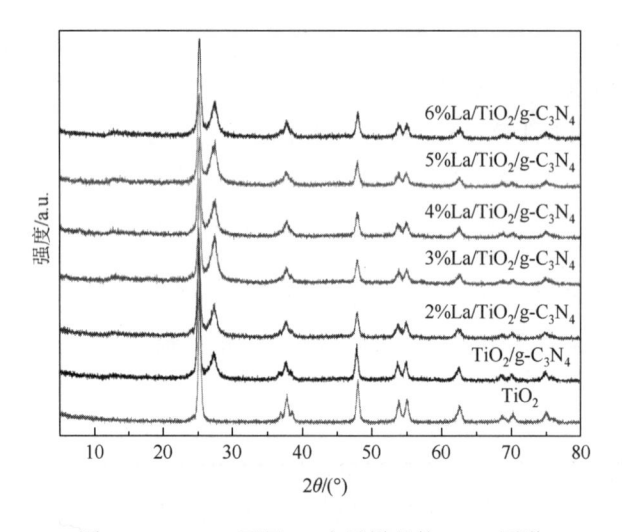

图 5-12 TiO$_2$、不同 La 含量样品的 XRD 图谱

图 5-13 是 TiO$_2$/g-C$_3$N$_4$ 和 4%La/TiO$_2$/g-C$_3$N$_4$ 的 XPS 全谱图，可以看出 TiO$_2$/g-C$_3$N$_4$ 样品中含有 C、N、O、Ti 四种元素；4%La/TiO$_2$/g-C$_3$N$_4$ 样品中含 C、N、O、Ti、La 五种元素。

由图 5-14（a）可以看出，两种样品中 C1s 的结合能未发生变化，284.8eV 和 288.1eV 处的特征峰对应于游离碳 C—C（Dong et al., 2011）和 N—(C)$_3$ 的结合能（Miranda et al., 2013；Li et al., 2007）。图 5-14（b）可以拟合成 398.6eV 和 400.1eV 两个峰，分别对应于 C—N—C 和 N—(C)$_3$ 的结合能。图 5-14（c）TiO$_2$/g-C$_3$N$_4$ 样品的两个峰 529.65eV 和 532.24eV 分别是 TiO$_2$ 晶格中的 O^{2-}，吸附的 H$_2$O 中的 O^{2-}；4%La/TiO$_2$/g-C$_3$N$_4$ 样品中

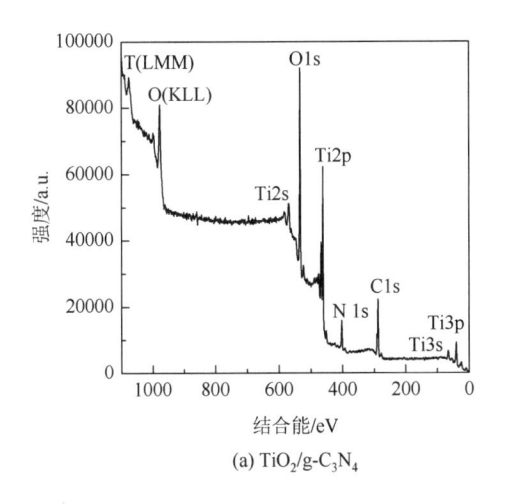

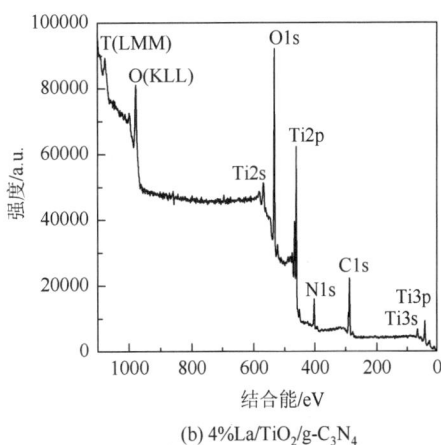

图 5-13 样品的 XPS 全谱图

除了有 529.84eV 对应的 TiO_2 晶格中的 O^{2-}，还有 531.25eV 对应的表面羟基氧的峰，说明 La 的掺杂使催化剂的表面吸附更多 H_2O、OH^-，通过空穴氧化生成更具有强氧化能力的羟基自由基，进而提高光催化活性（杜景红等，2015）。根据图 5-14（d），经过拟合后发现，两种样品中的 Ti2p 的峰分别在 458.5eV 和 464.1eV 处，即 $Ti2p_{3/2}$ 和 $Ti2p_{1/2}$，与 TiO_2 一致，另外也未发现 Ti^{3+} 的特征峰，说明 Ti 与 O 结合并以 Ti^{4+} 存在。由图 5-14（e）所示，La 以 La^{3+} 形式存在。$La3d_{5/2}$ 的结合能为 836.28eV、838.70eV，$La3d_{3/2}$ 的结合能为 852.35eV、855.00eV，出现了较强的携上卫星峰，这是由于金属镧形成复合氧化物时，$La3d_{3/2}$ 和 $La3d_{5/2}$ 内壳层的电子电离后会引起与 La 配位氧的 2p 价电子转移到 La 的 4f 空轨道上，从而导致 La（3d）特征峰劈裂产生 $La3d_{3/2}$ 和 $La3d_{5/2}$ 的携上卫星峰（刘佳等，2013）。相对于 La_2O_3 的 $La3d_{3/2}$ 和 $La3d_{5/2}$ 的结合能，$4\%La/TiO_2/g-C_3N_4$ 样品中 La 的结合能相对来说有一定程度漂移，表明掺杂的 La 在复合样品中并不是以 La_2O_3 的形式存在，大部分的 La 也并未进 TiO_2 的晶格，而是分布于 TiO_2 晶体间隙，形成 Ti-O-La。

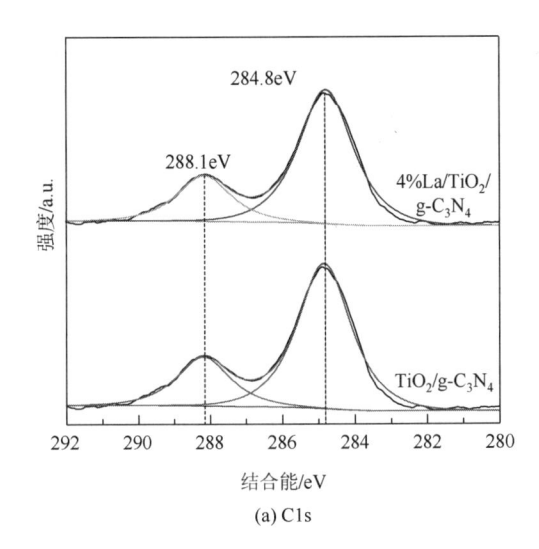

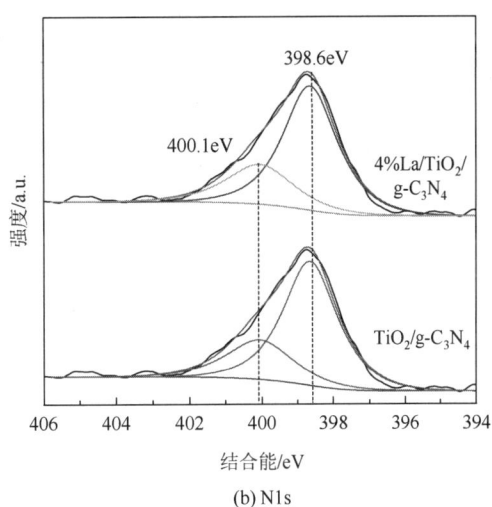

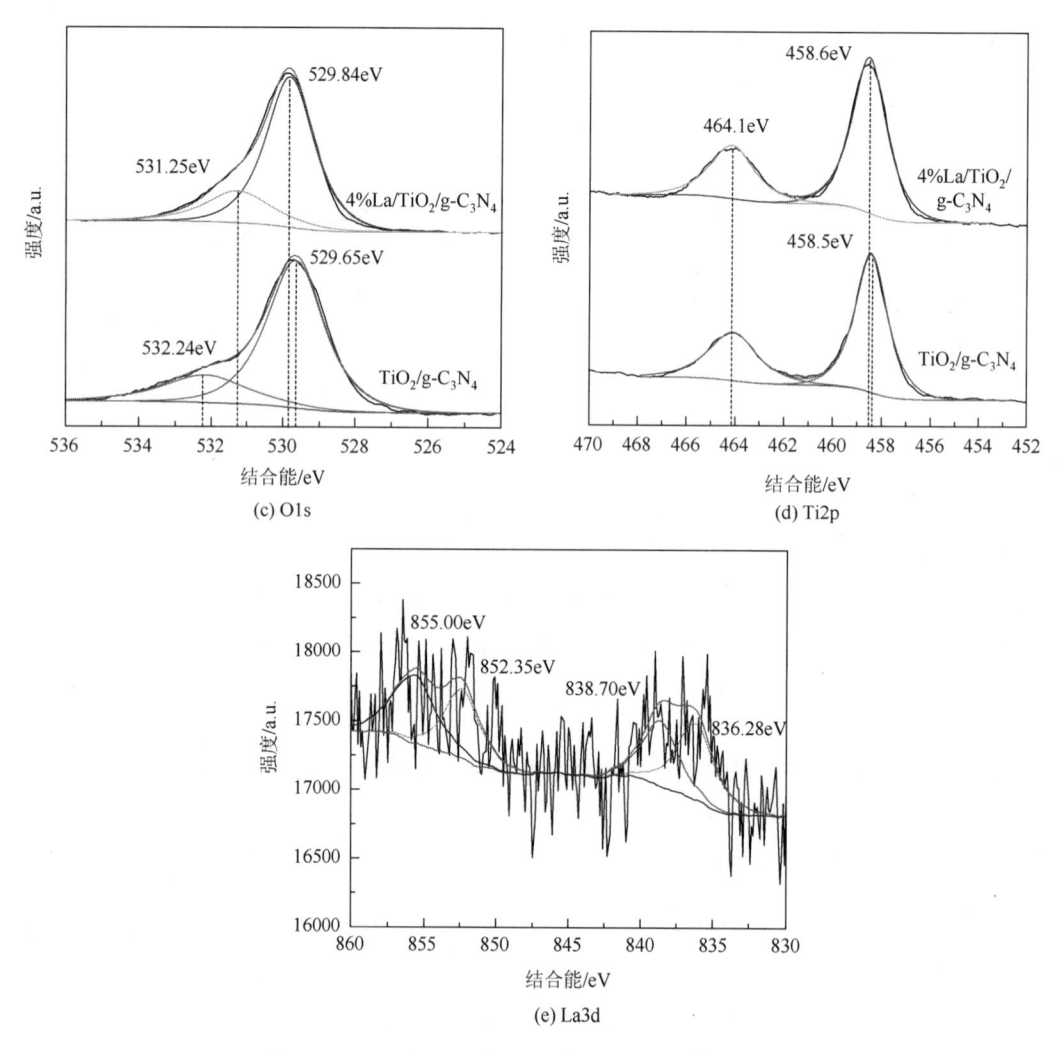

图 5-14　TiO$_2$/g-C$_3$N$_4$ 和 4%La/TiO$_2$/g-C$_3$N$_4$ 的 XPS 图

　　TiO$_2$/g-C$_3$N$_4$ 和 4%La/TiO$_2$/g-C$_3$N$_4$ 的红外光谱图见图 5-15，TiO$_2$/g-C$_3$N$_4$ 和 4%La/TiO$_2$/g-C$_3$N$_4$ 的红外光谱图相似，在 3000~3500cm^{-1}Bi$_2$O$_3$、TiO$_2$ 和 2.5Bi/T 均出现了因为样品吸附水分子而产生的吸收峰。1240cm^{-1}、1322cm^{-1}、1408cm^{-1} 和 1635cm^{-1} 处的吸收峰属于 CN 杂环的伸缩振动；805cm^{-1} 处的峰是典型的三嗪单元 C—N 的弯曲振动（Fu et al.，2013）这些峰标志着样品中生成了一定量的 g-C$_3$N$_4$。618cm^{-1} 处的吸收峰归属于 Ti—O 键的伸缩振动，表明样品中有 TiO$_2$ 存在。

　　图 5-16（a）为 TiO$_2$/g-C$_3$N$_4$ 以及不同 La 含量的 La/TiO$_2$/g-C$_3$N$_4$ 复合样品的紫外-可见漫反射光谱图。根据紫外-可见分析制得的样品 $(ahv)^{1/2} - hv$ 关系图估算样品的带隙能量大小，即由图 5-16（b）可以看出 x%La/TiO$_2$/g-C$_3$N$_4$ 复合样品的吸收带边相对于 TiO$_2$/g-C$_3$N$_4$ 有明显的红移，且 4%La/TiO$_2$/g-C$_3$N$_4$ 的禁带宽度为 2.18eV，远远小于 TiO$_2$ 的禁带宽度。这可能是由于 La^{3+} 掺杂 TiO$_2$ 后在禁带中产生了新的杂质能级，使电子跃迁需要的能量降低，从而拓宽了光谱响应范围，提高了对可见光的吸收和利用。

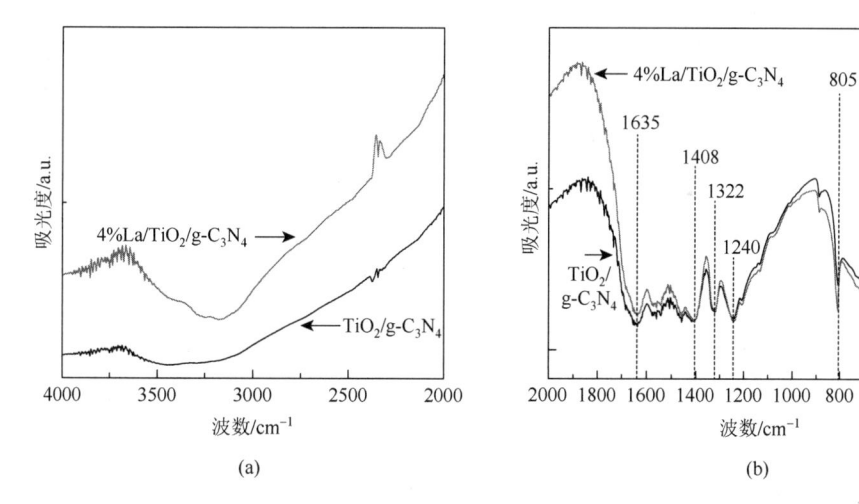

图 5-15 样品的红外光谱图

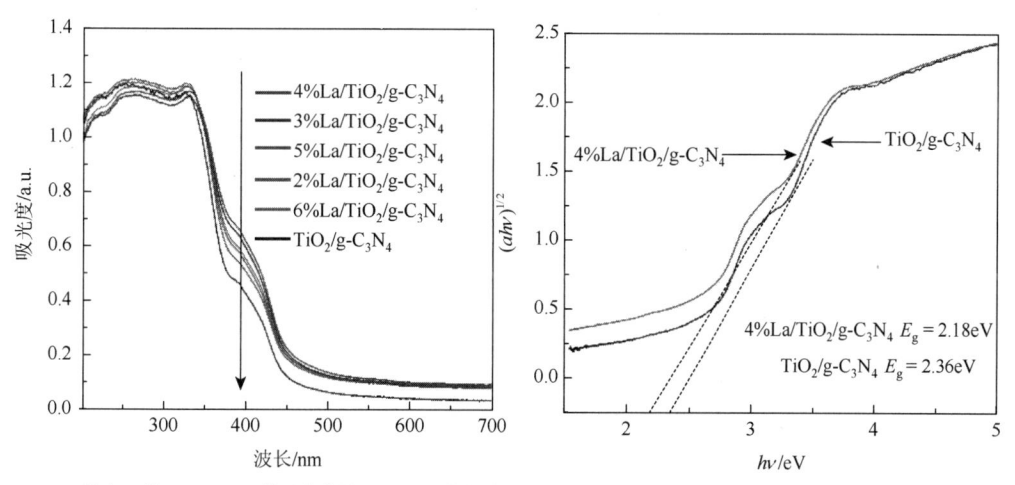

(a) 掺杂La的TiO$_2$/g-C$_3$N$_4$样品的紫外-可见漫反射光谱图

(b) TiO$_2$/g-C$_3$N$_4$和4%La/TiO$_2$/g-C$_3$N$_4$的禁带宽度测定

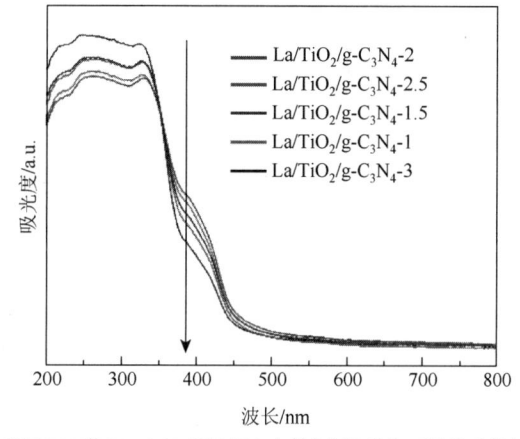

(c) 不同C$_3$N$_4$和4%La/TiO$_2$配比复合光催化剂的紫外-可见漫反射光谱图

图 5-16 样品的紫外-可见漫反射光谱图及禁带宽度测定

一般光致发光信号越强，光生电子和空穴的复合概率越高，光催化活性越低（Li et al., 2001; Li et al., 2003）。图 5-17（a）、图 5-17（b）分别是不同 La 含量 La/TiO$_2$/g-C$_3$N$_4$ 复合样品的光致发光光谱图和 TiO$_2$、g-C$_3$N$_4$、TiO$_2$/g-C$_3$N$_4$ 以及 4%La/TiO$_2$/g-C$_3$N$_4$ 样品的光致发光光谱图，可以看出掺杂 La 的复合光催化剂的光致发光强度均低于 TiO$_2$、g-C$_3$N$_4$、TiO$_2$/g-C$_3$N$_4$，这可能是由于 La 的掺杂导致 TiO$_2$ 晶格畸变，致使八面体的负荷中心相对于正电荷中心产生偏移产生内部偶极矩，通过内部偶极矩产生的局域内电场来抑制光生载流子复合；另外，适量的掺杂量可以在 TiO$_2$ 价带顶产生杂质能级，成为光生电子的捕获阱，也可抑制光生电子-空穴的复合（李春萍等，2010）。含量为 4%的 La/TiO$_2$/g-C$_3$N$_4$ 复合样品光致发光强度最低，其光催化活性最高，实验也证明其光催化效果最好。

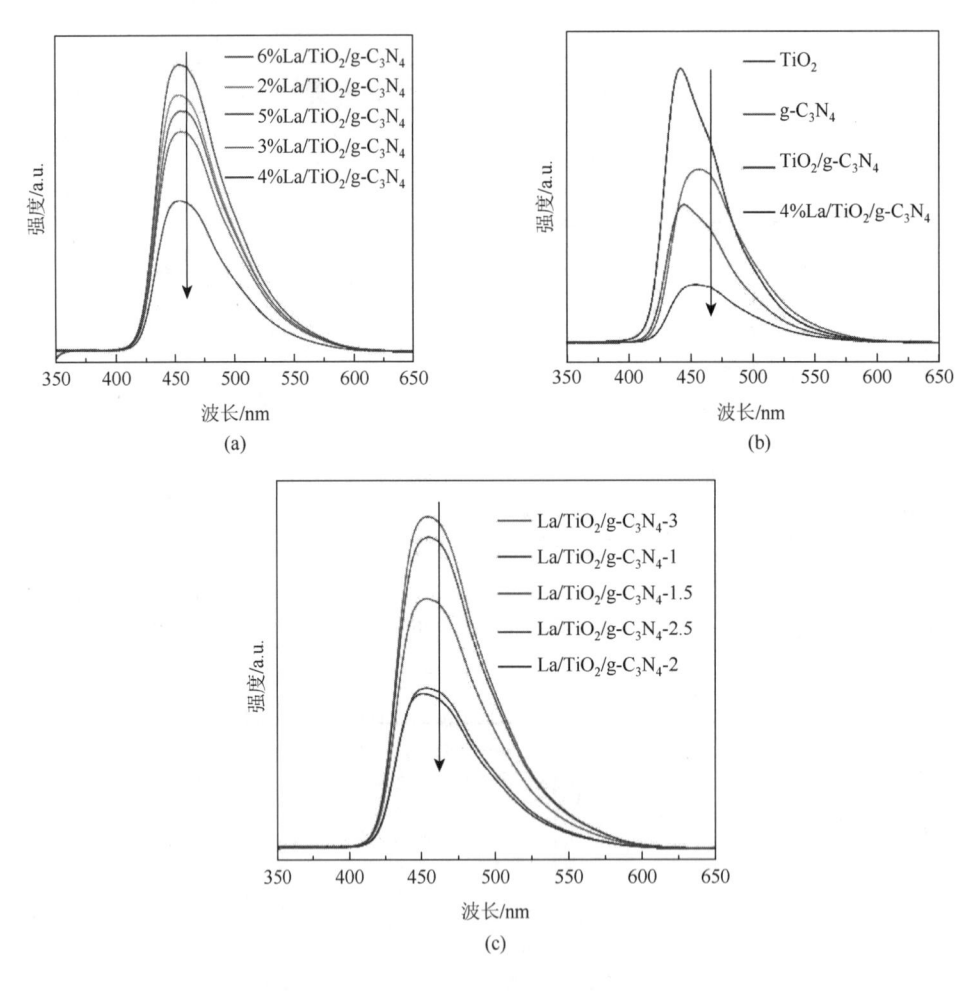

图 5-17 样品的光致发光光谱图

采用 TEM 对 4%La/TiO$_2$/g-C$_3$N$_4$ 的形貌进行表征，图 5-18（a）为样品的 TEM 图，证实了复合样品中有 g-C$_3$N$_4$ 和 TiO$_2$ 存在；图 5-18（b）为样品的 HRTEM 图，其中晶格间距为 0.35nm 的部分为锐钛矿 TiO$_2$(101)晶格间距。图中未测出 La$_2$O$_3$ 相关晶面的晶格间距,进一步证实了样品中没有 La$_2$O$_3$ 生成,而 g-C$_3$N$_4$ 为半晶体物质,所以其晶格间距很难观测到。

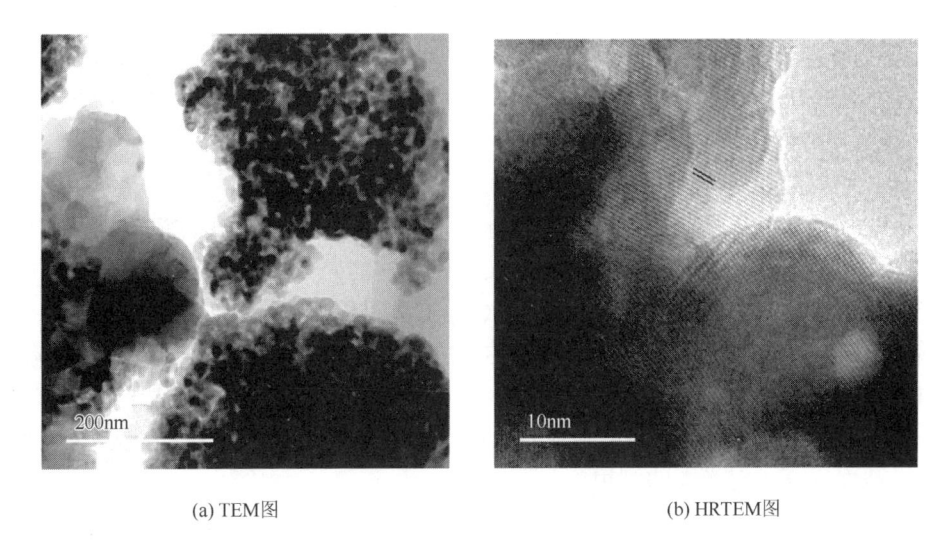

(a) TEM 图

(b) HRTEM 图

图 5-18　4%La/TiO$_2$/g-C$_3$N$_4$ 的 TEM 图及 HRTEM 图

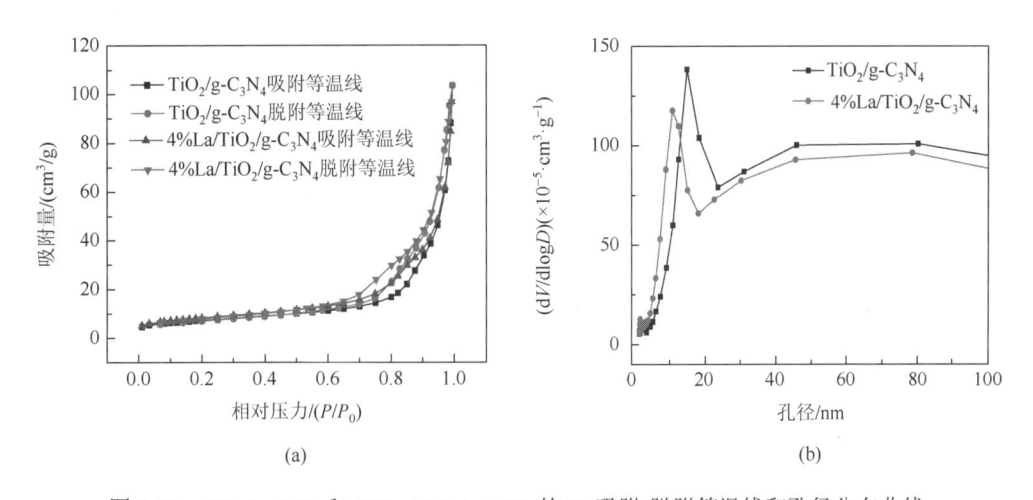

图 5-19(a)为 TiO$_2$/g-C$_3$N$_4$ 和 4%La/TiO$_2$/g-C$_3$N$_4$ 的 N$_2$ 吸附-脱附等温线,对比 IUPAC 分类法得到的 6 种吸脱附等温线,两种样品的等温线为同一类型,均属于Ⅳ型等温线。在 P/P_0 为 0.6~1.0 时,脱附等温线与吸附等温线也是不重合的,脱附等温线在吸附等温线的上方,且表现出的介孔回滞环为 H3 型,可以推断样品在内部堆积形成了介孔结构。由图 5-19(b) TiO$_2$/g-C$_3$N$_4$ 和 4%La/TiO$_2$/g-C$_3$N$_4$ 的孔径分布曲线可以看出两种样品的孔径分布较窄,在 1.6~3.0nm。表 5-2 为 TiO$_2$、TiO$_2$/g-C$_3$N$_4$、4%La-TiO$_2$ 和 4%La/TiO$_2$/g-C$_3$N$_4$ 的比表面积和孔体积,TiO$_2$ 和 4%La-TiO$_2$ 对比可知,La 的掺杂在一定程度上增大了复合样品的比表面积,4%La/TiO$_2$/g-C$_3$N$_4$ 中因 g-C$_3$N$_4$ 均匀地分散在 TiO$_2$ 表面导致样品比表面积减小。

(a)

(b)

图 5-19　TiO$_2$/g-C$_3$N$_4$ 和 4%La/TiO$_2$/g-C$_3$N$_4$ 的 N$_2$ 吸附-脱附等温线和孔径分布曲线

表 5-2　样品的比表面积和孔体积

样品	比表面积/(m^2/g)	孔体积/(cm^3/g)
TiO$_2$	55.46	0.26
TiO$_2$/g-C$_3$N$_4$	25.21	0.16
4%La-TiO$_2$	68.56	0.28
4%La/TiO$_2$/g-C$_3$N$_4$	29.06	0.15

光催化剂的活性评价以亚甲基蓝为目标物，从图 5-20 可以看出，所有样品在黑暗中吸附 1h 后达吸附平衡，经光照 180min 后表现出不同的光催化活性。其中，掺 La 的复合样品光催化活性均高于 TiO$_2$、g-C$_3$N$_4$ 和 TiO$_2$/g-C$_3$N$_4$ 样品，且 4%La/TiO$_2$/g-C$_3$N$_4$ 样品光催化活性最好，光照 180min 后对亚甲基蓝的去除率达 97%，而 TiO$_2$、g-C$_3$N$_4$ 和 TiO$_2$/g-C$_3$N$_4$ 样品对亚甲基蓝的去除率分别为 19.7%、48.9%和 66.4%。这是因为 4%La/TiO$_2$/g-C$_3$N$_4$ 复合样品中 g-C$_3$N$_4$ 与 TiO$_2$ 的异质结结构有效降低了电子-空穴的复合；La 的掺杂减小了禁带宽度，从而提高了对光能的利用。

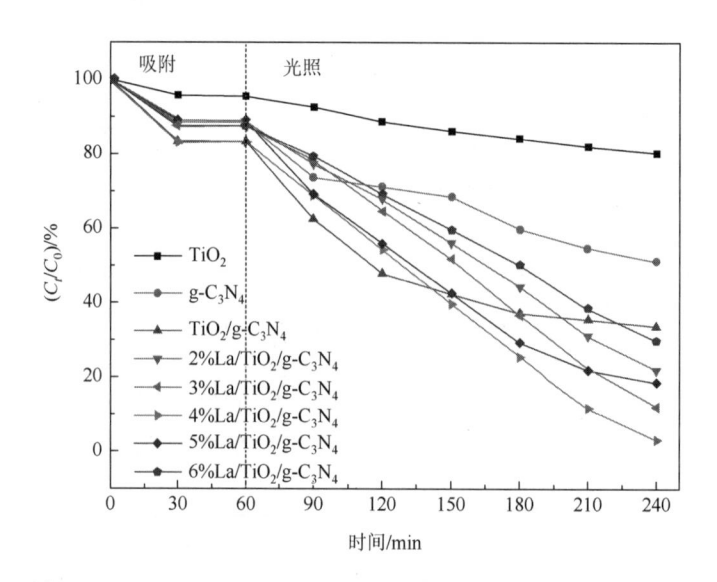

图 5-20　g-C$_3$N$_4$、TiO$_2$ 和不同 La 含量催化剂对亚甲基蓝的去除率

在掺 La 样品中的光催化活性随着掺 La 量的增加先增大后减小。这是因为当掺杂的 La 含量较低时，随着掺杂量的增加样品中俘获光生电子的点位增多，电子和空穴的存活时间延长，从而提高光催化活性；当掺杂量继续增加到大于最佳掺杂量的 4%时，样品中俘获中心之间的距离越来越小，进而演变为光生载流子的复合中心，为电子和空穴提供更多的复合场所使得光生电子-空穴的存活概率大大减小，且过量的 La^{3+} 与 TiO$_2$ 反应生成一些杂质掩盖在 TiO$_2$ 纳米颗粒表面，使得 TiO$_2$ 相对含量、有效面积减少，从而降低光催化活性。另外，TiO$_2$ 表面的空间电荷层厚度随掺杂量的增加而减小，只有当掺杂量适中时，电荷层厚度近似等于入射光穿透深度，光生电子-空穴对才能有效分离（Parida and Sahu, 2008）。

实验研究了不同氮化碳与 4%La/TiO$_2$ 比例制备的复合样品对亚甲基蓝的光催化降解效果。图 5-21 中显示出当氮化碳与 4%La/TiO$_2$ 比例为 2∶1 时的样品对亚甲基蓝的降解率最高。随着氮化碳与 4%La/TiO$_2$ 比例的增加,样品对亚甲基蓝的催化降解率先增大到某一最佳值后再逐渐减小,这是因为当氮化碳与 4%La/TiO$_2$ 比例较小时,复合样品中的氮化碳含量较少,在可见光照射下,TiO$_2$ 几乎无法吸收光产生电子,无法满足催化降解亚甲基蓝的需要,因而降解率较低;氮化碳与 4%La/TiO$_2$ 比例较大时,尽管能够产生足够的光生电子和空穴,但是由于过多的氮化碳覆盖在镧掺杂的二氧化钛颗粒表面,严重妨碍了电子和空穴在异质结界面之间的转移以及向催化剂表面的迁移,使得光生电子和空穴的存活概率大打折扣,从而导致样品的可见光催化降解率不增反降。

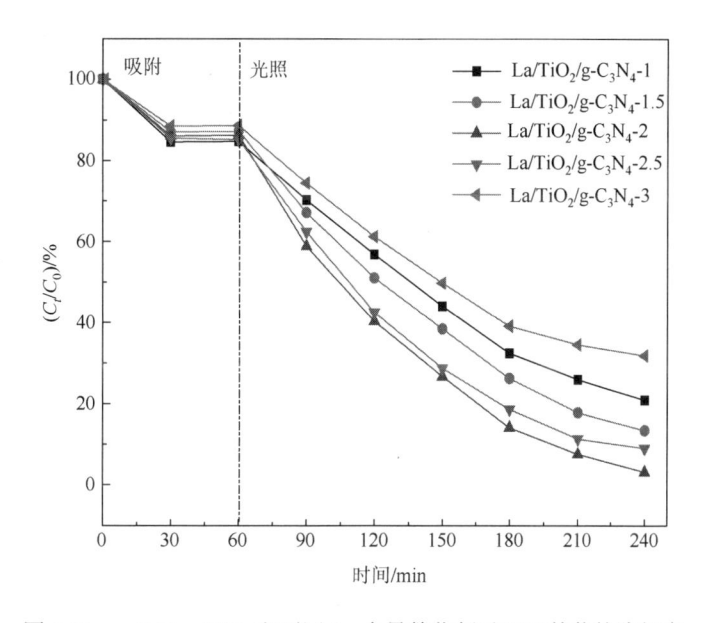

图 5-21　g-C$_3$N$_4$、TiO$_2$ 和不同 La 含量催化剂对亚甲基蓝的降解率

通过对 4%La/TiO$_2$/g-C$_3$N$_4$ 复合样品的一系列表征综合分析得出,4% La/TiO$_2$/g-C$_3$N$_4$ 复合样品中,掺杂的 La 以 La^{3+} 的形式存在于 TiO$_2$ 晶格中,宏观上 TiO$_2$ 和 g-C$_3$N$_4$ 形成异质结结构。镧掺杂 TiO$_2$,由于 La^{3+} 的半径大于 Ti^{4+} 的半径,所以 La 并未进入 TiO$_2$ 的晶格,而是分布于 TiO$_2$ 晶体间隙,形成 Ti—O—La 键。进入 TiO$_2$ 晶格内部取代 Ti^{4+} 的 La 和分布于 TiO$_2$ 晶格间隙的镧均造成 TiO$_2$ 局部晶格畸变,为平衡晶格畸变所产生的晶格应力,TiO$_2$ 晶格表面的氧原子将捕获空穴,从而抑制光生电子-空穴的复合。镧掺杂 TiO$_2$,在 TiO$_2$ 中能够形成起到捕获阱作用的活性捕获中心,由于 La^{3+} 价态低于 Ti^{4+} 价态,所以 La^{3+} 通过捕获空穴来抑制光生电子和空穴的复合,从而有效延长光生电子-空穴的寿命,提高光催化活性。另外,镧掺杂 TiO$_2$ 将会导致其 d 轨道和 TiO$_2$ 中的钛离子的 d 轨道的导带重合,致使 TiO$_2$ 的导带宽化下移(图 5-22),使 TiO$_2$ 的禁带宽度变窄,从而使掺杂后的 TiO$_2$ 光谱吸收范围变广,光催化活性提高。

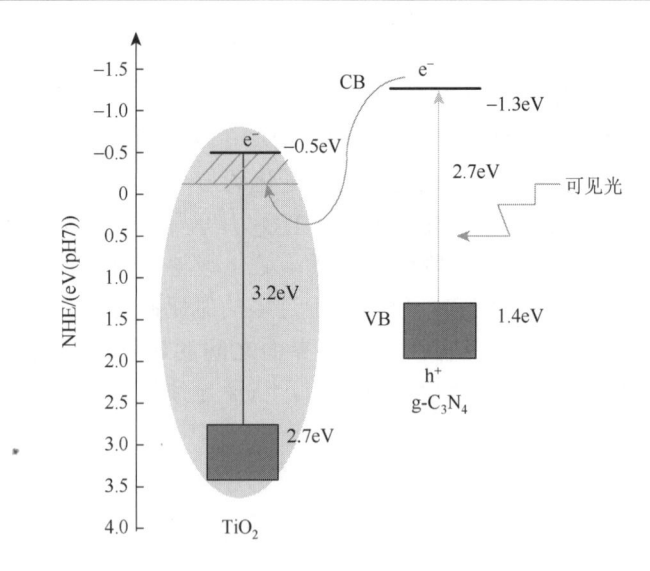

图 5-22 La/TiO$_2$/g-C$_3$N$_4$复合光催化剂在可见光下的降解机理

当可见光照射到催化剂表面时，g-C$_3$N$_4$吸收可见光后诱发 π-π*跃迁，激发电子从 g-C$_3$N$_4$的 VB 跃迁至 CB，由于 g-C$_3$N$_4$的 CB 底比 TiO$_2$更负，g-C$_3$N$_4$表面的激发电子可以通过接触面移动至 TiO$_2$的 CB 上（Wang et al.，2009）；g-C$_3$N$_4$上的空穴则聚集在其 VB 上。电子和空穴通过界面间的转移而大大降低其复合率，在催化剂表面通过氧化还原反应降解污染物质。

5.3 Bi$_2$O$_3$/g-C$_3$N$_4$/TiO$_2$纳米复合材料可见光催化活性

5.3.1 引言

二氧化碳的过度排放引起的温室效应以及化石燃料的过度开发引发的能源危机，被公认为人类将来需要面临的两大问题。半导体光催化技术利用太阳光直接降解或矿化污染物，成为解决能源短缺和环境污染的重要手段，有着广阔的应用前景（Fujishima and Honda，1972）。在众多光催化剂中，纳米 TiO$_2$因其稳定、无毒、低成本且光催化效果优异而备受关注（Chen et al.，2010），其禁带宽度为 3.2eV，只能利用仅占太阳光能量 3%～5%的紫外光，因此提高 TiO$_2$的光催化性能具有重要意义。

目前以对 TiO$_2$掺杂来提高可见光利用率的研究居多，掺杂改性可有效减小 TiO$_2$禁带宽度以及降低电子-空穴复合率，从而提高其催化性能（Chen et al.，2010），但是掺杂可能会引入电子-空穴复合中心和捕获陷阱。近年来，大量研究将类石墨相 g-C$_3$N$_4$与 TiO$_2$复合，形成具有固-固异质结界面的耦合半导体，使光生电荷在内电场作用下有效分离，大大降低了电子-空穴对的复合（Zhao et al.，2012；Sridharan et al.，2013）。球磨法合成的 TiO$_2$/g-C$_3$N$_4$催化剂容易受到杂质的污染，合成的纳米粒子之间容易发生团聚现象，导致光催化活性大大降低。前驱体法常需要使用高昂的有毒类有机物氨基氢和钛酸四丁酯，成本较高且不利于环境（Wang and Zhang，2012）。Fu 等（2014）通过一步固相法制备的 TiO$_2$/g-C$_3$N$_4$ 催化剂虽然工艺简单，但是光催化时间耗时较长，催化效果有待进一步提高。Bi$_2$O$_3$ 作为一种先进的半导体材料，其主要以 α、β、γ 和 δ 四种晶型存在，其禁带宽度为 2.8eV，其中 β 相的 Bi$_2$O$_3$ 光催化活性最高。合成 Bi$_2$O$_3$/TiO$_2$ 复合光催化剂的方法有静电纺织技术与溶剂热结合法（Li et al.，2012）、溶胶-凝胶法（Yang et al.，2011；Huang et al.，2013）、溶胶与水热相结合法（Yang et al.，2011）、碳吸附溶胶凝胶法（Ma et al.，2014）。所制备的 Bi$_2$O$_3$/TiO$_2$ 复合光催化剂的可见光催化活性显著提高，但在制备过程中容易出现颗粒团聚，分散性较差，工艺复杂且原料成本较高，不适合大规模生产。近年来，国内外对 Bi$_2$O$_3$/g-C$_3$N$_4$ 复合光催化剂的报道甚少。Zhang 等（2014）和 Li 等（2015）分别采用球磨与热处理结合法和混合煅烧法制备了 Bi$_2$O$_3$/g-C$_3$N$_4$ 复合光催化剂，较 Bi$_2$O$_3$ 和 g-C$_3$N$_4$ 具有更高的光催化活性，但对其内部的构效关系和光催化机理还有待深入的探索和研究。

5.3.2　Bi$_2$O$_3$/g-C$_3$N$_4$/TiO$_2$ 纳米复合材料的制备

将工业 TiO$_2$ 与 C$_3$H$_6$N$_6$ 按质量比 1∶2.5 分别放于 1~4 号坩埚内，再分别加入不同量的 Bi(NO$_3$)$_3$·5H$_2$O。另外在 5 号坩埚和 6 号坩埚中分别放入和 1~4 号坩埚中等量的 TiO$_2$ 和 C$_3$H$_6$N$_6$。向 1~6 号坩埚中加入去离子水混合均匀，超声分散 1h，放入 60℃烘箱中，1h 后取出研磨均匀后放入马弗炉煅烧，煅烧温度为 520℃，时间为 5h。煅烧完成后，待其冷却至室温将样品取出研磨均匀后置于干燥器储备备用。1~4 号坩埚样品按照 Bi(NO$_3$)$_3$ 量的不同分别标记为 0Bi/C/T、0.2Bi/C/T、0.35Bi/C/T、0.5Bi/C/T，5 号坩埚、6 号坩埚样品分别标记为 TiO$_2$、g-C$_3$N$_4$。

5.3.3　结果与讨论

图 5-23 为 g-C$_3$N$_4$、TiO$_2$ 和不同 Bi 含量样品的 XRD 图谱。g-C$_3$N$_4$ 在 2θ = 13.1°左右的峰是由缩聚的三氰单元有序排列引起，在 2θ = 27.5°左右的峰与共轭芳香烃的堆叠有关（Li et al.，2015）；TiO$_2$ 为锐钛矿型，衍射峰主要位于衍射角为 25.31°、37.90°、48.02°、54.64°和 62.83°处（标准卡片 JCPDS#21-1272）；由于 g-C$_3$N$_4$ 在复合物样品中含量小、结晶度低，且呈层状均匀分布，所以在 27.5°的特征峰不易被观察到。0.2Bi/C/T、0.35Bi/C/T、0.5Bi/C/T 系列样品在 27.63°处出现了 γ 晶型结构的 Bi$_2$O$_3$ 特征峰，其余峰的位置和强度与 TiO$_2$ 相似，说明 Bi^{3+} 并未进入 TiO$_2$ 晶格中取代 Ti^{4+}，这是因为 Bi^{3+} 的半径大于 Ti^{4+} 的半径，从而 Bi^{3+} 很难进入 TiO$_2$ 晶体结构（Liu et al.，2012）。XRD 分析初步说明复合物样品中存在 C$_3$N$_4$、TiO$_2$ 和 Bi$_2$O$_3$ 相。

图 5-23（b）为不同煅烧温度下制备样品的 XRD 图谱。可以看出，520℃制备的样品具有较好的晶型。煅烧温度过低时，复合样品中的有机物由于温度过低而残留较多，XRD 图谱上出现较多的杂峰；煅烧温度过高导致 g-C$_3$N$_4$ 分解，且煅烧温度过高的复合样品中也没有出现 γ-Bi$_2$O$_3$ 的特征峰。

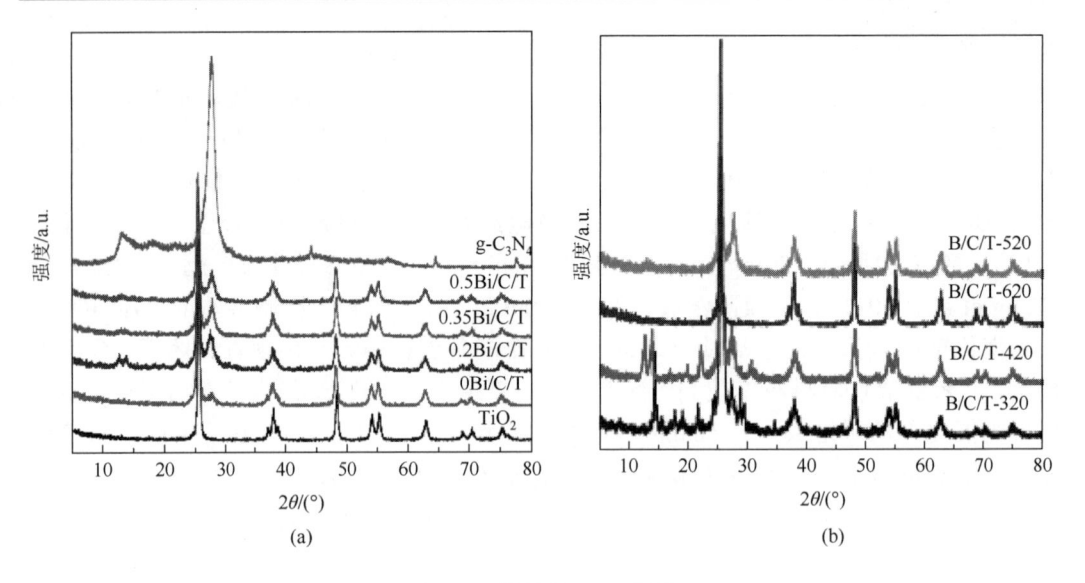

图 5-23 样品的 XRD 图谱

图 5-24（a）是 g-C$_3$N$_4$/TiO$_2$ 复合物的 XPS 全谱图，图 5-24（b）是 g-C$_3$N$_4$/TiO$_2$ 和 0.35Bi/C/T 的 XPS 全谱图。图 5-24（a）显示样品中含有 Ti、C、Bi、O 四种元素，分别归属于 Ti2p、C1s、Bi4f、O1s；图 5-24（b）显示样品中含有 Ti、C、N、O、Bi 五种元素，分别归属于 Ti2p、C1s、N1s、O1s、Bi4f。

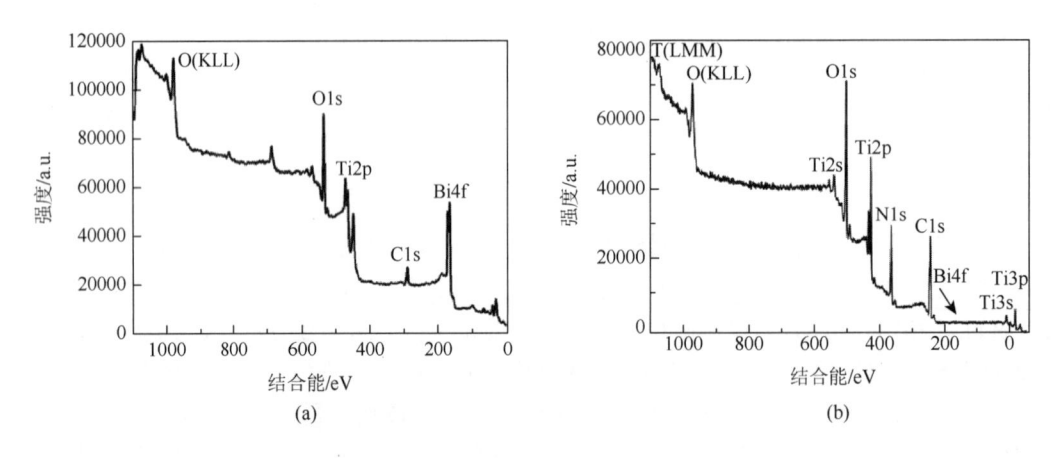

图 5-24 样品的 XPS 全谱图

分别对 g-C$_3$N$_4$/TiO$_2$ 和 0.35Bi/C/T 样品中的 C1s、N1s、O1s、Ti2p，以及 0.35Bi/C/T 样品中的 Bi4f 进行 XPS 扫描，结果如图 5-25 所示。

如图 5-25（a）所示，两种样品中 C1s 的结合能基本没有变化，在 284.8eV 和 288.0eV 处出现两个特征峰，分别对应游离碳 C—C（Dong et al.，2011）和 N—(C)$_3$ 的结合能 (Li et al.，2007；Miranda et al.，2013）。两种样品的 N1s 高分辨 XPS 图 [图 5-25（b）]

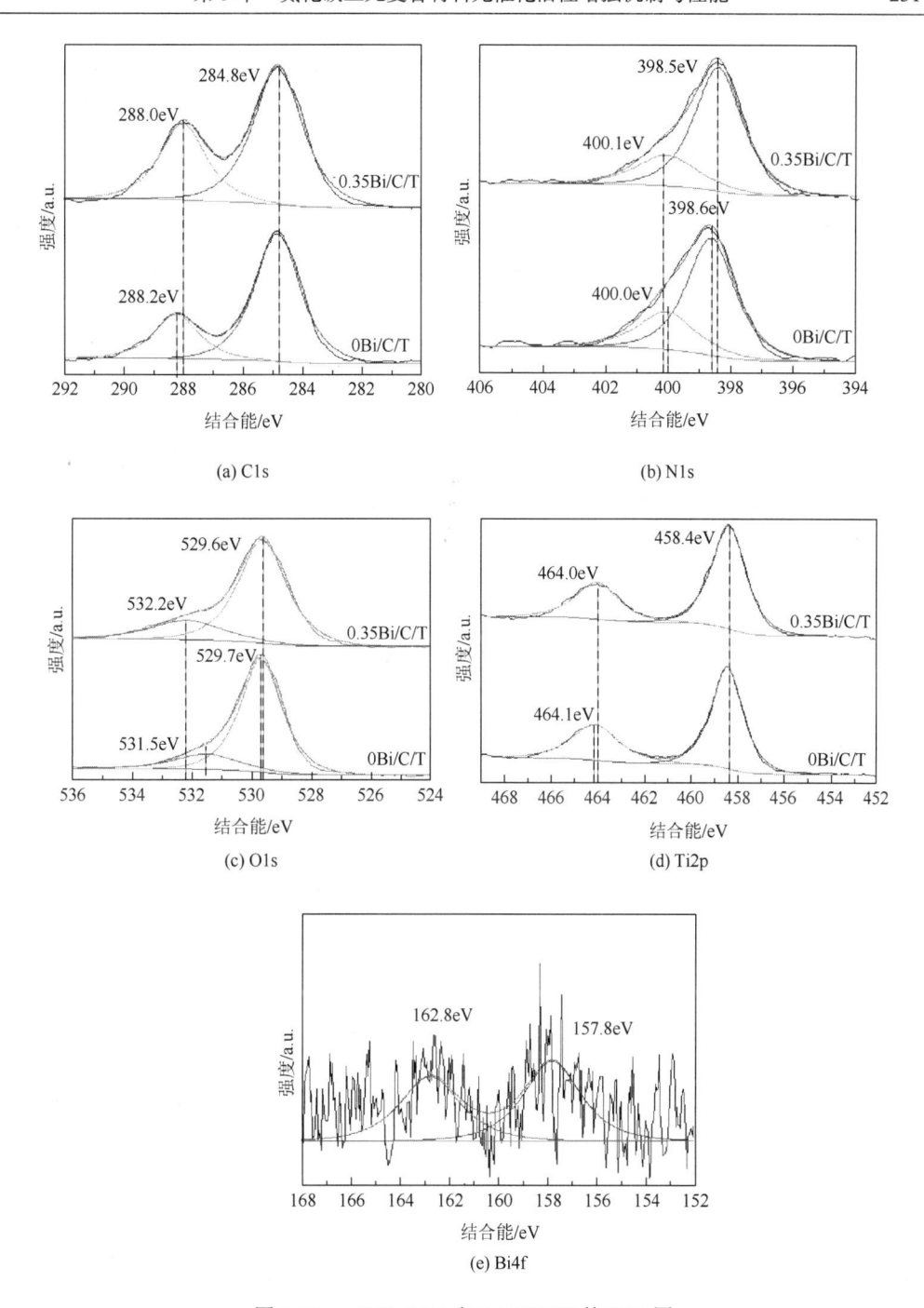

图 5-25 g-C₃N₄/TiO₂ 和 0.35Bi/C/T 的 XPS 图

可拟合为两个峰，分别位于 400.1eV 和 398.6eV 处。400.1eV 处的峰与 N—(C)₃ 结合能有关，398.6eV 归属于 C—N—C。图 5-25（a）和图 5-25（b）的分析结果进一步证实样品中 g-C₃N₄ 的存在(Yang et al., 2011)。O1s 的高分辨 XPS 图中[图 5-25(c)]，位于 529.6eV、531.5eV 和 532.2eV 左右的峰分别对应 TiO₂ 晶格中的 O^{2-}、样品表面的羟基基团和吸附水

分子中的 O^{2-}。图 5-25（d）中，$Ti2p_{3/2}$ 和 $Ti2p_{1/2}$ 的一对峰分别出现在 458.4eV 和 464.0eV 处，就是 TiO_2 中 $Ti^{4+}2p$ 的峰，说明钛元素以 Ti^{4+} 形式存在。另外，在 C1s 和 N1s 的图谱中，没有观察到 C、N 掺杂的峰出现，而且也没有观察到 Ti—C 和 Ti—N，说明 C、N 元素并没有进入 TiO_2 的晶格中。图 5-25（e）是 0.35Bi/C/T 中 Bi 元素的 XPS 图。图中结合能为 162.8eV、157.8eV 的峰分别归属于 $Bi4f_{7/2}$ 和 $Bi4f_{5/2}$ 的电子特征峰，说明 Bi 元素以 Bi^{3+} 的形式存在，这与 XRD 的结果一致。

图 5-26 为 $g-C_3N_4$、$g-C_3N_4/TiO_2$ 和 0.35Bi/C/T 的红外光谱图。三者曲线相似，$3434cm^{-1}$ 处的峰是由 O—H 键伸缩振动引起。$1200\sim1650cm^{-1}$ 区域内，$1240cm^{-1}$、$1322cm^{-1}$、$1408cm^{-1}$、$1635cm^{-1}$ 处的峰均归属于典型的 CN 杂环的拉伸振动峰，而三嗪结构的特征峰在 $805cm^{-1}$ 处，这标志着 $g-C_3N_4$ 的生成。$g-C_3N_4/TiO_2$ 和 0.35Bi/C/T 样品中 $400\sim800cm^{-1}$ 处为 TiO_2 表面 Ti—O 键的伸缩振动峰（Yang et al., 2011）。另外，据研究报道，Bi_2O_3 在 $502cm^{-1}$ 处有红外吸收，但由于其吸收峰较弱，在样品中的含量较少，所以并没有观测到 Bi—O 键的伸缩振动。

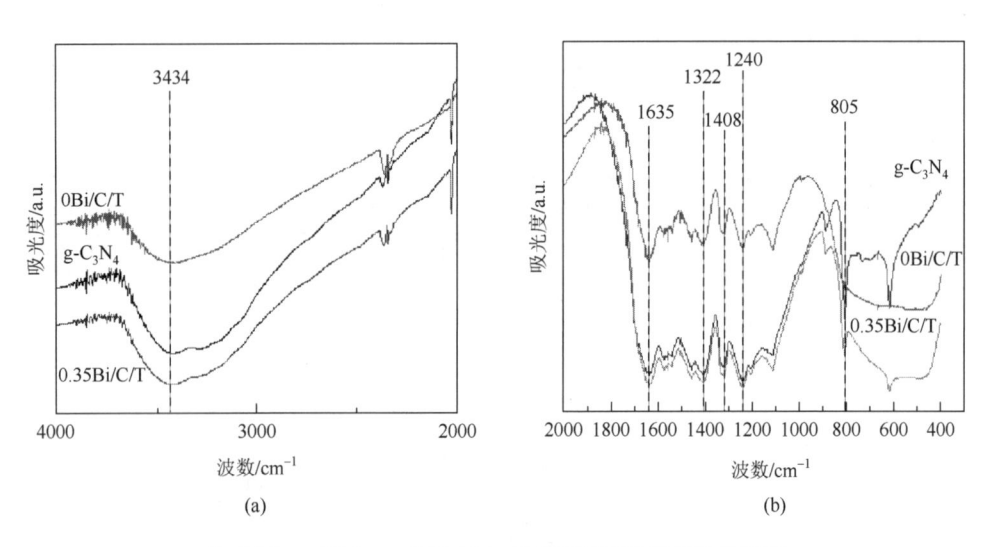

图 5-26 $g-C_3N_4$、$g-C_3N_4/TiO_2$ 和 0.35Bi/C/T 的红外光谱图

图 5-27（a）为 $g-C_3N_4$、TiO_2、$g-C_3N_4/TiO_2$ 以及不同含量 Bi 复合样品的紫外-可见漫反射光谱图。图 5-27（b）为 $g-C_3N_4/TiO_2$ 和 0.35Bi/C/T 的禁带宽度图。可以看出，加入 Bi 之后的样品相对于 $g-C_3N_4$ 和 TiO_2 的吸收带边发生明显红移，而且禁带宽度明显变窄。通过 $g-C_3N_4$ 和 Bi_2O_3 的复合，改性后的 TiO_2 在可见光区域的吸收增强，有利于对太阳光的吸收从而提高光催化效率。该现象可能是由于三聚氰胺在煅烧后生成的 $g-C_3N_4$ 和 Bi_2O_3 的共同作用，复合后的样品叠加了 $g-C_3N_4$、Bi_2O_3 的可见光响应和 TiO_2 的紫外光响应，对太阳光的吸收增强。

光致发光指的是一定波长光照射下，电子被激发到高能级激发态又重新跃迁到低能级时，被空穴捕获而发光的微观过程。光致发光光谱能够揭示光生载流子的迁移、捕获和复合等规律。由图 5-28 的光致发光光谱图看出，含 Bi 的样品强度均低于 TiO_2、$g-C_3N_4$

(a) g-C₃N₄、TiO₂、g-C₃N₄/TiO₂以及不同含量Bi复合样品的紫外-可见漫反射光谱图

(b) g-C₃N₄/TiO₂和0.35Bi/C/T的禁带宽度图

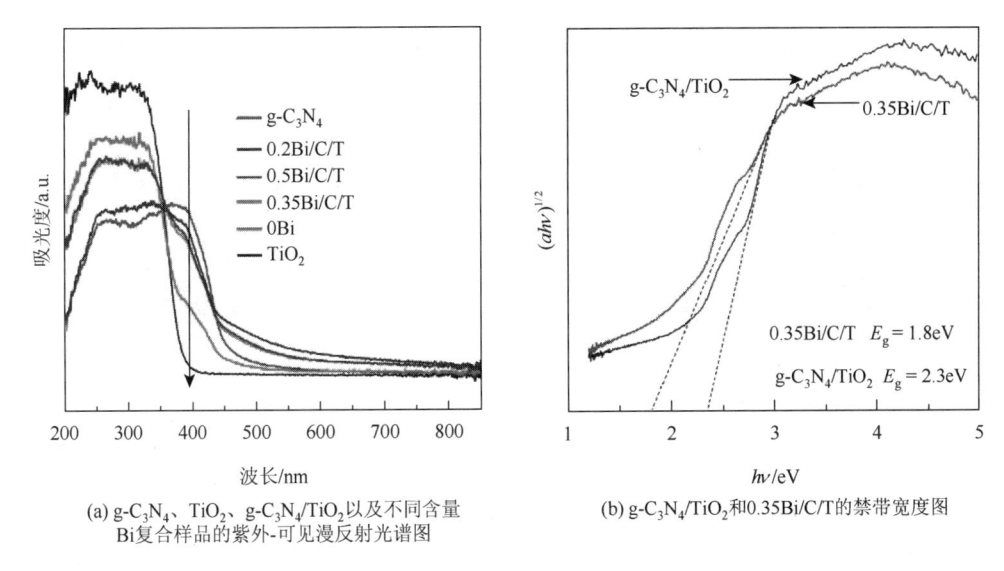

图 5-27　样品的紫外-可见漫反射光谱图和禁带宽度测定

和 g-C₃N₄/TiO₂，其中，0.35Bi/C/T 的强度最低，说明其光生电子-空穴的复合率最低，光催化活性最高，实验也证明其光催化活性最佳。

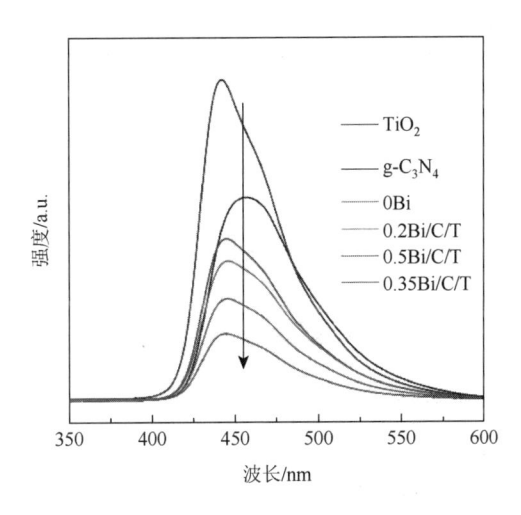

图 5-28　不同样品的光致发光光谱图

图 5-29 为 g-C₃N₄/TiO₂ 和 0.35Bi/C/T 的 TEM 图及 HRTEM 图。图 5-29（a）和图 5-29（b）均能观察到 TiO₂ 和 g-C₃N₄ 的存在，在图 5-29（b）中呈长条形管状的纳米管为 γ-Bi₂O₃。图 5-29（c）和图 5-29（d）中晶格间距为 0.35nm 的部分与锐钛矿 TiO₂(101) 晶格间距一致，说明存在 TiO₂。g-C₃N₄ 是半晶体物质，它的晶格很难被观测到，而图 5-29（d）中晶格间距为 0.29nm 对应 γ-Bi₂O₃ 的（222）晶面，说明 0.35Bi/C/T 样品中还有 Bi₂O₃ 的存在。综合说明 0.35Bi/C/T 样品是 TiO₂、g-C₃N₄ 和 Bi₂O₃ 的复合物，三者可能是以异质结的方式结合的。

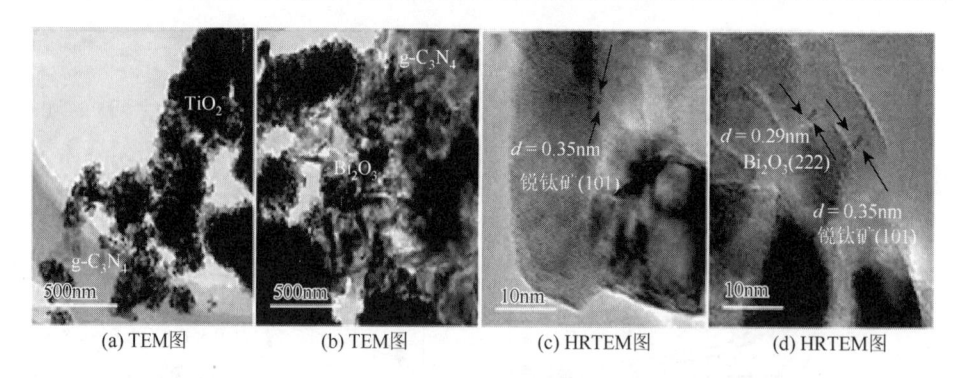

(a) TEM图　　(b) TEM图　　(c) HRTEM图　　(d) HRTEM图

图 5-29　g-C$_3$N$_4$/TiO$_2$ 和 0.35Bi/C/T 的 TEM 图及 HRTEM 图

样品的比表面积和孔结构采用 N$_2$ 吸附-脱附法检测。图 5-30 是 g-C$_3$N$_4$/TiO$_2$ 和 0.35Bi/C/T 的 N$_2$ 吸附-脱附等温线和孔径分布曲线。g-C$_3$N$_4$/TiO$_2$ 和 0.35Bi/C/T 的孔隙主要分布在 1.4～12nm。g-C$_3$N$_4$/TiO$_2$ 和 0.35Bi/C/T 的脱附等温线均在吸附等温线的上方，产生吸附滞后表现为Ⅳ型等温线，且在（P/P_0）为 0.6～1.0 范围内出现 H2 回滞环，说明样品堆积形成了介孔。从表 5-3 中可以看出，0.35Bi/C/T 的比表面积和孔体积均小于 TiO$_2$ 和 g-C$_3$N$_4$/TiO$_2$，这可能是由于生成的比表面积较小的 g-C$_3$N$_4$ 和 Bi$_2$O$_3$ 分散覆盖在 TiO$_2$ 表面，因此样品的比表面积减小。

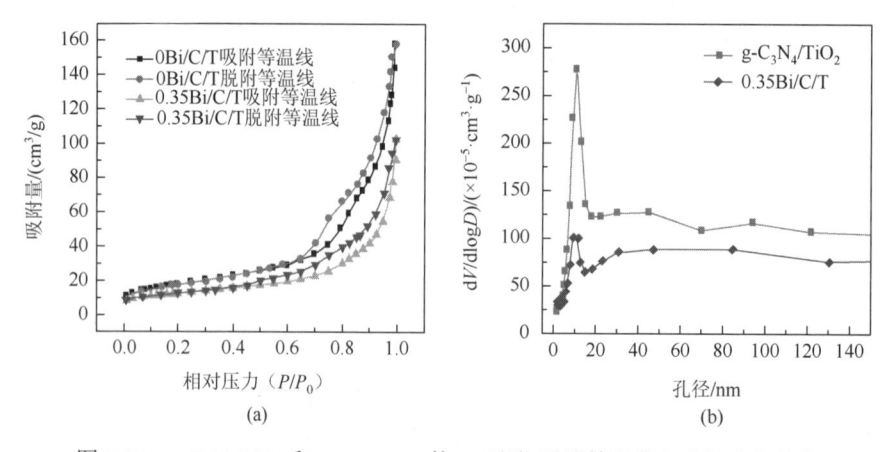

图 5-30　g-C$_3$N$_4$/TiO$_2$ 和 0.35Bi/C/T 的 N$_2$ 吸附-脱附等温线和孔径分布曲线

表 5-3　TiO$_2$、g-C$_3$N$_4$/TiO$_2$ 和 0.35Bi/C/T 的比表面积和孔体积

样品	比表面积/(m^2/g)	孔体积/(cm^3/g)
TiO$_2$	80.46	0.265
g-C$_3$N$_4$/TiO$_2$	64.03	0.244
0.35Bi/C/T	45.02	0.159

样品的光催化活性评价采用亚甲基蓝作为目标污染物，从图 5-31 中可以看出，黑暗中反应 60min 后即达到吸附平衡，光照后，含有 Bi$_2$O$_3$ 的样品的光催化活性显著高于 TiO$_2$、g-C$_3$N$_4$ 和 g-C$_3$N$_4$/TiO$_2$，其中，0.35Bi/C/T 的光催化活性最佳，光照 180min 后亚甲基蓝的

降解率可达 98.1%，而 TiO$_2$、g-C$_3$N$_4$ 和 g-C$_3$N$_4$/TiO$_2$ 光照 180min 后对亚甲基蓝的降解率分别为 19.9%、49.1%和 66.1%，可知 0.35Bi/C/T 光催化剂对亚甲基蓝的降解率比 g-C$_3$N$_4$/TiO$_2$ 高出 30%多，比 g-C$_3$N$_4$ 高出 40%多。另外，0.5Bi/C/T 的光催化活性低于 0.35Bi/C/T，这是由于过多的 Bi 氧化物沉积在 TiO$_2$ 表面，成为电荷载流子的复合中心，阻碍了电子和空穴向催化剂表面的传递，导致样品光催化活性降低（Chen et al.，2008）。

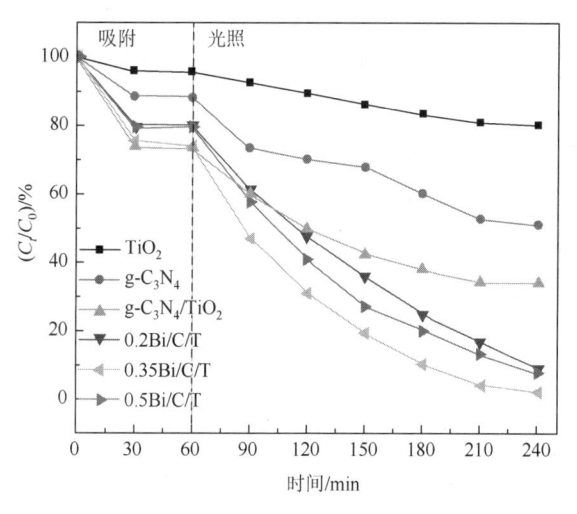

图 5-31　不同催化剂对亚甲基蓝的降解率

通过对 Bi$_2$O$_3$/g-C$_3$N$_4$/TiO$_2$ 复合光催化剂表征，综合分析表明，所制备的光催化剂为 Bi$_2$O$_3$、g-C$_3$N$_4$ 和 TiO$_2$ 的复合物，Bi$_2$O$_3$ 和 TiO$_2$ 分散在成片状的 g-C$_3$N$_4$ 表面，三者之间以固-固异质结的方式存在。图 5-32 为 Bi$_2$O$_3$/g-C$_3$N$_4$/TiO$_2$ 复合光催化剂在可见光下的降解机理图。可以看出当可见光照射到复合光催化剂表面时，g-C$_3$N$_4$ 吸收可见光后诱发 π-π* 跃迁，激发电子从 g-C$_3$N$_4$ 的 VB 跃迁至 CB，由于 g-C$_3$N$_4$ 的 CB 底比 TiO$_2$ 更负，g-C$_3$N$_4$

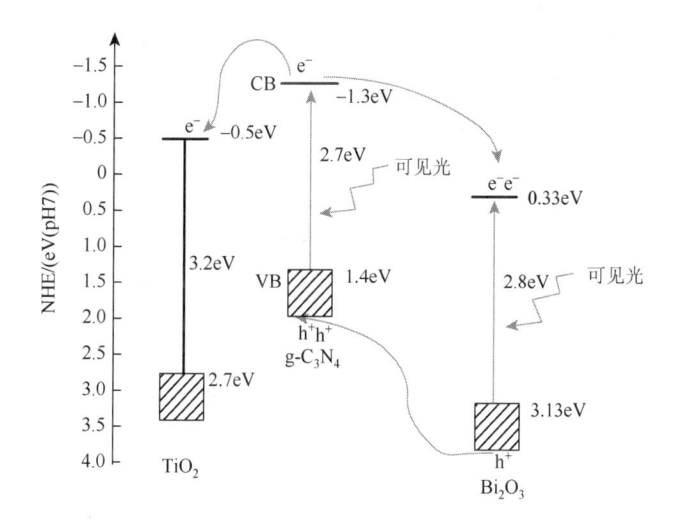

图 5-32　Bi$_2$O$_3$/g-C$_3$N$_4$/TiO$_2$ 复合光催化剂在可见光下的降解机理图

表面的激发电子可以通过接触面移动至 TiO_2 的 CB（Wang et al.，2009）；同时，$g-C_3N_4$ CB 上的电子也会转移至能级较低的 Bi_2O_3 的 CB 上。$g-C_3N_4$ 上的空穴则聚集在其 VB 上。

另外，复合光催化剂中的 Bi_2O_3 经可见光激发后，激发电子同样从其 VB 跃迁至 CB，由于 $g-C_3N_4$ 和 TiO_2 的 CB 底都比 Bi_2O_3 更负，所以 Bi_2O_3 CB 上的电子不能迁移，但 Bi_2O_3 的 VB 比 $g-C_3N_4$ 能级高，所以其上的空穴会转移到 $g-C_3N_4$ 的 VB 上。电子和空穴通过在 Bi_2O_3、$g-C_3N_4$ 和 TiO_2 三者界面间的转移有效延长了光生载流子的寿命，使电子和空穴有足够的时间与污染物质发生反应，提高了光催化效率，进而显著提高了光催化活性。

5.4 本章小结

（1）利用混合煅烧法制备了 $SrTiO_3/g-C_3N_4/Bi_2O_3$ 三元复合物，通过 XRD、TEM、BET、XPS 结构分析表明，样品的比表面积随着复合 Bi_2O_3 的量的增加而降低，结合 UV-vis DRS 和光致发光光谱可知，复合后样品的禁带宽度变窄，光吸收范围拓宽，三者之间存在异质结结构，该结构的存在降低了光生电子和空穴的复合率，延长了光生载流子的寿命，显著提高了复合物的可见光催化性能。在 12W 的 LED 灯的照射下，1.0Bi 对 NO 的去除率在 30min 内达到 53.27%，并具有一定的重复稳定性。

（2）通过高温煅烧加甲醇混合法可制备具有较高可见光催化活性的 $La/TiO_2/g-C_3N_4$ 复合光催化剂，在可见光照射下，180min 可将浓度为 10mg/L 的亚甲基蓝溶液降解 97%，比 $TiO_2/g-C_3N_4$ 高出 30% 多，比 $g-C_3N_4$ 高出将近 40%；制备的 $La/TiO_2/g-C_3N_4$ 复合光催化剂，禁带宽度变窄，吸收带边红移，光谱响应范围扩大，复合样品中 La 以 La^{3+} 形式存在于 TiO_2 晶体中，并形成 $TiO_2/g-C_3N_4$ 异质结结构，提高了对污染物的氧化还原能力，极大地抑制了光生电子-空穴的复合，从而提高光催化效率。

（3）采用一步固相法成功制备了 $Bi_2O_3/g-C_3N_4/TiO_2$ 纳米复合光催化剂。在可见光光照 180min 后 0.35Bi/C/T 光催化剂对亚甲基蓝的降解率达 98.1%，比 $g-C_3N_4/TiO_2$ 光催化剂高出 30% 多，比 $g-C_3N_4$ 高出 40% 多。制备的 $Bi_2O_3/g-C_3N_4/TiO_2$ 纳米复合光催化剂禁带宽度变窄，其吸收带边明显红移；复合物样品中 Bi_2O_3、$g-C_3N_4$ 和 TiO_2 相间通过形成异质结，有效降低了光生电子和空穴的复合率，提高了可见光催化性能。

参 考 文 献

敖特根，侯清玉，迎春，2012. La 高掺杂对锐钛矿型 TiO_2 电子结构和吸收光谱影响的第一性原理研究[J]. 钛工业进展，29（1）：13-18.

蔡莉，吴昊，廖学品，等，2011. 胶原纤维为模版制备 TiO_2 及 La/TiO_2 纳米纤维及光催化活性研究[J]. 无机化学学报，27（4）：611-618.

陈鹏，陈勇，陈超，等，2014. 镧掺杂 TiO_2/活性炭纤维复合光催化材料的制备及性能[J]. 材料导报，28（10）：42-45，66.

杜景红，严继康，张家敏，等，2015. La^{3+} 掺杂 TiO_2 粉体的化学沉淀法制备条件优化[J]. 稀有金属材料与工程，44（11）：2821-2825.

李春萍，张健，濮春英，等，2010. Fe 掺杂 ZnO 纳米球的光学特性[J]. 发光学报，31（2）：265-268.

李德贵，张金磊，覃铭，等，2014. 氧化镧粉体的制备及其对晶粒粒度的影响[J]. 无机盐工业，46（11）：21-23，61.

李晓金，盛珈怡，陈海航，等，2015. $\beta-Bi_2O_3$ 修饰 Bi_2WO_6 光催化降解苯酚及其可能机理[J]. 物理化学学报，31（3）：540-544.

刘佳，龙天渝，陈前林，等，2013. Cu/La 共掺杂 TiO$_2$ 光催化氧化水中的氨氮[J]. 环境工程学报，7（2）：457-462.

吕珊珊，楚学影，王记萍，等，2014. 形貌依赖的 ZnO 阴极射线发光性质研究[J]. 发光学报，35（6）：672-677.

王瑞芬，王福明，安胜利，等，2014. 镧-氟共掺杂二氧化钛结构及催化性能研究[J]. 稀有金属材料与工程，43（9）：2293-2296.

谢先法，吴平霄，党志，等，2005. 过渡金属离子掺杂改性 TiO$_2$ 研究进展[J]. 化工进展，24（12）：1358-1362.

徐海燕，傅敏，王瑞琪，2015. Bi$_2$O$_3$/g-C$_3$N$_4$/TiO$_2$ 三元复合物的制备及其可见光催化活性研究[J]. 人工晶体学报，44（9）：2524-2531.

Che H N, Chen J B, Huang K, et al., 2016. Construction of SrTiO$_3$/Bi$_2$O$_3$ heterojunction towards to improved separation efficiency of charge carriers and photocatalytic activity under visible light[J]. Journal of Alloys and Compounds, 688: 882-890.

Chen H J, Yin G J, Wu C L, 2008. Study on preparation and properties of nanometer Bi$_2$O$_3$/TiO$_2$ composite photocatalyst[J]. Chinese Journal of Environmental Engineering, 11（2）: 1516-1518.

Chen X B, Shen S H, Guo L J, et al., 2010. Semiconductor-based photocatalytic hydrogen generation[J]. Chemical Reviews, 110（11）: 6503-6570.

Dimitrov V, Dimitriev Y, Montenero A, 1994. IR spectra and structure of V$_2$O$_5$/GeO$_2$/Bi$_2$O$_3$, glasses[J]. Journal of Non-Crystalline Solids, 180（1）: 51-57.

Dong F, Wu L W, Sun Y J, et al., 2011. Efficient synthesis of polymeric g-C$_3$N$_4$ layered materials as novel efficient visible light driven photocatalysts[J]. Journal of Materials Chemistry, 21（39）: 15171-15174.

Fu M, Liao J Z, Dong F, et al., 2014. Growth of g-C$_3$N$_4$ Layer on commercial TiO$_2$ for enhance visible light photocatalytic activity[J]. Journal of Nanomaterials, 44: 1-8.

Fu M, Pi J M, Dong F, et al., 2013. A cost-effective soild-state approach to synthesize g-C$_3$N$_4$ coated TiO$_2$ nanocomposites with enhanced visible light photocatalytic activity[J]. International Journal of Photoenergy, 276: 10196-10202.

Fujishima A, Honda K, 1972. Electrochemical photolysis of water at a semiconductor electrode[J]. Nature, 238: 37-38.

Gu L A, Wang J Y, Zou Z J, et al., 2014. Graphitic-C$_3$N$_4$-hybridized TiO$_2$ nanosheets with reactive {001}facets to enhance the UV and visible-light photocatalytic activity[J]. Journal of Hazardous Materials, 268: 216-223.

Huang X D, Li L, Wei Q Y, et al., 2013. Preparation of three-dimensionally ordered macroporous composite Bi$_2$O$_3$/TiO$_2$ and its photocatalytic degradation of crystal violet under multiple modes[J]. Acta Physico-Chimica Sinica, 29（12）: 2615-2623.

Jiao Y C, Zhu M F, Chen F, et al., 2013. La-doped titania nanocrystals with superior photocatalytic activity prepared by hydrothermal method[J]. Chinese Journal of Catalysis, 34（3）: 585-592.

Jing L Q, Sun X J, Cai W M, et al., 2003. The preparation and characterization of nanoparticle TiO$_2$/Ti films and their photocatalytic activity[J]. Journal of Physics and Chemistry of Solids, 64（4）: 615-623.

Li C, Yang X G, Yang B J, et al., 2007. Synthesis and characterization of nitrogen-rich graphitic carbon nitride[J]. Materials Chemistry and Physics, 103（2-3）: 427-432.

Li X Z, Li F B, Yang C L, et al., 2001. Photocatalytic activity of WO$_x$-TiO$_2$ under visible light irradiation[J]. Journal of Photochemistry and Photobiology. A: Chemistry, 141（2-3）: 209-217.

Li Y J, Cao T P, Shao C L, et al., 2012. Preparation and photocatalytic properties of Gamma-Bi$_2$O$_3$/TiO$_2$ composite fibers[J]. Journal of Inorganic Materials, 27（7）: 687-692.

Li Y P, Wu S L, Huang L Y, et al., 2015. G-C$_3$N$_4$ modified Bi$_2$O$_3$ composites with enhanced visible-light photocatalytic activity[J]. Journal of Physics and Chemistry of Solids, 76: 112-119.

Liu Y D, Xin F, Wang F M, et al., 2010. Synthesis, characterization, and activities of visible light-driven Bi$_2$O$_3$-TiO$_2$ composite photocatalysts[J]. Journal of Alloys and Compounds, 498（2）: 179-184.

Liu Y, Yu H B, Lv Z E, et al., 2012. Simulated-sunlight-activated photocatalysis of methylene blue using cerium-doped SiO$_2$/TiO$_2$

Liu Y, Zhou S, Li J M, et al., 2015. Photocatalytic reduction of CO$_2$ with water vapor on surface La-modified TiO$_2$ nanoparticles with enhanced CH$_4$ selectivity[J]. Applied Catalysis B: Environmental, 168: 125-131.

Ma X L, Guo X H, Guo G B, et al., 2014. Preparation and photocatalytic properties of Bi$_2$O$_3$/TiO$_2$ nanocomposite supported on activated carbon[J]. Journal of Synthetic Crystals, 43（12）: 3278-3283.

Miranda C, Mansilla H, Yáñez J, et al., 2013. Improved photocatalytic activity of g-C$_3$N$_4$/TiO$_2$ composites prepared by a simple impregnation method[J]. Journal of Photochemistry and Photobiology A: Chemistry, 253: 16-21.

Parida K M, Sahu N, 2008. Visible light induced photocatalytic activity of rare earth titania nanocomposites[J]. Journal of Molecular Catalysis A: Chemical, 287 (1/2): 151-158.

Priyanka K P, Revathy V R, Rosmin P, et al., 2016. Influence of La doping on structural and optical properties of TiO$_2$ nanocrystals[J]. Materials Characterization, 113: 144-151.

Shamaila S, Sajjad A K L, Chen F, et al., 2010. Study on highly visible light active Bi$_2$O$_3$, loaded ordered mesoporous titania[J]. Applied Catalysis B: Environmental, 94 (3-4): 272-280.

Shkabko A, Aguirre M H, Marozau I, et al., 2009. Synthesis and transport properties of SrTiO$_{3-x}$N$_y$/SrTiO$_{3-\delta}$ layered structures produced by microwave-induced plasma nitridation[J]. Journal of Physics D: Applied Physics, 42 (14): 145202-145209.

Sing K S W, 1985. Reporting physisorption data for gas/solid systems-with special reference to the determination of surface area and porosity (Recommendations 1984) [J]. Pure and Applied Chemistry, 57 (4): 603-619.

Sridharan K, Jang E, Park T J, 2013. Novel visible light active graphitic C$_3$N$_4$-TiO$_2$ composite photocatalyst: Synergistic synthesis, growth and photocatalytic treatment of hazardous pollutants[J]. Applied Catalysis B: Environmental, 142: 718-728.

Subramanian B, Swaminathan M, 2012. Facile fabrication of heterostructured Bi$_2$O$_3$-ZnO photocatalyst and its enhanced photocatalytic activity[J]. Journal of Physical Chemistry C, 116 (50): 26306-26312.

Wang J, Zhang W D, 2012. Modification of TiO$_2$ nanorod arrays by graphite-like C$_3$N$_4$ with high visible light photoelectrochemical activity[J]. Electrochimica Acta, 71 (1): 10-16.

Wang J Y, Zhao Z H, Fan J M, et al., 2013. One-pot hydrothermal synthesis of N-(S, F)co-doped titanium nanotubes and its visible light responsive photocatalytic properties[J]. Journal of Functional Materials, 44 (10): 1502-1506.

Wang X, Maeda K, Thomas A, et al., 2009. A metal-free polymeric photocatalyst for hydrogen production from water under visiblelight[J]. Nature Materials, 8 (1): 76-80.

Yang J, Li J T, Miu J, 2011. Visible light photocatalytic performance of Bi$_2$O$_3$/TiO$_2$ nanocomposite particles[J]. Chinese Journal of Inorganic Chemistry, 27 (3): 547-555.

Yang N, Li G Q, Wang W L, et al., 2011. Photophysical and enhanced daylight photocatalytic properties of N-doped TiO$_2$/ g-C$_3$N$_4$ composites[J]. Journal of Physics and Chemistry of Solids, 72 (11): 1319-1324.

Zhang J F, Hu Y F, Jiang X L, et al., 2014. Design of a direct Z-scheme photocatalyst: preparation and characterization of Bi$_2$O$_3$/g-C$_3$N$_4$ with high visible light activity[J]. Journal of Hazardous Materials, 280: 713-722.

Zhao S S, Chen S, Yu H T, et al., 2012. G-C$_3$N$_4$/TiO$_2$ hybrid photocatalyst with wide absorption wavelength range and effective photogenerated charge separation[J]. Separation and Purification Technology, 99 (8): 50-54.

第6章 锌铋复合材料光催化性能增强及应用

6.1 ZnFe₂O₄/TiO₂复合材料的制备及光催化性能

6.1.1 引言

铁酸锌（ZnFe₂O₄）是具有尖晶石结构和窄带隙（1.9eV）的半导体材料，具有出色的光吸收能力和独特的磁性能，同时还具有良好的光化学稳定性（Kislov et al.，2008；Meidanchi and Akhavan，2014）。研究人员发现，p-n型光催化剂可以有效地减少电子与空穴的复合（Tahir et al.，2021）。另外，有学者发现ZnFe₂O₄是一种p型半导体，而锐钛矿形式的TiO₂是一种具有间接带隙的n型半导体（Tahir et al.，2021）。因此，将ZnFe₂O₄与TiO₂结合形成异质结，该复合材料不仅增加了光催化剂的光响应范围，而且减少了载流子的复合，并提高了复合材料在可见光区域的光催化活性（Shih et al.，2015）。本节采用简单的水热法合成异质结结构的TiO₂/ZnFe₂O₄复合材料净化NO$_x$，该材料具有光催化活性高、电荷分离效率高以及易回收等优点。

6.1.2 ZnFe₂O₄/TiO₂复合光催化材料的制备

（1）ZnFe₂O₄的制备。取10mmol Fe(NO₃)₃·9H₂O与5mmol Zn(NO₃)₂·6H₂O，加入30mL去离子水在磁力搅拌器上混合均匀，再加入30mmol酒石酸，搅拌30min，直至溶液变暗红色，加入4.4g NaOH再搅拌30min。搅拌均匀后将混合溶液放入高压反应釜，在烘箱中以175℃水热6h。将其取出后待冷却到室温，用水和乙醇各清洗两遍，再次放入烘箱中烘干，研磨干燥后备用。

（2）ZnFe₂O₄/TiO₂复合催化剂的制备。取5mL钛酸丁酯，加入50mL无水乙醇，再加入1.25mL HAc，用HCl调节处理至pH＝2，然后根据比例加入不同质量的ZnFe₂O₄，超声处理30min，再加入1.25mL H₂O，再超声处理30min，搅拌均匀后将混合溶液放入高压反应釜中，在烘箱中以180℃水热反应16h。将其取出后待冷却到室温，用乙醇和水各清洗三遍，放入烘箱烘干，研磨干燥后放入马弗炉400℃煅烧2h。根据加入ZnFe₂O₄和TiO₂的物质的量比分为1∶9、1∶12、1∶15，记为1∶9-ZnFe₂O₄/TiO₂、1∶12-ZnFe₂O₄/TiO₂、1∶15-ZnFe₂O₄/TiO₂。

6.1.3 结果与讨论

制备样品的XRD表征的结果如图6-1所示，2θ为29.8°、35.2°、42.6°、53.1°、56.8°、62.2°衍射峰均与ZnFe₂O₄标准卡片JCPDS#22-1012的（220）晶面、（311）晶面、（400）

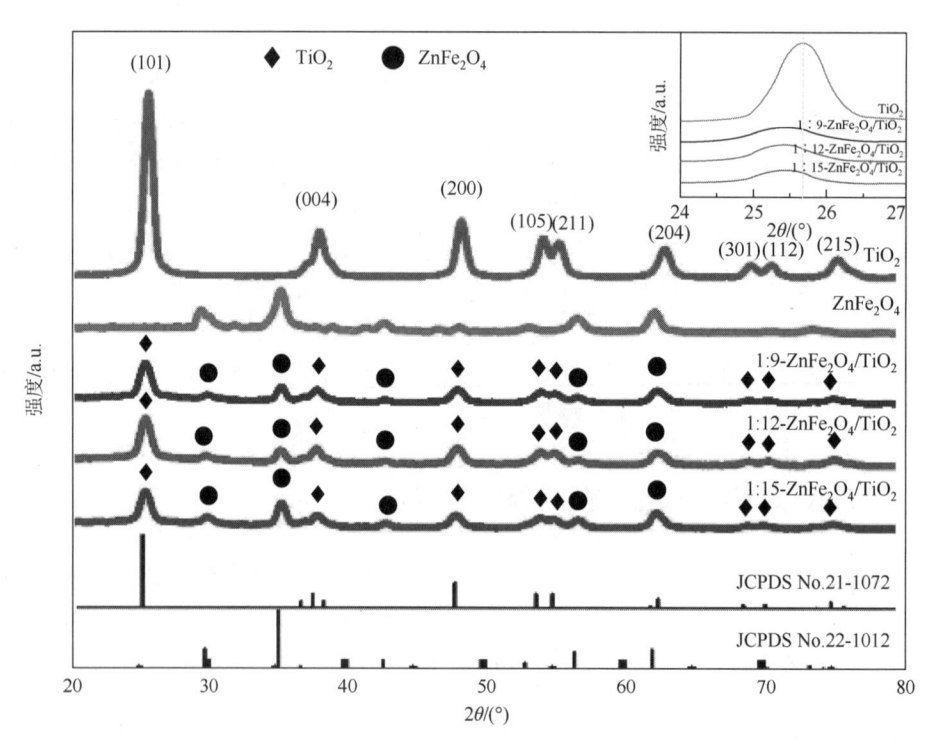

晶面、(422)晶面、(511)晶面和(440)晶面相符合，证明成功用水热法制备了 ZnFe$_2$O$_4$ 材料。ZnFe$_2$O$_4$/TiO$_2$ 复合物是利用钛酸丁酯作为钛源，然后水热合成，在 2θ 为 25.3°、37.8°、48.2°、54.1°、55.2°、62.8°处出现的衍射峰都对应了锐钛矿的标准卡片 JCPDS21#1272 的 (101)晶面、(004)晶面、(200)晶面、(105)晶面、(211)晶面、(204)晶面。在 XRD 图谱中并没有观察到 TiO$_2$ 金红石相，这可能是催化剂合成过程中煅烧温度较低（400℃）(Khan and Swati, 2016) 造成的。在 2θ 为 25.3°时发现锐钛矿 TiO$_2$ 有较为明显的左移，各个峰的高度也有一定的降低，原因是一部分的 Fe 和 Zn 在制备时掺杂进入了 TiO$_2$ 结构内部，导致其结晶度变差，这和 HRTEM 图（图 6-2）中晶面间距有略微减小的结果相一致。

图 6-1　样品的 XRD 图谱

运用 TEM 和 HRTEM 观察样品的微观结构，从图 6-2（a）和图 6-2（b）的 TEM 图可以看出，ZnFe$_2$O$_4$ 和 TiO$_2$ 的复合物对 TiO$_2$ 本身的形态几乎没有影响。复合材料具有许多颗粒团簇（Suppuraj et al., 2019），并且成功地将 ZnFe$_2$O$_4$ 和 TiO$_2$ 两种物质结合在一起。从图 6-2（d）中可以看到 TiO$_2$ 的典型（101）晶面，还可以看到 ZnFe$_2$O$_4$ 的（311）晶面。ZnFe$_2$O$_4$ 的纳米颗粒紧密耦合在 TiO$_2$ 的表面上，这意味着半导体材料复合后纳米颗粒通常保持与相似的晶格条纹耦合（Yu et al., 2014），并且在 HRTEM 图中可以清楚地看到两种晶面之间的边界，表明 ZnFe$_2$O$_4$ 和 TiO$_2$ 可能形成异质结结构。

为了进一步了解 TiO$_2$ 和 ZnFe$_2$O$_4$/TiO$_2$ 的元素组成以及 Ti、Fe、Zn 和 O 元素的化学环境，对制备的样品进行 XPS 测试。TiO$_2$ 和 ZnFe$_2$O$_4$/TiO$_2$ 纳米复合材料的 XPS 全谱图如图 6-3 所示，在 ZnFe$_2$O$_4$/TiO$_2$ 复合材料中存在 Ti、Zn、Fe 和 O 的元素峰。

(a) TiO₂的TEM图

(b) ZnFe₂O₄/TiO₂的TEM图

(c) TiO₂的HRTEM图

(d) ZnFe₂O₄/TiO₂的HRTEM图

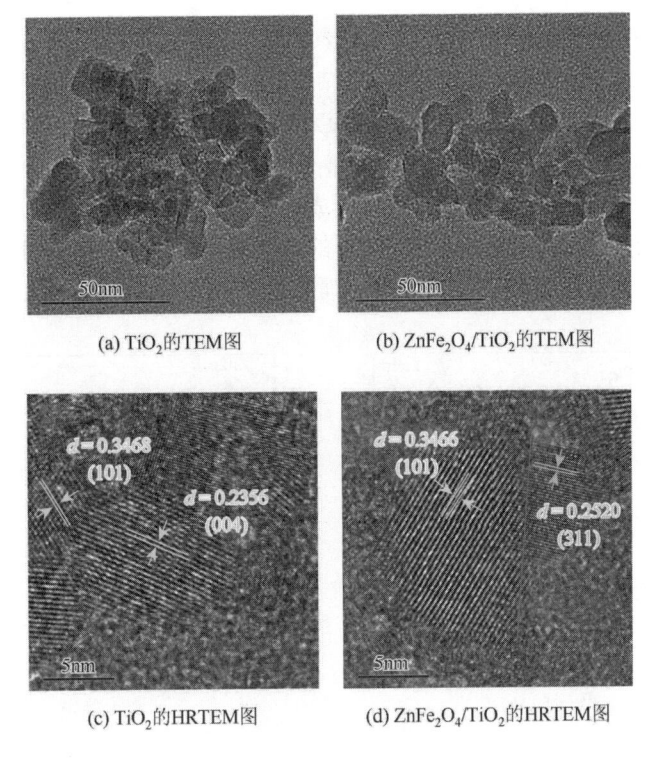

图 6-2　样品的 TEM 图和 HRTEM 图

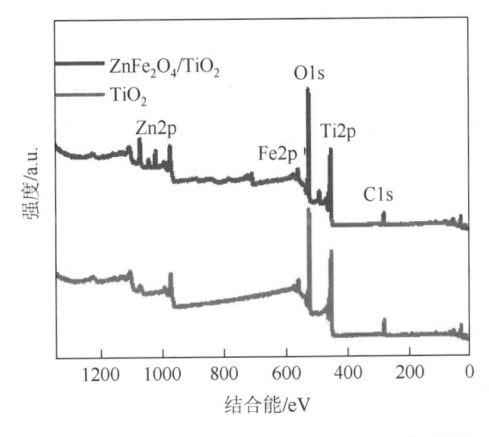

图 6-3　TiO₂ 和 ZnFe₂O₄/TiO₂ 的 XPS 全谱图

如图 6-4（a）所示，在 710.8eV 和 724.4eV 处的峰归因于 Fe^{3+} 处于化学状态的 $Fe2p_{3/2}$（Cheng et al.，2020）和 $Fe2p_{1/2}$（Song and Xin，2015）信号的结合能。其中的 719eV 则是 Fe 元素的卫星峰（Cheng et al.，2020）。图 6-4（b）显示，Zn^{2+} 样品中 $Zn2p_{3/2}$ 和 $Zn2p_{1/2}$ 的结合能分别为 1020.8eV 和 1044.2eV（Song and Xin，2015）。图 6-4（c）表明，$Ti2p_{3/2}$ 的峰为 458.6eV 和 458.38eV，$Ti2p_{1/2}$ 的峰为 464.29eV 和 464eV。可以看出，$Ti2p_{3/2}$ 峰和 $Ti2p_{1/2}$ 峰都分别向高结合能移动了 0.22eV 和 0.29eV。另外，样品的 O1s XPS 光谱如图 6-4（d）所示。Ti—O 键上的晶格氧（O_L）的峰值位置为 529.8eV 和 529.7eV（Cheng et al.，2020）。在 531.8eV 和 531.5eV 处，它是表面化学吸附的羟基氧（O_{ad}）（Ma et al.，2012）。可以看出，O_L 和 O_{ad} 的峰的结合能分别向低结合能移动了 0.1eV 和 0.3eV。这些结果表明，$ZnFe_2O_4$ 和 TiO_2 的复合物在材料之间形成特定的结构，而不是简单的表面黏附（Miao et al.，2012；Wang et al.，2012）。$Ti2p_{3/2}$ 峰和 $Ti2p_{1/2}$ 峰的结合能的增加以及 O_L 和 O_{ad} 峰的结合能的减少从侧面说明了 $ZnFe_2O_4/TiO_2$ 异质结形成电子通道导致 $ZnFe_2O_4$ 上 O 的电子转移到 TiO_2。因此，$ZnFe_2O_4/TiO_2$ 复合材料中 TiO_2 的电子云密度增加，电荷分离速度变得更快，并且可以形成更多的活性物种，使其具有更强的光催化活性（Wang et al.，2020）。

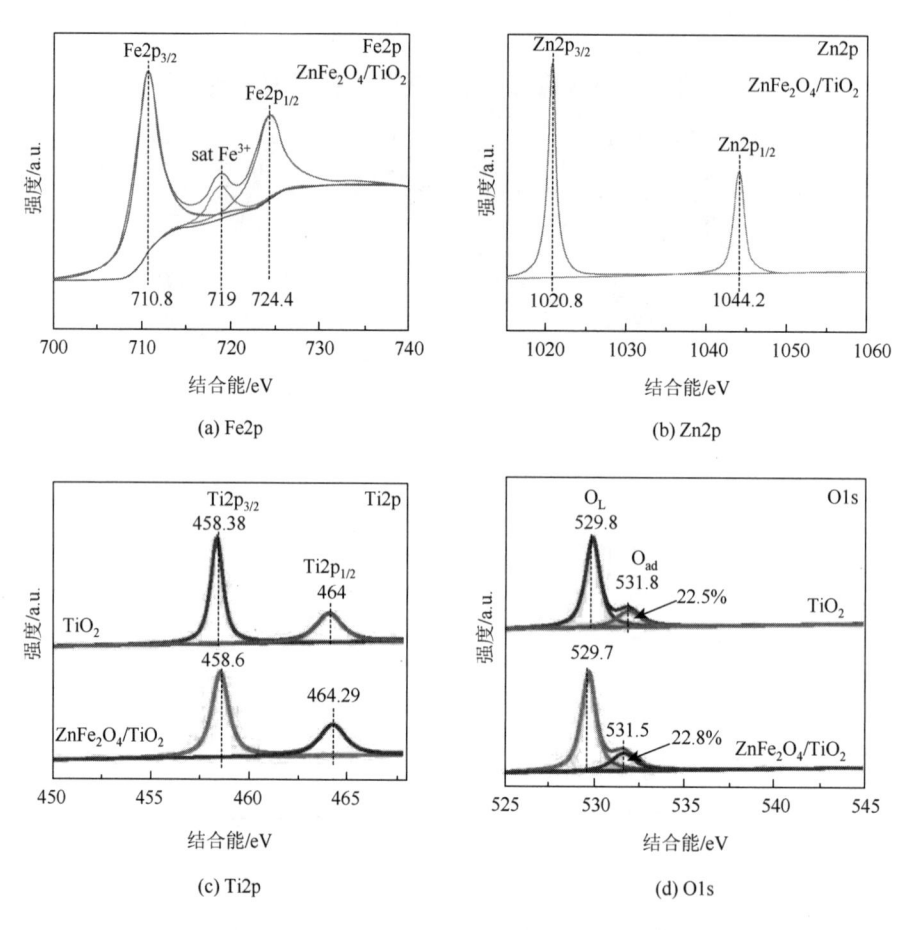

图 6-4　TiO_2 和 $ZnFe_2O_4/TiO_2$ 样品的 XPS 图

根据 XPS 元素比例分析表（表 6-1），Zn 与 Fe 的元素含量的比为 1∶2，与 $ZnFe_2O_4$ 一致，表明已成功制备了 $ZnFe_2O_4/TiO_2$ 复合材料。

表 6-1　元素分析表

项目	元素峰面积占比	元素含量/%
O1s	0.79	55.06
Ti2p	0.32	22.52

续表

项目	元素峰面积占比	元素含量/%
Fe2p	0.06	3.98
Zn2p	0.03	1.99

为了验证材料的光吸收能力，研究催化剂样品在 200～800nm 波长的光响应范围。如图 6-5（a）所示，TiO_2 在紫外区域具有良好的吸收，吸收带边在约 380nm 处，但是在可见光区域的吸收较差，而 $ZnFe_2O_4$ 材料在可见光区域具有出色的吸收能力。与 TiO_2 相比，$ZnFe_2O_4/TiO_2$ 复合材料的光谱在 400～600nm 的可见光区域具有较强的吸收。吸收带边约为 460nm，并且吸收带有部分红移，出现这种现象是因为 $ZnFe_2O_4/TiO_2$ 复合材料颜色为红色（Zhang et al.，2013a），且吸收带红移有利于其氧化能力的增强，进而提高了光催化性能。使用 Kubelka-Munk 公式计算两个样品的禁带宽度，如图 6-5（b）所示，TiO_2 和 $ZnFe_2O_4$ 的禁带宽度分别为 3.3eV 和 1.82eV。

(a) 紫外-可见漫反射光谱图

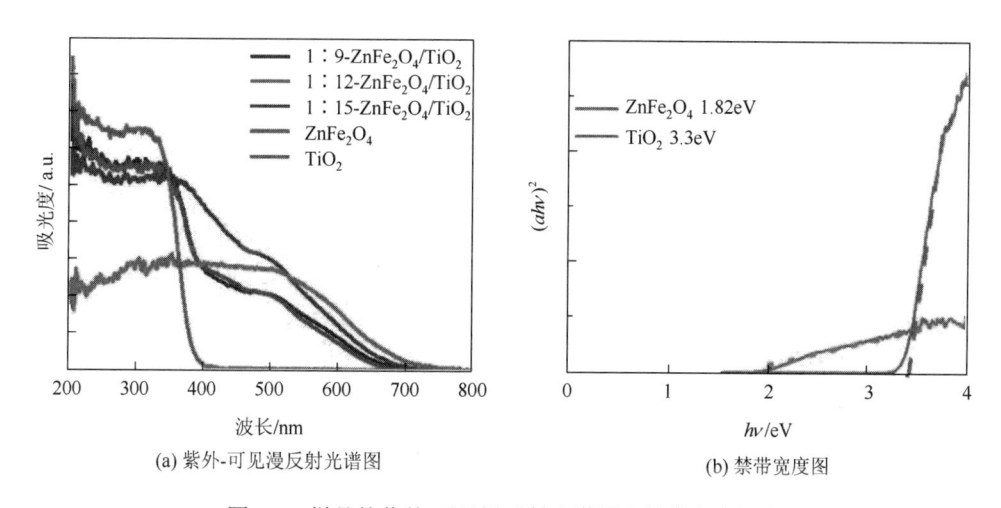

(b) 禁带宽度图

图 6-5 样品的紫外-可见漫反射光谱图和禁带宽度测定

众所周知，$ZnFe_2O_4$ 和 TiO_2 半导体具有匹配的能带电势，当它们紧密结合时，可以产生 $ZnFe_2O_4/TiO_2$ 异质结结构（Li et al.，2011；Wang et al.，2014）。因此，可以通过相应的经验公式计算出 $ZnFe_2O_4$ 和 TiO_2 的 VB 和 CB 的位置（Zhang et al.，2007）。

$$E_{VB} = \chi - E^e + 0.5E_g \tag{6-1}$$

$$E_{CB} = E_{VB} - E_g \tag{6-2}$$

式中，E^e 是氢标下自由电子的能量（$E^e = 4.5eV$）；χ 是 Mulliken 电负性，也称为绝对电负性，其表达式为

$$\chi = \frac{I+A}{2} \tag{6-3}$$

根据电负性平衡原理，化合物的电负性等于每个元素的电负性的几何平均值。

$$\chi(A_aB_bC_c) = \left(\chi_A^a \chi_B^b \chi_C^c\right)^{1/(a+b+c)} \tag{6-4}$$

通过计算，ZnFe$_2$O$_4$ 和 TiO$_2$ 的绝对电负性分别为 5.86eV 和 5.76eV。将上述已知值代入式（6-1）和式（6-2），得到 ZnFe$_2$O$_4$ 的 $E_{VB} = 0.38$eV，$E_{CB} = -1.54$eV；TiO$_2$ 的 $E_{VB} = 2.90$eV，$E_{CB} = -0.40$eV。根据异质结理论，这两种材料具备通过形成异质结以提高其光催化活性的条件。

同时，通过 ESR 分析，了解 TiO$_2$、ZnFe$_2$O$_4$ 和 ZnFe$_2$O$_4$/TiO$_2$ 在可见光下是否会产生光生空穴。图 6-6（a）表明，在可见光照射下，ESR 谱峰高度略微降低，说明 TiO$_2$ 会产生少量的空穴。图 6-6（c）表明，ZnFe$_2$O$_4$/TiO$_2$ 复合材料在可见光下会产生较多的空穴。这表明可见光促进了 ZnFe$_2$O$_4$/TiO$_2$ 材料中空穴的生成，并进一步证明了 ZnFe$_2$O$_4$/TiO$_2$ 复合材料可能形成了电子通道，从侧面证明了异质结的生成，从而导致更强的光催化活性。

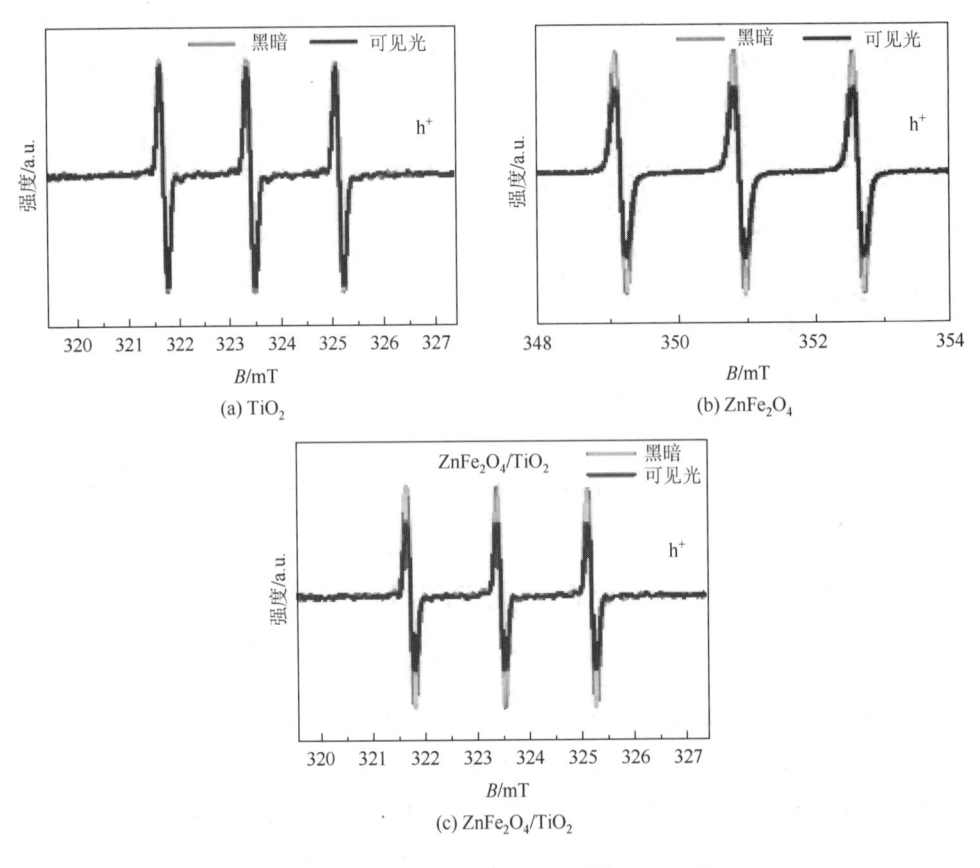

图 6-6 样品在黑暗和可见光下的 ESR 光谱

为了研究样品的电子-空穴复合效率，对样品进行光致发光分析。图 6-7 为 TiO$_2$ 和 ZnFe$_2$O$_4$/TiO$_2$ 的光致发光光谱。通过比较发现，在添加 ZnFe$_2$O$_4$ 之后，样品的光致发光强度明显降低，表明 ZnFe$_2$O$_4$/TiO$_2$ 复合材料的光生电子-空穴复合率降低，这归因于通过与 TiO$_2$ 纳米颗粒的耦合在 ZnFe$_2$O$_4$ 和 TiO$_2$ 的 CB 和 VB 之间形成新的能级（Khasevani and Gholami, 2019），这促进了电子的迁移，从而促进了载流子的迁移，并促进了 ZnFe$_2$O$_4$ 中的电子向 TiO$_2$ 转移，抑制了电子-空穴对的重组，提高了复合材料的稳定性和电荷转移速度。

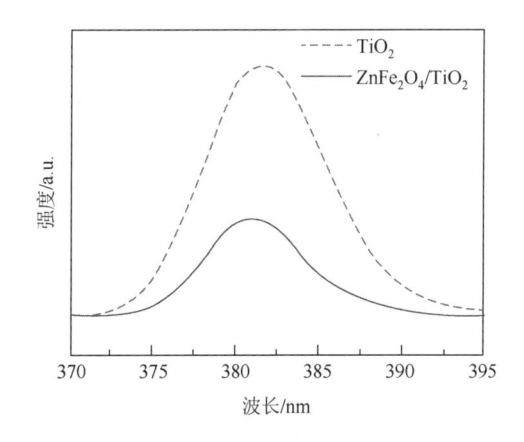

图 6-7　TiO$_2$ 和 ZnFe$_2$O$_4$/TiO$_2$ 的光致发光光谱图

在可见光照射下，采用 NO$_x$ 的净化率来评价 TiO$_2$ 和 ZnFe$_2$O$_4$/TiO$_2$ 复合样品的光催化性能。根据目前的研究，在可见光照射下，光催化剂可以将 NO$_x$ 氧化为硝酸盐或亚硝酸盐。从图 6-8（a）可以看出，可见光照射 30min 后，TiO$_2$ 的去除率为 5%，而 1∶9-ZnFe$_2$O$_4$/TiO$_2$、1∶12-ZnFe$_2$O$_4$/TiO$_2$ 和 1∶15-ZnFe$_2$O$_4$/TiO$_2$ 的去除率分别为 43.56%、54% 和 38.44%。结果表明，ZnFe$_2$O$_4$ 的复合可以大大提高 TiO$_2$ 的光催化活性，这可以归因于 ZnFe$_2$O$_4$/TiO$_2$ 异质结的形成，从而使得电子-空穴对的复合率降低，电荷转移速率增加，光催化活性增强。

(a) ZnFe$_2$O$_4$/TiO$_2$ 样品对 NO$_x$ 的净化率

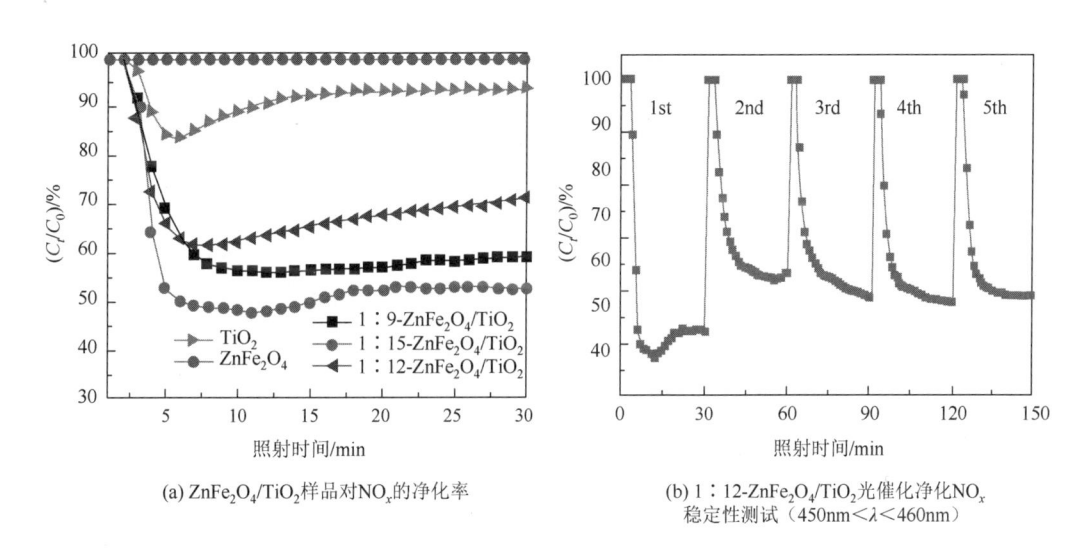

(b) 1∶12-ZnFe$_2$O$_4$/TiO$_2$ 光催化净化 NO$_x$ 稳定性测试（450nm＜λ＜460nm）

图 6-8　样品对 NO$_x$ 的净化性能及稳定性测试

光催化剂的稳定性也是限制其应用的主要因素，因此选择了去除率最好的 1∶12-ZnFe$_2$O$_4$/TiO$_2$ 样品进行 5 次连续循环测试［图 6-8（b）］。测试后发现，第一次 NO$_x$ 净化率最好，然后效果逐渐变差，这可能是某些活性部位被积累的中间物质所覆盖，5 次循环后，净化率稳定在 40%，表明该催化剂具有一定的循环稳定性。

为了探索 NO 在光催化反应过程中的转化机理，采用原位红外检测反应过程中的转化途径和终产物（图 6-9）。以 NO 进入反应室时测试的红外光谱线用作背景板。在室温（25℃）下在黑暗条件中使 NO 通过之后，检测到光催化剂表面上 NO 的红外吸收峰。

如图 6-9（a）和图 6-9（c）所示，在 1583cm^{-1} 处的吸收带强度随时间逐渐增加，这可能是由于 NO 在 TiO$_2$ 表面吸附而形成双齿硝酸盐（Tan et al.，2019），在 1305cm^{-1} 处吸收带的增加主要是由于 NO 和 TiO$_2$ 之间的化学反应形成桥接硝酸盐（Liu et al.，2009）。1480cm^{-1} 处的峰归因于 Ti-NO$_2^-$ 物种（Tan et al.，2019），1457cm^{-1} 和 1255cm^{-1} 处的峰归因于桥接硝酸盐的形成（Debeila et al.，2005），1203cm^{-1} 和 1084cm^{-1} 处的峰主要是由反式-N$_2$O$_2^{2-}$（Mikhaylov et al.，2013）的形成所致，1015cm^{-1} 处的峰是由于表面 NO$_3^-$ 的形成（Wang et al.，2018）。双齿硝酸盐和单齿硝酸盐（如 1578~1583cm^{-1} 和 1478~1480cm^{-1}）往低波数的偏移，可用电子 D-π* 反向捐赠原理来解释，这归因于 Ti 和 Fe 位的电子密度增加（Huang et al.，2015；Cheng et al.，2019）。光照和黑暗的对比结果表明可见光的照射可以进一步激活 TiO$_2$ 表面的吸附。

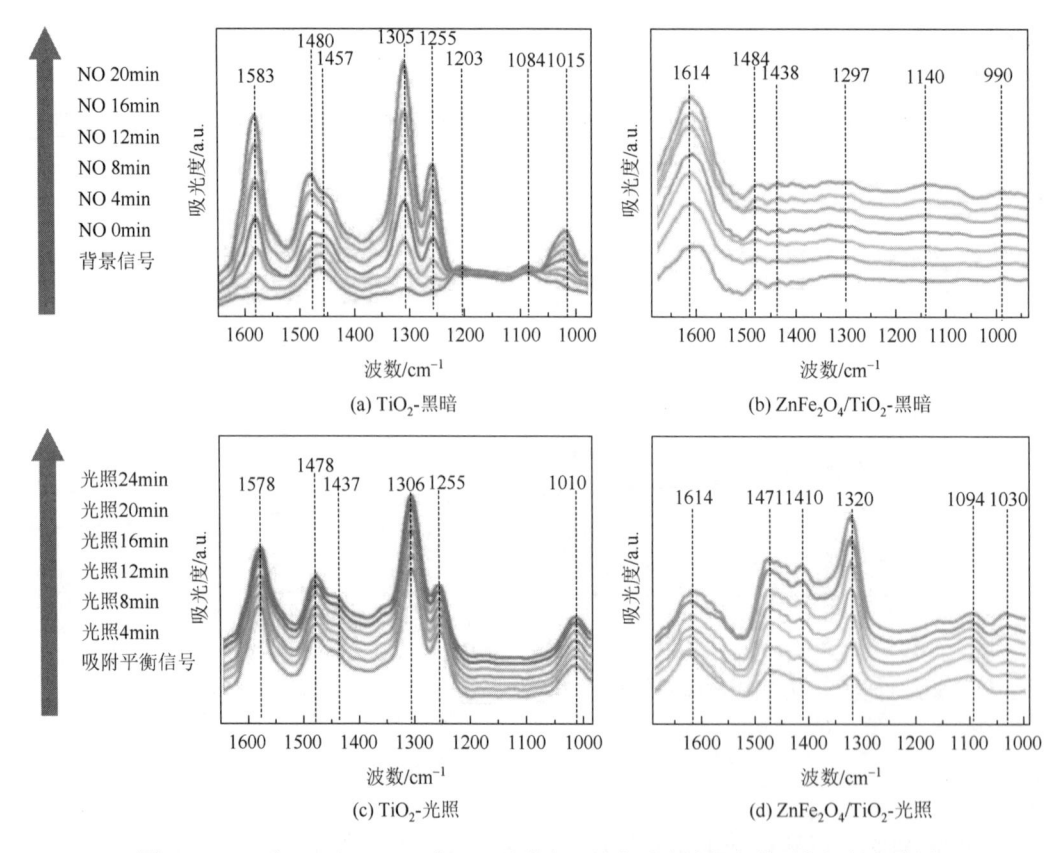

图 6-9　TiO$_2$ 和 ZnFe$_2$O$_4$/TiO$_2$ 上 NO 吸附和可见光反应过程中的原位红外光谱图

图 6-9（b）表明，在 1614cm^{-1} 处的峰归因于气相 NO$_2$（Cheng et al.，2020），在 1484cm^{-1} 处的峰归因于 Ti-NO$_2^-$ 物种（Tan et al.，2019），在 1297cm^{-1} 处的峰可能归因于单齿硝酸

盐,也可能归因于双齿硝酸盐(Hadjiivanov,2000),1140cm^{-1}处的峰归因于 NOH,其峰强度略有增加,这表明 NO 可以与表面羟基进行反应(Kantcheva,2001)。990cm^{-1}处的峰归因于 NO_2^-,其峰强度的轻微增加归因于 NO 与表面羟基自由基反应形成硝酸盐类物质(Wang et al.,2018a)。

图 6-9(d)显示,在开灯后,可见光照射下 1614cm^{-1}处的峰高迅速变低,表明 NO_2 被氧化,在 1471cm^{-1} 和 1410cm^{-1} 处出现了新的峰,并且峰高略有增加,表明形成了 Ti-ONO$^-$中间产物(Debeila et al.,2005)。此外,在 1320cm^{-1}处有一个更明显的吸收峰,且峰强度显著增加,表明形成了单齿硝酸盐这种终产物(Kantcheva,2001)。在 1094cm^{-1} 和 1030cm^{-1} 处的峰是反式-$N_2O_2^{2-}$(Mikhaylov et al.,2013)和桥接的硝酸盐(Tan et al.,2019),这两个峰强度的轻微增加归因于 NO 在 $ZnFe_2O_4/TiO_2$ 复合材料上在一定程度上进行了深度氧化(Cheng et al.,2019)。在图 6-9(d)中,可以清楚地看到在 1320cm^{-1}的峰值处的最终产物单齿硝酸盐物种的形成。这表明 $ZnFe_2O_4$ 和 TiO_2 的组合促进了电子的转移,形成了更多的自由基,从而形成了更多的活性位点以促进 NO 的转化。

基于以上实验结果和表征分析,提出 $ZnFe_2O_4/TiO_2$ 异质结材料光催化活性的可能机理,如图 6-10 所示,并结合原位红外,提出 $ZnFe_2O_4/TiO_2$ 纳米复合材料用于 NO_x 净化电荷转移机理。在可见光照射下,$ZnFe_2O_4$ 半导体的 VB 上的电子被激发到 CB,在 VB 上留下空穴,从而形成电子-空穴对,接着电子从 $ZnFe_2O_4$ 迁移到 TiO_2 的 CB 上,形成有效的电荷分离和转移,之后光催化剂在可见光照射下产生羟基和超氧自由基,并且 NO_x 与其反应转化为无毒硝酸盐。机制的一部分如下所示(Cheng et al.,2020)。

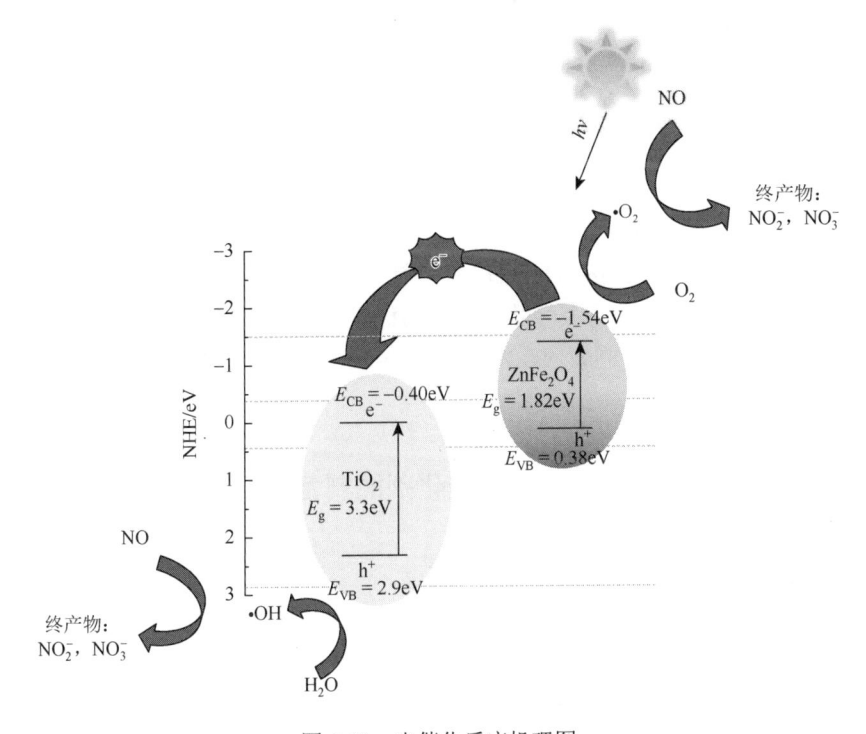

图 6-10 光催化反应机理图

$$NO + 2\cdot OH \longrightarrow NO_2 + H_2O \quad (6\text{-}5)$$

$$2NO + O_2 \longrightarrow 2NO_2 \quad (6\text{-}6)$$

$$2NO + 2Ti^{4+}\text{-}OH^- \longrightarrow Ti^{4+}NO_2^-(1471cm^{-1}, 1410cm^{-1}) + Ti^{4+}NO^- + H_2O \quad (6\text{-}7)$$

$$Ti^{4+}NO_2^- + 2\cdot OH \longrightarrow Ti^{4+}NO_3^-(1320cm^{-1}) + H_2O \quad (6\text{-}8)$$

$$2Ti^{3+}\text{-}NO(e^-) \longrightarrow Ti^{4+}\text{-}NO^- + Ti^{4+}\text{-}N_2O_2^{2-}(1094cm^{-1}) \quad (6\text{-}9)$$

$$4Ti^{4+}NO_2^- + 2O_2 \longrightarrow 4Ti^{4+}NO_3^-(1030cm^{-1}) \quad (6\text{-}10)$$

在可见光下，$ZnFe_2O_4$ 上激发的电子的一部分被 O_2 捕获形成 $\cdot O_2$，另一部分通过异质结形成的电子通道迅速转移到 TiO_2，促进了电子-空穴对的分离，从而促进自由基的形成，这些自由基将与 TiO_2 上吸附的 $Ti^{4+}NO_2^-$ 之类的中间体反应形成终产物硝酸盐。

6.2 Fe₃O₄@ZnFe₂O₄/TiO₂ 复合材料的制备及光催化性能

6.2.1 引言

铁酸锌（$ZnFe_2O_4$）具有窄的可调节禁带宽度（1.9～2.3eV），近年来被发现具有作为可见光光催化剂的潜力。其还具有环境友好、天然含量丰富、低毒和铁磁性等优点。$ZnFe_2O_4$ 降解有机污染物的效率不是很高，因为低价带电位导致光生电子-空穴对快速重组。为了解决这个问题，人们通常使用不同的物质（金属或其他半导体）来产生更高或更低的费米能级，以促进电子-空穴对的分离。为了增强 $ZnFe_2O_4/TiO_2$ 的磁性，选择在其上负载 Fe_3O_4。Fe_3O_4 与 $ZnFe_2O_4$ 晶体结构相似，是一种很好的结合材料。Fe_3O_4 也能提高降解率，因为 Fe^{2+} 可以与 H_2O 反应生成 $\cdot OH$。Birben 等（2017）发现含 Fe^{2+} 和 Fe^{3+} 的材料可以通过减少光生电子-空穴对的复合来增强光催化活性，同时，可见光激活的 $ZnFe_2O_4$ 可以通过提供电子加速 Fe^{3+} 还原为 Fe^{2+}，从而促进污染物的降解。$ZnFe_2O_4$ 化合物或铁氧体基光催化剂的合成方法和路线多种多样，如溶胶-凝胶法、共沉淀法、水热法、固相法和微波法。第 3 章介绍了 $ZnFe_2O_4/TiO_2$ 材料具有较为优良的光催化性能，那么如果将 $ZnFe_2O_4/TiO_2$ 材料进行改性，是否可以得到更为优质的光催化材料。Liu 等（2018）发现，Fe_3O_4 和 $ZnFe_2O_4$ 之间存在协同效应，本节尝试将 Fe_3O_4 负载到 $ZnFe_2O_4/TiO_2$ 材料上来提高其光催化性能。

6.2.2 Fe₃O₄@ZnFe₂O₄/TiO₂ 复合光催化剂的制备

（1）$ZnFe_2O_4$ 的制备。制备方法同 3.1.1 节。

（2）$Fe_3O_4@ZnFe_2O_4/TiO_2$ 复合催化剂的制备。取 5mL 钛酸丁酯，加入 50mL 无水乙醇，再加入 1.25mL HAc 和不同比例的 $Fe(NO_3)_3\cdot 9H_2O$，用 HCl 调节至 pH = 2，然后加入 0.89g $ZnFe_2O_4$，超声处理 30min，再加入 1.25mL H_2O，再超声处理 30min，搅拌均匀后将混合溶液放入高压反应釜中以 180℃水热 16h。将其取出后待冷却到室温，用乙醇和水各清洗 3 遍，放入烘箱烘干，研磨干燥后放入马弗炉400℃煅烧2h，该材料为5%Fe$_3$O$_4$@1-6-ZnFe$_2$O$_4$/TiO$_2$，为方便描述将该材料记为FZFT。

6.2.3 结果与讨论

制备样品的XRD表征结果如图6-11所示。在图6-11中，在2θ为25.6°、37.5°、48.8°、54.7°、55.9°、63.73°处出现的衍射峰都与锐钛矿的标准卡片JCPDS#21-1272的（101）晶面、（004）晶面、（200）晶面、（105）晶面、（211）晶面、（204）晶面相符（Huang et al.，2015），同时在XRD图谱中也观察到了在2θ为29.7°、34.9°、42.5°、52.68°、56.1°、61.6°衍射峰均与ZnFe$_2$O$_4$标准卡片JCPDS#22-1012的（220）晶面、（311）晶面、（400）晶面、（422）晶面、（511）晶面、（440）晶面相符，还观察到了在2θ为30.1°、35.4°、43.0°、56.9°、62.5°、73.9°衍射峰均与Fe$_3$O$_4$标准卡片JCPDS#99-0073的（220）晶面、（311）晶面、（400）晶面、（511）晶面、（440）晶面、（533）晶面相符（Le et al.，2021），在XRD图谱中，可以较为清晰地看到2θ为35.4°、56.9°、62.5°时，Fe$_3$O$_4$@ZnFe$_2$O$_4$/TiO$_2$中Fe$_3$O$_4$的结晶度比ZnFe$_2$O$_4$/TiO$_2$好，从侧面说明了在Fe$_3$O$_4$@ZnFe$_2$O$_4$/TiO$_2$材料表面形成了Fe$_3$O$_4$物种。

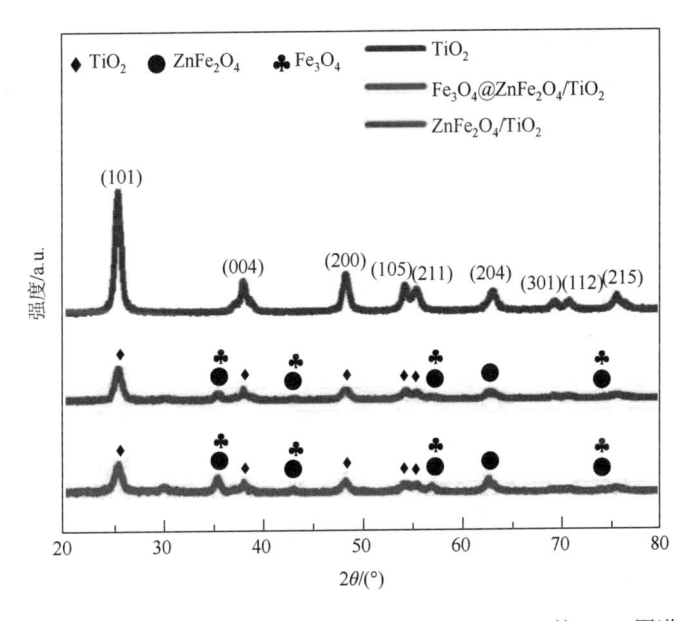

图6-11　TiO$_2$、ZnFe$_2$O$_4$/TiO$_2$和Fe$_3$O$_4$@ZnFe$_2$O$_4$/TiO$_2$的XRD图谱

运用TEM和HRTEM观察样品的微观结构，从图6-12（a）和图6-12（b）的TEM图可以看出，在ZnFe$_2$O$_4$/TiO$_2$表面确实有部分Fe$_3$O$_4$，且Fe$_3$O$_4$的负载并不改变ZnFe$_2$O$_4$/TiO$_2$材料的形貌，Fe$_3$O$_4$的负载对ZnFe$_2$O$_4$/TiO$_2$复合物本身的形态几乎没有影响。从图6-12（c）和6-12（d）中可以看到TiO$_2$的典型（101）晶面，还可以看到ZnFe$_2$O$_4$的（311）晶面。ZnFe$_2$O$_4$的纳米颗粒紧密耦合在TiO$_2$的表面上，这意味着半导体材料复合后通常保持与之相似的晶格条纹耦合（Yu et al.，2014）。并且在HRTEM图中可以清楚地看到晶面和

两个晶面之间的边界，表明 Fe_3O_4 的负载并不会破坏其异质结结构，但是 Fe_3O_4 会略微影响其晶格间距，这可能是由部分的 Fe 进入 TiO_2 的晶格内部引起的。

(a) $ZnFe_2O_4/TiO_2$ 的TEM图

(b) $Fe_3O_4@ZnFe_2O_4/TiO_2$ 的TEM图

(c) $ZnFe_2O_4/TiO_2$ 的HRTEM图

(d) $Fe_3O_4@ZnFe_2O_4/TiO_2$ 的HRTEM图

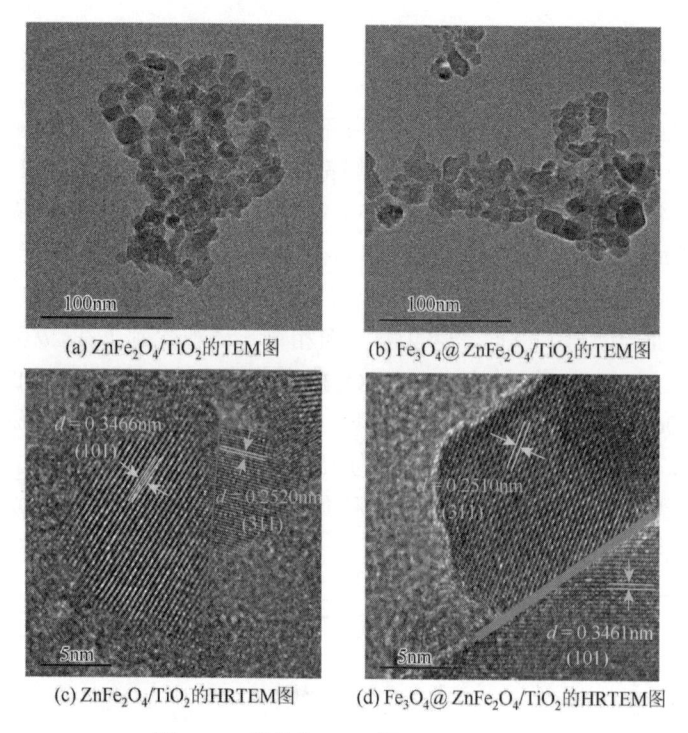

图 6-12　样品的 TEM 图及 HRTEM 图

为了进一步了解 $Fe_3O_4@ZnFe_2O_4/TiO_2$（FZFT）的元素组成以及 Ti、Fe、Zn 和 O 元素的化学环境，对制备样品进行 XPS 测试。$ZnFe_2O_4/TiO_2$ 和 FZFT 的 XPS 纳米复合材料的 XPS 全谱图如图 6-13 所示，在 FZFT 复合材料中，Zn 的峰强减弱，Fe 的峰强略微增

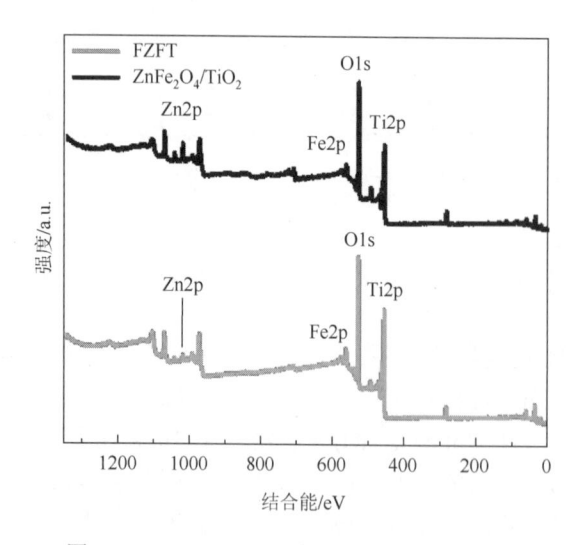

图 6-13　$ZnFe_2O_4/TiO_2$ 和 FZFT 的 XPS 全谱图

加，说明 Fe 有部分增加，可能是因为表面 Fe_3O_4 的存在，并且在图谱中看到 Ti、Zn、Fe 和 O 元素的存在，说明合成了 FZFT 复合材料。

如图 6-14（a）所示，在 710.8eV 和 710.7eV 处的峰归因于 Fe^{3+} 处于化学状态的 $Fe2p_{3/2}$ 信号的结合能，在 724.4eV 和 724.68eV 处的峰则属于 $Fe2p_{1/2}$ 信号的结合能。位于其中间的 719eV 和 718.63eV 则归因于 Fe 元素的卫星峰（Yamashita and Hayes，2008）。Fe_3O_4 的负载与 $ZnFe_2O_4$ 形成了协同效应，导致 Fe^{3+} 中 $Fe2p_{3/2}$ 的结合能减小了 0.1eV 以及 $Fe2p_{1/2}$ 的结合能增加了 0.28eV，并且因为表面 Fe_3O_4 的存在，Fe 元素的电子效应减弱，卫星峰强度变低。如图 6-14（b）所示，Zn^{2+} 样品中 $Zn2p_{3/2}$ 和 $Zn2p_{1/2}$ 的结合能分别为 1020.8eV、1021.13eV 和 1044.2eV、1044.26eV（Di et al.，2021），其结合能同样因 Fe_3O_4 与 $ZnFe_2O_4$ 的协同效应导致 FZFT 材料中 $Zn2p_{3/2}$ 的结合能增大了 0.33eV 以及 $Zn2p_{1/2}$ 的结合能增加了 0.06eV。如图 6-14（c）所示，$Ti2p_{3/2}$ 的结合能分别为 458.6eV 和 458.38eV，$Ti2p_{1/2}$ 的结合能分别为 464.29eV 和 464eV。可以看出，$Ti2p_{3/2}$ 峰和 $Ti2p_{1/2}$ 峰分别向低结合能移动了 0.22eV 和 0.29eV。

另外，从图 6-14（d）中可以看出，Ti—O 键上的晶格氧的峰值位置为 529.7eV 和 529.5eV。并且由于晶格氧的强度过大，看不到表面羟基氧的存在，从侧面说明了该物质

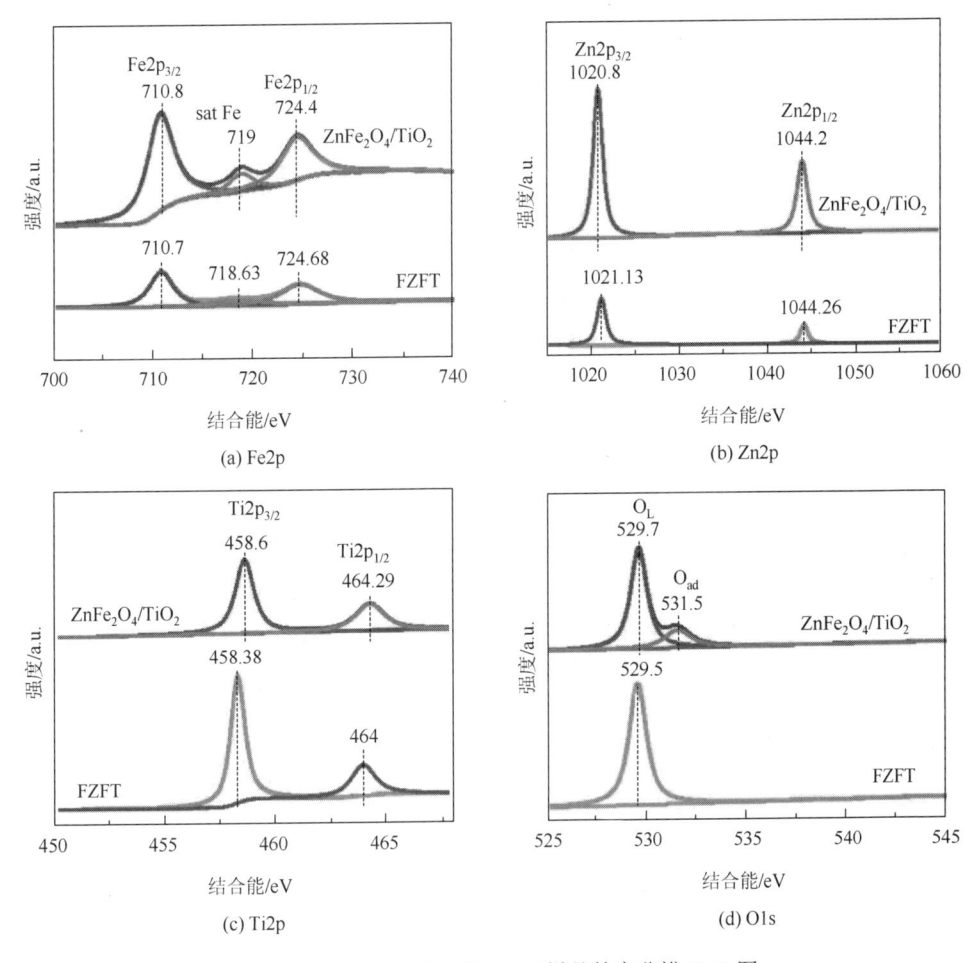

图 6-14 $ZnFe_2O_4/TiO_2$ 和 FZFT 样品的高分辨 XPS 图

中可能表面存在的大部分是 Fe_3O_4，且 $Ti2p_{3/2}$ 峰和 $Ti2p_{1/2}$ 峰的结合能的减少以及晶格氧峰结合能的减少从侧面说明了 Fe_3O_4 与 $ZnFe_2O_4$ 形成了协同效应，Zn 元素上的结合能变大，使得 $ZnFe_2O_4$ 上的电子云密度增加，电荷分离速度变快，而因为 $ZnFe_2O_4/TiO_2$ 上存在异质结，FZFT 复合材料具有更多的活性位点，从而具有更强的光催化活性（Wang et al.，2020）。

为了验证材料的光吸收能力，研究催化剂样品在 200~800nm 波长的光下的光响应范围。如图 6-15 所示，TiO_2 在紫外区域具有良好的吸收，在约 380nm 处显示出吸收带边，在可见光区域光吸收能力较差，而 $ZnFe_2O_4/TiO_2$ 和 FZFT 都在可见光区域具有较为出色的吸收能力，$ZnFe_2O_4/TiO_2$ 吸收带边显示约在 460nm，FZFT 在 420nm 左右为吸收带边，与 TiO_2 相比，吸收带边部分都出现红移现象，主要是 $ZnFe_2O_4$ 和 Fe_3O_4 比例不同导致的（Venugopal et al.，2020）。

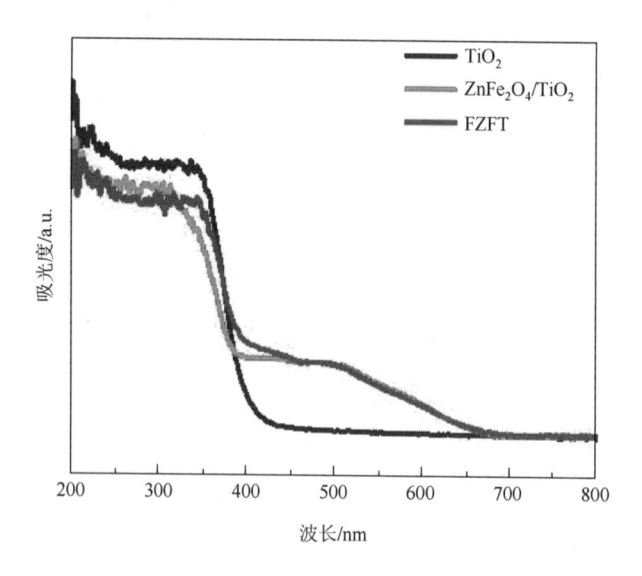

图 6-15　TiO_2、$ZnFe_2O_4/TiO_2$ 和 FZFT 的紫外-可见漫反射光谱图

根据莫特肖特基的计算公式，在图 6-16（a）中可以得到 $ZnFe_2O_4/TiO_2$ 的导带电势为 $-1.3eV$，根据公式 $E_g = E_{VB} + E_{CB}$ 得到价带电势为 1.8eV，同样，从图 6-16（b）得知 FZFT 的导带电势为 $-1.06eV$，从而得出价带电势为 1.83eV。又根据图 6-16 所示，出现了倒 V 形是由于该半导体为 p-n 异质结型半导体。

进行 ESR 分析以了解 TiO_2、$ZnFe_2O_4/TiO_2$ 和 FZFT 在可见光下是否会产生光生空穴。图 6-17（a）显示，TiO_2、$ZnFe_2O_4/TiO_2$ 和 FZFT 在黑暗条件下，都不产生空穴，图 6-17（b）表明 $ZnFe_2O_4/TiO_2$ 和 FZFT 在可见光的照射下，产生的光生空穴基本是一致的，并且产生的光生空穴数量远远大于 TiO_2，这表明可见光促使 $ZnFe_2O_4/TiO_2$ 和 FZFT 材料中空穴的生成，从侧面说明 $ZnFe_2O_4/TiO_2$ 和 FZFT 催化活性的差异不是由内部结构的差异造成的，并且同样形成了电子通道，形成了异质结。图 6-17（c）表明与黑暗条件下相比，FZFT 材料在可见光下确实产生了较多的光生空穴。

(a) ZnFe$_2$O$_4$/TiO$_2$

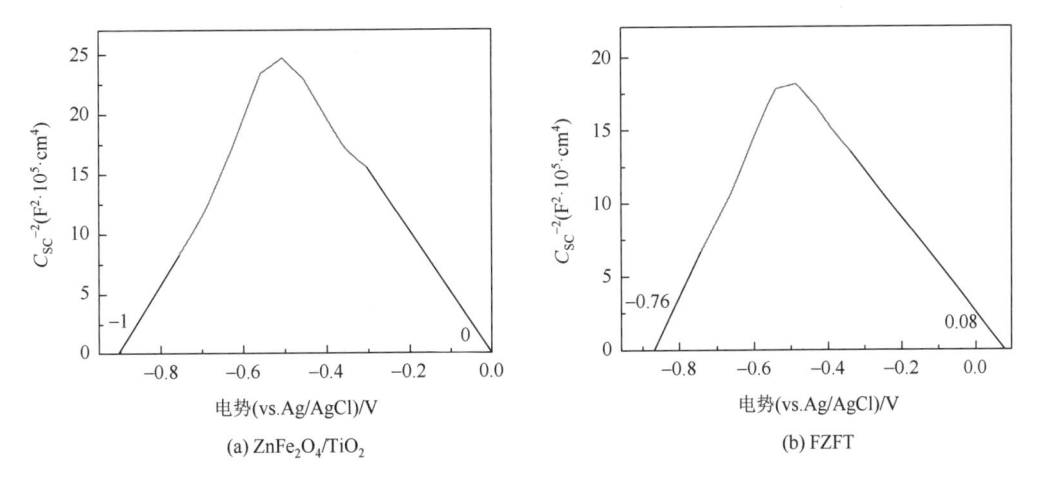

(b) FZFT

图 6-16 样品的莫特肖特基计算分析

(a)

(b)

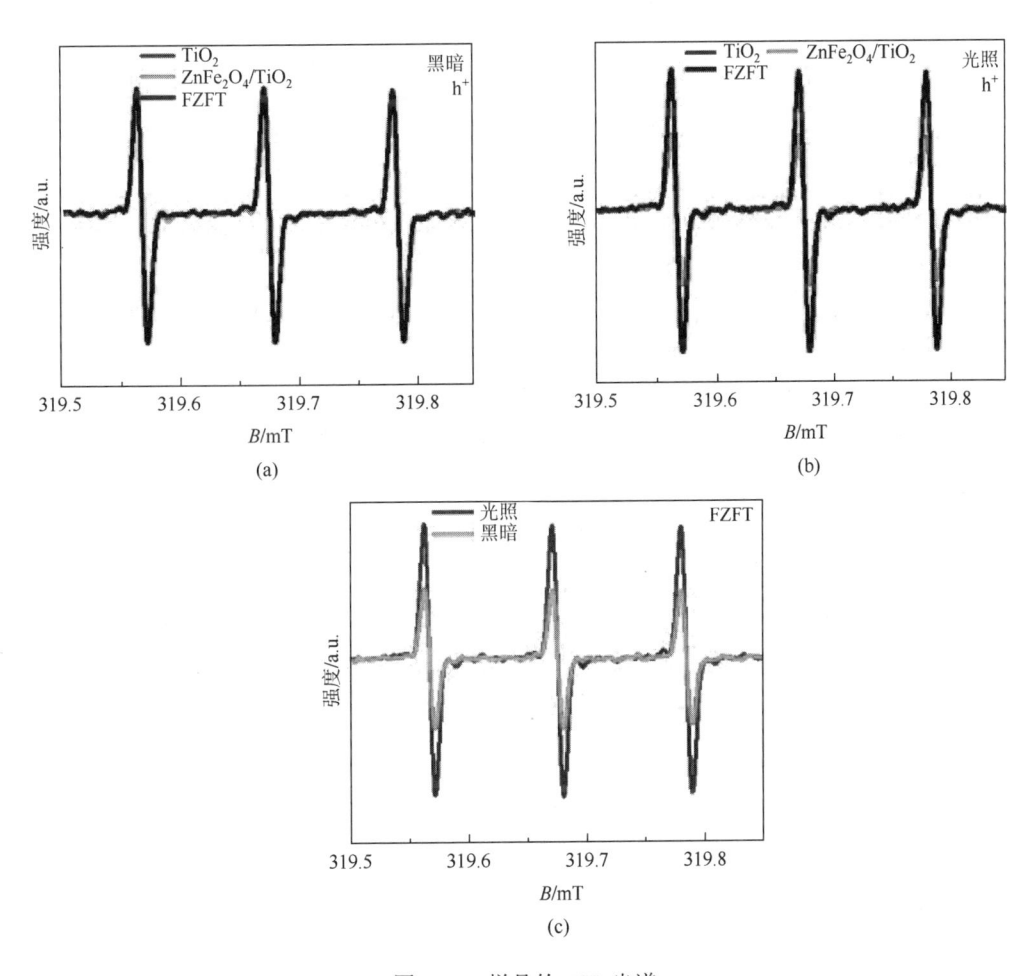

(c)

图 6-17 样品的 ESR 光谱

(a) TiO$_2$、ZnFe$_2$O$_4$/TiO$_2$ 和 FZFT 在黑暗下的 ESR 光谱；(b) TiO$_2$、ZnFe$_2$O$_4$/TiO$_2$ 和 FZFT 在可见光下的 ESR 光谱；(c) FZFT 在黑暗和可见光下的 ESR 光谱

为了研究样品的电子-空穴复合效率，对样品进行光致发光分析。图 6-18 为 TiO_2、$ZnFe_2O_4/TiO_2$ 和 FZFT 的光致发光光谱图。通过比较发现，Fe_3O_4 在其表面负载并没有明显降低其电子-空穴的复合率，这可能归因于 Fe_3O_4 与 $ZnFe_2O_4/TiO_2$ 之间没有建立新的电子通道，其光催化活性的提高的原因可能是 Fe_3O_4 与 $ZnFe_2O_4$ 产生了协同效应，从而使得 Fe_3O_4 也吸收了部分光子并产生电子，使其在催化剂表面进行转移。

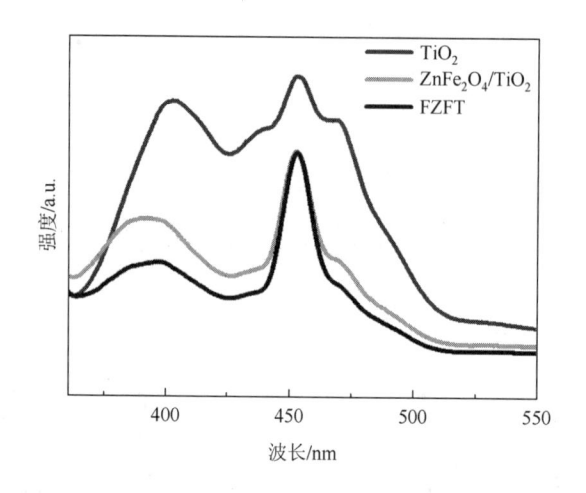

图 6-18　TiO_2、$ZnFe_2O_4/TiO_2$ 和 FZFT 的光致发光光谱图

在可见光照射下，采用 NO 的净化率来评价 TiO_2 和 $ZnFe_2O_4/TiO_2$ 复合样品的光催化性能。根据目前的研究，在可见光照射下，光催化剂可以将 NO 氧化为硝酸盐或亚硝酸盐。从图 6-19（a）可以看出，可见光照射 30min 后，TiO_2 对 NO 的净化率为 5%，而 1-6-$ZnFe_2O_4/TiO_2$ 和 5%Fe_3O_4@1-6-$ZnFe_2O_4/TiO_2$ 对 NO 的净化率分别为 25% 和 50%。结果表明，Fe_3O_4 的负载可以大大提高 $ZnFe_2O_4/TiO_2$ 的光催化活性。这归因于 Fe_3O_4 为碱性氧化物从而更易吸

(a) TiO_2、$ZnFe_2O_4/TiO_2$ 和 FZFT 样品对 NO 的净化率

(b) 5%Fe_3O_4@1-6-$ZnFe_2O_4/TiO_2$ 光催化净化 NO 稳定性测试

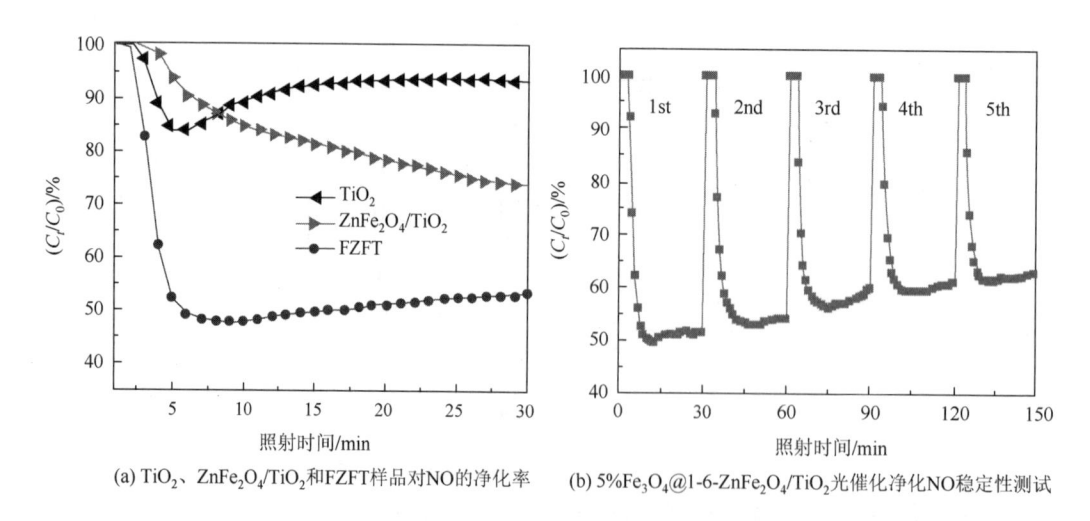

图 6-19　样品对 NO 的净化率及稳定性测试

附 NO。然而光催化剂的稳定性也是限制其应用的主要因素,因此选择最好的 5%Fe$_3$O$_4$@1-6-ZnFe$_2$O$_4$/TiO$_2$ 样品进行稳定性测试。进行了 5 次连续循环测试[图 6-19(b)]后,可以看到第一次 NO 净化率最好,然后效果逐渐变差,这可能是表面负载的 Fe$_3$O$_4$ 被积累的中间产物所结合从而失去了吸附作用,5 次循环后,净化率稳定在 40%,表明所制备的复合催化剂在净化 NO 方面是一种有效且稳定的光催化剂。

为了探索 NO 在光催化反应过程中的转化机理,采用原位红外检测反应过程中的转化途径和终产物(图 6-20)。当 NO 进入反应室时测试的红外光谱线用作背景板。于室温(25℃)在黑暗条件下使 NO 通过之后,检测到光催化剂表面上 NO 的红外吸收峰。

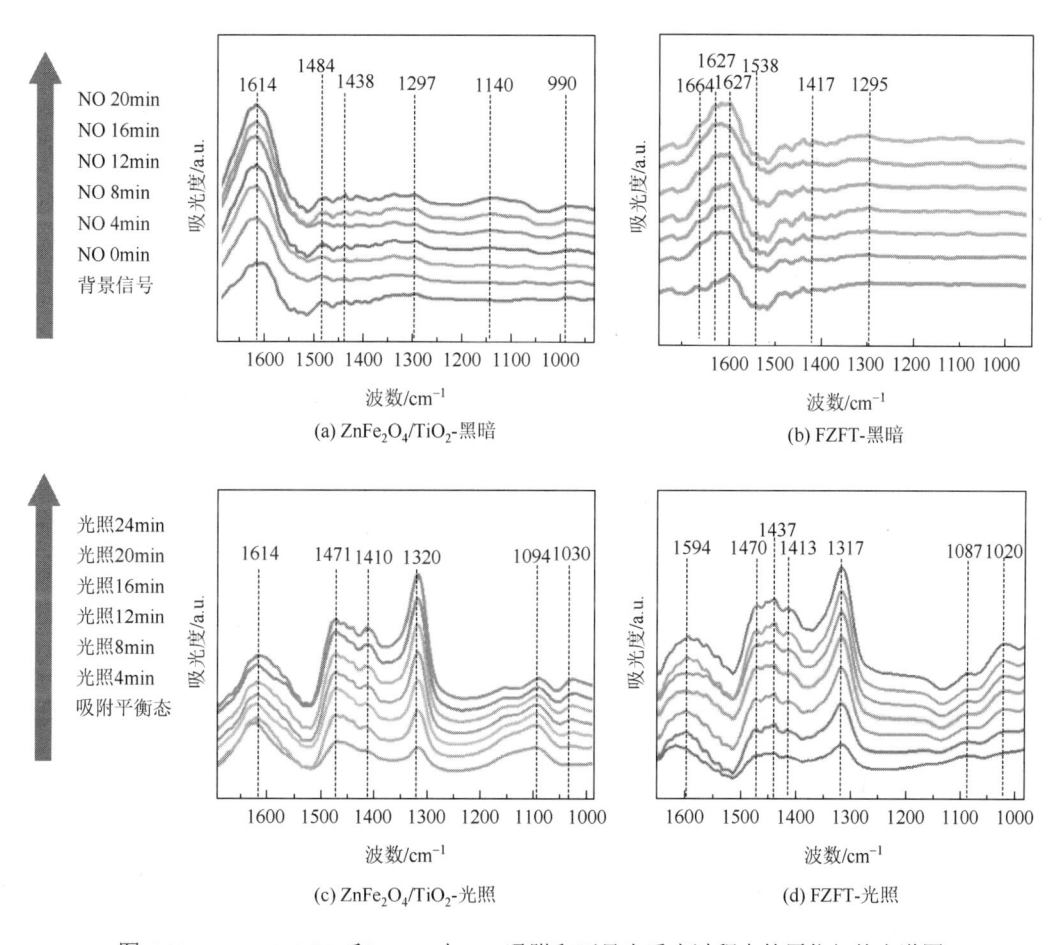

图 6-20 ZnFe$_2$O$_4$/TiO$_2$ 和 FZFT 上 NO 吸附和可见光反应过程中的原位红外光谱图

如图 6-20(b)所示,黑暗条件下,在 1664cm^{-1} 处的吸收带强度随时间变化略微增强,这主要归因于 H$_2$O 在催化剂表面的吸附(Yang et al., 2014),在 1627cm^{-1} 和 1538cm^{-1} 处可以看到吸收带增加较为明显,是由于 NO 在催化剂表面进行了吸附,从而生成了桥接硝酸(Debeila et al., 2005;Mikhaylov et al., 2013;Cheng et al., 2019),

在 1417cm^{-1} 处峰有明显的升高,这主要是因为气相 NO$_2$ 单体的形成(Yang et al.,2012),在 1295cm^{-1} 处有少量的峰增,这归因于部分 NO 在催化剂表面进行了化学吸附,形成了硝酸盐或 Ti-NO$_2$ 物种(Cheng et al.,2020)。与图 6-20(a)相比,在 1500~1700cm^{-1} 范围,FZFT 材料的吸附位点明显增加,这可能是因为表面负载的 Fe$_3$O$_4$ 更容易吸附 NO 这种酸性气体。

图 6-20(d)显示,在开灯后,1627cm^{-1} 和 1664cm^{-1} 处的峰高迅速降低,并出现了一个 1594cm^{-1} 的峰,说明生成了桥接硝酸盐(Debeila et al.,2005),从侧面说明了其中间产物在光照下,迅速转化为无毒的硝酸盐物种。在 1470cm^{-1} 处出现了新的峰,并且峰高略有增加,表明形成了 Ti-ONO$^-$ 中间产物(Debeila et al.,2005)。在 1437cm^{-1} 处产生新的峰,该峰所对应的物质为桥接单齿硝酸盐(Mikhaylov et al.,2013)。此外,在 1317cm^{-1} 处有一个更明显的吸收峰,且峰强度随着时间而显著增加,表明形成了桥接硝酸盐这种终产物(Kantcheva,2001)。在 1087cm^{-1} 处的峰是反式 N$_2$O$_2^{2-}$ 和桥接的硝酸盐,在 1020cm^{-1} 处峰为双齿硝酸盐(Liu et al.,2009),这两个峰强度的轻微增加归因于 NO 在 ZnFe$_2$O$_4$/TiO$_2$ 复合材料上在一定程度上进行了深度氧化(Cheng et al.,2019)。

图 6-20(c)与图 6-20(d)相比,无论是硝酸盐物种还是终产物都较为一致,而与图 6-20(a)相比,图 6-20(b)中 NO 的吸附位点明显增多,这主要是归因于表面 Fe$_3$O$_4$ 的存在。基于以上实验结果和表征分析,FZFT 材料也同样是具有异质结构型的复合材料,并且 Fe$_3$O$_4$ 的负载可以提高其吸附性能,使其吸附更多的 NO,提高其反应效率。

6.3　ZnSn(OH)$_6$/SrSn(OH)$_6$ 异质结的构筑及光催化降解甲苯性能

6.3.1　引言

羟基锡酸盐[MSn(OH)$_6$]因其独特的表面结构和优异的光催化性能常被应用于解决环境和能源问题,然而羟基锡酸盐单体作为光催化剂在使用过程中总会出现禁带宽度大、光生载流子复合效率高等问题。催化剂改性是提高催化性能的重要手段,如形貌调控(Dong et al.,2019a)、构建异质结(Li et al.,2019b)、贵金属沉积(Zhang et al.,2021a)、原子掺杂(Gu et al.,2021)等。其中将羟基锡酸盐与半导体材料复合构建异质结是常见的手段。一般情况下,成功构造异质结后能够提高光吸收能力同时降低光生电子-空穴的复合效率,进而达到提高光催化性能的目的。ZnSn(OH)$_6$ 是常见的羟基锡酸盐,因光催化性能好、稳定性高被大量应用于光催化方向(贺东辉,2021)。如 Kumar 等(2023)通过共沉淀法和退火法合成了羟基锡酸锌/锡酸锌(ZHS/ZTO)异质结,并应用于四环素的降解;Chen 等(2023)研究了一个通过原位生长制备的 SnO$_2$@ZnS-ZnSn(OH)$_6$ 三元异质结,却鲜有文献研究在同类型的羟基锡酸盐之间构造异质结。SrSn(OH)$_6$ 与 ZnSn(OH)$_6$ 结构相似,表面存在大量的羟基基团,禁带宽度大等特点使其在光催化应用上受到一定的限制。

由于二者能带匹配，结构相似，本节尝试在 ZnSn(OH)$_6$ 和 SrSn(OH)$_6$ 之间构造异质结，并探究其光催化性能。

采用一锅式水热法构筑 II 型 ZnSn(OH)$_6$/SrSn(OH)$_6$ 异质结。借助 XRD、SEM、BET、XPS 等测试手段对制备的系列材料进行物化性质分析，考察不同工艺条件对其催化氧化甲苯的性能影响。结合原位 FT-IR 和原位 XPS 对 ZnSn(OH)$_6$/SrSn(OH)$_6$ 降解甲苯的机理进行深入探究。

6.3.2 ZnSn(OH)$_6$/SrSn(OH)$_6$ 复合光催化剂的制备

（1）SrSn(OH)$_6$ 和 ZnSn(OH)$_6$ 的制备。称取一定量 SnCl$_4$·5H$_2$O 于烧杯中，加入 20mL 去离子水、5mL 乙二醇，充分搅拌使其溶解记为 A 液；取与 SnCl$_4$·5H$_2$O 物质的量比为 1∶1 的 SrCl$_2$·6H$_2$O 于 100mL 小烧杯中，加入 50mL 去离子水搅拌使其充分溶解，记为 B 液。称取与 SnCl$_4$·5H$_2$O 物质的量比为 6∶1 的 NaOH 于 100mL 小烧杯中，加入 25mL 去离子水搅拌，使其充分溶解，记为 C 液。将 C 液缓慢加入 A 液中，待混匀后，将 B 液逐滴加入所得混合溶液中，搅拌均匀后转入 150mL 水热釜内，120℃加热反应 8h。反应结束后，使用去离子水和乙醇清洗数次，得到 SrSn(OH)$_6$，烘干研磨备用，标记为 SSH。ZnSn(OH)$_6$ 的制备方法与 SrSn(OH)$_6$ 大致相同，将 B 液换为 SnCl$_4$·5H$_2$O 物质的量比为 1∶1 的 ZnCl$_2$ 即可，其他操作步骤一致，标记为 ZSH。

（2）ZnSn(OH)$_6$/SrSn(OH)$_6$ 复合物的制备。ZnSn(OH)$_6$/SrSn(OH)$_6$ 采用一步水热法制备。平行称取定量 SnCl$_4$·5H$_2$O 三组于三个烧杯中，加入 20mL 去离子水、5mL 乙二醇，充分搅拌使其溶解并记为 A 液；分别称取对应量（Sr、Zn 的物质的量比分别为 3∶2、4∶1、9∶1）的 SrCl$_2$·6H$_2$O 和 ZnCl$_2$ 于三个 100mL 小烧杯中，加入 50mL 去离子水搅拌使其充分溶解，记为 B 液；分别称取与 SnCl$_4$·5H$_2$O 物质的量比为 6∶1 的 NaOH 于三个 100mL 小烧杯中，加入 25mL 去离子水搅拌使其充分溶解，记为 C 液。将 C 液缓慢加入 A 液中，待混匀后，将 B 液逐滴加入所得混合溶液中，搅拌均匀后转入 150mL 水热釜内，120℃加热反应 8h。反应结束后分别将不同比例 ZnSn(OH)$_6$/SrSn(OH)$_6$ 用去离子水和无水乙醇清洗数次，烘干研磨备用。分别标记为 40%ZSH/SSH、20%ZSH/SSH 以及 10%ZSH/SSH。在探究出最佳复合比例的基础上设置了不同水热温度和水热时间，考查样品制备最佳工艺条件。

6.3.3 结果与讨论

图 6-21 为样品 ZSH、SSH、10%ZSH/SSH、20%ZSH/SSH 和 40%ZSH/SSH 的 XRD 图谱。可以看出，ZSH 和 SSH 的各个特征衍射峰与标准卡片 PDF#73-2384 和标准卡片 PDF#09-0086 分别对应。能够观察到 SSH 的特征衍射峰在 10.8°、20.3°和 23.0°处，分别对应于晶面（110）、（301）和（221）。属于 ZSH 的衍射峰在 22.8°、32.4°和 57.8°处，分别与晶面（200）、（220）和（422）对应。不同 ZSH 含量的 ZSH/SSH 复合材料的 XRD 图谱均显示了 SSH 的特征衍射峰，随着 ZSH 比例升高，样品中 SSH 特征衍射峰的强度

下降，如 20.3°处的峰。除此之外，对应 ZSH 中晶面（200）在 22.8°处的特征峰强度增加，波形趋于扩大。结合这些特征峰的位置和强度可以初步得出结论，ZSH 和 SSH 成功复合。

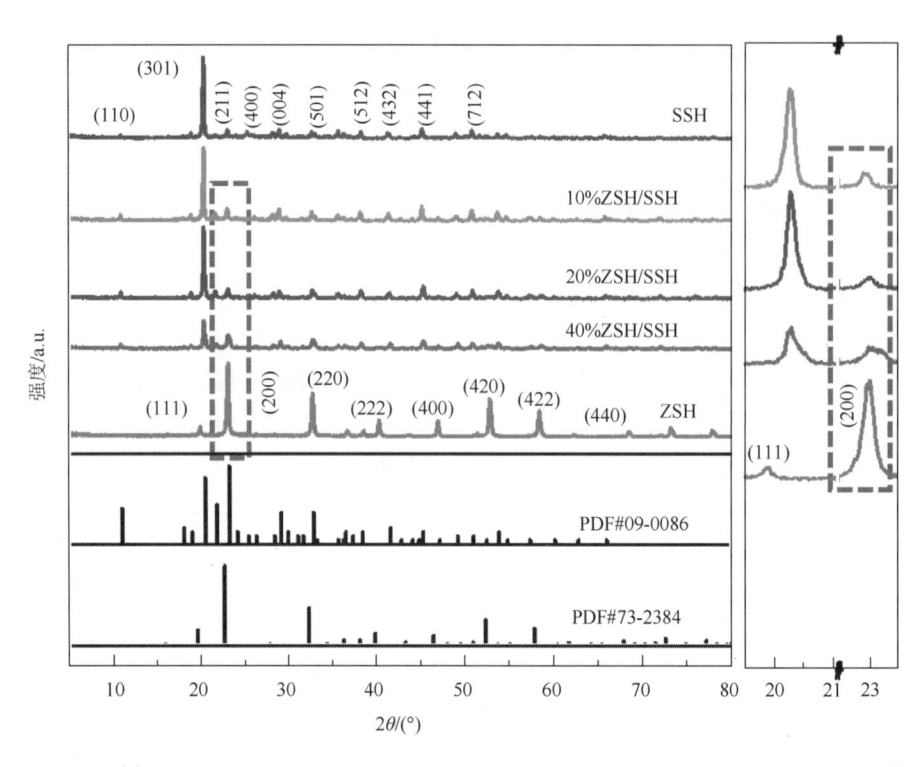

图 6-21　样品 ZSH、SSH、10%ZSH/SSH、20%ZSH/SSH 和 40%ZSH/SSH 的 XRD 图谱

通过 SEM 和 TEM 观察 SSH、ZSH 和 20%ZSH/SSH 的形貌结构。SSH 具有类似木材的沟壑结构 [图 6-22（a）]，ZSH 表现为规则的立方体颗粒 [图 6-22（b）]。图 6-23 证明了在复合物 20%ZSH/SSH 中 Sr、Zn、Sn 和 O 元素的存在并且其分散均匀。在 20%ZSH/SSH 的 SEM 图 [图 6-22（c）] 中，SSH 的沟壑结构为 ZSH 提供了良好的附着条件，从图中观察到，ZSH 颗粒均匀地附着在 SSH 的表面，二者紧密接触，这将有利于诱导电荷转移。TEM 图 [图 6-22（d）~图 6-22（e）] 和 HRTEM 图 [图 6-22（f）] 显示了晶面间距为 0.390nm 和 0.353nm 的晶格条纹，分别对应着 ZSH（200）和 SSH（400）的晶面（Luo et al.，2016；Yang et al.，2021）。

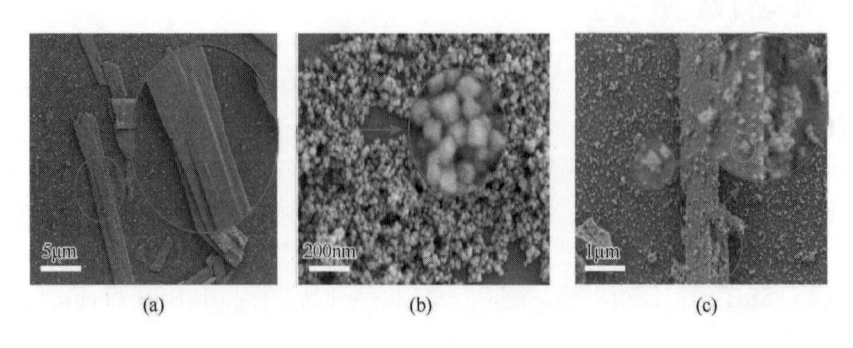

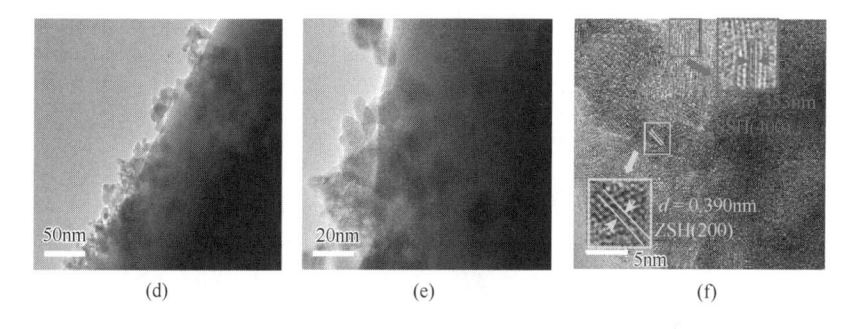

图 6-22 样品的 SEM 图、TEM 图和 HRTEM 图

(a)SSH 的 SEM 图;(b)ZSH 的 SEM 图;(c)20% ZSH/SSH 的 SEM 图;(d)(e)20% ZSH/SSH 的 TEM 图;(f)20% ZSH/SSH 的 HRTEM 图

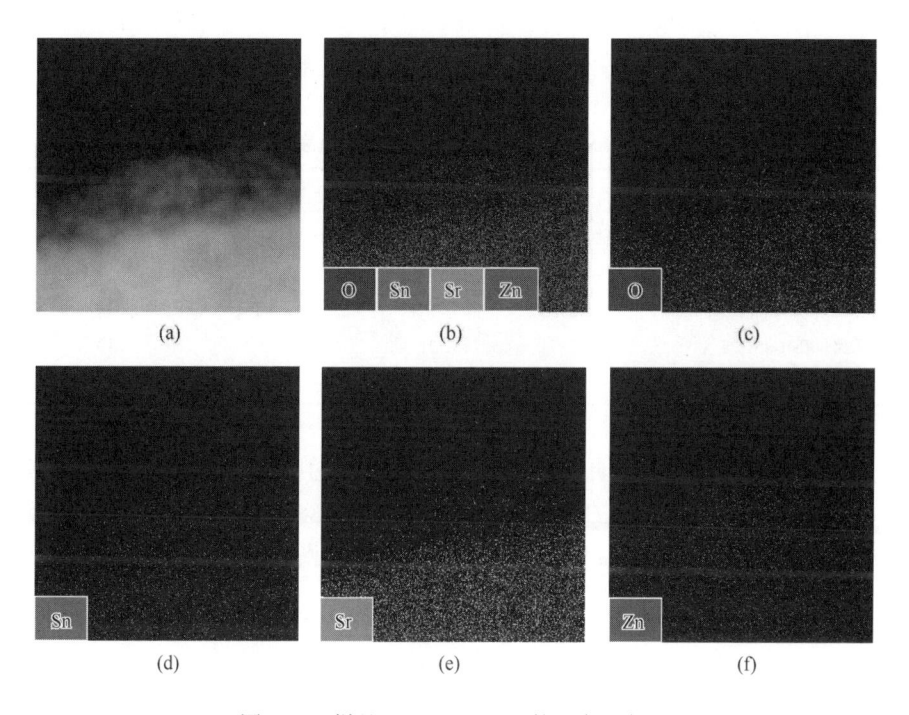

图 6-23 样品 20% ZSH/SSH 的元素分布图

图 6-24 为样品 ZSH、SSH 和各比例的 ZSH/SSH 样品的 N_2 吸附-脱附等温线和孔径分布情况，可以反映出材料的比表面积以及孔结构情况。图 6-24（a）显示系列 ZSH/SSH 的 N_2 吸附-脱附等温线与单体 ZSH 和 SSH 同样属于中空毛细管冷凝Ⅳ型，并且存在不太明显的 H3 型回滞环。根据 IUPAC，材料的孔径小于 2nm 时为微孔材料，孔径为 2～50nm 时为介孔材料，孔径大于 50nm 则属于大孔材料，从图 6-24（b）可知，20%ZSH/SSH 为大孔或者无孔结构，20%ZSH/SSH 的孔径大小位于 ZSH 和 SSH 之间。在表 6-2 中，20%ZSH/SSH、ZSH 和 SSH 的比表面积分别为 35.75m^2/g、46.52m^2/g、11.99m^2/g。20%ZSH/SSH、ZSH 和 SSH 的孔体积分别为 0.13cm^3/g、0.26cm^3/g、0.04cm^3/g。20%ZSH/SSH 的比表面积和孔体积均介于其他两个单体之间。

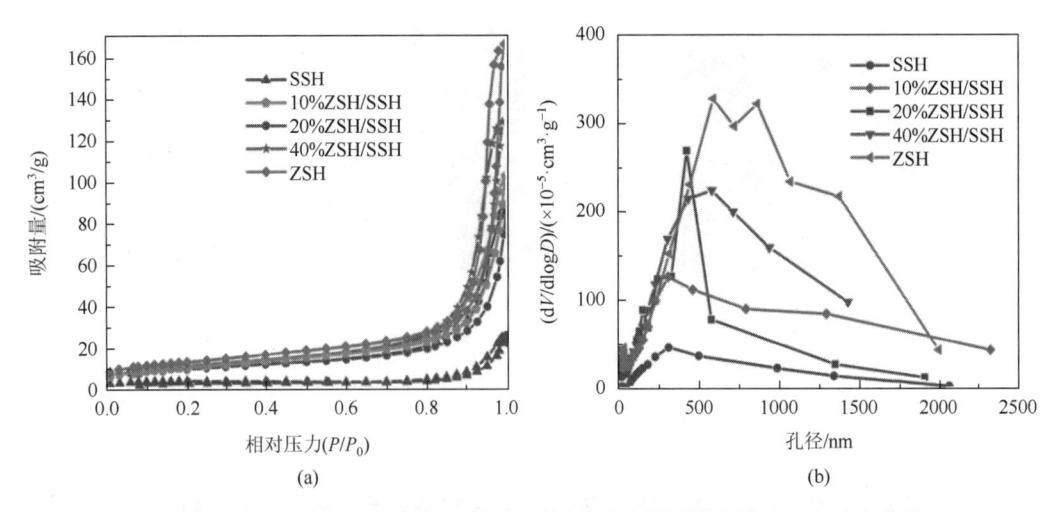

图 6-24 ZSH、SSH 和各比例 ZSH/SSH 的 N₂ 吸附-脱附等温线和孔径分布曲线

表 6-2 ZSH、SSH 和各比例 ZSH/SSH 的比表面积和孔体积

样品	比表面积/(m²/g)	孔体积/(cm³/g)
ZSH	46.52	0.26
SSH	11.99	0.04
10%ZSH/SSH	38.37	0.16
20%ZSH/SSH	35.72	0.13
40%ZSH/SSH	40.59	0.20

图 6-25 采用 XPS 分析 ZSH、SSH 和 20%ZSH/SSH 的表面成分和元素组成情况。全谱显示 Sr、Zn、Sn、O 元素的存在，证明了 ZSH 和 SSH 共存，这一结果与元素分布图一致（图 6-23）。Sr3d、Zn2p、Sn3d、O1s 高分辨 XPS 图如图 6-26 所示。使用 C1s 的结

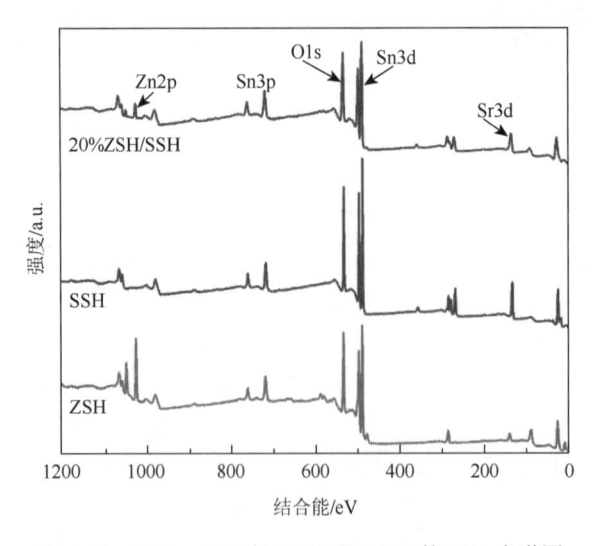

图 6-25 ZSH、SSH 和 20% ZSH/SSH 的 XPS 全谱图

合能（284.8eV）进行校准，可以观察到各个元素的特征峰，这些峰与 ZSH 和 SSH 单体相比，结合能发生了改变，这说明 ZSH 和 SSH 之间发生了相互作用。

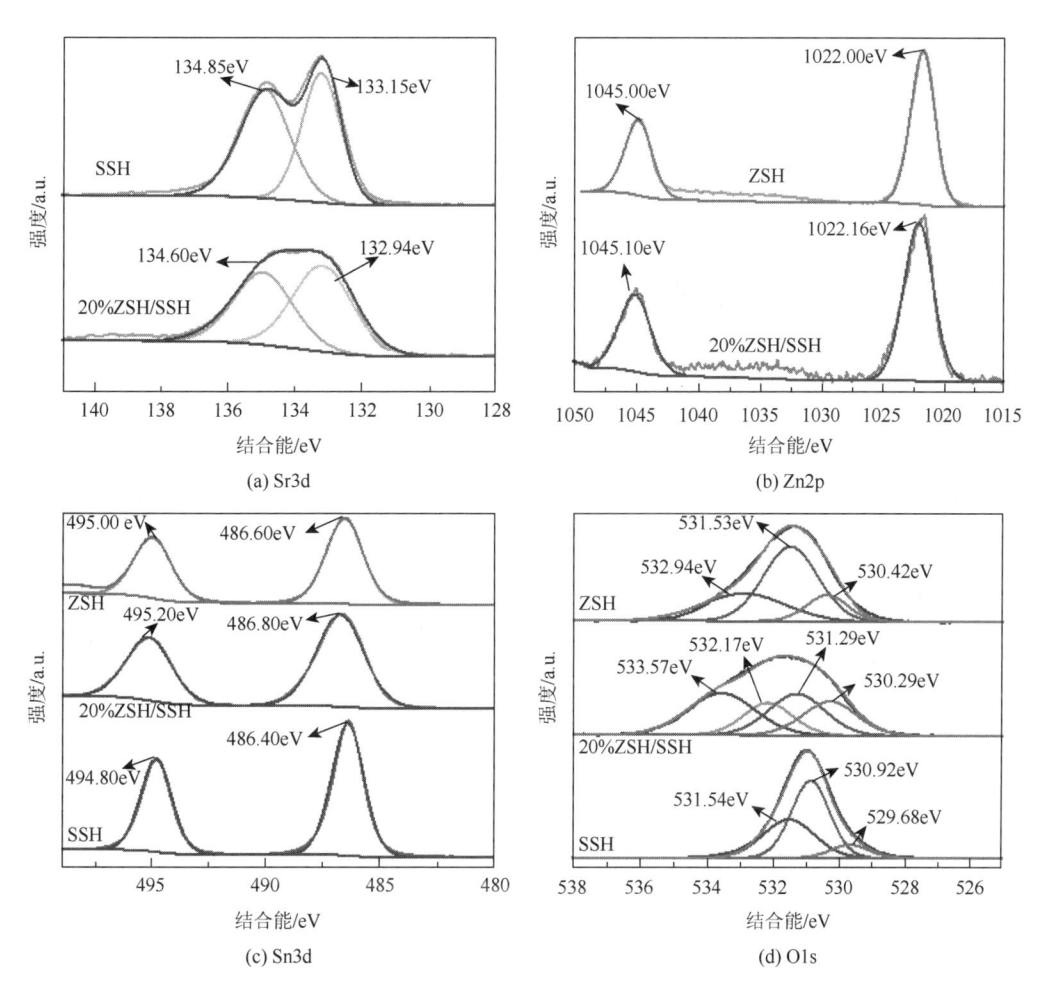

图 6-26　样品 ZSH、SSH 和 20% ZSH/SSH 的高分辨 XPS 图

在图 6-26（a）中，20%ZSH/SSH 中的特征峰出现在 134.60eV 和 132.94eV，这分别对应轨道 Sr3d$_{3/2}$ 和 Sr3d$_{5/2}$（He et al.，2022a）。与 SSH 中的 Sr3d（134.85eV 和 133.15eV）相比，20%ZSH/SSH 中的 Sr3d 的结合能向低能级移动，说明 Sr 周围的电子云密度增加。如图 6-26（b）所示，20%ZSH/SSH 上的 Zn2p 结合能为 1045.10eV 和 1022.16eV，分别归属于 Zn2p$_{3/2}$ 和 Zn2p$_{1/2}$，相比 ZSH 的结合能（1045.00eV 和 1022.00eV）向高能级偏移，这意味着 Zn2p 周围的电子云密度减小（Li et al.，2013a；Dillip et al.，2015）。在图 6-26（c）中，20%ZSH/SSH 中的 Sn 在 495.20eV 和 486.80eV 两个特征峰分别归属于 Sn 3d$_{3/2}$ 和 Sn 3d$_{5/2}$，化合价为+4 价（Li et al.，2013b；Dillip et al.，2015）。对比 ZSH、SSH 单体的结合能而言，向高能级移动表明 Sn 原子周围的电子云密度减小（He et al.，2022b）。O1s 特征峰情况如图 6-26（d）所示，531.29eV 归属

于20%ZSH/SSH表面的羟基（Baeissa，2014；Yang et al.，2021；Zhang et al.，2021a）。530.29eV、532.17eV是金属-氧键的标志（Dillip et al.，2016；Dillip et al.，2020；Liu et al.，2022b）。533.57eV表明在催化剂表面上有化学吸附的氧物种，推测可能是催化剂表面引入的羟基或者是吸附在催化剂表面结合水中的羟基物种（Li et al.，2013a；Dillip et al.，2016）。

通过对样品ZSH、SSH、10%ZSH/SSH、20%ZSH/SSH和40%ZSH/SSH进行紫外-可见漫反射测试来分析材料的光吸收情况。如图6-27（a）所示，SSH、ZSH和ZSH/SSH复合材料都在200~350nm的紫外光区间有明显吸收，随着SSH含量的增加，ZSH/SSH的吸收范围扩大。通过$(\alpha h\nu)^2 = A(h\nu - E_g)$可以计算并推断出材料的禁带宽度（Xiao and Zhang，2011）。根据上述公式所得曲线的切线与X轴的截距可以近似等于禁带宽度，得SSH和ZSH的禁带宽度分别为4.23eV和4.19eV，基于图6-27（b）的价带（$VB_{SSH} = 3.07eV$，$VB_{ZSH} = 3.17eV$），结合公式$E_{CB} = E_{VB} - E_g$，得SSH导带位置为-1.16eV，ZSH导带位置为-1.02eV。ZSH和SSH的能级位置匹配，有利于异质结的形成。

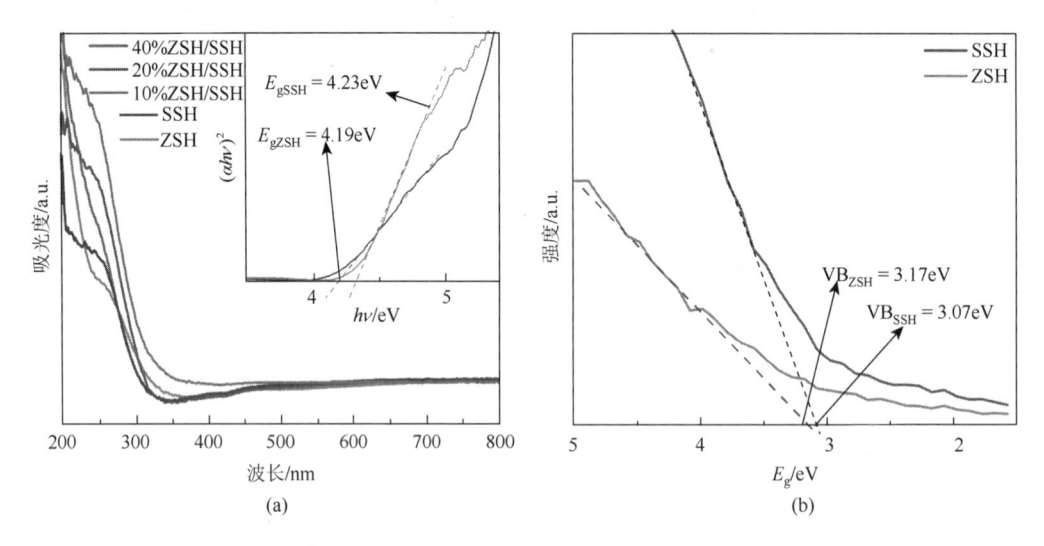

图6-27 样品的紫外-可见漫反射光谱图和禁带宽度测定

(a) 样品ZSH、SSH、10% ZSH/SSH、20% ZSH/SSH和40% ZSH/SSH的紫外-可见漫反射光谱图以及ZSH和SSH的$(\alpha h\nu)^2$与光子能量($h\nu$)关系曲线；(b) ZSH和SSH的禁带宽度图

光电流测试能够探究材料的光生电子-空穴对的分离程度和电荷转移情况，在瞬态光电流-时间曲线中，光电流强度越高则可以说明光生电子-空穴对的分离效率越高。图6-28（a）记录了SSH、ZSH和20%ZSH/SSH在六个间歇光照周期的瞬态光电流-时间（i-t）曲线。结果表明，20%ZSH/SSH的光电流密度比ZSH和SSH单体有所增加，表明复合材料中的光生载流子转移和分离得到改善（Li et al.，2011）。同时，一般来说，EIS半弧的直径体现了电荷传输在界面的电阻大小。EIS光谱[图6-28（b）]显示，20%ZSH/SSH的半圆较小，说明其具有相对较小的界面电阻，表明20%ZSH/SSH具有较高的载流子迁移率（He et al.，2022a；Liu et al.，2022c）。

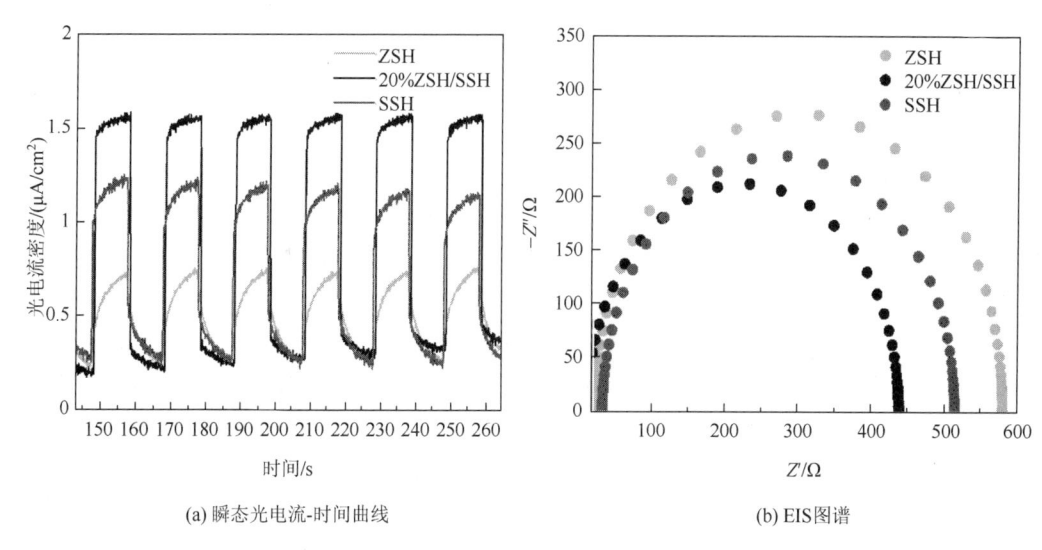

图 6-28 样品 ZSH、SSH 和 20% ZSH/SSH 的瞬态光电流-时间曲线和 EIS 图谱

为了探究样品 20%ZSH/SSH 在紫外光照射下产生的自由基种类和数量，采用 DMPO 作为自由基捕获剂结合 ESR 自旋技术进行评价。在 ESR 光谱中，·OH 的特征峰强度比为 1∶2∶2∶1 [图 6-29（a）]。就强度而言，20%ZSH/SSH 产生的·OH 远高于 SSH 和 ZSH 单体，这也表明 20%ZSH/SSH 样品在催化过程中的电荷分离效率大大提高，促进了·OH 的产生，同时 ·O_2^- 的特征信号（特征峰强度比为 1∶1∶1∶1）在 20%ZSH/SSH 中也更加明显 [图 6-29（b）]（Bai et al.，2022）。显然，·OH 和 ·O_2^- 是甲苯降解的主要活性自由基，大量活性自由基是 20%ZSH/SSH 异质结对甲苯具有优异的氧化能力的基础。

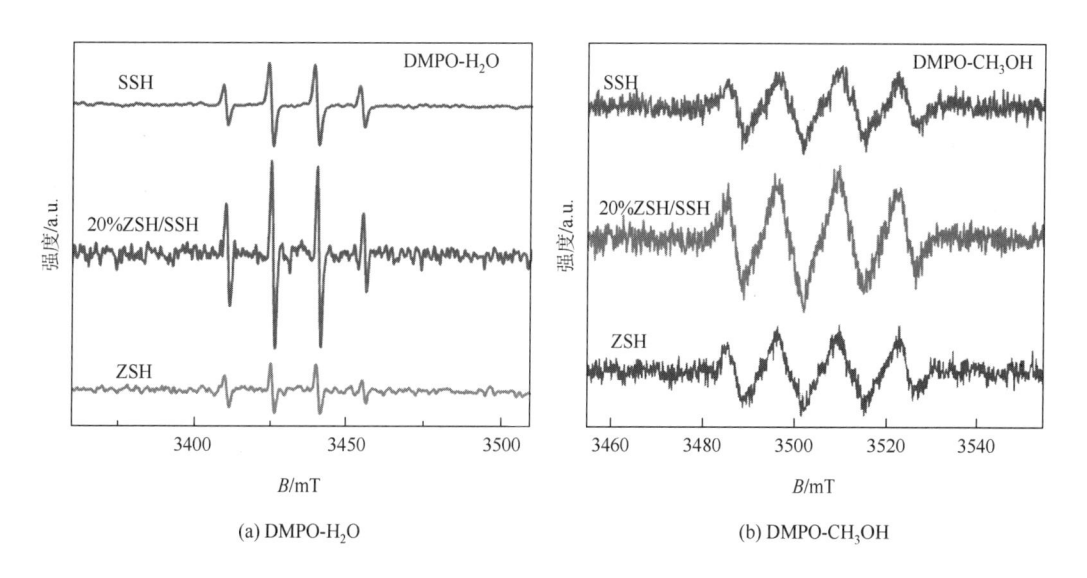

图 6-29 样品 ZSH、SSH 和 20% ZSH/SSH 的 ESR 光谱

通过在紫外光照射下对甲苯的降解率来评价催化剂 ZSH、SSH、10%ZSH/SSH、20%ZSH/SSH 和 40%ZSH/SSH 的光催化性能，其中单一紫外光处理甲苯作为空白对照。图 6-30（a）为样品在连续流反应器中光反应 30min 的光催化活性图，SSH 的活性为 60.21%，ZSH 的活性为 66.42%，10%ZSH/SSH、20%ZSH/SSH、40%ZSH/SSH 的活性分别为 86.04%、86.55%、81.50%。ZSH/SSH 系列样品的活性对比单体均有较大的提升，随着复合比例提高，光催化性能呈现先升高后降低的趋势，其中 20%ZSH/SSH 活性最高。这是因为随着 ZSH 比例升高，在 ZSH/SSH 复合物表面有更多的活性位点，进而提高光催化性能，但 ZSH 复合量过多会造成团聚掩蔽活性位点，光生电子和空穴的转移也受到阻碍（Zhang et al.，2014）。进一步探讨制备工艺条件的影响和 20%ZSH/SSH 的稳定性。图 6-30（b）和图 6-30（c）为工艺条件即水热时间和水热温度对其光催化活性的影响。通过测试，发现最佳实验条件是在 120℃下水热 8h。20%ZSH/SSH 经过五次循环［图 6-30（d）］后，其活性仍稳定在 85% 左右，这证明该催化剂具有良好的稳定性。

(a) ZSH、SSH、10% ZSH/SSH、20%ZSH/SSH、40% ZSH/SSH的光催化活性图

(b) 水热时间对光催化活性的影响

(c) 水热温度对光催化活性的影响

(d) 20% ZSH/SSH的稳定性测试

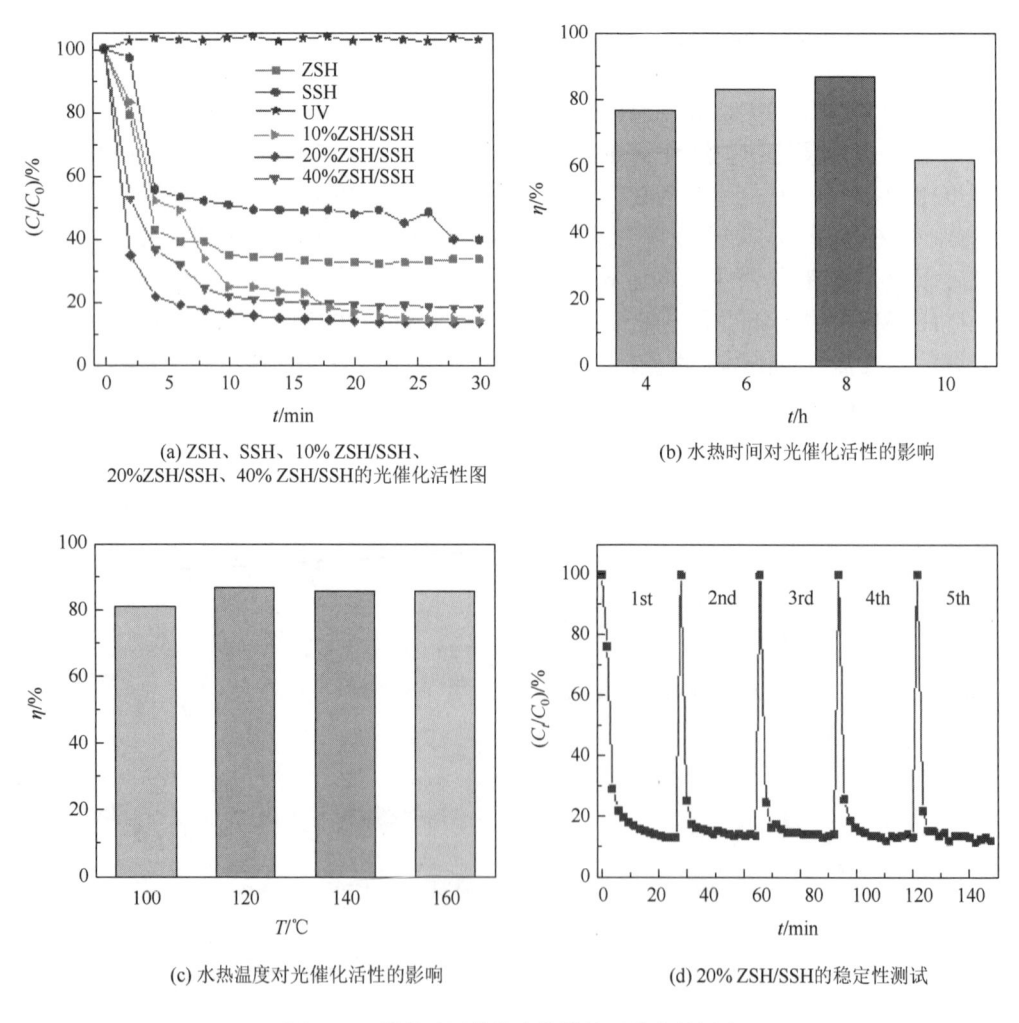

图 6-30　样品对甲苯的净化性能及稳定性测定

为了进一步探究 20%ZSH/SSH 在紫外光下降解甲苯的中间产物，选择原位红外技术实时监测 20%ZSH/SSH 光催化反应过程中的产物。在避光条件下，向原位反应器中通入甲苯混合气体，吸附一段时间后打开紫外灯检测甲苯降解情况，如图 6-31（a）所示。3048cm^{-1} 和 2851cm^{-1} 处的吸收峰归属于苄基中亚甲基（•CH$_2$）的 C—H 对称伸缩振动，这可以证明甲苯首先被活化为苄基（Dillip et al.，2016）。在 1083cm^{-1}、1140cm^{-1}、1230cm^{-1} 处对应苯甲醇的 O—H、C=O 伸缩振动（Zhang et al.，1997；Méndez-Román and Cardona-Martínez，1998；Li et al.，2014），1355cm^{-1}、1775cm^{-1}、1362cm^{-1} 对应苯甲醛的 C=O 伸缩振动（Dong et al.，2019b），1521cm^{-1}、1688cm^{-1} 与苯甲酸的 COO$^-$ 反对称伸缩振动对应，证明了在反应过程中苯甲醇、苯甲醛和苯甲酸的存在（Méndez-Román and Cardona-Martínez，1998）。图 6-31（b）体现了 20%ZSH/SSH 光催化降解甲苯的终产物为二氧化碳（2360cm^{-1}、2346cm^{-1}）和 H$_2$O（3400cm^{-1}）（Zhang et al.，2015），说明甲苯在此光催化过程中实现了矿化。结合原位红外光谱图，分析 20%ZSH/SSH 光催化降解甲苯的过程（图 6-32）。甲苯在降解过程中，首先被活化成苄基，随后系统中的大量自由基将其转化成苯甲醇、苯甲醛和苯甲酸，再转变为 H$_2$O 和 CO$_2$。

为了进一步了解催化剂表面电子转移路径，本书对催化剂 20%ZSH/SSH 进行了原位 XPS 分析（贾爱平等，2022），如图 6-33 所示，氙灯照射下，对比无光照条件时可以看到 Sr 元素的结合能增加，Zn 元素、Sn 元素、O 元素的结合能降低。通常情况下，结合能的改变意味着电子云的偏移，当结合能增加时，说明电子云密度降低；结合能降低时说明电子云密度增加。这意味着在光反应时，Sr 元素周围的电子能够向别处转移。Zn 元素、Sn 元素、O 元素能够接收别处转移过来的电子。Sr 元素、Zn 元素分别是 SSH、ZSH 的特征元素，这表明在催化剂中电荷转移的途径是由 SSH 表面到 ZSH 表面。光照后新的电荷转移路径直接证明了 20%ZSH/SSH 光催化剂中异质结的形成（Jin and Wang，2022；Jin and Wu，2023；Yang et al.，2023）。

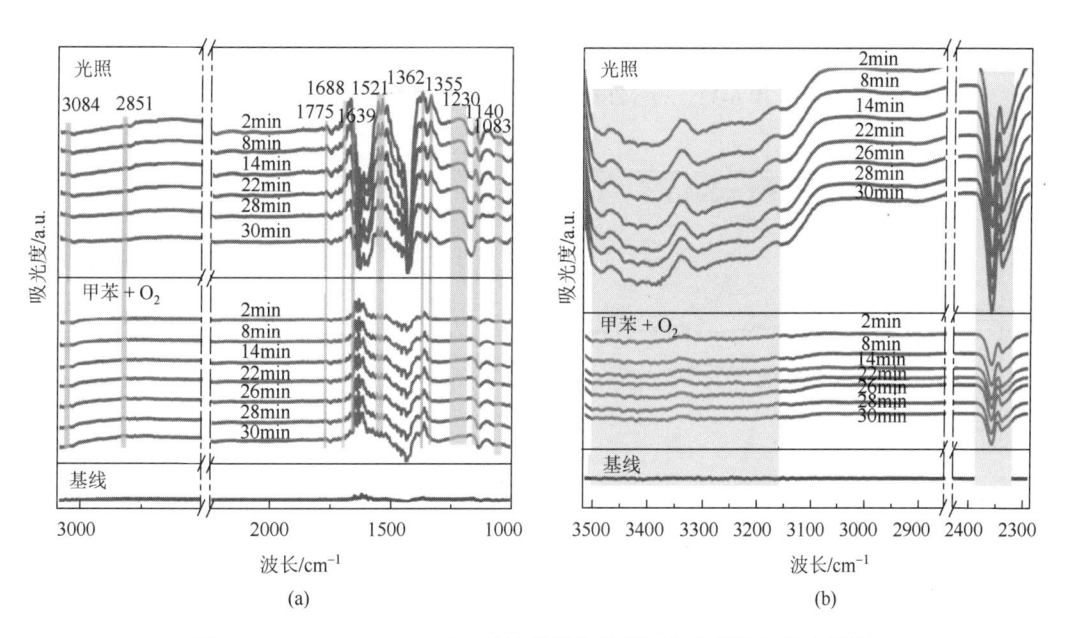

图 6-31　20% ZSH/SSH 对甲苯的吸附和降解过程的原位红外光谱图

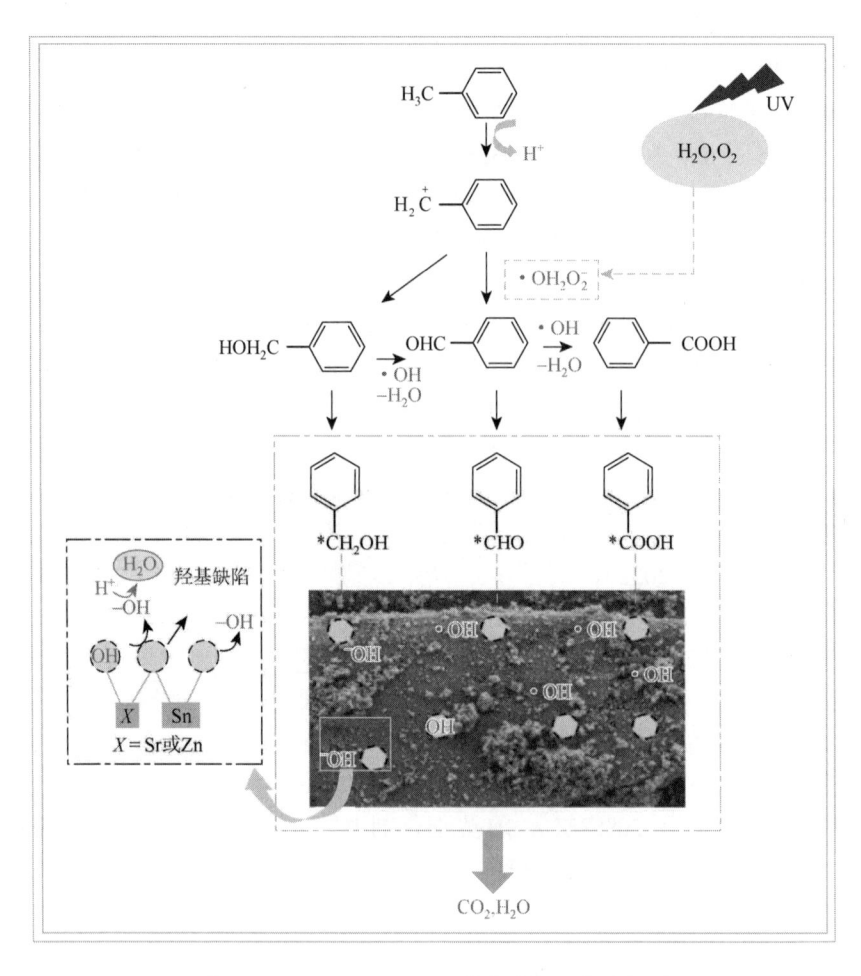

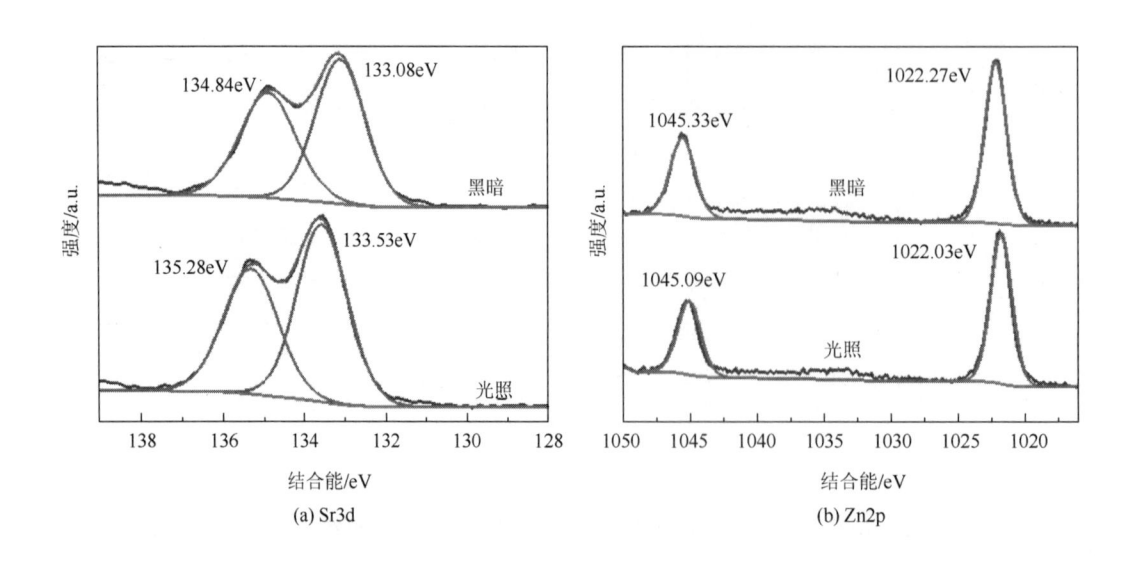

图 6-32　20% ZSH/SSH 光催化降解甲苯路径图

(a) Sr3d

(b) Zn2p

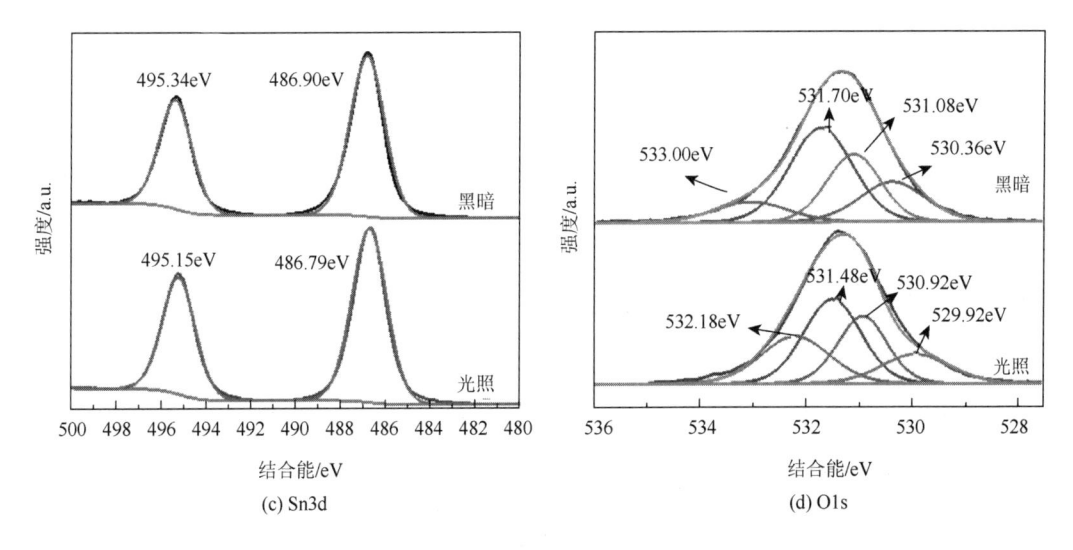

图 6-33　20%ZSH/SSH 的原位 XPS 图

基于上述实验分析，提出Ⅱ型 ZSH/SSH 异质结光催化高效降解甲苯的反应机制。在图 6-34 中，紫外光照射下，SSH 价带上的电子吸收能量被活化为光生电子并且发生跃迁，SSH 导带上的电子迁移到 ZSH 导带上，与此同时，由于二者价带电位上也有差异，ZSH 的价带电位更正，所以空穴可以由 ZSH 的价带迁移到 SSH 的价带。这个电子迁移过程的改变就是Ⅱ型异质结形成的结果，进而提高了光生电子-空穴对的转移和分离速率，最终体现在光催化性能的提升上。除此之外，价带上的空穴和导带上的电子能够与系统中的水和氧反应形成大量活性自由基（·OH 和 $·O_2^-$）并参与光催化反应过程。

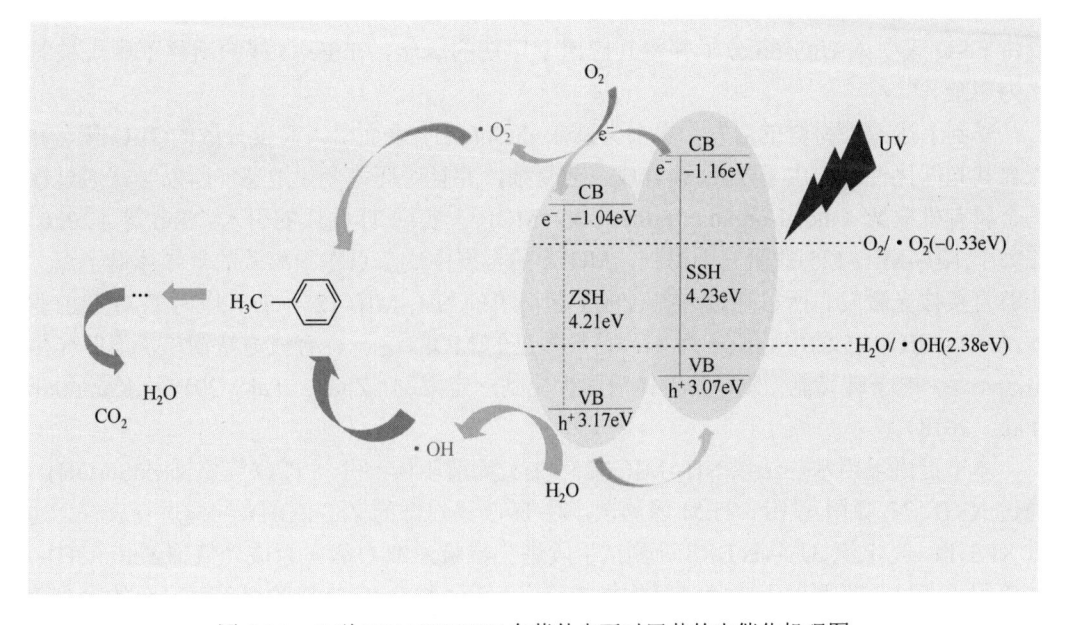

图 6-34　Ⅱ型 20% ZSH/SSH 在紫外光下对甲苯的光催化机理图

6.4 源于金属有机框架的 Ti-O 簇修饰 ZnSn(OH)$_6$ 及其光催化氧化氮氧化物的性能

6.4.1 引言

羟基锡酸锌[ZnSn(OH)$_6$]与其他羟基锡酸盐一样，具有类钙钛矿结构，锡原子内部所具有的 d^{10} 电子结构具有促进光生载流子分离的作用，氧化电位高于•OH 电位，这意味着 ZnSn(OH)$_6$ 价带上的空穴能够将 OH$^-$ 氧化为•OH，表面大量的羟基也能够在光照条件下产生足够的自由基（Fu et al., 2009）。由于 ZnSn(OH)$_6$ 禁带宽度较大（E_{gZSH} = 4.19eV），限制了其对可见光的利用率，想要避免这一缺点，可以从改善界面电子转移的角度考虑，通过改变电子传输的路径来提高电子传输效率，降低光生电子-空穴对的复合效率（Sayed et al., 2020; Fujisawa et al., 2020），而实现这一目的的前提是需要一个合适的材料作为电子转移的桥接，传统方法如复合、掺杂、负载等手段十分常见。已有研究发现，部分研究者尝试引入金属-氧簇这类新方法来提升催化剂性能，金属-氧簇（如 Fe-O 簇、Ti-O 簇、Zr-O 簇等）在催化、材料以及光学等领域已经被广泛应用（Zhang et al., 2021b）。引入高度分散的金属-氧簇修饰半导体，其由于极好的性能已经十分热门（Chen et al., 2021a; Yang et al., 2022b; Zhang et al., 2022a）。Lin 等（2023）尝试采用水热法在 NH$_2$-UiO-66（Zr）上以 TiCp$_2$Cl$_2$ 为原料引入 Ti-O 簇，并探究了其在可见光下对甲苯的降解情况，实验表明样品 AUiO-66(Zr/Ti)-4h 在长时间的反应中表现出极好的光催化活性和稳定性，并且改善了催化剂易失活和载流电子迁移率低等问题。Zhao 等（2021）在温和的条件下将 Fe-O 簇引入 UiO-66 分子并将其应用于甲烷的氧化，在 Fe-O 簇的活化下甲烷被氧化为甲酸。

受到上述改性材料的启发，本书尝试在 ZnSn(OH)$_6$ 表面引入高度分散的 Ti-O 簇，并探究其光催化性能，由于 Ti-O 簇合成工艺复杂，并且对环境变化敏感，所以尝试通过钛基金属有机框架（metal-organic framework，MOFs）实现 Ti-O 簇的引入。Tan 等（2020）在关于 NH$_2$-MIL-125 的研究中提到，MOFs 的金属中心节点作为离散的半导体量子点，能够直接被光激发。所以通过选择合成工艺简单的 NH$_2$-MIL-125（Ti）作为 Ti-O 簇前驱体，NH$_2$-MIL-125 的中心原子为 Ti，是最常见的 MOFs 之一，合成方法简单，但其光生电子不足，电子转移能力弱，其单体应用也受到一定限制（Zhang et al., 2018a; Kampouri et al., 2018）。

本节提出采用水热法以 NH$_2$-MIL-125（Ti）为前驱体，引入 Ti-O 簇修饰 ZnSn(OH)$_6$。通过 XRD、N$_2$ 吸附-脱附、TEM 等测试，对 Ti-O 簇修饰的 ZnSn(OH)$_6$ 结构进行表征，通过 XPS、PL、光电流、UV-vis DRS 等测试手段进一步验证 Ti-O 簇是否成功修饰 ZnSn(OH)$_6$，并应用于在可见光照射下去除氮氧化物的研究。深入探究 Ti-O 簇的引入对材料的吸光范围以及电子迁移效率的影响。

6.4.2 催化剂的制备

（1）ZnSn(OH)$_6$ 的制备。与 3.2.1 节 ZnSn(OH)$_6$ 的制备方法一致。

（2）Ti-O 簇修饰 ZnSn(OH)$_6$ 的制备。本节中 Ti-O 簇来源于 NH$_2$-MIL-125，首先需要制备 NH$_2$-MIL-125，制备方法为水热法（He et al.，2021）。准确称量 2.8g 2-氨基对苯二甲酸（NH$_2$-BDC）置于小烧杯中，依次逐滴加入 40mL N, N-二甲基甲酰胺（DMF）、10mL 甲醇并不断搅拌，混合均匀后加入异丙醇钛 2.86mL，将混合浆料转移至水热釜内于 110℃ 处理 72h。处理完毕后冷却至室温，所得产物用 DMF、甲醇分别浸泡过夜，并各洗涤 3 次，终产物经 60℃ 干燥，得 NH$_2$-MIL-125。

平行称取五组一定量 SnCl$_4$·5H$_2$O 于烧杯中，加入 20mL 去离子水、5mL 乙二醇，充分搅拌使其溶解记为 A 液；取与 SnCl$_4$·5H$_2$O 物质的量比为 1∶1 的 ZnCl$_2$ 于 100mL 小烧杯中，加入 50mL 去离子水搅拌使其充分溶解，记为 B 液；分别称取与 SnCl$_4$·5H$_2$O 物质的量比为 6∶1 的 NaOH 于 100mL 小烧杯中，加入 25mL 去离子水充分搅拌，使其充分溶解，记为 C 液。将 C 液缓慢加入 A 液中，待混匀后将 B 液逐滴加入所得 A、C 混合溶液中混匀。分别称取 0.1~0.5g 的 NH$_2$-MIL-125 于上述混合溶液中，水热 120℃，8h。反应结束后使用去离子水和乙醇清洗数次，烘干研磨备用。制得 Ti-O 簇修饰的 ZnSn(OH)$_6$ 样品，根据不同比例依次命名为 10TOZ、20TOZ、30TOZ、40TOZ、50TOZ。在制备材料的过程中，考虑了合成时间、温度等工艺条件对材料光催化活性的影响。

6.4.3 结果与讨论

图 6-35（a）为样品 ZSH、10TOZ、20TOZ、30TOZ、40TOZ、50TOZ 以及 NH$_2$-MIL-125 的 XRD 图谱。从图中可以观察到 NH$_2$-MIL-125 在 6.8°、9.8° 和 11.7° 位置有特征峰出现，分别对应（101）晶面、（002）晶面和（211）晶面，与 Zhang 等（2022a）一致，说明 NH$_2$-MIL-125 成功合成。ZSH 的衍射峰与标准卡 PDF#73-2384 相对应，在 22.8°、32.4° 和 52.4° 均有特征峰出现，分别与（200）晶面、（220）晶面和（420）晶面对应。系列 TOZ 样品在 22.8°、32.4° 和 52.4° 均有 ZSH 特征峰出现，随着 NH$_2$-MIL-125 投加比例增大，ZSH 的衍射峰强度降低，这表明材料的结晶程度受到了很大的影响，尤其是样品 50TOZ 中，对应的 ZSH 特征峰基本消失。在一系列材料中并未出现 NH$_2$-MIL-125 相应的衍射峰，说明其晶体结构被破坏，结合 MO 等（2021），当 NH$_2$-MIL-125 处于持续热处理等条件下时，暴露出 Ti-O 簇的同时会造成晶体结构的坍塌。其中 22.8° 处的特征峰随投料比例增加出现了规律的偏移，这与 Wang 等（2016）成功引入 Ti-O 簇一致。当 Ti 含量较高时，XRD 图谱中也没有观察到与晶体 Ti 物种相关的衍射峰，这表明 Ti 物种的分散程度很高，此外，在样品中也并未形成如 TiO$_2$ 颗粒等杂质相。通过 FT-IR 图谱［图 6-35（b）］分析，NH$_2$-MIL-125 的图谱中其特征峰均有体现，1380cm^{-1}、1540cm^{-1} 为—COO—的伸缩振动特征峰，1255cm^{-1} 为 C—N 伸缩振动峰（Li et al.，2021a；李厚樊，2022），进一步证明了 NH$_2$-MIL-125 单体成功制备。在系列比例样品中均在 770cm^{-1} 处出现了 Ti-O 的特征信号，初步说明了材料中 Ti-O 簇的存在。

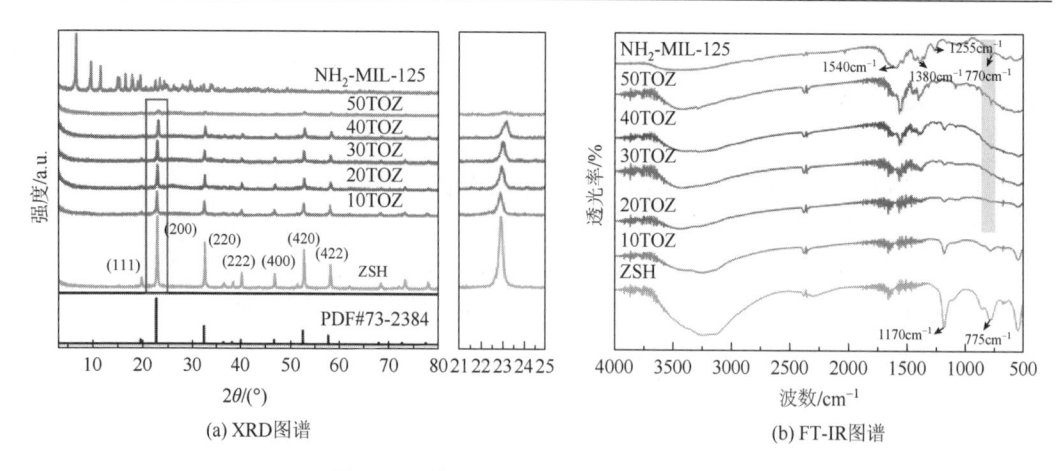

图 6-35 样品的 XRD 图谱及 FT-IR 图谱

为了进一步了解所制备催化剂的微观结构,采用 SEM、TEM 对材料形貌进行探究。如图 6-36(a)所示,NH$_2$-MIL-125 为四周扁平、中间凸出的饼状结构。ZSH 单体为标准的立方体结构。图 6-36(c)为 30TOZ 的 TEM 图,该样品在形貌上接近于单体 ZSH,其中未观察到 NH$_2$-MIL-125 的饼状结构,在 30TOZ 的 HRTEM 图中也只能观察到 ZSH 相应的晶格条纹[$d_{(211)}$ = 3.18nm、$d_{(222)}$ = 2.25nm、$d_{(220)}$ = 2.76nm],形貌结构也说明了在制备过程中 NH$_2$-MIL-125 的结构成功被破坏,这与 XRD 分析结果相对应。图 6-37 为 30TOZ 的元素分布图,30TOZ 中同时存在 Zn、Sn、O、Ti 元素,从分布上看 Ti 元素均匀地分布在 ZSH 晶体表面。

图 6-36 样品的 SEM 图、TEM 图和 HRTEM 图

(a) HAADF 100nm

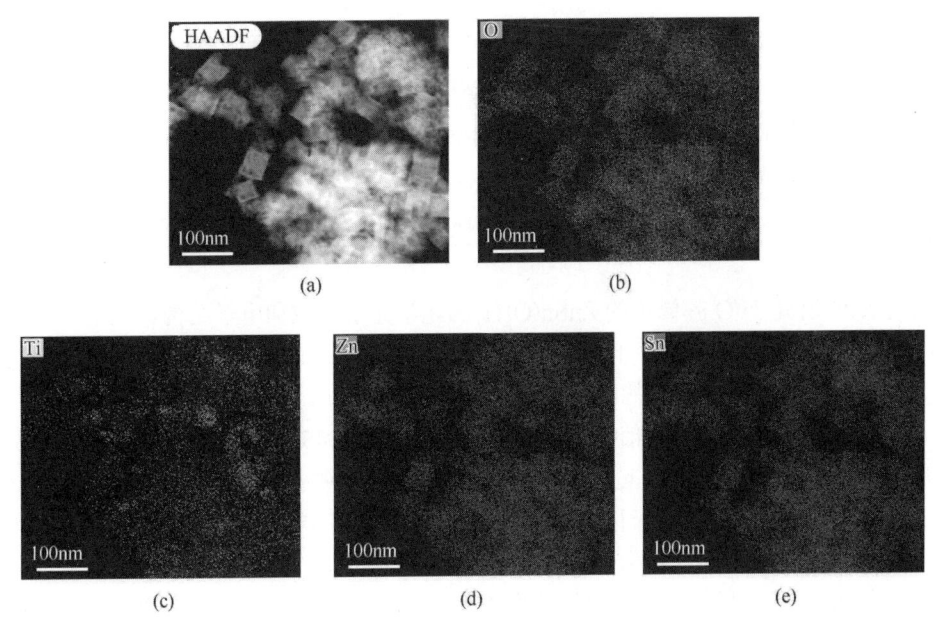

(b) O 100nm

(c) Ti 100nm

(d) Zn 100nm

(e) Sn 100nm

图 6-37　样品 30TOZ 中元素分布图

HAADF 指高角度环形暗场成像

图 6-38 为样品的 N_2 吸附-脱附等温线和孔径分布图，通过等温吸附-脱附实验探究材料的孔隙结构，样品 30TOZ 的吸附-脱附等温线与 ZSH 单体的吸附-脱附等温线类型相似，根据 IUPAC 分类判断，为Ⅳ型吸附-脱附等温线，同时存在一个不太明显的 H3 型回滞环，结合孔径分布说明其表面存在大孔或者无孔结构［图 6-38（b）］，NH_2-MIL-125 的吸附-脱附等温线为Ⅰ型，表面存在大量介孔［图 6-38（c）］。N_2 吸附-脱附结果显示 30TOZ、ZSH 以及 NH_2-MIL-125 的表面积分别为 148.87m²/g、46.52m²/g、1188.04m²/g，相应孔体积分布为 0.43cm³/g、0.26cm³/g、0.81cm³/g（表 6-3）。相比 ZSH 而言，30TOZ 的比表面积和孔体积分布有略微增加，对比 NH_2-MIL-125 单体的孔隙情况，30TOZ 的比表面积和孔体积急剧降低，介孔结构基本消失，比表面积和孔体积的减小可能是由在实验中 NH_2-MIL-125 有序的框架结构被破坏造成的。

(a) ZSH、30TOZ、NH_2-MIL-125 的 N_2 吸附-脱附等温线

(b) ZSH、30TOZ 孔径分布曲线

(c) NH_2-MIL-125 孔径分布曲线

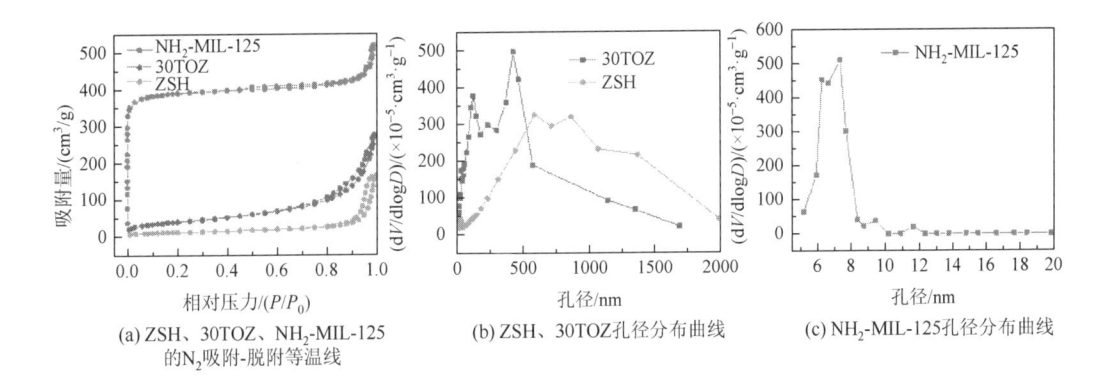

图 6-38　样品的 N_2 吸附-脱附等温线及孔径分布曲线

表 6-3　ZSH、NH$_2$-MIL-125 和 30TOZ 的比表面积和孔体积

样品	比表面积/(m^2/g)	孔体积/(cm^3/g)
ZSH	46.52	0.26
30TOZ	148.87	0.43
NH$_2$-MIL-125	1188.04	0.81

采用 XPS 研究 Ti-O 簇修饰的 ZnSn(OH)$_6$ 的化学元素组成和电子结构。从全谱图可知，在 30TOZ 样品中 Zn、Sn、O 和 Ti 元素共存，这证明成功将 Ti 物种引入 ZSH 中（图 6-39）。Zn2p、Sn3d、Ti2p、O1s 对应的高分辨 XPS 图如图 6-40 所示。在 Zn2p 高分辨 XPS 图中［图 6-40（a）］30TOZ 中 Zn2p 信号出现在 1022.52eV 和 1045.58eV，为 Zn2p$_{1/2}$ 和 Zn2p$_{3/2}$ 的特征峰（Wang et al.，2022b），对比 ZSH 中 Zn2p 的特征峰位置在 1022.39eV 和 1045.45eV，30TOZ 中的 Zn2p 能级向高能级移动，这表明 Zn 原子周围的电子云密度降低。如图 6-40（b）所示，在 30TOZ 中 Sn3d 的信号峰在 495.57eV、487.19eV，分别归属于 Sn3d$_{3/2}$ 和 Sn3d$_{5/2}$，这证明了在 Sn 原子在材料中以正四价的形式存在（Zhang et al.，2018b），相比于 ZSH 中的 Sn 信号（Sn3d$_{3/2}$ 为 495.51eV、Sn3d$_{5/2}$ 为 487.13eV）略向高能级偏移。Ti2p 高分辨 XPS 图［图 6-40（c）］中，30TOZ 的 Ti 元素特征信号为 464.61eV 和 458.96eV，这对应着 Ti-O 的信号（Tan et al.，2020），其中 Ti 元素价态为正四价，相比于 NH$_2$-MIL-125（Ti）中 Ti2p 的 464.79eV、459.05eV，特征峰向低能级偏移，说明 Ti 原子周围的电子云密度增大。30TOZ 的 O1s 高分辨 XPS 图［图 6-40（d）］中出现了三个特征峰 532.81eV、531.95eV、530.63eV，这对应着 30TOZ 样品中的羟基和金属-氧键（包括 Zn-O、Sn-O、Ti-O）中的氧信号（Dong et al.，2019a；Huang et al.，2019b），对比样品 ZSH 的 O 元素特征峰，均向高能级移动。在 NH$_2$-MIL-125 的 O1s 高分辨 XPS 图［图 6-40（d）］中，533.57eV 对应的羟基基团（李厚樊，2022），但对应在 30TOZ 中这个位置的特征峰消失了，侧面印证了 NH$_2$-MIL-125 结构被破坏。因为结合能的改变和相应原子周围的电子云密度相关联，其根本原因是不同费米能级之间

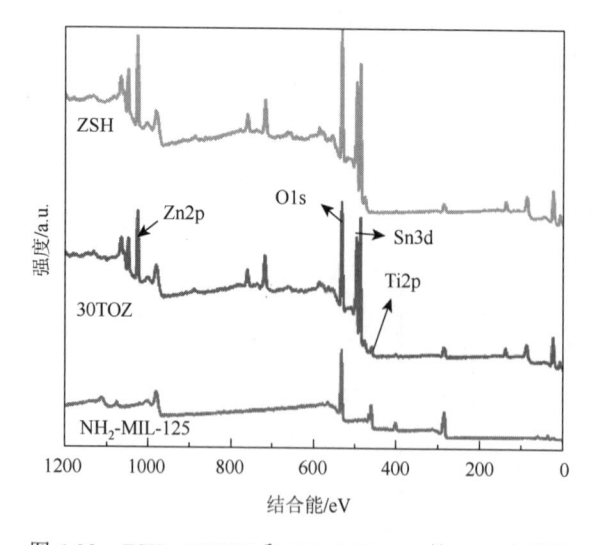

图 6-39　ZSH、30TOZ 和 NH$_2$-MIL-125 的 XPS 全谱图

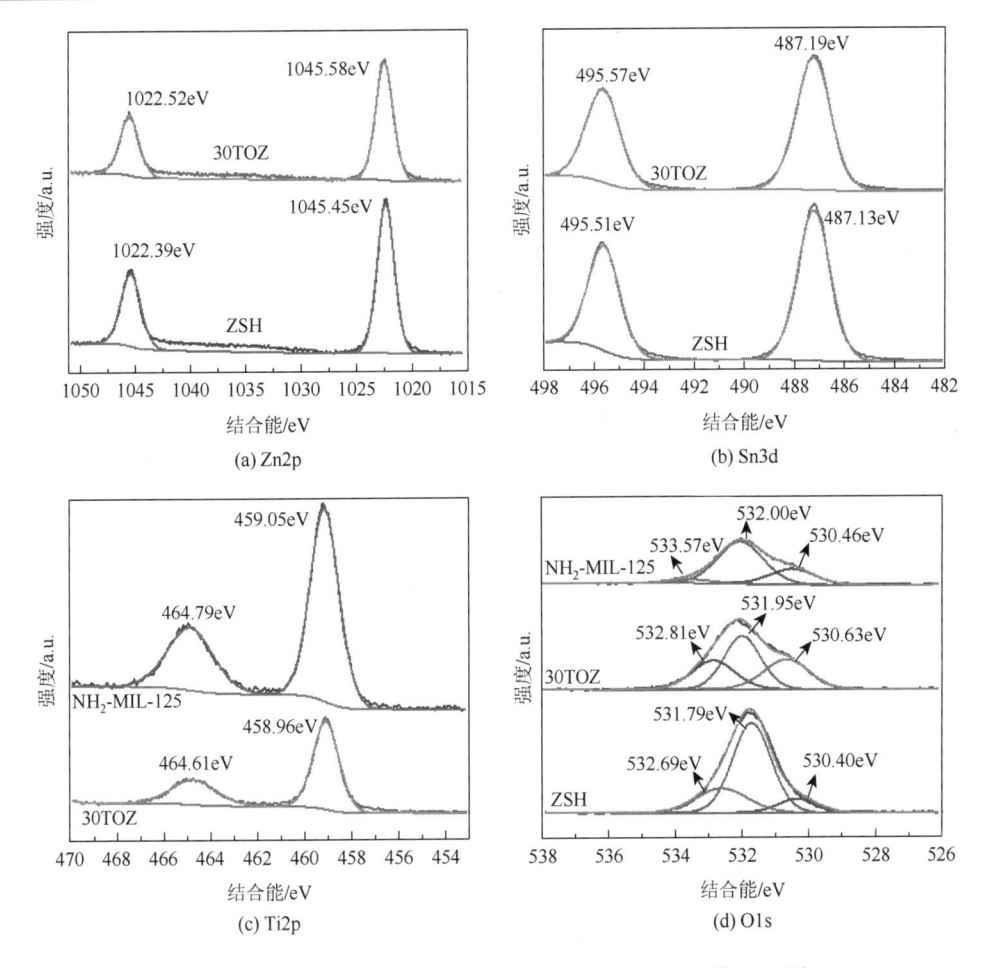

图 6-40　样品 ZSH、30TOZ 和 NH$_2$-MIL-125 的高分辨 XPS 图

的电子转移（Zhang et al.，2013b；Sun et al.，2017）。对比 ZSH 单体，30TOZ 中的各元素的能级改变归因于 Ti-O 簇的成功引入，并成功修饰于 ZSH 晶体表面。

样品 ZSH、系列 TOZ 以及 NH$_2$-MIL-125 的紫外-可见漫反射光谱图和禁带宽度测定如图 6-41 所示。从图 6-41（a）可以看出 ZSH 的吸光范围局限在紫外光区，随着 Ti-O 簇引入量的增加，TOZ 样品在紫外光和可见光范围都有吸收。与 ZSH 相比，TOZ 的光吸收范围扩大，吸收带边发生红移，这意味着 TOZ 样品的禁带宽度变小有益于吸收可见光。在 TOZ 系列样品中，40TOZ 显示出良好的光吸收能力，但结合后续光电流、PL 等表征分析电子转移能力等情况，综合选择了 30TOZ 样品做进一步分析。根据 Kubelka-Munk 公式计算可以获得样品 ZSH、30TOZ 的禁带宽度分别为 4.19eV、2.90eV，如图 6-41（b）和图 6-41（c）所示。引入 Ti-O 簇后 30TOZ 样品比 ZSH 单体的禁带宽度更窄，这说明样品 30TOZ 所需要的激发能量更小，有利于促进光生电子的转移。可能的原因是 ZSH 在 Ti-O 簇的修饰下，形成新的电子迁移路径。VB-XPS 图谱体现了 ZSH、30TOZ 样品的价带位置，如图 6-42 所示，30TOZ 的价带为 2.53eV，ZSH 的价带为 3.17eV。根据公式 $E_{CB} = E_{VB} - E_g$ 计算可得二者的导带位置，ZSH、30TOZ 的导带位置分别为 -1.02eV、-0.37eV。

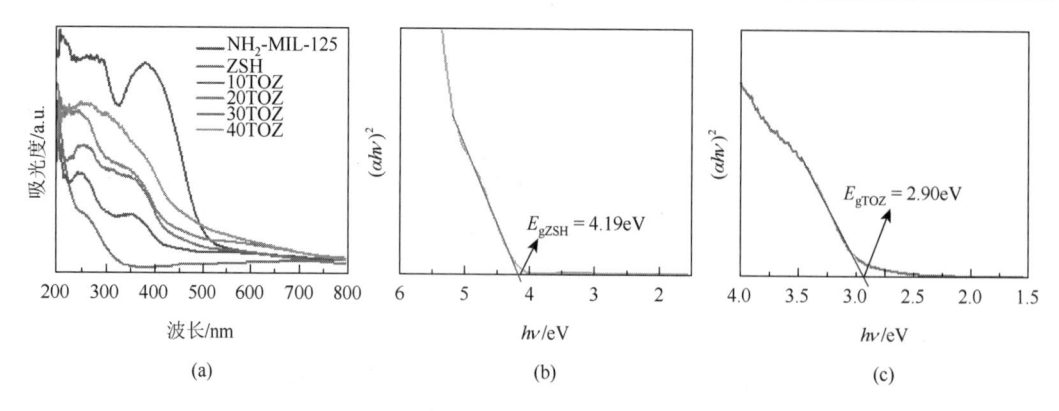

图 6-41　样品的紫外-可见漫反射光谱图及禁带宽度测定

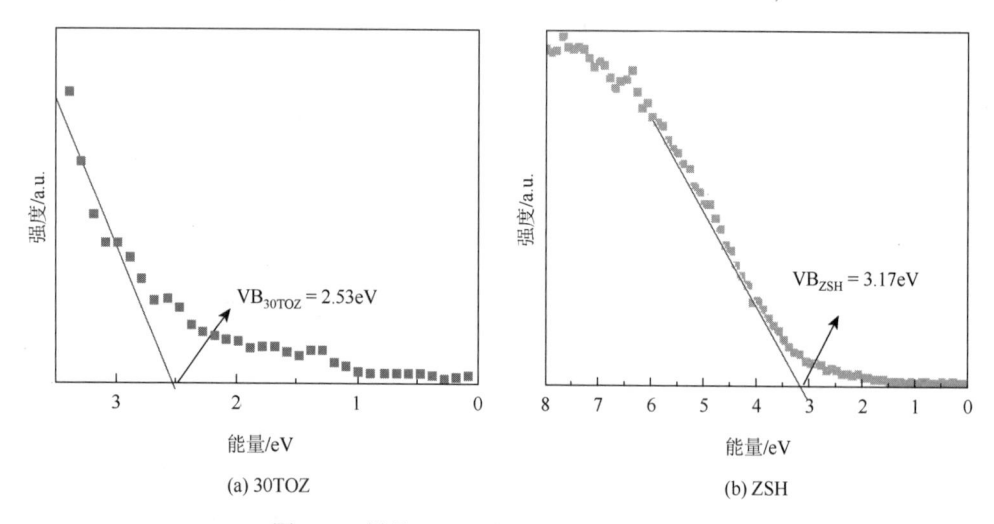

图 6-42　样品 30TOZ 和 ZSH 的 VB-XPS 图谱

在图 6-43 中，通过光致发光光谱和瞬态光电流-时间曲线来探究催化剂的载流子分离以及光生电子-空穴对复合情况。图 6-43（a）中，30TOZ 的光致发光光谱强度相比于 ZSH 大幅度降低，进一步说明了 Ti-O 簇的引入改变了内部电子迁移，抑制了光生电子-空穴对的复合，进而提高光催化活性。图 6-43（b）中，相比于 ZSH 单体而言，系列 TOZ 样品的光电流强度均有提高，说明 Ti-O 簇的引入改善了催化剂内部载流子分离效率，30TOZ 的光电流强度远高于 ZSH 单体，并领先其他 TOZ 样品达到峰值。

除了对引入不同比例的 Ti-O 簇样品进行光催化活性测定之外，本书对催化剂的制备工艺条件也进行探索，探究水热温度［图 6-44（a）］和水热时间［图 6-44（b）］对 Ti-O 簇修饰的 $ZnSn(OH)_6$ 光催化去除 NO 的影响，实验表明，水热时间 8h，水热温度 120℃ 为最佳制备条件。

样品 ZSH、10TOZ、20TOZ、30TOZ、40TOZ 以及 50TOZ 的光催化性能采用其在可见光照射下对 ppb 级 NO 的去除情况来评价。图 6-45 为 ZSH、TOZ 系列样品以及 NH_2-MIL-125 在连续流反应器中反应 30min 的光催化活性，由于 ZSH 在可见光区无光响应，所以在这个测试体系中没有体现活性。10TOZ、20TOZ、30TOZ、40TOZ、50TOZ 的

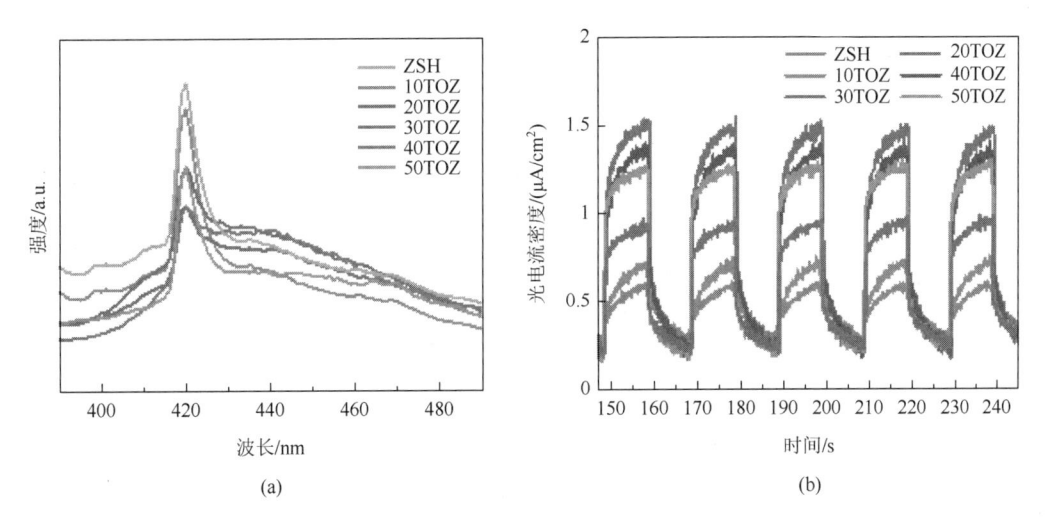

图 6-43 ZSH 和 TOZ 系列样品的光致发光光谱图和瞬态光电流-时间曲线

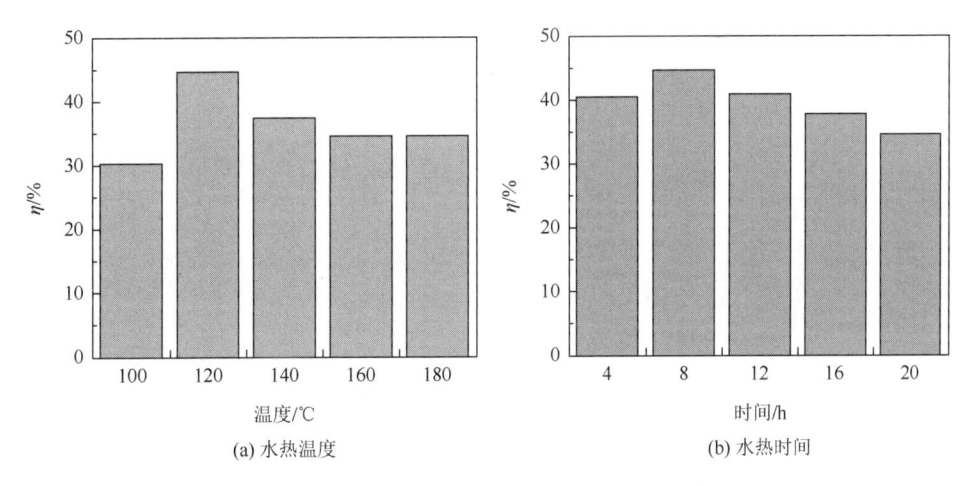

图 6-44 样品制备条件对光催化活性的影响

活性分别为 28.66%、35.41%、42.70%、38.74%、38.82%。TOZ 系列样品的活性对比不管是基底材料 ZSH 还是作为 Ti-O 簇供体的 NH$_2$-MIL-125（活性为 16.86%），均有较大提升。其中，30TOZ 活性达到最高，这也说明这个比例的 Ti-O 簇修饰的 ZSH 的光催化反应得到了促进。

催化剂的稳定性也是光催化性能的重要指标，通过连续多次测试 30TOZ 对 NO 的去除情况来体现其稳定程度，如图 6-46（a）所示，30TOZ 在可见光下重复测定五次活性均保持在 42%左右，并未出现明显下降，说明 30TOZ 具有优异的光催化稳定性。在 NO 的催化氧化过程中，有部分 NO 会转化为 NO$_2$，由于 NO$_2$ 有剧毒，所以在活性测试过程中，对体系中的 NO$_2$ 含量也同步监测 [图 6-46（b）]，NO$_2$ 含量在系列 TOZ 样品测试过程中均保持着较低的水平，这表明 TOZ 样品在光催化氧化 NO 的过程中避免了 NO$_2$ 的大量生成，降低了二次污染的风险。

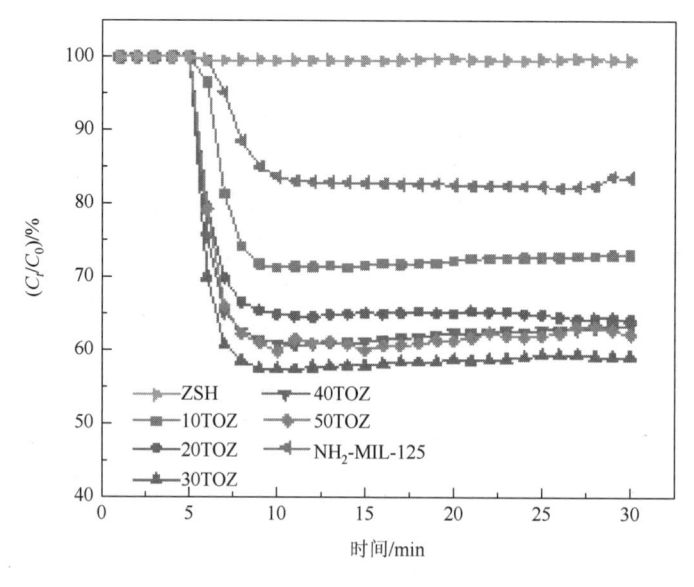

图 6-45　样品 ZSH、NH$_2$-MIL-125 和 TOZ 系列样品去除 NO 的活性

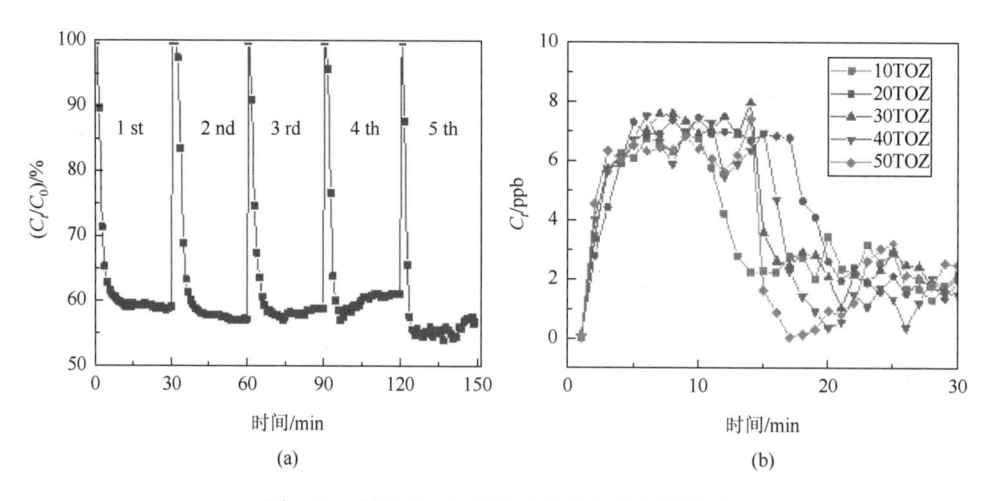

图 6-46　样品对 NO 的净化性能及稳定性测试
(a) 30TOZ 的稳定性测试；(b) TOZ 活性测试时 NO$_2$ 含量

样品 30TOZ 经过一系列表征和测试体现出优异的光催化活性，进一步探究 30TOZ 在催化体系中的活性物质和内在催化机制。采用 ESR 方法测试体系中超氧自由基(•O$_2^-$) 和羟基自由基(•OH) 的水平，其中 DMPO（5,5-二甲基-1-吡咯啉-N-氧化物）作为自旋捕获剂。DMPO-H$_2$O 体系用以测试•OH，如图 6-47（a）所示，样品 ZSH、30TOZ 均出现了强度比为 1∶2∶2∶1 的特征峰，这表明体系中有羟基自由基产生。强度可以反映自由基的量，30TOZ 体系中羟基自由基特征峰强度高于 ZSH，不仅如此，30TOZ 体系的自由基产量随着光照时间的增加而增加，如图 6-47（b）所示。超氧自由基采用 DMPO-CH$_3$OH 体系测试，其中超氧自由基的特征信号为四个强度比为 1∶1∶1∶1 的峰，如图 6-47（c）所示，30TOZ 的超氧自由基强度也远大于 ZSH，并且随着光照时间

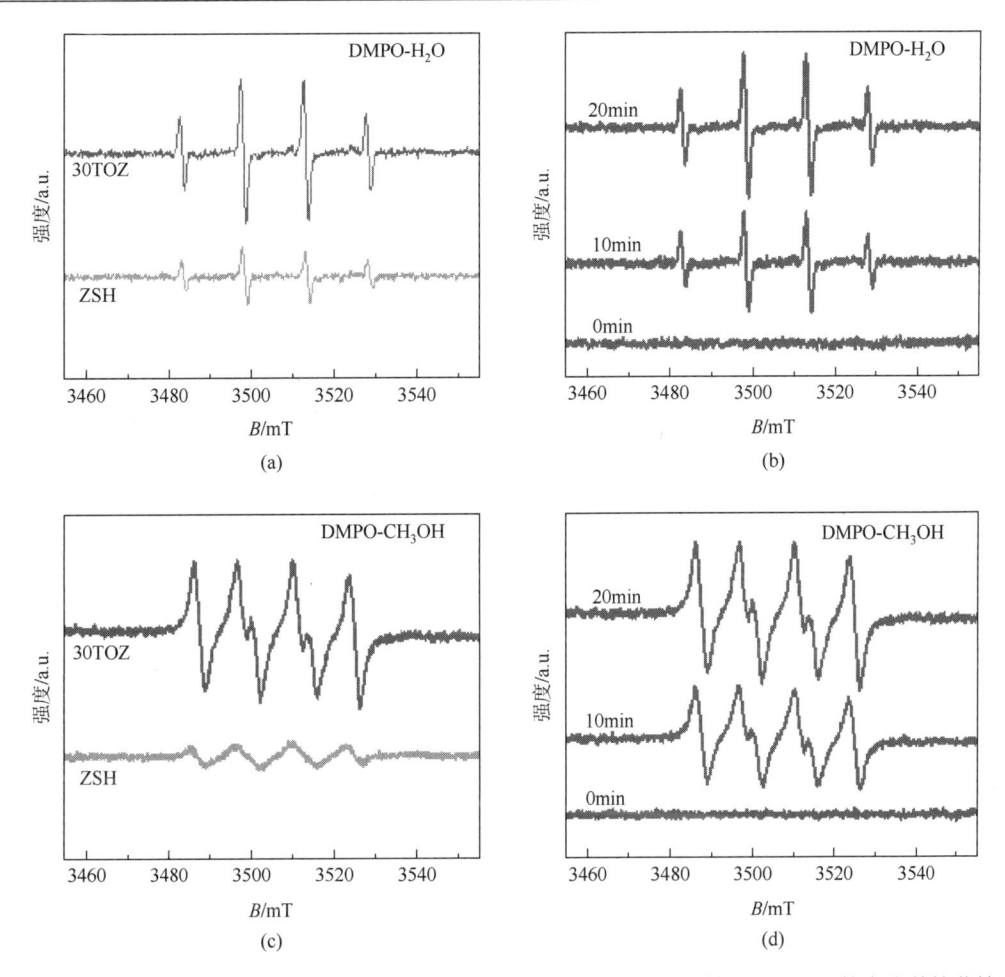

图 6-47 在可见光照射下 ZSH、30TOZ 产生的自由基种类及不同光照时间下 30TOZ 的自由基捕获情况

增加而增加[图 6-47（d）]。综合羟基自由基和超氧自由基来看，在无光照条件下均无自由基信号出现，这说明光照是产生活性自由基的关键条件。根据强度变化，能够证明由于 Ti-O 簇的引入，30TOZ 的活性自由基产生量更多，这也就进一步证实了 30TOZ 的光催化性能相较于其他样品更加优异。

为了进一步了解催化剂表面电子转移机制，本书对催化剂 30TOZ 进行了原位 XPS 分析（图 6-48），原位 XPS 能够通过对比光照前后的结合能变化证明电子转移路径。如图 6-48 所示，Zn2p 在光照前的特征峰位置为 1045.46eV、1022.41eV，开灯照射后向高能级移动至 1045.49eV、1022.45eV。同样，Sn3d 在光照条件下也向高能级偏移至 495.54eV、487.17eV，这表明在光照条件下，Zn、Sn 原子结合能增加，其表面电子云密度减小，在光反应过程中光生电子向别处转移。Ti2p 在光照前的结合能为 464.45eV、458.89eV，光照后偏移为 464.39eV、458.79eV，结合能降低，电子云密度增加，说明在光反应过程中接受了别处转移过来的光生电子。这表明 Ti-O 簇引入后，光生电子由 ZSH 转移至 Ti-O 簇，优化了 30TOZ 样品的光生电子转移效率，进而提高光催化性能。

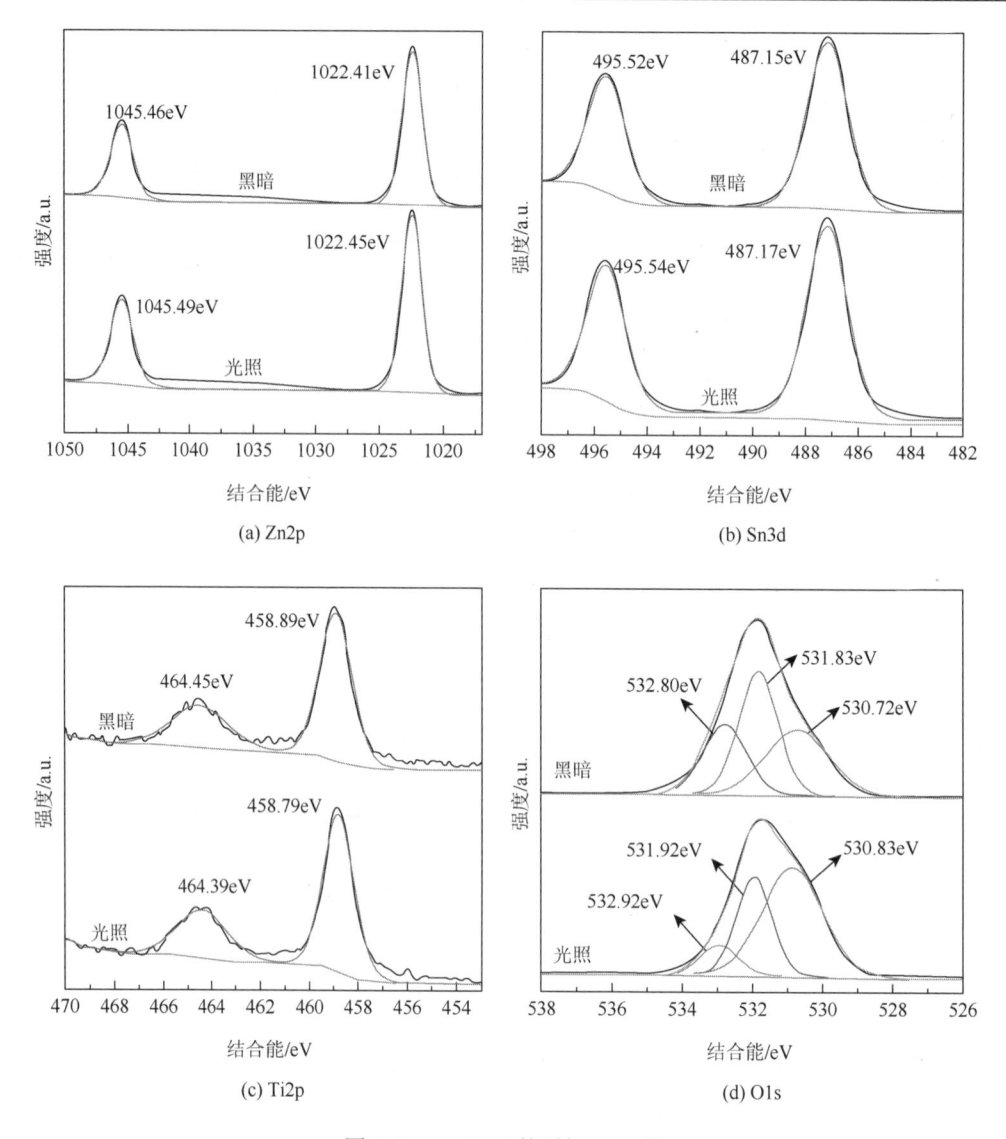

图 6-48　30 TOZ 的原位 XPS 图

以上系列分析证明 Ti-O 簇成功引入并且修饰了 ZSH，改变了内部电子迁移路径，其禁带宽度为 2.9eV，根据公式 $\lambda = 1240/E_g$ 得 30TOZ 的最大响应波长为 428nm，即其对可见光有响应。在引入 Ti-O 簇前，ZSH 价带上的电子转移到导带需要很大的能量，可见光所提供的能量无法支撑其实现这个跃迁。如图 6-49 所示，光反应时，由于 Ti-O 簇的引入，ZSH 价带上的电子向 Ti-O 簇移动，这就避免了 ZSH 过宽的禁带宽度无法响应可见光的缺点。电子到达 Ti-O 簇表面与氧气反应产生超氧自由基（•O_2^-），而 ZSH 表面的空穴则将吸附的 OH^- 氧化为羟基自由基（•OH）。这与自由基捕获结果相对应。产生的超氧自由基和羟基自由基参与 NO 的光催化氧化过程。结合文献和实验结果（罗爽，2021；杨淋，2022），本书对 NO 的去除过程做出推测 [式（6-10）~式（6-15）]：•O_2^- 在光催化反应中将 NO 直接氧化为 NO_3^-；•OH 对 NO 的转化分为两个步骤，将 NO 转化为 NO_2，再转

变为 NO_3^-，根据光反应过程中对 NO_2 的监测情况来看，这两步之间转化很快，残留在体系中的 NO_2 较少，最终 NO 转变为 NO_3^-。

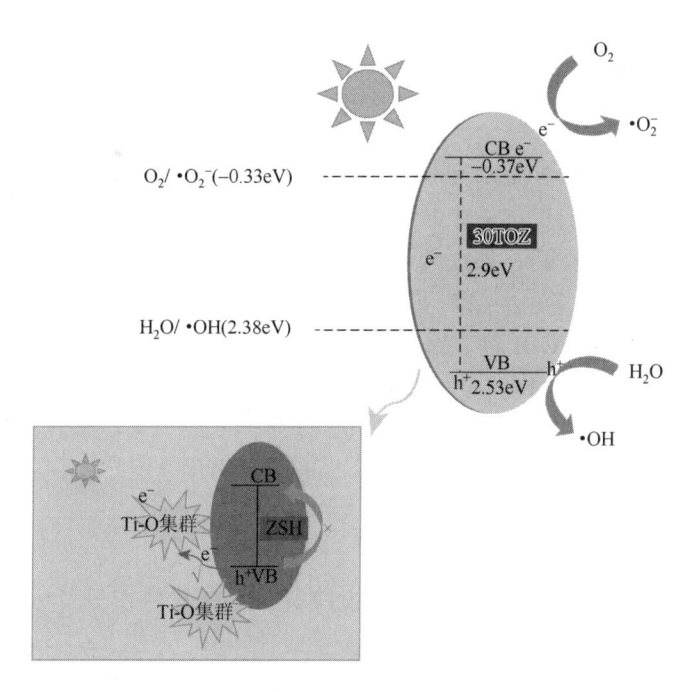

图 6-49 30TOZ 光反应机制图

$$30TOZ \xrightarrow{h\nu} e^- + h^+ \tag{6-11}$$

$$h^+ + OH^- \longrightarrow \cdot OH \tag{6-12}$$

$$e^- + O_2 \longrightarrow \cdot O_2^- \tag{6-13}$$

$$O_2^- + NO \longrightarrow NO_3^- \tag{6-14}$$

$$\cdot OH + NO \longrightarrow NO_2 + H_2O \tag{6-15}$$

$$NO_2 + \cdot OH \longrightarrow NO_3^- + H^+ \tag{6-16}$$

6.5 BiOIO$_3$/BiOBr 复合材料的制备及废水中四环素的降解

6.5.1 引言

BiOBr 因较窄的能带结构、优异的光催化性能和简单的制备方法吸引了许多学者的关注，成为利用来自太阳的可见光进行光催化的极具前景的候选材料（Meng et al.，2021；Sun et al.，2022）。BiOBr 具有独特的二维层状结构，正是这种性质使其更容易与其他材料复合（Meng et al.，2021）。例如，Qin 等（2022）制备的 BiVO$_4$/BiOBr 复合材料与单体相比具有更大的比表面积，这为催化反应提供了更多的活性位点，有利于载流子的转移,并在 TC、$K_2Cr_2O_7$ 和 RhB 的降解中具有非常理想的光催化活性;Yang 等(2022a)通过水热法构建了 BiOBr/CdS 的 2D/1D 型异质结,提高了光响应能力,促进了 CO_2 的光还原;Li 等(2022b)在水热过程中将 BiOBr 与 ZnO 混合,大大提高了 BiOBr 的光催化活性。这些结果表明,在光催化降解有机污染物领域,异质结因其较高的光生载流子分离效率而受到越来越多的关注。因此,可以尝试寻找一种与 BiOBr 形成异质结的材料来提高其光催化活性。

$BiOIO_3$ 是由 $[Bi_2O_2]^{2+}$ 层和 $[IO_3]^-$ 离子组成的典型的金属化合物,其独特的层状结构有利于载流子的转移,具有优异的光催化性能(Jing et al.,2022)。然而,单一的 $BiOIO_3$ 具有相对较宽的禁带宽度(3.2eV),导致其只能被太阳光中的紫外光激发,在可见光下有限的光响应和载流子的分离效率大大限制了其在实际中的应用(Zhou et al.,2017;Zhang et al.,2022a)。由于 $BiOIO_3$ 与 BiOBr 价带导带位置交错,能带结构匹配,为构成异质结提供了可能性(Chen et al.,2017;Li et al.,2019a)。

本节通过一步水热法合成 n-n 型 $BiOIO_3$/BiOBr 异质结材料,研究其对 TC 的光催化降解性能,通过一系列表征测试分析其结构、形貌和光电化学性能,并探讨 $BiOIO_3$/BiOBr 复合材料光催化作用降解 TC 的作用机制。

6.5.2 $BiOIO_3$/BiOBr 复合光催化材料的制备及活性评价

(1)光催化剂的制备。将 3mmol $Bi(NO_3)_3 \cdot 5H_2O$ 加入装有 80mL 去离子水的烧杯中剧烈搅拌 30min,得到 $Bi(NO_3)_3 \cdot 5H_2O$ 的悬浊液。向悬浊液中加入 2.7mmol KBr 搅拌 30min,然后加入 0.3mmol KIO_3 继续搅拌 30min。随后,将获得的白色溶液转移到 150mL 聚四氟乙烯反应釜中,在 150℃的条件下水热反应 6h。当反应釜冷却至室温后,将内部的悬浮液倒入离心管中,并在 4900r/min 下离心 3min,然后用去离子水洗涤沉淀物四次,以获得沉淀物。最后,将洗涤过的沉淀物在 60℃的烘箱中干燥过夜,以获得 10%$BiOIO_3$/BiOBr 复合材料。通过改变 KBr 和 KIO_3 的投加量[$n(KBr) + n(KIO_3) = 3$mmol]得到不同比例的 X%$BiOIO_3$/BiOBr 复合材料($X = 5$、10、20、30),并标记为 5BIO/BB、10BIO/BB、20BIO/BB、30BIO/BB。在上述条件下不添加 KIO_3 得到 BiOBr,不添加 KBr 得到 $BiOIO_3$。

(2)光催化活性评价方法。本书研究进行了室温下降解 TC 实验,用来评估催化剂的活性。在光催化活性测试中将 12W 的 LED 灯置于烧杯的正上方,光源到烧杯底部的距离为 25cm,没有任何光过滤器。具体而言,将 80mg 的催化剂分散到 80mL 的 TC 溶液(20mg/L)中进行暗反应 40min,然后开灯进行光照 80min,每隔一段时间取 5mL 悬浮液,通过 22μm 的滤头过滤,将得到的澄清液置于 358nm 下通过紫外-可见漫反射光谱法(UV1102 II,中国)测量分析,反应全程均在磁力搅拌条件下进行。值得注意的是,进行暗反应时,应在完全黑暗的条件下进行。

光催化效率用以下公式计算:

$$\eta = 1 - C_t / C_0 \times 100\% \tag{6-17}$$

式中,C_0 和 C_t 分别是暗反应结束时和 t 时刻 TC 溶液的浓度。

6.5.3　结果与讨论

XRD 图谱可以确定制备材料的晶体结构(Li et al., 2022d)。如图 6-50 所示，BiOBr 和 BiOIO$_3$ 的衍射峰分别与四方 BiOBr（标准卡片 JCPDS#73-2061）和 BiOIO$_3$（标准卡片 ICSD#26-2019）晶体的标准卡片高度一致，衍射峰清晰尖锐且没有出现杂质峰，表明制备的材料具有良好的结晶度且纯度较高(Li et al., 2019a; Kan et al., 2022)。对于 BiOIO$_3$/BiOBr（后文简称为 BIO/BB）复合材料，在 2θ 值为 11°、22°、44.8°、27.4°和 30.8°处有五个较高的特征峰，分别对应 BiOBr 的（001）晶面、（002）晶面、（004）晶面和 BiOIO$_3$ 的（010）晶面、（121）晶面，两种材料的衍射峰共存，没有出现其他的杂质峰。随着 BiOIO$_3$ 含量的增加，BiOBr 在 2θ 为 22°、45°和 50.9°的三个衍射峰逐渐减弱，BiOIO$_3$ 在 2θ 为 8°和 27.4°的两个特征峰逐渐增强。在 5BIO/BB 和 10BIO/BB 复合材料中，没有明显的 BiOIO$_3$ 的特征峰，这可能是因为复合材料中 BiOIO$_3$ 含量较低或峰强较弱。总之，上述 XRD 的结果表明成功制备了 BIO/BB 复合材料。

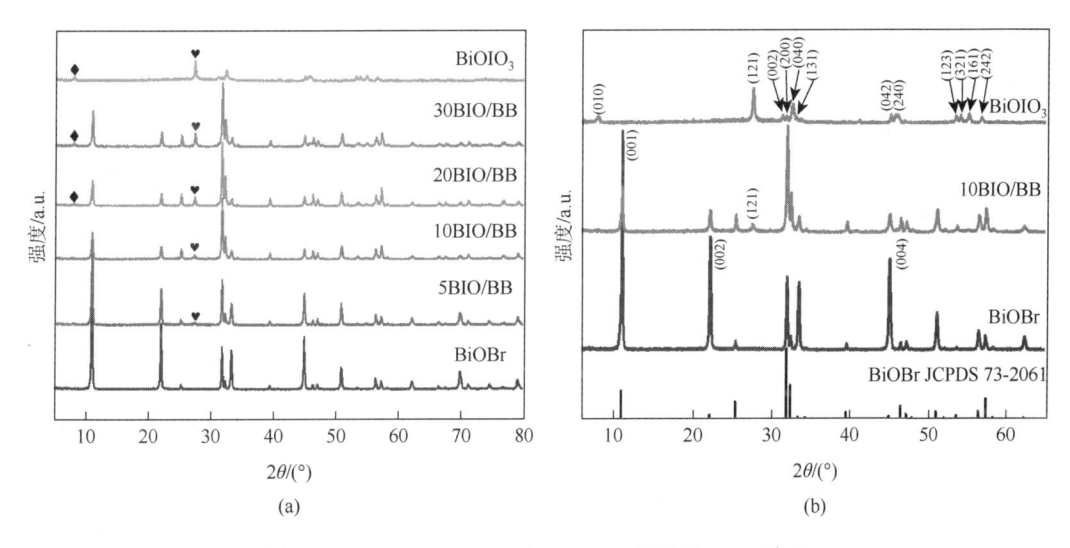

图 6-50　BiOBr、BiOIO$_3$ 和 BIO/BB 样品的 XRD 图谱

FT-IR 可以进一步提供催化剂的分子官能团和化学键信息，样品的结果如图 6-51（a）所示。图中出现的第一个特征振动峰是所有样品都具有的峰，位于 519cm^{-1} 附近，这是 $[\text{Bi}_2\text{O}_2]^{2+}$ 层中的 Bi—O 的伸缩振动导致的（Lu et al., 2022b）。BiOIO$_3$ 在 687cm^{-1} 和 772cm^{-1} 处出现特征振动峰，这归因于 I—O 的伸缩振动。BIO/BB 复合材料的拉伸振动方式与 BiOIO$_3$ 的一致，没有出现显著变化，表明 BiOIO$_3$ 在复合后结构的完整性，并且随着 BiOIO$_3$ 含量的减少，复合材料在 600~800cm^{-1} 处的特征振动峰也逐渐减弱。图 6-51（b）显示了 BiOBr、BiOIO$_3$ 和 BIO/BB 复合材料的拉曼光谱。如图所示，BiOBr 在 85.0cm^{-1}、107.2cm^{-1} 和 157.8cm^{-1} 处出现特征峰，分别属于 Bi—Br 拉伸、内部 A$_{1g}$（内部 Bi—Br 拉伸）和 E_g 内部 Bi—Br 拉伸（Guan et al., 2022; Santana et al., 2023）。对于 BiOIO$_3$，

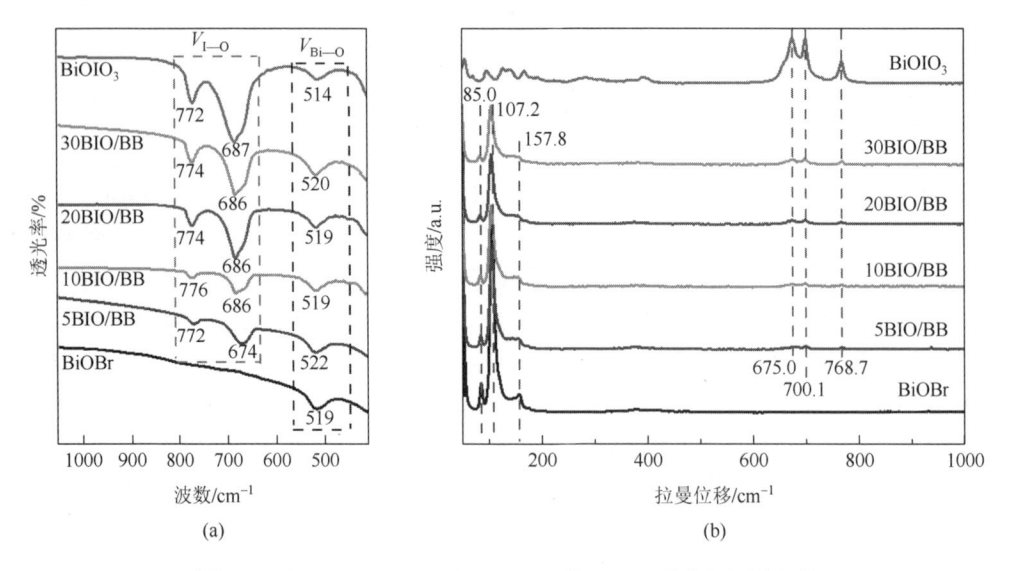

图 6-51 BiOBr、BiOIO$_3$ 和 BIO/BB 的 FT-IR 图谱和拉曼光谱

可以观察到在 675.0cm^{-1}、700.1cm^{-1} 和 768.7cm^{-1} 处出现了拉曼峰，这与文献中的报道一致（Liu et al., 2023）。对于 BIO/BB 复合材料，图中显示 BiOBr 和 BiOIO$_3$ 的拉曼峰同时出现，随着 BiOIO$_3$ 复合比例的增加，BiOBr 的三个拉曼峰逐渐减弱，而 BiOIO$_3$ 的三个拉曼峰逐渐明显，这证实了 BiOIO$_3$ 的成功引入并且两种材料之间存在相互作用（Ling et al., 2020；Zhu et al., 2022b）。

SEM 和 TEM 能进一步探究 BiOBr、BiOIO$_3$ 以及 BIO/BB 复合材料的表面形态和结构。如图 6-52 所示，BiOBr 和 BiOIO$_3$ 的 SEM 图均表现出片状结构，不同的是，BiOIO$_3$ 为更薄的不规则纳米片，纳米片的厚度分布在 15~25nm [图 6-52（b）、图 6-52（e）和图 6-52（h）]。相比之下，BiOBr 多为较厚的矩形或多边形板状材料，板厚度分布在 130~200nm [图 6-52（a）、图 6-52（d）和图 6-52（g）]，是 BiOIO$_3$ 纳米片厚度的 8~13 倍。图 6-52（c）和图 6-52（f）为 10BIO/BB 复合材料的 SEM 图。不难看出，BIO/BB 复合材料是 BiOBr 作为基板与 BiOIO$_3$ 面-面黏附在一起的，为光生载流子的分离提供了大而紧密的接触区域，促进光生电子快速迁移，提高光催化活性（Chen et al., 2019b）。如图 6-52（f）所示样品为 10%BiOIO$_3$/BiOBr 复合材料，BiOIO$_3$ 的含量较少，因此只有一小部分 BiOIO$_3$ 纳米片黏附在 BiOBr 纳米板上，形成具有 2D/2D 结构的异质结。

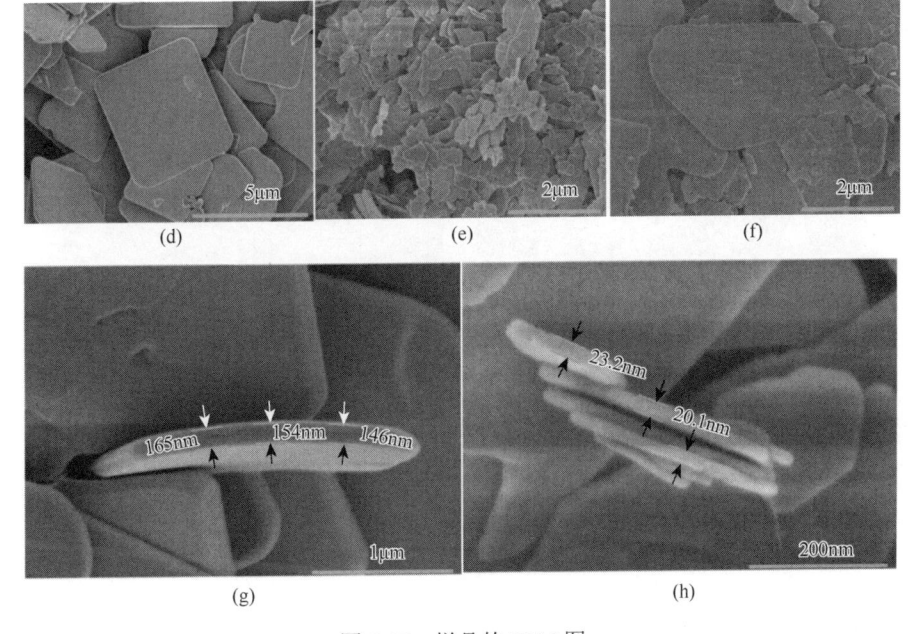

图 6-52 样品的 SEM 图

(a)(d)(g) BiOBr；(b)(e)(h) BiOIO$_3$；(c)(f) 10BIO/BB

从 TEM 图 [图 6-53（a）、图 6-53（c）和图 6-53（e）] 中可以看出，BiOBr 为较大且较厚的矩形板状材料，BiOIO$_3$ 为不规则的较薄的纳米片，两者复合后有非常紧密的接触，这与 SEM 图显示的结果一致。在 HRTEM 图中可以清晰地看到材料的晶格条纹，以及复合材料中 BiOBr 和 BiOIO$_3$ 的接触表面。图 6-53(b)和图 6-53(d)显示的晶格间距为 0.280nm 和 0.320nm，分别归属于 BiOBr 的（012）晶面和 BiOIO$_3$ 的（121）晶面。10BIO/BB 材料的 HRTEM 图 [图 6-53（f）] 也同时显示了对应于两种单体材料（0.280nm 和 0.326nm）的晶格间距，这证明了复合材料中 BiOBr 和 BiOIO$_3$ 同时存在（Zeng et al.，2017）。10BIO/BB 复合材料的电子衍射图（SEAD 图）如图 6-54（b）所示。该图显示了多晶衍射斑点，这进一步证明了 BiOBr 和 BiOIO$_3$ 在 10BIO/BB 上的共存（Jia et al.，2020）。此外，EDS 图可以显示构成材料的元素分布。图 6-54（a）显示出 Bi、O、Br 和 I 元素在 10BIO/BB 复合材料中的存在，并且元素映射图 [图 6-54（c）] 进一步证实 Bi、O、Br 和 I 元素均匀分布在复合材料上，这表明 BiOIO$_3$ 均匀地附着到 BiOBr 上形成了异质结。

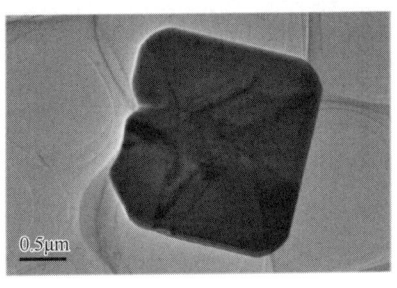

(a) BiOBr

(b) BiOBr

(c) BiOIO$_3$

(d) BiOIO$_3$

0.320nm
(121)

(e) 10BIO/BB

(f) 10BIO/BB

0.280nm
(012)

0.326nm
(121)

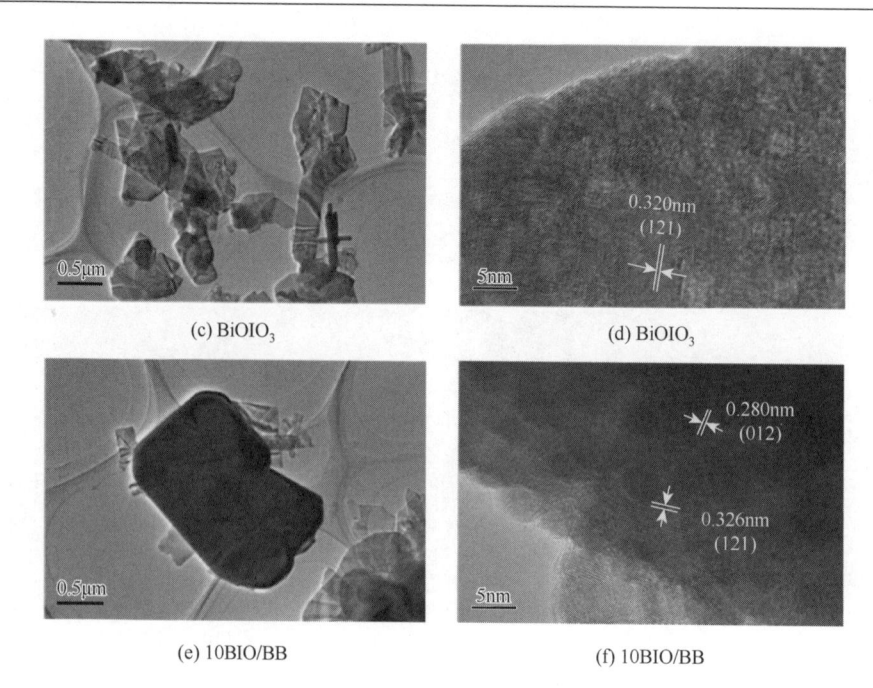

图 6-53　样品的 TEM 图和 HRTEM 图
(a)(c)(e) 为 TEM 图；(b)(d)(f) 为 HRTEM 图

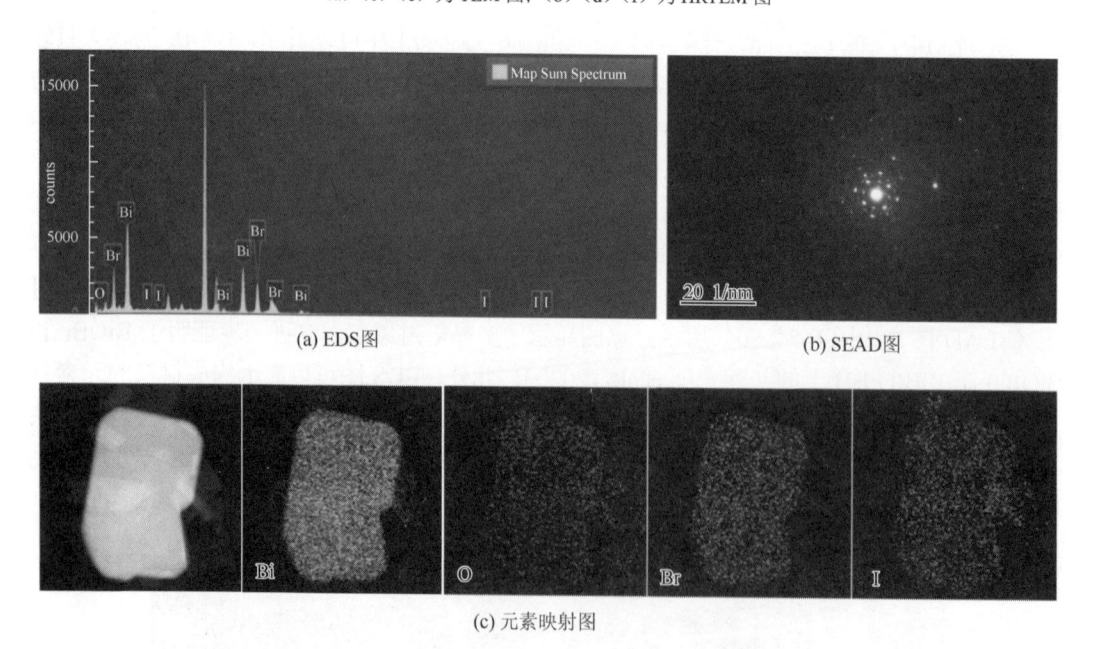

(a) EDS 图

(b) SEAD 图

(c) 元素映射图

图 6-54　10BIO/BB 的 EDS 图、SEAD 图和元素映射图

通过 N_2 吸附-脱附等温线研究催化剂的比表面积和孔体积。如图 6-55 所示，所有催化剂的 N_2 吸附-脱附等温线都属于Ⅳ型等温曲线（IUPAC 分类），均展现出明显的 H3 型回滞环（IUPAC 分类），这表明样品中存在丰富的介孔结构（Thommes et al.，2015）。BiOBr、

BiOIO$_3$ 和 10BIO/BB 复合材料的比表面积通过 Brunauer-Emmett-Teller 方法计算得到，分别为 0.9144m^2/g、11.0207m^2/g 和 3.4060m^2/g（表 6-4）。通常来说，具有更大比表面积的材料具有更高的光催化活性，因为材料表面分布有许多活性位点，较大的比表面积表明更多的活性位点可以暴露在材料表面。然而，相对于 BiOBr 和 BiOIO$_3$，10BIO/BB 复合材料的比表面积并不是最大的，说明比表面积并不是影响该体系光催化活性的主导因素（Lu et al.，2021；Pham et al.，2021）。基于 Barrett-Joyner-Halenda 模型，对三个样品的孔体积进行计算，得到 BiOBr、BiOIO$_3$ 和 10BIO/BB 复合材料的孔体积分别为 0.0038m^3/g、0.0456m^3/g 和 0.0133m^3/g（表 6-4）。10BIO/BB 的孔体积相对 BiOBr 有所增加但仍小于 BiOIO$_3$，这可能归因于样品中两种不同尺寸的组分的堆叠。

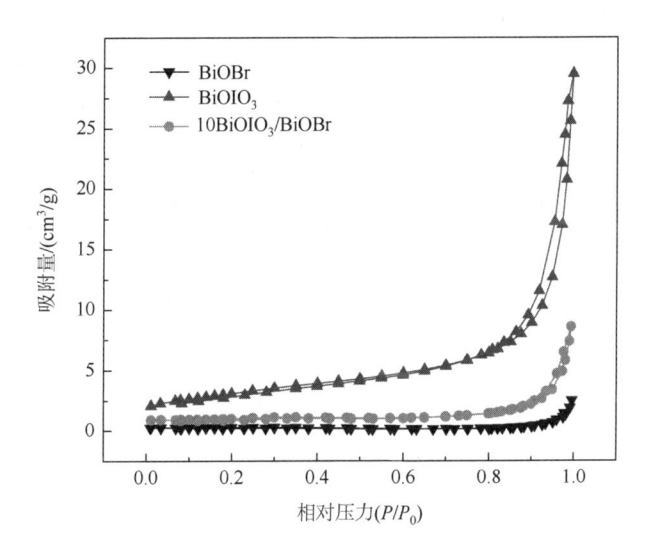

图 6-55　BiOBr、BiOIO$_3$ 和 10BIO/BB 的 N$_2$ 吸附-脱附等温线

表 6-4　BiOBr、BiOIO$_3$ 和 10BIO/BB 的比表面积和孔体积大小

催化剂	比表面积/(m^2/g)	孔体积/(m^3/g)
BiOBr	0.9144	0.0038
BiOIO$_3$	11.0207	0.0456
10BIO/BB	3.4060	0.0133

催化剂的 XPS 全谱图如图 6-56（a）所示，在 10BIO/BB 复合物的全光谱中同时出现了 BiOBr 和 BiOIO$_3$ 相应元素的特征峰，这与前面元素分析中得出的结论一致，进一步证明了 BiOBr 与 BiOIO$_3$ 的成功耦合。图 6-56（b）～图 6-56（e）分别是三种材料的 Bi4f、Br3d、I3d 和 O1s 高分辨 XPS 图。如图 6-56（b）所示，10BIO/BB 在 164.4eV 和 159.1eV 处拟合了两个主要特征峰，分别对应于 Bi4f$_{5/2}$ 和 Bi4f$_{7/2}$，表明 Bi 元素是以 Bi^{3+} 的形式存在，其出峰位置相对于 BiOBr 和 BiOIO$_3$ 的出峰位置往高结合能方向发生了偏移（Shang et al.，2019）。图 6-56（c）是 BiOBr 和 10BIO/BB 的 Br3d 高分辨 XPS 图，图中显示出两个特征峰，分别归属于 Br3d$_{3/2}$ 和 Br3d$_{5/2}$，结合能从 BiOBr 的 69.0eV 和 68.0eV

转移到10BIO/BB 复合材料的69.4eV 和68.3eV（Qin et al.，2022）。值得注意的是，在 I3d 高分辨 XPS 图［图6-56（d）］中，共有4个特征峰，两个强峰出现在635.0eV 和 623.5eV 处，分别对应 I3d$_{3/2}$ 和 I3d$_{5/2}$，它们属于 IO$_3^-$ 中的 I^{5+} 的特征峰，而两个弱峰出现在 630.1eV 和 618.8eV，分别归属于 I$^-$3d$_{3/2}$ 和 I$^-$3d$_{5/2}$，这可能是因为在水热过程中有少量 I^{5+} 被还原成了 I$^-$（Huang et al.，2019a；Harikumar and Khan，2022；Ma et al.，2022a）。此外，在 I3d 高分辨 XPS 图中 10BIO/BB 的峰面积比 BiOIO$_3$ 的峰面积小很多，这可能是因为复合材料中仅有少量的 BiOIO$_3$，I 含量较少，与 BiOIO$_3$ 中的 I 含量相差较大，导致峰面积出现较大的差异。图6-56（e）是三种材料的 O1s 高分辨 XPS 图，BiOBr 和 BiOIO$_3$ 的分别在 529.9eV 和 529.6eV 处显示出晶格氧的特征峰，而在 531.7eV 和 531.6eV 处显示出的特征峰则是由 H$_2$O 的配位氧引起的（Guo et al.，2019；He et al.，2021）。根据 O1s 高分辨 XPS 图，还可以看出 10BIO/BB 的晶格氧和配位氧的峰位置相对于 BiOIO$_3$ 几乎没有偏移，而相对于 BiOBr 的峰位置只有晶格氧的特征峰向能级高的方向偏移了 0.3eV。基于上述分析，与 BiOBr 和 BiOIO$_3$ 相比，10BIO/BB 中 Bi、Br、I 和 O 元素的峰都趋向高结合能的方向偏移，这可能与化学环境的变化有关，表明在异质结界面上 BiOBr 和 BiOIO$_3$ 相互作用，有利于电子的转移，进一步证实了 BIO/BB 复合材料的成功制备（Lu et al.，2021）。

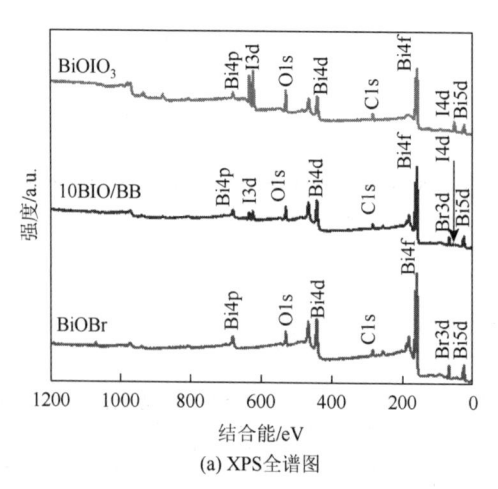

(a) XPS全谱图

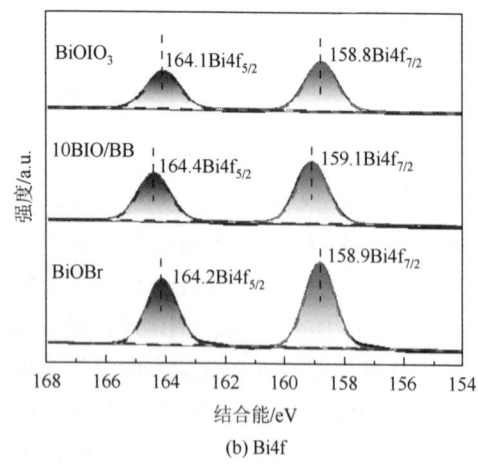

(b) Bi4f

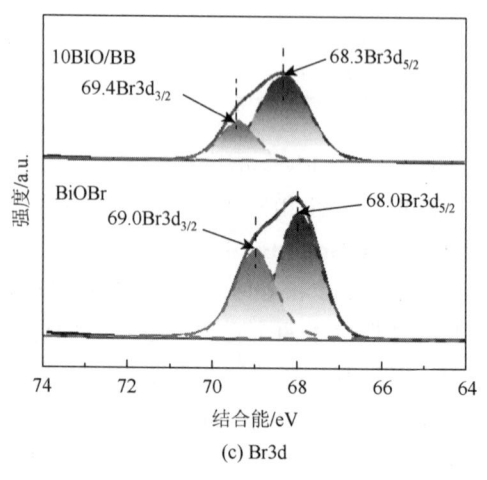

(c) Br3d

(d) I3d

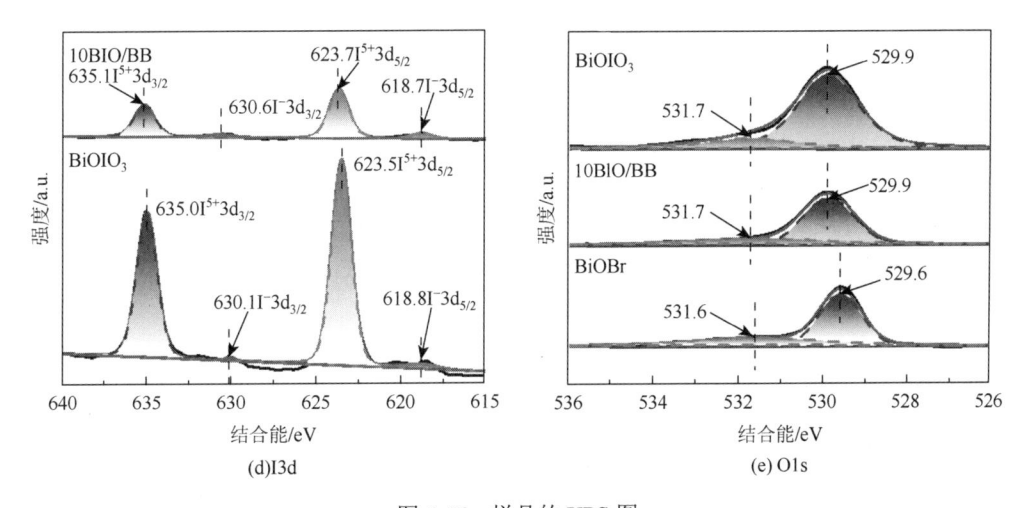

(e) O1s

图 6-56 样品的 XPS 图

注：（a）XPS 全谱图；（b）～（e）Bi、Br、I 和 O 元素的高分辨 XPS 图

通过 UV-vis DRS 测试，探究 BiOBr、BiOIO$_3$ 以及 BIO/BB 复合材料的光吸收特性，表征结果如图 6-57（a）和图 6-57（b）所示。首先，两个图中都显示了陡峭的光谱形状，表明材料对可见光的吸收不是由于杂质的能级跃迁，而是由于带隙跃迁（Li et al., 2022e）。BiOIO$_3$ 在 200～400nm 内有着良好的光吸收能力，通过切线的横截距确定其吸收边界在 388nm 处，这表明 BiOIO$_3$ 在紫外区域具有明显的吸收，而在可见光区域响应较弱。与 BiOIO$_3$ 相比，BiOBr 具有更好的可见光吸收，吸收边界在 434nm 处。对于 10BIO/BB 复合材料，其光吸收范围与 BiOBr 相近，吸收边界在 429nm 处，略小于 BiOBr，表明二者都能够在可见光下被激发。为了进一步探究 BiOBr 和 BiOIO$_3$ 的禁带宽度，使用如下公式来计算：

$$(\alpha h\nu)^{1/n} = A(h\nu - E_g) \tag{6-18}$$

BiOBr 和 BiOIO$_3$ 都是间接半导体。因此，带隙能量 E_g 可以通过 $(\alpha h\nu)^{1/2}$ 和光子能量 $h\nu$ 的曲线推算出来。如图 6-57（c）所示，BiOBr 和 BiOIO$_3$ 的带隙能量分别为 2.92eV 和 3.27eV，这与以往文献报道的十分相近（Dong et al., 2021；Su and Zhou, 2021）。

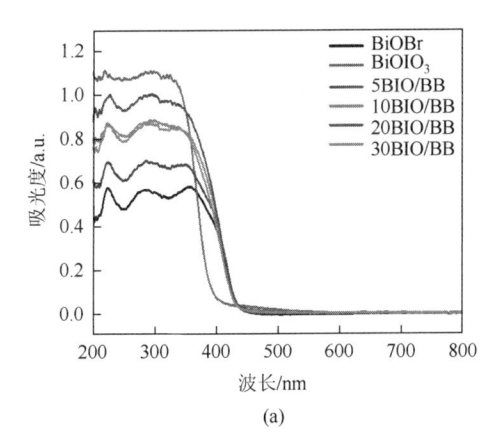

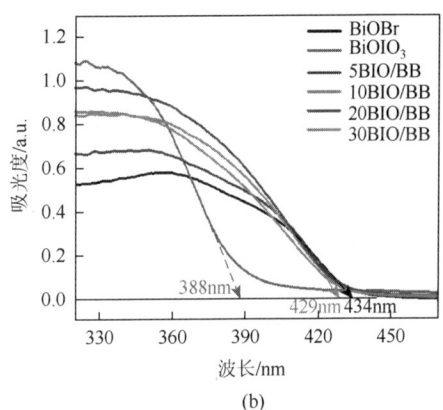

(a)

(b)

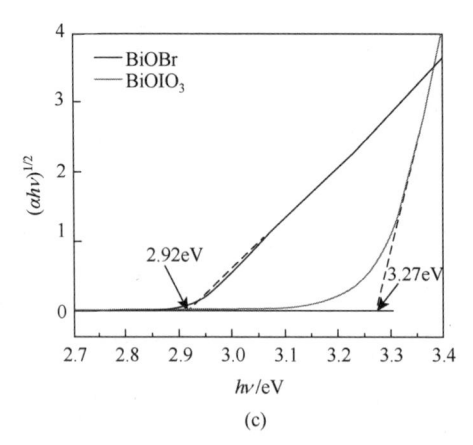

图 6-57 催化剂的紫外-可见漫反射光谱图及禁带宽度测定

注：(a)(b) 催化剂的紫外-可见漫反射光谱图；(c) 禁带宽度图

BiOBr 和 BiOIO$_3$ 在 0.2mol/L Na$_2$SO$_4$ 电解液的平带电位（E_{fb}）可以通过方程

$$\frac{1}{C^2} = \frac{2}{\varepsilon\varepsilon_0 N_D}\left(E - E_{fb} - \frac{\kappa_B T}{q}\right) \tag{6-19}$$

绘制出的莫特肖特基曲线图得到，其中 C、E、E_{fb}、$\kappa_B T$ 和 q 分别表示空间电荷电容、外加电势、平带电势、玻尔兹曼常数、温度和电子电荷（Chu et al., 2022）；ε 和 ε_0 表示自由空间和膜电极的介电常数；N_D 表示供体密度（Chen et al., 2017）。BiOBr 和 BiOIO$_3$ 的莫特肖特基曲线具有正斜率，这表明它们都被归类为 n 型半导体（图 6-58），可以看出相对于饱和甘汞电极 SCE，根据切线与 X 轴的截距确定 BiOBr 和 BiOIO$_3$ 的平带电位 E_{fb} 分别为 –0.89eV 和 –0.74eV。对于标准氢电极，可根据公式计算：

$$E_{NHE} = E_{SCE} + 0.2415 \tag{6-20}$$

计算得到 BiOBr 和 BiOIO$_3$ 的 E_{NHE} 分别为 –0.65eV 和 –0.50eV（Li et al., 2022f）。通常来说，n 型半导体的导带电位 E_{CB} 比平带电位 E_{fb} 低 0.1~0.3eV（Chen et al., 2017；Hu et al., 2020b）。因此，BiOBr 和 BiOIO$_3$ 的导带电位 E_{CB} 为 –0.85eV 和 –0.70eV。最后根据图 6-58（c）所得带隙能量 E_g 便可计算出 BiOBr 和 BiOIO$_3$ 的价带电位 E_{VB} 分别是 2.07eV 和 2.57eV（$E_{VB} = E_{CB} + E_g$）。

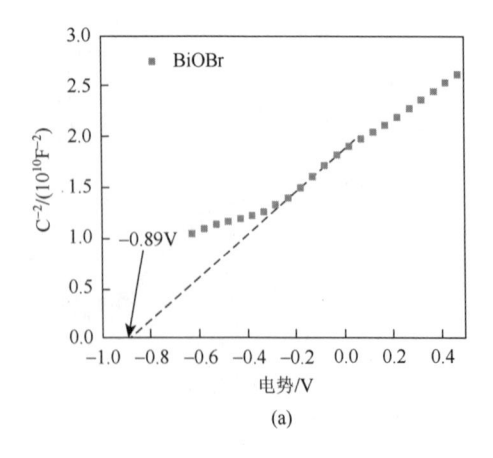

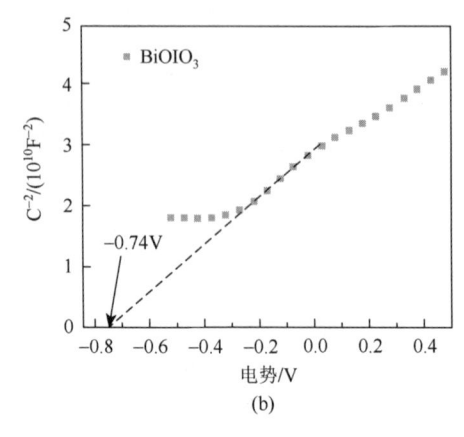

(c)

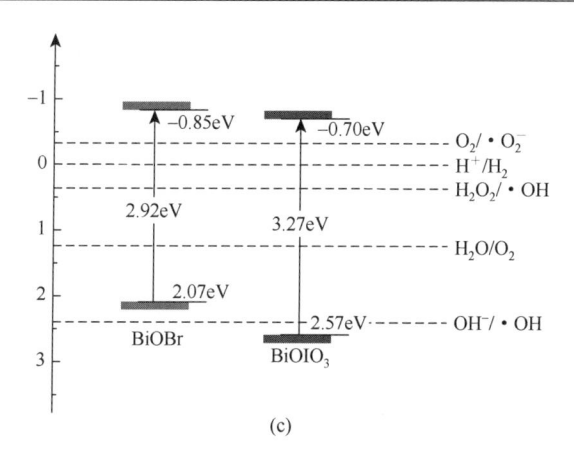

图 6-58　BiOBr 和 BiOIO₃ 材料的莫特肖特基曲线和能带结构示意图

光生载流子的分离与复合效率是评价光催化剂活性的重要因素（Jia et al., 2020）。为了探究光生载流子的分离效率，本书在可见光下以 40s（开灯 20s，关灯 20s）为一个周期对材料进行了光电流测试，绘制了如图 6-59（a）所示的瞬态光电流-时间曲线。从图中可以看出 10BIO/BB 复合材料的电流密度高于 BiOBr 和 BiOIO₃，大约是 BiOBr 和 BiOIO₃ 的 2.7 倍和 10 倍，表明 10BIO/BB 复合材料具有优异的光生电荷分离效率。图 6-59（b）是 EIS 阻抗图，其进一步揭示了复合材料界面的电荷转移行为。众所周知，呈现较小的圆弧半径代表着较弱的电荷转移电阻（Chen et al., 2019b）。从图中能明显看出 10BIO/BB 复合材料相对 BiOBr 和 BiOIO₃ 具有最小的圆弧半径，也就意味着其具有最快的电荷转移速率。

此外，光致发光光谱能显示出材料电子-空穴对的复合效率，材料的表征结果如图 6-59（c）所示。结果表明，将 BiOIO₃ 负载到 BiOBr 上能够有效降低 BiOBr 上电子和空穴的复合效率。综合光电流测试和光致发光光谱结果来看，10BIO/BB 复合材料具有比 BiOBr 更高的电荷分离效率和更低的电荷复合效率，10BIO/BB 复合材料相对于 BiOIO₃ 具有更低的电荷复合效率，其电荷分离效率远远大于 BiOIO₃。因此，10BIO/BB 复合材料具有比 BiOBr 和 BiOIO₃ 更好的光催化活性，这与光催化降解 TC 的活性结果一致。

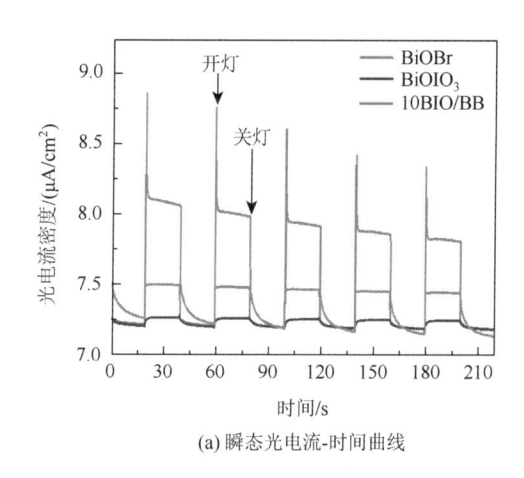

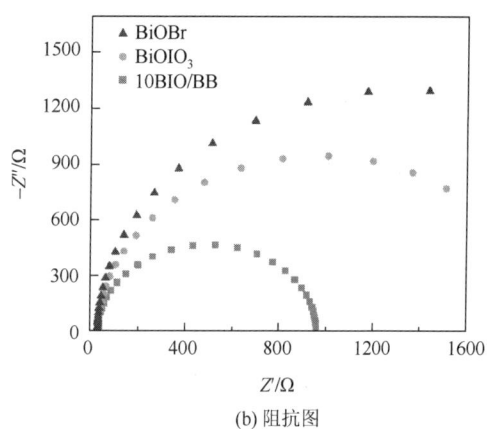

(a) 瞬态光电流-时间曲线

(b) 阻抗图

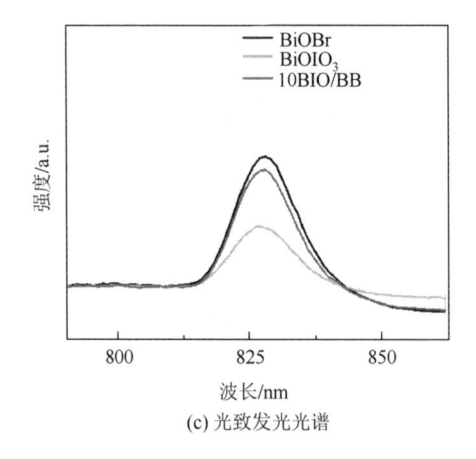

图 6-59 BiOBr、BiOIO$_3$ 和 10BIO/BB 复合材料的瞬态光电流-时间曲线、阻抗图和光致发光光谱图

以上结果表明 BiOBr 和 BiOIO$_3$ 紧密接触，并且在界面相互作用使得复合材料具有良好的导电性，同时，BiOIO$_3$ 的引入也成功提高了 10BIO/BB 复合材料的电荷寿命，从而提高了光催化活性。

将 TC 设定为目标污染物，并在可见光下进行光催化降解实验，以评价这些材料的光催化活性（图 6-60）。首先，从图中可以清楚地看到，在未添加催化剂时，TC 的残留率几乎没有下降，说明 TC 在光的激发下是稳定的。当加入催化剂后，TC 的残留率明显下降，说明 TC 的降解是通过半导体的光激发实现的，而不是由于 TC 本身的光敏化（Zhang et al.，2018c）。从图中能够清楚地看出在经过 80min 的光照后，BiOBr 和 BiOIO$_3$ 的降解率分别为 48.12%和 52.24%。与这两种单体相比，BIO/BB 复合材料的降解率均有所提高，其中 10BIO/BB 的复合材料降解率最高，可达 74.91%。值得注意的是，随着 BiOIO$_3$ 负载量的增加，TC 的降解率呈现出先增大后减小的趋势，这可能是因为 BIO/BB 异质结在耦

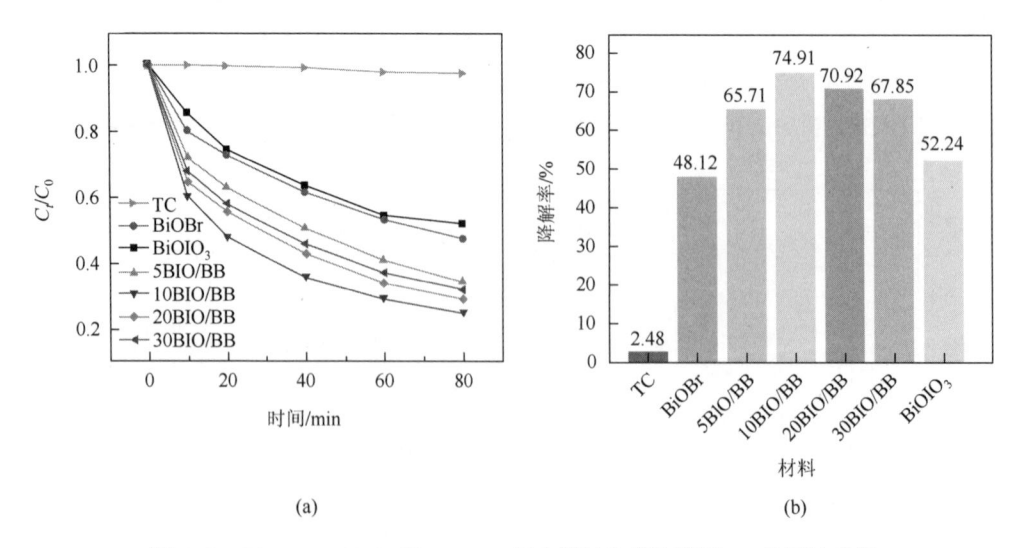

图 6-60 BiOBr、BiOIO$_3$ 和 BIO/BB 复合材料光催化降解 TC 的活性分析

合界面相互作用形成内部电场，增强了载流子的分离与转移。然而由于负载量过大，引起 BiOIO$_3$ 纳米片相互堆叠团聚，无法与 BiOBr 紧密接触，阻碍了内部电场的形成，使得载流子的分离与转移速率变慢，导致光催化活性降低。此外，光催化活性还与载流子的转移与捕获有关，当电子和空穴转移至催化剂表面时，在过载的 BiOIO$_3$ 纳米片之间发生严重结合，导致 BIO/BB 活性降低（Huang et al.，2017）。

确定了 10BIO/BB 复合材料为光催化活性最佳的一组后，探究该材料的最佳制备条件（不同水热温度和不同水热时间）。由图 6-61（a）所示，当水热温度为 150℃时（此时水热时间为 6h）制备得到的 10BIO/BB 复合材料，具有降解 TC 最佳的光催化活性，然而继续提高水热温度，材料的光催化活性却有明显的降低。为了继续探讨最佳的水热时间，将后续实验的水热温度设置为 150℃。从图 6-61（b）中可以看出，当水热时间为 6h 时，合成的 10BIO/BB 复合材料对于降解 TC 具有最佳的光催化活性，并且随着水热时间延长，光催化活性反而降低。接着，将在 150℃条件下水热反应 6h 制备的 10BIO/BB 复合材料作为光催化剂，探究 TC 初始条件（不同初始浓度的 TC 和不同初始 pH 的 TC）对光催化活性的影响。图 6-61（c）表明随着 TC 浓度的降低，材料的光催化活性变高，当 TC 浓度为 10mg/L 时，TC 的降解率能达到 85%，根据实际情况，选择采用 20mg/L 的 TC 进行接下来的实验。图 6-61（d）为不同初始 pH 的 TC（加入催化剂前的 pH）对光催化活性的影响。因为 TC 在碱性条件下容易发生水解，所以这里没有讨论 pH>7 的情况（Li et al.，2022g）。从图中可以看出除了 pH=3 这组，其他 pH 组的光催化活性差别不大，随着 pH 的增加仅有微弱的提升。当 pH=3 时，材料的光催化活性明显低于其他组，可能是因为此时溶液的 pH 接近 10BIO/BB 复合材料的零电荷点的 pH，溶液中 H$^+$含量增加，材料表面携带的负电荷减少，因此不利于去除带正电荷的 TC（Hasija et al.，2020；Li et al.，2022h）。此外，在实验中还发现，加入复合材料后，pH=3 的溶液比其他组的溶液更加清澈，因此推测，在酸性更强的环境中一部分材料溶解也是光催化活性降低的一个重要原因。综上得出，10BIO/BB 复合材料的最佳制备条件是水热温度为 150℃、水热时间为 6h；复合材料的光催化活性与 TC 的初始浓度成反比；在降解 20mg/L 的 TC 时，复合材料具有较宽的 pH 范围（pH 为 4~7）。

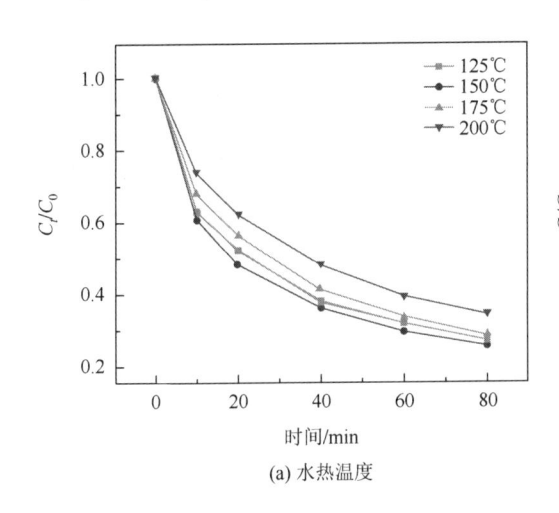

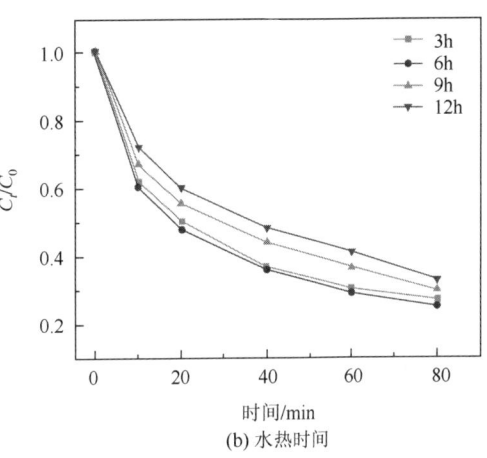

(a) 水热温度

(b) 水热时间

(c) 初始TC浓度

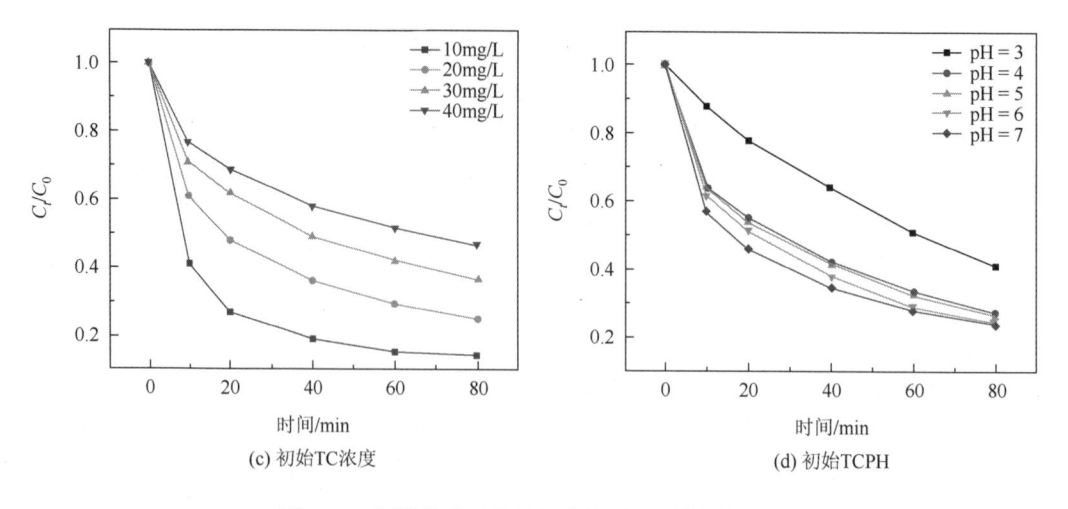

(d) 初始TCPH

图 6-61　环境条件对样品催化降解 TC 性能的影响

为进一步探究 BIO/BB 光催化降解 TC 过程中起作用的活性物质，开展自由基捕获实验。实验采用异丙醇（IPA）、抗坏血酸（AA）、溴酸钾（KBrO$_3$）和三乙醇胺（TEA）分别捕获·OH、·O$_2^-$、e$^-$ 和 h$^+$ 自由基（Lu et al., 2019；Kan et al., 2022；Xiao et al., 2022）。如图 6-62 所示，加入异丙醇和溴酸钾后，并没有对反应过程起到抑制作用，说明·OH 和 e$^-$ 不是反应体系中的活性物质。加入 AA 和 TEA 后，TC 的降解率分别为 3.58% 和 56.25%，比未添加捕获剂时有所降低，说明 ·O$_2^-$ 和 h$^+$ 自由基是光催化反应过程中活跃的基团，且 ·O$_2^-$ 自由基是两种活性物质中起主要作用的自由基。

(a)

(b)

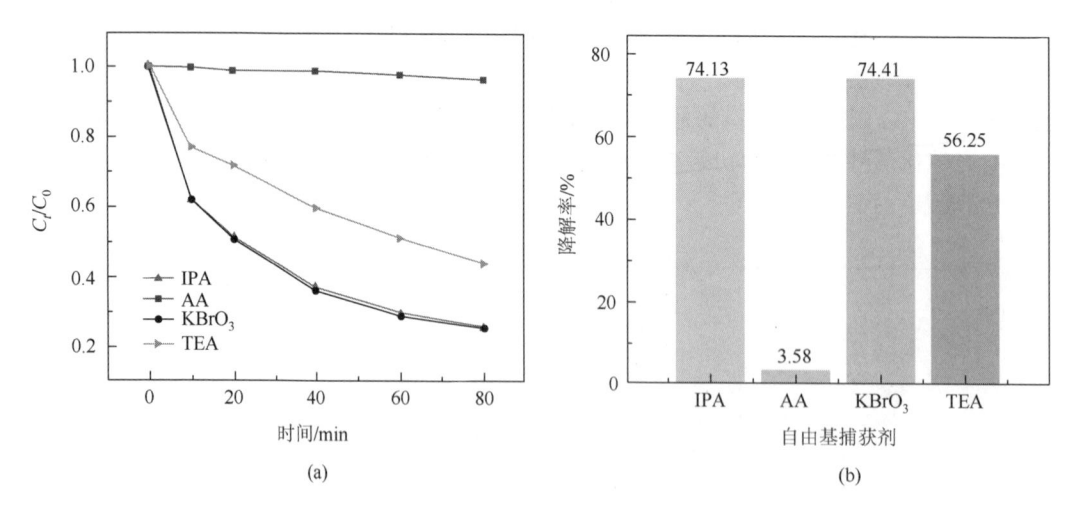

图 6-62　自由基捕获实验

采用液相色谱-质谱联用技术（HPLC-MS）对不同光照时间的 TC 溶液进行分析，确定反应过程中的中间产物，并推测出它们的结构。从图 6-63 中可以看出，加入光催化材料的体系经过光照后，溶液中的 TC 逐渐消失。根据测试结果和先前的文献（Du et al.,

2021；Lv et al.，2022），推测出 BIO/BB 复合材料光催化降解 TC 的途径有以下三种可能（图 6-64）。对于途径Ⅰ，在 h^+ 和 $·O_2^-$ 的作用下，TC 分子被氧化失去 H_2O 和 N-甲基取代基，生成 TC1（$m/z = 413$）；在活性物种的持续作用下，TC1 中的一些支链被破坏，失去 H_2O、—CHO、—NHCH$_3$、氨基和甲基，生成 TC2（$m/z = 326$）；随着降解反应的进行，TC2 经过开环、脱水和失去甲基得到产物 TC3（$m/z = 249$）；TC3 再进一步脱水得到 TC4（$m/z = 215$）。途径Ⅱ首先是 TC 分子失去 H_2O，得到 TC5（$m/z = 427$）；然后脱除 N-甲基，形成中间产物 TC6（$m/z = 399$）；接着进行脱氨反应，进一步转化为 TC7（$m/z = 384$）；最后，在 TC7 上发生环裂解后再脱水，生成了 TC8（$m/z = 225$）。对于途径Ⅲ，TC 分子经过多个羟基化步骤形成了 TC9（$m/z = 477$）；TC10（$m/z = 448$）是 TC9 发生脱烷基反应生成的产物；随着光照时间的增加，TC10 失去氨基并发生开环反应，转化为 TC11（$m/z = 332$）；TC11 脱除醛基、甲基和羟基后经过环裂解被转化为 TC12（$m/z = 218$）。随着降解反应的进行，这些中间体通过氧化开环反应和官能团的解离，被分解成为低分子有机化合物（$m/z = 174$、141、117、85）。最终，这些低分子有机化合物被进一步分解为 CO_2、H_2O 和 NH_4^+。

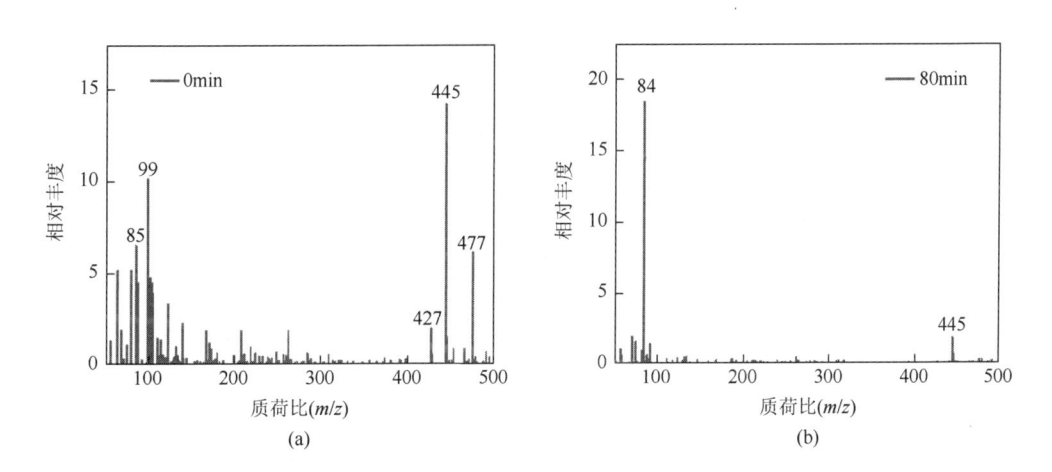

图 6-63　80min 前后复合材料光催化降解 TC 的 HPLC-MS 图谱比较

根据以上表征结果和理论分析，提出 BIO/BB 异质结光催化降解 TC 可能的电荷转移机理，如图 6-65 所示。首先，BiOBr 和 BiOIO$_3$ 的价带和导带位置错开分布，这与形成异质结材料的能带结构是相容的（Song et al.，2022）。根据之前莫特肖特基结果，BiOBr 和 BiOIO$_3$ 的切线斜率为正，表明由两者形成的异质结为 n-n 型。由于 BiOIO$_3$ 的禁带宽度较宽，在可见光下不能有效地激发电子-空穴对发生分离。然而，BiOBr 的禁带宽度对可见光有响应，在吸收光子后，其价带上的电子可以转移到导带，并在价带上形成空穴。因为 BiOBr 具有比 BiOIO$_3$ 更负的导带电位，所以电子的迁移路径是从 BiOBr 的导带转移到 BiOIO$_3$ 的导带上。此外，根据之前的自由基捕获实验，可以得知 BIO/BB 异质结在光催化降解 TC 的过程中起作用的活性物质是 $·O_2^-$ 和 h^+。因为 BiOIO$_3$ 的导带电位比 $O_2/·O_2^-$ 的电位（$-0.33eV$，相较于 NHE）更负，所以 BiOIO$_3$ 导带上的电子能够与吸附的 O_2 相互

作用产生 $\cdot O_2^-$（Jiang et al.，2022），从而氧化分解 TC，同时，留在 BiOBr 价带上的空穴也能直接氧化去除 TC。综上所述，BIO/BB n-n 型异质结的光催化机理遵循电荷迁移路径，这也进一步证明，提高光生载流子的分离效率和抑制其复合效率能有效提高 BIO/BB 复合材料的光催化活性。

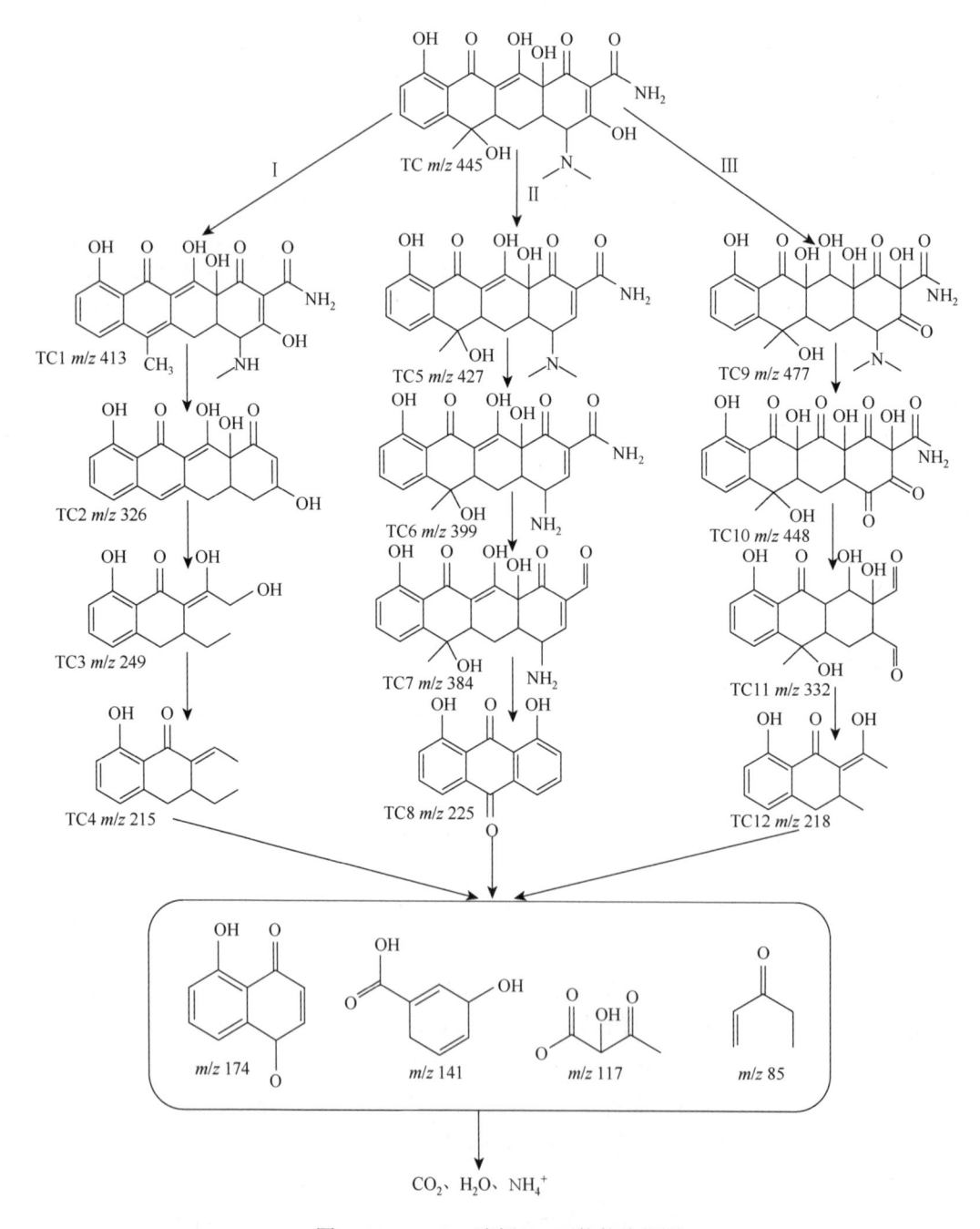

图 6-64　BIO/BB 降解 TC 可能的路径图

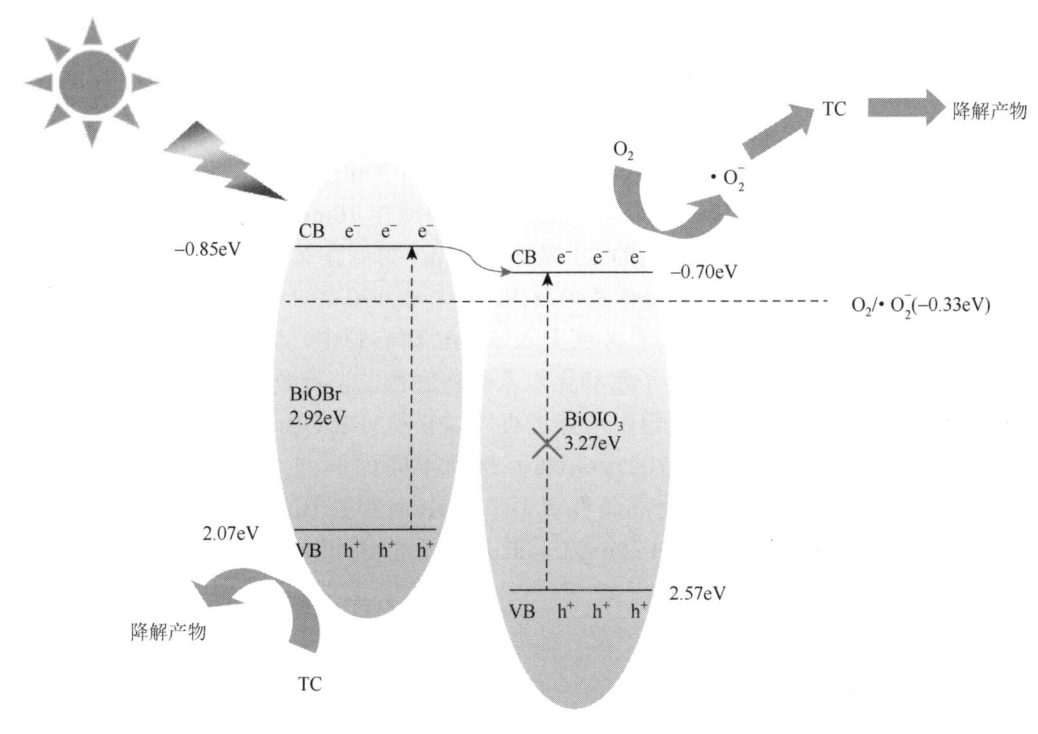

图 6-65　BIO/BB 复合材料可见光降解 TC 的反应机理图

6.6　I-BiOBr 光催化剂的制备及废水中四环素的降解

6.6.1　引言

近年来，铋基氧卤化物 BiOX（X = Cl、Br、I）因能够利用光降解有机污染物的特性而引起了人们的关注。溴氧化铋（BiOBr）是一种间接带隙半导体，具有良好的可见光吸收性能，其禁带宽度为 2.6~2.9eV（Zhang et al.，2023），被认为是一种稳定、环保的光催化剂。然而，BiOBr 的价带位置较高，导致电子与空穴相遇后容易发生重组，因而有许多研究人员采用各种手段对其进行调控。常用的手段主要有两种：构建异质结和掺杂。如今已有大量的关于构建 BiOBr 基异质结的文献，而对 BiOBr 进行掺杂改性的研究还比较少，尤其是非金属掺杂。有研究表明碘离子（I$^-$）作为一种很好的掺杂剂可以增强 BiOCl 和 BiOI（Kong et al.，2017）的光催化活性。因此，考虑将少量 I 引入 BiOBr 来改善其光催化性能。

本节以五水合硝酸铋[Bi(NO$_3$)$_3$·5H$_2$O]、溴化钾（KBr）和碘化钾（KI）为原料，通过简单溶剂热法制备 I 掺杂 BiOBr 的光催化剂，以盐酸四环素作为目标污染物，对改性后的材料进行光催化性能评价。在光催化剂的最佳制备条件下探究了盐酸四环素的初始浓度和 pH 对光催化性能的影响。根据催化剂的表征结果、自由基捕获实验，探究改性光催化剂活性提高的主要原理。此外，通过 HPLC-MS 测试，分析 TC 在光催化氧化反应过程中的中间产物和终产物。

6.6.2　I-BiOBr 光催化剂的制备

首先，在 100mL 的烧杯里加入 50mL 去离子水和 30mL 乙二醇，作为溶剂。接着，将 3mmol Bi(NO$_3$)$_3$·5H$_2$O 加入装有溶剂的烧杯剧烈搅拌 10min，使其溶解。随后，向溶液中加入 3mmol KBr 和一定量的 KI 搅拌 30min，得到淡黄色的悬浊液。将获得的淡黄色悬浊液转移至 150mL 聚四氟乙烯反应釜中，在 150℃的条件下水热反应 6h。当反应釜冷却至室温后，将内部的悬浮液倒入 50mL 离心管中，并在 4900r/min 下离心 3min，然后倒去上清液，用去离子水和无水乙醇将底部的沉淀物分别洗涤 4 次。最后，将洗涤过的沉淀物在 60℃的烘箱中干燥过夜，以获得 I-BiOBr 光催化剂。通过改变 KI 的投加量［n(KI)/n(KBr)×100% = X%］得到不同比例的 X%I-BiOBr 复合材料（X = 0.4、1、2、3、4、5）。在上述条件下不添加 KI 时得到 BiOBr。与 6.6.1 节步骤相同，不同的是每 80mL TC 溶液（20mg/L）的光催化剂用量为 0.02g，光催化氧化的反应时间为 75min。

6.6.3　结果与讨论

采用 XRD 光谱法研究未改性 BiOBr 和不同物质的量比的 I 掺杂 BiOBr，如图 6-66（a）和图 6-66（b）所示，可以观察到所有样品的特征衍射峰均与 XRD 标准卡片 PDF#09-0393 相匹配，未发现 Bi 的衍射峰，证明所制备的样品具有较高的纯度，也说明 I 元素在 BiOBr 晶体结构中得到了很好的掺杂，同时，经 I 掺杂改性后的 BiOBr 表现出良好的结晶性，在 10.98°、25.36°、31.92°、32.36°、46.37°和 57.34°处显示出清晰而尖锐的衍射峰，分别对应 BiOBr 的（001）晶面、（101）晶面、（102）晶面、（110）晶面、（200）晶面和（212）晶面。由于 I 的原子半径大于 Br，I 通过取代部分 Br 而均匀地纳入 BiOBr 晶格，使得（102）和（110）的峰向左发生偏移（Lin et al.，2014）［图 6-66（c）］。此外，还应该注意的是，（102）晶面在掺杂 I 后，其峰形变宽且强度降低，可能是因为 I-BiOBr 颗粒更小，或者缺陷的存在影响了它们的晶体性能（Deng et al.，2023）。

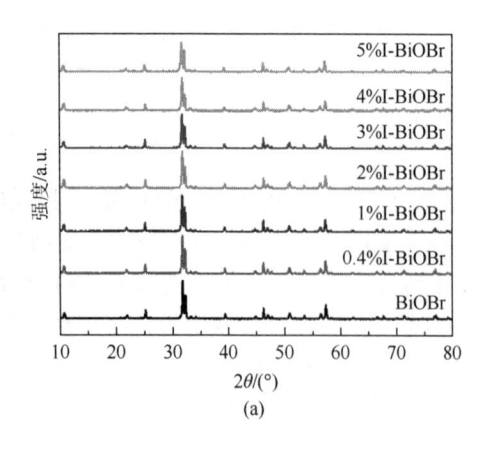

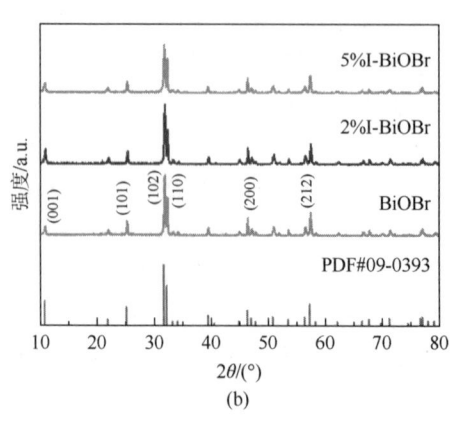

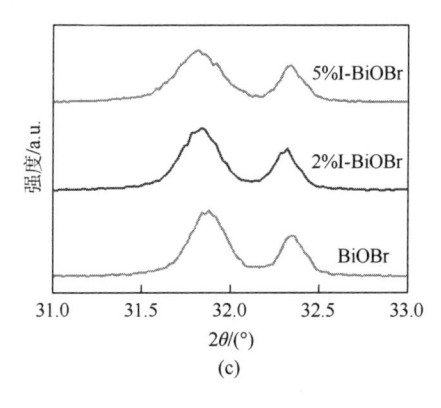

图 6-66 BiOBr 和 I-BiOBr 的 XRD 图谱

利用 FT-IR 图谱可以检测出所制备的样品中的官能团和化学键，表征结果如图 6-67 所示。从整体上看 [图 6-67（a）]，未改性的 BiOBr 和不同物质的量比的 I-BiOBr 出现特征振动峰的位置一致，表明 I 掺杂后 BiOBr 的化学结构几乎没有变化，仍然保持着结构完整。如图 6-67（b）所示，进一步分析 BiOBr 掺 I 前后的化学键，图中显示出四个比较明显的特征峰，依次出现在 516.8cm^{-1}、1381.3cm^{-1}、1618.6cm^{-1} 和 3433.5cm^{-1} 处，它们分别归因于[Bi$_2$O$_2$]$^{2+}$层中 Bi—O 键的伸缩振动、Bi—Br 键的不对称拉伸振动、O—H 键的弯曲振动和 O—H 键的拉伸振动（Jia et al.，2020；Wu et al.，2022）。

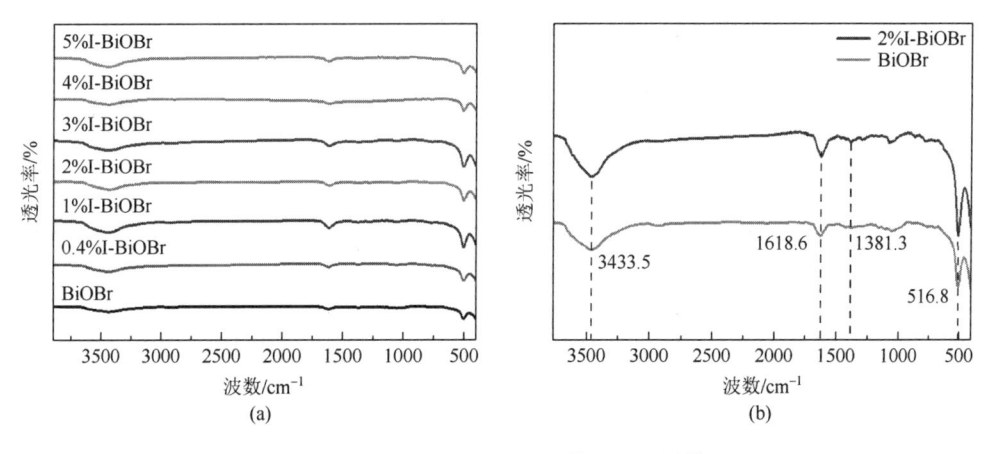

图 6-67 BiOBr 和 I-BiOBr 的 FT-IR 图谱

为了进一步了解未掺杂 I 和掺杂 I 的 BiOBr 材料的形貌细节，采用 SEM 测量来进行表征。图 6-68（a）～（c）分别为通过溶剂热法制备的 BiOBr、2%I-BiOBr 和 5%I-BiOBr 的低分辨率 SEM 图，所测试的样品均表现出二维层状结构，表明 I 的掺入不影响 BiOBr 的形貌。样品的二维纳米片在尺寸上并不均匀，有的颗粒为近 1μm 大小，而有的只有 100nm 左右。对于纳米片的厚度 [图 6-68（d）～（f）]，可以看出 BiOBr 纳米片的厚度相较于 I-BiOBr 略厚一点，分布在 33～43nm，2%I-BiOBr 纳米片的厚度分布在 29～33.6nm，掺 I 比例最大的 5%I-BiOBr 纳米片的厚度则分布在 26～29nm。结果表明，随着

I 掺杂量的增加，BiOBr 纳米片的厚度会逐渐变薄。综上，I 的掺入在形貌和尺寸上并不会对 BiOBr 有影响，但是会使 BiOBr 纳米片变薄。

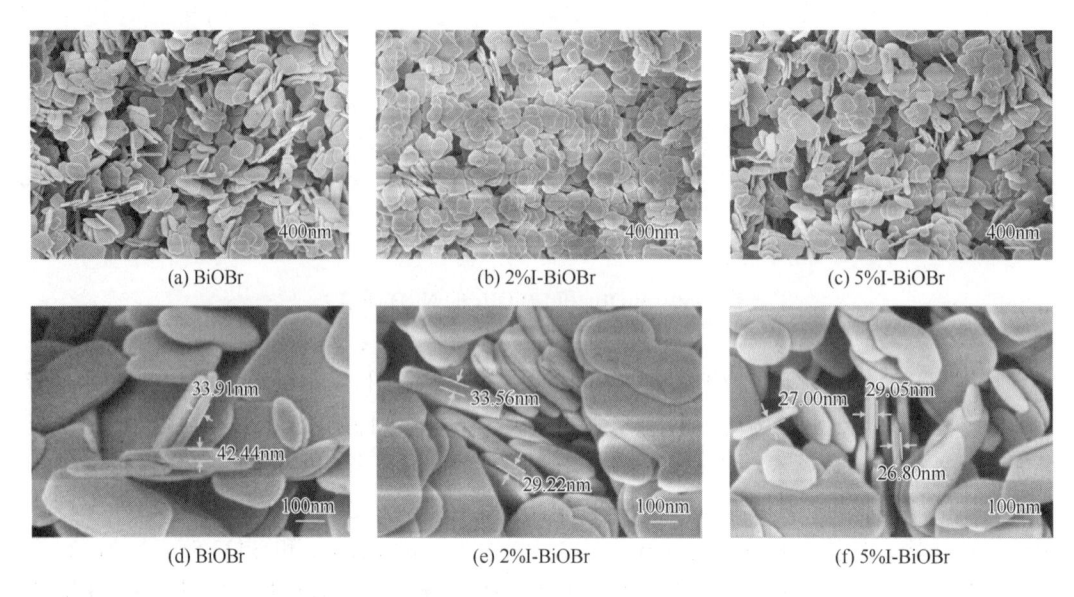

图 6-68 样品的 SEM 图

从 TEM 图中［图 6-69（a）和图 6-69（c）］可以看出，所制备的 BiOBr 和 2% I-BiOBr 样品均呈现出层状结构堆叠，这与 SEM 得出的结论一致。图 6-69（b）和图 6-69（d）是 BiOBr 和 2% I-BiOBr 的 HRTEM 图，通过 HRTEM 图可以清晰地观察到样品晶格条纹之间的间距。图 6-69（b）显示出 2.825nm 和 1.966nm 两种晶格间距，分别归因于（102）晶面和（200）晶面。图 6-69（d）也同样显示出属于这两个晶面的晶格间距，分别为 2.818nm 和 1.971nm。EDS 图可以显示构成材料的元素分布情况，结果如图 6-69（e）所示。图中显示出了 Bi、O、Br 和 I 元素在 2% I-BiOBr 样品中的存在，由于 I 掺杂的含量非常少，导致其出峰不明显。此外，在元素映射图［图 6-69（f）］中，可以看出催化剂中存在 Bi、Br、O 和 I 四种元素，并且它们在 2%I-BiOBr 纳米结构中呈现均匀分布，这进一步证明 I 成功且均匀地掺杂到 BiOBr 晶格中。

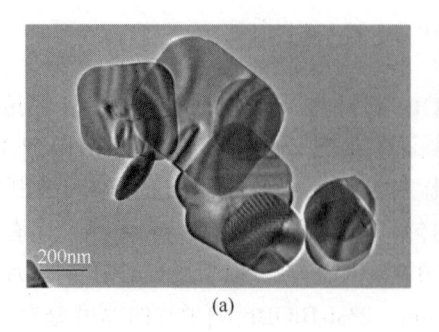

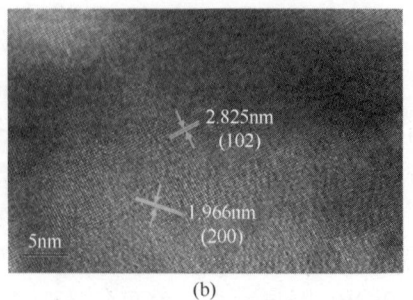

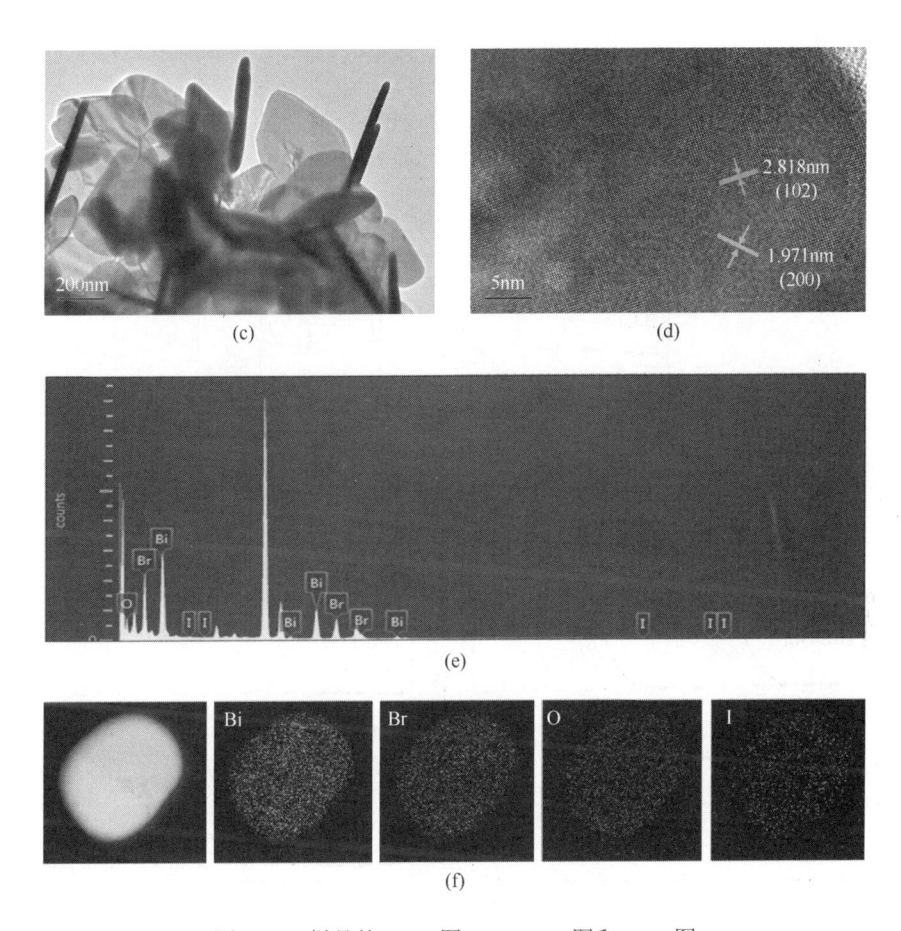

图 6-69　样品的 TEM 图、HRTEM 图和 EDS 图

（a）（c）BiOBr 和 2%I-BiOBr 的 TEM 图；（b）（d）BiOBr 和 2%I-BiOBr 的 HRTEM 图；（e）2%I-BiOBr 的 EDS 图；（f）元素映射图

通过 XPS 测量分析元素组成和价态。从图 6-70（a）中可以看出，Bi、Br、O 和 I 可以很容易地在 2%I-BiOBr 样品中识别出来，与前文的 EDS 和元素映射结果相符合，且未观察到零价 Bi 峰，进一步证实了 I 成功掺杂到 BiOBr 晶格中（在未掺杂的 BiOBr 中观察到除了 I 峰外，其他三种元素的峰都存在）。图 6-70（b）为 BiOBr 和 2%I-BiOBr 的 Bi4f 高分辨 XPS 图，由于 Bi4f$_{7/2}$ 和 Bi4f$_{5/2}$ 电子的存在，BiOBr 和 2%I-BiOBr 分别在 159.32eV、164.62eV 和 159.23eV、164.53eV 处存在信号峰（Shang et al.，2019），并且 2% I-BiOBr 的两个出峰位置与 BiOBr 的两个峰位置相比，都向低结合能方向偏移了 0.1eV 左右。相应的 Br3d 高分辨 XPS 图如图 6-70（c）所示，同样，这两个样品分别在 68.40eV、69.44eV 和 68.40eV、69.45eV 处显示出信号峰，它们分别归属于 Br3d$_{5/2}$ 和 Br3d$_{3/2}$（Qin et al.，2022），掺杂 I 前后 BiOBr 的结合能几乎没有发生改变，但是 2% I-BiOBr 的信号峰相对于 BiOBr 的信号峰要弱一些，表明有部分 I 元素取代 Br 掺入 BiOBr 晶格中。

图 6-70 样品的 XPS 图

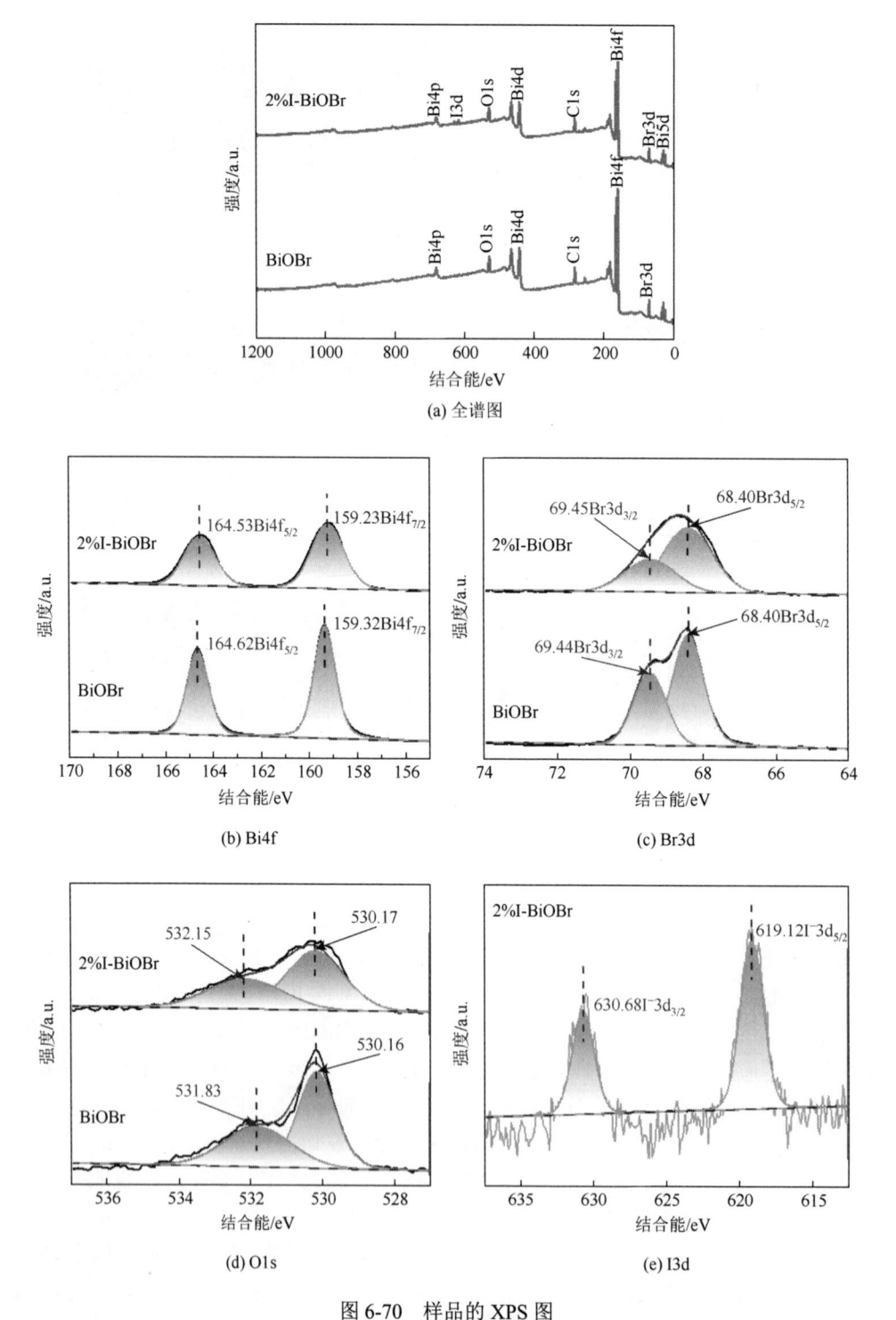

(a) BiOBr 和 I-BiOBr 的 XPS 全谱图；(b)～(e) Bi、Br、O 和 I 元素的高分辨 XPS 图

图 6-70（d）为 O1s 高分辨 XPS 图，不论是 BiOBr 还是 2% I-BiOBr，两种样品都分别显示出两个特征峰，能量较低的峰值是由于 BiOBr 晶格氧引起的，而能量较高的峰是来自材料表面吸附的羟基（Wu et al.，2022）。值得注意的是，与未掺杂 BiOBr 相比，掺杂 I 后的 BiOBr 在 530.17eV 处的峰位置几乎没有发生偏移（从 530.16eV 到 530.17eV），而晶格氧的位置却向高结合能方向偏移了 0.32eV 左右（从 531.83eV 到 532.15eV）。由于 Bi4f 向低结合能方向偏移，O1s 向高结合能方向偏移，表明 Bi、O 之间存在相互作用。通过对 2%I-BiOBr 的 I3d 高分辨 XPS 图［图 6-70（e）］，可以在 619.12eV 和 630.68eV 处识别出两个信号峰，分别对应于 I$^-$3d$_{5/2}$ 和 I$^-$3d$_{3/2}$（Ma et al.，2022a）。由于 I 元素和 Br 元素属于同一族，具有相似的化学性质，当 I 取代 Br 掺入 BiOBr 晶格中时，会形成缺陷，从而抑制载流子重组，提高光催化活性（丁修龙，2021）。

通过紫外-可见漫反射测试，探究 BiOBr 和不同含量 I 掺杂 BiOBr 催化剂的光吸收特性，表征结果显示在图 6-71（a）和图 6-71（b）中。从图中首先看到的是陡峭的光谱形状，这表明紫外-可见光谱吸收是由于带隙跃迁，而不是由于从杂质能级到导带的跃迁（Li et al.，2022c）。接着，从图 6-71（b）中可以观察到未掺杂的 BiOBr 具有一定的可见光吸收，吸收边缘在 380~428nm。与 BiOBr 相比，I-BiOBr 样品在可见光范围内的光吸收能力得到明显的增强，当 I 掺入后，BiOBr 样品的吸收边缘发生了红移，并且随着 I 含量的增加，BiOBr 的吸收范围逐渐增大。当 I 含量增加到 5% 时，光吸收边缘扩大到了 484nm，相较于 BiOBr 的光吸收范围增加了 56nm。为了进一步探究 BiOBr 和 I-BiOBr 的禁带宽度，采用式（6-18）进行计算。n 由光学跃迁类型决定，对于 BiOBr 等间接半导体，$n = 2$（Wu et al.，2022）。如图 6-71（c）所示，根据式（6-20）所得曲线，推算出 BiOBr 的带隙能量为 2.77eV，这与 Jia 等（2016）的研究十分相近。此外，还可以观察到，I 掺杂导致 BiOBr 禁带宽度明显减小，从 BiOBr 的 2.77eV 下降到 2%I-BiOBr 的 2.40eV，再到 5%I-BiOBr 的 2.26eV，与可见光吸收范围的增加一致。

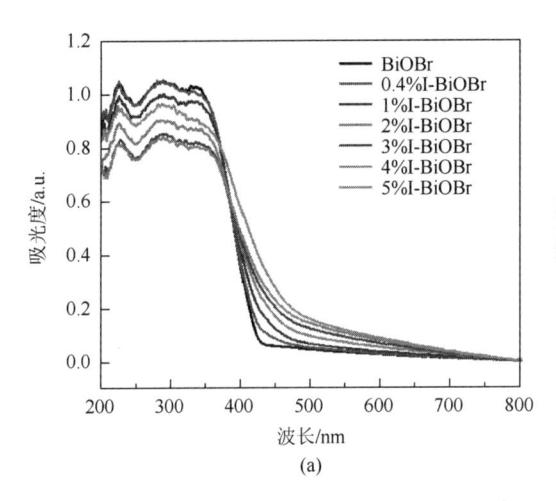

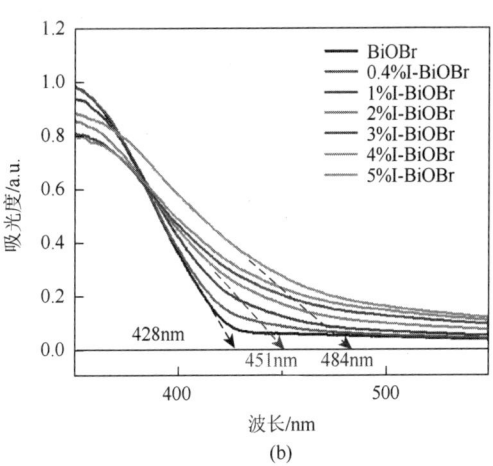

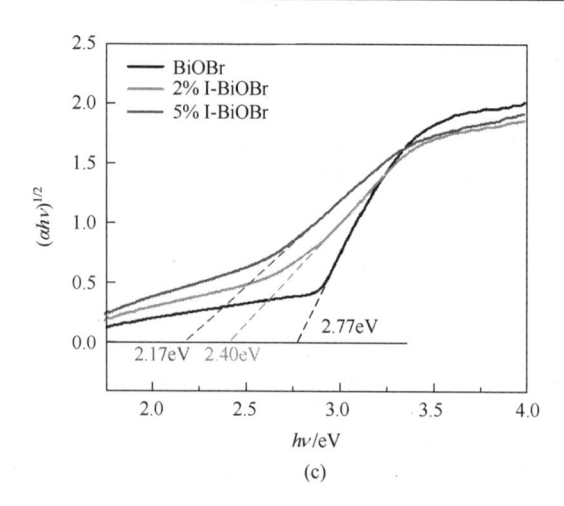

图 6-71　样品的紫外-可见漫反射光谱图及与禁带宽度测定
(a)(b) BiOBr 和 I-BiOBr 的紫外-可见漫反射光谱图；(c) 禁带宽度图

通过方程

$$\frac{1}{C^2} = \frac{2}{\varepsilon\varepsilon_0 N_D}\left(E - E_{fb} - \frac{\kappa_B T}{q}\right) \quad (6-21)$$

绘制出的 Mott-Schottky 图可以进一步研究 I 对 2% I-BiOBr 电子能带结构的影响，其中 C、E、κ_B 和 N_D 分别表示空间电荷电容、外加电势、玻尔兹曼常数和供体密度（Chu et al., 2022）；ε 和 ε_0 表示自由空间和膜电极的介电常数（Chen et al., 2017）。如图 6-72 所示，未改性的 BiOBr 和 2%I-BiOBr 的曲线斜率都为正，表明这些样品都属于 n 型半导体。与饱和甘汞电极 SCE 相比，未改性 BiOBr 和 2%I-BiOBr 的平带电位边（E_{fb}）分别为 –0.73eV 和 –0.79eV。转换为正常氢电极（NHE）电位后，可根据公式

$$E_{fb(NHE)} = E_{fb(SCE)} + 0.2415 \quad (6-22)$$

计算得到 BiOBr 和 2%I-BiOBr 的 $E_{fb(NHE)}$ 分别为 –0.49eV 和 –0.55eV（Li et al., 2022d）。对于 n 型半导体，相对于 NHE，其导带电位 E_{CB} 比平带电位 E_{fb} 低 0.1~0.3eV（Chen et al., 2017; Hu et al., 2020b），这意味着 BiOBr 和 2%I-BiOBr 的 E_{CB} 分别可估计为 –0.69eV 和 –0.75eV。利用公式 $E_{VB} = E_{CB} + E_g$ 可以计算出 E_{VB} 值。因此，BiOBr 和 2%I-BiOBr 的 E_{VB}（相对于 NHE）分别为 2.08eV 和 1.65eV。这些结果表明，I 掺杂 BiOBr 导致 E_{VB} 和 E_{CB} 位移，从而使 E_g 变窄，更适合可见光吸收。

众所周知，光催化性能与光生载流子的寿命有关，光生电子-空穴对的分离效率越高，复合效率越低，光催化活性越高（Jia et al., 2020）。因此，为了进一步了解光催化性能的增强的作用机制，进行光电化学测试。图 6-73（a）为 BiOBr 与 2%I-BiOBr 样品的瞬态光电流-时间曲线。从图中可以看出，2%I-BiOBr 样品的瞬态光电流-时间曲线明显高于未改性的 BiOBr，表明其具有更高的光生载流子分离效率，在这种情况下，2%I-BiOBr 可以利用更多的可见光，诱导更多的电子-空穴对分离。测试样品的光致发光光谱图如图 6-73（b）所示，用以评估样品的光生电子-空穴对的重组效率。光致发光光谱显示，BiOBr 和 2%I-BiOBr 在约 472nm 处出现一个明显的信号峰，并且 2%I-BiOBr 的峰值强度明显低于未改性的

BiOBr，这证实了 I 掺杂能够减缓电子-空穴对的重组。此外，电化学阻抗谱（EIS）还展示了界面的电荷转移行为［图 6-73（c）］。与 BiOBr 相比，2%I-BiOBr 的圆弧半径更小，表示电荷转移电阻更小，电子转移速率更快，这意味着其光电子-空穴对的重组率更低，光激发载流子利用率更高（Chen et al.，2019b）。以上结果表明，将 I 掺杂到 BiOBr 晶格中能够提高电子-空穴对的分离效率并抑制光生载流子重组，为 I 掺杂的有益影响提供了补充证据。

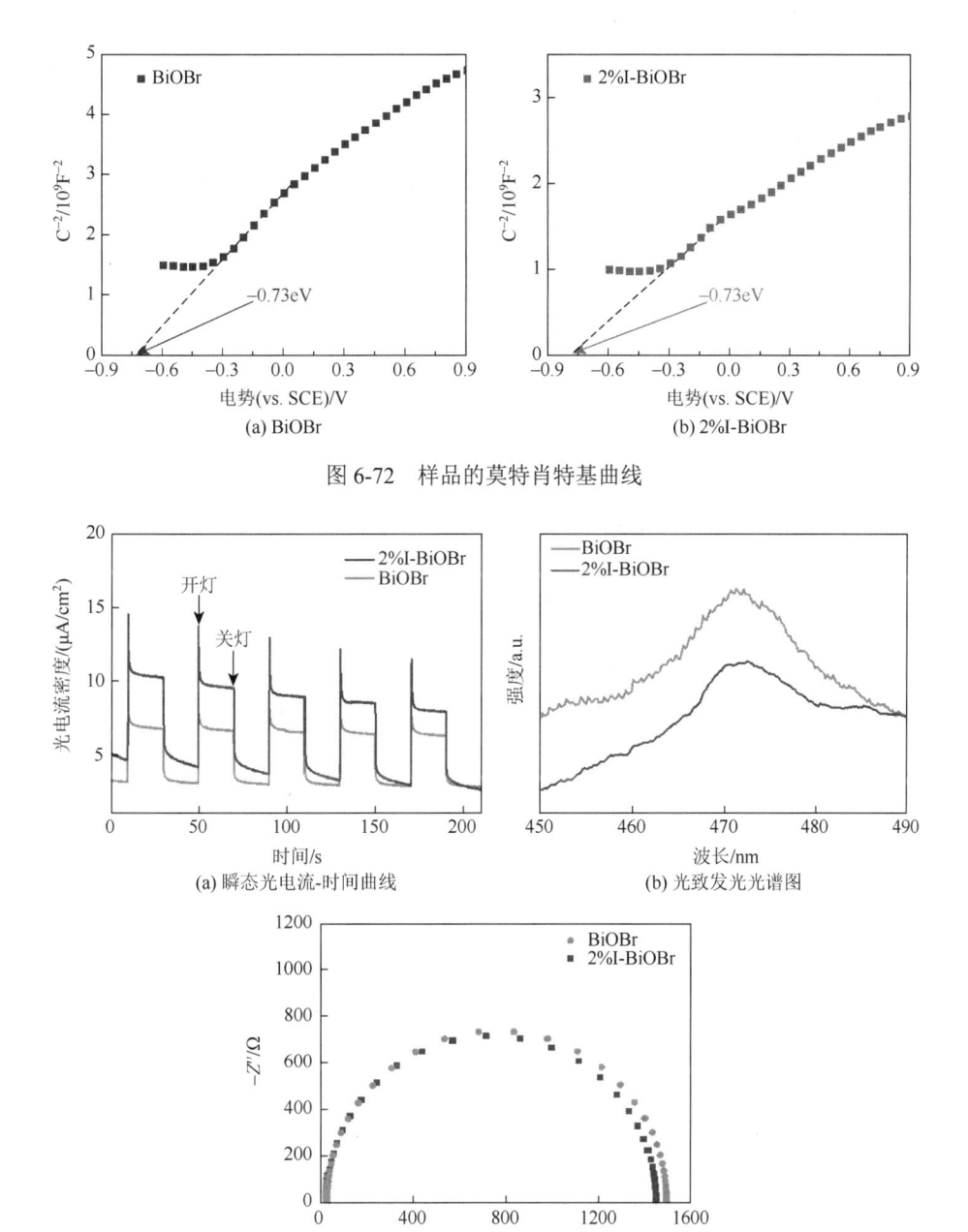

图 6-72　样品的莫特肖特基曲线

图 6-73　样品的瞬态光电流-时间曲线、光致发光光谱图和电化学阻抗谱

以 TC 为目标污染物，对所有制备的样品进行光催化活性测试。实验中，将未掺杂和不同含量 I 掺杂 BiOBr 样品（0.2g/80mL）溶解在 20mg/L 的 TC 溶液中，将溶液置于黑暗中不受干扰搅拌 30min，以达到吸附-脱附平衡，再将其暴露于可见光照明下。如图 6-74（a）和图 6-74（b）所示，在经过可见光照射 75min 后，不论是 BiOBr 还是 I-BiOBr，都对 TC 有一定的降解作用，与 I-BiOBr 相比，未掺杂 I 的 BiOBr 的光催化活性是最低的，降解率仅为 39.21%。显然，I-BiOBr 样品比单一 BiOBr 具有更高的可见光光催化活性，如图 6-74（b），可见光照射 75min 后，0.4%I-BiOBr 能降解 69.98%的 TC，1%I-BiOBr 能降解 77.27%的 TC，2%I-BiOBr 能降解 80.25%的 TC，3%I-BiOBr 能降解 78.82%的 TC，4%I-BiOBr 能降解 74.86%的 TC，5%I-BiOBr 能降解 73.61%的 TC。其中 2%I-BiOBr 为最佳掺杂量。最后，为了探讨催化剂的稳定性，对催化剂进行循环降解实验。在每个循环之间，样品被清洗、干燥，并在新的 TC 溶液中按照之前的步骤重新进行

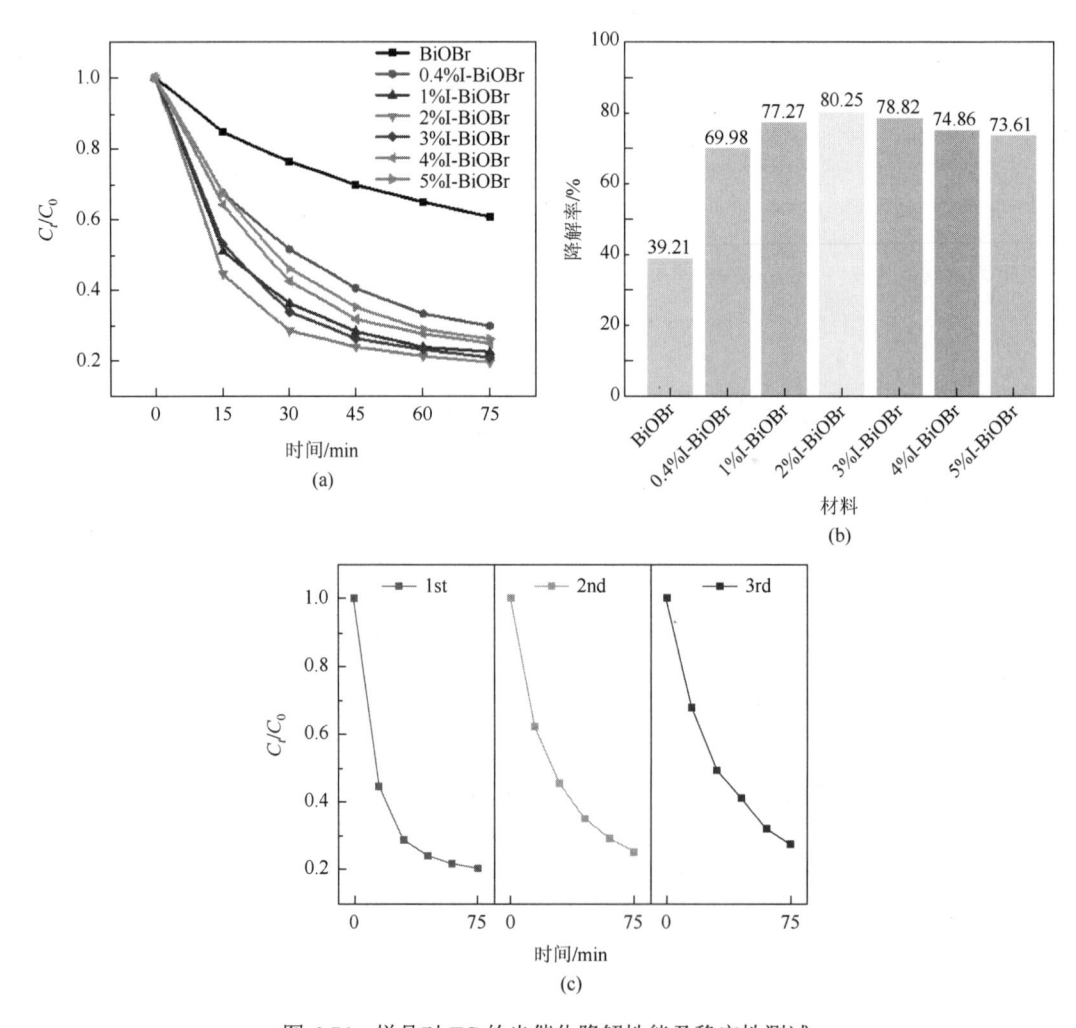

图 6-74 样品对 TC 的光催化降解性能及稳定性测试

注：(a)(b) BiOBr 和 I-BiOBr 光催化降解 TC 的活性分析；(c) 2%I-BiOBr 的循环降解实验

光催化降解实验。在经过 3 次循环后，2%I-BiOBr 对 TC 的降解活性仍能达到 73.5%，具有良好的稳定性。

上述光催化活性评价测试实验中，已知 2%I-BiOBr 为最佳掺杂量的一组（即具有最佳活性的一组），在此基础上进一步探究制备该材料的最佳水热温度和最佳水热时间。首先，将水热时间设置为 6h，寻找最佳的水热温度，本节研究在 110～190℃内，以 20℃为一个梯度，共设置 5 个温度点，同样以光催化活性为标准（活性最佳的一组所对应的温度即为最佳温度），结果如图 6-75（a）所示，表明最佳的水热温度为 150℃。然后，将水热温度设置为 150℃，探究最佳的水热时间，选择在 3～15h 内，以 3h 为一个梯度，共设置 5 个时间点，结果如图 6-75（b）所示。研究表明最佳的水热时间为 6h。

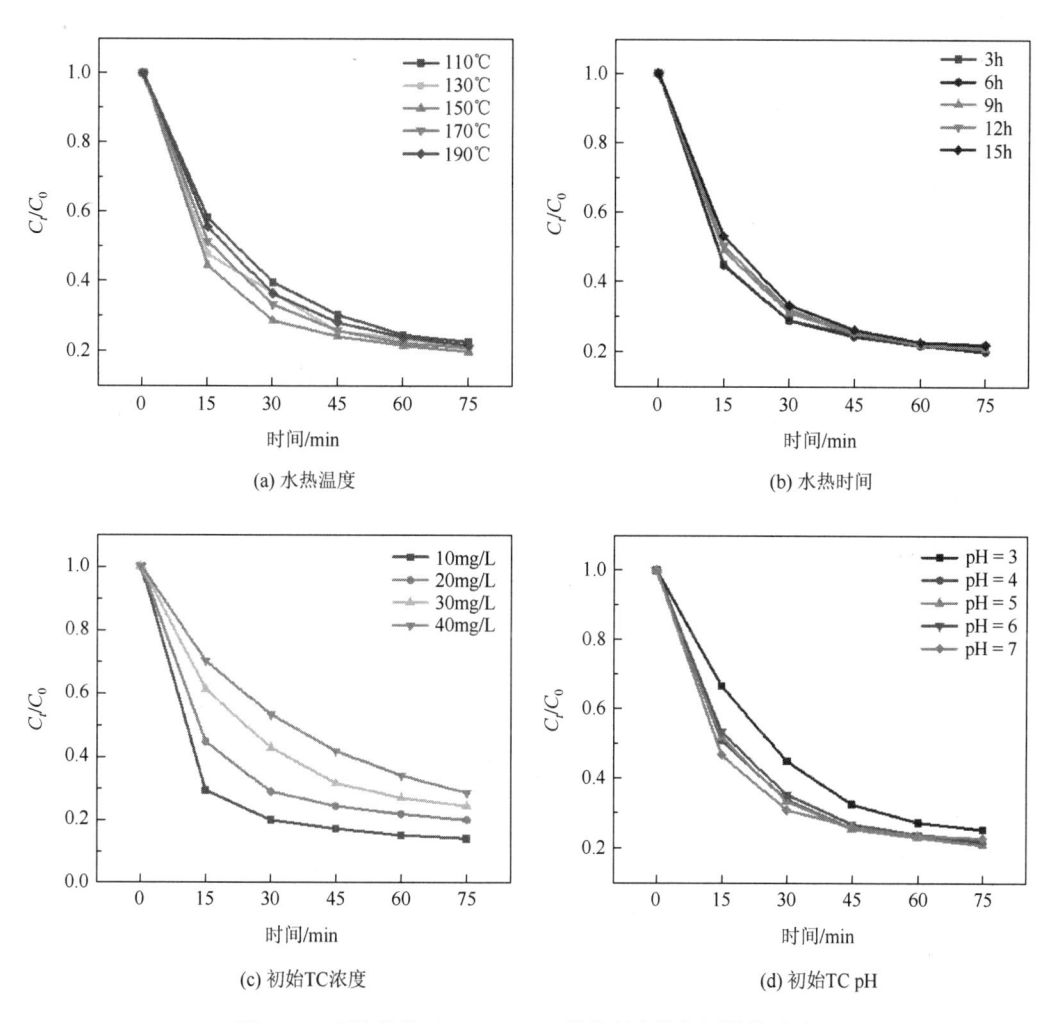

图 6-75 环境条件对 2%I-BiOBr 催化剂光催化活性的影响

由于在实际的 TC 水污染环境中，TC 的浓度和 pH 较高，为了进一步得到实际应用，本节还研究催化剂对不同初始浓度和不同初始 pH 的 TC 的降解效果。从图 6-75（c）可以观察到，催化剂（最佳制备条件下合成）对于浓度为 10mg/L 的 TC 溶液具有最高的光催化活性（降解率约为87%），随着TC初始浓度的增加，降解率逐渐下降，可能是由于高浓度TC溶液阻碍了光的传播（随着浓度的增加，溶液颜色由无色或浅黄色变成深黄色），从而减缓了活性物种产生。图6-75（d）为不同初始pH（加入催化剂前的pH）的TC对光催化活性的影响。由于TC在碱性条件下容易发生水解，因此只讨论中性和偏酸性的pH范围（pH≤7）。从图中可以看出除了pH = 3这组，其他pH组的光催化活性差别不大。根据上一节的研究发现，推测当pH = 3时，有少量催化剂被溶解，尽管如此，催化剂对TC仍具有较高降解率（约为75%）。

通过自由基捕获实验研究2%I-BiOBr光催化降解TC过程中的活性物质[图6-76(a)]。添加•OH捕获剂异丙醇（IPA）（Kan et al., 2022）和e^-捕获剂溴酸钾（$KBrO_3$）（Lu et al., 2019）对TC的光降解仅有微弱的影响，可以忽略不计。以三乙醇胺（TEA）为h^+捕获剂，在光照后TC去除率降低至36.53%。•O_2^-捕获剂抗坏血酸（AA）（Hu et al., 2020a）对2%I-BiOBr光催化活性的影响最大，对TC的剩余降解率仅为1.41%。因此，•O_2^-是2%I-BiOBr光降解TC时产生的主要反应物质，其次是h^+。ESR技术进一步证实了这些结果。在2%I-BiOBr进行光照射后，观察到四个强ESR光谱峰，其比例为独特的1∶1∶1∶1，对应于DMPO-•O_2^-[图6-76（b）]，而DMPO-•OH的峰值可以忽略不计[图6-76（c）]。以

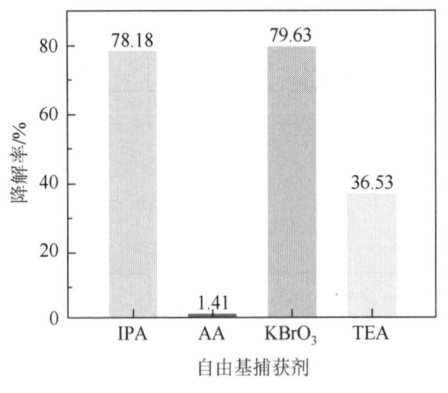

(a) 可见光下不同捕获剂存在下2%I-BiOBr的光降解率

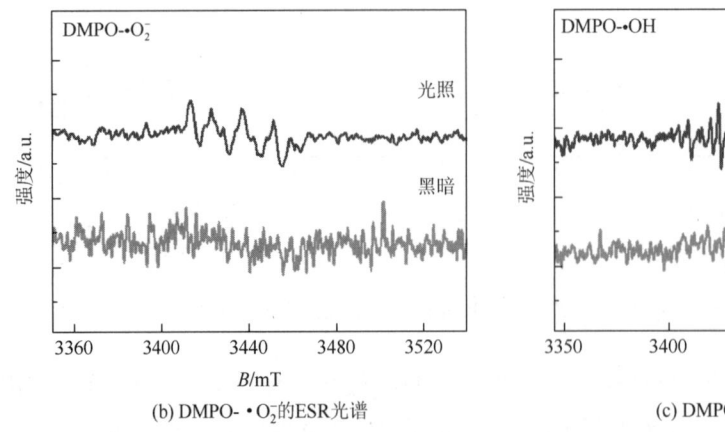

(b) DMPO-•O_2^-的ESR光谱

(c) DMPO-•OH的ESR光谱

图6-76 样品的自由基捕获实验和ESR光谱

上结果表明·O_2^-是参与光降解的主要活性物种。在光照之前，2%I-BiOBr 没有产生峰，因为 DMPO 没有捕获到自由基。

在光催化降解 TC 过程中，对不同光照时间的 TC 溶液取样，利用高效液相色谱-质谱联用技术（HPLC-MS）测定其反应过程中的中间体，并推测出它们的结构。如图 6-77 所示，分析比较光照 75min 前后 TC 的质谱图。从图中可以观察到，加入 2%I-BiOBr 样品的体系在经过光照后，TC 的特征峰降低，低分子物质的峰升高，表明 TC 分子被逐渐分解并向小分子转化。

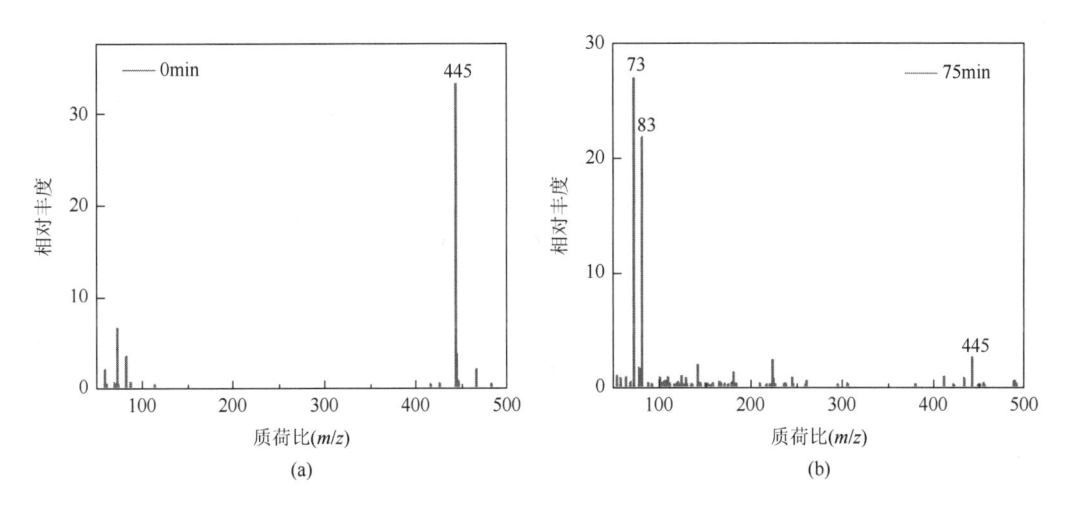

图 6-77　75min 前后 2%I-BiOBr 光催化降解 TC 的 HPLC-MS 图谱比较

根据测试结果和先前的文献（Gao et al.，2012；Du et al.，2021；Huang et al.，2022c；Lv et al.，2022；Wang et al.，2022b；Sun et al.，2023a），推测出 2%I-BiOBr 光催化降解 TC 有以下三种可能的路径（图 6-78）。对于路径Ⅰ，自由基电子可以转移到氨基上，有利于去甲基化。TC 逐渐转化为两种 TC 脱甲基中间体 T1（$m/z=430$）和 T3（$m/z=373$），在该降解路线中，在活性氧的攻击下，脱氨脱酰基化产生 T2（$m/z=415$）和 T3（$m/z=373$）；对于路径Ⅱ，TC 在羟基自由基的作用下，经过多条羟基化路径，最初被裂解至 T4（$m/z=477$），随后，T4 解离生成 T5（$m/z=458$）和 H_2O；对于路径Ⅲ，$m/z=396$ 的 T6 是 TC 甲基化的副产物，随后，由于 C—C、C—N 断裂和羟基化作用，形成了 T7（$m/z=346$），通过 C—C 裂解、酮化、羟基化进一步生成 T8（$m/z=307$）。随着光催化氧化反应的进行，这些中间产物通过各种官能团解离和开环反应进一步氧化为低分子有机物（$m/z=338$、301、279、248、218、217、170、144、116、84、72）。最终，这些低分子有机物被降解为 CO_2、H_2O、NH_4^+等一系列小分子化合物。

基于上述实验结果，阐明 2%I-BiOBr 光催化降解 TC 的合理机理如图 6-79（a）所示。催化剂在可见光的照射下产生光生电子-空穴对，其表面的 e^-从价带（VB）被激发到导带（CB），并在 VB 中产生 h^+，这些积累在 VB 中的 h^+可以直接氧化 TC 分子。值得注意的是，由于 2%I-BiOBr 的 VB 电位（1.65eV）低于 H_2O/·OH 的氧化还原电势（2.38eV，相较于 NHE），水的 h^+氧化不太可能产生·OH 自由基（Wu et al.，2022）。

2%I-BiOBr 的 CB 电位（−0.75eV）比 $O_2/\cdot O_2^-$ 的氧化还原电位（−0.33eV，相较于 NHE）更负，因此催化剂表面的 e^- 可以与表面附着的 O_2 反应形成 $\cdot O_2^-$（EPR 实验证明光照条件下 $\cdot O_2^-$ 的存在）(Qu et al., 2021)，然后与吸附在催化剂表面的 TC 分子发生氧化还原反应，导致 TC 的化学键断裂，从而实现对 TC 的降解。综上，降解过程中的主要反应为：2%I-BiOBr + $h\nu \longrightarrow e^- + h^+$；$e^- + O_2 \longrightarrow \cdot O_2^-$；$h^+/\cdot O_2^-$ + TC→小分子。能带结构如

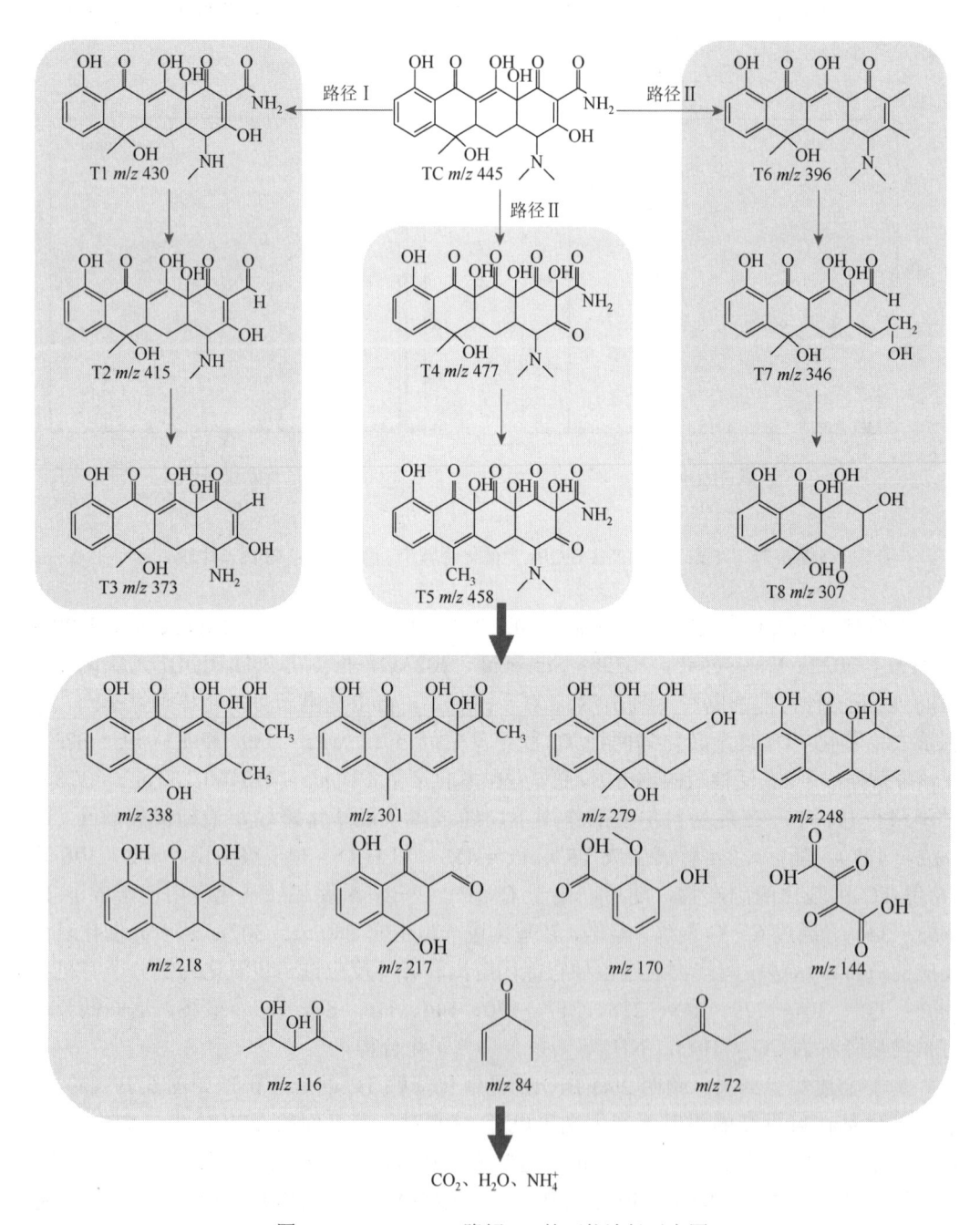

图 6-78 2%I-BiOBr 降解 TC 的可能途径示意图

图 6-79（b）显示，I 掺杂缩小了 BiOBr 禁带宽度，提高了可见光的利用率，促进了电子空穴分离和电荷转移。

(a) 2%I-BiOBr 可见光降解 TC 的反应机理图

(b) BiOBr 和 2%I-BiOBr 的能带结构示意图

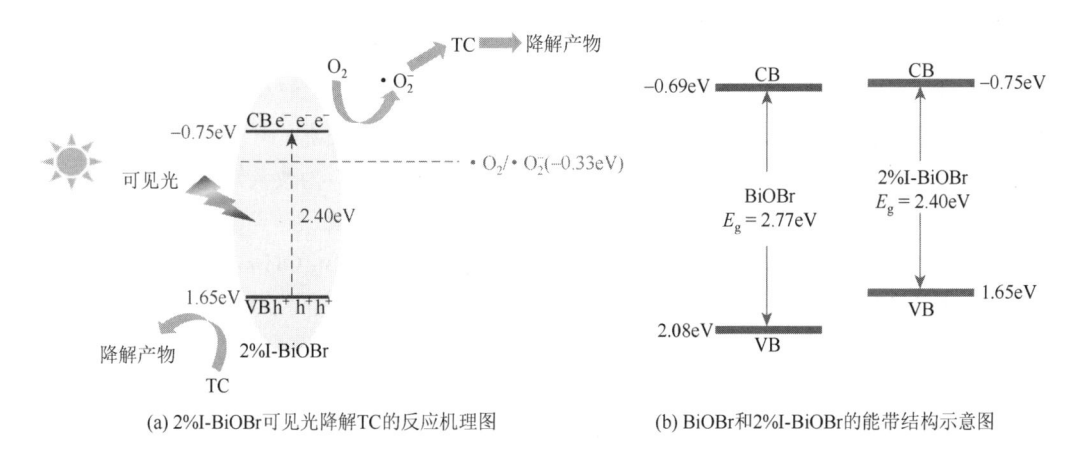

图 6-79　样品光催化降解 TC 的反应机理图与能带结构示意图

6.7　本章小结

（1）通过简单水热法制备了 $ZnFe_2O_4/TiO_2$ 复合材料，并将该材料用于脱除 NO_x。$ZnFe_2O_4/TiO_2$ 具有优异的光催化活性，在可见光下，NO_x 的去除率达到 54%，几乎是 TiO_2 的 11 倍，多次循环后 NO_x 的去除率仍约为 50%。$ZnFe_2O_4/TiO_2$ 有效处理 NO_x 的原因是 p 型 $ZnFe_2O_4$ 和 n 型 TiO_2 构成了异质结结构。$ZnFe_2O_4$ 和 TiO_2 的导带和价带通过 UV-vis DRS 计算得出，表明光激发电子从 $ZnFe_2O_4$ 转移到 TiO_2。异质结结构可以更容易地促进电荷转移，从而导致电子-空穴对的复合效率降低，以及可见光响应性光催化活性增强。通过原位红外进一步研究了 NO_x 氧化为硝酸盐的途径。该项工作为制备具有磁性分离特性的 $ZnFe2O_4/TiO_2$ 复合材料以同时有效地提高光催化 NO 的去除率提供了可能的方案。

（2）制备了 Fe_3O_4@$ZnFe_2O_4/TiO_2$ 复合材料，该材料可用于 NO_x 的有效脱除。多次循环试验后，发现该材料具有较好的稳定性和优异的性能。此外，Fe_3O_4@$ZnFe_2O_4/TiO_2$ 由于其磁性更强而易于回收利用。通过原位红外光谱分析了 NO_x 的去除，研究了反应过程中累积的中间产物和终产物，揭示了光催化氧化反应的反应路径。Fe_3O_4 的负载可以提高催化剂的光催化活性，而且 Fe_3O_4 和 $ZnFe_2O_4$ 之间存在一定的协同效应并且不影响 $ZnFe_2O_4$ 和 TiO_2 之间的异质结结构，Fe_3O_4 为碱性氧化物，还可以更好地吸附 NO，提高光催化活性。

（3）采用简单的"一锅式"水热法制备 $ZnSn(OH)_6/SrSn(OH)_6$ 催化剂，最佳工艺条件为：水热温度 120℃，水热时间 8h。在最佳工艺条件下，制备得到了对甲苯具有高光催化降解性能的 20%$ZnSn(OH)_6/SrSn(OH)_6$ 复合光催化剂。从形貌上看，ZSH 立方体颗粒均匀地分布在 SSH 表面，SSH 表面类似木质结构的特殊沟壑为 ZSH 提供了很好的附着条件。20%ZSH/SSH 在紫外光照射下处理甲苯活性达到了 86.55%，SSH 的活性为

60.21%，ZSH 的活性为 66.42%，对比 SSH、ZSH 单体的活性，20%ZSH/SSH 复合光催化剂有了 20%以上的光催化性能提升。在光催化机理上，ZSH 和 SSH 之间形成了Ⅱ型异质结，由于异质结的形成电子迁移路径发生了改变，提高了光生载流子的转移和分离效率，除此之外，体系中产生了大量的•OH 和 •O_2^-，进而实现了光催化性能的提升。通过原位红外检测技术，监测到苯甲醇、苯甲醛、苯甲酸、水和二氧化碳的特征峰，说明 20%ZnSn(OH)$_6$/SrSn(OH)$_6$ 光催化降解甲苯的反应历程。总的来说，Ⅱ型 20%ZnSn(OH)$_6$/SrSn(OH)$_6$ 异质结的光催化机制具有高矿化能力以及高稳定性，为改善羟基锡酸盐体系中光生载流子转移与分离问题提供了解决思路。

（4）通过简单的水热法成功将高度分散的 Ti-O 簇引入 ZnSn(OH)$_6$，实验确定了催化剂的最佳投料比、反应时间和反应温度等制备工艺条件，最终制得 30TOZ 并对其光催化机制做进一步探究。通过活性测试，TOZ 系列催化剂对 NO 表现出较好的光催化活性，其中，30TOZ 在可见光照射下 30min 内，对 NO 的去除率达到 42.70%，这相较于 ZSH 在可见光下对 NO 的去除率和 Ti-O 簇的供体 NH$_2$-MIL-125 的去除率而言，有了很大的提升，这得益于体系中产生了大量的羟基自由基（•OH）和超氧自由基（•O_2^-）。除此之外，30TOZ 在循环测试 5 次之后活性依旧没有明显下降，并且 TOZ 系列催化剂在光催化氧化 NO 过程中也没有产生 NO$_2$ 等二次污染。

XRD、FT-IR、BET 等表征说明，Ti-O 簇的前驱体 NH$_2$-MIL-125 在水热反应中有序的框架结构被破坏，暴露出 Ti-O 簇，并且 Ti-O 簇成功修饰 ZnSn(OH)$_6$。30TOZ 相对于 ZnSn(OH)$_6$ 而言，比表面积有了一定的增加，这为在光催化反应中吸附污染物提供了一定条件。根据 XPS、PL、光电流、UV-vis DRS 等表征手段能够进一步判断出 Ti-O 簇成功引入 ZnSn(OH)$_6$ 体系并且将 30TOZ 的吸光范围扩大到可见光区，提高了 30TOZ 材料内部的电子分离转移效率，同时降低了光生电子-空穴对的复合程度。30TOZ 的成功制备为与 ZnSn(OH)$_6$ 同类型的禁带宽度较宽的羟基锡酸盐材料改性提供了思路。

（5）通过一步水热法成功制备了 BiOIO$_3$/BiOBr n-n 型异质结并测试了它们的光催化活性。不同原料配比的 BiOIO$_3$/BiOBr 复合材料降解 TC 的光催化活性对比两个单体均有所提高。一系列表征表明，BiOIO$_3$/BiOBr 复合材料降解 TC 具有更高的光催化活性，其原因有三：①两者的结合增强了光吸收；②两种材料都是片状的，紧密的面对面接触为电子转移提供了更大的接触面积；③两种材料之间形成的内电场可以加速电子-空穴对的分离。探究 BiOIO$_3$/BiOBr 异质结的最佳制备条件为：水热温度 150℃，水热时间 6h。此外，pH 测试表明，在弱酸性的环境下（pH = 4~7），BiOIO$_3$/BiOBr 复合材料光催化降解 TC 几乎不受 pH 的影响。自由基捕获实验确定了参与光催化氧化反应的活性物质为 •O_2^- 和 h$^+$。通过 HPLC-MS 测试，分析了 TC 的降解路径及中间产物。更重要的是，BiOIO$_3$ 与 BiOBr 形成 n-n 型异质后，使得 BiOIO$_3$/BiOBr 复合材料具有更高的光催化活性。

（6）I 掺杂 BiOBr 纳米复合材料易于水热合成，具有二维层状结构，与未掺杂的相一致。值得注意的是，与未掺杂的 BiOBr 相比，I 掺杂 BiOBr 在可见光照明下表现出更高的光催化降解性能。其中，物质的量比（I/Br）为 2%的 I-BiOBr 对 TC 的降解率最高，达到 80.25%。这归因于 I 掺杂导致 BiOBr 电子能量结构的显著变化，表现为禁带宽度变窄、可见光吸收增强、电子-空穴分离增强以及界面电荷分离和转移增强。2%I-BiOBr 最佳的制备条件为：150℃水热反应 6h。2%I-BiOBr 具有较强的稳定性，在循环 3 次后仍对 TC 有较好的降解效果，且不受 pH 的影响（pH = 3～7）。最后，结合高效液相色谱-质谱（HPLC-MS）测定方法，对反应中间体和产物进行了检测和分析。

参 考 文 献

常兴涛, 李润娟, 岳建芝, 2017. 生物质用作吸附剂处理污水研究进展[J]. 湖北农业科学, 56（16）：3005-3008.

陈铭真, 2022. 水处理环境工程中膜分离技术的应用[J]. 现代工业经济和信息化, 12（11）：148-150.

丁修龙, 2021. BiOBr 光催化材料的改性及其固氮性能研究[D]. 淮南：安徽理工大学.

董泽清, 2021. 抗污型 PVDF 分子印迹复合膜的制备及其选择性分离四环素的行为机理研究[D]. 镇江：江苏大学.

何忠坤, 陈韦达, 张雷雨, 2020. Fenton 氧化技术处理印染废水的研究[J]. 环保科技, 26（5）：4-7.

贺东辉, 2021. AgI/ZnSn(OH)$_6$ 中空立方体光催化材料降解盐酸土霉素的行为与机理研究[D]. 长沙：湖南大学.

胡安洁, 2022. BiOBr 基光催化剂的设计合成及其降解盐酸四环素的性能研究[D]. 南宁：广西大学.

胡雪利, 2021. 钡盐调控石墨相氮化碳能带结构及光催化降解有机废水的性能研究[D]. 重庆：重庆工商大学.

贾爱平, 张振华, 宋通洋, 等, 2022. 准原位 X 射线光电子能谱技术的开发和应用[J]. 实验技术与管理, 39（6）：24-29, 42.

李厚樊, 2022. NH$_2$-MIL-125（T$_i$）与 NH$_2$-MIL-101（Fe）材料的金属离子改性及其光催化性能研究[D]. 重庆：重庆工商大学.

李燕霞, 2022. 聚酰亚胺复合材料的制备及其光催化降解废水中四环素的研究[D]. 重庆：重庆工商大学.

罗爽, 2021. 基于 NH$_2$-MIL-125 的双功能催化剂用于光催化去除 NO 和产氢的性能研究[D]. 重庆：重庆工商大学.

宋现财, 2014. 四环素类抗生素在活性污泥上的吸附规律及其机理研究[D]. 天津：南开大学.

吴春英, 白鹭, 谷风, 2021. 典型抗生素在 A～2/O-MBR 组合工艺中去除特性的研究[J]. 离子交换与吸附, 37（6）：523-530.

杨淋, 2022. 类钙钛矿光催化材料的结构调控及其净化 NO 性能与机理研究[D]. 重庆：重庆工商大学.

杨小雪, 2021. 新型铋系光催化剂制备及高效去除四环素的研究[D]. 呼和浩特：内蒙古大学.

易礼陵, 2016. 复合流人工湿地处理小城镇生活污水实验研究[D]. 开封：河南大学.

易礼陵, 张广瑶, 涂佳艺, 等, 2022. 四环素在环境中的污染现状及锰氧化物对其降解的研究进展[J]. 安徽农业大学学报, 49（5）：809-814.

周紫荆, 陈隋晓辰, 杨星雨, 等, 2021. 石墨阴极电芬顿降解诺氟沙星的研究[J]. 福建师范大学学报（自然科学版）, 37（5）：30-33.

Adriaenssens N, Bruyndonckx R, Versporten A, et al., 2021. Consumption of macrolides, lincosamides and streptogramins in the community, european union/european economic area, 1997-2017[J]. Journal of Antimicrobial Chemotherapy, 76: 30-36.

Bai L M, Cao Y Q, Pan X D, et al., 2023. Z-scheme Bi$_2$S$_3$/Bi$_2$O$_2$CO$_3$ nanoheterojunction for the degradation of antibiotics and organic compounds in wastewater: Fabrication, application, and mechanism[J]. Surfaces and Interfaces, 36: 102612.

Bai J W, Yang Y, Hu X L, et al., 2022. Fabrication of novel organic/inorganic polyimide-BiPO$_4$ heterojunction for enhanced photocatalytic degradation performance[J]. Journal of Colloid and Interface Science, 625: 512-520.

Baeissa E S, 2014. Novel Pd/CaSn(OH)$_6$ nanocomposite prepared by modified sonochemical method for photocatalytic degradation of methylene blue dye[J]. Journal of Alloys and Compounds, 590: 303-308.

Bhatt S, Chatterjee S, 2022. Fluoroquinolone antibiotics: occurrence, mode of action, resistance, environmental detection, and remediation-a comprehensive review[J]. Environmental Pollution, 315: 120440.

Birben N C, Uyguner-Demirel C S, Kavurmaci S S, et al., 2017. Application of Fe-doped TiO$_2$ specimens for the solar photocatalytic degradation of humic acid[J]. Catalysis Today, 281: 78-84.

Chen B F, Ouyang P, Li Y H, et al., 2023. Creation of an internal electric field in SnO$_2$@ZnS-ZnSn(OH)$_6$ dual-type-II heterojunctions for efficient NO photo-oxidation[J]. Science China Materials, 66（4）: 1447-1459.

Chen F, Huang H W, Zeng C, et al., 2017. Achieving enhanced UV and visible light photocatalytic activity for ternary Ag/AgBr/BiOIO$_3$:

Decomposition for diverse industrial contaminants with distinct mechanisms and complete mineralization ability[J]. ACS Sustainable Chemistry & Engineering, 5（9）: 7777-7791.

Chen J Y, Xiao X Y, Wang Y, et al., 2019a. Ag nanoparticles decorated WO$_3$/g-C$_3$N$_4$ 2D/2D heterostructure with enhanced photocatalytic activity for organic pollutants degradation[J]. Applied Surface Science, 467-468: 1000-1010.

Chen L F, Hou C C, Zou L L, et al., 2021a. Uniformly bimetal-decorated holey carbon nanorods derived from metal-organic framework for efficient hydrogen evolution[J]. Science Bulletin, 66（2）: 170-178.

Chen Q, Cheng X R, Long H M, et al., 2020. A short review on recent progress of Bi/semiconductor photocatalysts: The role of Bi metal[J]. Chinese Chemical Letters, 31（10）: 2583-2590.

Chen Y C, Liu J J, Zeng Q B, et al., 2021b. Preparation of Eucommia ulmoides lignin-based high-performance biochar containing sulfonic group: Synergistic pyrolysis mechanism and tetracycline hydrochloride adsorption[J]. Bioresource Technology, 329: 124856.

Chen Y J, Zhao C R, Ma S N, et al., 2019b. Fabrication of a Z-scheme AgBr/Bi$_4$O$_5$Br$_2$ nanocomposite and its high efficiency in photocatalytic N$_2$ fixation and dye degradation[J]. Inorganic Chemistry Frontiers, 6（11）: 3083-3092.

Cheng G, Tan X F, Song X J, et al., 2019. Visible light assisted thermocatalytic reaction of CO + NO over Pd/LaFeO$_3$[J]. Applied Catalysis B: Environmental, 251: 130-142.

Cheng G, Liu X, Song X J, et al., 2020. Visible-light-driven deep oxidation of NO over Fe doped TiO$_2$ catalyst: Synergic effect of Fe and oxygen vacancies[J]. Applied Catalysis B: Environmental, 277: 119196.

Chu S, Wang H L, Huang H, et al., 2022. Facile synthesis of AgIO$_3$/BiOIO$_3$ Z-scheme binary heterojunction with enhanced photocatalytic performance for diverse persistent organic pollutants degradation[J]. Applied Surface Science, 588: 152966.

Debeila M A, Coville N J, Scurrell M S, et al., 2005. The effect of calcination temperature on the adsorption of nitric oxide on Au-TiO$_2$: Drifts studies[J]. Applied Catalysis A: General, 291（1-2）: 98-115.

Deng Y C, Xu M Y, Jiang X Y, et al., 2023. Versatile iodine-doped BiOCl with abundant oxygen vacancies and（110）crystal planes for enhanced pollutant photodegradation[J]. Environmental Research, 216: 114808.

Di X C, Wang Y, Fu Y Q, et al., 2021. Wheat flour-derived nanoporous carbon@ZnFe$_2$O$_4$ hierarchical composite as an outstanding microwave absorber[J]. Carbon, 173: 174-184.

Dillip G R, Banerjee A N, Anitha V C, et al., 2015. Anchoring mechanism of ZnO nanoparticles on graphitic carbon nanofiber surfaces through a modified co-precipitation method to improve interfacial contact and photocatalytic performance[J]. ChemPhysChem, 16（15）: 3214-3232.

Dillip G R, Banerjee A N, Anitha V C, et al., 2016. Oxygen vacancy-induced structural, optical, and enhanced supercapacitive performance of zinc oxide anchored graphitic carbon nanofiber hybrid electrodes[J]. ACS Applied Materials & Interfaces, 8（7）: 5025-5039.

Dillip G R, Nagajyothi P C, Ramaraghavulu R, et al., 2020. Synthesis of crystalline zinc hydroxystannate and its thermally driven amorphization and recrystallization into zinc orthostannate and their phase-dependent cytotoxicity evaluation[J]. Materials Chemistry and Physics, 248: 122946.

Dong P Y, Gao K J, Li K, et al., 2023. Metal-organic framework derived terephthalate ligand decorated TiO$_2$ with various morphologies for efficient photocatalytic H$_2$ evolution[J]. Chemistry-A European Journal, 29（21）: e202203917.

Dong S Y, Xia L J, Zhang F Y, et al., 2019a. Effects of pH value and hydrothermal treatment on the microstructure and natural-sunlight photocatalytic performance of ZnSn(OH)$_6$ photocatalyst[J]. Journal of Alloys and Compounds, 810: 151955.

Dong X A, Cui W, Wang H, et al., 2019b. Promoting ring-opening efficiency for suppressing toxic intermediates during photocatalytic toluene degradation via surface oxygen vacancies[J]. Science Bulletin, 64（10）: 669-678.

Dong X D, Zhang Y M, Zhao Z Y, 2021. Role of the polar electric field in bismuth oxyhalides for photocatalytic water splitting[J]. Inorganic Chemistry, 60（12）: 8461-8474.

Dou M M, Wang J, Ma Z K, et al., 2022. Origins of selective differential oxidation of β-lactam antibiotics with different structure in an efficient visible-light driving mesoporous g-C$_3$N$_4$ activated persulfate synergistic mechanism[J]. Journal of Hazardous

Materials, 426: 128111.

Du C Y, Zhang Z, Tan S Y, et al., 2021. Construction of Z-scheme g-C$_3$N$_4$/MnO$_2$/GO ternary photocatalyst with enhanced photodegradation ability of tetracycline hydrochloride under visible light radiation[J]. Environmental Research, 200: 111427.

Fang Z H, Zhao S R, Xue G, et al., 2023. Enhanced removal of fluoroquinolone antibiotics by peroxydisulfate activated with N-doped sludge biochar: performance, mechanism and toxicity evaluation[J]. Separation and Purification Technology, 305: 122469.

Fu X L, Wang X X, Ding Z X, et al., 2009. Hydroxide ZnSn(OH)$_6$: A promising new photocatalyst for benzene degradation[J]. Applied Catalysis B: Environmental, 91 (1-2): 67-72.

Fujisawa J I, Kaneko N, Hanaya M, 2020. Interfacial charge-transfer transitions in ZnO induced exclusively by adsorption of aromatic thiols[J]. Chemical Communications, 56 (29): 4090-4093.

Gao C P, Liu G, Liu X M, et al., 2022a. Flower-like n-Bi$_2$O$_3$/n-BiOCl heterojunction with excellent photocatalytic performance for visible light degradation of Bisphenol A and Methylene blue[J]. Journal of Alloys and Compounds, 929: 167296.

Gao L H, Shi Y L, Li W H, et al., 2012. Occurrence, distribution and bioaccumulation of antibiotics in the Haihe River in China[J]. Journal of Environmental Monitoring, 14 (4): 1248-1255.

Gao Q, Sun K, Cui Y C, et al., 2022b. In situ growth of 2D/3D Bi$_2$MoO$_6$/CeO$_2$ heterostructures toward enhanced photodegradation and Cr(VI)reduction[J]. Separation and Purification Technology, 285: 120312.

Gao X, Niu J, Wang Y F, et al., 2021. Solar photocatalytic abatement of tetracycline over phosphate oxoanion decorated Bi$_2$WO$_6$/polyimide composites[J]. Journal of Hazardous Materials, 403: 123860.

Geng Q, Xie H, He Y, et al., 2021. Atomic interfacial structure and charge transfer mechanism on in-situ formed BiOI/Bi$_2$O$_2$SO$_4$ p-n heterojunctions with highly promoted photocatalysis[J]. Applied Catalysis B: Environmental, 297: 120492.

Gorito A M, Ribeiro A R L, Rodrigues P, et al., 2022. Antibiotics removal from aquaculture effluents by ozonation: Chemical and toxicity descriptors[J]. Water Research, 218: 118497.

Gu M L, Li Y H, Zhang M, et al., 2021. Bismuth nanoparticles and oxygen vacancies synergistically attired Zn$_2$SnO$_4$ with optimized visible-light-active performance[J]. Nano Energy, 80: 42.

Guan H, Dong Y T, Kang X N, et al., 2022. Extraordinary electrochemical performance of lithium-sulfur battery with 2D ultrathin BiOBr/rGO sheet as an efficient sulfur host[J]. Journal of Colloid and Interface Science, 626: 374-383.

Guo H, Niu H Y, Liang C, et al., 2019. Insight into the energy band alignment of magnetically separable Ag$_2$O/ZnFe$_2$O$_4$ p-n heterostructure with rapid charge transfer assisted visible light photocatalysis[J]. Journal of Catalysis, 370: 289-303.

Guo P Y, Zhao F Y, Hu X M, 2021. Boron- and europium-co-doped g-C$_3$N$_4$ nanosheets: Enhanced photocatalytic activity and reaction mechanism for tetracycline degradation[J]. Ceramics International, 47 (11): 16256-16268.

Guo Y L, Feng L, Liu Y F, et al., 2022. Cu-embedded porous Al$_2$O$_3$ bifunctional catalyst derived from metal-organic framework for syngas-to-dimethyl ether[J]. Chinese Chemical Letters, 33 (6): 2906-2910.

Gupta G, Kaur M, Kansal S K, et al., 2022. α-Bi$_2$O$_3$ nanosheets: An efficient material for sunlight-driven photocatalytic degradation of Rhodamine B[J]. Ceramics International, 48 (20): 29580-29588.

Hadjiivanov K I, 2000. Identification of neutral and charged N$_x$O$_y$ surface species by IR spectroscopy[J]. Catalysis Reviews-Science and Engineering, 42 (1-2): 71-144.

Han T, Mi Z R, Chen Z, et al., 2022. Multi-omics analysis reveals the influence of tetracycline on the growth of ryegrass root[J]. Journal of Hazardous Materials, 435: 129019.

Harikumar B, Khan S S, 2022. Hierarchical construction of ZrO$_2$/CaCr$_2$O$_4$/BiOIO$_3$ ternary photocatalyst: Photodegradation of antibiotics, degradation pathway, toxicity assessment, and genotoxicity studies[J]. Chemical Engineering Journal, 442: 136107.

Hasija V, Raizada P, Hosseini-Bandegharaei A, et al., 2020. Synthesis and photocatalytic activity of Ni-Fe layered double hydroxide modified sulphur doped graphitic carbon nitride (SGCN/Ni-Fe LDH) photocatalyst for 2,4-dinitrophenol degradation[J]. Topics in Catalysis, 63 (11): 1030-1045.

He L L, Guo Y X, Zhu Y, et al., 2021. Fabrication of Ag$_2$O/MgWO$_4$ p-n heterojunction with enhanced sonocatalytic decomposition performance for Rhodamine B[J]. Materials Letters, 284: 128927.

He W J, Li J Y, Hou X F, et al., 2022a. Light-induced secondary hydroxyl defects in $Sr_{1-x}Sn(OH)_6$ enable sustained and efficient photocatalytic toluene mineralization[J]. Chemical Engineering Journal, 427: 131764.

He Y Z, Chen M Z, Jiang Y, et al., 2022b. Tubular g-C_3N_4 coupled with lanthanide oxides Yb_2O_3 as a novel bifunctional photocatalyst: Enhanced photocatalytic NO removal and H_2 evolution, dual regulation and reaction pathway[J]. Journal of Alloys and Compounds, 903: 163806.

He Y Z, Luo S, Hu X L, et al., 2021. NH_2-MIL-125(Ti)encapsulated with in situ-formed carbon nanodots with up-conversion effect for improving photocatalytic NO removal and H_2 evolution[J]. Chemical Engineering Journal, 420: 127643.

Hu H, Xu C D, Jin J C, et al., 2022. Synthesis of a $BiOIO_3$/Bi_2O_4 heterojunction that can efficiently degrade rhodamine B and ciprofloxacin under visible light[J]. Optical Materials, 133: 112893.

Hu X L, Lu P, He Y Z, et al., 2020a. Anionic/cationic synergistic action of insulator $BaCO_3$ enhanced the photocatalytic activities of graphitic carbon nitride[J]. Applied Surface Science, 528: 146924.

Hu Y, Hao X Q, Cui Z W, et al., 2020b. Enhanced photocarrier separation in conjugated polymer engineered CdS for direct Z-scheme photocatalytic hydrogen evolution[J]. Applied Catalysis B: Environmental, 260: 118131.

Huang J W, Puyang C D, Wang Y W, et al., 2022a. Hydroxylamine activated by discharge plasma for synergetic degradation of tetracycline in water: insight into performance and mechanism[J]. Separation and Purification Technology, 300: 121913.

Huang K, Lin L L, Yang K, et al., 2015. Promotion effect of ultraviolet light on NO + CO reaction over Pt/TiO_2 and Pt/CeO_2-TiO_2 catalysts[J]. Applied Catalysis B: Environmental, 179: 395-406.

Huang L Y, Wang Y Q, Li Y P, et al., 2019a. Calcination synthesis of N-doped $BiOIO_3$ with high LED-light-driven photocatalytic activity[J]. Materials Letters, 246: 219-222.

Huang Q Q, Hu Y, Pei Y, et al., 2019b. In situ synthesis of TiO_2@NH_2-MIL-125 composites for use in combined adsorption and photocatalytic degradation of formaldehyde[J]. Applied Catalysis B: Environmental, 259: 118106.

Huang Y H, Cai J S, Ye Z L, et al., 2022b. Morphological crystal adsorbing tetracyclines and its interaction with magnesium ion in the process of struvite crystallization by using synthetic wastewater[J]. Water Research, 215: 118253.

Huang Z, Wen Y, Zhao L S, 2022c. Efficient heterostructure of CuS@BiOBr for pollutants removal with visible light assistance[J]. Inorganic Chemistry Communications, 146: 110212.

Huang Z F, Song J J, Wang X, et al., 2017. Switching charge transfer of C_3N_4/$W_{18}O_{49}$ from type-II to Z-scheme by interfacial band bending for highly efficient photocatalytic hydrogen evolution[J]. Nano Energy, 40: 308-316.

Hunge Y M, Yadav A A, Kang S W, et al., 2023. Visible light activated MoS_2/ZnO composites for photocatalytic degradation of ciprofloxacin antibiotic and hydrogen production[J]. Journal of Photochemistry and Photobiology A: Chemistry, 434: 114250.

Ji S N, Dong J T, Ji M X, et al., 2022. Rapid dual-channel electrons transfer via synergistic effect of LSPR effect and build-in electric field in Z-scheme $W_{18}O_{49}$/BiOBr heterojunction for organic pollutants degradation[J]. Inorganic Chemistry Communications, 138: 109283.

Jia T, Wu J, Song J, et al., 2020. In situ self-growing 3D hierarchical BiOBr/$BiOIO_3$ Z-scheme heterojunction with rich oxygen vacancies and iodine ions as carriers transfer dual-channels for enhanced photocatalytic activity[J]. Chemical Engineering Journal, 396: 125258.

Jia X M, Cao J, Lin H L, et al., 2016. Novel I-BiOBr/$BiPO_4$ heterostructure: Synergetic effects of I^- ion doping and the electron trapping role of wide-band-gap $BiPO_4$ nanorods[J]. RSC Advances, 6(61): 55755-55763.

Jiang X, Wang M T, Luo B N, et al., 2022. Magnetically recoverable flower-like Sn_3O_4/$SnFe_2O_4$ as a type-II heterojunction photocatalyst for efficient degradation of ciprofloxacin[J]. Journal of Alloys and Compounds, 926: 166878.

Jin Z L, Wang X P, 2022. In situ XPS proved efficient charge transfer and ion adsorption of $ZnCo_2O_4$/CoS S-Scheme heterojunctions for photocatalytic hydrogen evolution[J]. Materials Today Energy, 30: 101164.

Jin Z L, Wu Y L, 2023. Novel preparation strategy of graphdiyne(C_nH_{2n-2}): One-pot conjugation and S-Scheme heterojunctions formed with MoP characterized with in situ XPS for efficiently photocatalytic hydrogen evolution[J]. Applied Catalysis B:

Environmental, 327: 122461.

Jing P P, He C P, Huang S C, et al., 2022. 2D Z-scheme heterojunction and oxygen deficiency synergistically boosting the photocatalytic activity of a layered BaTiO$_3$/BiOIO$_3$ composite[J]. Applied Materials Today, 29: 101574.

Ju P, Zhang Y, Hao L, et al., 2023. 1D Bi$_2$S$_3$ nanorods modified 2D BiOI nanoplates for highly efficient photocatalytic activity: Pivotal roles of oxygen vacancies and Z-scheme heterojunction[J]. Journal of Materials Science & Technology, 142: 45-59.

Kallawar G A, Barai D P, Bhanvase B A, 2021. Bismuth titanate based photocatalysts for degradation of persistent organic compounds in wastewater: A comprehensive review on synthesis methods, performance as photocatalyst and challenges[J]. Journal of Cleaner Production, 318: 128563.

Kampouri S, Nguyen T N, Spodaryk M, et al., 2018. Concurrent photocatalytic hydrogen generation and dye degradation using MIL-125-NH$_2$ under visible light irradiation[J]. Advanced Functional Materials, 28 (52): 1806368.

Kan L, Yang L, Mu W, et al., 2022. Facile one-step strategy for the formation of BiOIO$_3$/[Bi$_6$O$_6$(OH)$_3$](NO$_3$)$_3$·1.5H$_2$O heterojunction to enhancing photocatalytic activity[J]. Journal of Colloid and Interface Science, 612: 401-412.

Kantcheva M, 2001. Identification, stability, and reactivity of NO$_x$ species adsorbed on titania-supported manganese catalysts[J]. Journal of Catalysis, 204 (2): 479-494.

Kashmery H A, El-Hout S I, 2023. Bi$_2$S$_3$/Bi$_2$O$_3$ nanocomposites as effective photocatalysts for photocatalytic degradation of tetracycline under visible-light exposure[J]. Optical Materials, 135: 113231.

Khan H, Swati I K, 2016. Fe^{3+}-doped anatase TiO$_2$ with d-d transition, oxygen vacancies and Ti^{3+} Centers: Synthesis, characterization, UV-vis photocatalytic and mechanistic studies[J]. Industrial and Engineering Chemistry Research, 55 (23): 6619-6633.

Khasevani S G, Gholami M R, 2019. Synthesis of BiOI/ZnFe$_2$O$_4$-metal-organic framework and g-C$_3$N$_4$-based nanocomposites for applications in photocatalysis[J]. Industrial & Engineering Chemistry Research, 58 (23): 9806-9818

Kislov N, Srinivasan S S, Emirov Y, et al., 2008. Optical absorption red and blue shifts in ZnFe$_2$O$_4$ nanoparticles[J]. Materials Science and Engineering: B, 153 (1-3): 70-77.

Klingenberg B, Vannice M A, 1999. NO adsorption and decomposition on La$_2$O$_3$ studied by DRIFTS[J]. Applied Catalysis B: Environmental, 21 (1): 19-33.

Kong T, Wei X M, Zhu G Q, et al., 2017. The photocatalytic mechanism of BiOI with oxygen vacancy and iodine self-doping[J]. Chinese Journal of Physics, 55 (2): 331-341.

Kumar N, Jung U, Jung B, et al., 2023. Zinc hydroxystannate/zinc-tin oxide heterojunctions for the UVC-assisted photocatalytic degradation of methyl orange and tetracycline[J]. Environmental Pollution, 316: 120353.

Le V T, Doan V D, Le T T N, et al., 2021. Efficient photocatalytic degradation of crystal violet under natural sunlight using Fe$_3$O$_4$/ZnO nanoparticles embedded carboxylate-rich carbon[J]. Materials Letters, 283: 128749.

Li D G, Zhang G Z, Li W J, et al., 2022a. Magnetic nitrogen-doped carbon nanotubes as activators of peroxymonosulfate and their application in non-radical degradation of sulfonamide antibiotics[J]. Journal of Cleaner Production, 380: 135064.

Li D Y, Zhang W C, Niu Z Y, et al., 2022b. Improvement of photocatalytic activity of BiOBr and BiOBr/ZnO under visible-light irradiation by short-time low temperature plasma treatment[J]. Journal of Alloys and Compounds, 924: 166608.

Li H Q, Cui Y M, Hong W S, et al., 2013a. Enhanced photocatalytic activities of BiOI/ZnSn(OH)$_6$ composites towards the degradation of phenol and photocatalytic H$_2$ production[J]. Chemical Engineering Journal, 228: 1110-1120.

Li H F, Liu X Y, Song M Y, et al., 2022c. Non-noble copper ion anchored on NH$_2$-MIL-101(Fe) as a novel cocatalyst with transient metal centers for efficient photocatalytic water splitting[J]. Journal of Alloys and Compounds, 905: 164153.

Li H Q, Hong W S, Cui Y M, et al., 2013b. High photocatalytic activity of C-ZnSn(OH)$_6$ catalysts prepared by hydrothermal method[J]. Journal of Molecular Catalysis A: Chemical, 378: 164-173.

Li H B, Huang G Y, Zhang J, et al., 2017. Photochemical synthesis and enhanced photocatalytic activity of MnO$_x$/BiPO$_4$ heterojunction[J].Transactions of Nonferrous Metals Society of China, 27 (5): 1127-1133.

Li J P, Li W, Liu K, et al., 2022d. Global review of macrolide antibiotics in the aquatic environment: sources, occurrence, fate, ecotoxicity, and risk assessment[J]. Journal of Hazardous Materials, 439: 129628.

Li J, Na H B, Zeng X L, et al., 2014. In situ DRIFTS investigation for the oxidation of toluene by ozone over Mn/HZSM-5, Ag/HZSM-5 and Mn-Ag/HZSM-5 catalysts[J]. Applied Surface Science, 311: 690-696.

Li J J, Xiao X Y, Xiao Y, et al., 2022e. Construction of Z-scheme BiOCl/$Bi_{24}O_{31}Br_{10}$ hierarchical heterostructures with enhanced photocatalytic activity[J]. Journal of Alloys and Compounds, 921: 166050.

Li J H, Yang F, Zhou Q, et al., 2019a. A regularly combined magnetic 3D hierarchical Fe_3O_4/BiOBr heterostructure: Fabrication, visible-light photocatalytic activity and degradation mechanism[J]. Journal of Colloid and Interface Science, 546: 139-151.

Li L C, Yin Y, Zheng G M, et al., 2022f. Determining β-lactam antibiotics in aquaculture products by modified QuECHERS combined with ultra-high performance liquid chromatography-tandem mass spectrometry(UHPLC-MS/MS)[J]. Arabian Journal of Chemistry, 15(7): 103912.

Li X Y, Hou Y, Zhao Q D, et al., 2011. Synthesis and photoinduced charge-transfer properties of a $ZnFe_2O_4$-sensitized TiO_2 nanotube array electrode[J]. Langmuir, 27(6): 3113-3120.

Li X D, Hu X Y, Liu X P, et al., 2021a. A novel nanocomposite of NH_2-MIL-125 modified bismaleimide-triazine resin with excellent dielectric properties[J]. Journal of Applied Polymer Science, 139(2): e51487.

Li Y X, Fu M, Lu P, et al., 2022g. Visible light photocatalytic abatement of tetracycline over unique Z-scheme ZnS/PI composites[J]. Applied Surface Science, 575: 151798.

Li Y X, Fu M, Wang R Q, et al., 2022h. Efficient removal TC by Zn@SnO_2/PI via the synergy of adsorption and photocatalysis under visible light[J]. Chemical Engineering Journal, 444: 136567.

Li Y Y, Tian X F, Wang Y Q, et al., 2019b. In situ construction of a $MgSn(OH)_6$ perovskite/SnO_2 type-II heterojunction: A highly efficient photocatalyst towards photodegradation of tetracycline[J]. Nanomaterials, 10(1): 53.

Li Y P, Sun X L, Tang Y M, et al., 2021b. Understanding photoelectrocatalytic degradation of tetracycline over three-dimensional coral-like ZnO/$BiVO_4$ nanocomposite[J]. Materials Chemistry and Physics, 271: 124871.

Liaqat M, Khalid N R, Tahir M B, et al., 2023. Visible light induced photocatalytic activity of MnO_2/$BiVO_4$ for the degradation of organic dye and tetracycline[J]. Ceramics International, 49(7): 10455-10461.

Lin H L, Li X, Cao J, et al., 2014. Novel I^--doped BiOBr composites: Modulated valence bands and largely enhanced visible light phtotocatalytic activities[J]. Catalysis Communications, 49: 87-91.

Lin L Y, Liu C, Van Dien Dang, et al., 2023. Atomically dispersed Ti-O clusters anchored on NH_2-UiO-66(Zr) as efficient and deactivation-resistant photocatalyst for abatement of gaseous toluene under visible light[J]. Journal of Colloid and Interface Science, 635: 323-335.

Ling Y, Wu J, Man X K, et al., 2020. $BiOIO_3$/graphene interfacial heterojunction for enhancing gaseous heavy metal removal[J]. Materials Research Bulletin, 122: 110620.

Liu B, Zhang X, Chu J L, et al., 2023. 2D/2D $BiOIO_3$/Ti_3C_2 MXene nanocomposite with efficient charge separation for degradation of multiple pollutants[J]. Applied Surface Science, 618: 156565.

Liu G, Gao C P, Liu X M, et al., 2022a. Nanostructured δ-Bi_2O_3: Synthesis and their enhanced photocatalytic activity under visible light[J]. Materials Chemistry and Physics, 291: 126668.

Liu J, Liu G, Yuan C Y, et al., 2018. Fe_3O_4/$ZnFe_2O_4$ micro/nanostructures and their heterogeneous efficient Fenton-like visible-light photocatalysis process[J]. New Journal of Chemistry, 42(5): 3736-3747.

Liu L J, Chen Y, Dong L H, et al., 2009. Investigation of the NO removal by CO on CuO-CoO_x binary metal oxides supported on $Ce_{0.67}Zr_{0.33}O_2$[J]. Applied Catalysis B: Environmental, 90(1-2): 105-114.

Liu S, Geng S, Li L, et al., 2022b. A top-down strategy for amorphization of hydroxyl compounds for electrocatalytic oxygen evolution[J]. Nature Communications, 13: 1187.

Liu X Y, Xu Y G, Jiang Y, et al., 2022c. Nanoarchitectonics of uniformly distributed noble-metal-free CoP in g-C_3N_4 via in-situ fabrication for enhanced photocatalytic and electrocatalytic hydrogen production[J]. Journal of Alloys and Compounds, 904: 163861.

Lu C Y, Wang L T, Yang D Q, et al., 2022a. Boosted tetracycline and Cr(VI) simultaneous cleanup over Z-Scheme $BiPO_4$/$CuBi_2O_4$

p-n heterojunction with 0D/1D trepang-like structure under simulated sunlight irradiation[J]. Journal of Alloys and Compounds, 919: 165849.

Lu P, Hu X L, Li Y J, et al., 2019. Novel CaCO$_3$/g-C$_3$N$_4$ composites with enhanced charge separation and photocatalytic activity[J]. Journal of Saudi Chemical Society, 23 (8): 1109-1118.

Lu M L, Xiao X Y, Xiao Y, et al., 2022b. One-pot hydrothermal fabrication of 2D/2D BiOIO$_3$/BiOBr Z-scheme heterostructure with enhanced photocatalytic activity[J]. Journal of Colloid and Interface Science, 625: 664-679.

Lu M L, Xiao X Y, Zeng G C, 2021. Bi$_2$S$_3$ nanorods and BiOI nanosheets co-modified BiOIO$_3$ nanosheets: An efficient vis-light response photocatalysts for RhB degradation[J]. Journal of Alloys and Compounds, 885: 160996.

Luo Y P, Chen J, Liu J W, et al., 2016. Hydroxide SrSn(OH)$_6$: A new photocatalyst for degradation of benzene and rhodamine B[J]. Applied Catalysis B: Environmental, 182: 533-540.

Lv G J, Wang T, Zou X Y, et al., 2022. Highly dispersed copper oxide-loaded hollow Fe-MFI zeolite for enhanced tetracycline degradation[J]. Colloids and Surfaces A: Physicochemical and Engineering Aspects, 655: 130250.

Ma R, Zhang S, Liu X W, et al., 2022a. Oxygen defects-induced charge transfer in Bi$_7$O$_9$I$_3$ for enhancing oxygen activation and visible-light degradation of BPA[J]. Chemosphere, 286: 131783.

Ma Y F, Zhang J L, Tian B Z, et al., 2012. Synthesis of visible light-driven Eu, N Co-doped TiO$_2$ and the mechanism of the degradation of salicylic acid[J]. Research on Chemical Intermediates, 38 (8): 1947-1960.

Ma Y F, Lu T M, Yang L, et al., 2022b. Efficient adsorptive removal of fluoroquinolone antibiotics from water by alkali and bimetallic salts co-hydrothermally modified sludge biochar[J]. Environmental Pollution, 298: 118833.

Mathur P, Sanyal D, Callahan D L, et al., 2021. Treatment technologies to mitigate the harmful effects of recalcitrant fluoroquinolone antibiotics on the environment and human health[J]. Environmental Pollution, 291: 118233.

Meidanchi A, Akhavan O, 2014. Superparamagnetic zinc ferrite spinel-graphene nanostructures for fast wastewater purification[J]. Carbon, 69: 230-238.

Meng L Y, Qu Y, Jing L Q, 2021. Recent advances in BiOBr-based photocatalysts for environmental remediation[J]. Chinese Chemical Letters, 32 (11): 3265-3276.

Méndez-Román R, Cardona-Martínez N, 1998. Relationship between the formation of surface species and catalyst deactivation during the gas-phase photocatalytic oxidation of toluene[J]. Catalysis Today, 40 (4): 353-365.

Miao C H, Ji S L, Xu G P, et al., 2012. Micro-nano-structured Fe$_2$O$_3$: Ti/ZnFe$_2$O$_4$ heterojunction films for water oxidation[J]. ACS Applied Materials and Interfaces, 4 (8): 4428-4433.

Mikhaylov R V, Lisachenko A A, Shelimov B N, et al., 2013. FTIR and TPD study of the room temperature interaction of a NO-oxygen mixture and of NO$_2$ with titanium dioxide[J]. The Journal of Physical Chemistry C, 117 (20): 10345-10352.

Mo G L, Wang L X, Luo J H, 2021. Controlled thermal treatment of NH$_2$-MIL-125 (Ti) for drastically enhanced photocatalytic reduction of Cr (VI) [J]. Separation and Purification Technology, 277: 119643.

Monahan C, Morris D, Nag R, et al., 2023. Risk ranking of macrolide antibiotics-release levels, resistance formation potential and ecological risk[J]. Science of the Total Environment, 859: 160022.

Nawrocki J, Kasprzyk-Hordern B, 2010. The efficiency and mechanisms of catalytic ozonation[J]. Applied Catalysis B: Environmental, 99 (1-2): 27-42.

Ni S Y, Fu Z R, Li L, et al., 2022. Step-scheme heterojunction g-C$_3$N$_4$/TiO$_2$ for efficient photocatalytic degradation of tetracycline hydrochloride under UV light[J]. Colloids and Surfaces A: Physicochemical and Engineering Aspects, 649: 129475.

Nkwe V M, Olatunde O C, Ben Smida Y, et al., 2023. Synthesis, characterization, computational studies, and photocatalytic properties of Cu doped Bi$_2$S$_3$ nanorods[J]. Materials Today Communications, 34: 105418.

Oberoi A S, Jia Y Y, Zhang H Q, et al., 2019. Insights into the fate and removal of antibiotics in engineered biological treatment systems: A critical review[J]. Environmental Science & Technology, 53 (13): 7234-7264.

Pham M T, Hussain A, Bui D P, et al., 2021. Surface plasmon resonance enhanced photocatalysis of Ag nanoparticles-decorated Bi$_2$S$_3$ nanorods for NO degradation[J]. Environmental Technology & Innovation, 23: 101755.

Plubphon N, Thongtem S, Phuruangrat A, et al., 2022. Rapid preparation of g-C$_3$N$_4$/Bi$_2$O$_2$CO$_3$ composites and their enhanced photocatalytic performance[J]. Diamond and Related Materials, 130: 109488.

Qin L T, Pang X R, Zeng H H, et al., 2020. Ecological and human health risk of sulfonamides in surface water and groundwater of Huixian Karst wetland in Guilin, China[J]. Science of the Total Environment, 708: 134552.

Qin N B, Zhang S F, He J Y, et al., 2022. In situ synthesis of BiVO$_4$/BiOBr microsphere heterojunction with enhanced photocatalytic performance[J]. Journal of Alloys and Compounds, 927: 166661.

Qiu S X, Gou L Z, Cheng F Q, et al., 2022. Novel heterostructured metal doped MgFe$_2$O$_4$@g-C$_3$N$_4$ nanocomposites with superior photo-Fenton preformance for antibiotics removal: one-step synthesis and synergistic mechanism[J]. Journal of Environmental Management, 321: 115907.

Qu J N, Du Y, Ji P H, et al., 2021. Fe, Cu Co-doped BiOBr with improved photocatalytic ability of pollutants degradation[J]. Journal of Alloys and Compounds, 881: 160391.

Raza A, Qin Z X, AliAhmad S O, et al., 2021. Recent advances in structural tailoring of BiOX-based 2D composites for solar energy harvesting[J]. Journal of Environmental Chemical Engineering, 9 (6): 106569.

Santana R W R, Lima A E B, de Souza L K C, et al., 2023. BiOBr/ZnWO$_4$ heterostructures: an important key player for enhanced photocatalytic degradation of rhodamine B dye and antibiotic ciprofloxacin[J]. Journal of Physics and Chemistry of Solids, 173: 111093.

Sayed M, Zhang L Y, Yu J G, 2020. Plasmon-induced interfacial charge-transfer transition prompts enhanced CO$_2$ photoreduction over Cu/Cu$_2$O octahedrons[J]. Chemical Engineering Journal, 397: 125390.

Shang Y R, Cui Y P, Shi R X, et al., 2019. Effect of acetic acid on morphology of Bi$_2$WO$_6$ with enhanced photocatalytic activity[J]. Materials Science in Semiconductor Processing, 89: 240-249.

Shih Y J, Su C C, Chen C W, et al., 2015. Synthesis of magnetically recoverable ferrite (MFe$_2$O$_4$, M Co, Ni and Fe) -supported TiO$_2$ photocatalysts for decolorization of methylene blue[J]. Catalysis Communications, 72: 127-132.

Shu S, Wang H R, Li Y P, et al., 2023. Fabrication of n-p β-Bi$_2$O$_3$@BiOI core/shell photocatalytic heterostructure for the removal of bacteria and bisphenol A under LED light[J]. Colloids Surf B Biointerfaces, 221: 112957.

Song G X, Xin F, Yin X H, 2015. Photocatalytic reduction of carbon dioxide over ZnFe$_2$O$_4$/TiO$_2$ nanobelts heterostructure in cyclohexanol[J]. Journal of Colloid and Interface Science, 442: 60-66.

Song K X, Zhang C, Zhang Y, et al., 2022. Efficient tetracycline degradation under visible light irradiation using CuBi$_2$O$_4$/ZnFe$_2$O$_4$ type II heterojunction photocatalyst based on two spinel oxides[J]. Journal of Photochemistry and Photobiology A: Chemistry, 433: 114122.

Su M, Sun H G, Tian Z X, et al., 2022. Z-scheme 2D/2D WS$_2$/Bi$_2$WO$_6$ heterostructures with enhanced photocatalytic performance[J]. Applied Catalysis A: General, 631: 118485.

Su N, Zhou F, 2021. Study of BiOI/BiOIO$_3$ composite photocatalyst for improved sterilization performance of fluorocarbon resin coating (PEVE) [J]. Chemical Physics Letters, 766: 138329.

Sun J L, Jiang C B, Wu Z Y, et al., 2022. A review on the progress of the photocatalytic removal of refractory pollutants from water by BiOBr-based nanocomposites[J]. Chemosphere, 308: 136107.

Sun M J, Hu J Y, Zhai C Y, et al., 2017. CuI as hole-transport channel for enhancing photoelectrocatalytic activity by constructing CuI/BiOI heterojunction[J]. ACS Applied Materials & Interfaces, 9 (15): 13223-13230.

Sun Y M, Wu W D, Zhou H F, 2023a. Lignosulfonate-controlled BiOBr/C hollow microsphere photocatalyst for efficient removal of tetracycline and Cr(VI)under visible light[J]. Chemical Engineering Journal, 453: 139819.

Sun Y, Younis S A, Kim K H, et al., 2023b. Potential utility of BiOX photocatalysts and their design/modification strategies for the optimum reduction of CO$_2$[J]. Science of the Total Environment, 863: 160923.

Suppuraj P, Parthiban S, Swaminathan M, et al., 2019. Hydrothermal fabrication of ternary NrGO-TiO$_2$/ZnFe$_2$O$_4$ nanocomposites for effective photocatalytic and fuel cell applications[J]. Materials Today: Proceedings, 15: 429-437.

Tahir M S, Manzoor N, Sagir M, et al., 2021. RETRACTED: Fabrication of ZnFe$_2$O$_4$ modified TiO$_2$ hybrid composites for photocatalytic reduction of CO$_2$ into methanol[J]. Fuel, 285: 119206.

Tan X F, Cheng G, Song X J, et al., 2019. The promoting effect of visible light on the CO + NO reaction over the Pd/N-TiO$_2$

catalyst[J]. Catalysis Science & Technology, 9 (14): 3637-3646.

Tan X N, Zhang J L, Shi J B, et al., 2020. Fabrication of NH$_2$-MIL-125 nanocrystals for high performance photocatalytic oxidation[J]. Sustainable Energy & Fuels, 4 (6): 2823-2830.

Tang R, Zhou S J, Yuan Z M, et al., 2017. Metal-organic framework derived Co$_3$O$_4$/TiO$_2$/Si heterostructured nanorod array photoanodes for efficient photoelectrochemical water oxidation[J]. Advanced Functional Materials, 27 (37): 1701102.

Teng P P, Zhu J B, Li Z A, et al., 2022. Flexible PAN-Bi$_2$O$_2$CO$_3$-BiOI heterojunction nanofiber and the photocatalytic degradation property[J]. Optical Materials, 134: 112935.

Thommes M, Kaneko K, Neimark A V, et al., 2015. Physisorption of gases, with special reference to the evaluation of surface area and pore size distribution (IUPAC Technical Report) [J]. Pure and Applied Chemistry, 87 (9-10): 1051-1069.

Venugopal R, Dhanyaprabha K, Thomas H, et al., 2020. Optical characterisation of cadmium doped Fe$_3$O$_4$ ferrofluids by co-precipitation method[J]. Materials Today: Proceedings, 25: A1-A5.

Wang A N, Zhou Y J, Wang Z L, et al., 2016. Titanium incorporated with UiO-66 (Zr) -type Metal-Organic Framework (MOF) for photocatalytic application[J]. RSC Advances, 6 (5): 3671-3679.

Wang C, Fu M, Cao J, et al., 2020. BaWO$_4$/g-C$_3$N$_4$ heterostructure with excellent bifunctional photocatalytic performance[J]. Chemical Engineering Journal, 385: 123833.

Wang H, He W J, Dong X A, et al., 2018a. In situ FT-IR investigation on the reaction mechanism of visible light photocatalytic NO oxidation with defective g-C$_3$N$_4$[J]. Science Bulletin, 63 (2): 117-125.

Wang H, Xu W W, Su L F, et al., 2022a. Ultra-adsorption enhancing peroxymonosulfate activation by ultrathin NiAl-layered double hydroxides for efficient degradation of sulfonamide antibiotics[J]. Journal of Cleaner Production, 369: 133277.

Wang H, Sun Y J, Jiang G M, et al., 2018b. Unraveling the mechanisms of visible light photocatalytic NO purification on earth-abundant insulator-based core-shell heterojunctions[J]. Environmental Science & Technology, 52 (3): 1479-1487.

Wang H, Yuan X Z, Wu Y, et al., 2017. Plasmonic Bi nanoparticles and BiOCl sheets as cocatalyst deposited on perovskite-type ZnSn(OH)$_6$ microparticle with facet-oriented polyhedron for improved visible-light-driven photocatalysis[J]. Applied Catalysis B: Environmental, 209: 543-553.

Wang H L, Zhang L S, Chen Z G, et al., 2014. Semiconductor heterojunction photocatalysts: Design, construction, and photocatalytic performances[J]. Chemical Society Reviews, 43 (15): 5234-5244.

Wang L, Ben W W, Li Y G, et al., 2018c. Behavior of tetracycline and macrolide antibiotics in activated sludge process and their subsequent removal during sludge reduction by ozone[J]. Chemosphere, 206: 184-191.

Wang J, Yang J, Yang H, et al., 2023a. Solvothermal synthesis of CdS at different solvents and its photocatalytic activity for antibiotics[J]. Optical Materials, 135: 113303.

Wang S, Zhou Z K, Zhou R W, et al., 2022b. Highly synergistic effect for tetracycline degradation by coupling a transient spark gas-liquid discharge with TiO$_2$ photocatalysis[J]. Chemical Engineering Journal, 450: 138409.

Wang W X, Li Z, Wu K L, et al., 2023b. Novel Ag-bridged dual Z-scheme g-C$_3$N$_4$/BiOI/AgI plasmonic heterojunction: Exceptional photocatalytic activity towards tetracycline and the mechanism insight[J]. Journal of Environmental Sciences, 131: 123-140.

Wang W S, Wang D H, Qu W G, et al., 2012. Large ultrathin anatase TiO$_2$ nanosheets with exposed {001} facets on graphene for enhanced visible light photocatalytic activity[J]. The Journal of Physical Chemistry C, 116 (37): 19893-19901.

Wang X Y, Zhang H L, Wang W, et al., 2022c. Synthesis of 1D/2D Bi$_2$S$_3$@Ti$_3$C$_2$ heterojunction with superior photocatalytic removal ability of tetracycline hydrochloride[J]. Materials Letters, 326: 132907.

Wu X L, Toe C Y, Su C L, et al., 2020. Preparation of Bi-based photocatalysts in the form of powdered particles and thin films: A review[J]. Journal of Materials Chemistry A, 8 (31): 15302-15318.

Wu Y Y, Ji H D, Liu Q M, et al., 2022. Visible light photocatalytic degradation of sulfanilamide enhanced by Mo doping of BiOBr nanoflowers[J]. Journal of Hazardous Materials, 424: 127563.

Xiao L G, Yang Z L, Zhu H R, et al., 2022. Nanoflower-like BiOBr/TiO$_2$ p-n heterojunction composites for enhanced photodegradation of formaldehyde and dyes[J]. Inorganic Chemistry Communications, 146: 110167.

Xiao X, Zhang W D, 2011. Hierarchical Bi$_7$O$_9$I$_3$ micro/nano-architecture: Facile synthesis, growth mechanism, and high visible light photocatalytic performance[J]. RSC Advances, 1（6）：1099-1105.

Xiong X S, Zhang J, Chen C, et al., 2022. Novel 0D/2D Bi$_2$WO$_6$/MoSSe Z-scheme heterojunction for enhanced photocatalytic degradation and photoelectrochemical activity[J]. Ceramics International, 48（21）：31970-31983.

Xu J J, Liu Y, Chen M D, 2021. Preparation of Cd-doped Bi$_2$MoO$_6$ photocatalyst for efficient degradation of ofloxacin under the irradiation of visible light[J]. Surfaces and Interfaces, 25: 101246.

Yamashita T, Hayes P, 2008. Analysis of XPS spectra of Fe^{2+} and Fe^{3+} ions in oxide materials[J]. Applied Surface Science, 254（8）：2441-2449.

Yang K, Li Y X, Huang K, et al., 2014. Promoted effect of PANI on the preferential oxidation of CO in the presence of H$_2$ over Au/TiO$_2$ under visible light irradiation[J]. International Journal of Hydrogen Energy, 39（32）：18312-18325.

Yang L, Yu Y Y, Yang W J, et al., 2021. Efficient visible light photocatalytic NO abatement over SrSn(OH)$_6$ nanowires loaded with Ag/Ag$_2$O cocatalyst[J]. Environmental Research, 201: 111521.

Yang M X, Li Y J, Jin Z L, 2023. In situ XPS proved graphdiyne（C$_n$H$_{2n-2}$）-based CoFe LDH/CuI/GD double S-scheme heterojunction photocatalyst for hydrogen evolution[J]. Separation and Purification Technology, 311: 12322.

Yang Q, Qin W Z, Xie Y, et al., 2022a. Constructing 2D/1D heterostructural BiOBr/CdS composites to promote CO$_2$ photoreduction[J]. Separation and Purification Technology, 298: 121603.

Yang W, Zhang R D, Chen B H, et al., 2012. New aspects on the mechanism of C$_3$H$_6$ selective catalytic reduction of NO in the Presence of O$_2$ over LaFe$_{1-x}$（Cu, Pd）$_x$O$_{3-\delta}$ perovskites[J]. Environmental Science & Technology, 46（20）：11280-11288.

Yang Y, Zhang C, Lai C, et al., 2018. BiOX（X = Cl, Br, I）photocatalytic nanomaterials: applications for fuels and environmental management[J]. Advances in Colloid and Interface Science, 254: 76-93.

Yang Z Q, Zhu J P, Tang W H, et al., 2022b. An Fe$_2$O$_3$/Mn$_2$O$_3$ nanocomposite derived from a metal-organic framework as an anode material for lithium-ion batteries[J]. Chemistry Select, 7（42）：e202203107.

Ye L Q, Su Y R, Jin X L, et al., 2014. Recent advances in BiOX（X=Cl, Br and I）photocatalysts: synthesis, modification, facet effects and mechanisms[J]. Environmental Science: Nano, 1（2）：90-112.

Yu Y L, Tang Y R, Yuan J X, et al., 2014. Fabrication of N-TiO$_2$/InBO$_3$ heterostructures with enhanced visible photocatalytic performance[J]. The Journal of Physical Chemistry C, 118（25）：13545-13551.

Yuan Q J, Sui M P, Qin C Z, et al., 2022. Migration, transformation and removal of macrolide antibiotics in the environment: A review[J]. Environmental Science and Pollution Research, 29（18）：26045-26062.

Zeng C, Hu Y M, Huang H W, 2017. BiOBr$_{0.75}$I$_{0.25}$/BiOIO$_3$ as a novel heterojunctional photocatalyst with superior visible-light-driven photocatalytic activity in removing diverse industrial pollutants[J]. ACS Sustainable Chemistry & Engineering, 5（5）：3897-3905.

Zhang B X, Zhang J L, Tan X N, et al., 2018a. MIL-125-NH$_2$@TiO$_2$ core-shell particles produced by a post-solvothermal route for high-performance photocatalytic H$_2$ production[J]. ACS Applied Materials & Interfaces, 10（19）：16418-16423.

Zhang C, He D H, Fu S S, et al., 2021a. Silver iodide decorated ZnSn(OH)$_6$ hollow cube: Room-temperature preparation and application for highly efficient photocatalytic oxytetracycline degradation[J]. Chemical Engineering Journal, 421: 129810.

Zhang D F, Su C H, Yao S J, et al., 2020. Facile *in situ* chemical transformation synthesis, boosted charge separation, and increased photocatalytic activity of BiPO$_4$/BiOCl p-n heterojunction photocatalysts under simulated sunlight irradiation[J]. Journal of Physics and Chemistry of Solids, 147: 109630.

Zhang J W, Jin Y W, Zhang Y F, et al., 2023. The effect of internal stress on the photocatalytic performance of the Zn doped BiOBr photocatalyst for tetracycline degradation[J]. Journal of the Taiwan Institute of Chemical Engineers, 143: 104710.

Zhang J R, Wang X W, Meng W W, et al., 2022a. Electrochemical dopamine detection using a Fe/Fe$_3$O$_4$@C composite derived from a metal-organic framework[J]. Chemistry Select, 7（29）：e202201534.

Zhang K L, Liu C M, Huang F Q, et al., 2006. Study of the electronic structure and photocatalytic activity of the BiOCl photocatalyst[J]. Applied Catalysis B: Environmental, 68（3-4）：125-129.

Zhang L J, Li S, Liu B K, et al., 2014. Highly efficient CdS/WO$_3$ photocatalysts: Z-scheme photocatalytic mechanism for their enhanced photocatalytic H$_2$ evolution under visible light[J]. ACS Catalysis, 4 (10): 3724-3729.

Zhang M, Ma J J, Zhang Y D, et al., 2018b. Ion exchange for synthesis of porous Cu$_x$O/SnO$_2$/ZnSnO$_3$ microboxes as a high-performance lithium-ion battery anode[J]. New Journal of Chemistry, 42 (14): 12008-12012.

Zhang N, Yang M Q, Tang Z R, et al., 2013a. CdS-graphene nanocomposites as visible light photocatalyst for redox reactions in water: a green route for selective transformation and environmental remediation[J]. Journal of Catalysis, 303: 60-69.

Zhang Q Z, Li X Y, Zhao Q D, et al., 2015. Photocatalytic degradation of gaseous toluene over bcc-In$_2$O$_3$ hollow microspheres[J]. Applied Surface Science, 337: 27-32.

Zhang W N, Chen Y L, Wang X H, et al., 2018c. Formation of n-n type heterojunction-based tin organic-inorganic hybrid perovskite composites and their functions in the photocatalytic field[J]. Physical Chemistry Chemical Physics, 20 (10): 6980-6989.

Zhang X, Ai Z H, Jia F L, et al., 2007. Selective synthesis and visible-light photocatalytic activities of BiVO$_4$ with different crystalline phases[J]. Materials Chemistry and Physics, 103 (1): 162-167.

Zhang X, Yang X T, Liu B, et al., 2022b. Dual modification of BiOIO$_3$ via doping iodine and fabricating heterojunction with basic bismuth salt: facile synthesis, superior performance for degradation of multiple refractory organics[J]. Journal of Environmental Chemical Engineering, 10 (1): 107068.

Zhang Y J, de Azambuja F, Parac-Vogt T N, 2021b. The forgotten chemistry of group (IV) metals: A survey on the synthesis, structure, and properties of discrete Zr (IV), Hf (IV), and Ti (IV) oxo clusters[J]. Coordination Chemistry Reviews, 438: 213886.

Zhang Y, Martin A, Berndt H, et al., 1997. FTIR investigation of surface intermediates formed during the ammoxidation of toluene over vanadyl pyrophosphate[J]. Journal of Molecular Catalysis A: Chemical, 118 (2): 205-214.

Zhang Y, Zhu Z, Wang W N, et al., 2022a. Mitigating the relative humidity effects on the simultaneous removal of VOCs and PM$_{2.5}$ of a metal-organic framework coated electret filter[J]. Separation and Purification Technology, 285: 120309.

Zhang Z Y, Shao C L, Li X H, et al., 2013b. Hierarchical assembly of ultrathin hexagonal SnS$_2$ nanosheets onto electrospun TiO$_2$ nanofibers: Enhanced photocatalytic activity based on photoinduced interfacial charge transfer[J]. Nanoscale, 5 (2): 606-618.

Zhao L, Deng J H, Sun P Z, et al., 2018. Nanomaterials for treating emerging contaminants in water by adsorption and photocatalysis: Systematic review and bibliometric analysis[J]. Science of the Total Environment, 627: 1253-1263.

Zhao W S, Shi Y N, Jiang Y H, et al., 2021. Fe-O clusters anchored on nodes of metal-organic frameworks for direct methane oxidation[J]. Angewandte Chemie International Edition, 60 (11): 5811-5815.

Zhao Z H, Chen C C, Wang J, et al., 2022. Fabrication of CsPbBr$_3$ nanocrystals/Bi$_2$MoO$_6$ nanosheets composites with S-scheme heterojunction for enhanced photodegradation of organic pollutants under visible light irradiation [J]. Journal of Environmental Chemical Engineering, 10 (4): 108152.

Zhong J, Yang B, Gao F Z, et al., 2021. Performance and mechanism in degradation of typical antibiotics and antibiotic resistance genes by magnetic resin-mediated UV-Fenton process[J]. Ecotoxicology and Environmental Safety, 227: 112908.

Zhou R X, Wu J, Zhang J, et al., 2017. Photocatalytic oxidation of gas-phase HgO on the exposed reactive facets of BiOI/BiOIO$_3$ heterostructures[J]. Applied Catalysis B: Environmental, 204: 465-474.

Zhu X, Yan Y, Wang Y T, et al., 2022a. A facile synthesis of Ag$_3$PO$_4$/BiPO$_4$ p-n heterostructured composite as a highly efficient photocatalyst for fluoroquinolones degradation[J]. Environmental Research, 203: 111843.

Zhu Z J, Zhu C M, Hu C Y, et al., 2022b. Facile fabrication of BiOIO$_3$/MIL-88B heterostructured photocatalysts for removal of pollutants under visible light irradiation[J]. Journal of Colloid and Interface Science, 607: 595-606.

Zhu Z J, Zhu C M, Yang R Y, et al., 2021. Fabrication of 3D Bi$_5$O$_7$I/BiOIO$_3$ heterojunction material with enhanced photocatalytic activity towards tetracycline antibiotics[J]. Separation and Purification Technology, 265: 118522.

Zou H, Zhou Y, Xiang Y, et al., 2020. Preparation of flower-like DUT-5@BiOBr environmental purification functional material with natural photocatalytic activity[J]. Advanced Engineering Materials, 22 (8): 2000267.